高等学校土建类
跨专业团队毕业设计指导与实例

——基于建筑设计院模式

林晓东　龚延风　张九根　孙文全　编著
郭樟根　姜　雷　刘建峰

孙伟民　主编

中国建筑工业出版社

图书在版编目（CIP）数据

高等学校土建类跨专业团队毕业设计指导与实例——
基于建筑设计院模式／孙伟民主编．—北京：中国建筑
工业出版社，2013.3
ISBN 978-7-112-15236-0

Ⅰ．①高…　Ⅱ．①孙…　Ⅲ．①土木工程—毕业设计—
高等学校—教学参考资料②建筑工程—毕业设计—高等学
校—教学参考资料　Ⅳ．①TU

中国版本图书馆 CIP 数据核字（2013）第 051457 号

　　针对目前我国大学本科建筑教育所存在的问题和绿色建筑的发展趋势，在吸收各国著名大学培养高素质工程人才先进经验的基础上，南京工业大学在全国率先创建了面向本科生的"基于建筑设计院模式，跨专业团队毕业设计应用型人才培养实验区"，实施全新的高素质工程人才培养模式。

　　本书包括上下两篇，分别为设计指导和设计实例。本书所选用的毕业设计题目来源于生产和科研一线，具有较强的实践意义和应用前景。在内容上涵盖了土建、电气与智能化、给水排水、暖通空调等多个专业，具有较强的综合性。在考察基本理论、技能的基础上，设计题目以实际工程中的问题为重点，所包含的一小部分探索性内容目的在于培养学生独立思考、检索文献的能力，通过在设计过程中老师的指导能够独立完成，具有一定的前瞻性和创新性。

　　本书可作为高等学校土建类相关专业毕业设计的参考用书，也可供相关专业的工程技术人员参考使用。

责任编辑：王　跃　吉万旺
责任设计：赵明霞
责任校对：姜小莲　刘　钰

高等学校土建类
跨专业团队毕业设计指导与实例
——基于建筑设计院模式

林晓东　龚延风　张九根　孙文全
　　　　　　　　　　　　　　　　编著
郭樟根　姜　雷　刘建峰

孙伟民　主编

*

中国建筑工业出版社出版、发行（北京西郊百万庄）
各地新华书店、建筑书店经销
华鲁印联（北京）科贸有限公司制版
北京建筑工业印刷厂印刷

*

开本：880×1230 毫米　1/16　印张：24½　字数：770 千字
2013 年 9 月第一版　2013 年 9 月第一次印刷
定价：49.00 元
ISBN 978-7-112-15236-0
（23325）

前　言

高等工程教育肩负着为社会培养高层次工程技术人才的重任。如何对自身进行优化和改革，更好地适应社会的需要，是高等工程教育面临的主要任务。近年来，高等工程教育界掀起了回归工程本位的浪潮，要求工程教育必须重视工程实际以及工程知识的系统性，即重视大工程教育观。工程教育回归的提出是高等工程教育界对当前工程教育现状的一种反思，也是高等工程教育界对自身发展方向的一种追求与期望。

随着现代工程中各学科的不断交叉和融合，人们对设计人员的团队协作和相互沟通能力的要求不断提高。以一个完整的房屋建筑设计为例，建筑、结构、水、电、暖等设计环节彼此融合、相辅相成，才能满足建筑所需的综合性功能要求。然而，目前的建筑教育都是分专业开展教学，从未有过建筑的集成设计过程环节，设计过程中各专业间没有关联，这并未真实反映出实际设计单位各专业知识和设计技能间的协调和配合的整体要求。学生由于缺乏跨专业的知识的整合，缺乏整体的大局观，缺乏建筑设计中处理多专业、多工种、多需求的冲突与矛盾的能力。

针对目前工程专业教育中"去工程化"现象，贯彻"大工程、大建筑"教育理念，着眼实践能力、创新精神和综合设计能力的培养，南京工业大学于20世纪初在国内率先创立了基于建筑设计院模式的土建类跨专业联合培养人才新模式，获教育部、财政部首批人才培养模式创新实验区建设立项。

通过近10年的实践，在土建类专业人才培养方面积累了一定经验，学生的工程素质、创新精神和综合设计能力得到明显提升，"大建筑、大工程"大局观明显加强。南京工业大学土建类团队毕业设计已连续8年获江苏省优秀毕业设计团队奖。

本书是在南京工业大学跨专业团队毕业设计指导书及案例的基础上，结合多年从事土建类专业教学、研究、设计和技术咨询经验组织编写而成。土建类毕业设计团队由土建类各专业（建筑学、土木工程、给水排水工程、建筑环境与设备工程和电气工程及其自动化—建筑电气方向）的学生组合，模拟建筑设计院的实际工作环境和工作流程，互相协作共同完成某综合建筑工程的设计。各专业学生在完成本专业设计过程中也对建筑工程领域的相关专业的要求有了进一步的了解，在加强学生工程设计能力训练的同时，全面推进学生团队协作能力和团队意识的培养，提高学生实践能力、创新意识及综合设计能力，增强学生工程设计的大局观。

本书分上下两篇，共十三章。上篇为土建类跨专业团队毕业设计指导，第一章，概述，重点介绍基于设计院工作模式，跨专业团队毕业设计应用型人才培养实验区的构想与起源、实践区教学模式探索、培养目标及培养方案、阶段性成果及推广应用与发展前景；第二章，组织与管理，介绍建筑设计院工作模式及特点，基本工种组成架构，软硬件及前期培训教育，毕业设计基本步骤及阶段控制，团队各工种，毕业设计成果答辩；第三章，介绍综合选题要求，包括选题原则、各专业工种的选题要求、选题范围及训练目标及选题实例分析；第四章至第八章，分别介绍各专业的设计，重点是设计思路与设计过程，包括建筑、结构、建筑电气与智能化、建筑给水排水与暖通空调。下篇第九章至第十三章为设计案例。针对同一个建筑，详细介绍各专业的设计，包括建筑、结构、建筑电气与智能化、建筑给水排水与暖通空调，附录为案例部分图纸。

全书由孙伟民主编。第一、二、三章由孙伟民、林晓东、郭樟根编写，第四、九章由林晓东、姜雷编写，第五、十章由孙伟民、郭樟根编写，第六章和第十一章由张九根和刘建峰编写，第七章和第十二章由孙文全编写，第八章和第十三章由龚延风编写。

限于作者水平有限，加之编写时间仓促，书中难免有不足或不妥之处，敬请读者赐教。

编著者

2012 年 12 月

目　录

下篇·设计实例

上篇·设计指导

第一章 概　述

第一节　构想与起源

　　高等工程教育以工程应用为其主要教育目标，肩负着为社会培养高层次工程技术人才的重任。如何对自身进行优化和改革，更好地适应社会的需要，这是高等工程教育面临的主要任务。作为高等工程教育工作者，我们应该站在新的发展起点上，准确把握我国工程界的需求和国际高等工程教育的发展态势，加快推进高等工程教育的改革发展，构建布局合理、结构优化、类型多样、主动适应经济社会发展需要的、具有中国特色的社会主义现代高等工程教育体系，加快我国向工程教育强国迈进。

　　近年以来，世界发达国家和地区如美国、欧盟和日本都开始重视高等工程教育的改革，美国的工程教育逐渐融合了技术取向和科学取向，麻省理工学院（MIT）等一些大学提出"回归工程实践"的改革理念，开始重视工程教育的实践性和创新性，改革的重点从注重科学和工程基础教育转向工程实践；从关注工程教育本身转向强调影响工程教育的哲学、教育学和文化学基础，高等工程教育的内涵得到新的诠释。许多一流大学都从课程设置、培养模式和教学方法等方面进行改革，强调产学研合作教育和创造力、领导力培养。

　　国内近年来高等工程教育领域产生了一些日益突出的问题，高校越来越突出科学研究工作，不仅把研究工作的成绩作为教师的主要考核指标，同时在教学领域把科研做了不恰当的延伸，把科研能力作为本科生的重要培养目标，而削弱了学生今后作为工程师的工程应用能力的培养。使得毕业生的质量难以满足用人单位的实际要求，所学的知识与工作实践脱节，用人单位反映工科毕业生知识面单一，动手能力弱和创新意识差，欠缺解决实际问题的技能，即"实用性"不强。这种状况直接影响了我国高等工程教育可持续性发展，既不适应当前工程实践复杂化的趋势，也不符合世界高等工程教育领域"大工程教育"的发展方向。

　　中国的工程教育界开始意识到问题所在，开始了有益的尝试，也越来越强调工程实践能力和创新能力的培养。但与国外相比，中国的高等工程教育仍然面临一些亟待解决的问题，其中工程教育改革理念缺乏、人才培养模式单一、工程实践教育缺乏长效运行机制等问题值得我们深入思考和研究。工程教育回归的提出是高等工程教育界对当前工程教育现状的一种反思，也是高等工程教育界对自身发展方向的一种追求与期望。这对我国的高等教育具有很好的借鉴意义。

　　针对我国大学本科建筑教育在传统上所存在的问题和绿色建筑的发展趋势，吸收各国著名大学培养高素质工程人才的先进经验，南京工业大学在全国率先创建了面向本科生的"基于设计院工作模式，跨专业团队毕业设计应用型人才培养实验区"，实施全新的高素质工程人才的培养模式试点，重点推出创新教学方式的改革与转变，逐步形成了独特的教学体系。综合性和实践化是高等建筑工程教育的发展趋势，实验区试图从以下几个方面改革教育思想和教学体系，修正工作的偏差，顺应时代要求。

一、建筑教育体系集成和综合

　　一个建筑物，它是由规划、建筑、结构、设备、能源、环保等多个系统专业和系统构成的有机协调的统一体。各专业彼此融合、相辅相成，在一个总的目标规定约束下既独立又合作的工作，才能满足建筑所需的综合性功能要求，才能为用户创造舒适健康安全的居住环境。但长期以来，建筑教育都是分专业开展教学，从未有过建筑的集成设计过程环节。当前理工类高校的毕业设计中，采用的仍然是独立选题的毕业设计模式，设计过程中各专业间没有关联，只完成本专业内的设计，这并未真实反映出实际设计单位各专业知识和设计技能间的协调和配合的整体要求。

分立式的教学体系与实际工作的模式不符，更与建筑工业的发展不适应。随着人类活动越来越多的转入建筑内部，建筑功能的复杂程度、建筑体量的庞大程度都远远超过过去，是从前的人们所不敢想象的。现在一幢较大建筑的总面积就能与20世纪80年代一所大学的总建筑面积相当。这种分立式的分科教学模式已难以适应工程发展的步伐。学生所见世面不够，往往只见树木，不见森林，缺乏整体的大局观，缺乏建筑设计中处理多专业，多工种、多需求的冲突与矛盾的能力。在教学体系中在本科学习的后期设立一个建筑的集成设计过程是十分必要的。

二、课程结构整合

长期以来，由于受苏联教育模式的影响，高等工程教育过分强调课程的学科性、专业性和完整性，各课程单科自成体系，割裂课程间的联系。课程之间相对独立，没有从根本上打破课程体系的界限，无法体现大工程教育观的要求。

在现代建筑中，工程问题越来越多地涉及复杂交叉知识，需要从多学科角度来考虑，单从一个学科往往不能找到解决实际问题的最佳办法。需要有一个统一的理论将以前分散的知识提炼归纳。例如关于建筑消防安全，关于建筑的可持续发展问题，都没有在教学中形成成熟的教学内容。同时毕业生的视野长期被局限在工程的范围之内，在解决问题时不能跳出工程看工程。工程问题不仅是一个技术问题，而且涉及诸如伦理等诸多问题，它强调科技与环境的自然融合，这需要工程师从社会和谐发展的角度做出合理的判断抉择，需要工程师掌握与工程有关的人文社会类知识，当前这种结构松散的课程设置是不符合工程综合化的发展趋势的。

在教学中需要整合一些原先分散的教学内容，在更高层次上形成系统的技术体系，如"智能建筑"、"建筑工程设计过程"、"建筑消防技术"等，同时扩展有关的可持续发展的思想、方法的课程。

三、实现知识与能力的平衡

建筑教育侧重于知识传授和一般技艺的掌握是长期

存在的现象。教师的主要任务满足于告诉学生工程设计的基本技能，全面素质培养由于狭隘的目的而被损害。一个合格的建筑师和建筑工程师所应具备的相关知识被忽视了，社会责任、职业道德、开阔的视野、综合能力等也被削弱。

对于商务、经济、组织管理方面知识的欠缺，使学生在以后的工作中缺乏对于建筑整体功能的全面协调能力，与业主之间也难以沟通，甚至产生抵制情绪，既不愿理解业主，也不能影响业主。20世纪末发表的《北京宪章》提倡创造性地扩大视野，建立开放的知识体系——进德教育、智能教育、通才教育、管理教育等。并要求培养学生的自学能力、研究能力、表达能力、与组织管理能力。只有将这些目标落实成具体的措施，真正运用于教学中，才能达到素质教育的要求，并形成一种良性循环。

四、可持续的教学方式

教师传业不传道背离了教育的宗旨。教育在于培养学生正确有效的学习方法和思考方法。为了培养出新一代的建筑师和建筑工程师，打好素质基础是最重要的。因此要求建筑教育工作者设计出一种更具适应性的教育计划，应对未来和环境具有很强的预见性，按这种要求来培养适应现在和未来社会所需的人才，为公众服务。

五、建立与绿色建筑理念相适应的教学体系

环境恶化、能源短缺和气候变化已成为21世纪全球经济与社会发展所遇到的巨大挑战。建筑在带给人类福祉的同时又耗费了社会约50%的资源，建筑业已成为最不可持续发展的产业之一。为改变这一难以为继的发展模式，绿色建筑的理念应运而生。

绿色建筑是指为人们提供健康、舒适、安全的居住和工作空间的同时，在建筑全生命周期中实现高效率地利用资源（能源、土地、水资源、材料）、最低限度地影响地球环境的建筑物。"节能环保、发展循环经济、实现可持续发展"已逐渐成为国际社会普遍公认的准则，绿色建筑是科学发展的必然产物。

绿色建筑改变了传统的技术道德和建设模式，要求在建筑全生命周期内的各个时段，各个技术层面都注重人与自然，人类代际关系的和谐。绿色建筑是一个更为综合的系统技术，它引发了建筑科技领域从未有过的大

规模学科交叉与融合。在设计模式上需要一个多专业的设计和施工队伍的协同工作，集成设计才能使绿色建筑实现环境能源经济的目标。

而目前的建筑工程教育主要还是采用传统的分专业的知识体系教学，缺乏跨专业的知识的整合。学生难以建立整体的绿色建筑的概念，缺少相应的锻炼措施，不具备完成绿色建筑的设计工作能力。严重滞后于国家和社会的发展要求。

第二节 实验区教学模式探索

"基于设计院工作模式，跨专业团队毕业设计应用型人才培养"实验区，坚持以为国家培养社会紧缺的应用型人才为导向，以提高学生能力和素质为核心，推进教学理念、培养模式和管理机制的全方位创新，在广泛深入社会调查的基础上，经过多年长期不懈的探索实践，取得了独具特色的人才培养研究成果。

从2002年开始跨专业的毕业设计试点，到2005年开始"基于设计院模式的跨专业团队毕业设计的应用型人才培养实验区"正式运行，积累了较为丰富的办学经验，形成了较为成熟的教学体系，并培养了一批基础扎实、视野开阔、实践能力强的优秀本科毕业生，也锻炼了教师队伍。

一、实验区设立的必要性

随着现代工程中各学科的不断交叉和融合，人们对设计人员的团队协作和相互沟通能力的要求不断提高。以一个完整的房屋建筑设计为例，建筑、结构、水、电、暖等设计环节彼此融合、相辅相成，才能满足建筑所需的综合性功能要求。同时现代建筑正朝着大型化、综合化方向发展，其功能越来越复杂，建筑面积越来越庞大。建筑物各系统间的协调与综合显得更为重要。然而当前理工类高校的毕业设计中，较多采用的仍然是独立选题的毕业设计模式，设计过程中各专业间没有关联，这并未真实反映出实际设计单位各专业知识和设计技能间的协调和配合的整体要求。

现代工业技术的发展表明，工程问题不仅是一个技术问题，它强调科技与环境的自然融合，这需要工程师掌握与工程有关的人文社会类知识，具备高尚的社会道德，从社会和谐发展的角度合理应用技术。

经过广泛的社会调研和对工程教育发展的思索，南京工业大学决定改革现有培养模式的不足，在本科教学的中后期设立"基于设计院工作模式，跨专业团队毕业设计应用型人才培养"实验区，进行以体现综合性、实践化为重点培养目标的教学改革试点。

二、试验探索并逐步形成全新的毕业设计培养模式

2002年开始，在毕业设计阶段，组成了团队进行项目的团队设计，很快大家意识到仅仅在毕业设计阶段才开始进行集成培养是远远不够的，需要把集成培养的时间前移。在校领导的支持下，一个更为科学合理的实验区的计划应运而生。通过分析、调研学习，结合现代社会对工程教育的要求，认真分析总结了国内外工程教育的特点，结合我校大建筑的专业特色，制定并不断完善了跨专业联合毕业设计实验区的培养目标和教学方案，成立了实验区管理委员会和管理条例。经过两年的实施，该方案已具有较好的操作性，既保证了各专业教学体系的完整性、严谨性，实现了与原有教学计划的平稳过渡，又实现了各专业内在的融合。

（1）实验区的教学主要面向工程应用，面向设计过程。使学生建立整体的大建筑的观念和现代建筑设计思想，能够全面系统考虑建筑的功能与布局，懂得协调处理各子系统的关系。锻炼学生的实践能力，整体思维能力，协调沟通能力，尽快掌握建筑设计的规律。同时培养学生的节能环保意识与社会责任感。

（2）学生从第5学期（建筑学专业学生从第7学期）经过一定的选拔进入实验区学习。学生除参加实验区的学习外还同时要完成各自专业的教学计划安排的学习。

（3）实验区的教学形式包括：集中的课程教学，设计院的实训，建筑项目的团队设计等环节。课程教学内容是在分析整合建筑技术体系的基础上提出的一些新的综合性课程，如"智能建筑"、"建筑消防技术"、"建筑工程设计过程"、"可持续发展理论"等。

（4）课题选题与指导。团队设计选题均来源于实际工程。团队设计的学生共同在模拟设计院工作环境的教室，按照符合设计院的工作流程进行工作，便于工程设计中的各专业学生建立整体设计概念，相互密切配合，并就设计中的问题及时开展讨论，互相补充设计资料，协同完成满足工程使用功能和工艺所需的方案设

计，结构体系，使用面积、管道井尺寸、防火要求等提供了良好条件，同时避免实际设计中各专业的碰、撞、漏现象发生，最后各专业学生共同进行施工图会签（在纸质图纸上会签）。通过模拟设计院环境的团队设计，使学生体验了设计院的工作方式和施工图产生的全过程，提供实战环境，提高学生的工程实践能力和工程素质，增强学生间团队协作精神。指导教师采用分散与集中相结合方法开展工作，除各专业指导教师针对本专业进行指导外，每周各专业指导教师集中指导一次，以保证工程设计的整体性。

（5）生源选拔与试点。每年招收20～26名学生，可以组成3～4个设计团队。招收的学生包含了建筑设计的全部专业：建筑学、结构工程、建筑环境与设备工程、建筑电气、建筑给水排水等专业。实验区由教务处直接管理，相关学院（建筑与规划学院、土木工程学院、城建学院、环境学院、自动化与电气工程学院）参与建设。

三、制度建设及条件保障

（1）学校成立了实验区管理委员会，管理委员会隶属于校教务处，由校教务处直接领导。管理委员会主任由教务处领导担任，成员由相关各学院主管教学的副院长组成。

实验区管理委员会主要负责实验区培养模式的研究，发展方向的指导，教学培养方案的制订，教学过程的协调，教学质量的监督等职责。

（2）制定了南京工业大学《基于设计院模式的跨专业人才培养实验区管理条例》。管理条例规定了实验区的培养目标，培养模式，学生选拔，组织形式，学籍管理，修读要求以及相关的鼓励政策等。

（3）条例要求不断修改完善教学体系，课程设置，教学方法和培养模式。使教学手段方法，教学组织更加符合实验区的办学初衷。

（4）学校为毕业设计团队配备精干的指导教师，选配相关专业且具备各类国家注册工程师资格，不仅从事教学工作多年，且具有丰富工程实践工作经验的教师指导，从组织的整体上达到较高的设计水平，确保了团队毕业设计的高质量。

（5）学校建筑设计研究院为实验区提供实习实训条件，学生的实践训练主要在校设计院完成。

（6）学校为实验区设置了专用教室，教室内配有宽带计算机网络接口。可以随时与校园网和INTER网联接。配置了多媒体教学设备。

（7）校图书馆每年为实验区专门提供一定量的图书经费，用于购买相关的设计手册，标准图集，以及国外的建筑方面的文献资料。保证实验区的信息与国际同步。

第三节　培养目标及培养方案

一、培养目标

实验区的人才培养目标是：具有扎实的专业基础、宽广的视野、较高的综合素质和一定的创新意识的工程技术人才。

实验区培养人才的特色在于"应用型"、"综合性"和"高层次"。所谓"应用型"就是能熟练运用专业知识，具有较强的解决实际工程技术问题的能力，胜任建筑工程领域各种岗位的工作要求。所谓"综合性"是具备良好的沟通交流能力、团队工作能力、终身学习能力同时具有高尚的人文与自然伦理道德和严格的职业操守。所谓"高层次"就是要通过实验区的培养能够从事大型复杂建筑工程的设计工作和专业的基本研究工作。

二、培养方案

1. 方案设计

为保证"实验区"的培养目标的实现，在充分研究各专业培养计划的基础上，结合建筑工程设计的特点，制定了切实可行的培养方案。

培养方案主要从学生基础知识和基本技能要求、"实验区"必修课程、选修课程及其要求以及实践性环节等方面作出了具体要求和规定。

2. 参加"实验区"学生必备的基础知识和基本技能

参加"实验区"的各专业学生必须在各自专业分别完成以下课程的学习并取得相应学分，具备了基础的工程概念、一定的专业知识和熟练的绘图技能，并对建筑设计的全过程有一定的了解后，方可进行下一阶段的学习。如表1-3-1～表1-3-5所示。

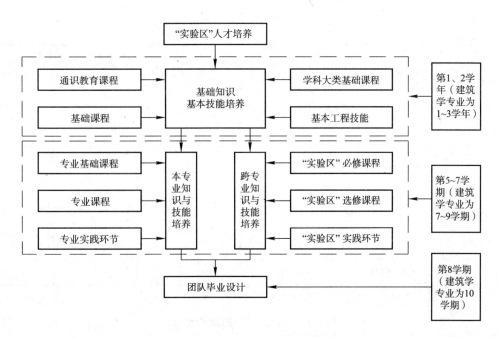

图1-3-1 "实验区"人才培养模式框图

建筑学专业的预修课程　　　　　　　　　　　　　　　　　　　　　　表1-3-1

课程序号	课程名称	学分	课内学时			各学期周学时分配								课程要求
			授课学时	实验学时	上机学时	二		三		四		五		
						3	4	5	6	7	8	9	10	
1	建筑力学	4	60		4									
2	测量学B	3	36	12				2						
3	建筑设备（水、暖、电）	4	64							4				
4	建筑施工技术	2	32							2				
5	建筑工程概预算	1.5	24									2		
6	建筑结构选型	1	12	4								2		
7	智能建筑	1.5	22	2								2		

（建筑学专业）

土木工程专业的预修课程　　　　　　　　　　　　　　　　　　　　　　表1-3-2

课程序号	课程名称	学分	课内学时			各学期周学时分配								课程要求
			授课学时	实验学时	上机学时	一		二		三		四		
						1	2	3	4	5	6	7	8	
1	流体力学	2	26	6					2					
2	测量学B	3	36	12				3						
3	土木工程造价	2	28		4							2		
4	建筑设计初步	1.5	20		4				2					
5	建筑设备（水、暖、电）	1.5	24									2		
6	城市给水排水	1.5	24									2		

（土木工程专业）

建筑环境与设备工程专业的预修课程　　　　　　　表1-3-3

	课程序号	课程名称	学分	课内学时			各学期周学时分配								课程要求
				授课学时	实验学时	上机学时	一		二		三		四		
							1	2	3	4	5	6	7	8	
建筑环境与设备工程专业	1	工程力学C	5	72	8					5					
	2	电工电子学B	4.5	50	20					4.5					
	3	建筑概论	2	32							2				
	4	建筑给水排水工程	2	28	4							3			
	5	建筑电气	2	32									3		
	6	设备工程概预算	2	32									3		
	7	建筑设备自动化	2.5	40										4	

给水排水工程专业的预修课程　　　　　　　表1-3-4

	课程序号	课程名称	学分	课内学时			各学期周学时分配								课程要求
				授课学时	实验学时	上机学时	一		二		三		四		
							1	2	3	4	5	6	7	8	
给水排水工程专业	1	测量学B	3	36	12					3					
	2	*结构力学B	3.5	56						4					
	3	*工程力学C	5	72	8					6					
	4	电工电子学C	3	40	8					3					
	5	CAD基础	2	8		24					2				
	6	城市规划原理	2	32							2				
	7	房屋建筑学	2	32							2				
	8	土建工程基础	3	48								3			

电气工程及其自动化专业（建筑电气方向）的预修课程　　　　　　　表1-3-5

	课程序号	课程名称	学分	课内学时			各学期周学时分配								课程要求
				授课学时	实验学时	上机学时	一		二		三		四		
							1	2	3	4	5	6	7	8	
电气工程及其自动化专业	1	工程力学D	3	46	2					3					
	2	建筑设备（水、暖）	3	40	8							6			
	3	建筑概论	1	16								1			
	4	建筑消防与安防	2	28	4								5		

3. "实验区"必修课程

为进一步提高"实验区"学生对建筑设计各专业之间相互关系的认识，增强其在设计过程中的全局观念，强化其在设计过程中相互配合、团队协作的意识，要求进入"实验区"学习的学生在5~7学期（建筑学专业为7~9学期），在完成本专业所规定的课程学习的同时，完成以下必修课程（见表1-3-6）的学习，并取得相应学分。

"实验区"必修课程 表 1-3-6

课程序号		课程名称	学分	课内学时			各学期周学时分配								课程要求
				授课学时	实验学时	上机学时	一		二		三		四		
							1	2	3	4	5	6	7	8	
必修课程	1	建筑环境心理学	2	32							2				
	2	建设工程法律法规与职业道德	1.5	24							2				
	3	新型建筑环境设计	3	48								3			
	4	绿色建筑	3	48								3			
	5	建设工程概论	2	32									2		
	6	建筑工程设计实务	1.5	24									2		

通过"建筑环境心理学"课程的学习，让学生学会从心理学的角度分析用户对建筑内部环境和外部环境的需求与渴望，从而在设计过程中，合理使用专业技能与方法，提高建筑的环境品质。

《建设工程法律法规与职业道德》课程的设置，一方面使学生系统了解我国现行的建设工程的法律法规，强调工程设计的严肃性，增强学生的法制观念，提高学生的社会责任感；同时起到规范学生的职业道德和操守的作用。

为适应现代建筑对环境要求与日俱增的趋势，要求"实验区"学生必修《新型建筑环境设计》课程，以了解新型建筑环境设计的新理念、新方法、新技术和新材料，在设计过程中做到与时俱进。

要求"实验区"学生必修《绿色建筑》课程，了解绿色生态建筑的基本要求、发展趋势，掌握绿色生态建筑的基本设计原理、方法及其涉及的新材料、新技术、新设备等，从而真正将"节能、环保"的理念融入建筑设计过程。

《建筑工程设计概论》课程对建设工程的立项申请、可行性研究、立项批复，到工程设计、施工及交付运行的全过程作了系统、全面的介绍。《建筑工程设计实务》则是重点针对工程设计的全过程对学生进行强化。课程从建筑工程的方案设计、扩大初步设计和施工图设计的三个阶段以及建筑设计院的运作模式和工程设计的后期服务等方面进行全面、系统的介绍，这两门课程的设置对提高学生对工程建设的全过程深入的了解，强化学生的工程意识、提高学生的工程能力和服务意识具有深远的意义。

4. "实验区"选修课程

为拓展学生知识面，开拓学生视野，增强学生对建筑设计各专业的了解，提高学生的团队协作能力，"实验区"开设了以下选修课程（见表1-3-7），要求参加"实验区"的各专业学生在5~7学期（建筑学专业为7~9学期）选修6个学分以上的课程（每学期不少于2个学分）。

"实验区"选修课程 表 1-3-7

课程序号		课程名称	学分	课内学时			各学期周学时分配								课程要求
				授课学时	实验学时	上机学时	一		二		三		四		
							1	2	3	4	5	6	7	8	
选修课程	1	高能效系统工程	1.5	24							2				
	2	可持续发展基础知识	1.5	24							2				
	3	环境保护概论	1.5	24							2				
	4	可再生能源技术一	1.5	24							2				
	5	可再生能源技术二	1.5	24								2			
	6	气候与建筑	2	32								2			
	7	建筑美学	1.5	24								2			
	8	太阳能建筑	1.5	24								2			
	9	城市工程系统规划	2	32									2		

续表

课程序号		课程名称	学分	课内学时			各学期周学时分配								课程要求
				授课学时	实验学时	上机学时	一		二		三		四		
							1	2	3	4	5	6	7	8	
选修课程	10	工程经济与工程管理	1.5	24									2		
	11	建筑设备自动化系统	1.5	24									2		
	12	通风技术在建筑设计和城市规划中应用	1.5	24									2		
	13	建筑消防技术	1.5	24									2		
	14	建筑节能	1.5	24											
	15	建筑供水安全与节水技术	1.5	24											
	16	智能建筑	1.5	24											

5. 实践环节

为切实提高学生的工程实践能力和团队协作精神，参加"实验区"的各专业学生还应在第6学期（建筑学专业为第8学期）的暑假、第7学期的寒假（建筑学专业为第9学期）以及第8学期（建筑学专业为第10学期）分别完成以下实践环节（见表1-3-8）。

"实验区"实践环节　　　　　　　表1-3-8

课程序号		课程名称	学分	课内学时			各学期周学时分配								课程要求
				授课学时	实验学时	上机学时	一		二		三		四		
							1	2	3	4	5	6	7	8	
实践环节	1	设计院模式学习与专业规范强化	4									(4)			在甲级设计院完成
	2	各专业施工图绘制技能强化	2										(2)		
	3	团队毕业设计	16											16	

三、方案设计的可行性

进行"基于设计院工作模式，跨专业团队毕业设计应用型人才培养实验区"课题的研究与探索，我校具有以下的优势和措施，可确保"实验区"培养计划的贯彻执行。

第一，我校"大建筑"的办学传统与办学特色为"实验区"培养计划的落实打下了坚实的基础。

南京工业大学是由原南京建筑工程学院、南京化工大学合并组建的高等院校。"大建筑"、"大化工"一直是我校的传统优势和办学特色。我校是全国为数不多的土建类及其配套专业最为齐全的高等院校之一。学校现开设的土建类及其相关专业有：建筑学、土木工程、给水排水工程、建筑环境与设备工程、电气工程及其自动化、城市规划、环境景观（室内设计）、交通工程、测绘工程、工程管理等。在长期的教学过程中，各专业之间互相渗透，相互交融，互为依托，形成了"专业门类齐全、专业个性鲜明、专业互为依托"的"大建筑"的办学特色。

第二，各专业悠久的办学历史、丰富的办学经验和深厚的专业底蕴为"实验区"培养计划的执行提供了良好的专业技术环境。

我校的建筑学、土木工程、给水排水工程、建筑环境与设备工程、电气工程及其自动化等专业均为原南京建筑工程学院在20世纪50年代建校后即创办的老牌专业，具有悠久的办学历史和丰富的办学经验，均为省级或校级品牌特色专业。目前，我校的建筑学、土木工程、给水排水工程、建筑环境与设备工程、工程管理等专业均已通过了住房和城乡建设部和教育部组织的专业评估，在全国的高校中是不多见的。所有这些都为"实验区"的探索和研究创造了良好的专业技术环境，为"实验区"培养计划的落实提供了强有力的专业技术保障。

第三，先进的教育教学管理理念和一流的管理办法是"实验区"培养计划得以贯彻执行的政策保障。

在长期的办学过程中，我校十分注重教育教学管理理念和管理办法的改革与创新，形成了先进的教学理念，建立了一支高素质的教育教学管理队伍，制订了一系列切实可行的规章制度和管理办法。2005 年，我校通过了教育部组织的本科教学评估并获得了"优秀"。同年，我校通过了"ISO9000 教育质量论证"。所有这些都为"实验区"培养计划的贯彻执行提供了强有力的政策和制度保障。

第四，教学、科研和工程实践并重的师资队伍为"实验区"培养计划得以最终执行提供了师资保证。

长期以来，我校始终坚持走"产—学—研"一体化的道路，"以科研促进教学、科研促进生产、教学回归工程"的理念在我校以根深蒂固。所有参加"实验区"研究的教师既是长期处于教学第一线、拥有丰富教学和管理经验的老师，又是长期致力于科研和工程实践一线、具有丰富工程经验的、通过国家注册考试的专业注册工程师。"双师"的师资队伍为"实验区"培养计划的最终执行提供了强有力的保障。

第五，学校的甲级建筑设计研究院为"实验区"培养计划的落实提供了良好的外部环境和工程实践场所。我校的建筑工程设计研究院是住房和城乡建设部批准的、具有甲级设计资质的老牌建筑设计院，每年均承担了大量工程设计任务，拥有一批工程设计经验极为丰富的工程设计人员，为"实验区"学生提供了良好的工程实践和实训场所。

第四节 基于建筑设计院工作模式的目的与意义

通过建筑设计院工作模式的实践，在教育理念（理论）、培养方案、管理与运行机制等多方面进行了改革与创新。

（1）依据工程人才培养综合化，实践化的要求，在全国首先建立了基于建筑设计院工作运行模式的集成化教学环境与实践平台，探索出了面向应用的高素质工程技术人才的培养方法。

在这个集成化的平台上，各专业的学生和教师有充分的机会进行相互交流，探讨。启发思维，开阔眼界。共同合作完成建筑项目的设计，在合作设计的过程中相互协调、磋商，创造出功能完善、整体统一、节能环保的优美建筑。

实践证明：这一平台对于培养学生的实践能力、协调能力、团队协作能力、节能环保意识以及社会责任感都发挥了巨大作用。

（2）培养方案实现专业之间知识体系，培养手段的内在融合，以绿色建筑的技术思想为纽带，实现了实验区教学与各专业普通本科教学之间的有机衔接。同时兼顾了各专业的基本教学体系，保证了各专业教学的系统性。

培养方案具有较好的前瞻性、科学性、可操作性，教学效果良好。

（3）加强实践教学，建立以学生自主管理为主，学院管理为辅的管理模式。给学生充分的发展空间。

聘请了一批富有创新精神的教授，博学而严谨的知名学者和具有丰富实战经验的设计工程师，对学生进行系统的授课和指导，并直接参与人才培养机制设计和教学改革。

通过与本校建筑设计院的密切合作，给学生以实战锻炼的机会，实行开门办学，加强学生与社会的接触。

实验区具体班级事务由选任的学生班干部组织同学自行管理，以培养学生的组织管理能力。

（4）培养高素质的教师队伍。

学校积极为实验区的教师的工程实践提供条件，注重教师工程能力的不断提高。积极改变教师中普遍存在的重理论轻技巧，能文不能武的跛脚现象。

第五节 成果与成效

创新团队毕业设计，为学生工程意识和工程设计能力培养提供实战机会。团队设计项目的复杂性，涉及专业知识面的广泛性、配合协调工作量大等，都需要各专业学生间协调配合，通过调查研究、查阅文献和收集资料；方案论证、设计概念分析比较和设计计算；归纳整理、独立工作、成员间互补提高以及不断探索、勇于创新等，使学生经受了走向工作岗位前的演练。从近几年的教学实践效果来看，真正锻炼和培养了学生的创新精神和实践技能。培养了学生综合运用本专业知识，同时对相关专业也有了较全面的理解，培养了学生的创新精神和工程意识，提高系统全面思考的能力和独立分析问题、解决问题的能力，增加不怕困难、迎难而上的信心和勇气。

实验区的实践教学改革与创新，取得了丰硕成果，团队的学生在各学院连续多年获得校优秀毕业设计，团队整体从 2005 年开始连续八年获得江苏省高校优秀毕业设计团队以及毕业设计团队优秀指导教师，实验区承担了有关实践性教学改革的省级教改课题多项。在国内核心教育刊物上发表教研论文数十篇，为高等教育教学的新颖性、创新性、实用性的教学改革做出了较大的贡献。

2007 年 12 月 17 日，国家教育部和财政部联合发文《教育部财政部关于批准 2007 年度人才培养模式创新实验区建设项目的通知》（教高函〔2007〕29 号），要求高等学校继续推进人才培养模式的综合改革，探索教学理念、培养模式和管理机制的全方位创新，努力形成有利于多样化创新人才成长的培养体系，影响和带动其他高校人才培养模式的改革和创新，提高人才培养质量，满足国家对社会紧缺的复合型拔尖创新人才和应用型人才的需要，为实施科教兴国战略、建设创新型国家做出更大的贡献。

由我校孙伟民教授主持的"基于建筑设计院模式的跨专业本科人才培养"项目被批准为国家"2007 年度人才培养模式创新实验区"建设项目。该实验区建设项目将获得资助经费 50 万元，同时省里和学校也配套投入了同样的建设资金。

实验区在长期建设过程中也培养了一批"双师"型的教师队伍。学校注重教师的科研水平与工程设计水平为代表的实践能力的共同提高，实践区的指导教师不仅在学术上、科研上是带头人，同时还有丰富工程实践的经验，大部分指导教师都具有国家注册设计师资质。

毕业生分配到工作岗位后表现出了很好的专业设计能力，方案综合能力和工作协调能力，受到用人单位的好评，毕业生供不应求，展现了良好的事业发展前景。也为实验区外的各学院组织教学提供了经验和蓝本，甚至兄弟学校也通过参观和研讨会对此表现出强烈兴趣。说明人才培养模式改革的思路和定位是正确和势在必行的。

第六节 推广应用与发展前景

建立实验区的目的在于践行"大工程"的教育思想，以适应现代社会对于工程建设的人才越来越综合化的要求。培养具有丰富的基础与专业知识，扎实的解决实际工程技术问题的能力；同时具备良好的沟通交流能力、团队工作能力、终身学习能力；具有高尚人文与自然伦理道德、严格遵守职业操守的现代工程师。

以实验区为平台，营造一个各种技术、专业、人才为一体的集成化、综合性、开放式的培养环境。以工程技术与应用为主线整合工程类课程知识和内容，从解决复杂工程问题为出发点，以跨学科的视角来进行课程设置，充分考虑到学科之间合理的交叉融合，建立综合课程教学模块，培养学生宽厚的工程知识背景和开阔的思维视野。按照可持续建筑的工程观，以工程设计为主要手段，实现各专业的内在融合，培养学生的综合素质。

在校内学习阶段，高校要在加强科学文化基础知识学习的基础上，以强化工程实践能力、工程设计能力与工程创新能力为核心，重构课程体系和教学内容，着力推动研究性学习方法，加强大学生创新能力训练，加强跨专业、跨学科的复合型人才培养。"基于建筑设计院模式的跨专业本科人才培养"模式能否取得成功和推广，关键是看我们能否建设一支满足工程人才培养要求的高水平教师队伍。为此，应大力引进有丰富工程经历的教师，调整工程教育教师的评聘和考核办法，侧重评价教师在工程研究、项目设计、产学合作和技术服务等方面的能力；制定教师培训和轮训的制度，鼓励教师参与工程实践，增强工程实践能力。

理论源于实践，又反过来指导实践，"基于建筑设计院模式的跨专业本科人才培养"实验区项目在不断尝试过程中，总结出一些成功的人才培养经验，也会有一些摸索过程中的挫折和教训，由此可从理论上对本领域人才培养规律作探讨总结，并承担相关的教学改革项目，从而为我国的工程教育改革提供一些有益的经验和帮助。

近年来，该模式已被华东、华北地区的一些高校采用和借鉴，在这些学校业开展了相应的教学活动，并取得了很好的教学效果。来我校参加土建类各专业评估的专家，对此也表示极大的兴趣与充分肯定。

第二章 组织与管理

第一节 建筑设计院工作模式及特点

建筑设计研究院的设计团队一般由建筑、结构、建筑设备（给水排水、建筑电气及智能化、暖通空调）等专业工种组成。建筑设计院通常在总工办以及管理办公室下设有建筑所、结构所以及设备所等设计机构。一个建筑工程的设计内容，一般包括建筑设计、建筑结构设计、给水排水设计、建筑电气设计以及暖通设计，如果是工业建筑，还包括生产工艺流程、生产设备的设计等。一个建筑工程的设计步骤，一般由方案设计、初步设计、施工图设计、设计变更等环节组成。建筑工程设计是一项综合性极强的工作，需要各方面专业设计人员的密切配合。在设计过程中，需要建筑、结构、给水排水、建筑电气、暖通空调等专业工种彼此融合、相辅相成，才能满足建筑所需的综合性功能要求。设计师之间的设计数据交换是实现专业设计团队乃至整个项目设计团队协同设计的基础和必要条件。设计人员需要协同工作，完成图档的提交、传阅、批注、发布等。设计人员可以灵活地管理技术文档，和团队成员随时交流设计思想和共用设计资源等。

在建筑设计院中，各个专业设计团队内部应该按照设计内容进行分工，而不再按照图纸目录分工，专业团队的协同设计需要设计团队的上上下下都要予以配合和理解。在设计过程中，各个专业互提条件和设计变更经常发生，各个专业设计人员应该创造一个良好的协同设计的环境，设计资源共享并得到很好的利用，各个设计阶段设计数据应保证高度一致性和集成性，设计过程紧凑，团队合作效率要求高，过程管理非常重要。

近20～30年来，随着计算机辅助设计CAD的推广与应用，国内的绝大多数设计单位基本实现了"甩掉图板"的目标，各个建筑设计院主要依靠各种计算机辅助设计软件等专业软件进行设计计算。20多年来，这些软件不断升级，功能也越来越完善，在这些软件的帮助下各个建筑设计院的工作效率与图板时代有了大大的提高。同时，各设计单位在设计过程中有大量的出图任务，包括工程图纸、计算数据和技术说明等。

为了适应激烈的市场竞争，各个建筑设计院加大了在信息化方面的投入与研究力度，不仅通过引进多种管理系统和应用软件以帮助设计师提高设计质量与效率，更侧重研究如何能增强设计团队的配合与协同，从更深的层次来提高设计效率，提升设计资源的整合，缩短设计周期，以更进一步的增强企业的核心竞争力。

现代建筑正朝着大型化、综合化方向发展，其建筑功能越来越多且越来越复杂，建筑面积日趋庞大，建筑体量的不断增大，建筑物各系统间的协调与综合显得非常重要。随着建设项目规模的日益扩大，要求项目团队之间、甚至各专业院所之间更加配合与协调，才能高效、顺畅、优质地完成设计工作。这对设计院各个技术工种的团队协作和相互沟通能力的要求不断提高，对设计单位各个专业知识和设计技能间的协调和配合要求不断提高。一个现代大型的房屋建筑设计，需要建筑、结构、水、电、暖等设计环节彼此融合、相辅相成，才能满足建筑所需的综合性功能要求。

第二节 基本工种组成架构

实验区主要参照建筑设计院专业工种组成结构，由建筑、结构、建筑设备（给水排水、建筑电气及智能化、暖通空调）等专业工种组成，分别由土建类相关专业建筑学、土木工程、给水排水、电气工程及自动化、建筑环境与设备工程本科专业的大四学生担任。实验区指导教师中设总工程师、总建筑师一名，建筑、结构、建筑设备（给水排水、建筑电气及智能化、暖通空调）各工程师若干名。

学校为毕业设计团队配备精干的指导教师，所有参加"实验区"研究的指导教师既是长期处于教学第一线、拥有丰富教学和管理经验的老师，又是长期致力于科研和工程实践一线、具有丰富工程经验的、通过各类国家注册工程师资格考试的专业注册工程师。"双师型"的师资队伍为"实验区"培养计划的最终执行提供了强有力的保障，从组织的整体上达到较高的设计水平，确保了团队毕业设计的高质量。

指导教师包含城市规划，建筑设计，结构工程，建筑设备，能源分析，环境控制，经济技术等多个学科。涵盖了建筑学科涉及的技术，社会，经济等各个层面。其中，国家注册建筑师2人，国家注册结构工程师3人，国家注册公用设备师4人，国家注册电气工程师2人。

另外，实验区聘请南京工业大学建筑设计院（甲级）的院长、总建筑师、总工程师、给水排水工程师、建筑设备工程师等担任团队毕业设计的兼职教师，指导相对应的各个专业的设计教学。

第三节　软硬件及前期培训教育

学校对实验区的教学发展与改革十分重视，对实验区的工作给予了大力支持。首先组建了实验区强有力的管理队伍，保证实验区的工作稳步向前，持续发展。实验区成立了实验区管理委员会，管理委员会隶属于校教务处，由校教务处直接领导，管理委员会主任由教务处领导担任，成员由相关各学院主管教学的副院长组成。实验区管理委员会主要负责实验区培养模式的研究，发展方向的指导，教学培养方案的制订，教学过程的协调，教学质量的监督等职责。实验区由教务处直接管理，相关学院（建筑与规划学院、土木工程学院、城建与环境学院、自动化学院）参与建设。实验区制定了南京工业大学《基于设计院模式的跨专业人才培养实验区管理条例》。管理条例规定了实验区的培养目标、培养模式、学生选拔、组织形式、学籍管理、修读要求以及相关的鼓励政策等。

此外，学校选派年富力强，教学水平高，工程实践经验丰富的教师担任实验区教学工作。学校为实验区设置了专用教室，教室内配有10M带宽的计算机网络接口，可以随时与校园网和INTER网联接，并配置了多媒体教学设备。学校对于实验区学生的实践环节拨付了专用经费，保障了实习、设计等教学环节的顺利实施，对实验区的图书资料建设给予专项经费支持。近年来校图书馆每年为实验区专门提供图书经费，用于购买相关的设计手册，标准图集，以及国外的建筑方面的文献资料，保证实验区的信息资料与国际同步。学校校园网与中国期刊网CNKI，中文科技期刊数据库，万方数据，万方博硕士论文库，中国优秀博硕士论文库，ASCE电子期刊，ASME电子期刊，Elsevier电子期刊，EI以及SCI等中外文期刊联接，学校图书馆藏书资源丰富，实验区学生可以方便查找相关资料。此外，学校实验室对实验区同学全部随时开放。

学校建筑工程设计研究院是建设部批准的、具有甲级设计资质的全国老牌建筑设计院，每年均承担了大量工程设计任务，具有一大批工程经验丰富，高水平的各个专业工种设计师，多年来一直参与本科教学与毕业设计，大多数设计师都担任了本科生的毕业设计指导教师，与本科教学形成了融洽的协作关系，为实验区的实践教学提供了稳定可靠的基础平台。学校甲级建筑设计研究院为实验区学生提供了良好的工程实践和实训场所，学生的实践训练环节主要在校建筑设计院完成。

在第5学期（建筑学专业学生从第7学期），从建筑设计的全部专业：建筑学、土木工程、建筑环境与设备工程、建筑电气、建筑给水排水等专业的学生中经过一定的选拔（笔试以及面试），招收学生进入实验区学习。参加"实验区"的各专业学生必须在各自专业分别完成以下课程的学习并取得相应学分，具备了基础的工程概念、一定的专业知识和熟练的绘图技能，并对建筑设计的全过程有一定的了解后，进行下一阶段的学习。为进一步提高"实验区"学生对建筑设计各专业之间相互关系的认识，增强其在设计过程中的全局观念，强化其在设计过程中相互配合、团队协作的意识，要求进入"实验区"学习的学生在第5~7学期（建筑学专业为7~9学期），在完成各自专业所规定的课程学习的同时，还要完成实验区规定的必修课程的学习，并取得相应学分。

为拓展实验区学生知识面，开拓学生视野，增强学生对建筑设计各专业的了解，提高学生的团队协作能力，"实验区"开设了选修课程（见表1-3-7），要求参加"实验区"的各专业学生在5~7学期（建筑学专业为7~9学期）选修6个学分以上的课程（每学期不少于2个学分）。

为切实提高学生的工程实践能力和团队协作精神，参加"实验区"的各专业学生还应在第6学期（建筑学专业为第8学期）的暑假、第7学期的寒假（建筑学专业为第9学期）以及第8学期（建筑学专业为第10学期）分别完成以下实践环节（见表1-3-8）。

实验区的教学形式包括：集中的课程教学、设计院的实训、建筑项目的团队设计等环节。课程教学内容是在分析整合建筑技术体系的基础上提出的一些新的综合性课程，如《智能建筑》、《建筑消防技术》、《建筑工程设计过程》、《可持续发展理论》等。以工程技术与应用为主线整合工程类课程知识和内容，从解决复杂工程问题为出发点，以跨学科的视角来进行课程设置，充分考虑到学科之间合理的交叉融合，建立综合课程教学模块，培养学生宽厚的工程知识背景和开阔的思维视野。按照可持续建筑的工程观，以工程设计为主要手段，实现各专业的内在融合，培养学生的综合素质。

实验区的教学主要面向工程应用，面向设计过程，使学生建立整体的大建筑的观念和现代建筑设计思想，能够全面系统考虑建筑的功能与布局，懂得协调处理各子系统的关系。锻炼学生的实践能力，整体思维能力，协调沟通能力，尽快掌握建筑设计的规律。同时培养学生的节能环保意识与社会责任感。

实验区的教学过程中注重培训，并贯穿始终。从学生开始进入实验区到完成团队毕业设计，都有相应的培训工作，分阶段、分内容、分人员分别进行相关专业的培训。培训还必须注重科学性、有效性、实用性，借助培训培养学生的团队协作设计思想，提升学生的工程设计技能。

第四节 毕业设计基本步骤及阶段控制

整个团队的毕业设计可以分以下几个步骤：

（1）选题；（2）毕业设计动员；（3）下达毕业设计任务书；（4）各专业毕业设计；（5）施工图纸会签；（6）评阅、答辩、成绩评定。

选题是毕业设计的基础，是实现毕业设计教学环节教学目标的第一步。选题要合理，难度适中，工作量合适，选题要一人一题，符合专业培养目标，体现综合训练的基本要求。一个好的毕业设计课题不仅要涵盖本专业绝大部分的专业领域，具有较强的综合性，还必须与工程实际相结合，具有较强的实践性，同时还应该与本专业的发展趋势与前沿科技紧密联系，具有一定的前瞻性和创新性。跨专业团队毕业设计的选题工作尤其重要，所选的课题不仅要具有以上特点，同时又要符合所有参与专业基本教学要求及对毕业设计的要求。

团队毕业设计的选题工作一直得到了指导教师和相关部门的重视，形成了严格的选题申报和审查制度。通常，跨专业团队毕业设计的选题工作在毕业设计的前一学期中后期开始，由参与团队毕业设计指导工作的所有教师集中商议，提出本专业对所选课题的基本要求并汇总，在此基础上形成团队毕业设计的课题，并报学校教务部门审查。学校教务部门组织本学科的专家对所选课题进行论证，获得通过后方可最终确定为团队毕业设计的课题。为凸显所选课题的真实性、实践性和创新性，所选课题必须为真题，还必须与当前建筑领域的"节水、节能、环保"等趋势联系紧密。

跨专业团队毕业设计试行以来，毕业设计题目全部来自生产实践，题目内容比较复杂，有建筑、防火、抗震、建筑电气、智能化、给水排水和暖通等方面设计要求。此外，所选课题尽可能反映土木工程专业的发展水平和前沿动态，积极应用新技术、新工艺，以使学生立足于科学发展前沿，创新能力得到培养。

在开始毕业设计之前，一般由管理老师给实验区学生作毕业设计动员，让学生了解毕业设计的重要性、毕业设计步骤及过程，并邀请经验丰富的资深指导教师开设如何做好毕业设计的讲座。同时，还聘请了一批著名建筑设计院的资深工程师为团队毕业设计的学生作有关专业设计的讲座，拓展了学生的视野，加强学生的工程设计能力。

毕业设计任务书是指导教师与学生见面的第一个文字资料，是决定学生毕业设计工作能否正常开展的最重要的指导性文件，而且在培养学生严谨的工作作风和文字工作能力方面有示范作用，因此，指导老师填写时必须叙述清楚、要求明确、清晰工整、符合规范，真正成为学生工作中的重要依据和范例。任务书中任务要求表达明确，参考文献开列规范，进度安排清晰。

团队毕业设计一般分为5个子课题进行设计，分别是(1)建筑及结构设计；(2)建筑智能化设计；(3)建筑电气设计；(4)给排水设计；(5)暖通空调设计。

完成施工图绘制后，各专业学生模拟建筑设计院的工作流程，共同进行施工图会签（在纸质图纸上会签），对其他专业设计中涉及本专业的设计进行确认，也让学生了解了建筑设计院的工作流程。

最后，各个专业学生回到各自学院进行毕业设计评阅、答辩以及成绩评定工作。

过程管理是实现教学目标的最为重要的环节。与传统的毕业设计模式不同，跨专业团队毕业设计的学生来自不同的专业，平时聚少离多，较为分散，管理难度更大。为此，学校建立了严格的团队毕业设计管理制度，毕业设计流程管理尽量做到高效、精确、便捷、迅速、规范，通过抓好毕业设计各个环节，加强毕业设计的质量控制。

第一，学校为跨专业毕业设计团队设立了专门的设计教室，为学生营造了一个类似建筑设计院的工作环境，要求团队成员必须到指定教室共同完成设计课题，增加了不同专业学生之间相互交流、互相沟通、协调商议的机会。

第二，指导教师为团队毕业设计的进程制订了明确的进度计划。学校要求跨专业团队毕业设计不仅有整个团队的总体进度计划，各专业的指导教师还必须在此基础上为学生量身订制了本专业的具体进程安排，并形成进度计划安排表报学校教务部门备查。

第三，毕业设计进程记录填写制度。在整个团队毕业设计过程中，团队成员必须结合自身完成设计任务的进度情况，每周填写毕业设计进程记录，并交指导教师签字。进程记录定期交学校教务部门检查。

第四，建立了专业间协调沟通的联系单制度。在设计过程中，如遇有与外专业交叉矛盾的问题或必须由外专业提供设计资料时，学生必须填写专业协调联系单，明确提出需要协调的专业、问题及解决的时间，由导师签字后交团队的其他成员，从而明确的各专业间相互协调沟通的责任和时间，确保设计进程。

第五，学校还对指导教师的指导时间进行了严格的规定。学校要求参与团队毕业设计的所有指导教师除按规定完成本专业的指导工作外，还必须每周集体与学生碰头2次，以集中商讨学生不能协调解决的相关问题。

实验区的管理以学生自主管理为主，学院管理为辅。学生发展自由空间大：

（1）实验区内部运作与具体班级事务的安排由选任的学生班干部组织同学自行管理。学员可以随时反馈教学效果，提供教学建议。实验区的学生的思想政治仍由学生所在院、系负责，实验区教学管理由管理委员会负责。

（2）设导师1人，主要负责学生学习指导。年级导师具有副教授及以上职称，由管理委员会选聘。

（3）实验区教学任务的安排纳入各学院正常的教学任务一同下达。但需独立组织，独立开课。

（4）学生学籍管理事宜，按《南京工业大学本科生学籍管理条例》执行。

第五节　配合与互动

土建类团队毕业设计各专业学生分工和建筑设计院的分工基本相同。团队所有学生共同在模拟设计院工作环境的教室，按照符合设计院的工作流程进行工作。指导教师为团队毕业设计制订明确的进度计划。团队毕业设计过程中一直强调各专业学生的配合与互动。团队设计项目的复杂性，涉及专业知识面的广泛性、配合协调工作量大等，都需要各专业学生间协调配合。设计组还定期召开课题小组研究讨论会，各专业学生相互之间交流工作经验和工作体会，并就设计中的问题及时开展讨论，互相补充设计资料，协同完成满足工程使用功能和工艺所需的方案设计，结构体系，使用面积、管道井尺寸、防火要求等提供了良好条件，同时避免实际设计中各专业的"碰、撞、漏"现象发生，各专业学生密切联系，彼此紧密配合，互相理解对方的设计意图，团结协作，最终圆满完成了设计，最后各专业学生共同进行施工图会签（在纸质图纸上会签）。同时各专业相对独立，各自形成本专业一套毕业设计，符合各专业对毕业设计的整体要求，各自在所在学院答辩。

团队指导教师采用分散与集中相结合方法开展工作，除各专业指导教师针对本专业进行指导外，每周各专业指导教师集中指导两次，以保证工程设计的整体性，确保工程设计质量。

毕业设计期间，设计组邀请专家开展系列专题讲座，由不同学科专业教授和具有丰富工程实践经验的总工讲解本专业设计内容、特点以及对其他专业的要求，使学生了解建筑工程设计中建筑设计、结构设计、建筑设备设计、给水排水以及暖通设计各自的主要内容和相互之间的关系，了解实际工作中如何做好本专业设计与其他专业设计之间的协调工作，充分利用学科交叉的优势，培养学生的综合工程设计能力。

通过模拟设计院环境的团队设计，使学生体验了设计院的工作方式和施工图产生的全过程，为学生工程意识和工程设计能力培养提供实战机会，提高学生的工程实践能力和工程素质，增强学生间团队协作精神，使学生经受了走向工作岗位前的演练。通过团队毕业设计中的互相配合，便于工程设计中的各专业学生建立整体设计概念，各专业学生在完成本专业设计过程中也对相关专业对本专业的要求有了进一步的了解，进一步加强了学生对建筑物整体的理解和把握。

此外，土建类跨专业团队毕业设计注重培养学生的创新思维和创新能力。指导教师以文献阅读和讲座的形式介绍相关学科的科技动态和新成果，营造良好的科技创新氛围，积极引导学生把新理论、新成果、新技术、新材料、新方法等应用于毕业设计中，例如，鼓励学生在设计中应用新型节能墙体材料及结构体系、建筑节能新技术；同时，在设计过程中，指导教师注意培养学生的创新思维，引导学生多角度思考，鼓励和指导学生提出新的方案或见解，同时又要有严肃认真的科学态度。

从近几年的教学实践效果来看，真正锻炼和培养了学生的创新精神和实践技能，培养了学生综合运用本专业知识，同时对相关专业也有了较全面的理解，培养了学生的创新精神和工程意识，提高系统全面思考的能力和独立分析问题、解决问题的能力，增加不怕困难、迎难而上的信心和勇气。

第六节 毕业设计成果答辩

一、毕业设计成果答辩的目的和意义

毕业设计答辩是毕业设计的最后一个环节，是教学工作中重要的实践性教学环节，也是学生走上工作岗位前接受专业评判的重要阶段，历来都很受重视。毕业设计答辩在于检验学生的毕业设计成果、判定学生独立从事工作的能力，同时通过问答的方式，启发学生深入地研究思考问题，培养和锻炼学生的语言表达能力、概括能力，另一方面也是评判教师指导水准的重要方法。

二、毕业设计准备工作

毕业答辩是建筑设计成果最后也是最重要的一环，对能否获得令人满意的毕业设计成绩至关重要。当然，要想取得理想的成绩，必须以平时踏实认真的学习为基础，同时又要充分重视答辩前的准备工作。在答辩前应该做好以下准备工作：

（1）回顾总结整个毕业设计的过程、内容、成果及特色。

（2）完善并检查设计过程中的建筑设计方案、建筑施工图、结构施工图设计、结构计算方法和计算内容。

（3）特别注意记下毕业设计过程中存在的疑问部分和设计中采用的处理方法，一定要在答辩准备阶段彻底搞清楚。

（4）撰写毕业答辩汇报报告（采用多媒体形式），一般可按10min准备，内容应包括以上三点。报告要做到思路清晰、重点突出、特色明显，以使答辩委员会委员对你的设计成果有全面正确的了解。答辩前应反复练习，合理控制时间。

三、设计成果答辩形式

毕业设计答辩采用项目组答辩和个人答辩两种形式。项目组答辩即同一项目组的各专业学生在完成自己的毕业设计且图纸会签后，就同一毕业设计课题进行统一答辩。答辩过程中，不但要检查各专业学生的设计图纸，而且还要对学生在设计中的重点、难点内容及其相互间的配合进行提问，考查学生对基于设计院工作模式的多工种配合的理解程度。最后由答辩考评小组根据学生的设计成果、答辩情况对学生毕业设计成绩进行评定。

学生在完成项目组答辩后回到自己的学院再进行个人答辩，即每一个学生分别介绍自己毕业设计成果，学生可简单写出书面提纲，以口头介绍形式阐述课题的任务、目的、意义、所采用的资料文献、设计的基本内容和主要方法、成果、结论和对自己完成任务的评价。然后由答辩委员可以围绕毕业设计的基本理论、设计方法、构造措施、图面布置、绘图深度及表达方法等诸方面进行提问。

答辩过程中答辩考评小组应有专人做好记录，供评定成绩时参考，并提出答辩考评小组书面意见。

四、毕业设计成果的成绩评定

毕业设计成绩评定应以学生实际完成工作任务的情况、业务水平、工作态度、结构设计说明书和建筑设计图纸的质量以及答辩情况为依据。毕业设计成绩采用五级记分制（即优秀、良好、中等、及格、不及格），成绩的评定采用三级评分制，由指导教师、评阅教师和答辩考评小组分别评定成绩（其中答辩成绩由无记名投票确定），在分别折算后求和。

指导教师根据学生完成设计质量以及毕业设计期间的表现和工作态度给出平时成绩和书面评语，该部分占总成绩的40%；评阅教师对设计成果给予客观全面的评价，写出书面评语并给出评分，该部分占总成绩的30%；答辩考评小组根据学生介绍及回答问题的情况给出评分，该部分占30%。

学生毕业设计成绩的最后评定由有关教研室负责人召集答辩考评小组成员讨论确定。成绩的评定必须坚持标准，从严要求。"优秀"的比例一般掌握在15%左右，控制获得优良的学生人数，严格区分"良好"、"中等"与"及格"的界限。对工作态度差、达不到毕业设计要求的学生，应评为"不及格"。毕业设计成绩不及格者不得毕业。

第三章　综合选题要求

第一节　选题原则

一个好的毕业设计课题不仅要涵盖本专业绝大部分的专业领域，具有较强的综合性，达到综合训练的目的，培养学生分析问题和解决问题的能力，还必须与工程实际相结合，具有较强的实践性，同时还应该与本专业的发展趋势与前沿科技紧密联系，具有一定的前瞻性和创新性。跨专业团队毕业设计的选题工作尤其重要。所选的课题不仅要具有以上特点，同时还必须符合所有参与专业的专业要求，具体依据以下原则：

1. 所选的设计课题需涉及建筑、结构、建筑电气、给水排水和暖通等各个方面，选题整体上要符合毕业设计的要求，同时又符合各专业对毕业设计的要求，具备组建跨专业团队条件。

2. 选题应达到专业培养目标、教学大纲要求、切合学生的实际知识水平和应用能力。题目不宜过大，难度要适中，要保证学生在指导教师的指导下，在规定时间内经过努力可以完成。设计任务的布置一方面需要考虑学生所学知识能得到全面的应用，另一方面应考虑培养学生适应各种工作岗位的技能。

3. 为凸显所选课题的真实性、实践性和创新性，所选课题必须为真题，所谓真题是指建筑设计的环境和要求均为真实的且未建成，地形图、设计任务书等基础材料齐全，多为指导教师主持或熟悉的实际工程及研究项目，通过"实战"练习来提升学生的学习兴趣，使学生熟悉实际工程的操作程序，积极完成各专业工种的配合工作，较快的适应今后的工作。

4. 在选题上，要求题目类型多样化。建筑的结构类型可以是砖混结构、钢筋混凝土结构、钢结构，在建筑房屋类型上可以是多层或单层的工业厂房，体育建筑，培养学生对大跨度建筑的认知能力，也可以是多层或者高层民用建筑，比如酒店、办公楼、住宅楼等，总高 50m 以内，主体结构高度 40m 左右，建筑面积约 1 万 m^2。题目应具有操作性且易于土建专业的学生上手。

5. 所选的设计课题应紧扣时代发展的步伐，把握专业发展的最新动态，保持课题研究的先进性，帮助学生巩固、深化所学知识，培养和训练学生综合应用能力和科研能力，激发学生的探索精神和创新精神，有利于学生走向工作岗位后较好的开展工作。

6. 绿色建筑已成为当今建筑界的热门话题，但是很多学生只是听说过，却从没有把节能环保的设计思想应用于自己的专业之中，因此，团队毕业设计的选题将与当前建筑领域的"节水、节能、环保"等趋势联系紧密，让学生通过"实战"来了解最新的专业知识，培养学生的社会责任感和良好的职业道德，树立正确的工程意识。

第二节　各专业工种的选题要求

一、土建专业

建筑与结构总是息息相关的，对于结构专业的学生而言，要想更快地适应设计院的工作模式，只了解本专业的知识和技能是不够的，还需要了解建筑、电气、给水排水、暖通等其他专业的基本知识。因此，选题将从建筑专业着手，让学生学习建筑设计中的一些基本知识和基本规范，在设计时着重训练学生对大环境、大关系的把握，如建筑与周围环境的协调关系、建筑的外部流线设计和消防流线设计等。所选建筑课题均为设计院较为常见的建筑类型，如办公楼、综合楼、公寓楼、厂房、体育馆等，建筑层数为多层或高层，在建筑的外形设计上，只要满足内部空间的合理日照和通风，外立面简洁大方即可。由于此类建筑的内部功能比较简单，因此易于结构专业的同学快速上手，该设计主要培养学生绘制建筑施工图和了解建筑细部构造的能力，使其与自己的专业相结合，更好地解决建筑结构方面的问题，为以后的工作打下基础。

由于该毕业设计为多学科联合设计，因此选题不能太窄，应重视不同学科之间相互渗透，并培养学生的综合能力、探索能力、钻研能力和自学能力，以满足社会和科技发展的需求。不仅要求学生手工绘制工程图，同时要求利用绘图软件 AutoCAD 或天正建筑进行计算机绘图，以提高学生的动手能力和运作计算机能力；要求学生在手算基础上利用计算软件进行电算；在课题选择上注重新型建筑材料的利用、新规范的应用和结构计算方法的演变。

二、电气专业

该选题需要涉及学生在本科 3 年中所学到的电气方面的专业知识，课题的内容要能够全面训练学生的综合能力，具体的设计范围有：说明本工程拟设置的电气系统，如变配电系统、照明系统、消防系统、防雷与安全接地、节能专项等。

（1）变、配电系统

确定本工程中建筑物及重要系统的负荷级别，指出本工程中 1、2、3 级负荷的主要内容。需要注意的是，一个建筑工程内通常包含几种负荷级别，如消防负荷一般为 1 级或 2 级负荷，应急照明一般为 1 级或 2 级负荷，一般照明为 3 级负荷。

负荷估算：在方案设计阶段一般采用单位容量法估算总负荷。

电源：根据负荷性质和负荷量，确定需要外供电源的回路数、容量、电压等级等。

变、配电所：位置、数量、容量。

（2）应急电源系统：确定备用电源和应急电源形式。

（3）照明、防雷、接地、智能建筑设计相关系统内容。

另外，课题还应紧跟现代智能建筑的发展。传统的建筑电气毕业设计的内容往往是重强电轻弱电，即只要求设计变配电系统、照明系统、防雷接地系统等强电系统，而随着建筑功能日益强大，智能建筑内弱电系统越来越重要，因此毕业设计的内容还应包括弱电系统，如：门控对讲系统、保安监视系统、火灾自动报警及消防联动控制系统、楼宇自动化系统、住宅智能化系统等，这样强弱结合，内容综合性强，覆盖面广。同时，在设计中引导学生选用新材料、新工艺、新产品，如智能电表、智能消防产品、灯光控制设备、节能光源等，体现设计安全、可靠、合理、经济的原则。

三、给水排水专业

给水排水专业的设计内容主要包括建筑给水系统、排水系统、消火栓系统、自动喷水灭火系统、热水供应系统等。因此，在进行建筑选题时，应注意选择具有自动喷水灭火系统的建筑工程，另外，相对低层民用建筑而言，高层建筑对给水排水系统设计、消防系统设计的要求更高，更能考察学生对相关知识的综合运用能力和工程实践能力。

当下，随着城市建筑业突飞猛进的发展，建筑用水占城市总用水量的比例逐年增加，建筑给水排水工程的节水工作则具有非常重要的意义。因此，在进行设计选题时，应考虑到节水在建筑给水排水设计中的应用，让学生对各种节水措施有较为深入的了解。

四、暖通专业

选题要以实际工程为基准，要有工程训练的背景和较强的实践价值，真正达到理论与实际相结合。选题条件未必需要很理想，鼓励学生主动查阅相关资料解决设计过程中所遇到的问题，发挥学生主动学习的积极性和创造性，树立对工程系统整体的综合概念，培养学生宏观把握和综合动用基础知识处理问题的能力。选题应具有一定的工作量和深度，强调对基础知识的应用，设计方法的应用，法律、法规、规范与标准的应用，使学生接触到施工中的制度、规范、技术措施，对专业有更高定位和认识。此外，相对于以前传统建筑，现代建筑更加强调空调和通风系统的设计，包括空调系统、送风系统、排风系统、防排烟系统等，设计时应予以注意。

第三节　选题范围及训练目标

实验区的教学主要面向工程应用，面向设计过程。所选工程均为多层或高层民用建筑，如体育馆、酒店、公寓楼、办公楼、厂房等，建筑功能较为复杂，建筑结构为框架—剪力墙结构或框架结构，总建筑面积控制在 $1\sim2$ 万 m^2 左右。

随着现代工程中各学科的不断交叉和融合，人们对设计人员的团队协作和相互沟通能力的要求不断提高。以一个完整的房屋建筑设计为例，建筑、结构、水、电、暖等设计环节彼此融合、相辅相成，才能满足建筑所需的综合性功能要求。同时现代建筑正朝着大型化、综合化方向发展，其功能越来越复杂，建筑规模越来越庞大。建筑物各系统间的协调与综合显得更为重要。然而当前在理工类高校的毕业设计中，较多采用的仍然是独立选题的毕业设计模式，设计过程中各专业间没有关联，这并未真实反映出实际设计单位各专业知识和设计技能间的协调和配合的整体要求。这种分立式的教学体系与实际工作的模式不符，更与建筑业的发展不适应，往往造成学生所见世面不够，设计过程中只见树木，不见森林，缺乏整体的大局观，缺乏建筑设计中处理多专业，多工种、多需求的冲突与矛盾的能力。因此，跨专业团队毕业设计就是要在本科学习的后期设立一个建筑的集成设计过程，来自各个专业的学生组成一个设计团队，相互配合，相互协调，共同完成一个真实的工程项目。在此过程中，让学生建立起整体的大建筑的观念和现代建筑设计思想，能够全面系统考虑建筑的功能与布局，懂得协调处理各子系统的关系。锻炼学生的实践能力，整体思维能力，协调沟通能力，尽快掌握建筑设计的规律，同时培养学生的节能环保意识与社会责任感。

跨专业团队毕业设计的直接目的是：通过对建筑设计院工作环境的模拟，搭建一个有利于各专业学生相互沟通，互相配合，共同设计的工作和学习平台，锻炼学生的工程实践能力和创新意识，培养学生良好的职业操守，强化学生的团队协作精神。

跨专业团队毕业设计的最终培养目标是：力争培养具有扎实的专业基础、宽广的视野、较高的综合素质和一定的创新意识的工程技术人才。其特色在于"应用型"、"综合性"和"高层次"；所谓"应用型"就是能熟练运用专业知识，具有较强的解决实际工程技术问题的能力，胜任建筑工程领域各种岗位的工作要求；所谓"综合性"是具备良好的沟通交流能力、团队工作能力、终身学习能力同时具有高尚的人文与自然伦理道德和严格的职业操守；所谓"高层次"就是通过跨专业团队毕业设计，培养出能够从事大型复杂建筑工程的设计工作者和专业研究工作者。

第四节 选题实例分析

一、南方某集团办公楼建筑设计

本毕业设计题目为实际工程应用课题，该工程为南方某集团投资建筑的高层办公楼，采用钢筋混凝土框架—剪力墙结构体系。房屋总高 44.9m，共 12 层，该工程采用钢筋混凝土框架—剪力墙结构体系，抗震设防烈度为 7 度，设计基本地震加速度值为 0.10g，设计地震分组为第一组。工程的总平面图见附图。

本工程场地较平坦，根据地质钻探，该场地土质较均匀。地下水位较高，在天然地面以下 1.5 ~ 2.0m 处，无侵蚀性。场地无液化土层，属于 II 类场地土。

建筑结构的安全等级为二级。拟建场地位于 7 度区，按"建筑抗震设防分类标准"，本工程为丙类建筑，按 7 度设防标准采用抗震构造。地基基础设计等级：丙级。

该设计课题共分为 5 个子课题，设计内容如下：

1. 建筑及结构设计

包括建筑设计、PKPM 电算、结构内力计算、构件截面设计、基础设计计算、施工图绘制等工作，完成设计计算任务书一份。计算书需详细说明建筑结构设计的依据和设计计算过程，计算书还应包括中英文摘要、目录、正文、参考文献、致谢等基本内容，并且满足毕业设计计算说明书规定要求，层次清楚，表达适当，重点突出。

2. 智能化设计

包括综合楼火灾自动报警及消防联动控制系统、安全防范系统、综合布线系统、有线电视系统、广播系统、门禁管理系统的设计工作，完成设计计算任务书一份，绘制施工图纸。

3. 电气设计

包括建筑供配电系统、电气照明系统、建筑物防雷系统、接地及等电位联结设计，完成设计计算任务书一份，绘制施工图纸。

4. 给水排水设计

包括生活给水系统、排水系统、消火栓系统、自动喷水灭火系统、热水供应系统及室外给排水总平面设计。完成设计计算书说明书一份，绘制施工图纸。

5. 暖通空调设计

包括空调冷负荷的计算、空调系统的划分与系统方案的确定、冷源的选择、空调末端处理设备的选型、风系统的设计与计算、室内送风方式与气流组织形式的选定、水系统的设计、布置与水力计算、风管系统与水管系统保温层的设计、消声防振设计。

一个合理的毕业设计题目首先应严格按照教学大纲相关规定的要求而编制，内容全面具体；其次，应有利于培养学生独立思考和钻研能力；最后，在设计难度及工作量上，应以通过一定的努力，学生均能完成该项设计工作为宜。

该毕业设计题目来源于生产和科研一线，因而具有较强的实践意义和应用前景。在内容上涵盖了土建、电气、给排水、暖通等多个专业。在考察基本理论、技能的基础

上，设计题目以实际工程中的问题为重点，所包含的一小部分探索性内容目的在于培养学生独立思考、检索文献的能力，通过在设计过程中老师的指导能够独立完成。

选择本题作为团队毕业设计的课题，以真题假做的形式，要求学生在设计过程中，就工程设计遇到的问题开展讨论，各专业之间互相提供工作资料，满足各专业工艺所需房间面积、管道井尺寸、防火要求等问题，防止出现各专业之间的碰、撞、漏现象发生，最后各专业进行施工图会签。同时要求完成各子课题的学生在设计过程中能积极配合，相互协调，充分体现团队协作精神。

附设计课题地形图与标准层平面图、立面图，如图3-4-1～图3-4-3。

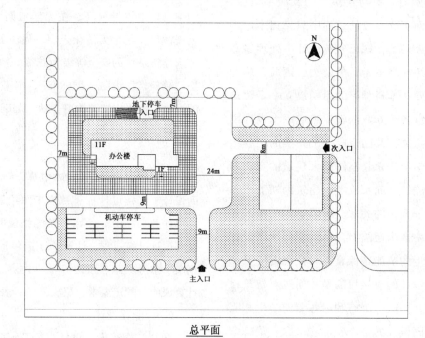

总平面

图3-4-1　南方某集团办公楼总平面图

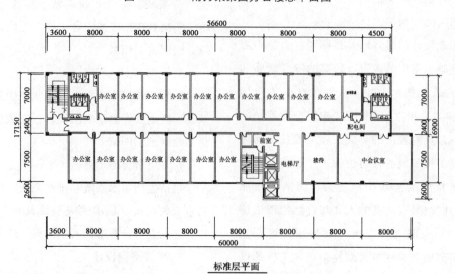

标准层平面

图3-4-2　南方某集团办公楼标准层平面图

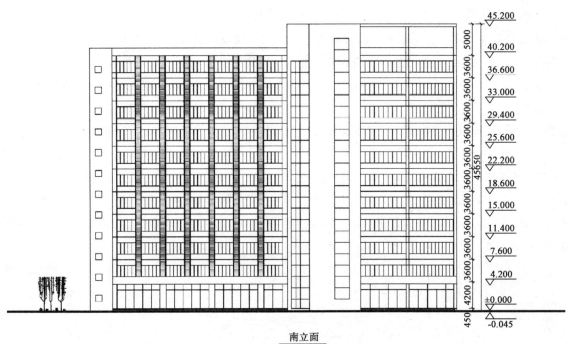

南立面

图3-4-3　南方某集团办公楼南立面图

二、南方城市区级全民健身中心

南方某大城市市区人口约200万，下辖8个区。为了进一步推动全民健身事业的发展，贯彻落实江苏省体育发展"十一五"规划，该市某区（该区人口约30万）拟在一个环境优美的城市公园一角建设一个区级重点全民健身中心，以满足群众健身休闲、基层体育比赛、基层体育指导与培训、文体表演以及学生课外活动的需要。建筑用地地势平坦，地质情况良好，面积约2.5hm²。

拟建建筑的总建筑面积约8000m²（±10%），可考虑设地下室或半地下室。容积率≤0.4，绿地率≥35%，建筑层数8层以内，建筑限高36m。建筑退后城市主干道≥10m，退后城市次干道≥8m。需设机动车位60个，自行车位150个。基地所在建筑气候区为ⅢB，必须满足夏季防热、通风降温要求和冬季防寒要求。基地见附图。

南方城市区级全民健身中心设计课题共分为5个子课题，设计内容如下：

1. 建筑及结构设计

题目A：

（1）健身休闲部分——总服务台、休息厅、茶座（提供简餐）、展厅、体育文化用品商店、国民体质检测室、医疗保健室、舞厅、保龄球馆（6道）、乒乓球室（内设8~10台乒乓球桌）、羽毛球馆（内设3个标准羽毛球场）、网球馆（内设1个标准网球场）、游泳馆（内设一个50×21m²温水游泳池及一个戏水池）、SPA、棋牌室、壁球室、瑜伽室、柔道馆、体操房、健身健美室等以及厕所、更衣、淋浴、按摩等房间。

（2）室外设有2个标准篮球场、1个标准排球场、3个标准网球场、4个标准羽毛球场、1个10m高攀岩墙、1个健身秧歌舞场、1个门球场、1个健身路径、1个儿童游戏园地等。

（3）应充分考虑无障碍设计

结构设计：结构选型和布置、内力计算及组合、构件截面设计。

题目B：

（1）高层办公楼部分——培训、管理办公室4间、各类体协活动室6间、50人会议室1间、150座多媒体报告厅1间、普通培训教室2间。配套设施如机房、器材室等。

（2）室外设有2个标准篮球场、1个标准排球场、3个标准网球场、4个标准羽毛球场、1个10m高攀岩墙、1个健身秧歌舞场、1个门球场、1个健身路径、1个儿童游戏园地等。

（3）应充分考虑无障碍设计

结构设计：结构选型和布置、内力计算及组合、构件截面设计。

（题目A和题目B可任选其一）

2. 建筑智能化设计

包括综合布线系统、安全防范系统、有线电视系统、公共广播系统、火灾自动报警与消防联动系统、建筑设备监控系统。

3. 建筑电气设计

包括变配电系统、电气照明系统、防雷接地系统。

4. 给水排水设计

包括生活给水系统、排水系统、消火栓系统、自动喷水灭火系统、热水供应系统及室外给排水总平面设计。

5. 暖通空调设计

包括空调设计、通风设计、防排烟设计、热交换站设计。

该南方城市区级全民健身中心为多层商业建筑,总建筑面积约 1 万 m²,建筑规模适中,在规划上,要求策划内容能充分满足全民健身活动的需求,设计方案符合规划要求,与周边环境关系和谐,交通组织顺畅,室外环境优美。建筑外立面需满足采光日照的要求和不同运动项目对朝向的特殊需求。该建筑结构为大跨度的框架结构,属于设计院中较为常见的结构类型,有助于结构专业的学生巩固专业知识,积累专业经验。

高层办公楼平面图、立面图、剖面图,如图 3-4-4 和图 3-4-5 所示。

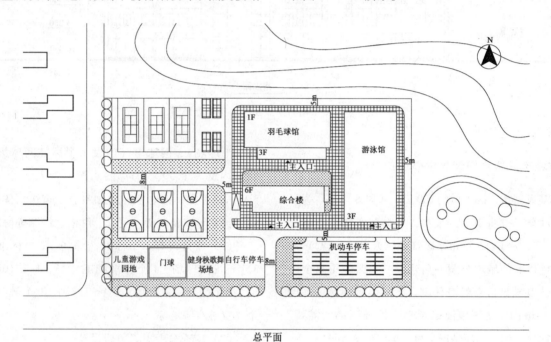

图 3-4-4　高层办公楼总平面图

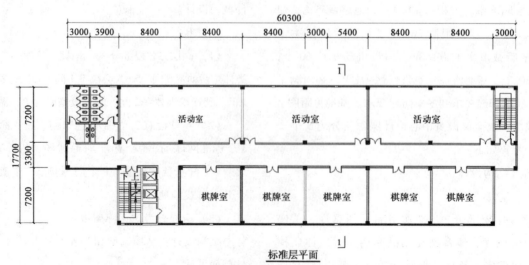

图 3-4-5　高层办公楼平面图、立面图、剖面图(一)

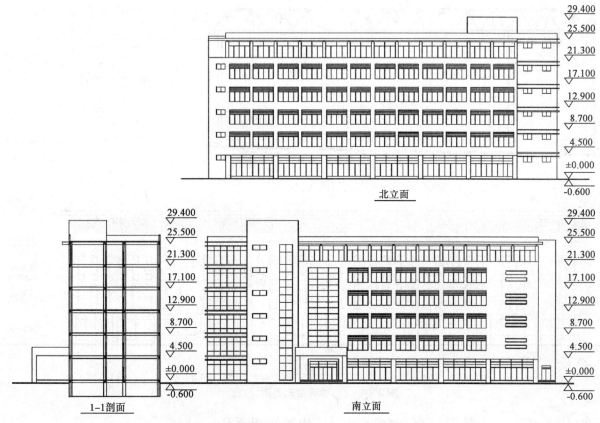

图3-4-5 高层办公楼平面图、立面图、剖面图（二）

游泳馆平面图、立面图、剖面图，如图3-4-6和图3-4-7所示。

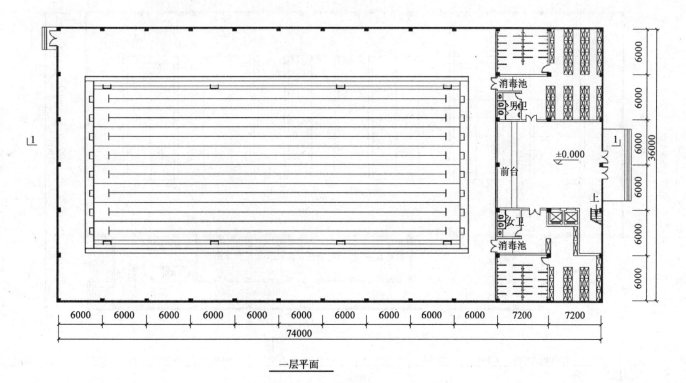

图3-4-6 游泳馆平面图

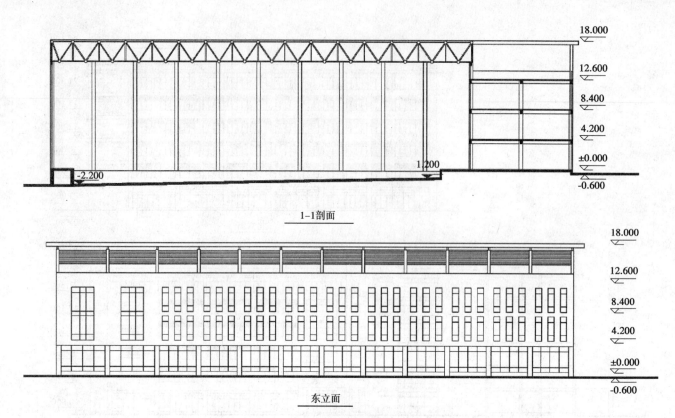

1-1剖面

东立面

图3-4-7 游泳馆剖面图、立面图

羽毛球馆平面图、立面图、剖面图，如图3-4-8和图3-4-9所示。

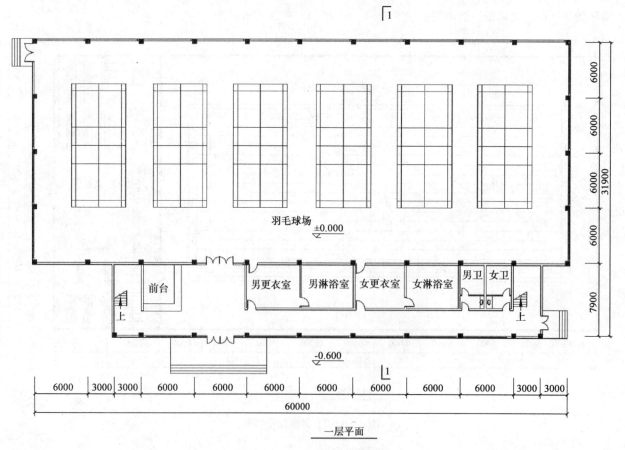

一层平面

图3-4-8 羽毛球馆平面图

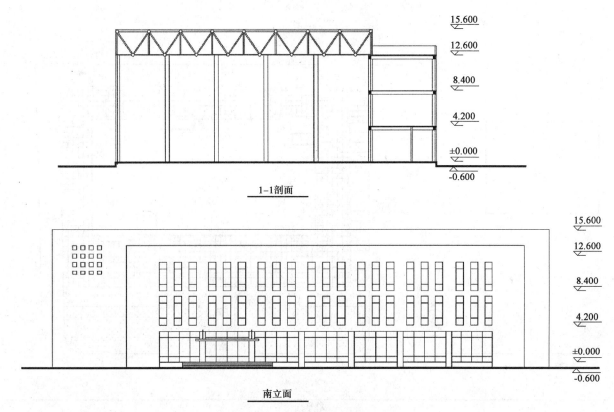

15.600

12.600

8.400

4.200

±0.000

-0.600

1-1剖面

15.600

12.600

8.400

4.200

±0.000

-0.600

南立面

图3-4-9 羽毛球馆剖面图、立面图

三、某汽车服务有限公司一、二期厂房

本毕业设计题目为实际工程应用课题，该工程为某汽车服务有限公司投资的一、二期工业厂房。总建筑面积约6500m²，房屋总高15.65m，共3层。采用框架结构体系，建筑工程设计等级为二级，设计合理使用年限50年。

（1）气象资料：

1）基本风压：0.4kN/m²

2）基本雪压：0.5kN/m²

3）主导风向：东南风

（2）工程地质资料：

1）本工程场地较平坦，废弃建筑已拆除，场地平整后室外绝对标高10.8m。

2）根据地质钻探，该场地土质较均匀，土层分布情况见表3-4-1。

地质情况表   表3-4-1

层号	土层	厚度（m）	W（%）	γ（kN/m³）	e	I_P	E_{S1-2}（MPa）	F_k（MPa）
1	杂填土	0.2~0.6						
2	有机粉质黏土	0.4~1.0	26.4	19.6	0.74	12.4	5.3	90
3	粉质黏土	3~5.2	27.5	19.4	0.75	13.1	6.6	150
4	黏土	4.1~6.3	22	20.5	0.6	15.0	7.4	240

3）建议以粉质黏土层作为持力层，采用浅基础。

4）地下水位在天然地面下2.5m处，无侵蚀性。

5）场地无液化土层，Ⅱ类场地。

荷载：按《建筑结构荷载规范》取值。

设防烈度为7度，设计基本地震加速度值为0.10g，设计地震分组为第一组。

该设计课题共分为5个子课题，设计内容同选题一。

本毕业设计题目内容比较复杂，有建筑、结构、建筑电气、给水排水和暖通等方面设计要求，选题整体上符合毕业设计的要求，同时又符合各专业对毕业设计的要求，具备组建跨专业团队条件。本毕业设计题目能够对学生所学专业知识起到综合检验的作用，锻炼他们灵活运用所学知识解决实际问题的能力。

附设计课题地形图（图3-4-10），此地形图由任课教师提供电子文件，图3-4-11和图3-4-12为该工程一层平面图和一层剖面图、立面图。

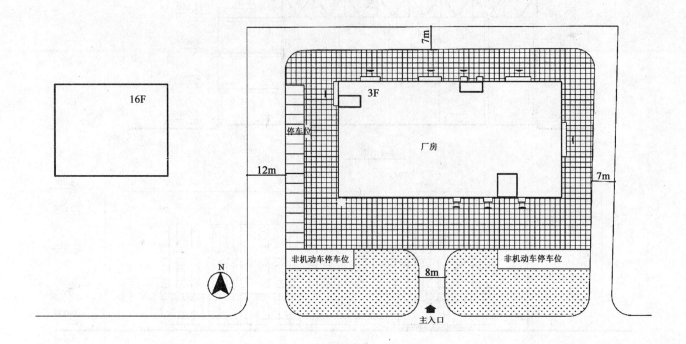

图 3-4-10　某汽车服务有限公司一、二期工业厂房总平面图

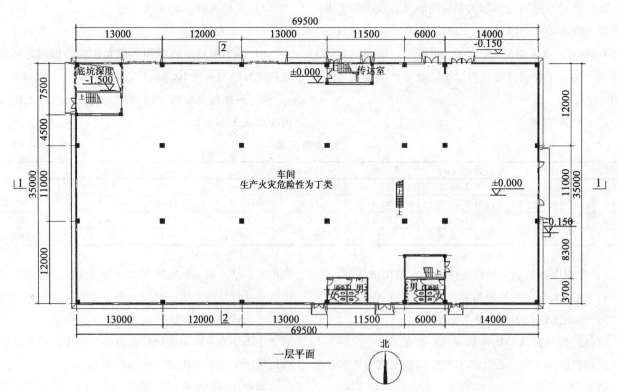

图 3-4-11　某汽车服务有限公司一、二期工业厂房车间一层平面图

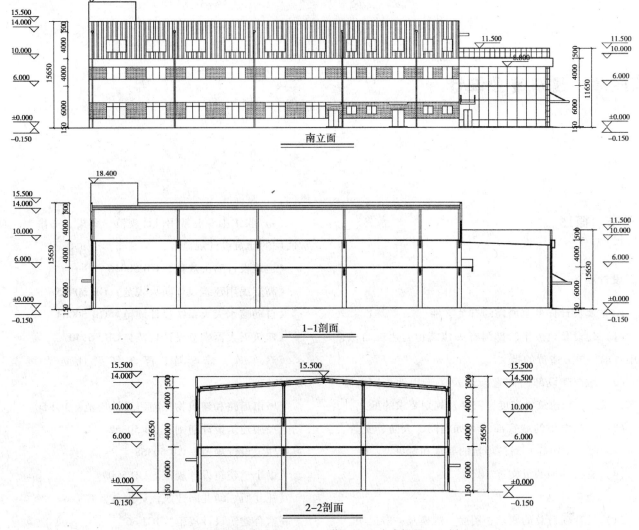

图 3－4－12 某汽车服务有限公司一、二期工业厂房车间平面图剖面图、立面图

第四章 建筑专业设计

第一节 概述

一、设计准备

1. 核实设计任务书所需的有关文件

（1）建设及单位主管部门有关建筑物的建筑面积、使用要求、单方造价的批文。

（2）城市建设部门同意设计及关于用地范围、容积率、绿地率和建筑物高度、密度及规划要求的批文。

（3）专门申报的城管部门（如消防、人防、交管、卫生、环保、文物等）对该项目的要求和意见。

（4）有关征地的批文等。

2. 熟悉任务书

（1）设计项目总的要求、用途、规模及一般说明。

（2）设计项目的总建筑面积、房间组成、面积分配及使用要求等。

（3）建筑基地地形图、周边交通状况及有关地形地貌资料等。

（4）场地周边城镇基础设施（给水、排水、供配电、燃气等）的条件和与场地管线衔接可能的方位、方式、制式。

（5）设计期限及项目进度计划安排要求。

3. 调查研究、收集资料

（1）地形地貌资料：海拔高度、场地内高差及坡度走向；原有林木、绿地分布及有保留价值的建筑物分布情况。

（2）水文地质资料：土层、岩体情况、软弱或特殊地基情况；地下水位；标准冻深；抗震设防烈度。

（3）气象资料：项目所处气候区类别；年最高和最低气温、年平均气温、最大日温差；年降雨量；主导风向；日照标准。

（4）收集本专业常用设计规范、图集、书籍等，通常使用的建筑设计规范有：

《建筑设计防火规范》GB 50016

《高层民用建筑设计防火规范》GB 50045

《自动喷水灭火系统设计规范》GB 50084

《建筑灭火器配置设计规范》GB 50140

《汽车库、修车库、停车场设计防火规范》GB 50067

《城市道路和建筑物无障碍设计规范》JGJ 50

《民用建筑设计通则》GB 50352

《住宅设计规范》GB 50368

《中小学建筑设计规范》GB 50099

《托儿所、幼儿园建筑设计规范》JGJ 59

《宿舍建筑设计规范》JGJ 36

《商店建筑设计规范》JGJ 48

《旅馆建筑设计规范》JGJ 62

《办公建筑设计规范》JGJ 67

《汽车库建筑设计规范》JGJ 100

二、建筑设计的程序

建筑设计程序一般可以分为方案设计、初步设计和施工图设计三个阶段，三者从时间进程和设计深度要求上是依次递进的，每一阶段的工作总是在前一阶段工作的基础上进行，并将前一阶段制定的原则深化完善。

方案设计阶段是建筑设计全过程的基础和立足点。方案设计是在熟悉设计任务书、明确设计要求的前提下，综合考虑建筑功能、空间、造型、环境、结构、材料等问题，做出合理方案的过程。方案设计阶段文件内容包括：设计说明、投资估算、设计图纸（平面图、立面图、剖面图、透视图或鸟瞰图等）。

初步设计阶段是建筑方案修改、完善和不断细化的过程，需要各个专业设计人员通力合作，对建筑方案进行全面的设计整合，使之在整体上能够达到各专业之间设计配合良好，基本无冲突的效果。它的主要任务是在方案设计的基础上协调解决各专业之间的技术问题，经批准后的技术图纸和说明书便成为编制施工图、主要材料设备订货及工程拨款的依据文件。初步设计的内容与方案设计大致相同，但更详细些，主要包括确定结构和设备的布置并进行计算，在建筑图中标明与技术有关的详细尺寸，并编制建筑部分的技术说明书和根据技术要求修正的工程概算书。

施工图设计是建筑设计的最后阶段，是提交施工单位进行施工的设计文件，必须根据上级主管部门审批同意的初步设计（或方案设计）进行施工图设计。施工图设计的主要任务是在初步设计的基础上，综合建筑、结构、设备等专业，相互交底，确认核对，深入了解材料供应、施工技术、设备等条件，把满足工程施工的各项要求反映在图纸中，形成一套完整的、表达清晰和准确的施工图，作为建设单位施工的依据。

三、设计过程中与各专业之间的配合

1. 与结构专业的配合

在建筑工程设计过程中，建筑设计与结构设计是两个至关重要的环节，建筑设计是前提，结构设计又是建筑不可或缺的物质基础。结构工程师在理解建筑师的设计意图的基础上给出专业意见，在结构造型、结构布置及抗震方面提供专业意见，为建筑方案的可行性、合理性和实施性提供保证。

各设计阶段与结构专业的配合内容见表4-1-1。

2. 与给水排水专业的配合

给水排水专业需要了解建筑物的功能、特性、面积、层高、层数、耐火等级、防火区域的划分、防火门及防火卷帘位置、总给水及总排水位置、盥洗间使用人数、建筑物对消防给水的要求等。给水排水设计人员在做好初步设计后，就各设备间的面积、位置要求等向建筑专业提交技术要求，并同建筑专业协商确定设备的放置位置和间距。

各设计阶段与给排水专业的配合内容见表4-1-2。

与结构专业的配合内容　　　　　　　表4-1-1

方案设计阶段	初步设计阶段	施工图设计阶段
①初估建筑结构选型； ②了解建筑结构布置原则； ③了解变形缝的位置和预计宽度	①对方案阶段的结构选型进行确认和补充； ②了解楼层、屋顶结构布置草图，初步估计主要构件截面尺寸； ③了解地基处理深度、范围和方式； ④提出设备用房的位置，屋顶水箱的位置和重量； ⑤提出各管线进出建筑物的位置	①了解各种设备、电气用房结构平面图及设备基础平面图； ②确定主要结构构件（梁、板、柱、剪力墙）的截面尺寸； ③确定结构板面标高，边缘构件位置和尺寸； ④确定基础的埋置深度、平面尺寸及轴线关系； ⑤提出楼梯、坡道和雨棚的结构形式； ⑥提出缆线敷设的路径及其宽度、高度要求

与给排水专业的配合内容　　　　　　　表4-1-2

方案设计阶段	初步设计阶段	施工图设计阶段
了解各类水专业用房（泵房、水处理机房、热交换站、水池、水箱）的位置、面积及高度	①初估各类水专业用房（泵房、水处理机房、热交换站、水池、水箱）的位置、面积及高度； ②确定报警阀间、水表间、给排水竖井的位置和大小； ③确定水箱、水池、气压罐的位置； ④提出卫生间洁具的布置和尺寸； ⑤提出屋面排水的方式和雨水斗位置	①确定消火栓的开洞尺寸和洞底标高； ②确定地漏和雨水斗的位置； ③确定各类水专业用房的位置、面积及高度； ④确定喷头平面布置； ⑤了解室内给排水干管的垂直、水平通道的位置、尺寸、标高； ⑥了解给水排水局部总平面图

3. 与暖通空调专业的配合

暖通和空调都需要一套相应的设备，包括锅炉房、冷冻机房、空气调节机房以及风道、管道、送风口、回风口等。暖通专业与建筑设计、结构设计都有密切关系，应积极主动与建筑设计人员协商沟通，了解建筑物的特性、功能、面积、层高、层数、建筑总高度、耐火等级、防火区域的划分，明确各房间对温度、湿度以及洁净度的要求，在做好初步设计后向建筑专业提交，否

则很容易导致设备间面积不够，管道难以布置甚至影响建筑使用功能。

各设计阶段与暖通空调专业的配合内容见表4-1-3。

与暖通空调专业的配合内容　　　　　表4-1-3

方案设计阶段	初步设计阶段	施工图设计阶段
①了解采暖、通风，空调系统的形式和高度要求； ②了解锅炉房、冷冻机房、空调机房的面积、净高要求、设置区域	①初估锅炉房、冷冻机房、空调机房的位置和大小； ②了解空调通风系统主风管道的平面布置； ③了解在垫层内埋管的区域和垫层厚度； ④提出送、排风系统在外墙或出地面的口部位置	①确定制冷机房设备平面布置和排水沟平面布置； ②确定空调机房和通风机房的位置、尺寸、标高； ③确定空调室外机的位置和尺寸； ④确定风井的位置和尺寸； ⑤确定建筑外墙上进排风百叶、出屋面的通风井百叶的位置和尺寸

4. 与电气专业的配合

电气专业设计时应向建筑专业提出智能化系统、弱电机房和强电设备用房的布置要求。同时还应向建筑专业提出强、弱电竖井的布置要求，一般情况下，强、弱电竖井宜分开设置，如受条件限制必须合用时，强、弱电电缆应布置在竖井两侧。

各设计阶段与电气专业的配合内容见表4-1-4。

与电气专业的配合内容　　　　　表4-1-4

方案设计阶段	初步设计阶段	施工图设计阶段
①了解变配电室和弱电机房的面积、位置、高度； ②了解电气（强电、弱电）竖井的面积和位置	①了解智能化系统的机房的位置和面积大小； ②了解消防送、排风机、消防泵控制箱位置	①确定变配电室和弱电机房的面积、位置、高度以及地面、墙面、门窗的做法及要求； ②确定竖井（强电，弱电）的面积和位置； ③确定消防控制室的位置和尺寸； ④确定缆线进出建筑物的位置和主要敷设通道； ⑤确定配电箱、配线箱安装在墙体上的位置及尺寸

四、毕业设计文件编制要求

1. 建筑施工图设计文件内容

（1）图纸总封面及图纸目录；

（2）设计总说明；

（3）总平面图；

（4）建筑平面、立面、剖面图；

（5）建筑详图；

（6）建筑设计计算书（供内部使用及存档）。

2. 建筑施工图设计文件要求

（1）图纸目录

图纸目录应根据图纸编号顺序列表，表中数据包括顺序号、图名、图纸编号、图纸规格等，对所采用的标准图集宜专门列出目录。

（2）设计总说明

设计总说明包括对项目概况、设计依据、设计原则、主要构造做法、防水、防火、节能的主要技术措施和采用的主要建筑材料进行说明，并列出建筑物的主要经济技术指标和室内外装修一览表。

（3）总平面图

总平面图应表明建筑物的总体布局，定位各建筑物及构筑物的位置、道路、管网的布置情况，确定新建建筑物的竖向设计、建筑朝向、地形和地物等。

（4）建筑平面图

建筑平面图应确定建筑物的平面形状、房间布置、门窗类型、建筑构造（如墙体、柱子、烟道、通风道、管井、楼梯等）的尺寸，不应绘制非固定设施（家具、屏风、活动墙等）。旅馆或住宅需要在平面图中布置设备（如冰箱、洗衣机、空调室外机等），作为设备专业布置管线的依据，宜采用最细的虚线表示出设备的位置，最终出图也可取消。

（5）建筑立面图

建筑立面图表达建筑物在室外地平线以上的全貌（包括地面线、建筑外轮廓形状、构配件的形式与位置及外墙的装修做法、材料、装饰图线、色调等）和必要的尺寸标注、标高、详图索引、文字说明等。

（6）建筑剖面图

建筑剖面图的剖切位置一般选在建筑物的结构和构造比较复杂、能反映建筑物构造特征的部位，表达建筑内部的分层、结构形式、构造方式、材料、做法、各部位间的联系和高度等。

（7）建筑详图

建筑详图分为构造详图、配件和设施详图和装饰详图，在详图设计中尽量选用标准图（通用图），以便提高设计效率和减少差错，对于特殊的做法和构造仍需要自行设计非标准的构配件详图。

（8）建筑设计计算书

建筑设计计算书是设计人员根据工程性质特点进行热工、视线、防护、安全疏散等方面的计算，作为技术文件存档。建筑热工计算主要是针对外围护结构的保温和隔热，设计人员应在建筑朝向、体型、门窗洞口尺寸及选型、外墙与屋面的选材和构造等方面考虑节能因素。

3. 毕业设计文件编制要求

建筑专业本科毕业设计文件应包括施工图设计文件的主要内容，即封面、目录、设计说明、设计图纸等内容。图纸数量不少于 10 张 A1 图纸。图纸内容和深度必须达到以下要求：

（1）封面：写明项目名称和编制年月；

（2）设计说明：包括施工图设计依据，设计规模和建筑面积；建筑物相对标高和绝对标高的关系；室内外墙体、建筑各部位、建筑装修等必要说明；建筑门窗的数量和选型；

（3）建筑总平面图：详细标明场地上全部建筑物、道路、绿化、设施等所在位置、尺寸和标高，并注明指北针和风玫瑰等，绘制比例（1∶500）；

（4）各层平面图：绘制比例（1∶100）；

（5）各个方向立面图：立面图中必须有张为铅笔手绘图，绘制比例（1∶100）；

（6）剖面图：应选择设有楼梯，层高、层数不同，内外空间变化复杂，具有代表性的剖面位置，绘制比例（1∶100）；

（7）建筑平面、立面、剖面图中必须有张为铅笔手绘图，绘制比例（1∶100）；

（8）详图：在平立剖面施工图中的某些构造做法未能清楚标示时，应分别绘制详图，标明所有细部尺寸，其中楼梯和卫生间详图必须绘制，绘制比例（1∶50）。

第二节　建筑设计相关知识

一、建筑方案的构思

方案构思是建筑设计的起点和灵魂，是一个艰辛而又具有创作激情的过程。方案构思需要丰富多样的想象力和创造力，想象力和创造力不是凭空突然间灵感迸发而来的，而是积累后的顿悟，要借助形象思维的力量，根据有关设计要素进行严密的分析和思考，把对设计任务书分析研究的成果转化为具体的建筑形态。这就需要我们平时学习和研究大量优秀建筑师所完成的设计作品，绘制草图和制作模型来分析比较，多去实地参观优秀的建筑实例等方式来达到活跃思维、丰富想象力和创造力的目的。

1. 从环境特点入手进行方案构思

从环境出发进行构思是最基本的手段。环境包括自然环境和社会环境，在自然环境中建筑设计出发点一般主要考虑利用地形地貌（山地、坡地建筑）、保护利用景观植被（少砍树、少填土）、建筑与环境的尺度关系等。在历史人文环境下的构思主要考虑历史文脉的延续和历史传统氛围的保护与协调等要素。

流水别墅在利用地形地貌，保护自然生态平衡、创造良好的气候和物理环境以及在建筑美观创作上都是一个成功的典范。建筑凌跨在潺潺的溪流之上，利用钢筋混凝土结构的悬挑能力，使得每一层楼板向各个方向远远的悬伸出来，层层悬挑交错的露台加强了自由开放的空间布局，反映了建筑与周边山体、山石、流水、树木的自然结合，使人工的建筑艺术与自然景色互相对照、互相渗透、相得益彰。在建筑造型上，一道道横墙和几条竖向的石墙组成一个横竖交错、极富变化的构图。尤其是墙体采用粗犷而深沉的石材和一道道光洁明快的灰白色钢筋混凝土水平挑台形成鲜明的对比，在挑台下方形成一片片深深的阴影，使得建筑体形显得更加丰富而生动。这个别墅就像从自然环境中"生长"出来的一样，在设计思想上体现了建筑师赖特有机建筑的思想精髓（图4－2－1）。

(a)外观

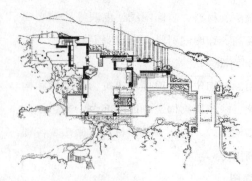

(b)与周围环境的关系

图4-2-1　流水别墅

又如苏州博物馆新馆设计，新馆选址在老城东北街与齐门街交汇的东北角，东面为太平天国忠王府，北面为拙政园，南面隔河相对狮子林。该设计的构思主要是完全尊重古城的历史文脉，体现了古典与现代的融合，传承苏州古典园林的精髓。新馆采用中轴线对称的东、中、西三路布局，中间部分为入口大厅和主庭院，西部为博物馆主展区，东部为次展区及行政办公区，这样的布局与东侧的旧馆忠王府相互辉映，建筑高度未超过周边的原有建筑，十分和谐。博物馆三角形屋顶取自苏州传统民居屋顶的比例，竖边与横边的比例为1：2，建造技术上沿用了江南水乡瓦顶木屋架的模数设计，色彩设计上沿袭了苏州传统民居粉墙黛瓦的主色调，建筑内外墙体均采用纯净的白色主基调，空间转折处采用灰色线条进行外形的勾勒，丰富了建筑色彩的层次（图4-2-2）。

(a)外观

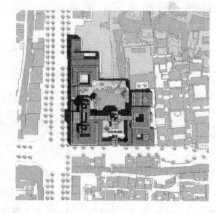

(b)与周围环境的关系

图4-2-2　苏州博物馆

2. 从功能特点入手进行方案构思

建筑物是为了满足人们一种或多种使用功能服务的，因此，从建筑物的使用功能出发进行建筑设计构思是一种比较直接的方式。功能决定形式，建筑物的形式应是其功能的最好表现。形式与功能相统一的建筑使人一目了然，并容易被人们所理解和接受。在设计的初期，从功能入手进行方案的立意构思是较容易上手和掌握的，这样往往可以合理地、富有创意地满足功能空间的要求。不同类型的建筑对于建筑空间的体量和形态有不同的要求。例如在公共建筑中，因为功能的需要而涉及尺度相对较大的空间，如报告厅、观演厅、展厅等，一般有矩形、圆形、扇形、梯形和异形等形式，需要根据建筑体量组合关系的需要，合理选择不同的形式，这些因素都是我们确定一个空间特征的重要依据。从功能着手进行构思首先要了解各类型建筑的一般平面空间布局模式以及每种模式的优缺点，在何种情况下选用哪种模式比较合适，只有积累了这些知识才能突破传统模式并以此作为创新的出发点。

由密斯·凡德罗设计的巴塞罗那国际博览会德国馆，它之所以成为近现代建筑史上的一个杰作，功能上的突破与创新是其主要原因之一。整个建筑立在一片不高的基座上面，主厅部分有8根十字形的钢柱，上面顶着一块薄薄的顶板，隔墙有玻璃和大理石两种。墙的位置布置灵活且很自然，有些延伸出去成为院墙，形成一些半封闭半开敞的空间。室内空间敞开并与室外产生联系，室内外空间之间的界定模糊，过渡自然，使景观成为生活空间的一部分。建筑和外部环境之间的差别仅限于它们的尺度不同以及是否带有顶盖，建筑以其无限连续的空间打破了传统六面体围合空间的概念，所有空间都是互相穿插与渗透的。这种不确定的空间关系使人对空间产生了在运动和视觉上的全新体验，称为"流动空间"（图4-2-3）。

(a)外观

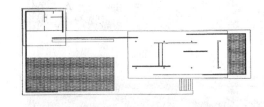

(b)平面图

(c)内景

图4-2-3 巴塞罗那国际博览会德国馆

赖特设计的纽约古根汉姆美术馆，从参观流线和功能分区的布局特点入手，将美术馆内部展览空间设计成一个螺旋形走道不断盘旋而上的整体空间，而不是传统的盒子型房间。参观者通过电梯到达建筑顶层，然后自上而下顺着螺旋形的大坡道参观，保证了参观路线的连续与流畅。这种参观模式减少了参观者中途的疲惫感，也为这种类型建筑创造了一个崭新的建筑空间模式，其独特的外部造型直接反映出内部空间的特征，使其建筑造型别具一格（图4-2-4）。

3. 从形态意象入手进行方案构思

空间形态的意象构思指采用象征和隐喻的方式构思建筑造型，用一种暗示的方法传递建筑形态想要表达的某种形象上的意图，用以反映建筑的某种含义和设计理念，启迪人们的联想。其构思主要受到两方面客观条件的制约：其一是由建造意图所引发的一系列特定条件，如建筑的功能与技术要求；其二是建造地域众多的环境因素，如特定建造地点的人文与自然环境状况等。建筑的形态意象构思通过对建筑自身实体形态的处理来对建筑形式进行诠释，它包括建筑整体或部分形象上、结构形态上、内部空间上、环境形态上的象征和隐喻。

悉尼歌剧院的设计者是丹麦建筑师伍重。建筑师考虑到该建筑物建造在悉尼港内一块伸入海湾的半岛上，东、西、北三面临水，位于城市的中央，人们可以从各个角度看到它。考虑到建筑所处的环境，在设计这座成为视角交点的建筑物时，格外注意其屋顶，屋顶是与该建筑四个立面同等重要的第五个立面。建筑师决定创造一个戏剧性的雕塑造型来代替通常方盒子的形式。整个建筑采用三个巨大的"贝壳"翘首于海边，另一个背向海湾站立，看上去就像好像几个巨大的蚌壳向前方张开着；又像鼓满了风的白色帆船，将白帆般的壳体和悉尼港的优美风景有机地融合在一起，宛如船和帆的组合那么和谐自然。该建筑充分展现了海滨建筑的特点——轻盈、纯洁而富有动感。悉尼歌剧院独特的形式使它成为澳大利亚的标志性建筑，并与印度的泰姬陵和埃及的金字塔齐名（图4-2-5）。

(a)外观

(b)中庭

(c)参观坡道

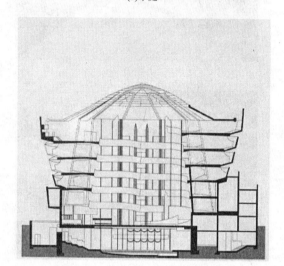

(d)剖面

图4-2-4　纽约古根汉姆美术馆

(a)外观1

(b)外观2

图4-2-5　悉尼歌剧院

　　柯布西耶设计的朗香教堂被誉为20世纪最为震撼、最具有表现力的建筑。建筑师的设计立意定位在"神圣"和"神秘"的创造上，希望创造一个诗意的、雕塑般的空间作为一个强烈的集中精神和供冥想的容器。朗香教堂采用了随意的平面，布局流动变化；建筑主体造型如同听觉器官，更如岸边的海螺，倾听神与大自然的对话；沉重而翻卷的黑色钢筋混凝土屋顶如同诺亚方舟；倾斜或弯曲的白色墙面、耸起的形状奇特的采光井以及大小不一、形状各异的深邃的洞窗，构成其富有表现力的雕塑感和独特的建筑形式（图4-2-6）。

(a)外观1

(a)外观2

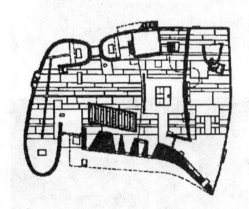

(c)平面图

(d)室内图

图4-2-6　朗香教堂

4. 从建筑结构特点入手进行方案构思

在建筑设计过程中，如果我们从一开始就把设计概念建立在结构选型上的话，结构形式往往能成为方案构思的起点。结构形式是建筑的支撑体系，从结构形式的选择引导出的设计理念可以充分发挥结构形式与材料本身的美学价值，充分表现其技术特征。不同的建筑结构形式所形成的空间形态各不相同，如果采用内隔墙承重的梁板式结构，便会形成蜂房式的功能空间组合形态；采用框架承重的结构形式，便形成了灵活划分的空间形态；采用大跨度结构，可以求得较为宽敞的室内空间形态。结构构思在需要覆盖大空间的建筑类型（如体育、观演、展览、工业建筑等）或高层建筑设计中已成为重要的创作源泉之一。

基于结构特点的设计构思，在大跨度建筑中尤为重要，结构往往起着设计的主导作用。备受国人关注的北京奥运会主体育场——"鸟巢"，它由瑞士赫尔佐格和德梅隆建筑事务所和中国建筑设计研究院联合设计。国

家体育馆的创意首先基于体育场的核心——看台的设计，看台被设计成一个完整的、没有任何遮挡"碗"形，座席较多的东、西看台顶部较高，座席较少的南、北看台则较低，这种均匀而连续的环形提供了舒适的环境、均匀的视距、极佳的视野和最好的氛围。体育场的空间效果新颖激进，外观就是纯粹的结构，立面与结构是统一的，各个结构元素相互支撑，汇聚成网格状，就像编织一样，将建筑的立面、楼梯、看台和屋顶融合成一个整体。立面和屋顶结构是由一系列辐射式的钢桁架围绕内环开口旋转编织而成，次级结构填充在辐射状的主结构之间。结构即外观的设计理念使得外部造型令人耳目一新，气势非凡（图4-2-7）。

高层建筑是科学技术发展的产物，蕴涵着丰富的科技美学价值，建筑师的创造力应该与结构技术创新同步，利用结构技术的创新构思出更加优秀的建筑作品。譬如采用悬挑结构的建筑体型独特、外观新颖，其特点是围绕核心筒在各个方向作出悬挑，由核心筒承受所有的荷载，围绕核心筒可以创造出没有任何垂直支撑的平

面形式。这使得建筑室内空间的使用更加方便、灵活，可以在底层和高楼上部某些层间形成大空间，以使建筑获得最佳效果。德国慕尼黑BMW公司办公楼下面三层裙房为办公和辅助部分，与上部悬挂的办公单元脱开。

四个花瓣形办公单元的重量则是由四根预应力钢筋混凝土吊杆承受，吊杆悬挂在中央电梯井挑出的支架上，暴露出顶部的4个中心悬挂点，表现出新颖而独特的科学美感，显示了建筑科学奇特的美学价值（图4-2-8）。

(a)鸟巢模型

(b)鸟巢外观

(c)立面细部

(d)室内图

图4-2-7　北京奥运会主体育场"鸟巢"

(a)外观1

(b)外观2

图4-2-8　德国慕尼黑BMW公司

5. 基于模仿自然生物的方案构思

　　模仿自然界中的生物功能及形态是很多发明创造的创意之源。建筑设计的构思同样可走仿生之路，与建筑性质相关的动物或植物可能成为设计意念的源泉，学习自然生物优良的构造特征和形式与功能的和谐统一。仿生建筑形式特征就是线型设计为非线型设计所取代，具有生物体态特征的曲线自由体，更能体现生命形式的本质和更能符合生态平衡要求设计。仿生建筑的价值集中体现在功能、形式、结构、材料、建筑环境等方面模仿自然界中某种生物的特性，使得建筑更加适合环境、更加节能、更加生态、可持续性更强，更具有生命力。

卡拉特拉瓦是一位善于从大自然和生物体中寻找设计灵感来确定自己的设计理念的建筑师。他喜欢从人和动物的内部结构形式和运动方式中，寻找一种最能体现生命规律和自然法则的结构方法。他观察动物的骨架和腿的活动支撑，并将活动关节的实践应用于西班牙瓦伦西亚科技馆——"可开启的眼睛"中，把眼睛的意象与功能表现得淋漓尽致。天文馆的半球体笼罩在长110m，宽55.5m的混凝土和玻璃下，其中可开合的"眼帘"部分由透明的点式玻璃幕构成，拱形混凝土盖的两端支点为可活动构件，可以使"眼帘"与"眼球"分开，因而建筑呈现不同的状态（图4-2-9）。

(a)外观   (b)细部

图4-2-9 西班牙瓦伦西亚科技馆

伦佐·皮亚诺一贯偏好表现技术，他擅长通过强化对材料和细部的处理来体现他的技术美学。在他的创作理念中建筑不应是自然界的形式而是形式的自然（图4-2-10）。在休斯敦的梅尼尔私人收藏博物馆中，为了减轻自重，屋顶由一些如同鸟的翅膀中的掌骨形成空间骨架，在这些骨架下面悬吊着同样具有骨架形象的光反射板（图4-2-11）。罗马音乐礼堂中的每个音乐厅都由七个镀铅的骨片组成，形成了好像甲壳虫一样的形态——长而扁的尾部和一个小小的头部，具有很强的动物韵味（图4-2-12）。

6. 基于可持续发展的方案构思

生态节能建筑为21世纪世界建筑发展的主要方向之一，它从建筑生命周期全过程出发，全面考虑资源、能源、环境和健康舒适要求，是最能体现可持续发展能力的建筑模式。在建筑创作中从生态节能出发，将传统高能耗发展模式转向可持续发展的道路是未来的发展趋势。在德国国会大厦改建工程中，福斯特将具有纪念意义的古典建筑重新营造纯粹的现代空间，同时充分考虑大型建筑的低能耗和可持续发展。福斯特将一个巨大的玻璃穹顶架到国会大厅的顶上。玻璃穹顶把充足的自然光引入到国会大厅内部，吊在空中的"锥体"上的反射板能够将自然光漫射入议事厅内，其上有太阳追踪装置以及可调整的遮阳系统，在提供充分的、柔和的自然光照明的同时防止太阳辐射增加室内的热负荷。穹顶下造型奇特的锥体内设置的通风管道吸走室内热空气，并通过热量转换器将其中的热量吸收，带动整个室内空气的循环（图4-2-13）。

马来西亚华裔建筑师杨经文是当今将生物气候学运用于高层建筑中最有建树的人，IBM公司马来西亚代表处的办公大楼梅纳拉大厦是他的代表作。建筑将被动式节能方式与主动式节能方式相结合，将高层建筑的垂直交通系统放在东部以遮挡曝晒，西边则以不同层的平台和一些遮阳的百叶来防晒。每层办公空间设计了空中平台，配置植物形成空中花园，主要的办公用房就像块状体灵活的"安装"在建筑的大框架结构上。连续的绿化平台盘旋而上，南边的季候风从底层灌入，垂直旋流而上，贯穿整个建筑。建筑外围表面的遮阳板和棚架既可以形成建筑外表的隔热保护层，遮挡过强的阳光，又不影响室内的观景效果。建筑最终形式来源于纯粹的生态设计原则，没有受到实用型建筑外观形式的影响，一切只是为了适应当地的气候（图4-2-14）。

(a)外观1

(b)外观2

图4-2-10　吉芭欧文化中心

(a)外观

(b)室内

图4-2-11　梅尼尔私人收藏博物馆

(a)鸟瞰图

(b)局部透视图

图4-2-12　罗马音乐教堂

(a)外观　　　　　(b)内景

图4-2-13　德国国会大厦

图4-2-14　IBM公司马来西亚代表处

二、建筑总平面设计

总平面设计又称场地设计。场地的主要构成要素包括建筑物、场地的交通系统、室外活动设施、绿化景观设施和工程管线系统等，各要素之间相互依存，是保证场地成为一个有机、完善整体的必备因素。总平面设计就是根据建筑物的组成内容及其使用功能要求，结合场地自然条件和建设条件，正确处理建筑布局、交通组织、绿化布置、管线综合布置等问题，使建筑和其他要素组成为统一的有机整体，并与周围环境相协调。

1. 总平面设计要点

（1）总平面设计应以所在城市的总体规划、分区规划、控制性详细规划，以及当地主管部门提出的规划条件为依据。

（2）应结合工程特点，注重节地、节能、节约水资源以适应建设发展的需要。

（3）设计应因地制宜，结合用地自然地形、周围环境、地域文脉和建筑环境。

（4）应尊重自然环境，保持原有自然植被、自然水域、自然景观，保护生态平衡。

（5）总平面布局应考虑采取安全及防灾（防洪、防震、防海潮、防滑坡等）要求，并考虑相应措施。

（6）应根据其建筑性质，满足其室外场地及环境设计要求，功能分区明确、路网结构清晰、合理组织人流和车流，并对建筑群体、竖向、道路、环境景观、管线设计进行综合考虑。

（7）规划总平面布局考虑远期发展时，应做到远近期结合，以达到经济技术上的合理性。

（8）建筑物退让用地红线和道路红线的距离应满足规划设计要求，同时注意场地出口位置与公园、学校、托幼等建筑的距离，须满足相应设计规范要求。

（9）建筑物布置应按其不同功能争取最好的朝向和自然通风，满足防火和卫生要求。居住建筑、学校教学用房、幼儿园、医疗等需要安静的环境，应避免噪声干扰。

2. 场地分析与功能分区

在场地总平面布局时必须以使用功能为依据，根据建筑的性质、规模和构成要求，进行功能分析和功能分区布局，并结合场地的自然条件，选择既能满足适用要求又符合经济效益，既注重个体形象又兼顾建筑群体造型的方案。

分析场地的使用功能要抓住主要建筑的功能特性，

分析它的组织要求及与其他内容之间的关系，分析使用者的组成情况及其心理、行为需求，明确场地各类使用状况及为之服务的各部分功能组成。场地的使用功能要求与建筑自身的功能要求密不可分，民用建筑往往以图解的方式（即功能分析图）分析场地内各建筑之间的关系。在进行功能分析的时候，应注意各部分的使用特点、相互关系以及对环境的要求和影响，结合场地条件，提炼出场地的合理功能分区。例如，中学建筑在功能上主要分为教学区域、办公区域、室外活动区域和附属设施区域四个部分。图4-2-15是某中学的总平面功能分析图，其中办公区域和教学区域是学校的核心部分，构成了校园中的主要建筑区，它们都要求有安静的环境并靠近主要出入口，联系应相对紧密一些；室外活动区域对教学干扰较大，应与教室区域有适当的分隔，考虑学生课间时间较短，往返于二者之间的路程又不宜太远；而教学区域中可以分为教学静区和教学闹区，虽然同属一个区域，但应该进行适当的分隔，避免音乐和舞蹈教学对其他教学的干扰；后勤服务要求使用方便，所以食堂、宿舍和浴室等附属设施可以集中布局在一起，形成一个相对独立的区域。

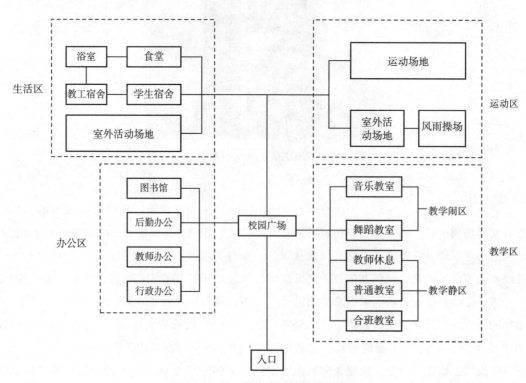

图4-2-15 某中学场地功能分析图

3. 建筑总体布局方式

建筑总体布局根据建筑物的功能要求以及不同的场地条件，其建筑布局方式差别较大。根据建筑物的平面及空间组合的普遍形式，一般可分为：集中式、分散式、单元组合式及混合式四种类型。

（1）集中式布局

集中式布局是把主要功能部分集中布置在一栋建筑内，形成规模较大的主体建筑，其余的次要部分作为辅助建筑，围绕主体建筑配合布置的形式。一般分为垂直集中式和水平集中式。

垂直集中式：把建筑物的不同功能区单元布置在不同楼层中，在垂直方向上组成一栋层数较高的建筑物。如在高层综合楼中，可以把商业部分设在一至四层，以上楼层为办公；在宾馆建筑中，可以把公共活动部分设在底层或二层，上部楼层布置客房（图4-2-16）。

(a) 总平面图

(b)鸟瞰图

图4-2-16　某酒店设计

水平集中式：把建筑物的每个功能区作为一个单元，不同的单元布置在水平方向不同的区域中，单元之间通过一定的联系方式组成一栋层数不高的建筑。市郊、风景区旅馆常采用此布局，客房、公共、餐饮、后勤等部分各自相对集中，并在水平方向上相互连接，庭院穿插其中（图4-2-17）。

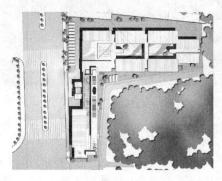
(a)总平面图

(b)鸟瞰图

图4-2-17　某招待所设计

集中式布局较为紧凑，它的优点是：内部各功能部分联系方便；占地面积少，用地经济；容易形成较大的建筑体量，利于加强建筑的艺术表现力。

（2）分散式布局

分散式布局是把建筑中各组成内容按性质、功能区分开来，组成若干栋独立建筑分散布置的布局方式。建筑和场地相互穿插在一起，彼此呈交错状态，两者结合更为紧密，外部空间构成更为丰富，更有层次。如医院可按功能分区划分为：门诊楼、病房楼、辅助医疗楼以及后勤管理楼等，功能分区十分明确。分散式布局的优点是：不同功能的建筑物之间相互干扰少，布置较灵活，适应性较强，容易与自然环境紧密结合。缺点是：占地面积大，用地不经济，交通辅助面积较大（图4-2-18）。

(a)总平面图 　　　　　(a)鸟瞰图

图4-2-18　某医院设计

（3）单元组合式布局

单元组合式布局是把建筑物的不同功能区布置在各个独立的单元中，这些单元具有体型相同或者相似的特征，各单元之间用连廊或垂直交通空间连接，形成一个整体。单元式组合可以根据建筑功能和基地环境特点采用灵活的组合方式，可适用于任何地形，布置上较为灵活。它具有分散式布局的优点，但在使用上较分散式方便，单元之间具有相对的独立性和一定的便捷性，与集中式布局相比可以减少相互之间的干扰（图4-2-19）。所以单元组合式是一种介于集中式和分散式之间的布局方式。

(a)总平面图 　　　　　(b)鸟瞰图

图4-2-19　某科研中心设计

（4）混合式布局

混合式布局是把建筑中各组成内容按性质、功能相近的部分分别集中成若干组建筑群，再把各建筑组群协调有机的组成整体，建筑物的各个部分之间不是直接联结，而是通过建筑所围合出的庭院或者广场联结在一起的布局方式。它是以上几种布局方式的综合应用，采用分散式与集中式的混合时，主要建筑物按集中式原则布局，次要建筑物按分散式布局。采用分散式与单元式的混合时，主要建筑物按单元组合式原则布局，次要建筑物按分散式布局。这种布局形式相对于建筑更加重视场地的形态，强调场地空间的围合感和内向完整性，场地布局的秩序结构比较清晰简明，整体感强，兼有集中式与分散式的优点，适用于建筑规模较大、功能要求较复杂的建筑群体设计，如学校、医院、宾馆、疗养院等建筑群体（图4-2-20）。

(a)总平面图

(a)鸟瞰图

图4-2-20 某校园设计

以上总体布局方式的选择主要根据场地条件、自然环境及建筑物的性质决定。一般来讲，城市中多采用集中式，郊区和风景区可以采用分散式。办公楼、宾馆、影剧院、商场、综合楼等采用集中式较多，而休闲性建筑、疗养性建筑等一般布置于风景区，故多结合地形，采用灵活自由分散的布局，与自然环境相协调。

4. 交通组织设计

交通组织设计是为了解决场地内各区域之间的交通联系，实现场地内各部分之间以及它们与外界的畅通。交通组织要求清晰明确，交通流线避免相互干扰，要针对交通运输方式自身的特点进行交通组织。在满足使用功能分区的同时，将性质相近的使用功能集中，正确地选定道路系统，以达到合理的交通组织，且注意节省场地道路用地。

（1）场地交通组织

场地道路是场地各组成功能部分之间有机联系的骨架，应有利于场地的功能分区和有机联系，以及建筑功能的合理布局，符合人们的使用规律。

①交通流量的安排：将出入口设在交通流量大、靠近外部主要交通道路口附近，使之线路短捷。遇到大量人、车、货流运行线路时，应以不影响其他区域的正常活动为宜。

②不同的交通运输工具应有不同的交通线路，并应按其不同的交通流量进行交通组织，避免车行和人行系统交叉重叠，在人流活动集中的地方禁止车流行驶，非机动车宜设有专线。

③人流密集的区域和建筑应设置集散空间，通过步行道或广场组织人流交通。如火车站、展览馆的人流可使出、入口分开，按一定方向疏导。在商业、影剧院、文体场馆的集中时间长短不一，应考虑最大人流的出入口宽度、广场和停车场面积。交通干道车流要考虑专线，确保顺畅，以缩短人流的滞留时间。

④长度超过35m的尽端式车行路应设回车场，供消防车使用的回车场不应小于12m×12m，大型消防车的回车场不应小于15m×15m。场地内车行路边缘至相邻有出入口的建筑物的外墙间的间距不应小于3m。

（2）对外交通联系与出入口设置

场地内的道路应与城市道路相连接，且到达建筑的各个安全出口及建筑物周边的空地。场地出入口对外必须便捷，减少对城市主、次干道的干扰，对车流量较大的场地，其通路出口与城市道路连接有以下要求：

①出口距城市主干道道路红线交叉口距离不小于70m。

②距人行地道、过街天桥、人行横道线的最近边缘不小于5m。

③距公交站、地铁出入口不小于15m。

④距公园、学校、残疾人等使用的建筑出入口不小于20m。

⑤当场地通路坡度较大时，应设缓冲段，再衔接城市干路。

对人员密集建筑的场地至少有一面直接临接城市道路，该城市道路应有足够的宽度，以保证人员疏散时不影响城市正常交通；场地沿城市道路的长度应按建筑规模或疏散人数确定，并至少不小于场地周长的1/6；场地至少有两个以上不同方向通向城市道路的出口；场地或者建筑的主要出入口应避免直对城市主要干道的交叉口。

5. 竖向设计

竖向设计是总平面设计的一项重要内容。建设场地的自然地形往往不能满足建筑物对场地的要求，所以需要进行竖向设计，结合原有地形、地貌，因地制宜地对基地现状进行改造利用，确定合理的设计标高。竖向设计主要包括以下内容：

（1）选择场地的平整方式和地面连接形式。平整天然地形的方式主要有三种，即平坡式、台阶式和混合式。自然坡度小于5%的场地，一般选择平坡式；自然坡度大于8%，宜采用台阶式，台阶的高度为1.5~3m，台阶之间应设挡土墙或者护坡连接，其交通联系可以用台阶、坡道、架空廊等形式解决。

（2）确定场地中各场地、道路标高及建筑标高。①要保证场地不被水淹没，要求场地标高高出洪水位标高0.5~1m，否则必须采取相应的防洪措施；②场地标高应比周边道路的最低路段标高高出0.2m以上，须考虑场地内外道路连接的合理性；③场地标高与建筑首层地面标高之间的高差一般为0.45~0.6m，最小不应小于0.15m。

（3）拟定场地的排水方案。应根据地形的特点，划分场地的分水线和汇水区域，合理设置场地的排水设施（明沟或者暗管），做出场地的排水组织方案。场地的排水坡度不宜小于0.2%，坡度小于0.2%时，宜采用多坡向或特殊措施排水。

（4）场地平整及土石方量计算。场地平整应根据场地的适合坡度和确定的地面形式进行，本着满足使用、节省土石方和防护工程量的原则，确定平整方案。计算场地的挖方和填方量，使得挖、填方量接近平衡，且土石方工程总量达到最小。

6. 场地景观设计

场地景观设计是场地总平面设计中不可缺少的重要组成部分。场地景观对环境温度、湿度及空气流通起着调节作用，具有净化空气、保护环境的功能，同时也是处理和协调外部空间的重要手段，起到美化环境，为人们提供视觉享受和休息、游玩的活动场地。场地景观设计应注意以下内容：

（1）场地景观设计的平面布局应以场地总平面布局为依据，根据场地使用要求合理进行总体构思、景区划分、景点设置、出入口布置、竖向设计。处理好园路、铺装场地与绿化、水景的用地比例及相互关系，并结合活动需要布置各类景观小品。

（2）景观竖向设计有利于丰富场地的空间特征，应控制好以下内容：山顶、地形等高线；水底、常水位、最高水位、最低水位、驳岸顶部；园路主要转折点、交叉点和变坡点；各出入口内外地面、铺装场地、建构筑物地坪；地下工程管线及地下构筑物的埋深等。

（3）植物配置设计应根据当地光照、土壤、朝向

等自然条件选择生长健壮、养护管理方便的植物，充分发挥植物的各种功能和观赏特点，乔、灌、草与地被、花卉等合理配置，常绿与落叶、速生与慢生相结合。提倡屋顶绿化和垂直绿化，形成多层次的复合结构，植物群落构图和谐、色彩季相丰富，具有地域特点。

（4）居住区景观设计应以创造轻松自然的环境氛围为主，尽可能增加绿地面积，园路系统应满足居民散步、游憩的需要，合理设置老人、儿童的活动场地。集中活动场地应与住宅保持一定距离，或采取措施以避免噪声对居民造成影响。公共建筑场地景观设计应根据建筑属性及特点，确定设计构思，充分考虑人流集散的需要，解决好人行与车行的关系。广场尺度及规模应与建筑相匹配，并注重组织视线关系和细节设计，如铺装、井盖、水池、灯具、标识等。

三、建筑空间的组合方式

对于大多数建筑来说，一般都是由许多单一空间组合而成的，各个空间彼此不是相互孤立的，而是具有某种功能上的逻辑关系。在空间组织上，根据建筑物内部使用要求，结合基地的环境，将各部分使用空间有机地组合，使它成为一个使用方便、结构合理，内外体形有序的整体。建筑空间的组合方式首先要考虑建筑本身的设计要求，如功能分区、交通组织、采光通风等；其次要考虑基地外部的条件，如周边现状、地形高差、景观环境等；最后对待不同类型的公共建筑，就要根据它们空间构成的特点采用不同的组织方式。

空间的组合方式根据各自的特征，主要分为：并联式、串联式、集中式、单元式、辐射式、轴线对位式六种。

1. 并联式空间组合

并联式空间组合是指把具有相同功能性质和结构特征的空间单元以重复的方式并联在一起所形成的空间组合方式。这种空间组合形式的特点是各使用房间与交通联系部分明确分开，各房间沿走道（走廊）一侧或两侧并列布置，各房间不被交通穿越，既能很好地保持相对独立性，又能通过走道保持着必要的联系。这种形式一般适用于房间面积不大、数量较多的重复空间组合，如教室、宿舍、医院、旅馆等。

根据房间和走廊的布局关系又可分为内廊式、外廊式和内外廊混合式（图4-2-21）。

（1）外廊式：当建筑物南北向布置时，它有南廊

和北廊之分。南外廊的房间主要采光面为北向，光线均匀，无阳光直接照射，夏日南廊起着遮阳作用。在北方寒冷地区北外廊可加设玻璃窗变成单面内廊，也称暖廊；而在南方炎热地区，外廊一般敞开设计。当建筑物是东西向布置时，一般作西廊较多，以兼作遮阳之用。外廊式的缺点是占地面积较大，用地不够经济，优点是所有的房间两边都可以采光，能够直接自然通风。

（2）内廊式：在建筑内部各使用房间沿着走廊的两侧布置，把主要使用房间布置在南面，而将次要的辅助房间（如厕所及楼梯间等）布置在北面（图4-2-22）。内廊式的缺点是公共走廊的人员来往频繁，对使用房间干扰较大，两侧的使用房间通风采光较差，走廊很长时缺点更加明显，优点是节约土地，公共交通面积小，节约造价同时利于冬季保温。为了防止在体形转角处形成暗的房间和因走廊过长而产生的空间单调感，可以把较长的走廊设计划分为几段短内廊的空间，每个短廊单元通过连廊联系，连廊的形状可以灵活变换，有利于建筑的造型变化。

（3）内外廊混合式：即部分使用房间沿着走廊的两侧布置，部分使用房间沿走廊一侧布置（图4-2-23）。它较外廊式节省了交通面积，较内廊式则改善了房间和走道的采光通风。

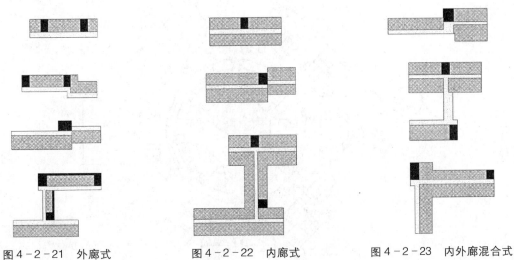

图4-2-21 外廊式　　　图4-2-22 内廊式　　　图4-2-23 内外廊混合式

2. 串联式空间组合

串联式空间组合是把各主要使用房间按照功能或者形式的需要，明确先后次序，相互串联成一个呈线性布置空间序列。这些空间可以逐个直接连接，也可以由一个连接体将各个单元连接起来（图4-2-24）。它的特点是房间联系便捷、平面紧凑、自然采光和通风较好，容易结合不同的地形环境布置形式，多应用于流线要求明确简捷的建筑，如车站、展览馆、博物馆、陈列馆等。如用于博物馆可使流线紧凑、方向单一，便于解决参观者的参观流线问题。它的缺点是房间使用不灵活，各房间只宜连贯使用而不能独立使用，且房间之间干扰较大。并联式和串联式空间组合都具有很强烈的适应性，线型可直可折可曲，适用于功能要求不是很复杂的建筑。

1—门厅
2—女更衣
3—女浴室
4—男更衣
5—大池
6—脚池
7—厕所
8—锅炉房

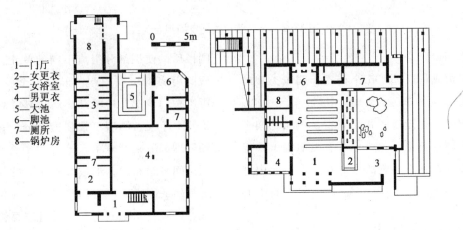

图4-2-24 串联式

3. 集中式的空间组合

集中式的空间组合也称大厅式，是由一定数量的次要空间围绕一个大的占主导地位的中心空间构成，呈现一种内在的向心凝聚力。处于中心的主导空间一般为相对规则的形状，应有足够大的体量空间和周围从属空间相连，从属空间的功能、体量根据功能和环境的需要可以相同、类似或者不同（图4-2-25）。

这种组合方式没有明确的方向性，入口和引导空间部分一般多设于从属空间，交通路线组织问题比较突出，所以设计时应使人流通行顺畅，导向明确，同时合理选择覆盖和围护主导空间的结构形式。这种空间组合一般以主要功能的大厅为中心，辅以其他将其他辅助用房，分布在四周，利用层高的差别，空间互相穿插，充分利用看台等结构空间，多使用于影剧院、体院馆等建筑类型。这种空间组合具有紧凑、集中的布置特点，具体平面空间布局有：（1）小空间用房围绕大空间四周布置；（2）小空间用房围绕布置在主体大空间底层和看台下；（3）小空间与主体大空间用房脱开布置（图4-2-26）。

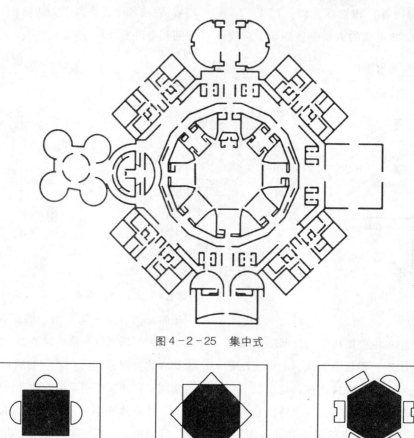

图4-2-25 集中式

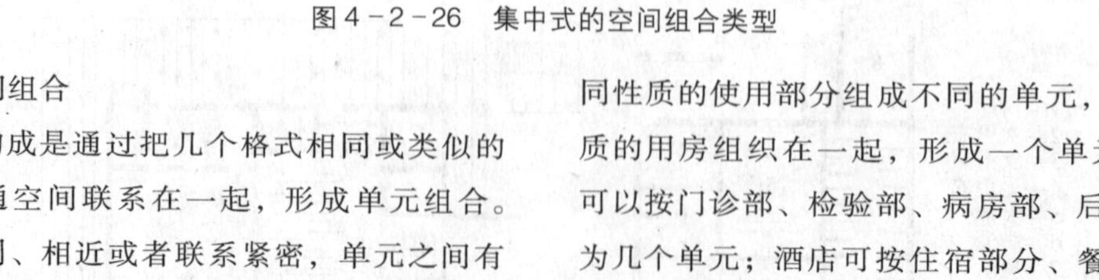

| 小围大 | 上大下小 | 大小脱开 |

图4-2-26 集中式的空间组合类型

4. 单元式空间组合

单元式空间构成是通过把几个格式相同或类似的空间单元通过交通空间联系在一起，形成单元组合。单元内部功能相同、相近或者联系紧密，单元之间有共同或者相近的形态特征。各单元具有类似集中式组合的联系，但不一定具有明确的中心单元，单元内部趋向于紧凑的集中组合，但不一定具有规则的中心空间。

单元的划分一般有两种方式：（1）按建筑物内不同性质的使用部分组成不同的单元，即将同一使用性质的用房组织在一起，形成一个单元。如在医院中，可以按门诊部、检验部、病房部、后勤服务部来划分为几个单元；酒店可按住宿部分、餐饮休闲部分、后勤管理部分来划分单元等；（2）将相同性质的主要使用房间分组布置，形成几种相同的使用单元。如托儿所和幼儿园中，可将相同的单元（每班的活动室、卧室、盥洗室、贮藏室等）通过连廊组织联系成一个整体（图4-2-27）。

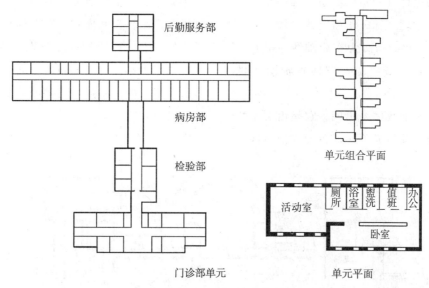

图4-2-27　单元式

5. 辐射式空间组合

辐射式空间组合是由一个中心空间和若干呈现辐射状扩展的串联空间组合而成，通过各个分支向外扩散。呈辐射状的串联空间较长时，表现出向外的离心力；较短时表现出向内的凝聚力。

与集中式相反，辐射式是外向的，以中心空间为核心伸展出来的串联空间在长度和形式方面常依照环境条件而变化，但应保持整体组合的规则性。这些串联空间的功能、形态、结构可以相同或者不同，长度可长可短。这种空间组合方式常用于旅馆、大型办公群体、学校等。常见的"风车形"组合也是辐射式的一种变体，它的各翼沿规则空间的各边向外延伸形成具有运动感的图形，在视觉上产生旋转的联想（图4-2-28）。

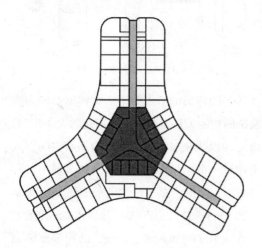

图4-2-28　辐射式

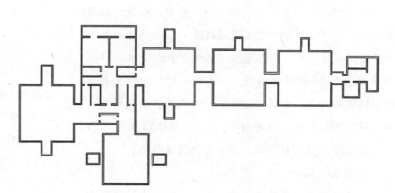

图4-2-29　宾夕法尼亚大学理查德医学研究楼首层平面图

6. 轴线对位式空间组合

这种组合方式由轴线空间对空间进行定位，并通过轴线关系将各个空间要素有效组织起来。空间要素多以自身中心线对位的方式与轴线贯穿，这样形成的轴线序列具有起伏变化的特点，从而使得其中的人产生心理上的精神体验。轴线本身具有引导性，因此空间序列的形成由轴线以一定的方向引导人们通过一系列的空间到达自己目的地的方式来实现。建筑中的轴线可以只有一条直线，也可以由多条直线两两相交形成多级主次关系。

单轴是用一条线行基准把建筑空间要素组织成统一的形态，形成纵向的空间序列，运用在建筑设计中可以保持线性空间的整体性和延续状态。例如路易康设计的宾夕法尼亚大学理查德医学研究楼（图4－2－29），它以交通空间之间的长廊为东西轴线，串联三个起着不同作用的研究塔楼，成为具有轴向感的图形。

多轴线体系与单一轴线体系不同，它是由若干组单一轴线构成的系统，其组成单元的各轴线依然保持线形状态。北京中国美术馆（图4－2－30）采用了主副轴线来组织空间序列。在对称布局中，位于中轴上的广厅和左右两边的过厅分别形成了空间的转折点，沿主轴线上排列的空间强调空间的对比与变化，沿副轴线上排列的空间强调空间的重复与再现，富有鲜明的节奏感。

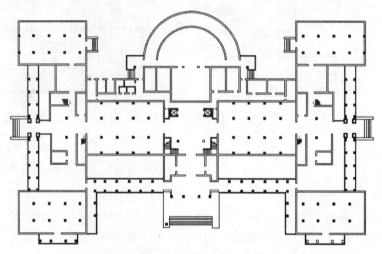

图4－2－30　中国美术馆首层平面图

四、建筑体型与立面设计

体型是指建筑物的外轮廓形状，它反映了建筑物的体量大小、组合方式以及比例尺度等；而立面是指建筑的门窗组织、比例与尺度、装饰与色彩等。在建筑物外部形象设计中，体型和立面是建筑统一体的相互联系不可分割的两个方面，体型是建筑的雏形，而立面设计则是建筑物体型的进一步深化。只有将二者作为一个有机的整体统一考虑，充分表现建筑个性，灵活运用构图法则，从体型到立面，从整体到局部完成体型和立面设计，才能使二者相互协调获得完美的建筑形象。

1. 体型的组合

建筑体型是指建筑物的轮廓形状，它反映了建筑物总的体量大小、组合以及比例尺度等。不论建筑体的简单与复杂，它们都是由一些基本的几何形体组合而成，基本上可以归纳为单一体型和组合体型两大类。

（1）单一体型

所谓单一体型是指整个建筑基本上是由一个较完整的简单几何体型构成的。它造型统一、完整，没有明显的主次关系，在大、中、小型建筑中都可以采用（图4－2－31）。

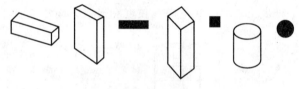

图4－2－31　单一体型

采用这类体型的建筑的特点是平面和体型都较为完整单一，将复杂的功能关系，多种不同用途的大小房间，合理地、有效地加以简化、概括在简单的平面空间形式之中，便于采用统一的结构布置。平面形式多采用对称的正方形、三角形、圆形、多边形、风车形和Y形等单一几何形状（图4－3－32）。绝对单一几何体型的建筑通常并不多见，往往由于建筑环境、功能、结构等要求或出于建筑美观的考虑，在体量上作适当的变化或加以凹凸起伏的处理，用以丰富建筑外形。如住宅建筑，可通过阳台、凹廊、飘窗和楼梯间的凹凸处理，使简单的体型产生韵律的变化；在办公、文化、观演等公共建筑的体形处理中，往往突出主要出入口，通过设置突出的门厅、门廊，或者把门厅和楼梯间及部分房间凸出处理。

中国国家大剧院将观演厅、商店、展览、辅助用房等不同功能的房间组合在一个椭圆形壳体中。建筑全身没有任何棱角，不跟周围复杂的环境发生摩擦、碰撞，试比高低，以相容、平和的姿态存在。在建筑物本身，其造型抽象而简洁，像个巨卵静卧在水中，又像块巨大的鹅卵石裸露在水面，极富浪漫意趣和现代雕塑感，不愧是匠心独运（图4-2-33）。

（2）组合体型

所谓组合体型是指由若干个简单体型组合在一起的体型。由于建筑功能、规模和地段条件等因素的影响，很多建筑物不是由单一的体量组成，而是由若干个不同体量组成较复杂的组合体型，并且在外形上有大小不同、前后凹凸、高低错落等变化。根据建筑物规模大小、功能要求特点以及基地条件的不同，这些体型从组合方式来区分，大体上可以归纳为对称和非对称两种。

(a)点状

(b)板状

(c)柱状

(d)Y形

图4-2-32　单一体型建筑

图4-2-33　中国国家大剧院

对称式体型组合有明确的中轴线，建筑物各组合体的主从关系明确，高大的主体位于中央，各从属部分以不同的形式与主体相连，形成统一主体。这种组合方式常给人以比较严谨、庄重、完整的感觉。我国古典建筑较多地采用对称的体型，有些纪念性建筑、行政办公建筑、大型会堂等要求庄重一些的建筑也常采用这种形体（图4-2-34）。

非对称的体型，它的特点是布局比较灵活自由，对功能关系复杂，或不规则的基地形状较能适应。根据功能要求、地形条件等情况，常将几个大小、高低形状不同的体量较自由灵活地组合在一起，形成非对称体型（图4-2-35）。非对称式的体型组合没有显著的轴线关系，布置比较灵活，有利于解决功能和技术要求，容易使建筑物取得舒展、活泼的造型效果，不少办公、度假酒店、园林建筑等常采用非对称的体型。

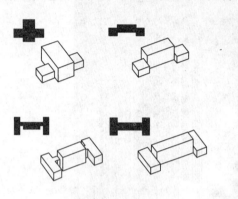

(a)对称式体型组合示意

(b)对称式体型建筑

图4-2-34　单一体型建筑

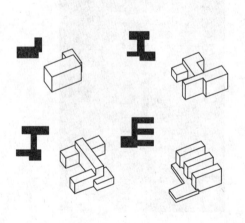

(a)非对称式体型组合示意

(b)非对称式体型建筑

图4-2-35　单一体型建筑

（3）体型的转折与转角

建筑体型的转折与转角处理是在特定的基地形状和地形条件（如道路交叉口、转角地带、古树、古迹）而形成的弯折和角度。

体型的转折与转角处理主要是建筑物顺着道路和地形的变化作曲折变化，这种变化是指建筑整个体型在平面上作图形的变形和延伸。主要有两种方法：一种是采用主、附体相结合的处理手法：把主体作为主要欣赏面，体量较大，附体起陪衬作用，体量较小；另外一种是以塔楼为重点的处理，在建筑转角处局部体量升高，形成塔楼，以塔楼形成道路交叉口、广场、主要出入口的视觉中心（图4-2-36）。

（4）体型的联系与交接

由不同大小、高低、形状、方向的体量组成的复杂建筑体型，都存在着体量间的联系和交接问题。常见的连接方式有直接连接、咬接、以连接体相连等（图4-2-37）。

(a)体型的转角处理　　　　　　　　　　　　　　(b)体型的转折处理

图4-2-36　体型的转折与转角处理

(a)直接连接　　　　　　　　　　　　　(b)咬合

(c)以连廊连接　　　　　　　　　　　　(d)以连接体相连

图4-2-37　建筑的体量连接

直接连接即不同体量的面直接相连，这种方式具有体型简洁、明快、整体性强的特点，内部空间联系紧密；咬接是指各体量之间相互穿插，体型较复杂，组合紧凑、整体性强，较易获得整体的效果；以走廊或连接体连接，这种方式的特点是各体量间相对独立而又互相联系，体型给人以轻快、舒展的感觉。

2. 体型组合设计的基本原则

（1）主从分明、有机结合

　　所谓主从分明就是指组成建筑体量的各种因素不应该平均对待，各自为政，而应当有主次之分；所谓有机结合就是指各个要素之间的连接应当巧妙、紧密、有秩序，而不是勉强地或生硬地凑在一起，只有这样才能形成统一和谐的整体。在设计中可以依据建筑功能的不同将其分为主要部分、次要部分、交通联系部分，采取以小衬大、以低衬高、利用轴线变化、形状变化等手法突出重点（图4-2-38）。

(a)利用轴线　　　　　(b)以低衬高　　　　　　　(c)利用形状变化

图4-2-38　主从分别组合的建筑示例

（2）稳定与均衡

　　建筑体型要想有安全感就必须遵循稳定与均衡的原则。稳定是指建筑整体上下之间的轻重平衡感，一般是上小、下大，由底部向上逐渐缩小的建筑易获得稳定感。由于现代技术的发展和进步，建筑利用悬臂结构的特性采用底层架空的方式，不违反力学的规律性，只要处理得当，同样可以达到稳定的效果（图4-2-39）。对于这类建筑，除非有特殊理由，是不得提倡的。

图4-2-39　稳定的体量组合

　　均衡在体量组合中的表现尤其突出，这是因为建筑是由一定重量感的建筑材料所建造成的实体，一旦失去均衡，就可能产生轻重失调或不稳定的感觉。在建筑构图中，均衡可以用力学的杠杆原理加以描述（图4-2-40），根据均衡中心的位置不同可以分为对称的均衡和不对称的均衡。对称形式的均衡可以给人严谨、庄严的感觉，但是由于受到对称关系的限制，往往与功能有矛盾，适应性不强。非对称的均衡可以给人轻巧活泼的感觉，由于制约关系不甚严格，功能的适应性较强（图4-2-41）。

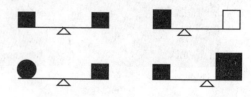

图4-2-40　力学原理

　　均衡是相对轴线而言的，一般多体现在建筑立面上。均衡的另一种表现形式为动态均衡，一般不存在什么轴线，强调的是从运动和行进中观赏建筑体型的变化，更注重的则是三维空间内的均衡。动态均衡组合更自由灵活，从任何角度看都有起伏变化，功能适应性更强。

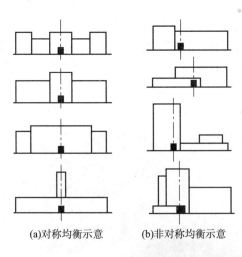

(a)对称均衡示意　　(b)非对称均衡示意　　(c)对称均衡实例

(d)非对称均衡实例

图4-2-41　均衡的体量组合

（3）对比与变化

为避免单调，组成建筑体量各要素之间应当有适当的对比与变化。体量是建筑内部空间的反映，想要在体量组合上获得对比与变化，则必须巧妙地利用功能特点来组织空间、体量，从而借它们本身在大小、高低、横竖、曲直、不同形态之间的差异性来进行对比，以打破体量组合上的单调而求得变化。

体量组合的对比与变化主要表现在以下几个方面：一是方向的对比与变化；二是形状的对比与变化；三是曲与直的对比与变化（图4-2-42）。

（4）韵律与节奏

一个建筑物是由若干重复的建筑体量、房间构成，由于使用功能及结构技术的原因，客观存在许多可重复的元素。比如房间是由重复的门窗、墙面、梁、柱或阳台、栏杆组成，墙面也是由重复大小和色彩的表面材料构成。建筑某要素重复出现即形成韵律，而节奏则是有规律的重复，二者紧密联系，节奏是韵律的特征，韵律是节奏的深化。对这些重复的因素进行组织和艺术处理可以创造出特定的艺术形象（图4-2-43）。

（5）轮廓线的处理

轮廓线是反映建筑体型的一个重要方面，给人的印象极为深刻，特别是从远处看建筑时，由于细部和内部的凹凸转折变得相对模糊，这时建筑物的外轮廓线就显得尤其突出。现代建筑在立面处理力求简洁，因而更加着眼于以体型组合和轮廓线的变化来获得更好的效果，在处理轮廓线的时候更多地强调大的变化，而不拘泥于细部的转折，更多地考虑在运动中观赏建筑物轮廓线的变化，而不限于仅从某个角度看建筑。

3. 立面设计

建筑立面是建筑体型外观形象，设计时要结合建筑空间、体型和技术经济等因素统一考虑。立面设计的重点是墙柱、门窗、阳台、屋顶、檐口、外露构件及装饰线脚等部分，通过选择其形状、尺度、比例、颜色、排列方式和质感等使之协调统一。

（1）立面的比例尺度处理

组成立面各构件本身及相互之间良好的比例和尺度关系，是取得建筑立面完整统一的重要条件之一。立面各部分之间比例以及墙面的划分都必须根据内部功能特点，考虑结构、构造、材料、施工等因素，设计出与建筑性格相适应的建筑立面比例效果。立面的尺度恰当，可正确反映出建筑物的真实大小，否则便会出现失真现象。与人体关系密切的建筑构件尺寸，如门窗、踏步、栏杆等，是反映建筑物真实尺度的重要参照物。

(a)形状的对比与变化

(b)曲与直的对比与变化

(c)方向的对比与变化

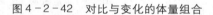

图4-2-42　对比与变化的体量组合

(a)连续的韵律

(c)交错的韵律

(b)起伏的韵律

图4-2-43　韵律与节奏的体量组合

（2）立面的虚实凹凸处理

建筑立面的虚实对比，通常是指出于形体凹凸的光影效果，所形成的比较强烈的明暗对比关系。建筑立面中"虚"是指立面上的玻璃、门窗洞口、门廊、空廊、凹廊等部分，能给人以轻巧、通透的感觉；"实"是指墙面、柱面、阳台、栏板等实体部分，给人以封闭、厚重、坚实的感觉。根据建筑的功能、结构特点，巧妙处理好立面的虚实关系，可取得不同的外观形象。以虚为主，轻巧开敞；以实为主，厚重庄严（图4-2-44）。

(a)以实为主的立面

(b)以虚为主的立面线条

(c)立面的凹凸

图4-2-44　立面的虚实凹凸处理

（3）立面的节奏感与线条处理

建筑立面上由于体量的交接，立面的凹凸起伏以及色彩和材料的变化，结构与构造的需要，墙面常形成竖向划分、横向划分和混合划分等形式。横向划分使建筑显得轻巧、亲切（图4-2-45a）；以竖向划分使得建筑挺拔、高耸、庄重（图4-3-45b）；混合式划分的方格网使立面具有图案效果（图4-2-45c）。

(a)立面的横向线条

(c)立面的混合式划分线条

(b)立面的竖向线条

图4-2-45　立面的节奏感与线条处理

（4）立面的色彩与材料质感处理

立面的色彩与材料质感处理有两层含义：一是恰当合理运用与建筑环境协调的材料和质感，体现建筑的内在性格；二是运用不同材料及色彩的对比、变化，增加建筑形象的表现力。

色彩和质感都是材料表面的某种属性，建筑物立面的色彩与质感对人的感受影响极大，通过材料色彩和质感的恰当选择和配置，可产生丰富、生动的立面效果。

不同的色彩和质感给人以不同的感受：粗糙的混凝土和毛石面显得厚重、坚实，光滑平整的面砖、金属及玻璃材料表面感觉较为轻巧；以深色为主的立面显得端庄稳重，浅色为主的立面色调显得轻松明快；暖色趋于热烈，冷色令人感觉宁静等。立面处理应充分利用材料的颜色和质感特性，巧妙处理，有机结合，使建筑符合内在性格并体现地域特征（图4-2-46）。

(a)玻璃材质

(b)木质材料

(c)铜板材质

(d)金属材质

图4-2-46　不同材料质感的表现力

（5）立面的重点与细部处理

突出建筑立面中的重点，既是建筑造型的设计手法，也是建筑使用功能的需要。根据功能和造型需要，对需要引人注意的一些部位，如建筑物的主要出入口、楼梯间、屋顶及形体构图中心等需进行重点处理，以吸引人们的视线，同时也能起到画龙点睛的作用，增强和

丰富建筑立面的艺术处理。剧院入口上方布置钢构花格和醒目的文字标记，以强烈的虚实对比使入口更加突出（图4-2-47）；建筑入口采用较大尺度的门廊突出了主要入口（图4-2-48）；在入口上方处理大片实墙及竖向立柱，形成了强烈的虚实、凹凸对比，从而使入口空间更加突出（图4-2-49）。

图4-2-47　入口强烈的虚实对比

图4-2-48　入口门廊灰空间

(a)以立柱形成入口空间　　　　　　　　(b)以片墙形成入口空间

图 4-2-49　某文化建筑入口

五、绿色建筑与节能设计

1. 绿色建筑的概念

"绿色"是自然界植物的颜色，是生命之色，象征着生机盎然的自然生态系统。在"建筑"前面加上绿色二字，旨在表示建筑应像自然界绿色植物一样，具有生态环保的特性。在 1992 年的联合国环境与发展大会上，第一次提出了"绿色建筑"的概念，在国际范围内，由于地域、观念和技术等方面的差异，绿色建筑的概念目前尚无统一而明确的定义，国内外许多学者、建筑师对于"绿色建筑"也有各自的理解。大卫和鲁希尔·帕卡德基金会曾给出过一个直白的定义："任何一座建筑，如果其对周围环境所产生的负面影响要小于传统的建筑，那么它就可以被称之为绿色建筑。"清华大学、中国建筑科学研究院等权威机构组成的专家组于 2004 年也提出了一个概念："绿色建筑是指为人们提供健康、舒适、安全的居住、工作和活动的空间，同时实现高效率地利用资源、节能、节地、节水、节材，最低限度地影响环境的建筑物。"

我国《绿色建筑评价标准》中绿色建筑的定义是："在建筑的全寿命周期内，最大限度地节约资源（节能、节地、节水、节材）、保护环境和减少污染，为人们提供健康、适用和高效的使用空间，与自然和谐共生的建筑。"

2. 绿色建筑的主要特征

（1）节约能源

人类所使用的能源主要来自太阳能，利用太阳能，采用节能的建筑围护结构和遮阳措施，减少采暖和空调的使用；根据自然通风的原理设置风冷系统，使建筑能够有效利用夏季的主导风向，保障室内热舒适的可靠性和稳定性差；采光以太阳直射到室内最好，或者有亮度足够的折射光，满足人的照明需求；建筑采用适应当地气候条件的平面形式及总体布局，室内布局合理。绿色建筑还要根据地理条件，设置太阳能采暖、热水、发电机风力发电装置，以充分利用环境提供的天然可再生能源。

（2）节约资源

在建筑设计、建造和建筑材料的选择中，需要考虑均合理的资源利用和处置。在施工过程中，尽量减少资源的使用，力求使资源可再生利用。节约用地，尽可能加大住宅进深，缩小面宽；尽可能采用条形住宅；选择合适的建筑层数；建筑面积紧凑，应倡导适度的消费观念；采用节能型设备，以节水、节电；建筑设备争取长生命周期，多回收利用。

（3）回归自然

以人、建筑和自然环境的协调发展为目标，在利用天然条件和人工手段创造良好、健康的居住环境的同时，利用自然界中的能源，最大限度地减少能源的消耗以及对环境的污染，做到保护自然生态环境，尽可能地控制和减少对自然环境的使用和破坏，充分体现向大自然的索取和回报之间的平衡。

（4）舒适、健康的生活环境

绿色建筑应尽量采用天然材料，不使用对人体有害的建筑材料和装修材料，尽量减少使用合成材料，建筑中采用的木材、树皮、竹材、石块、石灰、油漆等，要经过检验处理，确保对人体无害；通过室内污染源浓度分布预评估、环保建材和室内空气清新，温、湿度适当。通过室内设备的选择和新风量的控制，确保室内空气品质；通过热环境模拟评估，确定满足热舒适的空调系统运行参数和气流组织、风口的选择，考虑室内设备房、中庭、管道、电梯等重点区域隔声降噪控制方案，确保室内环境实现健康、舒适的控制目标。

3. 绿色建筑的评价指标体系

目前，国内外较有影响的绿色建筑评价标准不下几种，例如英国的 BREEAM，美国的 LEED 绿色建筑评估体系，瑞士的 Minergie，19 个国家协商的 GBC 绿色建筑挑战体系，中国台湾的《绿色建筑解说与评估》手册，澳大利亚的 NABERS，日本的 CASBEE。目前这些绿色建筑评估体系多为民间机构推动下的市场化运转，其中以美国的 LEED 商业化最为成功。日本的 CASBEE 则是政府强制推行标准的典范，已经在名古屋、大阪等城市进行了试点推广。

中国绿色建筑是世界绿色建筑发展的重要一环，在绿色建筑评价体系制定方面，中国进行了许多有益的尝试。从 2001 年开始，住房和城乡建设部住宅产业化促进中心制定了《绿色生态住宅小区建设要点与技术导则》、《国家康居示范工程建设技术要点（试行稿）》；2001 年 9 月，出版了《中国生态住宅技术评估手册》，这是中国大陆第一个绿色建筑评估文本，其后出版了修订版和第三版（2003 年）；2003 年 8 月由清华大学等单位完成了《绿色奥运建筑评估体系》的研究；2005 年住房和城乡建设部、科学技术部联合颁布了《绿色建筑技术导则》，同时编制了国家标准《绿色建筑评价标准》GB/T 50378—2006。

4. 绿色建筑的设计策略

（1）围护结构技术

建筑围护结构热工性能的优劣，是直接影响建筑使用能耗大小的重要因素。在夏热冬冷地区，建筑围护结构既要考虑冬季保温性能又要考虑夏季隔热性能；在夏热冬暖地区，隔热和遮阳是重点。围护结构的设计对建筑的节能起着重要作用，好的围护结构部件应更好地满足保温、隔热、透光、通风等各种要求，甚至可以根据外界条件的变化随时改变其物理性能，达到维持室内良好的物理环境，同时降低能源消耗的目的。

①外墙体

建筑中外围护结构的传热损失较大，而且在外围护结构中墙体所占份额又较大，所以墙材改革与墙体节能技术的发展是绿色建筑技术的一个重要环节，发展外墙保温技术与节能材料是建筑节能的主要实现方式。外墙保温技术一般按保温层所在的位置分为外墙外保温、外墙内保温、外墙夹心保温、单一墙体保温和建筑幕墙保温等 5 种做法。

②屋面

在建筑围护结构中屋顶保温能有效改善顶层房间的室内热环境，而且节能效益比较明显。坡屋面下应铺设轻质高效保温材料；平屋面可以考虑采用急速聚苯板与加气混凝土复合，有利于减小保温层厚度，减轻屋盖自重；上人屋面和倒置式屋面可采用在防水层上铺设挤塑聚苯板的保温做法。

③门窗

随着建筑形式的通透和新型材料的运用，外窗和玻璃幕墙等透光性外围护结构在建筑外立面中的使用比率越来越高。由于其在保温、隔热、采光和吸收太阳光等方面的多重功能，使其成为影响建筑本身能源消耗的最主要因素。目前，在建筑设计中除了选用热功性能好的中空双层玻璃断热窗框外，双层幕墙也成为建筑师青睐的对象。

④楼地面

采暖房屋地板的热工性能对室内热环境的质量和人体热舒适有重要影响。底层地板应具有必要的保温能力，以保证地面温度不致太低。良好的建筑楼地面构造设计，不但可以提高室内热舒适度，而且有利于建筑的保温节能，同时还可提高楼层间的隔声效果。

（2）遮阳技术

建筑遮阳的目的是阻断阳光透过玻璃进入室内，防止阳光过分照射和加热建筑围护结构，以消除或缓解室内高温，降低空调的用电量。从节能效果来讲，遮阳技术是不可缺少的一种适用技术，在夏季和冬季都有很好的节能和提高舒适性的效果。据资料统计，有效的遮阳可以使室内空气最高温度降低 1.4℃，平均温度降低 0.7℃，使室内各表面温度降低 1.2℃，从而减少使用空调的时间，获得显著的节能效果。因此，针对不同朝向在建筑设计中采取适宜合理的遮阳措施是改善室内环境、降低空调能耗、提高节能效果的有效途径，而且良好的遮阳构建和构造做法是反映建筑高技术和现代感的重要组成因素。

（3）通风技术

通风是指室内外空气交换，是建筑亲和室外环境的基本功能。自然通风的最大益处首先是建筑内部空气质量环境的改善，应尽可能地使用自然通风给室内提供新鲜空气，降低对空调系统的依赖，从而节约空调能耗。要做到完全的自然通风几乎是不可能的，目前建筑中最常见的是混合使用各种手段，既充分利用自然通风，同时也合理配置机械通风和空调系统。

（4）采光技术

采光设计的主要目标是为日常活动和视觉享受提供合理的照明。影响自然光照水平的因素如窗户的朝向、窗户的倾斜度、周围的遮挡情况（植物配置、其他建筑等），周围建筑的阳光反射情况、窗户面积、平面进深和剖面层高、窗户内外遮光装置的设置等。对于日光的基本设计策略是不直接利用过强的日光，而是间接利用为宜。采光设计应当与建筑设计综合考虑、融为一体，以使建筑获得适量的日光，有效地实现均衡照明和避免眩光。

（5）可再生能源的利用

为了促进可再生资源的开发利用，增加可再生能源及材料供应，改善能源结构，保障能源安全，保护环境，实现经济社会的可持续发展，我国制定了《中华人民共和国可再生能源法》。与绿色建筑设计息息相关的主要是以下几个方面：

①太阳能

太阳能建筑一般是指综合考虑社会进步、技术发展和经济能力等因素，在建筑物的建造、设计、使用、维护以及改造等活动中，主动与被动地利用太阳能。太阳能的利用主要包括太阳能的热利用和太阳能的光利用两方面。目前太阳能技术在我国建筑应用领域中主要有：太阳能热水技术（即家用太阳能热水器）、被动式太阳房、太阳能空调、太阳能光伏发电等。

②风能

风能的利用主要是风力制热。风力制热是将风能转换成热能，目前有两种转换方法，一是由风力机将风能转换成空气压缩能，再转换成热能，即由风力机带动离心压缩机，对空气进行绝热压缩而放出热能；二是将风力直接转换成热能，这种方法制热效率最高，也是目前常用的方法。还可利用风力推动电机发电，产生能量，具有发电效率高，结构简单，维护方便，可靠性强等特点。

③地热

地热利用原理就是通过热泵机组将土壤中的低品位能源转换为可以直接利用的高品位能源。在冬季把地能作为热泵供暖的热源，把高于环境温度地能中的热能取出来供给室内采暖；在夏季把地能作为空调的冷源，把室内的热能取出来释放到低于环境温度的地能中。

5. 绿色建筑设计案例分析——宁波诺丁汉大学可持续能源技术研究中心

（1）项目概况

宁波诺丁汉大学研究中心大楼是我国绿色节能建筑的代表之一（图4-2-50）。该建筑综合了世界最先进的建筑节能设计理念和绿色建筑技术研究成果，通过别具特色的设计，尽量降低对环境的影响和对建筑能源的需求，通过可再生能源资源的集成利用，实现能源的自给自足，进而创造一个节能、健康、舒适和安全的建筑环境。

图4-2-50　宁波诺丁汉大学可持续能源技术研究中心

（2）绿色建筑技术策略

①围护结构技术

该大楼具有良好的保温隔热性能，通过围护结构热性能的改善将热损失降至最低。南立面采用封闭的玻璃"双层表皮"，提供热缓冲区促进被动式预热新风，排放夏季过热的空气。东西两侧墙体增设穿孔的"开放式"第二层表皮，以增进日照控制和排除过多的热量。

②通风技术

由于该建筑通过结构设计，该建筑南向双层立面和采光井之间的压力差使得立面内部的热缓冲区产生连续的气流，促进空气交换。大楼所有窗都装有电动可总控的启闭装置，可根据建筑内安装的感应设备的反馈，确定各外窗及百叶的开启程度。

冬夏两季，浅层地热资源的利用成为新风加热和制冷方面节能的主要手段之一。应用土壤预处理新风的地风管系统，将室外新风引入后，通过埋设于地下的 PE 管与土壤进行热交换，达到节约空调耗能的目的。春秋两季，自然通风成为办公楼主要通风方式，双层立面和贯通建筑高度的采光井充分利用烟道效应，从屋顶通风口和中庭通风口抽出的空气促进了建筑内部的空气循环。通过充分的设计考虑，该办公楼建筑在自然通风的模式下可以达到相当高的舒适标准，在极端冷热气候条件下，利用地热能源的顶棚辐射采暖和制冷系统在已有的自然通风驱动下，可以满足所需的采暖和制冷负荷（图 4-2-51）。

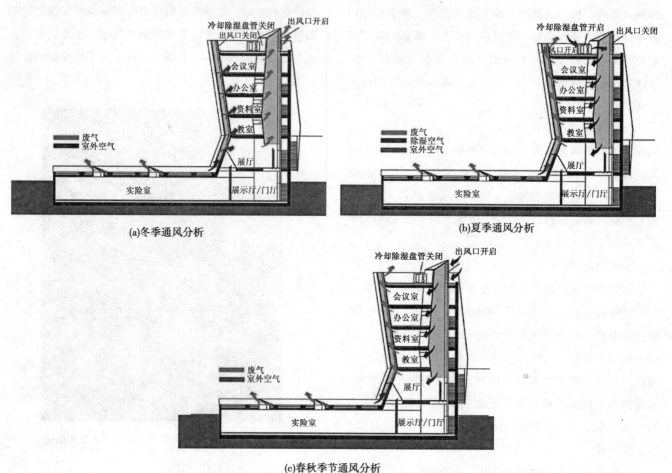

(a)冬季通风分析

(b)夏季通风分析

(c)春秋季节通风分析

图 4-2-51 建筑通风分析示意图

③采光技术

该建筑的采光设计目标是最大限度地获取自然光，将人工照明的需求降至最低，同时避免眩光和过度的太阳得热。

该建筑的设计在采用 ECOTECT 软件进行日照控制模拟的基础上，在体形设计时进行了充分的考虑，力求达到在春、秋确保南向立面白天大多数时间获得满窗日照，尤其是早晨的日照。在这两个过渡季节，办公空间可以从早晨就获得充足的被动式太阳得热，因此无需辅助性的间歇性采暖；到下午，南向立面又处于阴影中，有效地避免了过热的产生，因此也无需间歇制冷。在冬至日，整个白天建筑南向立面完全处于阳光之中，充分利用被动式太阳得热预热进入室内的新风，有效地减少整个建筑的采暖需求；在夏至日太阳照射下，由于建筑南向立面向前倾斜，建筑在大多数时间南向立面处于阴影中，较好地避免了夏季的太阳直射。为避免眩光，位于南面双层玻璃立面内侧的幕墙设有细穿孔格板（兼作检修通道），既遮挡直接太阳辐射，又保证了自然光线的散射和穿透（图 4-2-52）。

半地下室部分东西两侧的部分开窗和其顶部四个倾斜的三角形天窗，确保半地下室部分充足的自然采光。塔楼部分由于办公楼立面除南向有大片玻璃可采自然光外，中部采光井通过多次反射将柔和的自然光送达各楼层，中庭的贯通流动空间也有利于光线在大进深空间内部的渗透。

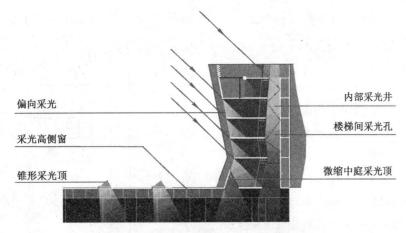

偏向采光

采光高侧窗

锥形采光顶

内部采光井

楼梯间采光孔

微缩中庭采光顶

图 4－2－52　建筑自然采光分析示意图

④节材与材料资源利用

该建筑充分利用太阳能、风能及浅层地热等可再生能源资源，通过可再生能源的集成实现建筑的能源需求不依赖或基本不依赖于电能，从而实现能源的自给自足。该建筑集成太阳能光伏独立发电系统和小规模风力发电系统，空调系统采用地源热泵冷热水机组与太阳能吸收式溴化锂冷水机组。

⑤智能楼宇控制

大楼采用了智能化的感应与楼宇控制系统，以实现最大限度的节能。该建筑的采暖和制冷系统均采用直接数字式集中检测控制系统（DDC系统），实现对系统冷热量的即时监测和记录，对室内气温和湿度进行监控，根据室外气象条件的变化和室内条件变化自动调节建筑内部的冷热量供应和通风窗、百叶的开启程度。温控范围：夏季 25～27℃，冬季 20～22℃，管网设计效率达到 96%。

第三节　建筑方案设计的基本方法和过程

建筑方案设计的过程大致可以分为任务分析、方案构思和方案完善三个阶段。从整体出发处理建筑与环境的关系，逐步深入到总平面、平面、剖面和立面设计，这样一步步深入的工作流程，其顺序不是单向一次性的，而是多次循环往复形成的螺旋式上升过程。

一、前期准备

在阅读了设计任务书和分析了设计条件后，设计人员可以两手准备：一方面阅读设计任务书，进行设计的理性思维；另一方面便开始立意构思，进行设计的感性思维。通过深入全面地分析设计任务书的内容，可以清晰地知道建筑内部功能要求及建筑外部环境的限制因素，并把对内部功能关系和外部环境的理解转化为功能关系图和环境条件分析图表示。在对任务书和场地条件有了初步了解之后，可以参观调研相同类型的建筑实物，并查阅相关书籍资料，收集大量的实例作为参考资料，为下面设计工作的开展打下基础。

建筑的现场调研是一种环境体验行为，设计者可以对环境信息有个更加直观的感受，分析基地范围内的高差、道路、树木、河流等情况；基地环境中的日照和风向等气候条件；基地内景观的方向和品质。

二、方案的构思

方案的构思是方案设计过程中至关重要的一个环节。方案构思借助形象思维的能力，通过图示的方式，把设计理念物化为具体的建筑形态。好的构思是建筑师对创作对象的环境、功能、形式、技术、经济等方面的综合提炼成果。方案构思的切入点是多种多样的，具体的构思方法在本章第二节建筑方案的构思中有具体介绍，从具体功能特点入手是方案构思最常用的设计方法，全过程基本概括为：场地设计、功能分区与布置、交通流线组织、建立结构体系和完善建筑方案。

三、场地设计

方案设计的起步是场地设计，场地设计内容包括出入口的选择和场地规划。场地的出入口是外部空间进入场地的通道，一般应迎合主要人流方向，应符合内部功能、城市规划要求，并与周围环境因素构成对位关系。场地规划是进行建筑方案设计之前先要解决的问题，只有解决好

"图"（建筑物）"底"（室外场地）的关系，包括两者的空间位置、尺寸大小，才能为单体设计打下基础。

1. 选择场地出入口

首先是确定场地出入口的数量。一般来说要有两个，其中一个为主要出入口，另一个为次要出入口。前者为大多数使用者服务，后者多为内部或后勤服务。相比之下，先考虑主要出入口的位置，然后确定次要出入口的位置。如果设计对象是为公共建筑，主要出入口应面对主要人流方向，即面对较宽的城市道路；如果是商业建筑就应面向主要人流多的路上，而不是城市快速干道；如是中小学校，为避免交通事故的发生和保障学生人身安全，应尽可能将场地的主要出入口选择在次要道路上。至于场地次要出入口，多为内部后勤使用，应与主出入口位置尽量拉开，避免人流与货流的交叉。主次出入口的确定是个大致范围，具体从哪个点进入场地，这要由以下几个设计步骤共同确定。

2. 确定场地图底关系

场地包含了建筑物与室外场地两大部分，确定场地图底关系就是要考虑"图"（建筑物）与"底"（室外场地）两者占有场地的份额及其相互布局的关系。"图"不能占满整个场地，总要留出室外空间作为广场、绿地、道路等之用，接下来就是要确定"图"形状和位置。当拿到地形图后，应估算用地面积，并把用地面积与建筑面积进行比较，按照合适的建筑密度决定所设计的建筑首层面积，同时要依据消防、日照等规范要求合理安排道路、停车场及绿化等的布置。一般来说建筑为了获得自然通风、采光、日照，尽可能使"图"形呈板式，使南北方向面宽较大。如果场地呈南北方向狭长或因建筑物要面向东、西道路而造成"图"形呈东西向面过大的板式时，"图"就要将其化解为 L 形、E 形或口字形等（如图 4-3-1）。

底图关系的确定可以遵循三条思路：

（1）从功能分区和组织出发：如中小学建筑可以根据教学区、行政办公区、生活服务区和运动区进行场地分区，教学区（图）位置不宜面对运动场区（底），尽可能使两者侧面为邻，避免相互干扰；若两者要相对布置，其间距要保证大于 25m（如图 4-3-2）。体育馆的"图"最好在场地中央，四周留有场地，有利于大量人流瞬时从四面八方疏散。交通和会展建筑"图"前方留大片的场地作为"底"，满足旅客和参观者的活

动和车辆的运行（如图 4-3-3）。

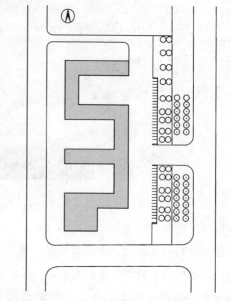

图 4-3-1　场地呈南北向狭长时的图形分析

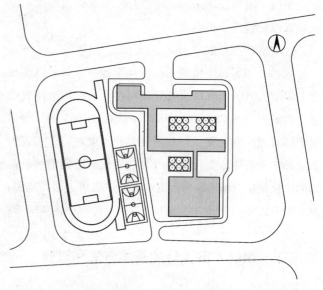

图 4-3-2　某小学总平面图

（2）从场地利用的角度出发：若场地有一斜边时，"图"形可采用斜边的平面形式与斜边平行，也可以采用锯齿状（图 4-3-4）；当场地是平地时，"图"形采用适合于平地的同层布局形式，如庭院布局等；当场地是坡地时，"图"形可利用地形采用错层式设计以平衡高差的方式。场地紧张的情况下宜采用集中式的平面组合方式，如内廊式、单元式；场地宽松的情况下可以采用松散式的平面组合形式，如庭院式、院落式或开敞式等。此时"图"还要兼顾先前确定的主次出入口位置，"图"的位置成为出入口位置的限定条件，两者紧密联系。

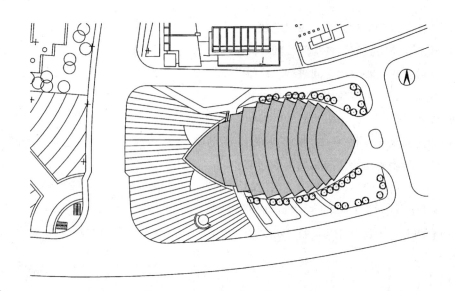

图 4-3-3 某会展中心总平面图

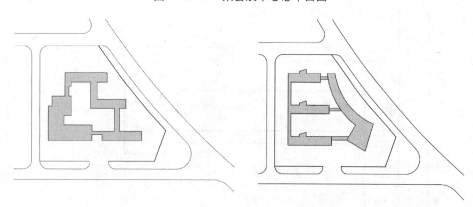

图 4-3-4 适应场地边界的"图"形分析

（3）从周边环境因素出发：如日照间距、防火间距、建筑退让道路红线以及场地周边的建筑控制线。居住建筑和幼儿园、托儿所生活用房的南北间距要符合当地的日照间距和日照计算，使用用房需要满足相应的日照要求。

四、功能分区与布置

经过场地设计阶段，我们得到了场地的主次出入口范围、图底关系、道路交通系统的阶段性成果，下一步就进入对建筑设计进行思考。为了保证方案设计走向的正确性，设计者的思维仍然要坚持从整体到局部推进的方法。

各类建筑的使用性质和空间组成不尽相同，但是概括起来可以划分为主要使用空间、次要使用空间（或称辅助使用空间）和交通联系空间。在设计中若能找出这三大部分空间组合的规律性，就能在复杂的关系中把问题简单化（如图 4-3-5）。主要使用空间指在建筑中起主导作用的房间，这类房间往往数量多或者大，如住宅中的起居室、卧室，教学建筑中的教室、办公室，影剧院的观众厅等。辅助使用空间指在建筑中属于服务性、附属性、次要的部分，如卫生间、储藏间、开水间，住宅中的厨房、卫生间等。交通联系空间是指用以联系各个使用房间、楼层以及室内外的过渡空间，如走廊、楼梯、门厅等。

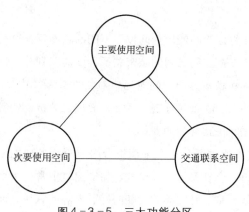

图 4-3-5 三大功能分区

在遇到规模和功能比较复杂的建筑时，按照上述方法进行功能分区时发现主要使用空间内各房间之间还是存在相互干扰，我们就需要将主要使用空间进行二次细化。把设计任务书中罗列的若干主要使用空间按功能相近、要求相同的房间归为一类，可以归纳为使用功能区、管理功能区、后勤功能区三大类（图4-3-6）。例如，我们可以把图书馆建筑中的主要使用空间归纳为借阅部分、藏书部分和管理部分；商业建筑内的若干使用房间归纳为营业区、办公区、库房区等（图4-3-7）；把中小学学校中主要使用空间归纳为教学用房、行政办公用房、生活用房等。

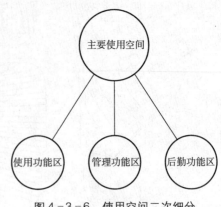

图4-3-6　使用空间二次细分

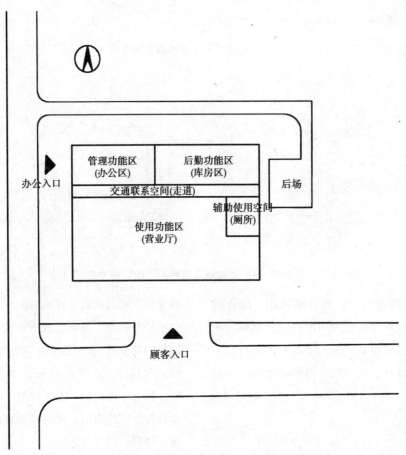

图4-3-7　商业建筑功能分析

在将建筑的使用空间按照不同的功能要求进行分类后，要根据它们之间的亲密关系程度加以划分，做到分区明确和联系方便，同时还应对主次关系、内外关系、动静关系、联系与分割关系等方面加以分析，使各功能分区之间得到合理的安排。

"主次关系"即在平面组合时应分清各功能分区孰轻孰重，合理安排。如学校、住宅建筑中常将主要使用房间如教室、卧室等放在朝向好、安静的区域，而把次要房间、辅助房间如厕所和卫生间、厨房及交通联系部分的楼梯布置在条件较差的位置。

"内外关系"一般是把对外性较强的部分布置在交通枢纽附近，将对内性较强的部分布置在较隐秘的部位。如商业建筑，营业厅是供外部顾客使用，应布置在主要沿街位置，满足商业建筑需要醒目的特点和顾客流动的特点；而库房、办公用房等配套用房是供内部人员使用，位置可较隐蔽些。

"动静关系"就是解决好各项活动进行时相互干扰的问题,如图书馆设计中我们常把各功能用房相对集中形成"动、静"两区:行政管理室、阅览室、专业工作室属"静区",展厅、多功能厅属"动区",平面布局上"动、静"两区分别接近和远离主要交通联系空间(图4-3-8)。

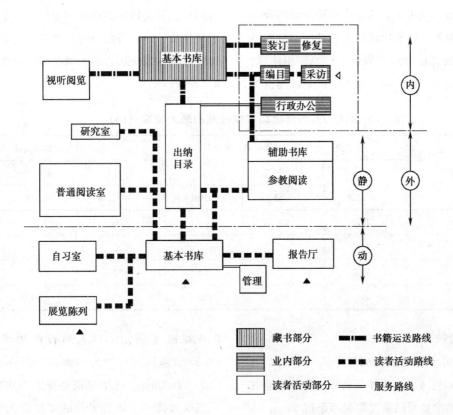

图4-3-8 图书馆功能分区示意图

"联系与分割关系"是指根据房间的使用性质如"闹"与"静"、"清"与"污"等方面进行功能分区,使其既分隔而互不干扰,且又有适当的联系。如教学建筑中,普通教室和行政办公部分既要分区明确,避免干扰,又要考虑教师办公室和教室之间的联系方便。他们的位置应该相互靠近,对于教学性质不同的普通教室和音乐教室又要有一定的分隔,避免声音干扰。

在场地设计已确定了建筑平面的基本范围,而且内部条件分析也明确了若干功能分区之后,紧接着就要把所有房间纳入到各自的功能区内,将功能关系图式由无面积限量的逻辑关系图式转化为具有具体面积限量关系的初步图面,并依据功能的差别与联系对同一功能区域内的若干房间进行再分区;依据任务书规定的面积指标,以及各房间自身使用上对空间形态及尺寸的要求,调整房间的面积和形状。

五、交通流线组织

经过上阶段方案探索,使所有房间的位置基本按功能秩序组织好,但要想成为有机整体,还需用流线串起来的方法进一步理顺水平与竖向的功能秩序。流线是联系各功能分区的纽带,功能分区之间的联系和分隔以此为依据,设计时必须区分各功能空间人流特点,做到流线简捷明了,并据此作出空间的布局安排。

首先确定建筑水平交通的设置方式。

1. 水平流线分析

各类型建筑的功能要求不同,水平交通流线组织的形式也各不相同。学校、医院、办公楼等建筑中的教室、诊室、病房、办公室等使用房间,一方面要求安静,又要必须保持适当的联系,平面通常采取走廊式的形式来组织流线。办公楼建筑可以选择中廊;中小学学校类建筑宜选择单廊;而医院手术楼为了洁污分流,一定是双廊甚至三廊。

走道(或走廊)是用来联系同层内各大小房间、楼梯、门厅等各部位,根据不同建筑类型的使用特点,走道除了完全为交通需要而设置,如办公楼、旅馆、体育馆的安全走道，也可以兼有其他的使用功能，如教学楼中的走道，除作为学生交通联系外，还兼有学生课间休息、布置陈列橱窗展览之功能；医院门诊部走道可作人流通过和候诊之用。确定走道的宽度和长度须综合考虑人流通行、安全疏散、防火规范、走道性质、空间感受以及走道侧面门的开启方向等因素。一般民用建筑，当走道两边布置房间时，其走道宽度规定：学校建筑为 2100～3100mm，民用建筑为 2400～3000mm，办公建筑为 2100～2400mm，旅馆 1500～2100mm。作为局部联系或住宅内部走道宽度不应小于 900mm。当走道一侧布置房间时，其走道的宽度应相应减少。走道的长度应根据建筑性质、耐火等级及防火规范来确定。最远房间出入口到楼梯间安全出口的距离必须控制在一定范围内（表4-3-1）。

房间门至外部出口或楼梯间的最大距离（m）　　　表4-3-1

建筑类型	位于两个外部出口或楼梯之间的房间			位于袋形走廊两侧或尽端的房间		
	耐火等级			耐火等级		
	一、二级	三级	四级	一、二级	三级	四级
托儿所、幼儿园	25	20		20	15	
医院、疗养院	35	30		20	15	
学校	35	30	25	22	20	15
其他民用建筑	40	35	25	22	20	15

2. 垂直流线分析

垂直流线分析实质是对垂直交通手段（楼梯、电梯、自动扶梯）布局的考虑。楼梯是最常见的一种垂直交通方式。分析楼梯的布局问题要掌握两条规律：一是在水平流线或节点上找合适的位置；二是对于公共建筑而言，多数情况需设两部及以上数量的楼梯，这就有主次之分。

民用建筑楼梯的位置按其使用性质可分为主要楼梯、次要楼梯、消防楼梯等。主要楼梯设在一层平面的门厅（或大厅）处，明显易找；次要楼梯常布置在次要出入口附近，与主要楼梯配合共同起到人流疏散、安全防火的作用，位置一定要在顶层平面的水平交通流线（或节点）上，上下要贯通，与主要楼梯拉开距离，使之满足双向疏散的消防距离要求，但不要过长，以免消防疏散违规；消防楼梯常设在建筑端部，平时不用，可采用开敞式。在确定楼梯间的位置时，应注意楼梯间要求天然采光，又不宜占用好的朝向。如一般常将平行双跑梯布置在 L 形平面的阴角处。既利用了楼梯间进深大、易开窗的优点，又避免了 L 形平面阴角出现暗房间，同时其位置也恰好满足两个方向人流的使用。这些疏散楼梯下至一层时应尽量靠近对外出口，可以直接疏散到室外。

楼梯的宽度和数量主要根据使用性质、使用人数和防火规范来确定。单人通行的楼梯宽度应不小于 850mm，双人通行的为 1100～1200mm，三人通行的为 1500～1650mm。民用建筑楼梯的最小净宽应满足两股人流疏散要求，休息平台的宽度要大于或等于梯段宽度。楼梯休息平台上部及下部过道处的净高不应小于 2m，梯段净高不宜小于 2.2m，且包括每个梯段下行最后一级踏步的前缘线 0.3m 的前方范围（图4-3-9）。框架梁底距休息平台地面高度小于 2m 时，应采取防碰撞的措施。如设置与框架梁内侧面齐平的平台栏杆（板）等，休息平台的净宽从栏杆（板）内侧算起（图4-3-10）。

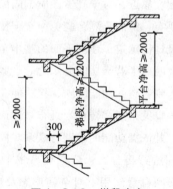

图4-3-9　梯段净高

疏散楼梯按照形式和防烟作用可分为防烟楼梯、封闭楼梯、室外疏散楼梯。防烟楼梯间和消防电梯的设置应保证前室的使用面积：公共建筑不应小于 6m²，居住建筑不应小于4.5m²。当防烟楼梯和消防电梯合用前室时，公共建筑合用前室不应小于10m²，居住建筑合用前室不应小于6m²。疏散走道通向前室以及前室通向楼梯间的门应向疏散方向开启。除楼梯间门和前室门外，防烟楼梯间及其前室的内墙上不应开设其他门窗洞口

（住宅的楼梯间前室除外）。防烟楼梯间的首层可将走道和门厅等包括在楼梯间前室内，形成扩大的防烟前室，但应采用乙级防火门等措施与其他走道和房间隔开（图4-3-11）。

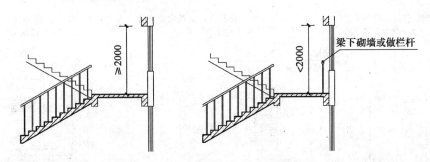

图4-3-10 楼梯休息平台与框架梁关系

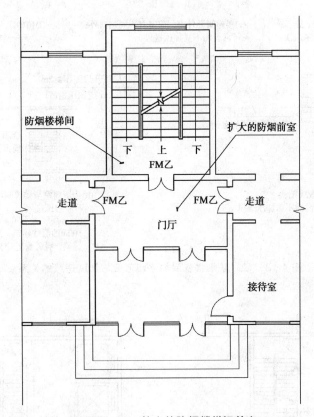

图4-3-11 扩大的防烟楼梯间前室

高层建筑的主要垂直交通手段并不是楼梯而是电梯，对于12层以上的单元式住宅和通廊式住宅、塔式住宅及高度大于32m的其他建筑应设置消防电梯。设计时候一般都把电梯和公共服务用房、设备室、管道井、疏散楼梯等集中布置，组合成上下贯通、结构刚度强劲的核心筒，此时设计者要跟其他工种专业沟通，为其留下相应的设备用房和管道井。核心筒位于门厅或大堂中

醒目的位置又要迎向主要人流方向，并考虑它在标准层的位置要适中。常见的防烟楼梯间形式（图4-3-12）。塔式高层建筑的疏散楼梯当独立设置有困难时，可设置剪刀楼梯：塔式公共建筑应分别设置前室，塔式住宅可设置一个前室，但两座楼梯应分别设加压送风系统（图4-3-13）。

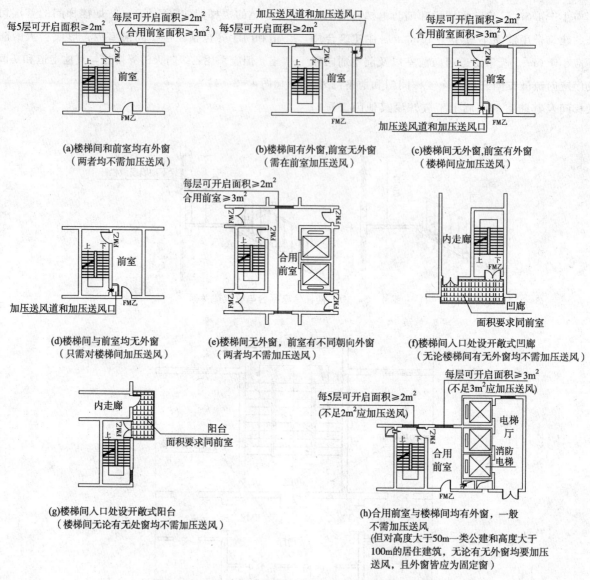

图4-3-12 防烟楼梯间的平面形式与加压送风的关系

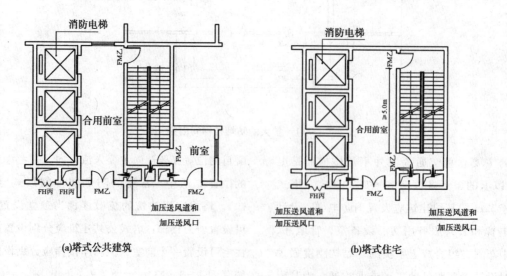

图4-3-13 剪刀楼梯、楼梯间

六、建立结构体系

建筑结构与材料是构成建筑物的物质基础，在很大程度上影响着建筑的平面组合。平面组合在满足功能分区和流线组织合理的过程中，同时也是选定结构形式的过程。选择经济合理的结构方案，把之前分析的各功能分区的配置关系与结构布置协调一致，形成方案的毛坯。

民用建筑常见的结构类型有砖混结构、框架结构、框架—剪力墙结构、剪力墙结构、空间结构等。如临街多层商住楼既要考虑上部住宅居住的舒适性又要兼顾下面商业空间的合理使用，可采用底框结构。底框结构是一种特殊的结构形式，在规范中强条要求很多，目前这种结构形式使用不多，多都采用框架结构。针对建筑使用功能的特殊要求的别墅，结构选型为异形柱框架结构，虽然造价高于框架结构，但建筑使用功能较好，卧室无混凝土棱角，空间利用高，柱网根据建筑开间合理布置，同时梁宽能很小的控制。在高层综合楼中，底层商业为购物商场、餐厅、娱乐设施等，上部为较小开间的住宅。住宅要求使用功能较好，结构选型宜采用剪力墙结构。由于上下部分不同的使用功能要求不同的空间划分布置，相应地亦采用不同的结构形式。为了完成两种不同结构体系的理想过渡，设置"转换层"的结构形式，使之沿竖向组合起来。为了使上部剪力墙不会成为下面商业空间的障碍，必须进行局部结构转换，一般采用梁式转换（图4-3-14）。

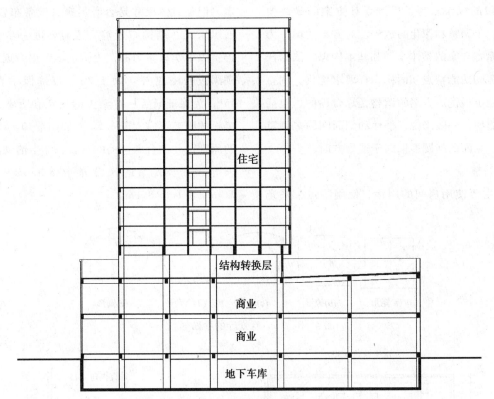

住宅

结构转换层

商业

商业

地下车库

图4-3-14 商住楼剖面图

对于最常用的框架结构来说，从结构的受力合理性上讲，简洁规整的矩形柱网有利于结构布置和计算，施工也方便，在大量中小型公共建筑中使用广泛。首先选定柱网尺寸模数，就框架结构而言，多数公共建筑的框架结构开间尺寸以6~9m为宜。这样可以最合理地反映框架结构的受力性能。宾馆或办公建筑中，常以一开间柱网可以安排两间客房或小办公室为模数确定为7.8m或8m等。当建筑有地下室时，一般采用8.4m开间柱网，以便在一个开间柱网内可停放三辆车。对于展览、商场等要求大空间的建筑而言，为了使用灵活、空间开敞，开间尺寸可以达到12m、15m。有些功能房间如报告厅、多功能厅、宴会厅等，出于使用功能的要求室内不能有柱子，只能保留四周墙体上的结构柱，再通过结构方案（如井字梁、网架、桁架等）解决房间屋顶的覆盖问题。

最后当结构体系建立起来后，就要将各层平面房间配置关系有秩序地纳入结构柱网中去，将各大功能区用房和交通空间转换为在柱网中的房间和走道或厅的空间。涉及每个房间定位时，一方面要照顾房间比例关系，适当考虑面积不要过分大或过分小；另一方面也要结合结构尺寸的规律，尽量根据柱网尺寸来划分房间，否则分隔墙难以立在柱网的梁上而是落在楼板上，受力不合理。类似这种在结构柱网中纳入所有房间而出现的矛盾还是比较普遍的，此时我们要综合各种因素，善于抓住矛盾的主要方面，宁可牺牲点房间面积或者适当局部改变柱网大小。

七、完善建筑方案

在方案探索过程的前几个阶段都是从方案整体出发，抓住全局性的问题，在分析、比较与综合的基础上获得了各个阶段的成果。为了达到设计方案的最终要求，还要经过一个调整和深化的过程。对方案的调整力求不影响改变原有方案的整体布局和基本构思，依据任务书规定的各房间功能特点和面积指标要求优化、调整方案，使方案趋于最优。方案的调整是综合性的，包括功能、技术及造型，一般来说，平面和剖面问题多侧重于功能和技术，立面的问题多偏向于造型方面。

1. 平面的调整

（1）根据主要使用房间的用途、使用特点、采光通风要求、室内交通等方面确定房间的使用面积、平面尺寸、空间形状和门窗位置。

主要使用房间面积的确定取决于房间用途、使用人数、家具设备的规格及布置方式、内部交通情况和活动特点等。最常用的房间平面形状有：矩形、方形、多边形、圆形等。至于什么房间使用什么形状，在设计时，要根据使用功能要求、平面组合、结构形式和结构布置、外观艺术效果等多种因素综合考虑确定。矩形房间是最常用的平面形状，有时采用非矩形的房间具有较好的功能适应性，或易于形成个性的建筑造型。如剧院的观众厅，由于对音质要求较高，平面的形状要从最佳声学的角度考虑，一般采用以下几种形式（如图4-3-15）。房间的平面尺寸在之前建立结构体系时已初步确定，但是具体尺寸是否满足家具设备布置、视听要求、通风采光、结构布置等，还需要进一步思考，加以完善。以中学教室为例，为防止学生视力近视，第一座位到黑板的距离必须大于2m，以确保垂直视角不大于45°；为保证最后一排学生的视觉和听觉，最后一排到黑板的距离不宜大于8.5m（如图4-3-16）。按照上面的原则，并结合课桌椅的布置、学生活动、建筑模数要求等，中学教室的尺寸常取6.3m×9.0m、7.2m×9.9m、8.1m×8.1m。

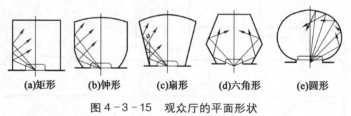

(a)矩形　　(b)钟形　　(c)扇形　　(d)六角形　　(e)圆形

图4-3-15　观众厅的平面形状

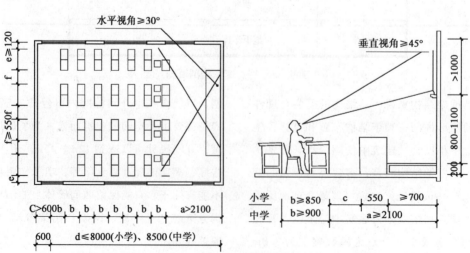

图4-3-16　视听要求对教室桌椅布置的影响

（2）补充必要的辅助使用房间，并确定其在平面中的位置。

常见的辅助使用房间有：厨房、厕所、盥洗室、浴室、储藏室、设备用房等。这类房间的布置有较多的管道、设备，因此房间的大小及布置均受到设备尺寸的影响，应根据具体的功能来确定。如厨房、厕所、盥洗室等房间，用水量大，上、下管道多，在平面布置中应尽量集中，相同功能房间在竖向上要上下层重叠，尽量避免发生错位现象。辅助房间与主要房间既要联系方便，又要适当隔离和隐蔽，且要有较好的采光和通风。一般布置于水平交通尽端或转折处或主次楼梯旁边，在不影响使用的前提下，应尽量利用建筑物的暗间、死角及不利朝向，并尽量节约面积。为了节省管道，减少立管，男女厕所一般常沿着房间墙壁平行并排布置，卫生设备也尽可能的并排或背靠布置（如图4-3-17）。卫生设备的数量和长度主要取决于使用人数、适用对象、使用特点，应符合专用建筑设计规范的规定。

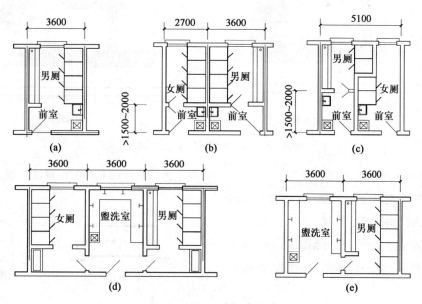

图4-3-17　卫生间布置方式

（3）协调建筑实体与室外围合空间的关系。

建筑实体与室外空间是矛盾统一体的两个方面，我们不仅要关注建筑本体的方案探索，还要注意建筑布局中"图"与"底"的关系，强调建筑平面形态与环境的有机结合、建筑所围合室外空间的完整性和丰富感。常常运用顺应地形、平面对位等手法使设计平面与自然环境、周边建筑平面形式形成有机结合。若建筑的院落空间东西向过于狭长，只能起到院落南北两侧各用房的采光通风作用，不能同时发挥其室外活动和创造景观环境的作用。因此调整方案时可将院落进深加大，并将后楼作局部转折处理，使狭长的院落空间比例得到改善，并呈现出曲折变化。这样，就形成了两个不同空间形态组合的院落，空间有了变化、流通，又可进行不同景观和使用功能的设计，从而使生成方案的设计质量得到提高（如图4-3-18）。

（4）组织场地道路交通系统。

首先要确定场地的车行和人行通道与城市道路怎么相接。一般而言，场地道路系统可以采用人车分流、人车混行、人车部分分流三种基本形式，车行道路要远离城市主干道交叉路口，距离主干道红线交叉点70m以上。我们通常可以采用环状式、尽端式和综合式三种方式把场地道路与建筑地面层的各个出入口衔接，形成场地的道路骨架。场地内道路在满足使用功能的同时还要符合总平面的消防要求：如道路间距不宜大于160m；长度超过35m的尽端式车行路应设回车场；消防道路不应小于4m；消防道路距离高层建筑底部外墙大于5m等。

（5）完善场地绿化景观设计。

为了使总平面设计内容进一步充实，应根据设计建筑的性质和要求把场地环境构成要素一一安排就位。在场地绿化景观设计中，常常在场地某些重要显眼的地方，如主要出入口、广场、庭院等处，布置灯柱、花架、屏墙、喷泉、雕塑、亭子等小品，强调总体布局的构图中心，突出建筑重点，组织和联系空间的作用。对于这些绿化景观要素的考虑要满足其使用功能和环境艺术的要求。

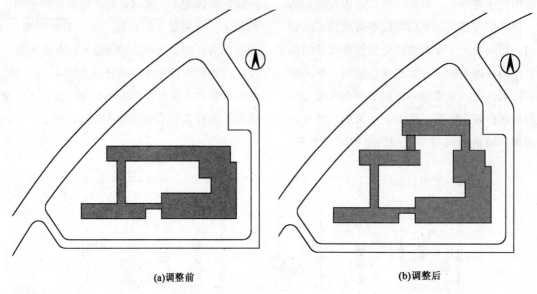

(a)调整前　　　　　　(b)调整后

图4-3-18　院落空间形态的调整

2. 空间分析和剖面的调整

建筑剖面主要反映建筑物竖向上的内部空间关系和外部体量的变化，以及结构体系、通风、采光、屋面排水、墙体构造等一系列技术措施。通过剖面设计可以深入研究空间的变化和利用，检查结构的合理性，以及为立面设计提供依据。

（1）确定合理的竖向高度尺寸，主要是指确定建筑各层层高、室内外高差，建筑体型高宽尺寸，屋面形式与尺寸及立面的轮廓线，而且立面细节比例尺度、洞口尺寸、女儿墙、屋脊线等只能在剖面上加以研究确定。

（2）分析竖向上空间关系，对建筑的夹层、错层、中庭空间进行研究，推敲空间的体量、形态、高宽比、采光方式等以及空间的利用。有些公共建筑的门厅、大厅层高较大，可在大厅上部设计夹层或回廊，既扩大了楼层的使用面积，也丰富了大厅空间的艺术效果。坡屋面的屋架中间起坡的空间，可以做成阁楼加以利用（如图4-3-19）。

（3）通过剖面对视线起坡、音质等建筑物理问题进行设计。如教学楼的阶梯教室、体育馆比赛大厅、报告厅除平面形状、大小满足一定的视距、视角要求外，地面还应设计起坡，以获得良好的视觉效果。影剧院、会堂等建筑中观众厅由于对音质要求很高，还需要设计特殊的顶棚剖面形式来满足视听的要求，如图4-3-20

所示为观众厅的几种剖面形状示意。

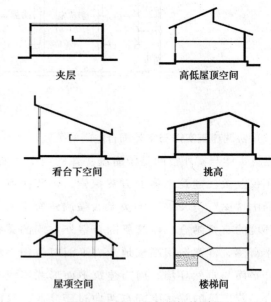

夹层　　　　　　高低屋顶空间

看台下空间　　　　挑高

屋顶空间　　　　　楼梯间

图4-3-19　竖向空间的利用

（4）通过剖面检查结构（选型、支撑体系）的合理性、构造形式、各层墙体上下是否对位、楼梯净高是否合理等。

（5）通过建筑剖面对坡地等特殊地形的利用。在坡度较平缓的地形上可依势采用错层方式进行布局，在剖面上研究错层高差应与地形坡度接近，用楼梯把不同标高上的功能空间联系起来；在遇到陡坡地形时，可将建筑前后两部分坐落在高低坎上，这样高低坎都可以设置建筑的出入口（如图4-3-21）。

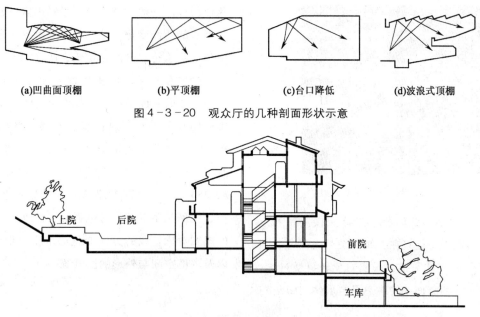

|(a)凹曲面顶棚|(b)平顶棚|(c)台口降低|(d)波浪式顶棚|

图4-3-20　观众厅的几种剖面形状示意

图4-3-21　建筑剖面对地形高差的利用

3. 造型与立面的调整

（1）建筑是构成城市空间和环境的重要因素，因此要受到城市规划和所在地区的气候、地形、道路、朝向、原有建筑等因素的制约。城市沿街的建筑体型组合及立面设计要考虑其构图、色彩、质感等满足该街区街景规划的统一要求。位于自然环境的建筑要因地制宜，结合地形变化使建筑高低错落、层次分明，并与环境融为一体。炎热地区由于考虑阳光辐射和房屋的通风要求，立面上通常设置富有节奏感的遮掩构件，形成地域独有的特点。

（2）以建筑的使用功能和使用对象为基础正确表达立面个性。如展览馆、博物馆这类建筑的展厅需要尽可能多的规则空间作为陈列室，且要隔绝外界的不利因素，如阳光直射、温度变化、噪声干扰等，所以经常采用大片具有雕塑感的实墙而不是玻璃幕墙，这样才能满足展览陈列的各种技术要求。幼儿园建筑中常将幼儿熟悉和喜爱的形态作为建筑符号运用到细部中，比如用墙体、柱子、檐口模仿积木的形态，在楼梯间的顶部中运用童话中塔楼的形态，在门窗形式上采用幼儿喜欢的简单几何形态等，构建一种能够引发幼儿共鸣的氛围（如图4-3-22）。

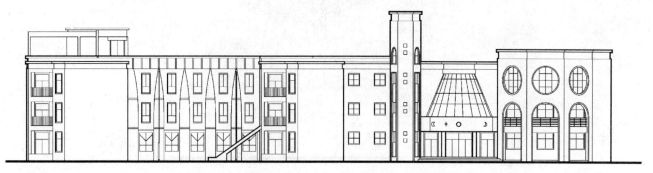

图4-3-22　某幼儿园立面

（3）以合理的结构形式和材料特点为依据反映立面的真实性。不同的结构形式各有独特的空间形态，相应形成鲜明的立面特征。混合结构建筑由于受到墙体承重和梁板跨度的限制，建筑开间和立面开窗较小，立面处理通过墙面材质、色彩、线条和门窗的合理组织来表现建筑简朴和稳重的外观特征。钢筋混凝土框架结构墙体仅起围护作用，空间处理灵活，立面可开带形窗，甚至取消窗间墙形成局部通透和轻巧活泼的外观。空间结构不仅提供了理想的大型活动空间，各种形式的空间结构也极大地丰富建筑的外部形象：筒壳结构以它的连续构件单元的组合展现出立面极强的韵律感；悬索结构则以索网自然悬挂状态形成柔软流畅的立面特征等（图4-3-23）。

图 4 - 3 - 23   悬索结构形式

（4）以透视角度推敲建筑相邻形体交接关系和立面外轮廓线。建筑立面不能只在二维的图纸上研究，而应在透视角度下分析形体衔接、虚实对比、材质过度、色彩构成等。一个好的立面外轮廓总是与形体的凹凸变

化取得和谐一致，如建筑可以利用顶层的高低错落，屋顶形式的适当变化，楼电梯间冲出屋面等手法以局部的体量变化求得丰富的建筑轮廓线（图 4 - 3 - 24）。

（5）依据美学原则处理立面形式美各要素之间的关系。建筑立面是由许多部件组成的，这些部件包括门窗、墙柱、阳台、遮阳板、雨篷、檐口、勒脚、花饰等，设计者需要利用形式美的原则，有秩序、有变化、有规律的组织成为一个统一和谐、有机的整体（图 4 - 3 - 25）。立面设计就是恰当地确定这些部件的尺寸大小、比例关系以及材料色彩等，并通过立体的变换、面的虚实对比、线的方向变化等求得外形的统一与变化，以及内部空间与外形的协调统一。

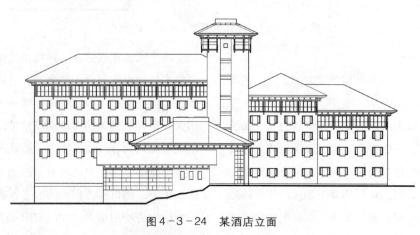

图 4 - 3 - 24   某酒店立面

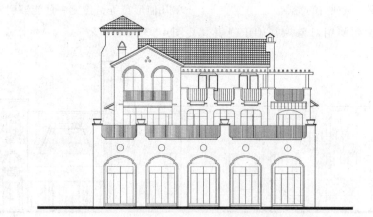

图 4 - 3 - 25   某欧式会所立面

第四节   建筑施工图设计

一、建筑施工图设计的内容及要求

建筑施工图是根据已批准的设计方案或者初步设计，通过详细的计算和设计，编制出完整的可供进行施工的设计文件。它是表示建筑物的总体布局、外部造型、内部房间布置、细部构造、内外装修和施工要求的图样。设计内容以图纸为主，应包括封面、图纸目录、设计说明（或首页）、总平面图、建筑平面图、建筑立面图、建筑剖面图和建筑详图等。

建筑施工图设计文件的编制和深度要求需要遵照中华人民共和国住房和城乡建设部（原建设部）颁发的《建筑工程设计文件编制深度规定》（2008 年版）及《民用建筑工程建筑施工图设计深度图样》04J801 执行。建筑施工图设计文件应满足以下要求：

（1）建筑施工图设计应当以初步设计方案为基础，保持原方案建筑风格；

（2）满足建设单位对材料供应、设备选型、施工图预算等技术与经济指标的要求；

（3）能够据此进行施工、安装和工程验收。

二、建筑施工图设计的程序

建筑施工图设计在程序上具有两个特点：一是建筑专业的平、立、剖面、详图等施工图设计是互动进行的；二是建筑、结构、给水排水、电气、暖通各专业的施工图设计是交叉进行的，互相提条件，逐步达到对解决设计问题的共识。当建筑设计方案最后被有关部门审定批准后，就可着手进行施工图设计。

1. 深化完善建筑方案

建筑师在方案设计阶段只关注建筑设计方案性的主要矛盾，仅仅把握了方案平面上的功能关系，但就每一功能分区的各房间相互之间的协调关系还未仔细推敲，对于结构、给水排水、电气、暖通专业只考虑大的原则性问题。因此在施工图设计阶段首先要在设计方案的基础上查漏补缺，仔细推敲每个房间与左邻右舍的功能关系，深化完善房间的形状、比例、门窗位置、立面材质、细部构造等。方案调整到位，可以避免因为盲目开始施工图设计而造成的返工现象。

2. 向各工种提供技术设计条件图

在开展建筑施工图绘制工作之前，建筑设计方案必须要得到其他专业的认可，若设计上有矛盾，必须尽快沟通，协调解决带有方案性变动的问题。完成上述工作后，建筑专业必须拿出完善的建筑图纸，即要有完整的各层平面图（包括屋顶平面图）、剖面图、立面图、楼梯和卫生间详图，将审定过的建筑方案图纸交给其他专业，确定设计依据、方案、主要参数、做法等，并对其他专业进行技术交底。建筑图纸提出之前一定要经过审核，避免因为建筑专业的改动而导致其他专业的返工，图纸深度必须达到《民用建筑工程设计互提资料深度图样（建筑专业）05SJ806》的规定。

3. 协调各专业技术设计

建筑专业在发放建筑设计条件图后需要协调各专业设计，确定结构体系和各种设备系统，定位设备机房，安排垂直管道的位置和走向，研究水平管道以确定标高，发现、协调、解决各专业之间的问题和矛盾。将这些条件和建筑本专业的深化意见和图纸调整后一起报给建设方，确认后由建筑专业在图纸上进一步落实反馈意见，然后提给各个专业，如此反复进行，直至解决各个技术问题。

4. 尽快为结构专业提供主要的详图

将建筑中特殊的施工要求表达为大样图，具体规定各种构件与配件的尺寸与形式，以便在施工中能得到准确的组合。如在进行楼梯等设施的结构设计时，需要建筑专业提供相关建筑图纸作为依据，便于结构专业在进行梁板结构计算时确定梁截面的形状和位置，避免墙体出现不合理搭接现象。墙身节点与结构专业密切相关，两个专业间一定要密切配合，同步进行，确保结构与建筑专业的统一，以保证建筑立面达到建筑设计方案效果。此时，建筑专业尽快提供结构专业所需的建筑详图，包括楼梯施工详图、电梯施工详图、卫生间施工详图、外墙节点施工详图和内墙节点施工详图等。

5. 完成建筑施工图

在为各专业提供建筑条件图的同时，实际上也是在深化建筑施工图设计的过程，当一些重要的节点详图已经提出之后，建筑专业的主要工作就是建筑施工图的内容充实和完善上。其主要设计内容如下：①深化完善建筑平、立、剖面图；②绘制门窗表；③绘制总平面图；④编制施工设计说明；⑤室内装修设计，图纸深度必须达到《民用建筑工程建筑施工图设计深度图样（建筑专业）09J801》的规定。

6. 核对各专业施工图纸

当各专业施工图纸全部完成后，建筑专业要全面审查各专业施工图纸的设计质量，核对相互间设计是否匹配，尺寸标注是否有误，保持各专业图纸与建筑图纸的一致性。若发现问题应根据具体情况，经过协调及时修正或补图，解决图纸上出现的各种问题。同时，建筑师经过全面核对工作，已经了解其他专业施工图纸内容，对以后建筑施工过程中可能出现的问题做到心中有数，便于以后的施工现场后期服务。

7. 施工图设计审批

设计单位完成施工图设计文件后，应送交所在省市建委认可的"施工图设计审查中心",对图纸进行审查。对于审查中心提出的初审意见,尤其是强制性条文的错误应认真修改,将修改后的设计图纸提交审查中心进行复审,复审通过后的施工图获得"施工图设计审查合格通知书"后方可进行施工。

三、建筑专业和其他专业的协调

从施工图准备阶段起,建筑师应和设备专业、结构专业进行协调工作,建筑专业在这种总体协调的工作关系中应起到主导作用。

1. 各设备专业应以建筑施工图设计资料图(初稿)为基础向土建专业(建筑和结构专业)提条件。建筑专业接受这些设备专业条件时要从全局出发,综合各专业技术条件,经协商调整,最后达成各专业一致认可的设备用房和管线的布置方案。

建筑专业在这一环节中应注意以下几点:

(1)与给水排水专业的协调问题:①在厨房、卫生间设计中,应做到上下层厨房、卫生间相对应,厨房、卫生间等用水设备不得布置在变配电室、备用发电机房的上面。②根据水专业提供的泵组大小和高度确定到达泵房的通路及入口大小,以免造成设备起运困难等问题,同时应满足规范要求有直通室外的门,当设在其他楼层时,其出口应直通安全出口。③综合水泵房、配电房的布局要求合理布置消防水池,考虑消防车取水口的设置及屋顶消防水箱的位置和美观效果。

(2)与暖通专业的协调问题:①暖通专业尽快给建筑和结构专业提供所有设备(主要包括制冷机房、空调机房、冷却塔等)的面积、层高、位置、防火防水要求及荷载。②在管道需要穿越梁、楼板、剪力墙处,要求结构专业预留孔洞,避免因遗漏了剪力墙及梁上的孔洞给施工带来困难。③有集中空调的办公室室内净空不应小于2600mm高,并对管线水平布线在吊顶以上所占用的空间通道高度提出要求。如果层高不够,还应向结构专业提出建议,采用合理的结构措施减少梁的断面高度。

(3)与电气专业的协调问题:①高低压配电室、柴油发电机房、弱电机房及管理中心等要尽量靠近负荷中心布置,避免设在人员密集处或厨房、浴、厕、洗衣房等存在漏水隐患的房间下方,且需设置设备吊装孔及运输通道。②消防控制室需有直接对外出口,可设在建筑物的首层或地下一层,楼地面采用架空防静电地板,面积一般为 $30 \sim 40m^2$ 左右。

2. 建筑专业与结构专业的协调配合十分重要,让结构专业熟悉了解建筑空间的使用功能要求和空间净高要求,在设计方案合理的前提下,避免建筑和结构专业图纸之间存在互相矛盾问题。结构专业根据建筑的使用功能、平面尺寸、总高度、抗震要求与建筑专业协商确定合理的结构体系、柱网尺寸、抗侧力构件的位置和数量、基础的埋深和形式等。尽量利用不影响建筑空间灵活布置的部位,比如电梯井道、楼梯间、部分管道井布置为剪力墙,满足结构抗震要求。

3. 建筑专业和其他专业的协调配合贯穿施工图设计阶段的整个过程,各专业间及时、认真负责、正确地互提资料是减少错、漏、碰、缺,保证施工图质量的有效措施,也是提高工作效率最根本的前提。在施工图不断深化进入详细设计阶段,仍然需要各专业之间互相配合。针对各专业提出"二次"设计条件(即施工图详细设计条件,如放大和细化详图、设备管线墙上留洞留槽、地面建筑垫层预埋件等),建筑专业通过综合布置,使这些技术条件实施可行。

4. 施工图设计深化过程中,建筑专业和其他专业的图纸设计不可避免地会做局部修改和调整。对于给其他专业设计图造成影响的修改和调整,修改者及时给有关专业提交修改信息通知单,接收专业应在接收专业签名栏中签名,并作为基本技术资料存档。

5. 施工图正式发图前的一个重要工作环节是各专业之间的图纸会审,会审的目的是审核各专业的图纸是否满足本专业所提的设计条件,看看各专业之间是否有不协调或遗漏的地方。会审图纸检查出的问题要有会审记录单,会审记录单经各方确认后,由项目主持人、各专业负责人签名后存档。各专业按会审记录单认可的修改内容进行施工图正式发图前的修改,经各专业互相确认后,应在图纸的会签栏中互相签名,方可正式发图。

四、建筑施工图的表达深度要求

1. 图纸目录

应先列出新绘制的图纸,后列选用的标准图及重复利用图。根据图纸编号顺序列表,表中数据包括顺序号、图名、图纸编号、图纸规格等,对施工图所采用的国家和地区标准图集宜专门列出目录。

2. 总平面图

（1）总平面图（标注单位通常以 m 计）

①场地的范围和建筑物各角点的坐标或定位尺寸。

②场地内及周围环境、保留的地形和地物、四邻原有及规划的城市道路和建筑物及构筑物的位置、名称、层数，现有地形与标高、水体、不良地质情况。

③场地内拟建道路、停车场、广场、绿地及建筑的布置，主要建筑物与用地边界或者道路红线及相邻建筑物之间的距离。道路及人行道的尺寸，道路出入口、交叉处道路内边缘最小回转半径。

④拟建主要建筑物的名称及编号、各出入口位置、层数与设计标高，以及地形复杂时主要道路、广场的控制标高。

⑤主要经济技术指标。

⑥场地测量坐标网、坐标值。

⑦场地四邻的道路、水面、地面的关键性标高。

⑧建筑物的名称或编号、室内外地面设计标高。

⑨道路、排水沟的起点、变坡点、转折点和终点的设计标高（路面中心和排水沟顶及沟底）、纵坡度、纵坡距，关键性坐标，道路表明双面坡或单面坡。

（2）设计总说明（或称首页图）

①本工程施工图设计的依据性文件、批文和相关的国家或地区规范、标准。

②项目概况：包括建筑名称、建设地点、建设单位、本工程使用性质、建筑工程等级、功能分区情况、设计使用年限、建筑层数、建筑高度、结构形式、防火设计中建筑分类、耐火等级、屋面防水等级及防水使用年限、地下室防水等级、抗震烈度。

③主要经济技术指标。

④墙体材料，说明所采用的外墙和内墙的材料及厚度。用于防火墙的墙体材料及隔墙厚度以及特殊部位的墙体材料及厚度，例如用于有防火要求的楼梯间及设备用房的防火隔墙、管道井的围护隔墙、各住户之间的分户墙及其阳台的分户墙等。

⑤防火分区的划分情况，每个防火分区的面积控制指标、主要的防火构造措施和主要防火材料、总平面的消防设计措施。人员水平疏散和垂直疏散的交通组织、建筑物构件的燃烧性能及耐火等级。

⑥门窗：门窗性能的设计要求，对门窗框料材质、色彩、玻璃品种、五金件、门窗性能指标、门窗的开启方式等设计要求。

⑦建筑节能设计专篇应说明建筑体形系数，建筑节能设计所采用的设计标准，民用建筑节能设计应说明主要节能设计数据，如工程建筑围护结构各部位所采用的保温隔热材料、厚度、平均传热系数，包括屋面、外墙、外窗、采暖房间空调和不采暖空调房间或楼板等。

⑧室内装修做法：对室内装修做法除用文字说明外，也可用室内装修一览表的方式说明，内容包括楼地面做法、内墙面及踢脚墙裙做法、顶棚做法等。

3. 平面图

（1）承重墙、柱及其定位轴线和轴线编号，内外门窗位置、编号及定位尺寸，门的开启方向，注明房间名称或编号。

（2）轴线总尺寸（或外包总尺寸）、轴线间尺寸（柱距、跨度）、门窗洞口尺寸、分段尺寸。

（3）墙身厚度（包括承重墙和非承重墙），柱与壁柱截面尺寸（必要时）及其与轴线关系尺寸。当维护结构为幕墙时，标明幕墙与主体结构的定位关系；玻璃幕墙部分标注立面分格间距的中心尺寸。

（4）变形缝的位置、尺寸及做法索引。

（5）主要建筑设备和固定家具的位置及相关做法索引，如卫生器具、水池、台、橱、柜、隔断等。

（6）电梯、自动扶梯（并注明规格）、楼梯（爬梯）位置和楼梯上下方向示意和编号索引。

（7）主要结构和建筑构造部件的位置、尺寸和做法索引，如中庭、天窗、地沟、地坑、重要设备或设备机座的位置尺寸、各种平台、夹层、人孔、阳台、雨篷、台阶、坡道、散水、明沟等。

（8）楼地面预留孔洞和通气管道、管线竖井、烟囱、垃圾道等位置、尺寸和做法索引，以及墙体（主要为填充墙、承重砌体墙）预留洞的位置、尺寸与标高或高度等。

（9）车库的停车位（无障碍车位）和通行路线。

（10）特殊工艺要求的土建配合尺寸及工业建筑的地面负荷、其中设备的起重量、行车轨距和轨顶标高等。

（11）室外地面标高、底层地面标高、各楼层标高地下室各层标高。

（12）底层平面标注剖切线位置、编号及指北针。

（13）有关平面节点详图或详图索引号。

（14）每层建筑平面中防火分区面积和防火分区分隔位置及安全出口位置示意（宜单独成图，如为一个防火分区，可不注防火分区面积），或以示意图（简图）形式在各层平面中表示。

（15）住宅平面中标注各房间使用面积、阳台面积。

（16）屋面平面应有女儿墙、檐口、天沟、坡度、坡向、雨水口、屋脊（分水线）、变形缝、楼梯间、水箱间、电梯机房、天窗及挡风板、屋面上人孔、检修梯、室外消防楼梯及其他构筑物，必要的详图索引号、标高等；表达内容单一的屋面可缩小比例绘制。

（17）根据工程性质及复杂程度，必要时可选择绘制局部放大平面图。

（18）建筑平面较长较大时，可分区绘制，但须在各分区平面图适当位置上绘出组合示意图，并明显表示本分区部位编号。

（19）图纸名称、比例。

（20）图纸的省略：如是对称平面，对称部分的内部尺寸可省略，对称轴部位用对称符号表示，但轴线号不得省略；楼层平面除轴线间等主要尺寸及轴线编号外，与底层相同的尺寸可省略；楼层标准层可共用同一平面，但需注明层次范围及各层的标高。

4. 立面图

（1）两端轴线编号，立面转折较复杂时可用展开立面表示，但应准确注明转角处的轴线编号。

（2）立面外轮廓及主要线构和建筑构造部件的位置，如女儿墙顶、檐口、柱、变形缝、室外楼梯相垂直爬梯、室外空调机搁板、阳台、栏杆、台阶、坡道、花台、雨篷、烟囱、勒脚、门窗、幕墙、洞口、门头、雨水管，以及其他装饰构件、线脚和粉刷分格线等。

（3）建筑的总高度、楼层位置辅助线、楼层数和标高及关键控制标高的标注，如女儿墙或檐口标高等；外墙的留洞应注尺寸与标高或高度尺寸（宽×高×深及定位关系尺寸）。

（4）平、剖面未能表示出来的屋顶、檐口、女儿墙、窗台以及其他装饰构件、线脚等的标高或尺寸。

（5）在平面图上表达不清的窗编号。

（6）各部分装饰用料名称或代号，剖面图上无法表达的构造节点详图索引。

（7）图纸名称、比例。

（8）各个方向的立面应绘齐全，但差异小、左右对称的立面或部分不难推定的立面可简略；内部院落或看不到的局部立面，可在相关剖面图上表示，若剖面图未能表示完全时，则需单独绘出。

5. 剖面图

（1）剖视位置应选在层高不同、层数不同、内外部空间比较复杂，具有代表性的部位，建筑空间局部不同处以及平面、立面均表达不清的部位，可绘制局部剖面图。

（2）墙、柱轴线和轴线编号。

（3）剖切到或可见的主要结构和建筑构造部件，如室外地面、底层地（楼）面、地坑、地沟、各层楼板、夹层、平台、吊顶、屋架、屋顶、出屋顶烟囱、天窗、挡风板、檐口、女儿墙、爬梯、门、窗、外遮阳构件、楼梯、台阶、坡道、散水、平台、阳台、雨篷、洞口及其他装修等可见的内容。

（4）高度尺寸：门窗洞口高度、层间高度、室内外高差、女儿墙高度、阳台栏杆高度、总高度、地坑（沟）深度、隔断、内窗、洞口、平台、吊顶等。

（5）主要结构和建筑构造部件的标高，如地面、楼面（含地下室）、平台、雨篷、吊顶、屋面板、屋面檐口、女儿墙顶、高出屋面的建筑物、构筑物及其他屋面特殊构件等的标高，室外地面标高。

（6）节点构造详图索引号。

（7）图纸名称、比例。

6. 建筑详图

（1）内外墙、屋面等节点，绘出不同构造层次，表达节能设计内容，标注各材料名称及具体技术要求，注明细部和厚度尺寸等。

（2）楼梯、电梯、厨房、卫生间等局部平面放大和构造详图，注明相关的轴线和轴线编号以及细部尺寸、设施的布置和定位、相互的构造关系及具体技术要求等。

（3）室内外装饰方面的构造、线脚、图案等；标注材料及细部尺寸、与主体结构的连接构造等。

（4）门、窗、幕墙绘制立面，对开启面积大小和开启方式，与主体结构的连接方式、用料材质、颜色等作出规定。

（5）对另行委托的幕墙、特殊门窗，应提出相应的技术要求。

（6）其他凡在平、立、剖面图或文字说明中无法交代或交代不清的建筑构配件和建筑构造。

（7）对贴邻的原有建筑，应绘出其局部的平、立、剖面图，并索引新建筑与原有建筑结合处的详图号。

第五章　结构专业设计

第一节　概述

一、设计主要依据

1. 设计依据主要内容

设计依据一般包括三部分内容：

①国家、地方政府的有关设计规范、标准、规程。

②立项文件、用户需求调查报告、招标的标书、合同所附的验收标准，以及建设方提供的有关职能部门（如：供电部门、消防部门、通信部门、公安部门等）认定的工程设计资料和建设方设计任务书。

③建筑、结构、建筑电气、暖通空调、给水排水等专业提供的设计资料。设计过程中应注意各专业之间的相互配合，防止出现由于冲突而返工等现象。

2. 设计标准、规范

毕业设计中参考的结构专业标准、规范与图集主要如下所示，所有规范和标准为最新版本：

《建筑结构可靠度设计统一标准》GB 50068

《建筑结构制图标准》GB/T 50105

《建筑结构荷载规范》GB50009

《混凝土结构设计规范》GB 50010

《砌体结构设计规范》GB 50003

《钢结构设计规范》GB 50017

《建筑抗震设防分类标准》GB 50223

《建筑抗震设计规范》GB 50011

《高层建筑混凝土结构技术规程》JGJ 3

《建筑地基基础设计规范》GB 50007

《建筑桩基技术规范》JGJ 94

《建筑设计防火规范》GB50016

《高层民用建筑设计防火规范》GB50045

《混凝土结构施工图平面整体表示方法制图规则和构造详图》03G101－1

二、设计过程中与各专业之间的配合

现代工程项目功能越来越多，体量越来越大，涉及的专业越来越多，对设计人员的综合设计能力、团队协作以及沟通能力的要求不断提高。一个设计人员不仅要熟练掌握本专业知识，同时对相关专业也要有较全面的了解。以一个完整的房屋建筑设计为例，建筑、结构、水、电、暖等设计环节彼此融合、相辅相成，才能满足建筑所需的综合性功能要求。

工程设计过程中，在不同的设计阶段，各专业之间应根据专业设计要求，互相提供相关设计要求和设计资料。结构专业设计过程中与其他专业（建筑、建筑电气、暖通空调、给水排水）的协调和资料交流主要包括以下几方面：

1. 与建筑专业的配合

向建筑专业索取建筑施工图（建筑平面、立面、剖面等建筑施工图），将结构设计结果（建筑主体的结构形式，梁、柱、剪力墙、楼板等主体结构截面尺寸）回馈给建筑专业，同时设计过程中不断协调结构与建筑专业在设计过程中出现的如层高、构件截面尺寸等方面的冲突。各设计阶段与建筑专业的配合内容见表5-1-1。

2. 与建筑电气专业的配合

要求建筑电气专业提供电气管线布置位置图，特别是集中式管道的布置，与建筑电气专业协调确定管道的布置位置，尽量降低管道开设对主体结构的影响，主要是对主体结构承载力削弱的影响，提供防雷装置布置图，将结构设计结果（建筑主体的结构形式，梁、柱、剪力墙、楼板等主体结构截面尺寸）提供给建筑电气专业。各设计阶段与建筑电气专业的配合内容见表5-1-2。

与建筑专业的配合内容　　　　　　　　表 5-1-1

方案设计阶段	初步设计阶段	施工图设计阶段
①了解设计依据及设计说明； ②了解建筑物的特性及功能要求； ③了解建筑物的面积、层高、层数、建筑高度及平、立面； ④提出结构方案，上部结构选型及预估的基础形式	①了解建筑方案的层数、结构造型和墙体材料，建筑内部的交通组织； ②了解防火设计以及无障碍、节能、智能化、人防等设计情况； ③了解有否特殊区域和特殊用房； ④提出建筑主体的结构形式，梁、柱、剪力墙、楼板等主体结构截面尺寸； ⑤提供基础平面图、屋顶、楼层结构平面布置图	①核对初步设计阶段了解的资料； ②了解各类用房的设计标准、设计要求； ③了解墙体、墙身防潮层、地下室防水、屋面、外墙面等材料和做法； ④了解门窗表及门窗性能； ⑤了解承重墙柱定位轴线及编号、变形缝位置及尺寸； ⑥了解主要建筑设备和固定家具位置； ⑦了解电梯位置及规格等

与建筑电气专业的配合内容　　　　　　　表 5-1-2

方案设计阶段	初步设计阶段	施工图设计阶段
①了解楼板、承重墙上要开的大洞； ②了解楼面上要放置的较重设备	①了解变电室、各弱电机房等； ②了解电气竖井及设备基础、吊装及运输通道的荷载要求； ③了解有特殊要求的功能用房	①了解安装在屋顶或楼板上的设备； ②了解配电箱、设备箱、进出管线需在剪力墙的留洞； ③了解设备吊装及检修所需吊轨、吊钩等； ④了解防雷接地装置预埋件； ⑤了解有特殊要求的功能用房

3. 与给水排水专业的配合

要求给水排水专业提供给水系统增压、贮水等设备用房面积、位置、层高等要求，提供水池、水箱、水泵及换热设备等增压贮水设备的荷载及其位置等要求，以便设计相应的结构承载构件，与给水排水专业协调确定管道井大小及布置位置等；向给水排水专业提供结构设计主要结果（结构形式、梁、柱、剪力墙、楼板等主体结构截面尺寸）。各设计阶段与给水排水专业的配合内容见表 5-1-3。

与给排水专业的配合内容　　　　　　　　表 5-1-3

方案设计阶段	初步设计阶段	施工图设计阶段
①了解楼板、承重墙上要开的大洞； ②了解楼面上要放置的较重设备； ③了解主要水泵房的位置	①了解消防水池、生活水池等水专业构筑物； ②了解给排水设备； ③了解位于承重结构上的大型设备吊装孔； ④了解穿基础的给排水管道	①了解位于承重结构上的大型设备吊装孔； ②了解机房设备检修安装预留吊钩； ③了解给排水设备等基础； ④了解暗设于承重墙内的消火栓箱； ⑤了解穿梁、剪力墙、基础的管道预留孔洞或预埋套管； ⑥了解穿过人防围护结构的管道； ⑦综合电气用房的消防功能

4. 与暖通空调专业的配合

与暖通空调专业互相配合完成建筑节能设计，满足建筑节能方面的要求，要求暖通专业提供空调系统的方案、位置及荷载，协调确定暖通管道的位置。各设计阶段与暖通空调专业的配合内容见表 5-1-4。

与暖通空调专业的配合内容　　　　　　　表 5-1-4

方案设计阶段	初步设计阶段	施工图设计阶段
①了解冷冻机房的位置； ②了解锅炉房的位置； ③了解空调机房的位置	①了解制冷机房等设备平面布置； ②了解空调机房设备荷载要求； ③了解换热站设备平面布置； ④了解管道平面布置； ⑤了解设备吊装孔及运输通道	①了解锅炉房设备平面布置及排水沟平面布置； ②了解空调机房位置； ③了解通风机房位置、尺寸及荷载； ④了解机房设备检修安装用吊钩； ⑤了解管道吊装荷载； ⑥了解墙、梁、柱预埋件及预留洞位置和尺寸

三、毕业设计文件编制要求

实际工程的方案设计、初步设计与施工图设计文件编制要求有严格规定，在设计时应按规定编制。本科毕业设计原则要求按施工图深度设计要求进行。但由于时间安排、学生经验等限制，不可能完全达到施工图设计深度要求。因此本科毕业设计在完成设计任务的前提下，可比施工图设计深度要求略低。

1. 工程施工图设计文件内容

①图纸目录：应按图纸序号排列，先列新绘制图样，后列选用的重复使用图和标准图。

②设计说明书。

③设计图纸。

④设计计算书（供内部使用及存档）。

2. 工程施工图设计文件要求

（1）结构施工图总说明

施工说明包括的内容有：工程设计概况、设计依据、建筑结构的安全等级及设计使用年限、地基与基础工程（场地类别及液化等级等）、采用的设计荷载（风荷载、雪荷载等）、建筑抗震设防类别及抗震设防烈度、防雷接地布置要求、钢筋混凝土工程有关要求、砌体工程有关要求、设计中采用的有关技术（通用图集和标准）以及其他说明。

（2）基础平面图及详图

绘制基础类型及基础布置图，标注基础详图，包括基础位置、尺寸标高，基础配筋，标注基础持力层及基础进入持力层的深度，标注说明，包括基础采用材料的品种（如混凝土强度等级）、规格、性能、钢筋保护层厚度及施工要求以及其他要求，标注沉降观测要求及测点布置。

（3）柱配筋图

绘制定位轴线及柱定位尺寸，并注明柱编号和楼层结构标高。

（4）梁配筋图

绘制定位轴线及梁定位尺寸，并注明梁编号和楼层结构标高。

（5）剪力墙配筋图

绘制定位轴线及剪力墙定位尺寸，并注明剪力墙编号和楼层结构标高，绘制剪力墙墙身表、剪力墙边缘构件编号及配筋图。

（6）楼板、屋面平面图

预制板应注明跨度方向、板号、数量及板底标高，标注预留洞大学及位置；现浇板应注明板厚度、板面标高、配筋以及洞口加强措施。屋面结构平面图采用结构找坡时应标注屋面板的坡度、坡向等。

（7）楼梯配筋图

绘制每层楼梯结构平面布置及剖面图，标注尺寸、构件代号、标高、梯梁及楼梯板配筋详图。

图中表达不清楚的，可随图作相应说明。

（8）计算书

施工图设计阶段的计算书，只补充初步设计阶段时应进行计算而未进行计算的部分，修改因初步设计文件审查变更后，需重新进行计算的部分。

3. 毕业设计文件要求

结构专业本科毕业设计文件应包括施工图设计文件的主要内容，主要有：设计计算书、结构施工图一套、有关电算结果。

设计计算书要详细说明建筑结构设计的依据、设计计算过程，应包括封面、中文摘要、英文摘要、目录、正文、结束语、参考文献、致谢等主要部分。其中正文部分应包括建筑及结构设计思路、结构方案、荷载计算、内力计算及组合、构件截面设计、基础设计等内容。应满足毕业设计计算说明书规定要求，层次清楚，表达适当，重点突出，不宜小于80页。

设计图纸按平面整体表示方法（03G101）绘制，一般不少于1号图纸6张，应包括结构施工图总说明、基础布置图及详图、底层柱配筋图、底层剪力墙配筋图、标准层梁配筋图、标准层楼板配筋图、某一楼梯配筋图以及其他详图，各施工图中均应有施工说明，折算成A1图6～10张左右。

第二节 框架-剪力墙结构简介及特点

高层建筑结构受力特点是侧向力（风或地震作用）是影响结构设计的主要因素。高层建筑的设计与建造不仅要考虑到建筑功能与结构受力，还应该考虑到文化、社会、经济和技术等各方面的要求。

框架-剪力墙结构体系是由框架和剪力墙相结

合而组成，两者共同工作，兼有框架和剪力墙两种结构体系的优点，既具有框架结构建筑布置灵活、空间较大的特点，又具有剪力墙结构抗侧刚度大、抗震性能好的优点，同时还可以充分发挥材料的强度，因而在10～30层高层办公楼和旅馆等建筑中得到了广泛应用。当建筑物较低时，仅布置少量的剪力墙即可满足结构的抗侧要求；当建筑物较高时，通过布置较多合理的剪力墙可使整个结构具有较大的抗侧刚度和较好的整体抗震性能。

框架和剪力墙结构是两种不同的抗侧力体系，剪力墙承担了大部分水平力，框架承担较多的竖向荷载。水平荷载作用下，框架变形以剪切型变形为主（图5-2-1a），下部楼层层间位移较大，上部楼层层间位移较小，剪力墙变形以弯曲型变形为主（图5-2-1b），下部楼层层间位移较小，上部楼层层间位移较大。框架和剪力墙通过楼板连系在一起协同工作，由于楼板平面内刚度无限大，两者在同一楼层处具有相同的水平位移，变形协调，侧向变形呈弯剪型，框架和剪力墙之间产生相互作用，上部框架拉着剪力墙，下部剪力墙推着框架。（图5-2-1c），图5-2-1（d）反映了框架与剪力墙间的相互作用关系。上述框架与剪力墙之间的相互作用是通过楼盖结构平面内传递的剪力实现的，因此，框架-剪力墙结构中，楼盖结构的整体性和平面内刚度必须得到保证。

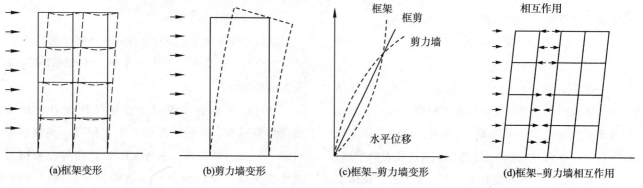

(a)框架变形　　(b)剪力墙变形　　(c)框架-剪力墙变形　　(d)框架-剪力墙相互作用

图5-2-1　框架-剪力墙结构受力特点

第三节　结构体系布置

结构布置是结构设计中重要的一个环节。合理的结构布置应该使建筑物具有明确的传力路线、足够的承载力和刚度，抗震设防的建筑还保证建筑物有良好的抗震性能。理论分析、工程实践以及震害调查表明：概念设计对结构整体性和抗震性能具有重要的作用。因此，结构布置时一定要符合概念设计的有关内容，做到概念清晰合理、设计思路正确。此外，框架-剪力墙的结构布置还应满足《高层建筑混凝土结构技术规程》JGJ3-2010（以下简称《高规》）中的有关条文的要求。

高层建筑结构体系包括：竖向结构体系和水平结构体系。竖向承重结构体系也称抗侧力结构，不仅要承担竖向荷载，还要抵抗水平力的作用。水平结构体系即楼盖和屋盖结构。在高层建筑中，楼（屋）盖结构除了承受与传递楼（屋）面竖向荷载以外，还要把各个竖向承重构件联系起来，协调各榀抗侧力结构的变形与位移，对结构的空间整体刚度的发挥和抗震性能有直接的影响。

一、总体布置原则

（1）控制房屋总高度：A级高度钢筋混凝土高层房屋的总高度不宜超过表5-3-1中的规定。

（2）控制高宽比：高层建筑可以近似看做是固定于基础上的竖向悬臂结构，所以增加建筑物平面尺寸对减小结构侧向位移十分有效。控制高层建筑的高宽比，可从宏观上控制结构的抗侧刚度、整体稳定性、承载能力和经济性。《高规》中规定A级高度钢筋混凝土高层建筑结构的高宽比不宜超过表5-3-2的要求。

A级高度钢筋混凝土高层建筑的最大适用高度（m）   表5-3-1

结构体系		非抗震设计	抗震设防烈度			
			6度	7度	8度	9度
框架		70	60	50	40	—
框架-剪力墙		150	130	120	100	50
剪力墙	全部落地剪力墙	150	140	120	100	60
	部分框支剪力墙	130	120	100	80	不应采用
筒体	框架-核心筒	160	150	130	100	70
	筒中筒	200	180	150	120	80
板柱-剪力墙		110	80	70	40	不应采用

注：1. 房屋高度指室外地面至主要屋面高度，不包括局部突出屋面的电梯机房、水箱、构架等高度；
2. 表中框架不包括异形柱框架结构；
3. 部分框支剪力墙结构指地面以上有部分框支剪力墙的剪力墙结构；
4. 平面和竖向均不规则的结构或Ⅳ类场地上的结构，最大适用高度应适当降低；
5. 甲类建筑，6、7、8度时宜按本地区抗震设防烈度提高一度后符合本表的要求，9度时应专门研究；
6. 9度抗震设防、房屋高度超过本表的数值时，结构设计应有可靠的依据，并采取有效措施。

A级高度钢筋混凝土高层建筑适用的最大高宽比   表5-3-2

结构体系	非抗震设计	抗震设防烈度		
		6、7度	8度	9度
框架	5	4	3	—
板柱-剪力墙	6	5	4	—
框架-剪力墙、剪力墙	7	6	5	4
框架-核心筒	8	7	6	4

（3）平面布置：高层建筑平面形状宜简单、规则、对称。结构布置宜对称、均匀，尽量使结构刚心、质心重合，避免扭转。有利的平面形状一般有矩形、方形、圆形、L形、十字形以及井字形等。圆形、椭圆形等流线型平面的建筑所受到的风荷载较小。平面对称、长宽比相差不大的平面的建筑抗震性能一般较好。结构平面具体布置要求应满足《高规》中3.4.1条~3.4.13条相关规定。

（4）竖向布置：高层建筑竖向体形应力求规则、均匀，避免有过大的外挑和内收，避免错层和局部夹层，同一楼层应尽量设置在同一标高处，上部楼层收进部位和收进后的水平尺寸应满足《高规》4.4.5条的规定。高层建筑结构沿竖向的强度和刚度宜下大上小，逐渐均匀变化，不应采用竖向布置严重不规则的结构。抗震设计时，结构竖向抗侧力构件宜上下连续贯通，避免刚度突变，楼层的侧向刚度应满足《高规》3.5.2条的规定，楼层层间抗侧力结构的受剪承载力应满足《高规》3.5.3条的规定。

（5）基础布置：高层建筑基础应有一定的埋置深度。有条件时，高层建筑宜设置地下室。在确定基础埋置深度时，应考虑建筑物的高度、体形、地基土质、抗震设防烈度等因素。基础埋深应满足《高规》12.1.8。

（6）变形缝：高层建筑不宜设置变形缝（防震缝、伸缩缝、沉降缝），当不可避免需要设缝时，应满足《高规》3.4.9条~3.4.13条的规定。

二、框架布置及梁、柱截面尺寸确定

（1）框架应设计为双向抗侧力体系，柱网布置要满足建筑平面功能的要求，尽量做到柱网平面简单规则、受力合理；

（2）框架主体结构应为现浇，框架梁、柱的轴线宜重合在同一平面内，梁、柱轴线间偏心距不宜大于柱截面在该方向边长的1/4；

（3）梁、柱截面尺寸可按框架结构设计中的常用方法确定，梁截面尺寸可由梁跨度、竖向荷载大小、抗震设防烈度等因素综合确定，并应满足模数制要求；柱截面尺寸可由轴压比限值根据柱所承担的荷载面积以及楼面荷载大小初步估算确定，框架柱截面尺寸可沿高度每隔几层变化一次，楼板厚度可由楼板跨度即次梁的间距确定。

三、剪力墙布置及截面尺寸

（1）剪力墙的合理数量：框架-剪力墙结构中剪力墙的数量直接决定整个结构的抗侧刚度和总体造价。剪力墙数量多，结构的抗侧刚度大，侧向位移小，但材料用量及造价增加，且由于结构自振周期缩短，结构自重增大，导致地震反应加大。反之，剪力墙数量少，材料用量少，造价低，但结构侧向刚度小，自振周期变长，侧向位移加大，地震作用下结构容易开裂且破坏较严重。长期以来，剪力墙的数量即结构的抗侧刚度一直是学术界和工程界讨论的焦点。近年来的历次震害调查表明：剪力墙数量多，结构抗侧刚度较大的建筑震害较轻，而剪力墙数量少的建筑发生了较大的侧向位移，结构或非结构构件损坏严重。因此，剪力墙数量较多对结构整体抗震性能有利。

具体布置时，剪力墙的数量应满足结构抗侧刚度的要求，即通过计算校核结构顶点及结构最大层间位移分别满足《高规》的限值要求。同时，剪力墙的数量也不宜过多，应使结构的自振周期在一个合理的范围内。工程实践表明：当框架-剪力墙结构基本自振周期在 $0.06 \sim 0.08n$（n 为结构层数）时，剪力墙的数量和构件截面尺寸较为合理。

剪力墙刚度过大或偏小时，可以采用以下方法进行调整：①调整剪力墙数量、厚度；②改变洞口的大小；③调整连梁高度；④将长剪力墙分隔为几段墙体；⑤调整混凝土强度等级。

（2）剪力墙在建筑平面上的布置宜均匀、对称、分散，宜沿结构两个主轴或其他方向双向布置，并应使两个方向的结构自振周期较为接近，抗震设计的剪力墙结构，应避免仅单向有剪力墙的结构布置形式，剪力墙肢截面宜简单、规则，剪力墙数量宜多一些，每片剪力墙刚度不宜太大，单片剪力墙承受的水平剪力不应超过结构底部总水平剪力的 40%，此外，剪力墙的布置宜尽量减轻结构在地震作用下发生扭转。

（3）剪力墙宜贯通建筑物的全高，沿高度墙的厚度可逐渐减薄，但要避免刚度突变，剪力墙开洞时，洞口宜上下对齐、成列布置，形成明确的墙肢和连梁。楼、电梯间等竖井宜尽量与靠近的抗侧力结构结合布置。

（4）剪力墙宜均匀布置在建筑物的周边附近，楼梯间、电梯间、平面形状变化及恒载较大的部位，平面形状凹凸较大时，宜在凸出部分的端部附近布置剪力墙。纵、横剪力墙宜组成 L 形、T 形和工字形等形式。

（5）纵向剪力墙不宜集中布置在房屋的两尽端，这主要是考虑到如布置在平面的尽端，会造成对楼盖两端的约束作用，楼盖中部的梁板容易因为混凝土收缩和温度变化（季节、白昼及室内外温差）而出现裂缝，即常称作的"体系裂缝"，对结构受力不利。

（6）为保证剪力墙有足够的延性，单片剪力墙的总高度与总宽度（长度）之比 H/B 宜大于 2，单独墙肢的宽度不宜大于 8m，必要时可加设洞口变为双肢墙，洞口可由填充材料填充。

（7）剪力墙宜设在框架梁、柱轴线平面内并尽量保持对中，剪力墙左、右两端的框架柱应予以保留，与剪力墙重合的框架梁可保留，也可以做成宽度与墙厚相同的暗梁，暗梁的截面高度可取墙厚的 2 倍或与该片框架梁等高，框架梁截面宽度不小于 2 倍剪力墙厚度，框架梁截面高度不小于 3 倍剪力墙厚度。

（8）剪力墙间距不宜过大，为防止楼板在自身平面内变形过大，剪力墙的间距不能超过（表5-3-3）中的限值，剪力墙之间楼面有较大洞口时，剪力墙的间距应减小。

剪力墙间距（m）　　　　　　　　　　　　　　　　表5-3-3

楼盖形式	非抗震设计（取较小值）	抗震设防烈度		
		6度、7度（取较小值）	8度（取较小值）	9度（取较小值）
现浇	≤5.0B、60	≤4.0B、50	≤3.0B、40	≤2.0B、30
装配整体	≤3.5B、50	≤3.0B、40	≤2.5B、30	—

注：1. 表中 B 为楼面宽度；
　　2. 装配整体式楼盖指装配式楼盖上设有配筋现浇层；
　　3. 现浇部分厚度大于 60mm 的预应力叠合楼板可作为现浇板考虑。

（9）工程经验表明：剪力墙宜布置在以下位置：①竖向荷载较大处；②平面变化较大处，如平面凹、凸处布置剪力墙可减少角部应力集中；③楼电梯间，用剪力墙弥补楼面应力因楼电梯间开洞造成的削弱。

（10）剪力墙截面尺寸：抗震设计时，抗震等级为一、二级剪力墙的底部加强部位不应小于200mm，且不应小于层高的1/16，其他情况下不应小于160mm，也不应小于层高的1/20，墙肢截面高度与墙厚之比不宜小于3，否则应视为柱。

四、楼盖布置

在框架-剪力墙结构中，当各榀框架、剪力墙结构的侧向刚度不等时，或当建筑物发生整体扭转时，楼盖结构中将产生平面内的剪力和轴力，以实现各榀框架、剪力墙结构变形协调、共同工作。在高层建筑结构分析时，常常采用楼盖结构在其自身平面内刚度为无穷大的假定。因此在选择高层建筑楼盖的结构形式和进行楼盖结构布置时，首先应考虑到使结构的整体性好、楼盖平面内刚度大，使楼盖结构在实际结构中的作用与在计算简图中平面内刚度无穷大的假定相一致。所以高层建筑中的楼盖一般应选用现浇楼盖。此外，楼盖结构的选型与布置还要考虑到建筑使用要求、设备布置以及施工技术要求等。

通常楼板的混凝土用量可占到整个梁板结构混凝土用量的50%～70%，所以，从减少材料用量角度出发，楼板厚度不宜过大。一般楼层现浇板厚度不应小于80mm，当板内预埋暗管时不宜小于100mm，顶层楼板厚度不宜小于120mm，且宜双层双向配筋，普通地下室顶板厚度不宜小于160mm，当作为上部结构嵌固端时地下室的顶部厚度应采用梁板结构，楼板厚度不宜小于180mm，混凝土强度等级不宜低于C30，应采用双层双向配筋，且每层每个方向的配筋率不宜小于0.25%。

第四节　基本假定、计算简图及刚度计算

一、基本假定

高层框架-剪力墙结构体系是一个十分复杂的空间结构体系，其在竖向荷载作用下的计算主要与楼盖结构平面布置有关，计算较简单；而要精确计算结构的水平内力和水平位移是比较困难的。本节主要介绍的是框剪结构在水平荷载作用下的计算简图。在实际工作中，大多进行不同程度的简化处理。现阶段对于高层框架-剪力墙内力和位移的分析，主要有两种方法：一种是基于电子计算机计算为主的大型代数方程组求解，通过较少的假定，可以比较真实地反映结构的整体工作，这类方法的理论基础是矩阵位移法；另一类就是通过比较多的假定进行简化，建立反映结构内力、位移与外荷载之间关系的微分方程式，用手算的方法解微分方程，求得结构内力和位移，这类方法的理论基础是力法，也称为近似法。第二种方法在大多数的规则结构中均能得到比较满意的结果。

为了方便求解，在确定高层框架-剪力墙结构计算简图时作以下基本假定：

（1）一榀框架或一片墙可以抵抗自身平面内的水平力，而在平面外的刚度很小，可以忽略。因此，整个结构可以划分成若干片平面结构，共同抵抗与平面结构平行的侧向荷载，垂直于该平面方向的结构不参加受力；

（2）各片平面抗侧力结构之间通过楼板互相联系协同工作。楼板在自身平面内的刚度为无穷大，在平面外的刚度很小，可以忽略；

（3）框架与剪力墙的结构刚度参数沿结构高度方向均为常数。

在上述假定下，在水平荷载作用下，楼板只作刚性移动，框架-剪力墙结构仅有沿外力作用方向的平移，当水平力的合力通过结构抗侧移刚度中心时，可不计扭转影响，即各层楼板只平移不转动，在同一楼层标高处，各榀框架和剪力墙的侧移量都相等。当水平力的合力未通过结构抗侧移刚度中心，且产生的扭转影响较大时，可先做平移下的协同工作计算，然后再按高层建筑结构设计中关于扭转近似计算的方法计算扭转效应。

按照以上假定，在忽略扭转影响时，沿横向（或纵向）整个结构可以划分为若干片平面结构，共同抵抗与之平行的水平荷载。在同一楼层标高处，各片框架和剪力墙的侧移都相等。此时，可把所有剪力墙综合在一起形成总剪力墙；将所有框架综合一起形成总框架，并将综合框架和综合剪力墙移动到同一平面内进行分析。楼板的作用就是协同框架与剪力墙共同工作，保证各片平面结构具有相同的水平侧移。

二、计算简图

在框架-剪力墙结构中，框架和剪力墙是两种不同的变形体系，框架以剪切型变形为主，剪力墙以弯曲型变形为主。依据总剪力墙与总框架间联系和相互作用的方式不同，可将框架—剪力墙结构水平荷载作用下的计算简图划分为铰接体系和刚接体系（图5-4-1）。

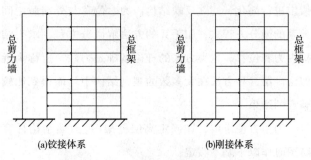

图5-4-1　框架-剪力墙计算简图

如图5-4-2所示结构，在横向水平力作用下，因框架剪力墙间仅靠楼板联系而楼板平面外刚度为零，它对各平面结构不产生约束弯矩，可以把楼板简化为铰接连杆。铰接连杆、总框架和总剪力墙构成框架-剪力墙结构简化分析的铰接计算体系，如图5-4-1（a）所示。图中总剪力墙包含2片墙，总框架包含5榀框架。

如图5-4-3所示结构，在横向水平力作用下，剪力墙之间由连系梁连接，连系梁对剪力墙产生约束弯矩，此时，宜将结构简化为刚结计算体系，图5-4-1（b）为其计算简图。图中总剪力墙包含4片墙，总框架包含5榀框架。每层总连梁包含4个刚接端（每根梁有两个刚接端）。

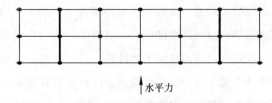

图5-4-2　框架-剪力墙结构平面（铰接形）

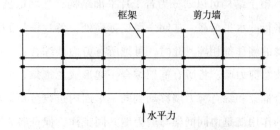

图5-4-3　框架-剪力墙结构平面（钢接形）

在具体工程设计中，通常根据连系梁截面尺寸的大小，选用图5-4-2所示的铰接体系或刚接体系。如果连梁截面尺寸较小，其刚度就小，可忽略它对墙肢的约束作用，把连梁处理成铰接的连杆，按铰接体系进行计算。如果连梁截面尺寸较大，对剪力墙的约束作用较强，就应按刚接体系进行计算。

在计算结构高度时，可按以下方法确定。对于设有地下室的高层建筑，在计算简图中，可以选地下室顶板作为主体结构高度的起始点，因为地下室的刚度比上部结构大很多，地下室顶板可作为上部结构的嵌固端；对于普通高层建筑突出主体建筑屋面的小塔楼，简化计算时，可将结构总高度取至主体结构的屋面，因小塔楼质量和刚度比主体结构小得多。

三、总剪力墙、总框架、总连梁的刚度及刚度特征值 λ

为了对结构在外力作用下的内力、位移进行分析，需要计算总剪力墙（相当于一个竖向悬臂弯曲构件）的等效抗弯刚度 EI_w、总框架（相当于一个竖向悬臂剪切构件）的抗推刚度 C_f、总连梁（相当于一个附加剪切刚度）的约束刚度 C_b 及结构刚度特征值 λ。

上述各抗侧力构件的抗侧刚度一般按结构的两个主轴方向分别计算。

1. 总剪力墙的等效抗弯刚度 EI_w

综合总剪力墙的等效抗弯刚度是各片剪力墙的等效抗弯刚度之和。所谓等效抗弯刚度是把剪切变形与弯曲变形综合成用弯曲变形的形式表达的抗弯刚度。对于不同类型的剪力墙，剪力墙等效抗弯刚度的计算公式也不相同。

（1）剪力墙的类型

剪力墙根据开洞的大小和截面应力分布特点可以分为整截面墙、整体小开口墙、联肢墙及壁式框架4种。图5-4-4是开孔大小对剪力墙工作特点的影响示意图。

用 $α$ 及 I_n/I 这两个条件判别一片剪力墙的类型。这里 $α$ 是整体系数，$α$ 越大剪力墙的整体性越好；I_n/I 是判别各墙肢在层间出现反弯点多少的条件，I_n/I 越大出现反弯点的层数就越多。若各墙肢在层间很少出现反弯点，则呈弯曲型变形，可按竖向悬臂弯曲构件计算；若大部分层间出现反弯点，则呈剪切型变形，宜按框架计算。各种类型剪力墙的具体判别如下：

①整截面墙（包括无洞口墙）应满足：

$$\frac{A_{0p}}{A_f} \leq 0.16 \ 及 \ l_w > l_{0max} \qquad (5-4-1)$$

式中 A_{0p}——墙面洞口总面积；

A_f——包括洞口在内的墙面总面积；

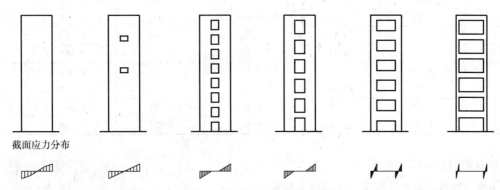

图 5-4-4 开孔大小对剪力墙的影响

l_w——洞口之间或洞口边至墙边的距离；

l_{0max}——洞口长边尺寸。

②整体小开口墙是指由成列洞口划分成若干墙肢，各墙肢和各列连梁的刚度比较均匀而且满足下式要求的剪力墙：

$$\alpha \geq 10 \ 及 \ \frac{I_n}{I} \leq \zeta \qquad (5-4-2)$$

其中：$\alpha = H\sqrt{\dfrac{12I_b a^2}{h(I_1+I_2) l_b^3} \cdot \dfrac{I}{I_n}}$（双肢墙）

$$(5-4-3)$$

$$\alpha = H\sqrt{\dfrac{12}{\tau \cdot h\sum\limits_{j=1}^{m+1} I_j}\sum\limits_{j=1}^{m+1}\dfrac{I_{bj} a_j^2}{l_{bj}^3}}（多肢墙）\quad(5-4-4)$$

$$I_n = I - \sum_{j=1}^{m+1} I_j \qquad (5-4-5)$$

$$I_{bj} = \dfrac{I_{bj0}}{1+\dfrac{12\mu E I_{bj0}}{GA_{bj} \cdot l_{bj}^2}} \qquad (5-4-6)$$

式中 α——整体系数；

I——剪力墙组合截面对形心的惯性矩；

I_j——第 j 墙肢的惯性矩；

I_n——扣除墙肢惯性矩后的剪力墙惯性矩；

H——剪力墙总高度；

h——层高；

I_{bj}——第 j 列连梁的折算惯性矩；

I_{bj0}——第 j 列连梁截面惯性矩；

I_1、I_2——墙肢 1、2 的截面惯性矩；

μ——剪应力沿截面分布不均匀系数，矩形截面取 $\mu=1.2$，其他截面的 μ 值按附录计算；

A_{bj}——第 j 列连梁截面面积；

m——洞口列数；

a_j——第 j 列洞口两侧墙肢形心间距离；

l_{bj}——第 j 列连梁计算跨度，取洞口宽度加连梁高度的一半；

τ——系数，当 3~4 个墙肢时取 0.8，5~7 个墙肢时取 0.85，8 个以上墙肢时取 0.9；

ζ——系数，根据 α 及层数按表 5-4-1 查取。

③联肢墙应满足下式要求：

$$\alpha < 10 \ 及 \ \frac{I_n}{I} \leq \zeta \qquad (5-4-7)$$

式中，α、I_n、I、ζ 的符号含义及计算式均与整体小开口墙相同。

④壁式框架应满足下式要求：

$$\alpha \geq 10 \ 及 \ \frac{I_n}{I} > \zeta \qquad (5-4-8)$$

各符号含义及计算均与前相同。

系数 ζ 的取值 　　　　　　　　　　　　　　　　　表 5-4-1

α ＼ 层数 n	8	10	12	14	16	18
10	0.886	0.948	0.975	1.000	1.000	1.000
12	0.867	0.924	0.950	0.994	1.000	1.000
14	0.853	0.908	0.934	0.978	1.000	1.000

α \ 层数 n	8	10	12	14	16	18
16	0.844	0.896	0.923	0.964	0.988	1.000
18	0.836	0.888	0.914	0.952	0.978	1.000
20	0.831	0.880	0.906	0.945	0.970	1.000
22	0.827	0.875	0.901	0.940	0.965	1.000
24	0.824	0.871	0.897	0.936	0.960	0.989
26	0.822	0.867	0.894	0.932	0.955	0.986
28	0.820	0.864	0.890	0.929	0.952	0.982
≥30	0.818	0.861	0.887	0.926	0.950	0.979

（2）各类剪力墙的等效抗弯刚度

①单肢实体墙、整截面墙和整体小开口墙的等效抗弯刚度为：

$$EI_{eq} = \frac{EI_w}{\left(1 + \frac{9\mu \cdot I_w}{A_w H^2}\right)} \qquad (5-4-9)$$

式中　H、μ——含义同前；

　　　E——混凝土弹性模量；

　　　I_w——无洞口实体墙的截面惯性矩或整截面墙的组合截面惯性矩，整体小开口墙取组合截面惯性矩的80%，当各层层高及惯性矩不同时取加权平均值；

$$I_w = \frac{\sum I_{wi} \cdot h_i}{\sum h_i} \qquad (5-4-10)$$

I_{wi}、h_i——第 i 层单肢实体墙、整截面墙和整体小开口墙的截面惯性矩及层高；

　　　A_w——无洞口实体墙的截面面积，对整截面墙取折算截面面积：

$$A_w = \left(1 - 1.25\sqrt{\frac{A_{0p}}{A_f}}\right) \cdot A \qquad (5-4-11)$$

对整体小开口墙取各墙肢截面面积之和：$A_w = \sum_{i=1}^{m} A_j$

②联肢墙的等效抗弯刚度可近似按下式计算：

$$EI_{eq} = \sum EI_i / \left[(1-\tau) + (1-\beta)\tau \cdot \psi_\alpha + 3.5\gamma_1^2\right]$$

$$(5-4-12)$$

式中　$\sum EI_i$——各墙肢刚度之和；

　　　β——考虑剪切变形的参数，$\beta = \alpha^2 \cdot \gamma^2$；

　　　γ、γ_1——当墙肢及连梁比较均匀时可近似取：

$$\gamma^2 = \frac{2.38\mu \sum I_i}{H^2 \sum A_i} \cdot \frac{\sum l_{bj}}{\sum a_j} \qquad (5-4-13)$$

$$\gamma_1^2 = \frac{2.38\mu \sum I_i}{H^2 \sum A_i} \qquad (5-4-14)$$

　　　ψ_α——系数，是 α 的函数，可由表5-4-2查取。

当墙肢少，层数多 $H/B \geqslant 4$ 时，可取 $\gamma_1^2 = \gamma^2 = \beta = 0$。其余符号含义同前。

Ψ_α 取值表　　　　　　　　　　　　　　　表5-4-2

α	倒三角形荷载	均布荷载	顶点集中荷载	α	倒三角形荷载	均布荷载	顶点集中荷载
1.0	0.720	0.722	0.715	7.0	0.058	0.061	0.052
1.5	0.537	0.540	0.528	7.5	0.052	0.054	0.046
2.0	0.399	0.403	0.388	8.0	0.046	0.048	0.041
2.5	0.302	0.306	0.290	8.5	0.041	0.043	0.036
3.0	0.234	0.238	0.222	9.0	0.037	0.039	0.032
3.5	0.186	0.190	0.175	9.5	0.034	0.035	0.029
4.0	0.151	0.155	0.140	10.0	0.031	0.032	0.027
4.5	0.125	0.128	0.115	10.5	0.028	0.030	0.024
5.0	0.105	0.108	0.096	11.0	0.026	0.027	0.022
5.5	0.089	0.092	0.081	11.5	0.023	0.025	0.020
6.0	0.077	0.080	0.069	12.0	0.022	0.023	0.019
6.5	0.067	0.070	0.060	12.5	0.020	0.021	0.017

α	倒三角形荷载	均布荷载	顶点集中荷载	α	倒三角形荷载	均布荷载	顶点集中荷载
13.0	0.019	0.020	0.016	17.0	0.011	0.012	0.009
13.5	0.017	0.018	0.015	17.5	0.010	0.011	0.009
14.0	0.016	0.017	0.014	18.0	0.010	0.011	0.008
14.5	0.015	0.016	0.013	18.5	0.090	0.010	0.008
15.0	0.014	0.015	0.012	19.0	0.090	0.009	0.007
15.5	0.013	0.014	0.011	19.5	0.080	0.009	0.007
16.0	0.012	0.013	0.010	20.0	0.080	0.009	0.007
16.5	0.012	0.013	0.010	20.5	0.080	0.008	0.006

③壁式框架。

按框架计算这类剪力墙的抗推刚度，并与其他普通框架的抗推刚度相加得到总框架的抗推刚度。具体计算过程见下节框架刚度计算。

（3）总剪力墙刚度计算

总剪力墙的抗弯刚度取各片墙等效抗弯刚度之和，计算过程如下：

①判别第 i 层第 j 片墙的类型，若为整截面墙或整体小开口墙或联肢墙，则计算出该片墙的等效抗弯刚度 EI_{eqij}；

②将第 i 层各片墙（共有 m 片）的等效抗弯刚度求和，即 $EI_{eqi} = \sum_{j=1}^{m} EI_{eqij}$；

③求出各层等效抗弯刚度的加权平均值，即为总剪力墙的等效抗弯刚度：

$$EI = \frac{\sum EI_{eqi} h_i}{H} \qquad (5-4-15)$$

2. 总框架的抗推刚度 C_f

（1）总框架的抗推刚度

框架的抗推刚度是结构产生单位层间变形角所需的推力 C_f，C_f 可由同一层中所有柱 D 值之和乘以层高得到。

第 i 层柱的抗推刚度为：

$$C_f = h \cdot \sum D_i \qquad (5-4-16)$$

$$D = \alpha \cdot \frac{12i_c}{h^2} \qquad (5-4-17)$$

式中　h——层高；

i_c——柱线刚度，$i_c = EI_c/l_c$，$I_c = b_c h_c^3/12$；

l_c——柱计算长度，取层高；

b_c、h_c——柱截面的宽度与高度；

α——柱刚度修正系数，一般层：$\alpha = \frac{K}{2+K}$

对于中柱：$K = \frac{i_1 + i_2 + i_3 + i_4}{2i_c}$

对于边柱：$K = \frac{i_2 + i_4}{2i_c}$ 或 $K = \frac{i_1 + i_3}{2i_c}$

底层：$\alpha = \frac{0.5 + K}{2 + K}$

对于中柱：$K = \frac{i_1 + i_2}{i_c}$，

对于边柱：$K = \frac{i_2}{i_c}$ 或 $K = \frac{i_1}{i_c}$；

式中，i_1、i_2、i_3、i_4 依次为柱上端左、右和下端左、右四根梁的线刚度。

梁的线刚度计算过程如下：

考虑现浇楼板作为梁的有效翼缘，当梁一侧有楼板时，梁惯性矩 $I_b = 1.5I$，当两侧有楼板时 $I_b = 2.0I$。

式中 I 是梁截面惯性矩，$I = \frac{bh^3}{12}$；

梁的线刚度：$i_b = EI_b/l_b$，

式中　E——混凝土弹性模量

l_b——梁计算跨度，当梁一端与墙相连、一端与柱相连时，要考虑刚域的影响。

（2）总框架抗推刚度 C_f 的计算

1）将第 i 层框架的抗推刚度相加即得第 i 层总框架的抗推刚度 C_f。

2）若各层的 C_f 值不同，可按下式求加权平均值：

$$C_f = \frac{\sum C_{fi} \cdot h_i}{H} \qquad (5-4-18)$$

3. 总连梁的约束刚度

框架-剪力墙结构刚接计算体系的连梁有两种情况：一种是在墙肢与框架之间；另一种是在墙肢与墙肢之间。这两种情况都可以简化为带刚域的梁。

对于两端有刚域的连梁，其约束弯矩系数如下：

$$m_{12} = \frac{6EI\ (1+a-b)}{(1+\beta)\ (1-a-b)^3 l} \qquad (5-4-19)$$

$$m_{21} = \frac{6EI\ (1-a+b)}{(1+\beta)\ (1-a-b)^3 l} \qquad (5-4-20)$$

$$\beta = \frac{12\mu \cdot EI}{GAl_0^2} \qquad (5-4-21)$$

式中各符号含义同前。

对于一端与墙相连（设左端与墙相连），另一端与框架柱相连的连梁，则令上式中 $b = 0$，可得左端有刚域梁约束弯矩系数为：

$$m_{12} = \frac{6EI\ (1+a)}{(1+\beta)\ (1-\alpha)^3 l} \qquad (5-4-22)$$

当连梁高度与跨度之比小于 1/4 时，可忽略剪切变形的影响，取 $\beta = 0$。

由于连梁与柱相连的一端对柱的约束将反映在柱的 D 值中，因此，在计算一端有刚域梁的约束弯矩系数时，不必计算 m_{21}。

设第 j 层连梁有 n 个刚接端（指连梁与墙肢相交的接点），层高为 h_j，则该层总连梁的约束刚度为：

$$C_{bj} = \sum_{i=1}^{n} \frac{m_{abi}}{h_j} \qquad (5-4-23)$$

当各层总连梁的约束刚度不同时，总连梁等效约束刚度可取加权平均值，即：

$$C_b = \frac{\sum_{j=1}^{m} C_{bj} h_j}{H} \qquad (5-4-24)$$

式中 m——框架的总层数。

4. 结构刚度特征值

结构刚度特征值 λ 是反映综合框架与综合剪力墙之间刚度比值的一个参数，是影响框架-剪力墙结构受力和变形的主要参数，λ 是一个无量纲的参数，对于铰接体系和刚接体系可以分别按下式进行计算。

$$\lambda = H\sqrt{\frac{C_f}{EI_w}} \quad \text{（铰接体系）} \qquad (5-4-25)$$

$$\lambda = H\sqrt{\frac{C_f + C_b}{EI_w}} \quad \text{（刚接体系）} \qquad (5-4-26)$$

当计算结构的基本振动周期时，式中的连梁不考虑刚度折减；而在计算结构内力与位移时，为了减少连梁的配筋量，连梁可考虑刚度折减，但为了防止使用阶段连梁开裂，折减系数不小于 0.55。

第五节 荷载计算及水平位移验算

高层建筑结构所受的荷载主要有水平荷载（地震作用及风荷载）和竖向荷载（恒载及活载），其中，水平荷载是影响结构内力及变形的主要荷载，是设计中的控制因素，而竖向荷载成为次要因素。

一、竖向荷载

作用在楼（屋面）盖上的竖向荷载主要有永久荷载和可变荷载（楼面活荷载）。

1. 永久荷载

恒荷载包括结构构件和楼面装饰层的重量，其标准值可按结构构件设计尺寸和所有材料的单位体积自重计算。计算时宜从标准层入手，按板—梁—柱（墙）的顺序，所有构件都需计算准确，然后再计算首层、顶层和其他非标准层。计算中要注意扣除板、梁、柱、墙相互重叠部分的重量。

从大量工程设计的结果来看，钢筋混凝土高层建筑单位建筑面积的重量（竖向荷载）大约在 $12 \sim 16kN/m^2$ 之间。框架-剪力墙结构大约在 $12 \sim 14kN/m^2$。在初步设计阶段，这些数据用来估算地基承载力、估算地震力、初步决定构件截面尺寸等。

楼面永久荷载设计值：

$$G = \gamma_G \cdot G_K \qquad (5-5-1)$$

式中 γ_G——永久荷载分项系数，当其效应对结构不利时，对由可变荷载效应控制的组合应取 1.2；对由永久荷载效应控制的组合则取 1.35；当其效应对结构有利时取 1.0；

G_K——永久荷载标准值（kN/m^2），由结构构件及楼面装饰层厚与材料单位体积自重的乘积计算。

常用材料和构件的自重可查《荷载规范》的附录 A。《荷载规范》中未规定者，可按地方标准的规定采用。

2. 可变荷载

活荷载按《荷载规范》取值，活荷载折减系数也按《荷载规范》有关规定确定。

在计算竖向荷载下产生的内力时，一般可以不考虑活荷载的不利布置，可以按满布考虑。因为高层民用建筑楼面活载不大，一般为 $1.5 \sim 2.5kN/m^2$，约占全部竖向荷载 $10\% \sim 15\%$，其不利分布产生的影响较小。在活载较大的情况下，可以把按满载计算的梁跨中弯矩乘以 $1.1 \sim 1.2$ 的放大系数。计算活荷载时，屋面活荷载与雪荷载不同时考虑。

楼面可变荷载设计值：

$$Q = \gamma_Q \cdot Q_K \qquad (5-5-2)$$

式中　γ_Q——可变荷载分项系数，$Q_K < 4.0 \text{kN/m}^2$ 时，γ_Q 取 1.4，否则取 1.3；

Q_K——可变荷载标准值（kN/m^2），按《荷载规范》的有关规定采用。

3. 重力荷载代表值

在用底部剪力法计算结构地震作用标准值时，需要计算结构的重力荷载代表值。建筑结构的重力荷载代表值应取永久荷载标准值和可变荷载组合值之和。可变荷载的组合值系数应按下列规定采用：

（1）雪荷载取 0.5；

（2）楼面活荷载按实际情况计算时取 1.0；按等效均布活荷载计算时，藏书库、档案库、库房取 0.8，一般民用建筑取 0.5。

在计算地震作用时，各楼层重力荷载代表值，它等于该层楼板标高处上、下各取半层层高范围内的 100% 永久荷载标准值和楼（屋）面可变荷载组合值。

二、风荷载

对于高层建筑而言，风荷载是结构承受的主要荷载之一。此外，对于高层建筑，风荷载计算中必须考虑风压脉动对结构的作用，即风的动力效应。

《高规》规定：抗震设计时，60m 以上的高层建筑需要考虑风荷载。此外，有抗震设计的框架-剪力墙的结构构件配筋由地震内力控制，风荷载效应很小。所以当高层建筑高度不大于 60m 或抗震设防烈度较大地区的高层建筑可不计算风荷载。

1. 风荷载标准值

垂直作用于建筑物表面上的风荷载标准值按式（5-5-3）计算，风荷载作用面积应取垂直于风向的最大投影面积。

$$w_k = \beta_z \mu_z \mu_s w_0 \qquad (5-5-3)$$

式中　w_0——基本风压值（kN/m^2），由《荷载规范》确定。对于特别重要或对风荷载比较敏感的高层建筑，w_0 应按 100 年重现期的风压值采用；

μ_s——风载体型系数，可按《高规》第 3.2.5 条的规定采用；

μ_z——风压高度变化系数，可《高规》第 3.2.3、3.2.4 条的规定采用；

β_z——高度 z 处的风振系数，$\beta_z = 1 + \dfrac{\varphi_z \xi \nu}{\mu_z}$；

φ_z——振型系数，可由结构动力计算确定。对于质量和刚度沿高度分布比较均匀的弯剪型结构，可近似按 $\varphi_z = z/H$ 计算，z 为计算点距室外地面的高度；H 为建筑的总高度；

ξ——脉动增大系数，按《高规》表 3.2.6-1 确定；

ν——脉动影响系数，外形、质量沿高度比较均匀的结构可按《高规》表 3.2.6-2 确定。

需要注意是，当有突出屋面的小塔楼时，其风荷载仍可按式（5-5-3）计算，此时，μ_s 的值按小塔楼的体型选定，确定 μ_z、β_z 的值时，高度 H 取小塔楼的实际标高。

2. 总风荷载计算

计算风荷载下结构产生的内力及位移时，需要计算作用在建筑物上的全部风荷载，即建筑物承受的总风荷载。设建筑物外围有 n 个表面积（每一个平面作为一个表面积），则总风荷载是各个表面承受风力的合力，并且是沿高度变化的分布荷载。

（1）作用于建筑物第 i 个表面上高度 z 处的风荷载为：

$$\begin{aligned} w_{iz} &= \beta_z \mu_z w_0 B_i \mu_{si} \cos\alpha_i \\ &= \left(\mu_z + \frac{z}{H}\xi \cdot \nu\right) w_0 B_i \mu_{si} \cos\alpha_i \\ &= \left(\mu_z + \frac{z}{H}\xi \cdot \nu\right) w_i \qquad (5-5-4) \end{aligned}$$

$$w_i = w_0 B_i \mu_{si} \cos\alpha_i \qquad (5-5-5)$$

式中　α_i——第 i 个表面外法线与风作用方向的夹角；

B_i、μ_{si}——分别为第 i 个表面的宽度和风载体型系数。

（2）整个建筑物在高度 z 处的风荷载集度 w_z，是各表面高度 z 处风荷载之和，即：

$$w_z = \sum w_{iz} = \left(\mu_z + \frac{z}{H}\xi \cdot v\right)\sum w_i \quad (\text{kN/m}) \qquad (5-5-6)$$

（3）第 i 楼层（包括小塔楼）高程处（取 $z = H_i$，H_i 为第 i 楼层的标高）的风荷载合力 P_i 为：

$$P_i = w_z \cdot \left(\frac{h_i}{2} + \frac{h_{i+1}}{2}\right) \quad (\text{kN}) \qquad (5-5-7)$$

式中　h_i、h_{i+1}——第 i 层楼面上、下层层高，计算顶层集中荷载时，$h_{i+1}/2$ 取女儿墙高度。

计算风荷载时一般考虑沿主轴方向，可以是正方向，也可以是反方向。在矩形平面结构中，正、反两方向作用荷载下内力大小相等，符号相反。因此，只需做一次计算分析，将内力冠以正、负号即可。对于复杂体型的高层建筑，正风向和反风向的体型系数常常不同，因此，正、反两个方向的风荷载也不同，在这种情况下，风荷载按两个方向绝对值较大的采用。

3. 风荷载换算

近似法计算理论中，在计算框架—剪力墙结构内力时，需将计算的各楼层标高处的集中荷载换算成三种典型水平荷载（顶点集中荷载、均布荷载、倒三角形荷载），才可由协同内力计算公式或图表得到构件的内力。因此，计算得到作用于每层楼面的集中荷载需转换成典型水平荷载（顶点集中荷载、均布荷载、倒三角形荷载）。风荷载可按对基础顶面（主体结构嵌固于地下室顶板时，为地下室顶板处）弯矩等效的原则简化为倒三角形荷载，作用于出屋面小塔楼（电梯机房、水箱等）的风荷载传至主体结构顶上，可按集中力 F 计算。

三、水平地震作用

1. 基本概念和规定

对于抗震设防地区的高层建筑，地震作用是结构承受的主要荷载之一。在抗震设防烈度较高的地区，它通常是结构设计的控制因素。《抗震规范》规定：建筑所在地区设防烈度为 6~9 度时需要进行抗震设防，6 度设防时不需要计算地震作用，只需采取抗震措施，7~9 度设防时要计算地震作用。一般高层建筑只需要计算水平地震作用，设防烈度为 8、9 度以及大跨度和长悬臂结构应考虑竖向地震作用。《高规》规定，高层建筑结构应根据不同情况，分别采用下列地震作用计算方法：

（1）高度不超过 40m、以剪切变形为主、刚度和质量沿高度分布均匀的建筑，可采用底部剪力法；

（2）除（1）中所说的情况外，一般高层建筑宜采用振型分解反应谱法计算地震作用，对质量和刚度不对称、不均匀的结构以及高度超过 100m 的高层建筑应采用考虑扭转耦联振动影响的振型分解反应谱法；

（3）当房屋高度较高、地震烈度较高或房屋沿高度方向刚度和质量极不均匀时，还要采用弹性时程分析法进行多遇地震作用下的补充计算。

底部剪力法是三种方法中最简单，且适合手算，是土木工程专业本科生毕业设计中普遍采用的一种计算方法。因此，本章着重介绍底部剪力法的计算过程。

2. 地震作用标准值

采用底部剪力法时，可按下式计算结构的总水平和

各层地震作用标准值：

$$F_{EK} = \alpha_1 \cdot G_{eq} \qquad (5-5-8)$$

$$F_i = \frac{G_i H_i}{\sum\limits_{j=1}^{n} G_j H_j} F_{EK}(1-\delta_n) \quad (i=1,2,\cdots,n) \quad (5-5-9)$$

$$\Delta F_n = \delta_n F_{EK} \qquad (5-5-10)$$

式中 G_{eq}——结构等效总重力荷载代表值，$G_{eq}=0.85G_E$；

G_E——结构总重力荷载代表值，$G_E=\sum G_i$；

F_i——质点 i 的水平地震作用标准值；

G_i、G_j——分别为集中于质点 i、j 的重力荷载代表值，应按本章第五节相关规定确定；

H_i、H_j——分别为质点 i、j 的计算高度；

δ_n——顶点附加地震作用系数，按表 5-5-1 确定；

ΔF_n——顶点附加水平地震作用标准值；

α_1——相应于结构基本自振周期 T_1 的水平地震影响系数，按《高规》第 3.3.7、3.3.8 条确定；基本自振周期 T_1，对质量和刚度沿高度分布比较均匀的框架-剪力墙结构，可按下式计算：

$$T_1 = 1.7\alpha_0 \sqrt{\Delta_T} \qquad (5-5-11)$$

Δ_T——假想的结构顶点水平位移（m），即假想把集中在各楼层处的重力荷载代表值作为该楼层水平荷载，并等效为均布荷载和顶点集中荷载，由框架-剪力墙结构在相应荷载下的计算公式或查高层建筑结构设计教材相应的图表求出结构的顶点弹性水平位移；

α_0——考虑非承重墙刚度对结构自振周期影响的折减系数，框架-剪力墙结构取 $\alpha_0=0.7~0.8$（当非承重墙较少时，可取 $0.8~0.9$）。

顶部附加地震作用系数 表 5-5-1

T_g（s）	$T_1 > 1.4T_g$	$T_1 \leqslant 1.4T_g$
≤0.35	$0.08T_1 + 0.07$	不考虑
0.35~0.55	$0.08T_1 + 0.01$	
≥0.55	$0.08T_1 - 0.02$	

3. 水平地震作用换算

同风荷载一样，各楼层的水平地震作用 F_i 和顶部附加水平地震作用 ΔF_n 后，需按照底部总弯矩和底部总剪力相等的原则，将地震作用等效地折算成倒三角形荷

载 q_0 和顶点集中荷载 F ，q_0 和 F 可按下式计算：

$$q_0 H^2/3 + FH = \Delta F_n \times H + \sum F_i H_i \qquad (5-5-12)$$

$$q_0 H/2 + F = \sum F_i + \Delta F_n \qquad (5-5-13)$$

式中　q_0——倒三角形荷载的最大荷载值。

当建筑物突出屋面的小塔楼（楼梯间、电梯间或其他体形较主体结构小很多的突出物）时，由于结构的刚度突变，受到地震影响时会产生所谓的"鞭端效应"。因此，按底部剪力法进行抗震计算时，突出屋面的小塔楼的地震作用效应，宜乘以增大系数 3，以此增大的地震作用效应设计突出屋面的这些结构及主体结构中直接与其相连的构件，但此地震作用效应增大部分不往下传递。

四、水平位移计算及验算

1. 水平荷载作用下结构的位移计算

正常使用条件下高层建筑结构的水平位移可按弹性方法进行计算。框架-剪力墙结构在三种典型水平荷载（倒三角形分布、均布、顶点集中荷载）作用下的位移可按水平荷载作用下结构内力计算中有关公式计算，也可由高层建筑结构设计教材相关图表查表得到。

用 y_i^1 、y_i^2 、y_i^3 分别表示倒三角形分布荷载、均布荷载及顶点集中荷载作用下第 i 楼层处的水平位移，则第 i 楼层处的位移在水平地震作用下为 $y_i = y_i^1 + y_i^3$ ；在风荷载作用下为 $y_i = y_i^1 + y_i^2 + y_i^3$ 。第 i 楼层的层间位移 $\delta = y_i - y_{i-1}$ 。以上计算宜由 Excel 列表进行。

2. 结构变形验算

在风荷载和多遇地震作用下，高层建筑结构应具有足够的刚度，避免产生过大的水平变形影响正常使用以及产生过大的附加内力等。《高规》规定了结构水平位移的限制条件，对高度不超过 150m 的高层建筑，其楼层层间最大位移与层高之比不宜大于表 5-5-2 的限值。

楼层层间最大位移与层高之比的限值

表 5-5-2

结构类型	Δ_u/h 限值	结构类型	Δ_u/h 限值
框架	1/550	筒中筒、剪力墙	1/1000
框架-剪力墙、框架-核心筒、板柱-剪力墙	1/800	框支层	1/1000

第六节　内力计算及组合

一、竖向荷载作用下的内力计算

作用在结构上的竖向荷载主要是恒荷载（结构自重）和楼面活荷载。计算框架-剪力墙结构在竖向荷载作用下的内力时，可忽略各抗侧力构件之间的联系，根据楼盖结构的平面布置，将竖向荷载传递给每榀框架及每片剪力墙。各片墙、各榀框架按各自的负荷面积确定所承担的竖向荷载，进行内力计算。

高层民用建筑楼面活荷载一般不大（$1.5 \sim 2.0 kN/m^2$），仅占全部竖向荷载的 $10\% \sim 15\%$ 。计算时可不考虑活荷载的不利布置和折减，而按满跨布置考虑；当楼面活荷载大于 $4 kN/m^2$ ，应考虑其不利布置引起的梁弯矩的增大，一般可按满载时计算的梁跨中弯矩乘以 $1.1 \sim 1.2$ 的增大系数。

计算竖向荷载作用下结构的内力时，应将恒荷载和活荷载分别进行计算，各荷载均取标准值，以便于各种工况下的荷载效应组合。

1. 框架竖向荷载作用下的内力计算

由于框架在竖向荷载作用下侧移很小，面且各层荷载对其他层杆件内力影响不大，因此一般可采用分层法计算各层框架在竖向荷载作用下的内力。现以恒荷载为例说明分层法计算步骤，活荷载作用下的内力计算方法和恒荷载完全相同。

（1）荷载计算

作用于框架梁上的竖向荷载有框架梁自重、梁上隔墙重、楼板和次梁传来的荷载。梁自重及梁上隔墙重按结构设计尺寸和材料单位体积自重计算，开门、窗洞口的隔墙应按实际尺寸进行计算。

楼（屋）面板传给框架梁的荷载分两种情况：

①对单向板肋梁结构，楼板荷载是由板传给次梁，再由次梁传给主梁，其荷载计算按前面的方法处理。

②对双向板肋梁结构，楼板荷载按最短路线原则传递给支承梁，其中，传给框架梁的荷载形式为梯形分布荷载或三角形分布荷载；而次梁承担的荷载和次梁自重则是由次梁以集中力的形式传给框架梁。

按上述方法求得的荷载形式有：满跨均布荷载、对称分布的集中力、三角形荷载、梯形荷载。

（2）计算跨度

框架梁、柱用轴线表示，梁的计算跨度可按相关规定确定。柱计算高度对一般层可取层高，对底层取基础顶面与上层楼顶面之间的高度。对剪力墙与框架之间的连梁，其与剪力墙相连端为带刚域的节点，与柱相连端为刚节点，刚节点到另一端不计刚域部分之长为连梁的计算跨度。

（3）内力计算

1）杆端弯矩的计算

分层法是力矩分配法的进一步简化，其计算过程仍然是对计算单元求出节点的固端弯矩，计算分配系数，然后进行力矩分配和传递。分层法是以各层梁及其上、下柱（柱的远端作为固定端）为一个独立的计算单元，除底层外各柱线刚度乘以0.9修正系数，传递系数取1/3（底层线刚度不折减，传递系数1/2）。分层计算所得的梁端弯矩即为最终弯矩，而柱端的弯矩则需要由上下两层所得的同一柱端弯矩叠加而成。分层法的计算结果，结点上的弯矩可能不平衡，但误差不会很大。如需进一步修正，可将该结点不平衡力矩再进行一次分配。分层法的计算原理及具体计算步骤可参考相关建筑结构设计教材。

2）其他内力计算

计算出梁端最终弯矩后，尚需计算各跨梁的跨中弯矩和梁端剪力。此时可把各跨梁在两端截开，将其视作由梁端弯矩和跨中实际外荷载共同作用下的简支梁，根据力平衡条件可求出梁的跨中弯矩和梁端剪力。图5-6-1所示是DE跨梁受均布荷载q作用，用分层法求出梁端最终弯矩M_D、M_E后的弯矩图、剪力图。

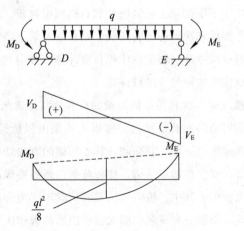

图5-6-1　框架梁内力计算

框架柱的轴力可由以下三部分求和而得：①框架平面内梁端剪力反向作用于柱上；②框架平面外另一方向的梁，按简支梁计算的支反力作用于杆上；③各层柱自重。根据计算结果可绘出柱轴力图。

框架柱的剪力可由柱上、下端弯矩之和除以柱的计算高度求得。根据计算结果可绘出柱剪力图。

楼面活荷载作用下的框架内力计算与恒荷载作用下的计算方法完全相同，不再赘述。

2. 竖向荷载作用下剪力墙的内力计算

（1）荷载及计算简图

在竖向荷载作用下，剪力墙的内力可以分片计算。每片剪力墙作为一竖向悬臂构件，按材料力学的方法计算其竖向荷载作用下的内力。各片剪力墙按照它的负荷面积计算所承担的竖向荷载。作用于剪力墙上的竖向荷载主要有：①按负荷面积计算各层楼板及与墙垂直的梁传递的荷载；②剪力墙左（或右）端由连梁通过与剪力墙相连端传递的荷载。将连梁与墙相连端作为固支端，与柱相连端作为刚结点，求出与墙相连端支座反力和力矩，反向作用于剪力墙上；③剪力墙的自重。

计算简图：剪力墙截面用与墙长度等长的线段表示。梁传到剪力墙上的集中荷载可按45°扩散角向下扩散到整个墙截面，所以除了考虑梁下局部承压验算外，可按均布荷载计算墙的内力。弯矩较小时，剪力墙在竖向荷载作用下可按轴心受压计算内力，弯矩较大时，宜按偏心受压计算构件内力。

恒荷载作用下，剪力墙承受上述三项竖向荷载产生的分布荷载和集中力。竖向活荷载作用下，剪力墙则承受上述前两项荷载产生的分布荷载和集中力。

（2）内力计算

在竖向荷载作用下剪力墙计算截面上只产生弯矩和轴力。竖向荷载一般多为均匀、对称作用，在各墙肢内产生的主要是轴力，故计算时常忽略较小弯矩的影响，按轴心受压构件计算墙肢轴力。计算各墙肢的荷载时，以门洞中线作为荷载范围分界线，墙肢自重应扣除门洞部分。

连梁在竖向荷载下按两端固定（两端与墙相连）或一端固定、一端刚结（与柱相连）的梁计算M、V。求出连梁梁端弯矩后再按上、下层墙肢刚度分配到剪力墙上。

计算得到的各荷载等效地化为作用于剪力墙形心处的轴向力N和弯矩M。对整截面墙，此轴向力即为该片墙的轴力；对小开口整体墙和联肢墙可将N按各墙肢截面面积进行分配；由于弯矩M一般较小，近似计算时常忽略其影响。当需要考虑M的影响时，对整截面墙此弯矩即为该片墙的弯矩；对小开口整体墙，各墙肢弯矩可按下式计算：

$$M_j = 0.85 \frac{I_j}{I} M + 0.15 \frac{I_j}{\sum I_j} M \qquad (5-6-1)$$

式中　M_j——第 j 墙肢的弯矩值；

　　　I_j——第 j 墙肢的截面惯性矩；

　　　I——小开口整体墙组合截面惯性矩。

剪力墙在竖向活荷载作用下的内力计算方法与竖向恒荷载作用下的内力计算相同。

3. 竖向荷载作用下壁式框架的内力计算

壁式框架在竖向荷载作用下的内力计算可采用分层法，计算原理和步骤均与普通框架相同。

4. 竖向荷载作用下连梁的内力计算

连梁在竖向荷载作用下内力可按两端固定梁计算，此时梁端负弯矩可考虑由于塑性内力重分布而进行调幅。

二、水平荷载作用下结构内力计算

1. 水平荷载作用下总剪力墙、总框架、总连梁的内力计算

框架-剪力墙结构在水平荷载作用下的计算简图（铰接体系和刚接体系）如图 5-4-1 所示。综合框架刚度为所有框架刚度之和，综合剪力墙的刚度为所有剪力墙刚度之和，综合连梁的刚度为所有连梁的刚度总和。框架总刚度、剪力墙总刚度以及连梁总刚度的计算如本章 5.3 节所述。

框架-剪力墙结构（铰接体系和刚接体系）在水平荷载作用下的内力分配，即侧向力在综合框架和综合剪力墙之间的分配一般采用连续化方法进行计算。即将各层总连梁离散为沿楼层高度均匀分布的连续连杆。

根据材料力学的理论，可求解得到框架-剪力墙结构的基本微分方程：

$$EJ_w \frac{d^4 y}{d^4 x} = P(x) - p_F + C_b \frac{d^2 y}{d^2 x} \qquad (5-6-2)$$

式中　y——结构的侧向位移。

对式（5-6-2）求解，可以得到侧移量 y 的表达式，侧移量与荷载形式有关。当外力可表示为简单的函数形式时，则可方便地通过求解微分方程得到总剪力墙和总框架的变形方程，进而由变形和内力的微分关系可以求出总剪力墙、总框架、总连梁的内力。连续化方法是一种十分巧妙的做法，无论实际的框架剪力墙是多少

层，结构的变形方程形式都不变，因而便于手算。为了获得简便的变形方程，需要将水平荷载等效地转换成三种典型的形式（倒三角形荷载、均布荷载、顶点集中荷载），风荷载，水平地震作用的具体转换见前面一章。

由式（5-6-2）可推导出总剪力墙分别在三种典型水平荷载作用下的内力计算公式。

倒三角形分布荷载作用下（q 为倒三角形分布荷载顶点荷载值）：

$$y = \frac{qH^2}{C_t} \left[\left(1 + \frac{\lambda sh\lambda}{2} - \frac{sh\lambda}{\lambda} \right) \frac{ch\lambda\xi - 1}{\lambda^2 ch\lambda} + \left(\frac{1}{2} - \frac{1}{\lambda^2} \right) \left(\xi - \frac{sh\lambda\xi}{\lambda} \right) - \frac{\lambda^3}{6} \right] \qquad (5-6-3a)$$

$$M_w = \frac{qH^2}{\lambda^2} \left[\left(1 + \frac{\lambda sh\lambda}{2} - \frac{sh\lambda}{\lambda} \right) \frac{ch\lambda\xi}{ch\lambda} - \left(\frac{\lambda}{2} - \frac{1}{\lambda} \right) sh\lambda\xi - \xi \right] \qquad (5-6-3b)$$

$$V_w = \frac{qH^2}{\lambda^2} \left[\left(1 + \frac{\lambda sh\lambda}{2} - \frac{sh\lambda}{\lambda} \right) \frac{\lambda sh\lambda\xi}{ch\lambda} - \left(\frac{\lambda}{2} - \frac{1}{\lambda} \right) \lambda ch\lambda\xi - 1 \right] \qquad (5-6-3c)$$

均布荷载作用下（q 为均布荷载值）：

$$y = \frac{qH^2}{C_t \lambda^2} \left[\left(\frac{1 + \lambda sh\lambda}{ch\lambda} \right) (ch\lambda\xi - 1) \lambda sh\lambda\xi + \lambda^2 \xi \left(1 - \frac{\xi}{2} \right) \right] \qquad (5-6-4a)$$

$$M_w = \frac{qH^2}{\lambda^2} \left[\left(\frac{1 + \lambda sh\lambda}{ch\lambda} \right) ch\lambda\xi - \lambda sh\lambda\xi - 1 \right] \qquad (5-6-4b)$$

$$V_w = \frac{qH^2}{\lambda^2} \left[\lambda ch\lambda\xi - \left(\frac{1 + \lambda sh\lambda}{ch\lambda} \right) sh\lambda\xi \right] \qquad (5-6-4c)$$

顶点集中荷载作用下（P 为顶点集中荷载）：

$$y = \frac{PH^3}{EJ_w} \left[\left(\frac{sh\lambda}{\lambda^3 ch\lambda} \right) (ch\lambda\xi - 1) - \frac{1}{\lambda^3} sh\lambda\xi + \frac{\xi}{\lambda^2} \right] \qquad (5-6-5a)$$

$$M_w = PH \left(\frac{sh\lambda}{\lambda ch\lambda} ch\lambda\xi - \frac{1}{\lambda} sh\lambda\xi \right) \qquad (5-6-5b)$$

$$V_w = P \left(ch\lambda\xi - \frac{sh\lambda}{ch\lambda} sh\lambda\xi \right) \qquad (5-6-5c)$$

式中　y——总剪力墙、总框架的水平位移；

　　　λ——框架—剪力墙结构刚度特征值；

　　　EI_w——为综合剪力墙的等效抗弯刚度，是各榀剪力墙的等效抗弯刚度之和；

　　　C_f——为综合框架的抗推刚度；

　　　M_w——总剪力墙的总弯矩；

　　　V_w——总剪力墙的名义总剪力；

　　　ξ——相对坐标，坐标原点在固定端，$\xi = \frac{x}{H}$，x

为标高，H 为建筑高度。

为使用方便，相关教材和参考书已将在三种典型荷载作用下结构的侧向位移、综合剪力墙的弯矩以及综合剪力墙的名义剪力按不同的结构刚度特征值绘制了图表。这样当外荷载形式和结构刚度特征值确定后，即可由相应的曲线求得结构各标高处的侧向位移、综合剪力墙的弯矩值以及综合剪力墙的剪力。

（1）铰接体系的内力计算

对于框架-剪力墙铰接计算体系，没有连梁对剪力墙的约束，综合剪力墙的剪力就等于名义总剪力。各典型水平荷载单独作用下总剪力墙在任一标高处的 M_w、V_w 可直接由式（5-6-3）~式（5-6-5）计算得到。任一标高处的总框架的总剪力可由整个结构水平截面内剪力平衡条件得到，即：

$$V_f(\xi) = V_P(\xi) - V_W(\xi) \qquad (5-6-6)$$

式中 $V_f(\xi)$——总框架的总剪力；

$V_P(\xi)$——结构在 ξ 处由外荷载引起的总剪力，与荷载形式有关，对于倒三角形荷载：$V_P(\xi) = \dfrac{q_0 H}{2}(1-\xi^2)$；对于均布荷载 $V_P(\xi) = qH(1-\xi)$；对于顶点集中荷载 $V_P(\xi) = F$；

q_0、q——分别为倒三角形荷载的最大荷载集度和均布荷载集度；

F——顶点集中荷载。

（2）刚接体系的内力计算

对于框架-剪力墙刚接计算体系。

$$V_f = \frac{C_f}{C_f + C_b}(V_f + m_b) \qquad (5-6-7)$$

$$m_b = \frac{C_b}{C_f + C_b}(V_f + m_b) \qquad (5-6-8)$$

根据上式可以求得框架承担的总剪力 V_f，便可得到综合剪力墙的总剪力 V_w：

$$V_W = V_P - V_f \qquad (5-6-9)$$

式中 V_P——为外荷载在另一标高处所产生的剪力值。

当外荷载由几种典型水平荷载组合时，则其总内力为各单一典型水平荷载作用下内力的叠加。计算 M_w、V_w、V_f 时，建议采用 Excel 直接由各自的表达式列成如表 5-6-1 的表格形式进行计算。

总剪力墙及总框架的内力计算表　表 5-6-1

层次	高度 x_i（m）	$\xi_i = \dfrac{x_i}{H}$	V_P（kN）	总剪力墙		总框架
				M_w	V_w	$V_f = V_P - V_W$
10						
9						

2. 总框架内力的调整

框架-剪力墙结构是双重抗侧力体系。为了防止作为第一道防线的剪力墙破坏后导致整个结构承载力下降过多而破坏，所以必须保证框架有一定的承载力，框架内力计算时所采用的框架层剪力不得太小。《高规》规定：在水平地震作用下，框架—剪力墙结构所求出的总框架各层总剪力 V_f，需要按照以下的方法进行调整，对于风荷载引起的总框架的总剪力 V_f 不需要调整。

（1）如果计算出的总框架的各层剪力 $V_f \geqslant 0.2V_0$，则 V_f 可按计算值采用；

（2）如果 $V_f < 0.2V_0$，设计时，V_f 取 $1.5V_{fmax}$ 和 $0.2V_0$ 中较小值计算框架梁、柱的弯矩和剪力，但柱的轴力仍按未调整的 V_f 计算。

其中，V_0 荷载在结构基底底部处产生的总地震剪力；V_{fmax} 为主体结构所有各层框架中剪力的最大值。

3. 各片墙、各榀框架、各根连梁的内力计算

将由上述公式求得的综合剪力墙的内力 M、V 按各片剪力墙的等效抗弯刚度分配给每一片剪力墙，综合框架的总剪力按各榀框架的抗侧刚度分配给每一榀框架，综合连梁的约束弯矩按各连梁的线刚度分配给每一根连梁，则可进行各片剪力墙、各榀框架以及各根连梁的内力计算。

（1）各根连梁内力计算

在铰接体系中 $C_b = 0$，总连梁的弯矩和剪力均为零。连梁与框架柱相连端的弯矩可按以下方法计算：先由 D 值法求出与连梁相连柱的柱端弯矩；将连梁看成一端固定（与剪力墙相连端），一端刚接（与柱相连端），考虑连梁与柱相连端的转动刚度，由节点平衡求出梁端弯矩。

在刚接体系中，各根连梁的各刚接端约束弯矩可由总连梁的约束弯矩按各连梁的线刚度分配得到。连梁的剪力可由力平衡根据连梁两端弯矩求得。

（2）各片剪力墙内力计算

在进行剪力墙设计时，一般取楼板标高处的弯矩 M、剪力 V 作为设计内力。因此，在求出总剪力墙在各

楼层处的内力 $M_w(\xi)$、$V_w(\xi)$ 后，无论是铰接体系还是刚接体系均应按照各片剪力墙的等效抗弯刚度进行再分配，其计算公式如下：

$$M_{Wij} = \frac{EI_{eqi}}{\sum_{i=1}^{k} EI_{eqi}} \cdot M_{Wij} \qquad (5-6-10)$$

$$V_{Wij} = \frac{EI_{eqi}}{\sum_{i=1}^{k} EI_{eqi}} \cdot V_{Wij} \qquad (5-6-11)$$

式中　M_{Wij}——第 i 片剪力墙 j 楼层处的弯矩；

　　　　V_{Wij}——第 i 片剪力墙 j 楼层处的弯矩。

由式（5-6-11）求出每片剪力墙的 M_{Wij}、V_{Wij} 之后，还需要根据各片剪力墙的类型等具体情况，按照下面方法计算剪力墙墙肢的内力：

①整截面剪力墙

若没有连梁与该片剪力墙相连，则由式（5-6-11）计算出的 M_{Wij}、V_{Wij} 就是第 i 片剪力墙 j 楼层处的弯矩和剪力。

若该片剪力墙与连梁直接相连，则需要考虑连梁对剪力墙弯矩的影响。设第 j 层第 i 根连梁的一端与剪力墙相连，则对第 i 片剪力墙在第 j 层楼盖上、下方的剪力墙截面弯矩 M_{Wij}^u 及 M_{Wij}^l 可近似按下式计算：

$$M_{Wij}^u = M_{Wij} + M_{i,12}/2 \qquad (5-6-12a)$$

$$M_{Wij}^l = M_{Wij} - M_{i,12}/2 \qquad (5-6-12b)$$

式中　$M_{i,12}$——第 j 层第 i 根连梁与剪力墙相连端在剪力墙轴线处的集中约束弯矩，可按式（5-6-8）计算。

②小开口整体剪力墙

若没有连梁与该片剪力墙相连，则由式（5-6-11）计算出的 M_{Wij}、V_{Wij} 就是第 i 片剪力墙 j 楼层处的弯矩和剪力，则小开口墙第 k 个墙肢的弯矩 M_{Wij}^k、剪力 V_{Wij}^k 和轴力 N_{Wij}^k 的标准值，可近似由下式计算：

$$M_{Wij}^k = 0.85M_{Wij}\frac{I_k}{I} + 0.15M_{Wij}\frac{I_k}{\sum I_K} \qquad (5-6-13)$$

$$N_{Wij}^k = 0.85M_{Wij}\frac{A_k y_k}{I} \qquad (5-6-14)$$

$$V_{Wij}^k = V_{Wij}\frac{A_k}{\sum A_K} \qquad (5-6-15)$$

式中　M_{Wij}^k、V_{Wij}^k、N_{Wij}^k——整体小开口墙中第 k 个墙肢第 j 层标高处的弯矩、剪力、轴力；

　　　　A_k、I_k、y_k——第 k 个墙肢的截面面积、惯性矩、截面形心到组合截面

形心的距离；

　　　　I——组合截面惯性矩。

若有连梁与该片剪力墙相连，则由式（5-6-11）计算出的 M_{Wij}、V_{Wij} 后，应仿照式（5-6-12）那样，对弯矩进行修正。小开口整体剪力墙中第 k 个墙肢的弯矩 M_{Wij}^k、剪力 V_{Wij}^k 和轴力 N_{Wij}^k 的标准值，仍按式（5-6-13）~式（5-6-14）计算，不同的只是分别用 M_{Wij}^u、M_{Wij}^l 代替 M_{Wij}，得出第 k 个墙肢 j 楼层上、下截面的内力，作为内力标准值。

③联肢（双肢、多肢）剪力墙

对于联肢剪力墙，由式（5-6-11）计算出该片剪力墙的弯矩和剪力后，还需要进一步求出每个墙肢和连梁的内力，但是这些内力不能直接由 M_{Wij}、V_{Wij} 分配得到，而应根据联肢墙所受的力，通过联肢墙的分析求解得到。对此，可采用如下近似处理方法：先由式（5-6-11）计算出墙顶和墙底的弯矩 M_{Wij}^u、M_{Wij}^0 及剪力 V_{Wij}^u、V_{Wij}^0，再根据墙顶和墙底的弯矩和剪力等效的原则，求得其"相当荷载"，据此求出联肢墙的每个墙肢和连梁的内力。

根据框架-剪力墙结构中，单片剪力墙的受力特点，"相当荷载"可由倒三角形荷载（g）、均布荷载（q）和顶点集中荷载（F）组成，并且它们产生的联肢墙顶端剪力、底部剪力和弯矩与总剪力墙分配到该联肢墙相应截面的剪力、弯矩应相等，据此有：

墙顶剪力：　　　　　$F = V_{Wij}^u \qquad (5-6-16)$

墙底剪力：　$gH/2 + gH + F = V_{Wij}^0 \qquad (5-6-17)$

墙底弯矩：$gH^2/3 + gH^2/2 + FH = M_{Wij}^0 \qquad (5-6-18)$

墙顶弯矩的条件自然满足。式（5-6-16）~式（5-6-18）中的 V_{Wij}^u、V_{Wij}^0、M_{Wij}^0 已知，求解联立方程即可求出 g、q 和 F 的值。最后按联肢墙内力计算方法计算荷载 g、q 和 F 分别作用下各墙肢的内力，再叠加起来就得到该墙肢拟求的内力，即联肢墙各墙肢的弯矩、剪力、轴力以及连梁的弯矩、剪力。具体计算可参阅高层建筑结构设计教材相关内容。

（3）各榀框架内力计算

框架结构中梁、柱在水平荷载作用下的内力可采用 D 值法进行计算。前面求得的总框架剪力经过调整后为楼板标高处的框架总剪力，将总框架在各楼层处的总剪力 $V_f(\xi)$，按各柱的 D 值进行分配，便可得到各柱在各楼层处的剪力。为了简化计算，求得的各柱

在各楼层处的剪力即为该柱在反弯点处的剪力值。通常是近似取该柱上下端两层楼板标高处剪力的平均值，作为该柱该层的剪力 V_{Cij}。第 i 根柱（共有 n 根）第 j 层的剪力为：

$$V_{Cij} = \frac{D_i}{\sum\limits_{i=1}^{n} D_i} \cdot \frac{(V_{fj-1} + V_{fj})}{2} \quad (5-6-19)$$

求得各柱剪力后，然后按 D 值法中的公式确定出框架柱的反弯点高度（具体可参阅高层建筑结构设计教材有关内容），剪力乘以高度便可以计算出柱端弯矩。再根据框架节点平衡条件，由上、下柱端弯矩求和便可求得梁端总弯矩，梁端总弯矩按各梁线刚度进行分配便可得到各根梁的梁端弯矩，进而可以计算框架的剪力，由各层框架梁的梁端剪力可求得各柱的轴力，进而便可画出内力图。

需要注意的是，刚接体系中，在计算与连梁相连的框架柱轴力时，需要考虑连梁剪力对柱轴力的影响，应在求得连梁的剪力后，由平衡条件求得柱轴力。

三、内力组合

1. 塑性调幅

框架结构内力计算时一般采用弹性理论进行计算，常常导致框架梁的梁端负弯矩较大，配筋较多，给施工带来困难。另一方面，超静定钢筋混凝土结构具有塑性内力重分布的性质，所以对竖向荷载作用下的梁端弯矩在与水平荷载作用下的内力组合之前需要进行内力调整，即塑性调幅。塑性调幅是对梁端支座弯矩乘以调幅系数 β。对于现浇框架 $\beta = 0.8 \sim 0.9$，梁端支座弯矩降低后必须相应加大跨中弯矩。调幅后梁端弯矩 M'_A、M'_B 及跨中最大正弯矩 M'_C 应满足下列条件：

$$\frac{1}{2}(M'_A + M'_B) + M'_C \geq M_0 \quad (5-6-20a)$$

$$M'_C \geq \frac{1}{2}M_0 \quad (5-6-20b)$$

式中　M_0——按简支梁计算的跨中弯矩；

　　　　M'_A、M'_B、M'_C 如图 5-6-2 所示。

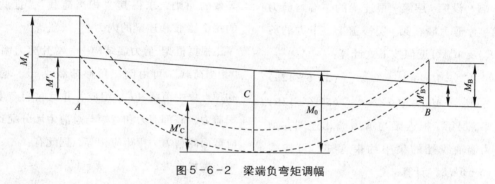

图 5-6-2　梁端负弯矩调幅

塑性调幅主要是对竖向荷载作用下梁端弯矩的调整，水平荷载作用下的梁端弯矩及柱的内力不进行调整。

2. 荷载效应组合

建筑受到的荷载类型较多，有恒载、活载、风载以及地震作用。建筑在使用期内，这些荷载可能会出现不同的组合，即工况。所以在进行结构设计时，应考虑可能发生的各种荷载最大值以及它们的各种组合，特别是对结构最不利的组合。不同构件的最不利内力或位移不一定来自同一工况。荷载效应组合的目的是为了求得每个构件在不同荷载组合下产生的最不利内力。荷载效应组合就是对各种不同荷载作用下，分别进行结构分析，得到内力和位移后，再用分项系数与组合系数加以组合。《高规》5.6 节中规定了必须采用的荷载效应组合的方法，包括无地震作用效应组合和有地震效应组合。

无地震作用效应组合时，荷载效应组合的设计值为：

$$S = \gamma_G S_{GK} + \gamma_L \Psi_Q \gamma_Q S_{QK} + \Psi_W \gamma_W S_{WK} \quad (5-6-21)$$

式中　　S——荷载效应组合的设计值；

　　γ_G——永久荷载的分项系数，当其效应对结构不利时，对由可变荷载效应控制的组合应取 1.2，对由永久荷载效应控制的组合应取 1.35；当其效应对结构有利时，应取 1.0；

　　γ_Q——楼面活荷载的分项系数，一般情况下应取 1.4；

　　γ_W——风荷载的分项系数，取 1.4；

S_{GK}、S_{QK}、S_{WK}——分别为永久荷载、楼面活荷载、风荷载的荷载效应标准值；

　Ψ_Q、Ψ_W——分别为楼面活荷载和风荷载的组合值系数，当永久荷载效应起控制作用时应分别取 0.7 和 0.0；当可变荷载效应起控制作用时应分别取 1.0 和 0.6 或 0.7 和 1.0。对书库、档案库、储藏空、通风机房和电梯机房，本条楼面活荷载组合值系数取 0.7 的场合应取为 0.9。

有地震作用效应组合时，荷载效应和地震作用效应组合的设计值为：

$$S = \gamma_G S_{GE} + \gamma_{Eh} S_{EhK} + \gamma_{Ev} S_{EvK} + \Psi_W \gamma_W S_{WK} \quad (5-6-22)$$

式中　S——荷载效应和地震作用效应组合的设计值；

S_{GE}——重力荷载代表值的效应；

S_{EhK}——水平地震作用标准值的效应，尚应乘以相应的增大系数或调整系数；

S_{EvK}——竖向地震作用标准值的效应，尚应乘以相应的增大系数或调整系数；

γ_G、γ_W、γ_{Eh}、γ_{Ev}——分别为重力荷载、风荷载、水平地震作用、竖向地震作用的分项系数，应按表 5-6-2 采用，当重力荷载效应对结构承载力有利时，表中的 γ_G 不应大于 1.0；

Ψ_W——风荷载的组合值系数，应取 0.2。

有地震作用效应组合时荷载组和作用分项系数　　　表 5-6-2

编号	所考虑的组合	γ_G	γ_{Eh}	γ_{Ev}	γ_W	说明
1	重力荷载及水平地震作用	1.2	1.3	—		
2	重力荷载及竖向地震作用	1.2	—	1.3		9 度抗震设防时才考虑；水平长悬臂结构 8、9 度抗震设计时考虑
3	重力荷载、水平及竖向地震作用	1.2	1.3	0.5		9 度抗震设防时才考虑；水平长悬臂结构 8、9 度抗震设计时考虑
4	重力荷载、水平地震作用及风荷载	1.2	1.3	—	1.4	60m 以上的高层建筑考虑
5	重力荷载、水平及竖向地震作用、风荷载	1.2	1.3	0.5	1.4	60m 以上的高层建筑考虑，9 度抗震设计时考虑；水平长悬臂结构 8、9 度抗震设计时考虑

抗震设防烈度是 6 度及 6 度以下地区，应按式 (5-6-21) 进行荷载效应的组合。抗震设防裂度是 7 度及 7 度以上地区，应同时按式 (5-6-21) 和式 (5-6-22) 进行荷载效应的组合。对高层建筑而言，无地震作用效应组合及表 5-6-2 的第 1、4 项是比较普遍的情况，只有在 9 度抗震设防时才考虑第 2、3、5 项组合。由于毕业设计中对地震作用一般采用底部剪力法进行计算，而底部剪力法计算的建筑物高度不超过 40m，因此，毕业设计时对表 5-6-2 的第 4 项组合的情况也不会遇到，最终一般只需要计算第 1 项组合。

3. 控制截面及最不利内力

（1）控制截面

对结构构件进行截面设计时，一般对内力最大的截面（控制截面）进行设计。所以首先要确定构件的控制截面。一般情况下，不同的内力（如弯矩、剪力）并不一定在同一截面达到最大值，因此一个构件可能同时有几个控制截面。对于高层框架—剪力墙结构中的剪力墙、连梁、框架柱、框架梁，通常选取的控制截面如表 5-6-3 所示。

（2）最不利内力

控制截面确定以后，需要计算控制截面的最不利内

力。控制截面的最不利内力是进行构件配筋计算的依据。内力组合的主要目的是在各种组合类型中计算出最不利内力。对于有风荷载和地震作用效应参与的组合，均需要考虑正、反两个方向作用下的情况。一般对一方向荷载作用下计算得到的内力取负数。对于高层框架—剪力墙结构中的剪力墙、连梁、框架柱、框架梁，控制截面的最不利内力如表 5-6-3 所示。

高层建筑结构的控制截面及最不利内力

表 5-6-3

构件	控制截面	最不利内力
梁	两端	$-M_{max}$
		V_{max}
		$+M_{max}$（框架梁多数情况一般不出现）
	较大集中力作用处	$+M_{max}$
		V_{max}
	跨中	$+M_{max}$
		$-M_{max}$（多数情况一般不出现）
柱和剪力墙	每层上、下两端	$\|M\|_{max}$ 及相应的 N、V
		N_{max} 及相应的 N、V
		N_{min} 及相应的 N、V
		$\|M\|$ 比较大，N 比较大或比较小
		V_{max} 及相应的 N、M

为了适于手算，土木工程专业本科毕业设计中常用的

建筑模型为高度不超过 40m，设防烈度为 7 度和 8 度的高层建筑结构，以下内力组合的讨论中，主要是这种建筑。

4. 框架和连梁的内力组合计算

（1）框架梁控制截面的内力组合

1）框架梁端负弯矩组合的设计值，取下列组合中的最大者。

无地震作用组合：

$$-M = -(1.2M_{GK} + 1.4M_{QK} + 0.84M_{WK}) \quad (5-6-23)$$

$$-M = -(1.2M_{GK} + M_{QK} + 1.4M_{WK}) \quad (5-6-24)$$

$$-M = -(1.35M_{GK} + M_{QK}) \quad (5-6-25)$$

有地震作用组合：

$$-M = -(1.2M_{GE} + 1.3M_{EK}) \quad (5-6-26)$$

2）框架梁端正弯矩组合的设计值，取下列组合中的最大者。

无地震作用组合：

$$M = 1.4M_{WK} - 1.0M_{GK} \quad (5-6-27)$$

有地震作用组合：

$$M = 1.3M_{EK} - 1.0M_{GE} \quad (5-6-28)$$

3）框架梁跨中正弯矩组合的设计值，取下列组合中的最大者。

无地震作用组合：

$$M = 1.2M_{GK} + 1.4M_{QK} + 0.84M_{WK} \quad (5-6-29)$$

$$M = 1.35M_{GK} + M_{QK} \quad (5-6-30)$$

有地震作用组合：

$$M = 1.2M_{GE} + 1.3M_{EK} \quad (5-6-31)$$

4）框架梁端剪力取下列组合中的最大者。

无地震作用组合：

$$V = 1.2V_{GK} + 1.4V_{QK} + 0.84V_{WK} \quad (5-6-32)$$

$$V = 1.2V_{GK} + V_{QK} + 1.4V_{WK} \quad (5-6-33)$$

$$V = 1.35V_{GK} + V_{QK} \quad (5-6-34)$$

有地震作用组合：

$$V = 1.2V_{GE} + 1.3V_{EK} \quad (5-6-35)$$

以上各式中，M_{GK}、M_{QK}、M_{WK} 为由恒载、楼面活荷载及风荷载标准值在梁控制截面上产生的弯矩标准值；

M_{GE}、M_{EK} 为由重力荷载代表值、水平地震作用标准值在梁控制截面上产生的弯矩标准值；V_{GK}、V_{QK}、V_{WK} 为由恒载、楼面活荷载及风荷载标准值在梁控制截面上产生的剪力标准值；V_{GE}、V_{EK} 为由重力荷载代表值、水平地震作用标准值在梁控制截面上产生的剪力标准值。

（2）柱控制截面的内力组合

水平力（水平地震作用、风荷载）一般沿纵横两个方向作用于结构上。在竖向荷载和水平力（水平地震作用、风荷载）作用下，框架柱一般是处于双向偏心受压状态，其内力组合需要按横向和纵向分别进行。沿某一方向（横向或纵向）柱上、下端截面的内力组合按以下情况进行：

1）柱端弯矩 M 和轴力 N 的组合设计值

无地震作用组合时：

$$M = 1.2M_{GK} + 1.4M_{QK} + 0.84M_{WK} \quad (5-6-36)$$

$$N = 1.2N_{GK} + 1.4N_{QK} + 0.84N_{WK} \quad (5-6-37)$$

$$M = 1.2M_{GK} + M_{QK} + 1.4M_{WK} \quad (5-6-38)$$

$$N = 1.2N_{GK} + N_{QK} + 1.4N_{WK} \quad (5-6-39)$$

$$M = 1.35M_{GK} + M_{QK} \quad (5-6-40)$$

$$N = 1.35N_{GK} + N_{QK} \quad (5-6-41)$$

有地震作用组合时：$M = 1.2M_{GE} + 1.3M_{EK}$

$$(5-6-42)$$

$$N = 1.2N_{GE} + 1.3N_{EK} \quad (5-6-43)$$

2）柱端剪力 V 的组合设计值

柱端截面剪力组合设计值表达式与梁端剪力组合设计值的表达式完全相同，见式（5-6-32）~式（5-6-35），此时式中各剪力应为各相应荷载作用下产生的柱端剪力标准值。

5. 剪力墙内力组合计算

剪力墙弯矩、轴力以及剪力的组合与柱的各相应内力的组合表达式完全相同。此时公式中的各弯矩、轴力及剪力应为剪力墙在各相应荷载作用下上、下端截面产生的内力值。

各构件的内力组合比较烦琐，宜采用 Excel 表格进行计算。表格形式如表 5-6-4 所示。

构件的内力组合计算表　　　　　　　　　　表 5-6-4

层号	恒载	活载	地震作用		不考虑地震作用组合	考虑地震作用组合	
			左	右	1.2 恒 +1.4 活	1.2（恒 +0.5 活）+1.3 地震（左）	1.2（恒 +0.5 活）+1.3 地震（右）
10							
9							

第七节 构件截面设计及构造措施

一、基本规定

建筑结构设计有非抗震和抗震设计两种情况。非抗震设计时，构件按控制截面的最不利内力组合设计值进行配筋计算，并采取相应的构造措施。抗震设计时，为了实现"强柱弱梁、强剪弱弯、强节点强锚固"的抗震设计原则，需要对内力组合得到的控制截面最不利内力进行调整，根据调整后的内力设计值进行截面配筋验算，并满足诸如控制梁截面的受压区高度，柱（墙）的轴压比限值，构件的剪跨比限值，设置箍筋加密区等抗震构造措施和其他细部构造要求。

结构抗震设防目标是"小震不坏，中震可修，大震不倒"，即"三水准设防目标"。我国目前采用二阶段设计方法来实现上述三个水准设防目标。第一阶段设计是承载力验算，取第一水准烈度（众值烈度）的地震作用对结构进行弹性分析，验算结构抗震承载力，通过概念设计和抗震构造措施来满足第三水准设计要求。一般规则建筑只需要进行第一阶段的抗震设计，只有对特殊要求的建筑、地震时易倒塌的结构以及有明显薄弱层的不规则结构，在进行第一阶段设计外，还要进行第二阶段设计，即进行罕遇地震下的弹塑性变形验算，以实现第三水准的设防要求。

《高规》规定，高层建筑结构构件承载力应按式（5-7-1）和式（5-7-2）进行验算。

无地震作用组合：

$$\gamma_0 S \leqslant R \qquad (5-7-1)$$

有地震作用组合：

$$S \leqslant R/\gamma_{RE} \qquad (5-7-2)$$

式中　γ_0——结构重要性系数，对安全等级为一级或设计使用年限为 100 年以上的结构构件，不应小于 1.1；对安全等级为二级或设计使用年限为 50 年的结构构件，不应小于 1.0；

S——荷载效应组合设计值，按本章第六节内力组合得到的设计值；

R——构件承载力设计值；

γ_{RE}——承载力抗震调整系数，按表 5-7-1 采用，当仅考虑竖向地震作用组合时，各类结构构件的承载力抗震调整系数均应取为 1.0。

承载力抗震调整系数 表 5-7-1

构件类别	梁	轴压比小于 0.15 的柱	轴压比不小于 0.15 的柱	剪力墙		各类构件	节点
受力状态	受弯	偏压	偏压	偏压	局部承压	受剪、偏压	受剪
γ_{RE}	0.75	0.75	0.80	0.85	1.0	0.85	0.85

构件进行截面抗震设计和选取构造措施时，需要确定其抗震等级。高层建筑钢筋混凝土结构构件应根据设防烈度、结构类型和房屋高度采用不同的抗震等级。结构构件根据各自的抗震等级采取相应的计算和构造措施要求。各抗震设防类别（甲、乙、丙、丁）的高层建筑，其抗震措施可按《高规》4.8.1 条选用。一般的工业与民用建筑属丙类建筑，其抗震措施应符合本地区抗震设防烈度的要求。A 级高度丙类建筑（框架-剪力墙结构）根据设防烈度及结构类型、结构实际高度可按表 5-7-2 确定框架、剪力墙的抗震等级。

A 级高度丙类建筑框架-剪力墙结构的抗震等级 表 5-7-2

结构类型		设防烈度						
		6		7		8		9
	高度	≤60	>60	≤60	>60	≤60	>60	≤50
框架-剪力墙结构	框架	四	三	三	二	二	一	一
	剪力墙	三		二		一		一

注：1. 抗震设计的高层建筑，当地下室顶层作为上部结构的嵌固端时，地下一层的抗震等级按上部结构采用，地下一层以下结构的抗震等级可根据具体情况采用三级或四级；地下室中超出上部主楼范围且无上部结构的部分，其抗震等级可根据具体情况采用三级或四级。

2. 与主楼连为整体的裙楼的抗震等级不应低于主楼的抗震等级，主楼结构在裙楼顶部上，下各一层应适当加强抗震构造措施。

3. 建筑场地为 Ⅲ、Ⅳ 类时，对设计基本地震加速度为 0.15g 和 0.30g 的地区，宜分别按抗震设防烈度 8 度和 9 度时各类建筑的要求采取抗震构造措施。

二、框架截面设计和构造要求

框架的截面设计包括梁、柱以及节点的设计。根据前面荷载效应组合并经过调整后得到的内力设计值进行正截面受弯承载力、斜截面抗剪承载力计算，同时采取相应的构造要求。

为了使框架结构具有良好的延性和抗震性能，抗震设计时必须遵循以下三个原则：

（1）强柱弱梁：即调整柱端弯矩的设计值，控制梁柱的相对强度，使塑性铰首先在梁端出现，避免或减少柱的塑性铰，形成梁铰机制而不是柱铰机制。

（2）强剪弱弯：即通过调整柱端或梁端的剪力设计值，控制构件的破坏形态，使构件抗弯承载力小于抗剪承载力，保证发生塑性的弯曲破坏前不过早地发生脆性的剪切破坏；

（3）强节点强锚固：即加强节点区和锚固区的整体性和承载力，不在梁和柱塑性铰充分发挥作用前发生节点或锚固方面的破坏。

1. 框架梁截面设计及构造要求

（1）正截面受弯承载力计算

地震作用下，框架梁两端截面一般承受正、负双向弯矩的作用，为保证梁两端有较好的延性，梁两端截面需设计成双筋截面，跨中截面一般设计成单筋。

框架梁正截面受弯承载力可按下式进行：

1）无地震作用组合

$$M_b \leq \alpha_1 f_c bx (h_o - x/2) + f'_y A'_s (h_o - a'_s) \quad (5-7-3)$$

$$\alpha_1 f_c bx + f'_y A'_s = f_y A_s \quad (5-7-4)$$

2）有地震作用组合

$$M_b \leq \frac{1}{\gamma_{RE}} \left[\alpha_1 f_c bx (h_o - x/2) + f'_y A'_s (h_o - a'_s) \right]$$

$$(5-7-5)$$

$$\alpha_1 f_c bx + f'_y A'_s = f_y A_s \quad (5-7-6)$$

对于现浇钢筋混凝土楼盖，梁跨中截面可按 T 形截面计算，支座截面按矩形截面计算，跨中 T 形截面的受压翼缘长度可按相应的参考书确定。

（2）斜截面抗剪承载力计算

按照"强剪弱弯"的抗震设计原则，计算前要求将内力组合得到的框架梁剪力设计值进行调整。《高规》规定：一、二、三级框架梁端剪力应按式（5-7-7）进行调整，四级框架可直接取考虑地震作用组合的

剪力设计值。9 度抗震设计的结构和一级框架结构尚应符合《高规》式（6.2.5-1）的要求。

$$V_b = \eta_{vb} \frac{M^l_b + M^r_b}{l_n} + V_{Gb} \quad (5-7-7)$$

式中 M^l_b、M^r_b——分别为梁左、右端考虑地震作用组合的弯矩设计值，M^l_b、M^r_b 应分别按顺时针和逆时针两个方向计算，取较大者；

V_{Gb}——考虑地震作用组合的重力荷载代表值作用下，按简支梁计算的梁端截面剪力设计值；

η_{vb}——剪力增大系数，一、二、三级分别取 1.3、1.2 和 1.1；

l_n——梁的净跨。

框架梁截面尺寸应满足以下要求：

1）无地震作用组合时

$$V_b \leq 0.25 \beta_c f_c bh_o \quad (5-7-8)$$

2）有地震作用组合时

跨高比大于 2.5 的梁：

$$V_b \leq \frac{1}{\gamma_{RE}} (0.2 \beta_c f_c bh_o) \quad (5-7-9)$$

跨高比不大于 2.5 的梁：

$$V_b \leq \frac{1}{\gamma_{RE}} (0.15 \beta_c f_c bh_o) \quad (5-7-10)$$

式中 β_c——混凝土强度影响系数。C50 及以下取 1.0，C80 取 0.8，C50 和 C80 之间时可线性内插。

一般情况下，框架梁斜截面受剪承载力可按以下公式进行计算：

1）无地震作用组合

$$V_b \leq \alpha_{cv} f_t bh_o + f_{yv} \frac{A_{sv}}{s} h_o \quad (5-7-11)$$

2）有地震作用组合

$$V_b \leq \frac{1}{\gamma_{RE}} \left(0.6 \alpha_{cv} f_t bh_o + f_{yv} \frac{A_{sv}}{s} h_o \right) \quad (5-7-12)$$

式中 α_{cv}——斜截面受剪承载力系数，一般情况下取 0.7，对于集中荷载较大（集中荷载对支座截面产生的剪力值占总剪力的 75% 以上）的框架梁，取 $\frac{1.75}{\lambda + 1}$；

λ——计算截面的剪跨比，可取 $\lambda = a/h_o$，a 为集中荷载作用点到节点边缘的距离，当 $\lambda > 3$ 时，取 $\lambda = 3$；当 $\lambda < 1.5$ 时，取 $\lambda = 1.5$。

（3）框架梁的构造要求

1）抗震设计时，为保证塑性铰区有足够的延性，梁端截面受压区高度 x 和梁顶钢筋与梁底钢筋的比值应满足以下要求：

抗震等级为一级，$x \leqslant 0.25h_o$，$\dfrac{A'_s}{A_s} \geqslant 0.5$；二、三级，$x \leqslant 0.35h_o$，$\dfrac{A'_s}{A_s} \geqslant 0.3$。

2）纵向钢筋构造要求：

非抗震设计时：纵向受拉钢筋最小配筋率不应小于 0.2 和 $45f_t/f_y$ 二者的较大值；

抗震设计时：

①纵向受拉钢筋的配筋率不应小于表 5-7-3 的规定；且梁端纵向受拉钢筋的配筋率不应大于 2.5%。

②抗震设计的框架梁均应配置贯通全跨的上部和下部钢筋；一、二级抗震设计时，钢筋直径不应小于 14mm，且分别不应小于梁两端上部和下部纵向钢筋中较大截面面积的 1/4；三、四级抗震设计时，钢筋的直径不应小于 12mm。

梁纵向受拉钢筋最小配筋百分率（%） 表 5-7-3

抗震等级	支座（取较大值）	跨中（取较大值）	抗震等级	支座（取较大值）	跨中（取较大值）
一级	0.40 和 $80f_t/f_y$	0.30 和 $65f_t/f_y$	三、四级	0.25 和 $55f_t/f_y$	0.20 和 $45f_t/f_y$
二级	0.30 和 $65f_t/f_y$	0.25 和 $55f_t/f_y$			

③顶层梁端节点处的负钢筋应伸入边柱对边并向下弯到底。

④抗震设计的框架梁不宜采用弯起钢筋抗剪。

3）箍筋构造要求：

非抗震设计时：

①箍筋应沿梁全长配置，当梁的剪力设计值大于 $0.7f_t bh_o$ 时，其箍筋面积配箍率应满足 $\rho_{sv} \geqslant 0.24f_t/f_{yv}$。

②箍筋的最大间距应符合表 5-7-4 的规定，最小直径应符合表 5-7-5 的要求。

非抗震设计梁箍筋的最大间距 表 5-7-4

h_b	V_b	$>0.7f_t bh_o$	$\leqslant 0.7f_t bh_o$	h_b	V_b	$>0.7f_t bh_o$	$\leqslant 0.7f_t bh_o$
$h_b \leqslant 300mm$		150	200	$500 < h_b \leqslant 800mm$		250	350
$300 < h_b \leqslant 500mm$		200	300	$h_b > 800mm$		300	400

注：在纵向受拉钢筋搭接长度范围内，箍筋间距不应大于 100mm，且不应大于搭接钢筋较小直径的 5 倍；在纵向受压钢筋搭接长度范围内，箍筋间距不应大于 200mm，且不应大于搭接钢筋较小直径的 10 倍。

非抗震设计梁箍筋的最小直径（mm） 表 5-7-5

梁高 h_b	箍筋直径（mm）
$h_b \leqslant 800mm$	6
$h_b > 800mm$	8

抗震设计时：

①沿梁全长箍筋面积配箍率应符合下列规定：

一级：$\rho_{sv} \geqslant 0.30f_t/f_{yv}$，二级：$\rho_{sv} \geqslant 0.28f_t/f_{yv}$，三、四级：$\rho_{sv} \geqslant 0.26f_t/f_{yv}$。

②梁端箍筋的加密区长度，箍筋最大间距和最小直径应满足表 5-7-6 的要求；

梁端箍筋加密区长度，箍筋最大间距和最小直径 表 5-7-6

抗震等级	加密区长度（取较大值）（mm）	箍筋最大间距（取较小值）（mm）	箍筋最小直径（mm）
一	$2.0h_b$，500	$h_b/4$ 或 $6d$ 或 100	10
二	$1.5h_b$，500	$h_b/4$ 或 $8d$ 或 100	8
三	$1.5h_b$，500	$h_b/4$ 或 $8d$ 或 150	8
四	$1.5h_b$，500	$h_b/4$ 或 $8d$ 或 150	6

4）集中荷载作用位置应设置吊筋和附加箍筋，由吊筋和附加箍筋承受集中荷载，箍筋间距为 50mm，每侧各 3~4 个；

5）梁腹板净高大于 450mm 时应在梁截面中部设置腰筋，按构造配置的腰筋竖向间距不超过 200mm，长度伸至梁端即可。

2. 框架柱截面设计

框架柱一般承受压（拉）、弯、剪的共同作用，需要进行正截面抗弯承载力、斜截面抗剪承载力设计，根据计算结果配置纵向钢筋和箍筋。

（1）截面尺寸和轴压比要求

1）为使柱子有较好的延性，《高规》规定框剪结构中框架柱的轴压比（$\mu_N = N/f_c A_c$）不宜超过表5-7-7值；

柱轴压比限值　　　表5-7-7

抗震等级	长柱（$\lambda > 2$）	短柱（$1.5 \leqslant \lambda \leqslant 2$）	抗震等级	长柱（$\lambda > 2$）	短柱（$1.5 \leqslant \lambda \leqslant 2$）
一级	≤0.75	≤0.70	三级	≤0.90	≤0.85
二级	≤0.85	≤0.80			

2）抗震框架柱的截面边长不宜小于300mm，截面高宽比不宜大于3，柱子剪跨比宜大于2；矩形截面框架柱的截面尺寸还应符合下列条件：

①无地震作用组合时：

$$V \leqslant 0.25\beta_c f_c b_c h_{c0}$$

②有地震作用组合时：

跨高比大于2.5及剪跨比大于2的柱：

$$V \leqslant \frac{1}{\gamma_{RE}}(0.2\beta_c f_c b_c h_{c0})$$

跨高比不大于2.5及剪跨比不大于2的柱：

$$V \leqslant \frac{1}{\gamma_{RE}}(0.15\beta_c f_c b_c h_{c0})$$

（2）框架柱正截面抗弯承载力计算

抗震设计时，为了实现强柱弱梁的设计原则，框架柱柱端弯矩设计值需按以下要求进行调整，按调整后的设计值进行截面抗弯承载力计算，根据计算结果配置纵向钢筋。

1）一、二、三、四级框架柱，除了顶层和轴压比小于0.15者外，柱端考虑地震作用组合的弯矩设计值M应按下式进行调整：

$$\sum M_c = \eta_c \sum M_b \qquad (5-7-13)$$

式中　$\sum M_c$——节点上、下柱端截面顺时针或逆时针方向组合弯矩设计值之和，上、下柱端的弯矩设计值，可按弹性分析的弯矩比例进行分配；

　　　　$\sum M_b$——节点左、右梁端截面顺时针或逆时针方向组合弯矩设计值之和；当抗震等级为一级且节点左、右梁端均为负弯矩时，绝对值小的弯矩取零；

　　　　η_c——柱端弯矩增大系数，框-剪结构中，抗震等级为一、二、三、四级时分别取1.4、1.2、1.1和1.1。

当反弯点不在柱的层高范围内时，柱端弯矩设计值可直接乘以柱端弯矩增大系数η_c。

2）抗震等级为一、二、三、四级框架底层柱下端的弯矩设计值应分别采用考虑地震作用组合的弯矩值乘以1.7、1.5、1.3和1.2的放大系数；

3）抗震等级为一、二、三级框架的角柱除了按上述1）、2）调整之外，还乘以不小于1.1的增大系数。

框架柱一般采用对称配筋，其正截面抗弯承载力计算过程可参考混凝土结构教材或《混凝土结构设计规范》，对考虑地震作用组合的承载力进行计算时，应注意考虑抗震调整系数。

（3）框架柱斜截面抗剪承载力计算

抗震设计时，为了实现强剪弱弯的设计原则，框架柱柱端剪力设计值需按以下要求进行调整，按调整后的设计值进行截面抗剪承载力计算，根据计算结果配置箍筋。

1）抗震等级为一、二、三、四级时，柱端截面剪力设计值按下式调整：

$$V = \eta_{vc} \frac{M_c^t + M_c^b}{H_n} \qquad (5-7-14)$$

式中　M_c^t、M_c^b——柱上、下端考虑地震作用组合的弯矩设计值，应分别按顺时针和逆时针两个方向计算，取较大值；

　　　　H_n——柱的净高；

　　　　η_{vc}——柱端剪力放大系数，对于框-剪结构，一、二、三、四级分别取1.4、1.2、1.1和1.1。

9度抗震设计或抗震等级为一级框架结构尚应符合《高规》第6.2.3条第1款的要求。

2）当框架柱所受轴力为压力时，其斜截面抗剪承载力计算可按以下公式进行：

无地震作用组合时：

$$V \leqslant \frac{1.75}{\lambda + 1}f_t b h_o + f_{yv}\frac{A_{sv}}{s}h_o + 0.07N \qquad (5-7-15)$$

有地震作用组合时：

$$V \leqslant \frac{1}{\gamma_{RE}}\left(\frac{1.05}{\lambda + 1}f_t b h_o + f_{yv}\frac{A_{sv}}{s}h_o + 0.056N\right) \qquad (5-7-16)$$

式中　λ——框架柱的剪跨比，当λ大于3时，取λ等于3；当λ小于1时，取λ等于1；

　　　　N——考虑风荷载或地震作用组合的框架柱轴向压力设计值，当N大于$0.3f_c A_c$时，取$0.3f_c A_c$。

3）当框架柱所受轴力为拉力时，其斜截面抗剪承载力计算可按以下公式进行：

无地震作用组合

$$V \leqslant \frac{1.75}{\lambda + 1} f_t b h_o + f_{yv} \frac{A_{sv}}{s} h_o - 0.2N \quad (5-7-17)$$

有地震作用组合

$$V \leqslant \frac{1}{\gamma_{RE}} \left(\frac{1.05}{\lambda + 1} f_t b h_o + f_{yv} \frac{A_{sv}}{s} h_o - 0.2N \right) \quad (5-7-18)$$

式中 N——与剪力设计值 V_c 对应的轴向拉力设计值，取绝对值。

当式（5-99）右端的计算值或式（5-100）右端括号内的计算值小于 $f_{yv} \frac{A_{sv}}{s} h_o$ 时，应取等于 $f_{yv} \frac{A_{sv}}{s} h_o$，且 $f_{yv} \frac{A_{sv}}{s} h_o$ 值不应小于 $0.36 f_t b h_o$。

（4）框架柱的构造要求

1）纵向钢筋

①柱全部纵向钢筋配筋率，不应小于表 5-7-8 的规定值，且每一侧纵向钢筋配筋率不应小于 0.2%。

柱纵向钢筋最小配筋百分率（%） 表 5-7-8

柱类型	设计类别	抗震等级				非抗震
		一级	二级	三级	四级	
中柱、边柱		0.9(1.0)	0.7(0.8)	0.6(0.7)	0.5(0.6)	0.5
角柱		1.1	0.9	0.8	0.7	0.5

注：1. 括号内数值适用于框架结构；
2. 采用 335MPa、400MPa 级纵向钢筋时，应分别按表中数值增加 0.1 和 0.5 采用。

②抗震设计时，纵向钢筋的间距不宜大于 200mm，也不应小于 50mm，抗震等级为四级及非抗震设计时，纵向钢筋的间距不应大于 300mm，也不应小于 50mm。

2）箍筋构造要求

①非抗震设计时，箍筋间距不应大于 400mm，且不应大于柱截面的短边尺寸和最小纵向受力钢筋直径的 15 倍。

②抗震设计时，柱箍筋应在下列范围内加密：a. 底层柱上端和其他各层柱两端，应取矩形截面长边尺寸或

圆柱截面直径，柱净高的 1/6，500mm 三者之最大值范围；b. 底层柱刚性地坪上，下各 500mm 范围内；c. 底层柱柱根以上 1/3 柱净高范围；d. 剪跨比不大于 2 的柱和因填充墙等形成的柱净高与截面长边之比不大于 4 的柱全高范围；e. 一、二级框架角柱的全高范围。

③柱箍筋加密区内的箍筋直径和间距，应符合表 5-7-9 的要求。

柱端箍筋加密区的构造要求 表 5-7-9

抗震等级	箍筋最大间距（取最小值）	箍筋最小直径	抗震等级	箍筋最大间距（取最小值）	箍筋最小直径
一	6d 或 100mm	10	三	8d 或 150mm（柱根 100mm）	8
二	8d 或 100mm	8	四	8d 或 150mm（柱根 100mm）	6（柱根 Φ8）

④当柱每边纵筋多于 3 根时，应设置复合箍筋（可采用拉筋）。

⑤柱箍筋加密区内箍筋的体积配箍率，应符合下列要求：柱加密区箍筋的体积配筋应符合公式 $\rho_v \geqslant \lambda_v f_c / f_{yv}$ 的要求，其中 λ_v 为最小配箍特征值，按表 5-7-10 取用，f_c 为混凝土轴心抗压强度设计值，当混凝土强度等级低于 C35 按 C35 计算；f_{yv} 为箍筋或拉筋的抗拉强度设计值。

一、二、三、四级框架柱，其加密区范围内箍筋的体积配箍率尚且分别不应小于 0.8%、0.6%、0.4%、0.4%；剪跨比不大于 2 的柱，其体积配箍率不应小于 1.2%。

非加密区箍筋的体积配箍率不宜小于加密区的一半，箍筋间距不宜大于加密区箍筋间距的 2 倍，且一、二级不应大于 10 倍纵向钢筋的直径，三，四级不应大于 15 倍纵向钢筋的直径。

柱端箍筋加密区最小配箍特征值 λ_v 表 5-7-10

抗震等级	箍筋形式	柱轴压比								
		≤0.30	0.40	0.50	0.60	0.70	0.80	0.90	1.00	1.05
一	普通箍 复合箍	0.10	0.11	0.13	0.15	0.17	0.20	0.23	—	—
	螺旋箍、复合箍、连续复合螺旋箍	0.08	0.09	0.11	0.13	0.15	0.18	0.21	—	—
二	普通箍 复合箍	0.08	0.09	0.11	0.13	0.15	0.17	0.19	0.22	0.24
	螺旋箍、复合箍、连续复合螺旋箍	0.06	0.07	0.09	0.11	0.13	0.15	0.17	0.20	0.22
三	普通箍 复合箍	0.06	0.07	0.09	0.11	0.13	0.15	0.17	0.20	0.22
	螺旋箍、复合箍、连续复合螺旋箍	0.05	0.06	0.07	0.09	0.11	0.13	0.15	0.18	0.20

3. 框架节点设计

框架结构的节点在强震作用下受剪压复合作用，一般发生剪切破坏，产生斜裂缝。因此，《抗震规范》规定：对于抗震等级为一、二、三级框架的节点核心区应进行抗震验算，在节点内配置足够的水平箍筋。抗震等级为四级框架的节点以及非抗震设计的框架节点，可不进行抗剪承载力计算，但应按构造要求在节点区内配置水平箍筋。

（1）框架节点的抗剪承载力计算

1）节点的截面尺寸验算

抗震等级为一、二级框架节点的水平截面应符合下式要求：

$$V_j \leqslant \frac{1}{\gamma_{RE}} (0.30 \eta_j \beta_c f_c b_j h_j) \qquad (5-17-19)$$

式中　h_j——节点核心区水平截面高度，可采用验算方向柱截面高度；

　　　b_j——节点核心区水平截面有效计算高度，当梁柱轴线重合，且 $b_b \geqslant b_c/2$ 时，可取 $b_j = b_c$；当 $b_b < b_c/2$ 时，可取 $b_j < b_b + 0.5h_c$ 和 $b_j = b_c$ 两者中的较小值，此处，b_b 为梁截面宽度，b_c 为柱截面宽度；当梁柱轴线有偏心距 e 且不大于柱框的 1/4 时，此时节点截面宽度应取 $b_j = b_c$，$b_j = 0.5b_c + 0.5b_b + 0.25h_c - e$ 和 $b_j = b_b + 0.5h_c$ 三者中的最小值；

　　　η_j——正交梁的约束影响系数，楼板为现浇、梁柱中线重合、四侧各梁截面宽度不小于该侧柱截面宽度的 1/2 且正交方向梁高度小于框架梁高度的 3/4 时，可取 1.5，9 度时宜采用 1.25，其他情况均取 1.0；

　　　V_j——节点核心区组合的剪力设计值，应按《建筑抗震设计规范》附录 D 的规定计算；

2）节点核心区的抗震受剪承载力计算，按下式计算：

$$V_j \leqslant \frac{1}{\gamma_{RE}} \left[1.1 \eta_j f_t b_j h_j + 0.05 \eta_j N \frac{b_j}{b_c} + \frac{f_{yv} A_{svj}}{s} (h_{b0} - a'_s) \right]$$
$$(5-7-20)$$

式中　N——对应于组合剪力设计值的上柱底部组合轴力较小值，不应大于 $0.5f_c b_c h_c$；当 N 为拉力时，取 $N=0$；

　　　A_{svj}——核心区计算宽度 b_j 范围内验算方向同一截

面箍筋各肢的全部截面面积。

（2）构造要求

框架节点区应配置水平箍筋，非抗震设计时，应符合非抗震设计时的配箍要求，但箍筋间距不宜大于 250mm；抗震设计时，箍筋的最大间距和最小直径应符合抗震设计时的配箍要求，但一、二、三级框架节点核心区配箍特征值 λ_v 分别不宜小于 0.12、0.10 和 0.08，且体积配箍率分别不宜小于 0.6%、0.5% 和 0.4%。柱剪跨比不大于 2 时，配箍特征值不宜小于核心区上、下柱端配箍特征值。

三、剪力墙截面设计及构造措施

钢筋混凝土剪力墙应进行平面内的斜截面受剪、偏心受压或偏心受拉、平面外轴心受压承载力计算。当有集中荷载作用时，墙内无暗柱时还应进行局部受压承载力计算。

1. 剪力墙内力设计值

剪力墙墙肢的内力有轴力、弯矩和剪力。为了保证其抗震性能，内力组合得到剪力墙的内力（弯矩 M、轴力 N、剪力 V）后，须首先按抗震等级进行内力调整，然后进行截面设计。剪力墙墙肢在地震作用下大多为大偏心受压构件，故对剪力墙墙肢的轴向力不应作出增大的调整。对于墙肢的弯矩，为了实现强剪弱弯的原则，一般情况下对弯矩不作出增大的调整，但对于一级抗震等级的剪力墙，为了使地震时塑性铰的出现部位符合设计意图，在其他部位保证不出现塑性铰，对抗震等级为一级的剪力墙的底部加强部位以上部位墙胶的组合弯矩设计值应乘以 1.2 增大系数。

抗震设计时，为体现强剪弱弯的原则，剪力墙底部加强部位的剪力设计值应乘以增大系数，《高规》规定，抗震等级为一级、二级、三级时，剪力墙底部加强部位墙肢的剪力设计值应按下式进行调整，四级抗震二、三级其他部位可不调整：

$$V = \eta_{VW} V_W \qquad (5-7-21)$$

设防烈度为 9 度时：

$$V = 1.1 \frac{M_{wua}}{M_W} V_W \qquad (5-7-22)$$

式中　V——底部加强部位截面的剪力设计值；

　　　V_W——考虑地震作用组合的剪力墙墙肢底部加强部位截面的剪力计算值；

η_{VW}——剪力增大系数，一级为 1.6，二级为 1.4，三级为 1.2；

M_{wua}——考虑承载力抗震调整系数后的剪力墙墙肢正截面抗弯承载力，应按实际配筋面积、材料强度标准值和轴向力设计值确定，有翼墙时应考虑墙两侧各一倍翼墙厚度范围内的纵向钢筋；

M_w——考虑地震作用组合的剪力墙墙肢截面的弯矩设计值。

2. 正截面承载力计算

墙肢轴力通常是压力，同时考虑到墙肢的弯矩影响，此时的正截面承载力计算应按偏心受压构件进行。当墙肢轴力出现拉力时，同时考虑到墙肢弯矩影响，此时的正截面承载力计算应按偏心受拉构件进行。综上所述，墙肢正截面承载力分为正截面偏心受压承载力验算和正截面偏心受拉承载力验算两个方面。

（1）剪力墙正截面偏心受压承载力验算可按《混凝土结构设计规范》有关规定计算，也可按《高规》第 7.2.8 条进行计算。

（2）矩形截面墙肢正截面偏心受拉承载力验算可按以下公式进行计算：

无地震组合时：

$$N \leqslant N_U = \frac{1}{\dfrac{1}{N_{0u}} + \dfrac{e_0}{M_{WU}}} \qquad (5-7-23)$$

有地震作用组合时：

$$N \leqslant \frac{N_U}{\gamma_{RE}} = \frac{1}{\gamma_{RE}} \left(\frac{1}{\dfrac{1}{N_{0u}} + \dfrac{e_0}{M_{WU}}} \right) \qquad (5-7-24)$$

式中 $N_{0u} = 2A_s f_y + A_{sw} f_{yw}$

$M_{WU} = A_s f_y (h_{w0} - a'_s) + A_{sw} f_{yw} \dfrac{h_{w0} - a'_s}{2}$

3. 斜截面受剪承载力计算

（1）为了使剪力墙不发生斜压破坏，必须保证墙肢截面尺寸和混凝土强度不致过小。《高规》规定：剪力墙的受剪截面应符合下列要求：

无地震作用组合时：

$$V_w \leqslant 0.25\beta_c f_c b_w h_{w0} \qquad (5-7-25)$$

有地震作用组合时：

剪跨比 λ 大于 2.5 时 $\quad V_w \leqslant \dfrac{1}{\gamma_{RE}} (0.20\beta_c f_c b_w h_{w0})$

$$(5-7-26)$$

剪跨比 λ 不大于 2.5 时 $\quad V_w \leqslant \dfrac{1}{\gamma_{RE}} (0.15\beta_c f_c b_w h_{w0})$

$$(5-7-27)$$

式中 V_w——剪力墙截面剪力设计值，对剪力墙底部加强部位应为调整后的剪力设计值；

h_{w0}——剪力墙截面有效高度；

β_c——混凝土强度影响系数，当混凝土强度等级不大于 C50 时取 1.0；当混凝土强度等级为 C80 时取 0.8；当混凝土强度等级在 C50 至 C80 之间时可按线性内插取用；

λ——计算截面处的剪跨比，即 $M_c/(V_c h_{w0})$，其中 M_c、V_c 应分别取与 V 同一组合的、未按高规的有关规定进行调整的弯矩和剪力计算值。

（2）偏心受压剪力墙的斜截面受剪承载力应按下列公式进行计算：

无地震作用组合时：

$$V \leqslant \frac{1}{\lambda - 0.5} \left(0.5f_t b_w h_{w0} + 0.13N \frac{A_w}{A} \right) + f_{yh} \frac{A_{sh}}{s} h_{w0}$$

$$(5-7-28)$$

有地震作用组合时：

$$V \leqslant \frac{1}{\gamma_{RE}} \left[\frac{1}{\lambda - 0.5} \left(0.4f_t b_w h_{w0} + 0.1N \frac{A_w}{A} \right) + 0.8f_{yh} \frac{A_{sh}}{s} h_{w0} \right] \qquad (5-7-29)$$

（3）偏心受拉剪力墙的斜截面受剪承载力应按下列公式进行计算：

无地震作用组合时：

$$V \leqslant \frac{1}{\lambda - 0.5} \left(0.5f_t b_w h_{w0} - 0.13N \frac{A_w}{A} \right) + f_{yh} \frac{A_{sh}}{s} h_{w0}$$

$$(5-7-30)$$

有地震作用组合时：

$$V \leqslant \frac{1}{\gamma_{RE}} \left[\frac{1}{\lambda - 0.5} \left(0.4f_t b_w h_{w0} - 0.1N \frac{A_w}{A} \right) + 0.8f_{yh} \frac{A_{sh}}{s} h_{w0} \right] \qquad (5-7-31)$$

式中 N——剪力墙的轴向压力设计值；抗震设计时，应考虑地震作用效应组合。当 N 大于 $0.2f_c b_w h_w$ 时，应取 $0.2f_c b_w h_w$；

A——剪力墙截面面积；对于 T 形或 I 形截面，含翼板面积；

A_w——T 形或 I 形截面剪力墙腹板的面积，矩形截面时应取 A；

λ——计算截面处的剪跨比，当 λ 小于 1.5 时应取 1.5，当 λ 大于 2.2 时应取 2.2；当计算截面与墙底之间的距离小于 $0.5h_{w0}$ 时，λ 应按距墙底 $0.5h_{w0}$ 处的弯矩值与剪力值计算；

s——剪力墙水平分布钢筋间距。

4. 剪力墙构造要求

（1）抗震设计时，剪力墙结构底部加强部位的高度可取墙肢总高度的 1/10 和底部两层总高度二者中的较大值。

（2）剪力墙的截面厚度应满足以下规定：一、二级剪力墙底部加强部位不应小于 200mm；其他部位不应小于 160mm。当为无端柱或翼墙的一字形剪力墙时，其底部加强部位截面厚度不应小于 220mm，其他部位不应小于 180mm。三级、四级剪力墙截面厚度，不应小于 160mm；一字形独立剪力墙截面厚度不应小于 180mm。非抗震设计的剪力墙，其截面厚度不应小于 160mm。

（3）重力荷载代表值作用下，一级、二级、三级剪力墙墙肢的轴压比不宜超过表 5-7-11 中的限值。

剪力墙轴压比限值 表 5-7-11

轴压比	一级（9 度）	一级（6、7、8 度）	二、三级
$\dfrac{N}{f_c A}$	0.4	0.5	0.6

（4）剪力墙两端和洞口两侧应设置边缘构件。剪力墙边缘构件分为约束边缘构件和构造边缘构件两种。一级、二级、三级剪力墙底部加强部位及其上一层的墙肢端部应按《高规》7.2.14 条的要求设置约束边缘构件，一级、二级抗震等级剪力墙的其他部位以及三级、四级抗震设计和非抗震设计的剪力墙墙肢端部应《高规》7.2.14 条设置构造边缘构件。

（5）剪力墙约束边缘构件的设计应符合《高规》7.2.15 条的要求。

（6）剪力墙构造边缘构件的设计应符合《高规》7.2.16 条的要求。

（7）高层建筑剪力墙中竖向和水平分布钢筋，不应采用单排配筋。当剪力墙截面厚度 b 不大于 400mm 时，可采用双排配筋；当 b_w 大于 400mm，但不大于 700mm 时，宜采用三排配筋；当 b_w 大于 700mm 时，宜采用四排配筋。受力钢筋可均匀分布成数排。各排分布钢筋之间的拉接筋间距不应大于 600mm，直径不应小于 6mm，在底部加强部位，约束边缘构件以外的拉接筋间距尚应适当加密。

（8）剪力墙分布钢筋的配置应符合下列要求：一般剪力墙竖向和水平分布筋的配筋率，一级、二级、三级时均不应小于 0.25%，四级和非抗震设计时均不应小于 0.20%。一般剪力墙竖向和水平分布钢筋间距均不应大于 300mm，分布钢筋直径均不应小于 8mm。

（9）剪力墙竖向、水平分布钢筋的直径不宜大于墙肢截面厚度的 1/10。

（10）框架柱可以视为剪力墙截面的翼缘，计算所得的纵向受力钢筋应配置在柱截面内，剪力墙内的边框梁或暗梁可不进行专门的截面设计，当连梁与剪力墙整体浇注时，梁的配筋可按普通框架梁的构造要求配置且应符合一般框架梁相应抗震等级的最小配筋要求。

四、连梁设计及构造措施

连接墙肢及墙肢和框架柱的连梁一般承受弯矩和剪力，轴力一般较小，可以不考虑。当连梁跨高比小于 5 时应按连梁设计，连梁跨高比大于 5 时，宜按一般框架梁进行设计。

1. 连梁的内力设计值

抗震设计时连梁弯矩及剪力可进行塑性调幅，以降低其剪力设计值。连梁塑性调幅可采用两种方法，一是按照《高规》的方法，在内力计算前就将连梁刚度进行折减；二是在内力计算之后，将连梁弯矩和剪力组合值乘以折减系数。两种方法的效果都是减小连梁内力和配筋。因此在内力计算时已经按《高规》的规定降低了刚度的连梁，其调幅范围应当限制或不再继续调幅。当部分连梁降低弯矩设计值后，其余部位连梁和墙肢的弯矩设计值应相应提高。无论用什么方法，连梁调幅后的弯矩、剪力设计值不应低于正常使用状况下的实际值，目的是避免在正常使用条件下或较小的地震作用下连梁上出现裂缝。

第 6 节通过组合可得到连梁的内力。为了实现强剪弱弯的抗震设计原则，连梁的内力在配筋前应进行调整，主要是对剪力设计值的调整，即连梁弯矩不变的前提下将连梁剪力调大。《高规》中给出了连梁剪力设计值的调整方法。

（1）无地震作用组合以及有地震作用组合的四级应取考虑水平风荷载或水平地震作用组合的剪力设计值。

（2）一级、二级、三级连梁的剪力设计值应按下式进行调整：

$$V_{b} = \eta_{vb} \frac{M_{b}^{l} + M_{b}^{r}}{l_{n}} + V_{Gb} \qquad (5-7-32)$$

9 度抗震设计时尚应满足：

$$V_{b} = 1.1 \left(\frac{M_{bua}^{l} + M_{bua}^{r}}{l_{n}} \right) + V_{Gb} \qquad (5-7-33)$$

式中　M_{b}^{l}、M_{b}^{r}——分别为梁左、右两端顺时针或反时针方向考虑地震作用组合的弯矩设计值；对一级抗震等级且两端均为负弯矩时，绝对值较小一端的弯矩应取零；

M_{bua}^{l}、M_{bua}^{r}——分别为连梁左、右两端顺时针或反时针方向实配的受弯承载力所对应的弯矩值，应按实配钢筋面积（计入受压钢筋）和材料强度标准值并考虑承载力抗震调整系数计算；

l_{n}——连梁的净跨；

V_{Gb}——在重力荷载代表值（9 度时还应包括竖向地震作用标准值）作用下，按简支梁计算的梁端截面剪力设计值；

η_{vb}——连梁剪力增大系数，一级取 1.3，二级取 1.2，三级取 1.1。

2. 连梁的截面尺寸要求

连梁截面上的平均剪应力大小对连梁破坏性能影响较大，小跨高比连梁破坏时一般延性较差。为了保证连梁破坏时具有较好的延性，所以要限制连梁截面上的平均剪应力，即限制连梁的截面尺寸。《高规》规定，连梁的截面尺寸应符合下列要求：

（1）无地震作用组合时：

$$V_{b} \leqslant 0.25 \beta_{c} f_{c} b_{b} h_{b0} \qquad (5-7-34)$$

（2）有地震作用组合时：

当跨高比大于 2.5 时，$V_{b} \leqslant \dfrac{1}{\gamma_{RE}} (0.20 \beta_{c} f_{c} b_{b} h_{b0})$

$$(5-7-35)$$

当跨高比不大于 2.5 时，$V_{b} \leqslant \dfrac{1}{\gamma_{RE}} (0.15 \beta_{c} f_{c} b_{b} h_{b0})$

$$(5-7-36)$$

式中　V_{b}——连梁剪力设计值；

b_{b}——连梁截面宽度；

h_{b0}——连梁截面有效高度；

β_{c}——混凝土强度影响系数，按《高规》6.2.6 条的规定采用。

3. 正截面承载力计算

连梁的抗弯承载力验算与普通的受弯构件相同。连梁一般采用对称配筋，可按双筋截面验算。由于受压区很小，忽略混凝土的受压区贡献，通常采用简化计算公式。

$$M \leqslant f_{y} A_{s} (h_{b0} - a'_{s}) \qquad (5-7-37)$$

式中　A_{s}——纵向受拉钢筋面积；

h_{b0}——连梁截面有效高度；

a'_{s}——纵向受压钢筋合力点至截面近边的距离。

4. 连梁斜截面承载力计算

在地震作用下，连梁的抗剪承载力较低。连梁通常不设弯起钢筋，全部剪力由混凝土和箍筋承担。连梁的抗剪承载力按下式进行计算：

（1）无地震作用组合时：

$$V_{b} \leqslant 0.7 f_{t} b_{b} h_{b0} + f_{yv} \frac{A_{sv}}{s} h_{b0} \qquad (5-7-38)$$

（2）有地震作用组合时：

当跨高比大于 2.5 时，

$$V_{b} \leqslant \frac{1}{\gamma_{RE}} \left(0.42 f_{t} b_{b} h_{b0} + f_{yv} \frac{A_{sv}}{s} h_{b0} \right) \quad (5-7-39)$$

当跨高比不大于 2.5 时，

$$V_{b} \leqslant \frac{1}{\gamma_{RE}} \left(0.38 f_{t} b_{b} h_{b0} + 0.9 f_{yv} \frac{A_{sv}}{s} h_{b0} \right)$$

$$(5-7-40)$$

式中　V_{b}——调整后的连梁剪力设计值；

b_{b}——连梁截面宽度；

其余符号含义同前。

对于墙肢间的连梁，当计算中出现连梁抗剪能力不能满足要求时，增大连梁的截面尺寸往往不能使连梁满足抗剪要求，这是因为连梁抗弯刚度的增大幅度吸引的剪力增量比由于截面尺寸加大而引起的抗剪承载力增量要大得多,这时可采取《高规》7.2.26 中的有关措施。减小连梁的截面尺寸有可能满足要求。

5. 连梁构造措施

连梁的配筋构造应满足下列要求,如图 5-7-1 所示。

(1) 连梁顶面、底面纵向受力钢筋伸入墙内的锚固长度,抗震设计时不应小于 l_{aE};非抗震设计时不应小于 l_a,且不应小于 600mm。

(2) 抗震设计时,沿连梁全长的箍筋构造应按框架梁梁端加密区箍筋的构造要求采用;非抗震设计时,沿连梁全长的箍筋直径不应小于 6mm,间距不应大于 150mm。

(3) 顶层连梁纵向钢筋伸入墙体的长度范围内,应配置间距不大于 150mm 的构造箍筋,箍筋直径应与该连梁的箍筋直径相同。

(4) 墙体水平分布钢筋应作为连梁的腰筋在连梁范围内拉通连续配置;当连梁截面高度大于 700mm 时,其两侧面沿梁高范围设置的纵向构造钢筋(腰筋)的直径不应小于 10mm,间距不应大于 200mm;对跨高比不大于 2.5 的连梁,梁两侧的纵向构造钢筋(腰筋)的面积配筋率不应小于 0.3%。

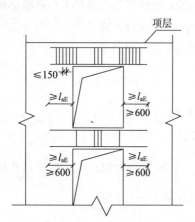

图 5-7-1 连梁配筋构造示意

注:非抗震设计时图中 l_{aE} 取 l_a。

第八节 楼盖结构设计

一、楼盖结构设计

在高层建筑中,楼(屋)盖结构除了承受与传递楼(屋)面竖向荷载以外,还要把各个竖向承重构件整合起来,协调各榀抗侧力结构的变形与位移,对结构的空间整体刚度的发挥和抗震性能有直接的影响。因此在选择高层建筑楼盖的结构形式和进行楼盖结构布置时,首先应考虑到使结构的整体性好、楼盖平面内刚度大,使楼盖结构在实际结构中的作用与在计算简图中平面内刚度无穷大的假定相一致。所以高层建筑中的楼盖一般应选用现浇楼盖。《高规》4.5.1 条规定:房屋高度超过 50m 时,框架剪力墙结构应采用现浇楼盖结构,房屋高度不超过 50m 时,框架剪力墙结构应宜用现浇楼盖结构。

工程上常用的现浇楼盖结构形式按受力和支承条件可以分为:现浇单向板肋梁楼盖、现浇双向板肋梁楼盖、现浇密肋楼盖、无梁楼盖、井式楼盖、后张无粘结预应力现浇楼盖等形式。楼面结构的具体布置可结合建筑方案等进行选择。当楼面被洞口或平面凹凸等造成局部楼盖削弱过多时,应加强楼盖削弱部位,以保证楼盖的刚性。各种楼盖的具体结构设计,可参考有关资料。

楼盖结构的设计步骤一般为:①结构平面布置,并初步拟定板厚和主、次梁的截面尺寸;②确定梁、板的计算简图;③梁、板内力计算;④构件截面配筋及采取构造措施;⑤绘制结构施工图。

二、电梯井设计

电梯井的井道尺寸由建筑设计确定,应符合定型电梯的要求。具体设计时,应根据业主选择电梯厂家提供的图纸来确定电梯井的井道尺寸。

高层建筑的电梯井一般为钢筋混凝土剪力墙,也可以是填充墙。当采用剪力墙时,墙厚与其他剪力墙一起考虑,当墙厚需要自下而上改变时,井道内壁应该保持垂直不变。电梯井道的底坑深度与电梯类型、载重量及速度有关,一般可取 1.5~1.9m,以业主提供的电梯厂家的图纸为准。为方便运行,电梯机房的标高一般要高于主体结构顶层屋面的标高,电梯井道的顶层高度一般可取 3.8~4.5m,电梯机房的高度不小于 2.5m,其面积约为电梯井面积的 2.6 倍,可任意向井道平面两相邻方向伸出。

电梯的自重及载重等荷载通过吊钩直接传给电梯机房顶的结构梁,所以设计机房的楼板时可不考虑电梯的运行荷载，电梯机房的检修活荷载可取为 $7.0kN/m^2$。

第九节 基础设计

基础是建筑结构的重要组成部分，在整个结构体系中起着承上启下的作用。上部结构的全部重量和荷载最终都要由基础承担，并由基础传给地基。基础的安全关系到整个建筑的安危，加上基础属于地下隐蔽工程，所以应充分重视基础工程的设计和施工。在整个工程中，基础工程的工期长、工程量大、造价高，基础工程的造价约占建筑总造价的三分之一。一般情况下，高层建筑宜设置地下室，增加建筑物的稳定性。

高层建筑基础工程的设计应满足以下要求：

（1）强度：基础应有足够的承载力，能够承担上部结构的全部重量和荷载；

（2）刚度：基础总沉降量和差异沉降量应控制在允许值范围内；

（3）要有足够的基础埋深，确保建筑物的稳定性。

一、基础选型

基础工程的结构形式很多。高层建筑的基础选择哪一种基础形式，应综合考虑建筑场地的工程地质及水文地质、上部结构的类型、施工条件、建筑物的性质、环境等因素，还应注意与相邻建筑物的相互影响。总的来说，在保证安全和适用的前提下，高层建筑应尽量选择整体性好、施工周期短、对环境影响小及经济的方案。

高层建筑常用的基础形式有桩基础、箱形基础以及筏形基础等。筏形基础整体性好，能调节建筑物的不均匀沉降。当地基承载力较好时，基底以下持力层有足够的承载力，且地基沉降计算范围内土层的压缩性较低，能够满足沉降计算要求时，宜优先选用浅基础，如筏形基础。箱形基础刚度大、整体性好，适用于软弱地基上的荷载大、对不均匀沉降或防水要求较高的情况。桩基础埋深较深，承载力大，可以控制建筑物的沉降，当地基土质较差，地基承载力或变形不能满足设计要求时，可以采用桩基础。本书由于篇幅所限，仅介绍桩基础的设计。

二、基础埋置深度

基础埋深一般是指室外地面标高至基础底面标高的距离。高层建筑的基础应有一定的埋置深度。一定深度的基础埋深一方面可以防止风荷载和水平地震作用下建筑物发生滑移或倾斜，提高基础的稳定性，同时可以提高地基承载力，减少基础沉降量，确保建筑物不致发生过大沉降或倾斜。

《高规》12.1.7 条规定：高层建筑基础应有一定的埋置深度。在确定埋置深度时，应考虑建筑物的高度、体型、地基土质、抗震设防烈度等因素。高层建筑的基础埋深宜符合以下要求：

（1）天然地基或复合地基，可取房屋高度的 1/15；

（2）桩基础不计桩长可取房屋高度的 1/18。

当建筑物采用岩石地基或采取有效措施时，基础埋深可适当放松，当地基可能产生滑移时，应采取有效的抗滑移措施。

三、地基承载力特征值和地基变形计算

1. 地基承载力特征值

地基承载力特征值一般由勘察单位通过载荷试验测试得到，并反映在地基勘察报告中。当基础宽度大于 3m 或基础埋深大于 0.5m 时，对由载荷试验得到的地基承载力特征值应按下式进行修正：

$$f_a = f_{ak} + \eta_b \gamma (b-3) + \eta_d \gamma_m (d-0.5)$$

$$(5-9-1)$$

式中 f_a——修正后的地基承载力特征值（kPa）；

f_{ak}——地基承载力特征值，可由载荷试验或其他原位测试公式计算，并结合工程实践经验等综合方法确定；

η_b、η_d——基础宽度和埋深的地基承载力修正系数，按基底下土的类别查表 5-9-1 确定；

γ——土的重度，为基底以下土的天然质量密度 ρ 与重力加速度 g 的乘积，地下水位以下取有效重度（kN/m^3）；

b——基础底面宽度，（m），$b<3m$ 时取 $b=3m$，$b>6m$ 时取 $b=6m$；

γ_m——基础底面以上土的加权平均重度，地下水位以上取有效重度，kN/m^3；

d——基础埋深（m）。

承载力修正系数		η_b	η_d	表 5 - 9 - 1

土的类别		η_b	η_d
淤泥和淤泥质土		0	1.0
人工填土 e 或 I_L 大于等于 0.85 的黏性土		0	1.0
红黏土	含水比 $\alpha_w > 0.8$	0	1.2
	含水比 $\alpha_w \leqslant 0.8$	0.15	1.4
大面积压实填土	压实系数大于 0.95，黏粒含量 $\rho_c \geqslant 10\%$ 的粉土	0	1.5
	最大干密度大于 2.1t/m^3 的级配砂石	0	2.0
粉土	黏粒含量 $\rho_c \geqslant 10\%$ 的粉土	0.3	1.5
	黏粒含量 $\rho_c < 10\%$ 的粉土	0.5	2.0
e 及 I_L 均小于 0.85 的黏性土		0.3	1.6
粉砂、细砂（不包括很湿与饱和时的稍密状态）		2.0	3.0
中砂、粗砂、砾砂和碎石土		3.0	4.4

天然地基基础抗震验算时，地基抗震承载力应按下式计算：

$$f_{aE} = \zeta_a \cdot f_a \qquad (5-9-2)$$

式中 f_{aE}——调整后的地基抗震承载力；

f_a——按式（5-9-1）确定的地基承载力特征值；

ξ_a——地基土抗震承载力调整系数，按表 5-9-2 采用。

地基土抗震承载力调整系数 ζ_a 值

表 5 - 9 - 2

岩土名称和性状	ζ_a
岩石，密实的碎石土，密实的砾、粗、中砂， $f_{ak} \geqslant 300$ 黏性土和粉土	1.5
中密、稍密的碎石土，中密和稍密的砾、 粗、中砂，密实和中密的细、粉砂， $150 \leqslant f_{ak} < 300$ 的黏性土和粉土，坚硬的黄土	1.3
稍密的细、粉砂，$100 \leqslant f_{ak} < 150$ 的 黏性土和粉土，可塑黄土	1.1
淤泥，淤泥质土，松散的砂，杂填土， 新近堆积的黄土及流塑黄土	1.0

2. 地基变形计算

建筑物的地基变形计算值，不应大于地基变形允许值。地基变形特征可分为沉降量、沉降差、倾斜以及局部倾斜。

对于高层建筑，地基变形主要由倾斜值控制，必要时尚应控制平均沉降量。建筑物的地基变形允许值可按《建筑地基基础设计规范》5.3.4 条确定。对于高度在 24～60m 的高层建筑结构，地基的变形允许值（基础倾斜控制值）可取 0.003。

计算地基变形时，基础的最终沉降量可按土力学与地基基础教材相关公式计算，或按《建筑地基基础设计规范》5.3.5～5.3.8 条的规定进行计算。

四、桩基础设计

桩基础的设计步骤一般可以分为以下几步：首先选定桩的类型及预估桩平面尺寸；接下来确定单桩竖向和水平承载力；接着确定桩的数量以及进行平面布置；最后进行承台设计，并按要求采取相应构造措施。

1. 桩的类型及选择

按施工方法不同，桩基础可以分为预制桩和灌注桩，预制桩又分为钢筋混凝土桩和预应力混凝土管桩；灌注桩又可分为沉管灌注桩、钻（冲）孔灌注桩、人工挖孔桩。预制桩根据压入方式可以分为静压桩和打入桩。和根据桩使用材料不同，桩基础可分为钢筋混凝土、钢桩及组合材料桩。按承载性状分类，桩可分为摩擦型桩（摩擦桩、端承摩擦桩）与端承型桩（端承桩、摩擦端承桩）。

选择桩基础时首先应根据上部结构类型、荷载大小、桩穿越的土层、地下水位、桩端持力层土的性能、当地施工条件和经验确定、制桩材料供应条件等因素综合考虑，经过分析比较确定桩的类型、截面尺寸、桩的长度、并根据桩端持力层情况确定桩的计算图式（端承桩或摩擦桩）。

对于高层建筑，因竖向荷载较大，宜选用单桩承载力在 1000kN 以上的大直径桩型。目前工程上用得较多的有灌注桩、人工挖孔桩和预制桩。

按桩基承载力确定桩数时，传至基础或承台底面的荷载效应采用正常使用状态下荷载效应的标准组合；计算地基变形时，传至基础底面的荷载效应采用正常使用极限状态下荷载效应的准永久组合。

2. 桩基础设计

（1）单桩竖向承载力特征值

单桩竖向承载力特征值应通过单桩竖向静载荷试验确定，试桩数量不宜少于总桩数的1%，且不应小于3根。

初步设计时单桩竖向承载力特征值可按下式估算：

$$R_a = q_{pa} + u_p \sum q_{sia} l_i \qquad (5-9-3)$$

桩身混凝土强度应满足桩的承载力设计要求：

$$R \leqslant \psi_c f_c A \qquad (5-9-4)$$

式中　R——相应于荷载效应基本组合时的单桩竖向力设计值；

　　　f_c——混凝土轴心抗压强度设计值；

　　　A——桩身截面面积；

　　　ψ_c——工作条件系数，预制桩取0.75，灌注桩取0.6~0.7。

当桩身的配筋率大于0.2%时，可考虑钢筋的受压作用。

（2）单桩水平承载力特征值

单桩水平承载力特征值应通过现场水平载荷试验确定。

单桩水平承载力调整值与桩侧土的水平抗力及桩的弯曲刚度、强度、桩端的约束条件，亦即桩身的抗弯能力有关。短桩（$L < 10d~12d$，d为桩身直径）和长桩（$L \geqslant 10d~12d$）在水平力作用下的变形和性状是不同的。长桩的水平承载力主要由桩身材料的抗弯能力控制，而短桩的水平承载力除桩身材料的抗弯强度外，多受桩周土的横向抗力或桩在土中的稳定性控制。当缺少试验资料时，可按《建筑桩基技术规范》JGJ94—2008中相应的条文估算水平承载力设计值。

（3）桩的数量及布置

①桩数确定

作用于承台上的荷载由剪力墙、柱子以及基础梁传来，当不考虑承台底面处地基土的承载力时，可按下式估算桩数：

轴心荷载作用下：

$$n \geqslant \frac{F_k + G_k}{R_a} \qquad (5-9-5)$$

偏心荷载作用下：

$$n \geqslant \frac{F_k + G_k}{R_a \pm \dfrac{M_{xk} y_i}{\sum y_i^2} \pm \dfrac{M_{yk} x_i}{\sum x_i^2}} \qquad (5-9-6)$$

式中　F_k——相应于荷载效应标准组合时，作用于承台上的轴向压力；

　　　G_k——承台及承台上土的重力标准值；

　　　R_a——单桩竖向承载力特征值。

承受水平荷载的桩基，在确定桩数时，还应满足对桩的水平承载力的要求。此时，可用各单桩水平承载力之和，作为桩基的水平承载力。

②桩的平面布置

桩在平面内可布置成矩形、方形网格或梅花形。布桩时，桩基的竖向刚度中心宜与高层建筑主体结构永久重力荷载重心重合，并使桩基在水平力产生的力矩较大方向有较大的抵抗矩。

对于大直径钻孔灌注桩、挖孔灌注桩，等直径桩的中心矩不应小于3倍桩横截面的边长或直径，扩底桩中心距不应小于扩底直径的1.5倍。当挖孔桩桩边净距小于2d且小于2.5m时，应要求采用间隔开挖。预应力管桩桩距通常取3d~3.5d，对高层建筑主楼下大面积密集群桩，桩间距应加大至4d~4.5d。

柱下群桩基础中的各基桩应布置的对称布置，并满足最小桩距的要求；采用大直径桩时，桩下宜采用一柱一桩；剪力墙下各桩宜沿墙一排或双排布置；电梯井下的群桩基础，应先在剪力墙转角处及墙下布桩（避开洞口），转角处的桩可以大一些，其他部位可以小一些。然后根据群桩截面的重心与荷载合力点重合的原则进行适当的调整。

（4）承台设计

桩基承台的设计主要包括抗弯承载力计算、抗冲切以及抗剪切计算，根据计算结果确定承台配筋和高度等。当承台混凝土强度低于柱、桩时，还应进行局部受压验算。

①承台的受弯承载力计算：柱下桩基承台的弯矩可按《地基基础设计规范》8.5.16条确定，根据计算结果配置受力钢筋。

②桩基承台厚度应满足抗冲切和抗剪切的要求。沿剪力墙下布置一排大直径桩时，所设承台梁与上部剪力墙共同工作，有很高的抵抗桩的冲切或剪切破坏能力，因此无需验算冲切和剪切承载力。柱下桩基础承台的受

冲切承载力计算可按《地基基础设计规范》8.5.17条确定，并应分别验算柱对承台的冲切、角桩对承台的冲切。冲切破坏锥体应采用柱边或墙边和承台变阶处到相应桩顶边缘边线所构成的截锥体，截锥斜面与承台底面的夹角不小于45°。根据情况验算角桩的抗冲切和承台的整体抗冲切。三桩承台主要由角桩的冲切验算来控制，正方形的四桩、五桩承台，等六边形的六桩、七桩承台及九桩承台主要考虑整体冲切验算。

③抗剪切计算：对于两桩承台，长方形五桩、六桩承台，只需要验算斜截面受剪承载力，剪切破坏面为通过柱边和桩边连线形成的斜截面，对于变阶承台，还应验算变阶处和桩边连线形成的斜截面。桩基承台的受剪计算可按《地基基础设计规范》8.5.18条进行。斜截面的抗剪承载力计算可按 JGJ94—2008 中的相关条文进行。

④局部抗压计算：对于柱下桩基，当承台的混凝土强度等级低于柱或桩的混凝土强度等级时，应按JGJ94—2008 中的相关条文对柱下或桩上承台进行局部受压承载力验算。

（5）桩基的沉降验算可按《地基基础设计规范》8.5.10~8.5.12条的有关规定进行。

3. 构造要求

（1）预制桩混凝土强度等级不应低于C30，灌注桩混凝土强度等级不应低于C30，主筋的混凝土保护层厚度不宜小于35mm，水下灌注桩混凝土时，不小于50mm。

（2）摩擦型桩的中心距不应小于3倍桩横截面的边长或直径，扩底灌注桩中心距不应小于扩底直径的1.5倍，且两个扩大头间的净距不宜小于1m，扩底灌注桩的扩底直径，不应大于桩身直径的3倍。

（3）应选择较硬土层或基岩作为桩端持力层，桩底进入持力层的深度宜为桩身直径的1~3倍，对于黏性土、粉土不宜小于 $2d$，砂土不宜小于 $1.5d$，碎石类土不宜小于 $1d$，当存在软弱下卧层时，桩基以下硬持力层厚度不宜小于 $4d$。

（4）桩顶嵌入承台的长度，对于大直径桩不宜小于100mm，对于中等直径桩不宜小于50mm。承台埋深不应小于600mm，主筋伸入承台的锚固长度宜为 $30d$ ~ $35d$。

（5）对端承桩宜沿桩身通长配筋；对于水平荷载的摩擦桩，配筋长度宜采用 $4.0/\alpha$（α 为桩身变形系数），桩径大于600mm的钻孔灌注桩，构造钢筋的长度不宜小于桩长的2/3，对于单桩竖向承载力较高的摩擦桩宜沿深度分段变截面配通长或局部长度筋，对承受负摩阻力和位于坡地岸边的基桩应通长配筋，在任何情况下，纵向钢筋长度均不应小于1/3桩长。

（6）箍筋宜采用 $\phi6$ ~ $8@200$ ~ 300 的螺旋式箍筋；受水平荷载较大的桩基和抗震桩基，桩顶（3~5）d 范围内箍筋应适当加密；当钢筋笼长度超过4m时，应每隔2m左右设一道 $\phi12$ ~ 18 焊接加劲箍筋。

（7）承台构造要求：承台的宽度不应小于500mm，承台边缘至边桩中心的距离不宜小于桩的直径或边长，且桩的外边缘至承台边缘的距离不小于150mm，条形承台梁边缘挑出不小于75mm，承台的厚度不应小于300mm；柱下单桩基础，宜按构造要求将承台做成方形截面；承台混凝土强度等级不宜小于C30，承台底面的混凝土保护层厚度不宜小于70mm，当有混凝土垫层时，不应小于50mm，且不应小于桩头嵌入承台内的长度。垫层厚度宜取100mm。承台的配筋应符合《地基基础设计规范》8.5.17条的规定。

4. 基础梁设计

基础梁的作用主要是支承底层墙体的重量、传递水平剪力、提高基础的整体性及抵抗不均匀沉降的能力。承台宜在两主轴方向设置基础梁。

基础梁埋深一般和桩基础相同，基础梁顶面的标高和承台的顶面相同，基础梁梁高一般可取其跨度（承台中心距）的1/15~1/10，梁宽不宜小于250mm，基础梁可按多跨连续梁进行计算。基础梁的纵向受拉钢筋不宜小于上下各两根$\Phi18$，并按受拉的要求锚入承台。箍筋直径不宜小于8mm，间距不宜大于300mm。

第六章　建筑电气与智能化专业设计

第一节　概述

一、设计主要依据

1. 设计依据主要内容

设计依据是设计的出发点，原始的存档文件。它一般包括三部分。

①国家、地方政府的有关设计规范、标准，内容暂缺的方面可参照相应的国际标准及行业标准执行。

②立项文件、用户需求调查报告、招标的标书、合同所附的验收标准，以及建设方提供的有关职能部门（如：供电部门、消防部门、通信部门、公安部门等）认定的工程设计资料和建设方设计任务书。

③建筑、空调、通风、采暖、给排水及结构等专业提供的设计资料。设计时应注意各专业的相互配合问题，主要图样会签，防止返工、冲突等现象。

2. 常用电气设计标准、规范与设计手册

电气设计常用的电气设计标准、规范与图集等，均应采用最新的版本。

（1）通用类标准

《电气图用图形符号》GB4728.1～13

《电气技术中的文字符号制订通则》GB7159

《电气设备用图形符号》GB5465.1～2

《电气工程 CAD 制图规则》GB/T18135

（2）电气基本及综合类

《民用建筑电气设计规范》JGJ16

《全国民用建筑工程设计技术措施——电气》

《建筑物防雷设计规范》GB50057

《建筑物电子信息系统防雷技术规范》GB50343

《电子信息系统机房设计规范》GB50174

（3）强电类

《供配电系统设计规范》GB50052

《10kV 及以下变电所设计规范》GB50053

《3～110kV 高压配电装置设计规范》GB50060

《低压配电设计规范》GB50054

《通用用电设备配电设计规范》GB50055

《电力工程电缆设计规范》GB50217

《建筑照明设计标准》GB50034

《地下建筑照明设计标准》CECS45

《城市道路照明设计标准》CJJ45

（4）弱电类

《城市住宅区和办公楼电话通信设施设计标准》YD/T2008

《有线电视系统工程技术规范》GB50200

《工业企业扩音通信系统工程设计规程》CECS62

《火灾自动报警系统设计规范》GB50116

《民用闭路监视电视系统工程技术规范》GB50198

《安全防范工程技术规范标准》GB50348

《视频安防监控系统工程设计规范》GB50395

《综合布线系统工程设计规范》GB50311

《智能建筑设计标准》GB/T50314

（5）有关工程设计防火、消防规范

《建筑设计防火规范》GB50016

《高层民用建筑设计防火规范》GB50045

《火力发电厂与变电所设计防火规范》GB50229

《人民防空工程设计防火标准》GB50098

（6）建筑综合类

《住宅设计规范》GB50096

《中小学校建筑设计规范》GB50099

《旅馆建筑设计规范》JGJ62

《办公建筑设计规范》JGJ67

《人民防空地下室设计规范》GB50038

（7）电气施工及验收类

《工业自动化仪表工程施工及验收规范》GBJ93

《电气装置安装工程电缆线路施工及验收规范》GB50168

《电气装置安装工程电气设备交接试验标准》GB50150

《建筑电气工程施工质量验收规范》GB50303

《智能建筑工程质量验收规范》GB50339

（8）国家建筑标准设计图集

《建筑电气工程设计常用图形和文字符号》09DX001

《电缆敷设》D101-1～7

《变配电所二次接线》D203-1，2

《防雷与接地安装》D501-1～4

《建筑设备监控系统》X201-1，2

（9）设计手册

《工业与民用供配电设计手册》（第三版）（中国电力出版社）

《建筑照明设计手册》（第二版）（中国电力出版社）

二、设计过程中与各专业之间的配合

在工程设计中，电气专业与建筑、结构、给水排水、暖通空调以及电气专业内部都有配合。

1. 与建筑专业的配合

与建筑专业的配合一是合理确定本专业的设计方案、设备配置和设计深度；二是合理选择本专业的机房、控制中心位置，满足机房的功能要求，保证系统运行的安全、可靠和合理性；三是合理解决各系统的缆线敷设通道，保证系统安全和缆线的传输性能。各设计阶段与建筑专业的配合内容见表6-1-1。

与建筑专业的配合内容　　　　　　　　　　　　　　　　　表6-1-1

方案设计阶段	初步设计阶段	施工图设计阶段
①设计依据及有关主管部门对项目设计要求； ②主要技术经济指标； ③了解建筑物的特性及功能要求；总平面布置； ④了解建筑物的面积、层高、层数、建筑高度； ⑤了解电梯台数、类型； ⑥提出机房位置、数量、高度、面积等指标	①了解建筑物的使用要求、板块组成、区域划分； ②了解防火区域划分； ③了解有否特殊区域和特殊用房； ④提出机房及管理中心的面积、层高、位置、防火、防水、通风要求； ⑤提出电气竖井的面积、位置、防火、防水要求； ⑥提出缆线进出建筑物位置	①核对初步设计阶段了解的资料； ②了解各类用房的设计标准、设计要求； ③了解各类用房的设计深度：如是否二次装修； ④提出机房、管理中心的地面、墙面、门窗等做法及要求； ⑤提出在非承重墙上的留洞尺寸； ⑥提出缆线敷设的路径及其宽度、高度要求

2. 与结构专业的配合

利用基础钢筋、柱子内钢筋作为防雷、接地装置，需要在结构打基础的时候开始配合，一直到结构封顶，配合时间长。在承重墙上、梁上留洞；楼板上、屋顶上的荷载应认真考虑，及时提出。

各设计阶段与结构专业的配合内容见表6-1-2。

与结构专业的配合内容　　　　　　　　　　　　　　　　　表6-1-2

方案设计阶段	初步设计阶段	施工图设计阶段
①了解结构布置原则； ②了解结构选型； ③了解大跨度、大空间结构； ④了解结构单元划分	①了解基础形式、主体结构形式； ②了解底层车库上及其他无吊顶用房的梁的布局	①提出基础钢筋、柱子内钢筋、屋顶结构做防雷、接地、等电位联接装置的施工要求； ②提出在承重墙上留洞尺寸及标高； ③提出机房、控制中心的荷载值； ④提出设备基础及安装要求

3. 与给水排水专业的配合

与给水排水专业的配合应解决：

①根据建筑物性质及给水排水专业提出的各台水泵容量，确定设备的供电负荷等级及启动、控制方式；

②根据提出的水泵位置，阀门、水流指示器的数量、位置及控制要求，确定消防联动控制点以及建筑设备管理系统的监控点与系统配置；

③通过管道与设备位置的综合，合理敷设电气管线。

各设计阶段与给排水专业的配合内容见表6-1-3。

与给排水专业的配合内容　　　　　　表6-1-3

方案设计阶段	初步设计阶段	施工图设计阶段
①了解给排水泵的用电负荷； ②了解消防水泵的用电负荷； ③了解主要水泵房的位置	①了解给排水泵的台数、容量、安装位置、供电要求； ②了解消防水泵的台数、容量、安装位置、供电要求； ③了解水箱、水池、气压罐的位置； ④了解消火栓的位置； ⑤了解安全阀、报警阀、水流指示器、冷却塔、风机等的位置	①了解各台水泵的控制要求； ②了解压力表、电动阀门的安装位置； ③综合管线进出建筑物的位置； ④综合管线垂直、水平通道； ⑤综合喷水头、探测器等设备的位置； ⑥提出电气用房的用水要求； ⑦综合电气用房的消防功能

4. 与暖通空调专业的配合

空调专业直接影响用电容量和配电方式，应认真配合。同时，建筑设备管理系统的监控点集中在空调系统，是该系统的规模与设备配置的主要因素。

各设计阶段与暖通空调专业的配合内容见表6-1-4。

5. 电气专业内部的配合

建筑电气设计由于系统众多、联动关系复杂，需要密切配合才能保证供电系统的安全、可靠，保证智能化系统的传输性能和控制要求。电气专业内部的配合见表6-1-5。

与暖通空调专业的配合内容　　　　　　表6-1-4

方案设计阶段	初步设计阶段	施工图设计阶段
①了解制冷系统冷冻机的台数与容量； ②了解冷冻机房的位置； ③了解锅炉房的位置及用电负荷； ④了解排烟风机的容量； ⑤了解其他空调用电设备容量	①核实、了解冷冻机、冷冻水泵、冷却水泵的台数、单台容量、备用情况、供电低压、控制要求； ②核实、了解锅炉房用电设备的台数、容量及控制要求； ③确定排烟风机等消防设施的台数与用电负荷； ④了解其他空调用电负荷的容量及分布； ⑤了解排烟系统的划分，电动阀门的位置； ⑥机房通风温度要求	①了解制冷系统、热力系统、空气处理系统的监测控制要求； ②了解消防送、排风系统的控制要求； ③了解各类阀门的安装位置、控制要求； ④综合散热器、风机盘管、风机等设备的安装位置； ⑤综合管道垂直、水平方向的安装位置； ⑥提出电气用房的空调要求

电气专业内部的配合内容　　　　　　表6-1-5

方案设计阶段	初步设计阶段	施工图设计阶段
①了解设置的智能化系统名称； ②了解智能化系统的机房位置	①了解智能化系统设备的用电负荷与负荷等级； ②了解智能化系统的机房的照度要求、光源； ③提出消防送、排风机、消防泵控制箱位置； ④提出非消防电源的切断点位置； ⑤提供其他专业提出的相关资料	①核实建筑设备管理系统的监控点数量、位置、类型及控制要求； ②核实智能化机房及设备的供电点位置、容量； ③综合智能化系统设备的安装位置，供电要求； ④综合缆线敷设通道； ⑤综合缆线进出建筑物的位置； ⑥综合智能化系统的防雷、接地做法

三、工程设计与毕业设计文件编制要求

实际工程的方案设计、初步设计与施工图设计文件编制要求有严格规定，在设计时应按规定编制。本科毕业设计原则要求按施工图深度设计要求进行。但由于时间安排、学生经验等限制，不可能完全达到施工图设计深度要求。因此本科毕业设计在完成设计任务的前提下，可比施工图设计深度要求略低。

1. 工程施工图设计文件内容

①图样目录（先列新绘制图样，后列重复使用图）。

②设计说明书。

③设计图样。

④主要设备表。

⑤计算书（供内部使用及存档）。

2. 工程施工图设计文件要求

（1）施工说明

①工程设计概况：应将经审批定案后的初步（或方案）设计说明书中的主要指标录入。

②各系统的施工要求和注意事项（包括布线、设备安装等）。

③设备订货要求（亦可附在相应图纸上）。

④防雷及接地保护等其他系统有关内容（亦可附在相应图样上）。

⑤本工程选用标准图图集编号、页号。

⑥节能专项：配电、照明相关节能说明。

（2）工程设计图样

1）施工设计说明、补充图例符号、主要设备表可组成首页。

2）电气总平面图（仅有单体设计时，可无此项内容）。

①标注建（构）筑物名称或编号、层数或标高、道路、地形等高线和用户的安装容量；

②标注变、配电站位置、编号；变压器台数、容量；发电机台数、容量；室外配电箱的编号、型号；室外照明灯具的规格、型号、容量；

③架空线路应标注：线路规格及走向，回路编号、杆位编号、档数、档距、杆高、拉线、重复接地、避雷器等（附标准图集选择表）；

④电缆线路应标注：线路走向、回路编号、电缆型号及规格、敷设方式（附标准图集选择表）、人（手）孔位置；

⑤比例、指北针；

⑥图中未表达清楚的内容可附图作统一说明。

3）变、配电站。

①高、低压配电系统图（一次线路图）。

图中应标明母线的型号、规格；变压器、发电机的型号、规格；标明开关、断路器、互感器、继电器、电工仪表（包括计量仪表）等的型号、规格、整定值。

图下方表格标注：开关柜编号、开关柜型号、回路编号、设备容量、计算电流、导体型号及规格、敷设方法、用户名称、二次原理图方案号，（当选用分格式开关柜时，可增加小室高度或模数等相应

栏目）。

②平、剖面图。

按比例绘制变压器、发电机、开关柜、控制柜、直流及信号柜、补偿柜、支架、地沟、接地装置等平、剖面布置、安装尺寸等；标注进出线回路编号、敷设安装方法。

③继电保护及信号原理图。

继电保护及信号二次原理方案，应选用标准图或通用图。当需要对所选用标准图或通用图进行修改时，只需绘制修改部分并说明修改要求。

④竖向配电系统图。

以建（构）筑物为单位，自电源点开始至终端配电箱止，按设备所处相应楼层绘制，应包括变、配电站变压器台数、容量、发电机台数、容量、各处终端配电箱编号，自电源点引出回路编号（与系统图一致），接地干线规格。

⑤相应图纸说明。

图中表达不清楚的内容，可随图作相应说明。

4）配电、照明。

①配电箱（或控制箱）系统图，应标注配电箱编号、型号，进线回路编号；标注各开关（或熔断器）型号、规格、整定值；配电回路编号、导线型号规格，（对于单相负荷应标明相别），对有控制要求的回路应提供控制原理图；对重要负荷供电回路宜标明用户名称。上述配电箱（或控制箱）系统内容在平面图上标注完整的，可不单独出配电箱（或控制箱）系统图。

②配电平面图，应包括建筑门窗、墙体、轴线、主要尺寸、工艺设备编号及容量；布置配电箱、控制箱，并注明编号、型号及规格；绘制线路始、终位置（包括控制线路），标注回路规模、编号、敷设方式，图纸应有比例。

③照明平面图，应包括建筑门窗、墙体、轴线、主要尺寸、标注房间名称、绘制配电箱、灯具、开关、插座、线路等平面布置，标明配电箱编号、干线、分支线回路编号、相别、型号、规格、敷设方式等；凡需二次装修部位，其照明平面图随二次装修设计，但配电或照明平面上应相应标注预留的照明配电箱，并标注预留容量；图纸应有比例。

④图中表达不清楚的，可随图作相应说明。

5）建筑设备监控系统及系统集成。

①监控系统方框图、绘至 DDC 站止；

②随图说明相关建筑设备监控（测）要求、点数、位置；

③配合承包方了解建筑情况及要求，审查承包方提供的深化设计图样。

6）防雷、接地及安全。

①绘制建筑物顶层平面，应有主要轴线号、尺寸、标高、标注避雷针、避雷带、引下线位置。注明材料型号规格、所涉及的标准图编号、页次，图纸应标注比例。

②绘制接地平面图，绘制接地线、接地极、测试点、断接卡等的平面位置、标明材料型号、规格、相对尺寸等及涉及的标准图编号、页次，图纸应标注比例。

③当利用建筑物（或构筑物）钢筋混凝土内的钢筋作为防雷接闪器、引下线、接地装置时，应标注连接点，接地电阻测试点，预埋件位置及敷设方式，注明所涉及的标准图编号、页次。

④随图说明包括：防雷类别和采取的防雷措施（包括防侧击雷、防击电磁脉冲、防高电位引入）；接地装置形式，接地极材料要求、敷设要求、接地电阻值要求；当利用桩基、基础内钢筋作接地极时，应采取的措施。

⑤除防雷接地外的其他电气系统的工作或安全接地的要求（如：电源接地形式，直流接地，局部等电位、总等电位接地等），如果采用共用接地装置，应在接地平面图中叙述清楚，交代不清楚的应绘制相应图纸（如：局部等电位平面图等）。

7）火灾自动报警系统。

①火灾自动报警及消防联动控制系统图、施工设计说明、报警及联动控制要求；

②各层平面图，应包括设备及器件布点、连线，线路型号、规格及敷设要求。

8）其他系统。

①各系统的系统框图；

②说明各设备定位安装、线路型号规格及敷设要求；

③配合系统承包方了解相应系统的情况及要求，审查承包方提供的深化设计图样。

（3）主要设备表

注明主要设备图标、名称、型号、规格、单位、数量、安装方式等。

（4）计算书

施工图设计阶段的计算书，只补充初步设计阶段时应进行计算而未进行计算的部分，修改因初步设计文件审查变更后，需重新进行计算的部分。

3. 毕业设计文件要求

电气专业本科毕业设计文件应包括施工图设计文件的主要内容，即图样目录、设计说明书、设计图样、主要设备表、技术报告（计算书）等内容。

设计图样与技术报告为主要部分。一般而言，设计图样应包括各分系统的系统图与平面图。图纸绘制量应满足工作量要求，且各主要平面图应绘制完整。在满足工作量的前提下，可选择系统图与重要平面图打印出来，折算成 A1 图 6～10 张左右。

技术报告应包括封面、中文摘要、英文摘要、目录、正文、结束语、参考文献、致谢词等主要部分。其中正文应包括设计思路、方案论证、主要计算、设备选型等内容。技术报告应注意格式符合相关规定，工作量不宜小于 50 页。

第二节　供配电系统及变电所设计

一、供配电系统设计流程

供配电系统是建筑电气的最基本的系统。供配电系统设计时间从设计前期开始就介入，一直到工程施工验收，持续整个建筑电气设计全过程。完整的供配电设计流程如图 6-2-1 所示。

二、供电系统设计原则

1. 确定负荷等级

负荷分级可参见《工业与民用供配电设计手册》（第三版）。

2. 确定供电电源及供电电压

（1）供电电源选择原则

1）正常工作电源选择。

结合建筑物的负荷级别、用电容量、用电单位的电源情况和电力系统的供电情况等因素，保证满足供电可靠性和经济合理性的要求，确定供电电源数量与种类。

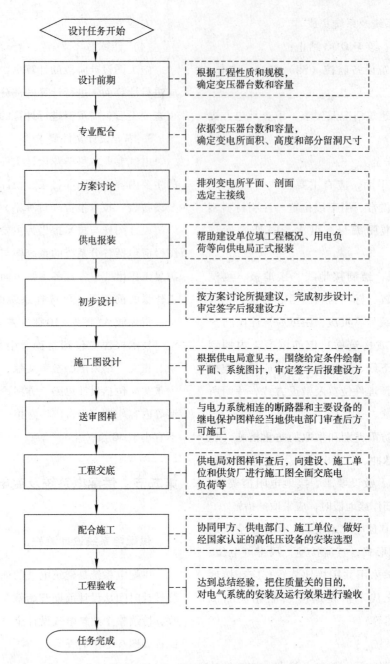

图6-2-1　供配电系统设计流程

2）应急电源选择。

①应急电源种类。

可作为应急电源的有：独立于正常电源的发电机组；供电网络中独立于正常电源的专用的馈电线路；蓄电池；干电池。

②供电电源的切换时间。

设备供电电源的切换时间，要根据设备允许的断电时间来确定。对于允许中断供电时间比较长的（15s以上）设备，可选用快速自启动的发电机组；自投装置的动作时间能满足允许中断供电时间的，可选用带有自动

投入装置的独立于正常电源之外的专用馈电线路；允许中断供电时间很短（毫秒级，如电脑设备），可选用蓄电池静止型不间断供电装置或柴油机不间断供电装置。

（2）供电电压选择

1）对于需要两回电源线路供电的用户，宜采用同级电压，以提高设备的利用率。但是，根据各级负荷的不同需要及地区供电条件，如能满足一二级负荷的用电要求，亦可采用不同等级的电压供电。

2）如用户的用电设备容量在100kW及以下或变压器容量在100kVA及以下，可采用220/380V的低压供

电系统，否则应采用高压供电。

3）当采用高压供电时，一般供电电压为 10kV。如果用电负荷很大（如特大型高层建筑、超高层建筑、大型企业等），也可采用 35kV 及以上的供电电压。

（3）建筑常用供电方案

1）0.22/0.38kV 低压电源供电。

用于用户电力负荷较小，可靠性要求稍低，可从邻近变电所取得足够低压供电回路的情况。

2）一路 10（6）kV 高压电源供电。

用于用户负荷较大，使用低压直接供电不经济，且用电负荷主要为三级负荷，仅有少量一级、二级负荷时。对于仅有应急照明或电话站等少量的一级负荷，可采用蓄电池组作为备用电源。

3）一路 10（6）kV 高压电源、一路 0.22/0.38kV 低压电源供电。

用于一二级负荷较大，采用蓄电池作为备用电源不经济，需要两路交流电源，但取得第二高压电源较困难或不经济，且可以从邻近处取得低压电源作为备用电源时。

4）两路 10（6）kV 电源供电。

用于一级、二级、三级负荷容量均较大、供电可靠性要求较高的情况。是最常用的供电方式之一。

5）两路 10（6）kV 电源供电、自备发电机组备用。

用于负荷容量大、供电可靠性要求高，有大量一级负荷的用户。也是常用的供电方式。

6）两路 35kV 电源供电、自备发电机组备用。

用于对负荷容量特别大的用户，如大型企业、超高层建筑或高层建筑群等。

常用的高层建筑供电方案如下：

3. 常用高压电气主接线方案

（1）一路电源进线的单母线接线

适用于负荷不大、可靠性要求稍低的场合。当没有其他备用电源，一般只用于三级负荷的供电。当进线电源为专用架空线或满足二级负荷供电条件的电缆线路，则用于二级负荷的供电。

（2）两路电源进线的单母线接线

两路 10kV 电源一用一备，一般也都用于二级负荷的供电。

（3）无联络的分段单母线接线

两路 10kV 电源进线，两段高压母线无联络，一般采用互为备用的工作方式。这种接线多用于负荷不太大的二级负荷的场合。

（4）母线联络的分段单母线接线

最常用的高压主接线形式，两路电源同时供电、互为备用，通常母联开关为断路器，可以手动切换，也可以自动切换。适用于一二级负荷的供电。

4. 常用低压电气主接线方案

10kV 配变电所的低压电气主接线一般采用单母线接线和分段单母线接线两种方式。对于分段单母线接线，两段母线互为备用，母联开关手动或自动切换。

根据变压器台数和电力负荷的分组情况，对于两台及以上的变压器，可以有以下几种常见的低压主结线形式。

（1）动力和照明负荷共用变压器供电

动力和照明负荷共用变压器供电。设计时，应将民用建筑中的非工业电力电价用电负荷和照明电价负荷分别集中，设分计量表。

（2）空调负荷专用变压器供电

空调负荷由专用变压器供电，当在非空调季节空调设备停运时，可将专用变压器亦停运，从而达到经济运行的目的。

（3）动力和照明负荷分别变压器供电

非工业电力电价用电负荷和照明负荷分别由变压器供电。

为满足消防负荷的供电可靠性要求，可选用一台或两台变压器加一路备用电源（可以是自备发电机组，也可以是低压备用市电）的方案。

当用电负荷不设变压器时，根据照明负荷与非照明电力负荷、应急负荷的数量，采用一路、二路、三路低压电源进线。

5. 变配电设备选择

（1）配电设备选择总原则

1）配电设备选择应满足使用要求。

①选用符合国家标准的定型产品。对于特殊场合使用的非标准产品，应提出具体制作要求，满足相关设计、安全规定。

②额定电压及频率等，应与所在回路的标称值相适应，对某些设备还应考虑可能出现的最高或最低电压；若无相应电压等级产品，应选用上一级电压等级产品。

2）低压配电设备选择的环境要求。

低压配电设备选择应满足多尘环境、海拔高度、温度、有爆炸和火灾危险等特殊环境的设计要求。

3）常用开关电器极数应满足使用要求，如下表 6 - 2 - 1 所示。

常用低压配电开关电器极数选择 表 6 - 2 - 1

开关功能	系统接地方式	系统形式		
		三相四线制	三相三线制	单相二线制
电源进线开关电器	TN - S	3	3	2
	TN - C - S	3	3	2
	TT	4	3	2
	IT	4	3	2
电源转换开关电器	TN - S	4	3	2
	TN - C - S	4	3	2
	TT	4	3	2
	IT	4	3	2
剩余电流保护开关电器	TN - S	4	3	2
	TN - C - S	4	3	2
	TT	4	3	2
	IT	4	3	2

注：1. 变压器低压总开关电器及母联开关电器，应选用四极开关电器；
　　2. TN 系统中，三相低压出线开关电器选用三极，单相照明配电出线可选用单极开关电器。

（2）变压器选择

1）变压器台数选择

变压器的台数一般根据负荷特点、用电容量和运行方式等条件综合考虑确定。

当有大量一级或二级负荷，或者季节性负荷变化较大（如空调负荷），或者集中负荷较大的情况，一般宜有两台及以上的变压器；否则选用一台变压器即可。

在一般情况下，动力和照明宜共用变压器。单相负荷、冲击负荷、照明负荷较大或动力和照明采用共用变压器严重影响照明质量及灯泡寿命时，可设专用变压器。

在电源系统不接地或经阻抗接地，电气装置外露导电体就地接地系统（IT 系统）的低压电网中，照明负荷应设专用变压器。

2）变压器容量选择

变压器的容量应按计算负荷来选择。变压器的经常性负载不应大于85%，通常以在变压器额定容量的60% ~ 75%为宜。

单台变压器的容量不宜过大，一般不超过1600kVA。

3）变压器类型选择

民用建筑一般情况下应选用接线为 Dyn11 型变压器。

对于多层或高层主体建筑内的变电所，以及防火要求高的车间内变电所等室内场合，宜选用不燃或难燃型变压器，如有环氧树脂浇注干式变压器、六氟化硫变压器、硅油变压器和空气绝缘干式变压器；室外没有特殊要求场合，可选用油浸式变压器。

（3）高压配电设备选择

对于多层或高层主体建筑内的变电所，以及防火要求高的车间内变电所，为了满足防火要求，高压开关电器设备一般选真空断路器、SF6 断路器、开关加高压熔断器等。

3 ~ 35kV 高压配电装置目前以选用金属封闭式高压开关柜为主，一般选用手车式。防火、绝缘要求比较高的场合，可选用 SF6 充气柜。

10kV 环网供电、双电源供电和终端供电系统等对保护和自动化程度较低的场合，可选用环网柜。

1）10kV 进线开关电器

当 10kV 电源进线由专线直接引自电力系统时，可选用高压断路器、高压熔断器与隔离开关组合。若10kV 侧无继保、自动装置要求，出线回路很少，且无需带负荷操作时，可选用高压隔离器。

10kV 电源进线由专线引自单位总配电房，当需要带负荷操作，且有继保、自动装置要求时，应选用断路器；若无继保、自动装置要求，出线回路少，且无需带负荷操作，可选用高压隔离器。

2）10kV母线分段开关电器

10kV母线分段开关电器一般宜用断路器；若10kV侧无继保、自动装置要求，出线回路很少，且无需带负荷操作时，可选用高压隔离器。

3）10kV出线开关电器

10kV出线开关电器宜用断路器，当满足保护和操作要求时，可选用熔断器与隔离开关组合。

4）10/0.4kV变压器高压侧开关电器

当变压器高压侧采用树干式配电时，一般选用断路器或者熔断器与隔离开关组合；当变压器容量小于500kVA，也可选用隔离器和熔断器组合。

当变压器高压侧采用放射式配电时，一般选用开关或隔离器。

（4）低压配电设备

低压配电设备的选择应满足工作电压、电流、频率、准确等级和使用环境的要求，应满足短路条件下的动热稳定性，对断开短路电流的电器应校验其短路条件下的通断能力。

常用的低压配电柜有多种，目前配电房低压柜一般都选择抽屉柜。抽屉柜各个组成单元（抽屉）一般按照下大上小顺序排列。每个柜子都应留有一定余量，不宜排满。

（5）低压断路器选择

1）一般低压断路器选择原则

低压断路器选择时，应满足额定电压、额定电流、极限通断能力、短路电流与脱扣器的额定电流的要求。

2）断路器额定电流整定

低压断路器应根据不同故障类别和具体工程要求，选择相适应的保护形式与额定电流，满足正常工作、正常启动、线路故障时保护要求。注意配电用断路器，一般可不考虑设备启动对断路器影响。照明线路用断路器，当谐波电流较大时，应计入谐波电流。电机保护用断路器，启动电流影响必须考虑。

3）断路器上下级配合

断路器作为上下级保护时，其动作应有选择性，即上下级间应相互配合，并注意如下问题：

①断路器的上下级动作为选择性时，应注意电流脱扣器整定值配合与时间配合。在时间上，通常上级断路器的过载长延时和短路短延时的整定电流，宜不小于下级断路器整定值的1.3倍。在电流上，一般情况下第一级断路器（如变压器低压侧进线）宜选用过载长延时、短路短延时（0~0.5s延时可调）保护特性，不设短路瞬时脱扣器。第二级断路器宜选用过载长延时、短路短延时、短路瞬时及接地故障保护等。母联断路器宜设过载长延时、短路短延时保护。第一级和第二级短路延时，应有一个级差时间，宜不小于0.2s。

②当上一级为选择型断路器，下一级为非选择型断路器时，上级断路器的短路短延时脱扣器整定电流，应不小于下级断路器短路瞬时脱扣器整定电流的1.3倍；上级断路器瞬时脱扣器整定电流，应大于下级断路器出线端单相短路电流的1.2倍。

③当上下级都为非选择型断路器时，应加大上下级断路器的脱扣器整定电流值的级差。上级断路器长延时脱扣器整定电流宜不小于下级断路器长延时脱扣器整定电流的2倍；上级断路器的瞬时脱扣器整定电流应不小于下级断路器瞬时脱扣器整定电流的1.4倍。

④当下级断路器出口端短路电流大于上级断路器的瞬时脱扣器整定电流时，下级断路器宜选用限流型断路器，以保证选择性的要求。

⑤上下级断路器距离很近时，出线端预期短路电流差别很小时，则上级断路器宜选用带有短延时脱扣器，使之延时动作，以保证有选择配合。

⑥断路器的脱扣器和时限的整定一般可参照下列原则：长延时脱扣器整定电流可按脱扣器额定电流I_e的0.9~1.1倍选定，时限可按15s选定。短延时脱扣器整定电流可按脱扣器额定电流I_e的3~5倍选取，时限可按0.1s、0.2s和0.4s选取。瞬时脱扣器整定电流可按脱扣器额定电流I_e的10~15倍选取。

（6）剩余电流保护电器的选择

1）一般情况下，连接移动电气设备的线路（如普通插座回路）、潮湿场所（如卫生间插座）、高温场所、有水蒸气的场所及有震动的场所应装设剩余电流保护器。

2）下列场所不应装设剩余电流保护电器，但可以装设剩余电流报警信号：

①室内一般照明、应急照明、警卫照明、障碍标志灯；

②通信设备、安全防范设备、消防报警设备等；

③消防泵类、排烟风机、正压送风机、消防电梯等消防设备；

④大型厨房中的冰柜和冷藏间以及因突然断电将危及公共安全或造成巨大经济损失、人身伤亡的用电设备；

⑤对于医院手术室的插座，可选用剩余电流进行自动检测以在超越警戒参数值时发出漏电报警信号。

3）选用剩余电流保护器的原则

①单相220V电源供电的电气线路或设备，应选用二极二线式；三相三线380V电源供电的电气线路或设备，应选用三极三线式；三相四线220/380V或单相与三相共用的线路，应选用四极四线式或三极四线式剩余电流保护器。

②选用剩余电流报警时，其报警动作电流可以按其被保护回路最大电流的1/1000～1/3000选取，动作时间为0.2～2s。

③为防止人身遭受电击伤害，在室内正常环境下设置的剩余电流保护器，其动作电流应不大于30mA，动作时间应不大于0.1s。

在一般室内正常环境下，末端线路剩余电流保护器的动作电流值不大于30mA，上一级宜不大于300mA，配电干线不大于500mA。

三、配电线路保护

1. 短路保护

（1）绝缘导体的热稳定校验

1）当短路持续时间不大于5s时，绝缘导体的热稳定应按发热量校验，不计散热。

2）短路持续时间小于0.1s时，应计入短路电流非周期分量的影响；大于5s时应计入散热的影响。

（2）短路保护电器设置

1）短路保护电器应装设在回路首端和回路导体载流量减小的地方。当短路保护电器为断路器时，被保护线路末端的短路电流不应小于低压断路器瞬时或短延时过电流脱扣器整定电流的1.3倍。

2）当短路保护电器的分断能力小于其安装处预期短路电流时，在该段线路的上一级应装设具有所需分断能力的短路保护电器；其上下两级的短路保护电器的动作特性应配合，使该段线路及其短路保护电器能承受通过的短路能量。

3）变压器、蓄电池、电流互感器二次回路、测量回路等线路，可不设短路保护电器。

2. 过负荷保护

（1）过负荷保护电器宜采用反时限特性的保护电器，其分断能力可低于保护电器安装处的短路电流值，但应能承受通过的短路能量。

（2）过负荷保护电器的动作特性，应按回路计算电流与导体允许持续载流量整定。

（3）过负荷保护电器，应装设在回路首端或导体载流量减小处。

（4）除火灾危险、爆炸危险场所及其他有规定的特殊装置和场所外，符合规定的，可不设过电流保护电器。

3. 配电线路电气火灾保护

（1）当建筑物配电系统配电线路绝缘损坏时，可能出现接地故障，且接地故障产生的接地电弧，可能引起火灾危险时，宜设置剩余电流监测或保护电器，其应动作于信号或切断电源。

（2）剩余电流监测或保护电器的安装位置，一般可放在建筑物配电总进线箱处。

（3）为减少接地故障引起的电气火灾危险而装设的剩余电流监测或保护电器，其动作电流不应大于300mA；当动作于切断电源时，应断开回路的所有带电导体。

四、负荷计算

1. 负荷计算主要方法

电力负荷计算的方法主要有单位指标法和需要系数法。单位指标法主要用于方案设计阶段进行负荷的估算，也可用于住宅建筑的施工图设计阶段的负荷计算，以及用于对施工图设计结果的评价。需要系数法用于初步设计和施工图设计阶段的负荷计算。

（1）单位指标（或负荷密度）法

单位指标（或负荷密度）法适用于方案设计功率估算，误差较大。各种单位负荷指标参见《工业与民用供配电设计手册》。

（2）需要系数法

一般场合都可用需要系数法，各需要系数可参见《工业与民用供配电设计手册》。

2. 尖峰电流

在涉及电机启动的场合，应考虑尖峰电流。在民用建筑中，尖峰电流计算应以制造厂家提供的产品样本资料数据为依据。

3. 功率因数补偿

10kV、35kV供电的用电单位，进户点功率因数不应低于0.90；低压供电的用电单位（公共建筑），当用电装接容量在100kW及以上时，进户点功率因数不应低于0.85。达不到要求时，应采用并联电力电容器作为无功补偿装置。

（1）补偿电容设置

住宅小区的无功功率宜在小区变电所或预装式（箱式）变电站的低压侧进行集中补偿。容量较大、负荷平衡且经常使用的用电设备宜就地设置无功功率补偿。

低压部分的无功功率宜由低压电容器补偿，10kV部分无功功率由10kV电容器补偿。

无功补偿容量值一般在变压器容量数值的30%左右。

（2）谐波对电容补偿影响

当配电系统中谐波电流较严重时，无功功率补偿容量的计算应考虑谐波的影响。电力电容器装置的载流电器及导体（如断路器、导线、电缆等）的长期允许电流，低压电容器不应小于电容器额定电流的1.5倍。高压电容器不应小于电容器额定电流的1.35倍。

（3）电容器分组

电容器分组时，宜适当减少分组组数和加大分组容量，必要时应设置不同容量的电容器组，以适应负载的变化。

五、变配电所设计

1. 变电所的位置确定

变配电所位置的选择应从安全运行的角度出发，达到较好的技术经济性能。

变电所尽量不设置在地下层。必须设在地下层时，不得在最底层。需注意进出线的方便，尤其要注意与电气竖井的联系。

2. 变电所的形式

变电所的形式应根据用电负荷的状况和周围环境情况确定，应符合下列规定：

（1）负荷较大的车间和站房，宜设附设变电所或半露天变电所。

（2）负荷较大多跨厂房，负荷中心在厂房的中部，

且环境许可时，宜设车间内变电所或组合式成套变电站。

（3）高层或大型民用建筑内，宜设室内变电所或组合式成套变电站。

（4）负荷小而分散的工业企业和大中城市的居民区，宜设独立变电所，有条件时也可设附设变电所或户外箱式变电站。

3. 变配电所的布置

在配变电装置布置时，一般需考虑的基本内容如下：

（1）高压配电装置、变压器、低压配电装置数量及相对位置；高低压配电装置布置时，注意前后预留通道。

（2）电缆沟或电缆桥架位置与走向。

（3）变电所大小、高度；门窗数量、形式、位置。

（4）值班室、检修间位置、大小。

（5）变电所内防雷、接地装置。

供配电所内部用电的主要低压配电装置，根据大小及形式，采用嵌墙、挂墙、落地等多种安装方式。

六、二次电路

1. 操作电源与所用电源

（1）操作电源

变配电所的操作电源应根据断路器操动机构的形式、供电负荷等级、继电保护要求、出线回路数等因素来考虑。

交流操作用于能满足继电保护要求、出线回路少的小型配变电所。

直流操作用于用电负荷较多、一级负荷容量较大、继电保护的要求严格的变电所。常用的直流操作电源有镉镍蓄电池直流系统构成的直流系统和带电容储能的硅整流装置。

（2）所用电源

变配电所所用电源根据变配电所的规模、电压等级、供电负荷等级、操作电源种类等因素来确定。

35kV变电所一般装设两台容量相同可互为备用的所用变压器，直流母线采用分段单母线接线，并装设备用电源自动投入装置，蓄电池应能切换至任一母线。

对于10kV变电所，若负荷级别较高时，一般宜设所用变压器。当负荷级别稍低、采用交流操作时，供给操作、控制、保护、信号等的所用电源，可引自低压互感器。

2. 继电保护配置

（1）10kV 线路的继电保护配置

10kV 线路的继电保护配置如表 6-2-2 所示。

（2）变压器的继电保护配置

变压器的继电保护配置如表 6-2-3 所示。

（3）10kV 母线分段断路器的继电保护配置

10kV 母线分段断路器的继电保护配置如表 6-2-4 所示。

10kV 线路的继电保护配置　　　　　　　　　　表 6-2-2

被保护线路	保护装置名称				备注
	无时限电流速断保护	带时限电流速断保护	过电流保护	单相接地保护	
单侧电源放射式单回线路	自重要配电所引出的线路装设	当无时限电流速断保护不能满足选择性动作时装设	装设	中性点经小电阻接地的系统应装设，并应动作于跳闸	当过电流保护的动作时限不大于 0.5~0.7s，且无保护配合上的要求时，可不装设电流速断保护

电力变压器的继电保护配置　　　　　　　　　　表 6-2-3

变压器容量（kVA）	保护装置名称							备注
	带时限过电流保护[1]	电流速断保护	纵联差动保护	单相低压侧接地保护[2]	过负荷保护	瓦斯保护[4]	温度保护	
<400	—	—	—	—	—	≥315kVA 的车间内油浸变压器	—	一般用高压熔断器保护
400~630	高压侧采用断路器时装设	高压侧采用断路器且过电流保护时限 >0.5s 时装设	—	装设	并列运行或单独运行并作为其他负荷的备用电源时，应根据可能过负荷的情况装设[3]	车间内变压器装设		一般采用 GL 型继电器兼作过电流保护及电流速断保护
800								
1000~1600	装设	过电流保护时限 >0.5s 时装设	当电流速断保护不能满足灵敏性要求时装设			装设	装设	
>1600				—				

①当带时限过电流保护不能满足灵敏性要求时，应采用低电压闭锁的带时限过电流保护。

②对于 400kVA 及以上的 Yyn0 联结的低压中性点直接接地的变压器，可利用高压侧三相式过电流保护兼作，或用接于低压侧中性线上的零序电流保护，或用接于低压侧的三相电流保护；对于一次电压为 10kV 及以下、容量为 400kVA 及以上的 Dyn11 联结的低压中性点直接接地的变压器，当灵敏性符合要求时，可利用高压侧三相式过电流保护兼作。单相低压侧接地保护装置带时限动作于跳闸。

③低压电压为 230/400V 的变压器，当低压侧出线断路器带有过负荷保护时，可不装设专用的过负荷保护。过负荷保护采用单相式，一般带时限动作于信号，在无经常值班人员的变电所可动作于跳闸或断开部分负荷。

④重瓦斯动作于跳闸（当电源侧无断路器或短路开关时可作用于信号），轻瓦斯作用于信号。

10kV 母线分段断路器的继电保护配置　　　　　　表 6-2-4

被保护设备	保护装置名称		备注
	电流速断保护	过电流保护	
不并列运行的分段母线	仅在分段断路器合闸瞬间投入，合闸后自动解除	装设	采用反时限过电流保护时，继电器瞬动部分应解除。对出线不多的二三级负荷供电的配电所母线分段断路器可不设保护装置

3. 断路器的控制、信号回路

断路器的控制、信号回路的设计原则如下：

（1）控制、信号回路一般分为控制保护回路、合闸回路、事故信号回路、预告信号回路、隔离开关与断路器闭锁回路等。

（2）控制、信号回路电源

断路器一般采用电磁或弹簧操纵机构。弹簧操纵机构的控制电源可用直流或交流，电磁操动机构的控制电源用直流。

（3）控制、信号回路接线可采用灯光监视方式或音响监视方式。工业企业变电所一般采用灯光监视的接线方式。

（4）当断路器控制电源采用硅整流器带电容储能的直流系统时，控制回路正电源的监视应改用重要回路合闸位置继电器监视，指示灯等常接负荷电源正极改为信号小母线或灯光小母线。

4. 电气测量与电能计量

10kV变电所测量与计量仪表的装设应设电流表、电压表、有功功率表、无功功率表、有功电能表、无功电能表。对于大型建筑，应加设能源监控管理系统。

七、导体选择

1. 导体材料

建筑电气电线、电缆一般可用铜芯或铝芯导体。从目前情况看，大部分场合都选用铜芯导体。具体来说，重要场合及有火灾、爆炸危险场合必须选用铜芯电缆或导线，除此之外铜芯导体或铝芯导体均可选用。

2. 电缆芯可选用数的选择

（1）TN-C系统应选用三相四芯电力电缆。

（2）TN-S系统应选用三相五芯电力电缆。

（3）对于大电流远距离线路，当选用电力电缆供电时，为方便安装，减少中间接头或单芯电缆与多芯电缆相比有较好的综合技术经济性时，可选用单芯电缆，但不得采用钢带铠装的单芯电缆，以免产生涡流。

（4）单相系统应采用三芯电缆或三根绝缘电线供电。

3. 电线、电缆的绝缘水平选择

（1）对于0.22/0.38kV配电线路导线额定电压：

1）室内配线（包括软电线）0.45/0.75kV。

2）IT系统配线0.45/0.75kV。

3）架空进户线0.45/0.75kV。

4）架空线0.6/1.0kV。

5）室内外电缆配线0.6/1.0kV。

（2）电缆绝缘水平可按表6-2-5选择。

电缆绝缘水平选择（kV）　　　　　　　　　　　　　　　　表6-2-5

系统标称电压		0.22/0.38	3	6	10
电缆额定电压 U_0/U	U_0 第Ⅰ类	0.6/1 （0.3/0.5） （0.45/0.75）	1.8/3	3/6	6/10
	U_0 第Ⅱ类		3/3	6/6	8.7/10

注：括号内数值只能用于建筑物内的电气线路，不包括建筑物电源进线。
　　表中 U_0——电缆设计用缆芯对地（与绝缘屏蔽层或金属护套之间）的额定电压，应满足所在电力系统中性点接地方式及其运行要求的水平（V）；
　　　　U——电缆设计用缆芯之间的额定电压（V），应按等于或大于系统标称电压 U_n 选择。

4. 导线、电缆绝缘材料及护套选择

普通电缆常用的绝缘与护套材料有聚氯乙烯（PVC）、交联聚乙烯（YJ）、橡胶等材料。

（1）原则上，普通布线均可采用聚氯乙烯绝缘导线或电缆。特殊环境（温度过高，高于60℃，温度过低，低于-15℃；含有大量化学试剂环境等）不宜使用；重要建筑、人员密集建筑应采用低烟、低卤或无卤电线电缆。

（2）交联聚乙烯电力电缆在建筑电气工程中宜优先选用；重要建筑应采用低烟无卤型交联聚乙烯绝缘电缆或矿物绝缘电缆。

室外电力线路，宜优先选用交联聚乙烯电缆，以代替PVC电缆。

（3）重要的高层建筑、地下客运设施、商业城、重要的公共建筑、人员密集场所，应选用耐火型电缆；敷设在吊顶内、地沟、隧道内及电缆槽内的电缆，应选用阻燃型电缆。

（4）对于有防电磁干扰要求的设备或自身有防电磁干扰要求时，应采用绝缘导线穿金属管、金属线槽敷设，或采用带有金属屏蔽结构型的电缆，并注意做好接地。

（5）应根据敷设方式和运行场所条件，选择不同防护结构的电缆。

直埋电缆宜选择能承受机械张力的钢丝或钢带铠装电缆。

室内电缆沟、电缆隧道、电缆桥架、穿管敷设时宜选用外护套不带钢铠的电力电缆。

空气中敷设的电缆，有防鼠害、蚁害要求的场所，应选用铠装等有防鼠害措施电缆。

5. 导体截面选择

导体截面按允许载流量、电压损失允许值和机械强度选择。

对于相线短路持续时间不大于 5s，其绝缘电线或电缆的截面应满足短路电流要求；对于保护线 PE，或中性保护线 PEN 的截面，热稳定应单独校验。

常用室内导体截面的选择可按下列要求确定：

（1）除满足载流量的要求外，铜芯导线截面最小值还应满足：

①住宅单相进户线不小于 $10mm^2$，三相进户线不小于 $6mm^2$；

②动力、照明配电箱的进线不小于 $4mm^2$；

③控制箱进线截面比分支线至少大一级；

④动力、照明分支回路不小于 $2.5mm^2$；

⑤居住建筑插座回路不小于 $2.5mm^2$。

（2）除业主有预留发展要求外，铜导体的截面宜按下列原则确定：

①配电箱（柜）的进线截面不大于进线总开关端子的接线容量；

②专用回路供电的配电箱（柜）的进户线载流量宜为计算容量的 1.25 ~ 1.5 倍；

③照明干线，插接母线宜为计算电流的 1.3 ~ 1.5 倍；

④变压器二次侧母线，低压开关柜水平母线，除应满足短路电流冲击外，其载流量不宜大于变压器二次侧额定电流的 1.5 倍。

（3）中性线 N 及保护线 PE 及中性保护线 PEN 宜按下述原则选择：

电力、照明干线电缆或导线其 N、PE 及 PEN 的截面的选用参照低压配电设计规范选择。

八、线路敷设

1. 线路敷设方法选择

室外线路：一般根据导线数量多少，考虑电缆沟、直埋、穿管等敷设方式。

室内线路：干线线路一般采用沿桥架、沿电井等方式；支线线路一般采用沿桥架、穿保护管、沿线槽等方式，一般不采用直敷布线。

2. 金属导管、金属槽盒布线

①应根据不同敷设条件，选择不同类型的金属导管。一般场合可用扣压式薄壁金属管；作穿墙、穿路保护套管时，应选用焊接钢管；潮湿场所或埋地敷设场所，选用热镀锌钢管。

②在建筑物闷顶内有可燃物时，应采用金属导管、金属槽盒布线。

③同一回路的所有相线和中性线，应敷设在同一金属槽盒内或穿同一根金属导管。

④金属导管和金属槽盒敷设与其他管道的平行或互相交叉时，间距应符合要求。

⑤暗敷于地下的金属导管不应穿过设备基础；金属导管及金属槽盒在穿过建筑物伸缩缝、沉降缝时，应采取防止伸缩或沉降的补偿措施。

⑥同一路径无防干扰要求的线路，可敷设于同一金属导管或金属槽盒内。金属导管或金属槽盒内导线的总截面积不宜超过其截面积的 40%，且金属槽盒内载流导线不宜超过 30 根。

⑦一般不同线路不应穿于同一根导管内，但同一设备或同一流水作业线设备的电力回路和无防干扰要求的控制回路以及穿在同一管内绝缘导线总数不超过 8 根，为同一照明灯具的几个回路或同类照明的几个回路可合用一根导管。

3. 塑料导管和塑料槽盒布线

①有酸碱腐蚀介质的场所宜采用阻燃型塑料导管和塑料槽盒布线，但在高温和易受机械损伤的场所不宜采用明敷。

②塑料导管和塑料槽盒不宜与热水管、蒸汽管同侧敷设。

4. 封闭式母线布线

当干线线路电流较大，采用电缆敷设困难或成本较高时，可选择封闭式母线。如电井内供电干线、住宅单元供电干线、给大功率设备供电的回路等。封闭式母线布线一般用于干燥和无腐蚀性气体的室内场所。

封闭式母线一般根据线路电流选择，常见如 250A、400A、500A、1000A 等。

5. 电缆布线

（1）室外电缆线路敷设

①露天敷设的有塑料或橡胶外护层的电缆，应避免日光长时间的直晒；当无法避免时，应加装遮阳罩或采用耐日照的电缆。

②电缆在屋内、电缆沟、电缆隧道和电气竖井内明

敷时，不应采用易延燃的外保护层。

、　③电缆不应在有易燃、易爆及可燃的气体管道或液体管道屋内明敷。

（2）室内电缆线路敷设

①屋内相同电压或不同电压的电缆并列明敷时，间距应满足要求。

②在屋内架空明敷的电缆与其他管道平行或交叉敷设时，间距应满足要求。

③电缆在屋内埋地穿管敷设，或通过墙、楼板穿管时，其穿管的内径不应小于电缆外径的1.5倍。

④1kV以上与1kV及以下的电缆、同一路径向一级、二级负荷供电的双路电源、应急照明与其他照明的

电缆、电力电缆与非电力电缆不宜敷设在同一层托盘和梯架上。当上述电缆受条件限制需安装在同一层托盘和梯架上时，可采用金属隔板隔开。

第三节　电气照明系统设计

一、电气照明设计基本流程

电气照明设计从设计内容上可分为光照系统和电气系统两个部分，其中光照设计是主体。另外，应急照明系统设计一般也在电气照明系统中进行设计。电气照明设计的基本流程如图6-3-1所示。

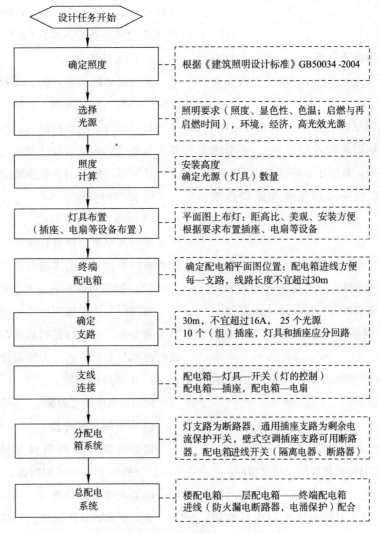

图6-3-1　电气照明设计基本流程

二、光照设计

1. 根据工作场合采用合适的照明方式与照明种类

在进行照明设计时，应根据视觉要求、作业性质和环境条件，通过对光源、灯具的选择和配置，使工作区或空间具备合理的照度、显色性和适宜的亮度分布以及舒适的视觉环境。同时，考虑不同类型建筑对照明的特殊要求考虑照明设计方案，选择合适的照明方式，并处理好电气照明与天然采光的关系，采用高光效光源、灯具与追求照明效果的关系，合理使用建设资金与采用高性能标准光源、灯具等技术经济效益的关系。

设计时，应根据不同的工作场合选择合适的照明方式与照明种类。

2. 电光源选择

电光源最主要的性能指标是发光效率、寿命、色温和显色性等特性，在选择时注意各种不同场合对电光源性能要求。

选用电光源时应首先满足照明要求（例如对照度、显色性、色温；启燃与再启燃时间等的要求），再考虑电光源是否能适应使用环境，最后还应综合考虑初投资和运行费用的经济合理性，采用高光效光源和高效灯具。

3. 灯具及附件选择

照明灯具选择，应首先满足照明功能要求，其次考虑安装方式、美观、经济等条件。在满足眩光限制和配光要求条件下，应选用效率高的灯具，效率应满足规定要求，满足节能要求。不同场合应根据所处的环境条件，选择不同的灯具。

选择镇流器时，除满足光源启动和正常使用功能外，还应充分考虑节能要求。

4. 照明指标确定

照明设计时，需要考虑的指标比较多，主要有照度、均匀度、眩光、显色性等。其中最重要的是照度指标。

（1）照度确定

在《建筑照明设计标准》GB50034 中给出照度指标，设计时可根据要求确定。需注意，在一般情况下，设计照度值与照度标准值相比较，可有 −10% ~ +10% 的偏差。另外须注意标准照度值所对应的场合，如地面、水平面、垂直面等。

（2）均匀度、眩光值确定

1）均匀度

公共建筑的工作房间和工业建筑作业区域内的一般照明照度均匀度不应小于 0.7，而作业面邻近周围的照度均匀度不应小于 0.5。房间或场所内的通道和其他非作业区域的一般照明的照度值不宜低于作业区域一般照明照度值的 1/3。

体育场馆在场地垂直方向、场地水平方向、有彩电转播要求时主摄像方向上的照度均匀度等的均匀度，均应符合相关要求。

2）眩光评价与限制

公共建筑和工业建筑常用房间或场所的不舒适眩光应采用统一眩光值（UGR）评价，室外体育场所的不舒适眩光应采用眩光值（GR）评价。其最大允许值宜符合《建筑照明设计标准》GB50034 中相关规定。

5. 照度计算

照度计算的主要目的，是根据确定的设计照度以及选定的光源、灯具种类，计算所需要的灯具数量，以便进行灯具布置。或者根据已经布置完成的灯具情况，验算实际照度是否符合设计要求。

计算室内照度的方法主要是利用系数法。

6. 照明器布置

（1）照明器布置原则

照明器布置，没有特殊要求时采用均匀布置。有特殊要求时根据相关要求进行布置。

（2）照明器的布置方式及照度均匀度的保证

布灯时，先根据照度算出所需要的照明安装功率或照明器个数，再进行照明器的布置，需注意灯具布置方式的选择与安装方式、安装高度的要求。

7. 电源插座布置

民用建筑中的电源插座，一般在电气照明系统中设计。

（1）电源插座种类

根据所带设备种类确定插座种类：单相（10A、16A）三极或五极，三相四极。

（2）电源插座位置

电源插座的具体位置，一般根据建筑平面图中房间或设备布置情况确定。

1）若能确定具体设备位置的，在设备附近布置，如空调插座应在墙体空调预留孔旁，热水器插座应在二区以外；

2）若不能确定具体位置的，按一般条件设置：办公、会议区域四周墙上都应留电源插座，其中门两侧墙插座稍多；住宅每个房间都应留有插座；其他区域按需要设置。

（3）安装高度

普通电源插座一般底边距地 0.3～0.5m；壁挂式分体空调插座、热水器插座 2.2m；幼儿园活动区插座 1.8m 以上；厨房间插座 0.8m 以上。

8. 其他电器设备布置

其他如电扇、排气扇、烘手器等设备，均根据需要设置。

三、照明节能设计

在照明设计的过程中，应综合利用多种手段，达到节能、环保的要求。照明节能用一般照明的照明功率密度限值（简称 LPD）作为评价指标。

选用光源时，一般工作场所宜采用 T5、T8 型细管径直管型荧光灯和紧凑型荧光灯。高大房间和室外场所的一般照明宜采用金属卤化物灯、高压钠灯等高光强气体放电光源。一般场合照明不应采用普通白炽灯。

一般照明选用的光源功率，在满足照度均匀度条件下，宜选择该类光源单灯功率较大的光源；当采用直管荧光灯时，其功率不宜小于 28W。

四、照明供电设计

1. 配电箱位置确定

照明系统配电箱主要包括终端配电箱、楼层配电箱以及总配电箱等。需要设置应急照明的场所，还应根据要求设置应急配电箱。

考虑终端配电箱位置，主要考虑从终端配电箱到末端设备的线路长度不超过 30m。在此前提下，选择隐蔽、方便检修的位置定为终端配电箱位置。

楼层配电箱可每层设置，也可几层合用。设置楼层配电箱一般要求垂直方向引线方便，即各层楼层配电箱尽量在同一位置，便于施工、检修。有电气竖井时，一般应设在电气竖井内或电气竖井附近；没有电气竖井，一般设在便于走线、较隐蔽部位。

总配电箱一般为建筑照明总进线箱。其位置主要考虑室外进线方便，设备安装方便，便于检修。一般应设在独立房间内。

2. 照明供电

（1）照明供电方案

确定照明系统供电方案时，应根据照明负荷中断供电可能造成的影响及损失，合理地确定负荷等级，正确选择供电方案。

（2）照明供电电压

照明供电电压一般采用单相 220V。1500W 及以上的高强度气体放电灯的电源电压宜采用 380V。

在触电危险较大的场所，应采用 36V 及以下的安全电压。

（3）划分供电支路

照明支路划分应根据建筑情况确定。一般而言，不同功能区域应划分到不同支路。就普通建筑而言，走廊、大厅、各功能房间一般应划分到不同支路。

确保配电箱中每一支路，线路长度不超过 30m。

灯具和插座应分不同回路。厨房间、卫生间、太阳能辅助加热设备均单独设回路。

为改善气体放电光源的频闪效应，可将同一或不同灯具的相邻灯管分别接在不同相别的线路上。

（4）保护开关电器选择

一般终端配电箱，进线开关可选用隔离器或断路器，出线开关灯具支路为断路器，通用插座支路为剩余电流保护开关，但挂壁式空调插座支路一般可采用断路器。断路器电流整定时，应注意上下级断路器间及断路器与导线间的配合。

总配电箱保护开关一般应带剩余电流保护，并带有隔离功能。总配电箱应设电涌保护。

3. 照明控制

（1）公共建筑和工业建筑的走廊、楼梯间、门厅等公共场所的照明，宜采用集中控制，并按建筑使用条件和天然采光状况采取分区、分组控制措施。对于小开间房间，可采用面板开关控制。

（2）宾馆、饭店、商场、集贸市场、公共娱乐场所等公众聚集场所应采用集中控制，并按需要采取调光或降低照度的控制措施。

（3）旅馆的每间（套）客房应设置节能控制型总开关，楼梯间、走道的照明，除应急照明外，宜采用自动调节亮度等节能措施。

（4）住宅建筑公共场所的照明，应采用延时自动熄灭或自动降低照度等节能措施。当应急照明采用节能自熄开关时，必须采取消防时强制点亮的措施。

（5）房间或场所装设两列或多列灯具时，宜按下列方式分组控制：

①生产场所按车间、工段或工序分组；

②在有可能分隔的场所，按照每个有可能分隔的场所分组；

③电化教室、会议厅、多功能厅、报告厅等场所，按靠近或远离讲台分组；

④除上述场所外，所控灯列与侧窗平行。

（6）大型公共建筑宜按使用需求采用适宜的自动（智能）照明控制系统。

五、应急照明设计

1. 备用照明

（1）应设置备用照明场合

重要的控制中心、重要机房、配电房泵房等处，应设置备用照明。

（2）备用照明照度设计原则

重要场所的备用照明的照度应保证正常照明的照度并应保证连续供电，其余场所的备用照明的照度应不低于正常照明照度的 1/10 且供电时间不少于 30min。

2. 疏散照明

（1）疏散照明设置场合

建筑内主要疏散通道、大空间区域、人员密集场所等地，应设置疏散照明。具体设置部位可参照《建筑设计防火规范》或《高层民用建筑设计防火规范》。

（2）疏散照明设计要求

工程设计中常采用安全出口标志灯和疏散指示标志灯作为疏散照明的一部分，当达不到照度要求时应与走道的正常照明结合协调布置疏散照明灯，可以将正常照明的一部分作为疏散照明。

3. 安全照明

当正常照明发生故障时，处于潜在危险状态下的人员可能造成安全事故的场合，如工业机械加工等场合，应设置安全照明。安全照明宜根据需要确定装设部位。

4. 应急照明灯具安装

备用照明灯具宜设置在墙面或顶棚上。安全出口标志灯具宜设置在安全出口的顶部，底边距地不宜低于 2.0m。疏散走道的疏散指示标志灯具，宜设置在走道及转角处离地面 1.0m 以下墙面上、柱上或地面上，且间距不应大于 20m。当厅室面积较大，必须装设在顶棚上时，灯具应明装，且距地不宜大于 2.5m。

5. 应急照明供电电源

（1）应急照明应根据负荷等级由双重电源或双回路供电，末端切换。备用电源供电时间详见表 6-3-1。

当正常供电电源停止供电后，其应急电源供电转换时间不应大于 5s，金融商业交易场所不应大于 1.5s；疏散照明不应大于 5s。

（2）除在假日、夜间无人工作而仅由值班或警卫人员负责管理外，疏散照明平时宜处于点亮状态。

六、值班照明

在非工作时间里需要夜间值守或巡视值班的车间、商店营业厅、展厅等场所，应设置值班照明。值班照明对照度要求不高，可以利用工作照明中能单独控制的一部分，也可利用应急照明，对其电源没有特殊要求。

七、障碍照明

在飞机场周围建设的高楼、烟囱、水塔等，对飞机的安全起降可能构成威胁，应装设障碍标志灯。一般建筑，当建筑高度大于 45m 时，应设置障碍照明灯；大于 90m 时，每隔 45～50m 设置一个。障碍标志灯宜采用自动通断电源的控制装置，并宜设有变化光强的措施。障碍标志灯电源应按主体建筑中最高负荷等级要求供电。

火灾应急照明最少持续供电时间及最低照度　　　　　　　　表 6-3-1

区域类别	场所举例	最少持续供电时间（min）		照度（lx）	
		备用照明	疏散照明	备用照明	疏散照明
一般平面疏散区域	一般建筑走廊、大厅		≥30		≥2
竖向疏散区域	疏散楼梯		≥30		≥5
人员密集流动疏散区域及地下疏散区域	商场、学校		≥30		≥5

续表

区域类别	场所举例	最少持续供电时间（min）		照度（lx）	
		备用照明	疏散照明	备用照明	疏散照明
航空疏散场所	屋顶消防救护用直升机停机坪	≥60		不低于正常照明照度	
避难疏散区域	避难层	≥60		不低于正常照明照度	
消防工作区域	消防控制室、电话总机房	≥180		不低于正常照明照度	
	配电室、发电站	≥180		不低于正常照明照度	
	水泵房、风机房	≥180		不低于正常照明照度	

第四节　低压干线及动力配电系统设计

一、动力配电基本要求

1. 动力配电系统基本原则

动力配电系统的设计应根据工程的种类、规模、负荷性质、容量及可能的发展等因素综合确定。

2. 动力系统配电基本要求

（1）变压器二次侧至用电设备之间的低压配电级数不宜超过三级；

（2）各级低压配电屏或低压配电箱宜根据发展的可能留有备用回路；

（3）由市电引入的低压电源线路，应在电源箱的受电端设置具有隔离作用和保护作用的电器。

二、低压配电系统形式选择

（1）当用电负荷容量较大或用电负荷较重要时，应设置低压配电室，对容量较大和较重要的用电负荷宜从低压配电室以放射式配电。

（2）由低压配电室至各层配电箱或分配电箱，宜采用树干式或放射与树干相结合的混合式配电。

（3）多层住宅的垂直配电干线，宜采用三相配电系统。

（4）高层公共建筑的低压配电系统，应将照明、电力、消防及其他防灾用电负荷分别自成系统。

（5）高层公共建筑的垂直供电干线，可根据负荷重要程度、负荷大小及分布情况，采用下列方式供电：

1）封闭式母线槽供电的树干式配电；

2）电缆干线供电的放射式或树干式配电；当为树干式配电时，宜采用电缆T接端子方式或预制分支电缆引至各层配电箱；

3）分区树干式配电。

（6）高层住宅的垂直配电干线，应采用三相配电系统。

三、电动机配电与控制

建筑电气动力系统设计主要是配电、启动及控制系统设计，设备本身的选型一般由相关专业完成，本专业较少涉及。

1. 电动机配电线缆选择

电动机电源一般由低压配电房或低压总配电箱直接引来，且应与普通照明系统分开。电动机主回路电线或电缆的选择，应根据不同电机类型、不同工作制下的载流量进行选择，并检验电压损失、机械强度与热稳定性。

2. 电动机主回路接线

设计时一般应画出电动机主回路接线图。一般来说，电动机应装设相间短路保护和接地故障保护，并应根据具体情况分别装设过负荷、断相或低电压保护。

（1）电动机短路保护

1）电动机正常运行、正常启动或自启动时，短路保护器件不应误动作。对于熔断器、低压断路器和过电流继电器，宜选用专用保护电动机类型。

2）每台电动机宜单独装设相间短路保护。

3）短路保护电器宜采用熔断器或低压断路器的瞬动过电流脱扣器，必要时可采用带瞬动元件的过电流继电器。

（2）电动机的接地故障保护

当采用间接接触保护自动断电法时，每台电动机宜单独装设接地故障保护；当数台电动机共用一套短路保护电器时，数台电动机可共用一套接地故障保护器件；当电动机的短路保护器件满足接地故障保护要求时，应采用短路保护兼作接地故障保护。

（3）交流电动机的过负荷保护

1）对于运行中容易过负荷的和连续运行的电动机，以及启动或自启动条件严酷而要求限制启动时间的电动机，应装设过负荷保护，过负荷保护宜动作于断开电源；对于短时工作或断续周期工作的电动机，可不装设过负荷保护；当运行中可能堵转时，应装设堵转保护，其时限应保证电动机启动时不动作；对于突然断电将导致比过负荷损失更大的电动机，不宜装设过负荷保护，当装设过负荷保护时，可使过负荷保护作用于报警信号。

2) 过负荷保护器件宜采用热继电器或过负荷继电器；对容量较大的电动机，可采用反时限的过电流继电器，有条件时，也可采用温度保护装置。

3) 过负荷保护器件的动作特性应与电动机的过负荷特性相配合；当电动机正常运行、正常启动或自启动时，保护器件不应误动作。

3. 电动机启动方式

（1）全压启动

通常，只要电机额定功率不超过电源变压器额定容量的30%，可采用全压启动。

（2）降压启动

当不符合全压启动条件时，电动机应降压启动。

1) 对定子绕组为三角形接线的6个引出端子的中小型电机，一般可采用星—三角降压启动。

2) 对需要降低启动转矩冲击的场合，可使用电阻降压启动。

3) 对需要启动转矩较大的场合，可使用自耦降压启动。

（3）软启动

原则上，笼型异步电动机凡不需要调速的各种应用场合都可适用软启动。软启动器特别适用于各种泵类负载或风机类负载，需要软启动与软停车的场合。同样对于变负载工况、电动机长期处于轻载运行，只有短时或瞬间处于重载场合，应用软启动器（不带旁路接触器）则具有轻载节能的效果。具体应用时，应根据拖动对象的要求和启动器的性能、价格等正确选择。

4. 电动机控制

电动机应根据要求设计合理的控制方式，并画出相应的二次控制电路图，具体可参见《常用电机控制电路图》D302 - 2 ~ 3。需要注意消防设备的控制回路不得采用变频调速器作为控制装置。

四、电梯、自动扶梯和自动人行道设计

1. 电梯、自动扶梯和自动人行道的主电源开关和导线选择

（1）每台电梯、自动扶梯和自动人行道应装设单独的隔离电器和保护电器；主电源开关宜采用低压断路器，且低压断路器的过负荷保护特性曲线应与电梯、自动扶梯和自动人行道设备的负荷特性曲线相配合。

（2）选择电梯、自动扶梯和自动人行道供电导线时，应由其铭牌电流及其相应的工作制确定，导线的连续工作载流量不应小于计算电流，并应对导线电压损失进行校验。

（3）对有机房的电梯，其主电源开关应能从机房入口处方便接近；对无机房的电梯，其主电源开关应设置在井道外工作人员方便接近的地方，并应具有必要的安全防护。

2. 电梯机房

（1）机房照明电源应与电梯系统电源分开，一般应分设两个配电箱。

（2）机房内应设有固定的照明，地表面的照度不应低于100lx，机房照明电源应与电梯电源分开，照明开关应设置在机房靠近入口处。机房内应至少设置一个单相带接地的电源插座。

（3）在气温较高地区，当机房的自然通风不能满足要求时，应采取机械通风。

（4）机房内配线应采用电线导管或电线槽保护，严禁使用可燃性材料制成的电线导管或电线槽，且机房内的电力线和控制线应隔离敷设。

五、消防用电设备设计

一般来说，消防负荷的负荷等级都是本建筑中最高的，在设计时，应比普通负荷高一级或两级。

消防用电设备的供电回路，自配电室处就应与其他照明和电力负荷的供电回路严格分开，且应有明显的标志。消防用电设备配电系统的分支线路，不应跨越防火分区，干线不宜跨越防火分区。

消防用电设备最常用配电系统形式是放射式，如消防泵、喷淋泵、消防电梯等均直接由变电所或总配电室的配电柜以放射式的形式引来电源，由末端配电箱配出引至相应设备。

对消防控制室、消防水泵、消防电梯、防烟排烟风机等消防用电设备的供电，应在各自的最末一级配电箱处设置自动切换装置（即双电源自动切换箱）。

对于集中供电的应急照明系统可以采用树干式或链式。

对于作用相同、性质相同且容量较小的消防设备，如相近的电动防火门、电动卷帘门等，可视为一组设备并采用一个分支回路供电。每个分支回路所供设备不宜

超过 5 台，总容量不宜超过 10kW。

公共建筑物顶层，除消防电梯外的其他消防设备，可采用同一组消防双电源供电。由末端配电箱引至设备控制箱，应采用放射式供电。

六、空调动力设备

当中央空调制冷机组采用电能作为动力时，由于机组功率大，一般由变压器低压侧直接引来电源。当机组功率超过 500kW 时，可单独设置变压器，直接给制冷机组使用，其他负荷都不接入。

冷却水泵、冷冻水泵台数较多时，一般采用两级放射式配电——变电所低压母线引来一路或几路电源到泵房动力配电箱，再由动力配电箱引出线至各个泵的启动控制柜。

室内空调机、新风机数量多，功率较小，可采用多级放射式配电。风机盘管一般采用链式配电。

七、生活给水排水装置的配电

生活给水排水装置包括生活水泵、加压泵、循环泵、排水泵、潜污泵等。其配电系统采用放射式配电，即从变压器低压出口引一路电源送至泵房动力配电箱，然后送至各泵控制设备。

设计时，应根据各自的控制要求选择合适的控制方式，并画出控制原理图。

第五节 电气防雷、接地与安全设计

一、防雷等级的确定

具体划分标准可参见《建筑物防雷设计规范》GB50057 的规定。设计时，若某些重要建筑达不到第三类防雷建筑物的要求时，可参照第三类防雷建筑物进行设计。

二、防雷措施与装置

1. 防直击雷的措施

在建筑物易遭受雷击的部位装设避雷网（带）、避雷针或其混合组成的接闪器，形成避雷网格。对于突出屋面的物体，如小型机房、太阳能装置、排放无爆炸危险气体的风管、烟囱等物体，当其为金属体时，应与屋面防雷装置连接，此时物体上可不另外加装接闪器；若突出物为非金属物体且在屋面接闪器的保护范围之外，则应在突出物上另外加装接闪器，并和屋面防雷装置相连。

2. 防侧击雷的措施

（1）对于第一类防雷建筑物，当建筑物高于 30m 时，应采取防侧击。

（2）对于第二类高度超过 45m 的建筑物，应采取相应的防雷措施。

3. 防雷电感应的措施

建筑物内的设备、管道、构架等主要金属物（不包括混凝土构件内的钢筋），应就近接至防直击雷接地装置或电气设备的保护接地装置上，不需另设接地装置。

平行敷设的长金属物，如各种管道、构架和电缆金属外皮等，应在连接处采用金属线或金属带跨接。

建筑物内防雷电感应的接地干线与接地装置的连接不应少于两处。

4. 防雷电波侵入的措施

（1）等电位连接措施

当低压线路全长采用电缆埋地引入或电缆敷设在架空金属线槽内引入时，在入户端应将电缆金属外皮和金属线槽接地。当低压线路采用架空线转换金属铠装电缆或护套电缆穿钢管直接埋地引入时，连接处应装设避雷器，避雷器、绝缘子铁脚、金具、电缆金属外皮、钢管等均应连接在一起接地。架空和直埋地的金属管道在进出建筑物处应就近与防雷的接地装置相连或独自接地。各种情况下，接地电阻均应符合相应的要求。

（2）选择电涌保护器

电气线路跨越不同防雷区时，一般应加装电涌保护器，如电气线路进户、进房间等。

1）在低压配电系统中，安装电涌保护器（SPD）位置。

对于第一类防雷建筑物，在电源引入的总配电箱处应装设 I 级试验的电涌保护器。

对于第二类防雷建筑物，在电气接地装置与防雷接地装置共用或相连的情况下，应在低压电源线路引入的总配电箱、配电柜处装设 I 级试验的电涌保护器。

对第三类防雷建筑物，应在低压电源线路引入的总配电箱、配电柜处装设 I 级实验的电涌保护器。

2）在 LPZ0$_B$ 区与 LPZ1 区交界面处穿越的电源线路上应安装符合 II 级分类试验的电涌保护器（SPD）。

3）当电源进线处安装的电涌保护器的电压保护水平加上其两端引线的感应电压保护不了该配电箱供电的设备时，应在该级配电箱安装符合 II 级分类试验的电涌保护器

（SPD）（其位置一般设在 LPZ1 区和 LPZ2 区交界面处）。

4）对于需要将瞬态过电压限制到特定水平的设备（尤其是信息系统设备），应考虑在该设备前安装符合Ⅲ级分类试验的电涌保护器（SPD）（其位置一般设在 LPZ1 区和其后续防雷区交界面处）。

（3）电涌保护器的电压保护水平 U_p 的选择

电涌保护器（SPD）的电压保护水平 U_p 宜按被保护设备的耐压水平的 80% 考虑。无论对远处雷击，直接雷击或操作过电压，对于 220/380V 电气装置 U_p 值均不应大于Ⅱ类耐压类别，即不大于 2.5kV。

在已具备防直击雷装置的情况下使用电涌保护器（SPD）防止直接雷击或在建筑物临近处被雷击引起的瞬态过电压时，应根据雷电防护区分区的原则选择，安装Ⅰ级分类试验、Ⅱ级分类试验、Ⅲ级分类试验的电涌保护器（SPD）。

5. 防雷装置设计要求

（1）接闪器

接闪器中，避雷针宜采用热镀锌圆钢或焊接钢管制成。避雷带和避雷网宜采用热镀锌圆钢或扁钢，且应优先采用热镀锌圆钢，沿建筑易受雷击部位敷设。屋顶突出部分，应根据要求设置接闪器并与防雷网格连接。

（2）引下线

防雷引下线明敷或暗敷均可，出于建筑物外观考虑，一般采用暗敷方式。引下线总数不应少于两根，并沿建筑物四周均匀或对称布置。引下线之间的间距及每根引下线的冲击接地电阻最大值不超过规范规定的数值。引下线暗敷时，一般利用建筑物四周的钢柱或钢筋混凝土柱内钢筋作引下线，且建筑周围所有钢柱或钢筋混凝土柱内钢筋都设为引下线，且间距不超过规范要求。

（3）接地体

1）自然接地体

接地体可采用嵌入地基的地下金属结构网（基础接地）、金属板、埋在地下混凝土（预应力混凝土除外）中的钢筋、金属棒或管子、金属带或线、根据当地条件或要求所设电缆的金属护套和其他金属护层及根据当地条件或要求设置的其他适用的地下金属网。优先选用地下金属结构网、埋在地下混凝土中的钢筋。可燃液体或气体以及供暖管道禁止用作保护接地体。

2）人工接地体

当自然接地体实测接地电阻不能满足要求时，应加

设人工接地体。人工接地体可以采用水平敷设的圆钢或扁钢，垂直敷设的角钢、钢管或圆钢，也可采用金属接地板或镀锌铜棒等专用接地极。

三、电气系统及装置接地设计

电力系统、装置或设备应按规定接地。接地装置应充分利用自然接地极接地，但应校验自然接地极的热稳定性。接地系统按用途接地可分为系统接地、保护接地、雷电保护接地和防静电接地。

1. 电气系统及装置接地要求

（1）高压电气装置接地

1）变电站内，不同用途和不同额定电压的电气装置或设备，除另有规定外应使用一个总的接地网。接地网的接地电阻应符合其中最小值的要求。

2）各种高压电气装置的金属底座、外壳、支架应接地，气体绝缘金属封闭开关设备的接地端子应接地。

3）不同类型供电系统中的中性点，应按要求接地。

4）电力电缆接线盒、终端盒的外壳，电力电缆的金属护套或屏蔽层，穿线的钢管和电缆桥架等，均应接地。

（2）低压配电系统接地

1）低压系统接地

TN 系统和 TT 系统应装设能迅速自动切除接地故障的保护电器；IT 系统应装设能迅速反应接地故障的信号电器，必要时可装设自动切除接地故障的电器。

建筑物处的低压系统电源中性点、电气装置外露导电部分的保护接地、保护等电位联结的接地极等，可与建筑物的雷电保护接地共用同一接地装置。共用接地装置的接地电阻，应不大于各要求值中的最小值。

2）电气装置接地

一般低压电气设备外露导电部分及装置外导电部分接地或接保护线。

除另有要求外，可不接地或接保护线的电气设备外露导电部分有：正常环境干燥场所交流标称电压 50V 以下、直流 120V 以下的电气设备（Ⅲ级设备）的金属外壳；安装在电器屏、柜上的电器和仪器外壳；安装在已接地的金属架构上的设备，如金属套管等。

（3）防静电接地

凡可能产生静电危害的管道和设备均应接地，一般接地点不少于两处。对于电子计算机房、洁净室、手术室等房间，一般采用接地的导静电地面或导静电活动地

板。对于专门用于静电接地的接地系统，其接地电阻宜不大于100Ω，若与其他接地共用接地系统，则接地电阻应符合其中的最小值要求。为保证人员安全，静电接地的接地线应串联一个1MΩ的限流电阻，即通过限流电阻与接地装置相连。静电接地的接地线不小于6mm²。

2. 接地装置

接地装置包括接地体、接地线和接地母排。

（1）接地装置设计总原则

接地体和接地线的设置应满足：接地电阻值应能始终满足工作接地和保护接地规定值的要求，不应随使用时间及气候状况而变化；应能安全地通过正常泄漏电流和接地故障电流，满足雷电流的热稳定性要求；选用的材质及其规格在其所在环境内应具备相当的抗机械损伤、腐蚀和其他有害影响的能力，主要设备一般应选用热镀锌钢材或镀铜钢材。

（2）接地装置选择

当建筑物设有防雷系统时，可利用防雷系统的接地装置作为电气装置的接地体。当不设防雷系统时，应单独设立电气系统接地体，设计可参考防雷系统的接地装置。

（3）接地母排

接地母排宜靠近进线配电箱装设，每一电源进线箱都应设置单独的接地母排，它不应与配电箱的PE线或PEN线母排合用。

四、等电位连接

1. 总等电位联结

设计时，在建筑内总电源处设总等电位连接端子排，把建筑内PE（PEN）干线、电气装置中的接地母线、建筑物内的水管、燃气管、采暖和空调管道等金属管道及可以利用的建筑物金属构件与总等电位联结导体可靠连接。但建筑内金属水管、含有可燃气体或液体的金属管道、正常使用中承受机械应力的金属结构、柔性金属导管或金属部件、支撑线等不得用作保护导体或保护等电位联结导体，而应另外设置。

总等电位联结导体的截面不应小于装置的最大保护导体截面的一半，并不应小于6mm²。当联结导体采用铜导体时，其截面不应小于6mm²；当为其他金属时，其截面应承载与6mm²铜导体相当的载流量。

2. 局部等电位连接

对于建筑内容易发生漏电的场所，应做局部等电位

连接，如浴室、游泳池等。一般在隐蔽处设置局部等电位连接端子排，把该区域内金属构建按要求连接起来。

3. 辅助等电位连接

辅助等电位连接用于不同导电部分间的直接连接，使之电位接近，一般用导线或镀锌扁钢进行连接。例如设备金属外壳与设备附近的金属部件间连接。

五、智能化系统防雷与接地保护

1. 智能化系统防雷与接地总体要求

（1）信号浪涌保护

智能化系统信号传输线缆宜在进出建筑物直击雷非防护区（LPZ0A）或直击雷防护区（LPZ0B）与第一防护区（LPZ1）交界处装设适配的信号浪涌保护器。

（2）控制室接地

各智能化系统专用或合用机房、控制室内，应设等电位连接网络。室内所有设备金属机架（壳）、金属线槽、保护接地和浪涌保护器的接地端等均应做等电位连接并接地。

系统的接地宜采用共用接地系统。

2. 各智能化系统防雷与接地特殊要求

（1）智能化机房

计算机专用配电回路设计安装防雷配电柜采取三级防雷保护（安装于UPS输入端）；UPS电源输出端做一级过电压保护。

若信号接地采用独立的专用接地系统，则与其余接地系统的地中距离不宜小于20m。当建筑物未装设防雷装置时，专用接地系统宜与保护接地系统分开。直流工作接地，接地电阻应按计算机系统具体要求确定。

（2）火灾自动报警及消防联动控制系统

火灾自动报警及消防联动控制系统防雷应满足信号浪涌保护要求；其接地应采用专用接地干线，由消防控制室接地极引至接地体。

（3）综合布线系统接地

综合布线系统的所有屏蔽层应保持连续性，并注意保证导线相对位置不变。具体要点如下：

1）屏蔽层的配线设备（FD或BD）端应接地。

2）每一楼层的配线柜都应单独布线至接地体。

3）信号插座的接地可利用电缆屏蔽层连至每层的配线柜上。工作站的外壳接地应单独布线连接至接地体，一个办公室的几个工作站可合用同一条接地导线。

（4）电子设备的接地

1）电子设备的信号接地、逻辑接地、功率接地、屏蔽接地和保护接地等，一般合用一个接地极，其接地电阻不大于4Ω；当电子设备的接地与工频交流接地、防雷接地合用一个接地极时，其接地电阻不大于1Ω。屏蔽接地如单独设置，则其接地电阻一般不大于30Ω。

2）对抗干扰能力差的电子设备，其接地应和防雷接地分开，两者相互距离宜在20m以上；对抗干扰能力较强的电子设备，两者距离可酌情减少，但不宜小于5m。

3）为避免环路电流、瞬时电流的影响，辐射式接地系统应采用一点接地；为消除各接地点的电位差，避免彼此之间产生干扰，环式接地系统应采用等电位连接；对混合式接地系统，在电子设备内部采用辐射式接地，在电子设备外部采用环式接地系统。

第六节 火灾自动报警与消防联动控制系统设计

一、设计思路与内容

设计内容如表6-6-1所示。

火灾自动报警与消防联动控制系统设计主要内容

表6-6-1

设备名称	内容
探测报警设备	火灾自动报警控制器，火灾探测器，手动报警按钮，紧急警报设备
通信设备	应急通信设备，对讲电话，应急电话等
广播	火灾事故广播
灭火设备	喷水灭火系统的控制、室内消火栓灭火系统的控制泡沫、卤代烷、二氧化碳等、管网灭火系统的控制等
消防联动设备	防火门、防火卷帘的控制，防排烟风机、排烟阀的控制，消火栓泵的控制，喷淋泵的控制，空调、通风设施的紧急停止，电梯监控等
避难设施	应急照明装置

上述内容在具体设计时，不一定全部用到，要看建筑功能要求及相关专业控制要求；火灾自动报警与消防联动控制系统一般设计可参照图6-6-1进行。

二、相关专业设计要求了解

1. 应设火灾报警系统的建筑与区域

具体设置要求可参考《火灾自动报警系统设计规范》GB50116。

2. 给水排水专业控制设备与要求

向给水排水专业了解相关灭火设备的种类、数量、位置与控制要求。

1）消火栓系统：消火箱位置、数量。

2）消防泵、喷淋系统、水流指示器、增压泵、稳压泵、压力罐（泡沫、卤代烷、二氧化碳灭火系统）生活给水、排水泵的数量、位置及控制要求。

3. 暖通专业控制设备与要求

向暖通专业了解各种排烟、通风设备的种类、数量、位置与控制要求。

1）中央空调系统：主机位置、控制要求；空调管道阀门数量、位置。

2）通风机：数量、位置及控制要求。

3）排烟机、送风机：数量、位置及控制要求。

三、确定系统保护对象分级

根据建筑物的功能、火灾危险性、疏散和扑救难度等分为特级、一级、二级、三级。具体可参见《火灾自动报警系统设计规范》GB50116。

四、报警区域和探测区域划分

报警区域根据防火分区或楼层划分。一般一个楼层可划分为一个报警区域。若每个楼层的报警点数较少，可以几个楼层合用一个报警区域，但该报警区域内的报警点总数必须符合系统每个回路所带报警点个数要求。

探测区域一般按独立房间划分，但面积不宜超过500m²。对于二级保护对象中的相邻房间，可按要求把几个房间作为一个探测区域。但是对于特殊等区域，应单独划分成一个探测区域。

五、选择系统形式

火灾自动报警系统可选用区域报警系统、集中报警系统和控制中心报警系统三种基本形式。

区域报警系统规模较小，一般用于二级保护对象。

集中报警系统规模较大，适用于一和二级保护对象。

控制中心报警系统规模大，一般用于特级和一级保护对象。

六、消防控制室设计

1. 确定消防控制室的位置

消防控制室应设置在建筑物的首层或地下一层，距通往室外的出入口的距离不大于20m，且在发生火灾时不宜延燃。消防控制室的出口一般应直通室外或清楚看到通向室外的出口，在通往室外出入口的路上不宜拐弯过多和有障碍物。消防控制室不应设在厕所、锅炉房、浴室、汽车库、变压器室等的隔壁和上下层相对应的位置。在有条件时宜与安防监控、广播、通信设施等用房相邻近，当系统规模较小时，也可几个系统布置在同一房间内，但要保证面积足够。

2. 确定消防控制室的面积与布置

消防控制室除应有足够的面积来布置火灾报警控制器、各种灭火系统的控制装置、火灾广播和通信装置以及其他联动控制装置外，也应有值班、操作和维护工作所必需的空间。消防控制室的面积不宜小于15m²。根据工程规模大小，还应考虑维修、电源、值班办公和休息等辅助用房。

消防控制室内严禁与其无关的电气线路及管路穿过。

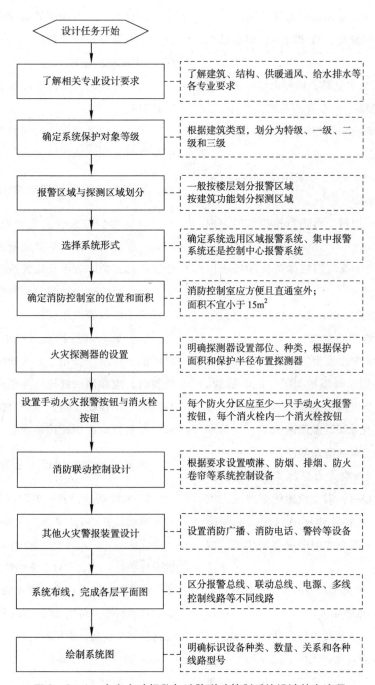

图6-6-1　火灾自动报警与消防联动控制系统设计基本流程

七、火灾探测器设计

1. 火灾探测器设置部位确定

火灾探测器设置部位的规定可参见《火灾自动报警系统设计规范》附录中的规定。

2. 火灾探测器种类选择

火灾探测器种类繁多，在选择火灾探测器的种类时，一般应符合下列原则：

1）火灾初期有阴燃阶段，会产生大量的烟和少量的热，很少或没有火焰辐射，应选用感烟探测器。建筑内一般场合大都选用此类探测器，是建筑内使用量最大的探测器。

2）火灾发展迅速，产生大量热、烟和火焰辐射，可选用感温探测器、感烟探测器、火焰探测器或其组合。

3）火灾发展迅速，有强烈的火焰辐射和少量的烟、热，应选用火焰探测器。

4）在通风条件较好的车库内可采用感烟探测器，一般的车库内采用感温探测器。

5）火灾形成特征不可预料，可进行模拟试验，根据试验结果选择探测器。

6）使用或产生可燃气体或可燃液体蒸汽的场所应选用可燃气体探测器。

7）对无遮挡大空间保护区域，如大型中庭、门厅，宜选用红外光束线型火灾探测器。

8）下列场合一般选用缆式线型定温探测器：电缆隧道、电缆竖井、电缆夹层、电缆桥架等；配电装置、开关设备、变压器，各种皮带输送装置等；控制室、计算机室的闷顶内、地板下及重要设施隐蔽处等；其他环境恶劣不适合点型探测器安装的危险场所。

9）宜选择空气管式或线型光纤感温火灾探测器的场所：存在强电磁干扰的场所；需要设置线型感温火灾探测器的易燃易爆场所；需要监测环境温度的电缆隧道、地下空间等场所宜设置具有实时温度监测功能的线型光纤感温火灾探测器。

10）宜采用吸气式感烟火灾探测器的场所：具有高空气流量的场所；点型感烟、感温探测器不适宜的大空间或有特殊要求的场所；低温场所；需要进行隐蔽探测的场所；需要进行火灾早期探测的关键场所；人员不宜进入的场所。

11）装有联动装置、自动灭火系统以及用单一探测器不能有效确认火灾的场合，宜采用感烟探测器、感温探测器、火焰探测器（同类型或不同类型）的组合，如防火卷帘门两侧。

3. 探测区域内点型探测器数量计算和布置

点型火灾探测器在建筑内布置数量众多，位置各异。一般设计可按照下列原则进行。

①探测区域内的每个独立房间至少应设置一只火灾探测器。

②感烟探测器、感温探测器的保护面积和保护半径，可按《火灾自动报警系统设计规范》确定。

③感烟、感温探测器的安装间距，不应超过《火灾自动报警系统设计规范》附录中极限曲线 $D_1 \sim D_{11}$（含 D'_9）所规定的范围。

④一个探测区域内所需设置的探测器数量，可按规范计算确定。

⑤设置探测器时，应考虑梁及空调送风口、灯具、电扇等设备的影响。

八、手动火灾报警按钮与消火栓按钮设计

（1）每个防火分区至少设置一只手动火灾报警按钮，一般设置在公共活动场所的出入口和其他明显且便于操作的部位。若手动报警按钮带有电话插孔，则应设置消防电话线路，从消防控制室引来，并与所有带电话插孔的手动报警按钮相连。

（2）临时高压给水系统的每个消火栓处应设直接启动消火栓泵的按钮。消火栓按钮若采用总线编码模块报警时，应在消火栓按钮与消防水泵房之间设置独立于总线的专用控制线路，用于直接启动消火栓泵。所有消火栓按钮都应连到此控制线上。

九、消防联动控制设计

1. 确定联动设备控制要求

联动设备的控制类型，主要确定该设备是总线联动还是多线联动，是否需要外加电源等，一般可根据所选产品的设计手册来确定。对于多线联动设备，每一个设备都需要一根单独线路来控制，常见的如各种消防用水泵、排烟机、送风机等；对于总线联动设备，一根联动控制总线上可连接多个设备，常见的如声光报警器、警铃、卷帘门等。

2. 确定联动设备位置

确定联动设备的具体位置，一般需要从多个方面入手。

①消防水泵、喷淋水泵、气体灭火等设备，联动模块一般放在相应设备控制箱中。喷淋系统的水流指示器、压力阀等设备，联动模块设置在设备旁。具体位置可向建筑给水排水专业索取相关资料。

②排烟机、正压送风机应在设备控制箱中设置联动模块；正压送风系统若设有出风口控制装置，需设立联动模块。中央空调主机、防火阀等设备，需设置联动模块。具体位置可向建筑暖通专业索取相关资料。

③防火卷帘、非消防电源控制设备、电梯等，应设联动模块。可向供配电专业索取相关资料。

3. 线路布置

联动控制设备位置确定后，即可进行线路布置。布置时各回路控制线路一般应单独穿管，若需要外加电源的，一般也单独穿管。

消防用水泵、排烟机、送风机等多线联动设备，直接从消防报警控制主机引来控制线路到各个设备。

紧急广播、警铃等总线联动设备，从消防报警控制主机引来控制线路，每根线路上可控制多个设备。

十、空气采样烟雾探测系统

1. 一般原则

空气采样烟雾探测系统（吸气式感烟火灾探测器及早期火灾探测系统）设计时，根据现场勘测的数据或整体设计要求，考虑保护区域大小，保护区域的环境状况，保护对象的位置及保护程度的等级，划分探测区域、选择探测设备，进行管网设计。没有特殊要求时，采样探测系统设计先在需要探测的区域设置采样管，再在采样管上设置采样孔。

（1）空气采样烟雾探测报警系统的保护对象应根据其使用性质、重要程度、火灾危害性、疏散和扑救难度等分为 A 类、B 类和 C 类，具体可参见规范。

（2）空气采样烟雾探测报警系统根据不同的场所确定灵敏度。

2. 管网设计

（1）根据建筑状况划分报警区域和探测区域。

（2）根据点型探测器的保护区域、房间高度、换气次数等条件确定一个采样孔的最大保护面积与采样孔最大水平间距。

（3）在探测区域设置管网。管网可沿墙、顶棚等敷设，注意管网间距。

（4）设置采样孔。每个采样孔作为一个点式感烟探测器来考虑，采样孔的间距不应大于相同条件下的点式感烟探测器之间的距离。

3. 采样管的材料选择

采样管的材料根据环境要求，通常采用阻燃的 PVC、ABS 塑料管，也可以使用金属管。

4. 空气采样探测器设计

空气采样探测器是现场探测、分析设备，可独立工作，也可多台联网或纳入火灾自动报警系统。一般一台空气采样探测器可接 1 路、2 路、4 路采样管，安装在易于观察位置。

十一、其他火灾报警装置设计

1. 消防紧急广播设计要点

扩音机专用，设置于消防中心控制室或其他广播系统的机房内（在消防控制室能对其遥控启动），能在消防中心直接用话筒播音。扬声器按防火分区设置和分路，每个防火分区中的任何部位到最近一个扬声器的步行距离应不超过 25m。火灾时仅向着火层及相关层发出广播信号；火灾紧急广播线路应单独敷设，并有耐热保护措施。消防紧急广播与公共广播合用时的设计要求，可参见有线广播系统设计相关内容。

2. 火灾报警电话系统设计要点

在建筑物的主要场所及机房等处，应设立消防电话。消防多采用集中式对讲电话，主机设在消防中心，电话线路直接从消防中心引来。

在手动报警按钮上或建筑物内人流量较大的公共场所，应设立消防电话插孔，电话线路直接从消防中心引来。

3. 应急照明设计

应急照明设计时要注意照度、灯具位置、供电电源灯问题。具体可参见照明相关设计。

4. 警铃设置要点

消防用警铃，根据实际需要设置。一般每个防火分区可设置一个；重要出入口、值班室附近等，也可根据需要设置。

十二、剩余电流动作电气火灾监控系统

1. 设置场合

需要设置剩余电流动作电气火灾监控系统的场所，可参见《火灾自动报警系统设计规范》GB50116。

2. 设置原则

剩余电流式电气火灾监控探测器主要进行低压配电系统末端剩余电流探测，宜设置在配电柜进线或出线端，具体要求可参见《火灾自动报警系统设计规范》GB50116。

3. 可不安装剩余电流式电气火灾监控探测器的电气设备

（1）使用安全电压供电的电气设备。

（2）一般环境条件下使用的具有加强绝缘（双重绝缘）的电气设备。

（3）使用隔离变压器且二次侧为不接地系统供电的电气设备。

（4）具有非导电条件场所的电气设备。

4. 独立式电气火灾监控探测器的设置

（1）设置有火灾自动报警系统的建筑中，独立式电气火灾监控探测器的报警信息可以接入火灾报警控制器或消防控制室图形显示装置显示，但其报警信息显示应与火灾报警信息显示有明显区别。

（2）在未设置火灾自动报警系统的建筑中，独立式电气火灾监控探测器应配接火灾声光警报器使用，在探测器发出报警信号时，应自动启动火灾声光警报器。

十三、火灾自动报警与联动控制系统线路敷设

1. 线路耐压

消防线路的选择及其敷设，应满足火灾时连续供电或传输信号的需要，所有消防线路，应为铜芯导线或电缆。传输线路和50V以下供电的控制线路，应采用耐压不低于交流300V的多股绝缘电线或电缆。采用交流220/380V供电或控制的交流用电设备线路，应采用耐压不低于交流450/750V的电线或电缆。

2. 线路耐火性能

（1）火灾自动报警系统保护对象分级为特级的建筑物，其消防设备供电干线及支线，应采用矿物绝缘电缆；当线路的敷设保护措施符合防火要求时，也可采用有机绝缘耐火类电缆。

（2）火灾自动报警系统保护对象分级为一级的建筑物，其消防设备供电干线及支线，宜采用矿物绝缘电缆；当线路的敷设保护措施符合防火要求时，可采用有机绝缘耐火类电缆。

（3）火灾自动报警系统保护对象分级为二级的建筑物，其消防设备供电干线及支线，应采用有机绝缘耐火类电线或电缆。

（4）消防设备所附控制线路，宜选用与相应消防设备供电线路相同标准类别的电线或电缆；当敷设保护措施符合防火要求时，可采用普通型电线或电缆。

3. 线路敷设

（1）矿物绝缘电缆可直接明敷，但应采取防止机械损伤的措施。

（2）难燃型电缆或有机绝缘耐火电缆在电气竖井内或电缆沟内敷设时可不穿管保护，但应采取分隔措施与非消防用电电缆隔离。

（3）当采用有机绝缘耐火电缆为消防设备供电的线路，采用明敷设或吊顶内敷设或架空地板内敷设时，应穿金属管或封闭式金属线槽保护。所穿金属管或封闭式金属线槽应采取防火保护措施（一般情况下为涂防火涂料保护）。

当线路暗敷设时应穿金属管或难燃型刚性塑料管保护，并应敷设在不燃烧结构内，且保护层厚度不应小于30mm。

（4）火灾自动报警系统传输线路宜采用穿金属管或难燃型刚性塑料管保护，并应暗敷在不燃烧体结构内，其保护层厚度不应小于30mm。当必须在电缆竖井外明敷时，应采用穿有防火保护措施的金属管保护。

（5）横向敷设的报警系统传输线路如采用穿管布线时，不同防火分区的线路不宜穿入同一根管内，但探测器报警线路若采用总线制布设时可不受此限。

（6）火灾自动报警系统用的布线竖井，宜与电力、照明用的低压配电线路电缆竖井分别设置。如受条件限制必须合用时，两种线路应分别布置在竖井的两侧。

第七节　安全防范系统设计

一、安防系统设计总原则

1. 安防系统设计基本原则

安防系统包含子系统众多，使用在不同场合。一般应根据建筑具体情况确定需要设置的子系统。

2. 安防系统设计一般步骤

安防系统一般可按下列顺序进行，如图6-7-1所示。

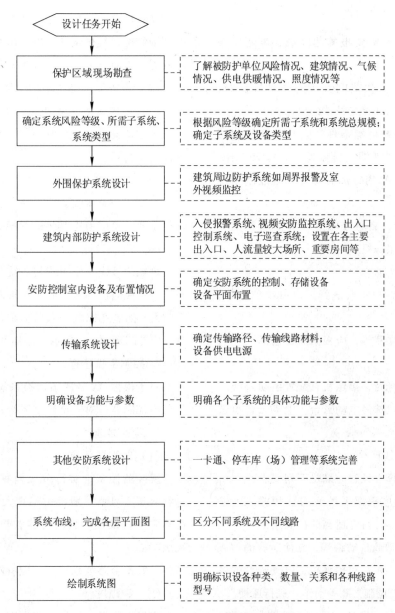

图6-7-1 安全防范系统设计基本流程

3. 安防系统设置区域

安防系统一般设置在建筑内的特定部位，一般不需要到处开花，只需把重点区域"看住"即可，主要设置区域有周界、主要出入口、通道、公共区域及建筑内重要部位。

二、视频安防监控系统设计

1. 设计原则

（1）应根据各类建筑物安全防范管理的需要，对建筑物内（外）的主要公共活动场所、通道、电梯及重要部位等进行视频探测、图像实时监视和有效记录、回放。

（2）系统应能独立运行，也能与入侵报警系统、出

入口控制系统、火灾报警系统、电梯控制等系统联动。

（3）系统应预留与安全防范管理系统联网的接口，实现安全防范管理系统对视频安防监控系统的智能化管理与控制。

（4）根据系统规模、传输距离等确定采用模拟系统、模拟+数字系统或全数字系统。

2. 摄像机选择

（1）对于具有照度保证的摄像机，以彩色摄像机为宜；如果条件允许，最好采用球形一体化摄像机。需要白天与黑夜均能成像的，宜选用白天黑夜自动转换型全天候型摄像机。当需要夜间隐蔽监视时，可选用带红外光源的摄像机（或加装红外灯作光源）。数字系统采

用数字摄像机。

（2）对于既有监视又需要报警的区域，可选用带视频移动探测的摄像机。

（3）监视目标亮度变化范围大或需逆光摄像时，宜选用具有自动电子快门和背光补偿的摄像机。

（4）根据安装现场的环境条件，应给摄像机加装防护外罩。在室外使用时（即高低温差大，露天工作，要求防雨、防尘），防护罩内宜加有自动调温控制系统和遥控雨刷等。

（5）对于需要银行、交通等对图像清晰度要求较高的场合，可选用高清摄像机。

3. 镜头选择

摄像机镜头可与摄像机配套选择，也可单独选择，与摄像机配合使用。

镜头尺寸、焦距、光圈等，应根据需要选择。

4. 云台选择

监视目标为固定目标时，摄像机宜配置手动云台。

目标不固定时，一般选择电动云台。电动云台可选室内或室外云台。

5. 视频切换控制器选择

视频切换控制器选择与设置应满足下列要求：

（1）控制器的容量应根据系统所需视频输入、输出的最低接口路数确定，并留有适当的扩展余量。

（2）控制器应能手动或自动编程，并使所有的视频信号在指定的监视器上显示；对摄像机、电动云台的各种动作（如转向、聚焦、调制光圈等动作）进行遥控。

（3）控制器应具有与报警控制器（如火警、盗警）的联动接口，报警发生时能切换出相应部位摄像机图像，予以显示与记录。

（4）大型综合公共安全系统需多点或多级控制时，宜采用多媒体技术，使文字信息、图表、图像、系统操作，在一台 PC 机上完成。

6. 传输系统的设计

原则上，传输距离远、摄像机多的情况，宜选用光纤传输、射频传输、视频平衡传输、远端视频切换方式等。黑白摄像机用视频平衡传输方式为最佳。传输距离近，选用视频传输方式。

（1）传输图像信号所用电缆的选择

传输图像信号用的电缆线，应根据传输距离和传输方式以及电缆线型号（主要是确定单位长度的衰减量）通过计算后确定。另外，还要考虑电缆线在户外架设时的环境情况，气候情况，决定电缆线的强度，耐高低温的性能。有时还要考虑外加护套管、加铠装等。

（2）合理地选择传输用的部件和部件插入的位置

在射频传输的情况下，应综合考虑摄像机所处位置，与主传输线的距离等因素，考虑使用什么样的传输部件更为合适。

（3）控制线与电源线

控制线与电源线除要考虑其强度，工作环境等要求外，重要的是应考虑其传输损耗。

（4）管线设计

视频信号线及控制线与系统供电线路在设计时分开布置。线路的护套管，应满足规范要求及用户意见，符合防火、防破坏以及屏蔽等方面的要求。管线的路由部分，应专门标明，并采取防破坏及符合环境要求的措施。

7. 控制主机选择

对于模拟-数字视频切换系统，控制主机一般为矩阵切换控制器；对于全数字系统，一般为主控电脑。

8. 监视器选择

（1）监视器数量

视频监控系统实行分级监视时，重点观察的部位不宜大于 2∶1，一般部位不宜大于 10∶1。录像专用监视器宜另行设置。当监视器数目较大时，应设计成电视墙。

一般安全防范系统至少应有两台监视器。

（2）清晰度

应根据所用摄像机的清晰度指标，选用高一档清晰度的监视器。一般黑白监视器的水平清晰度不宜小于600TVL，彩色监视器的水平清晰度不宜小于300TVL。

（3）类型

根据用户需要可采用电视接收机作为监视器，目前常用液晶显示器作为监视器。

彩色摄像机应配用彩色监视器，黑白摄像机应配用黑白监视器。

监视者与监视器屏幕之间的距离宜为屏幕对角线的4~6倍，监视器屏幕宜为9″~43″。当组成电视墙时，根据电视墙大小，也可选用17″、25″等混合而成。

9. 录像设备

模拟系统多采用长时间录像机，现在多用硬盘录像机。硬盘录像机保存图像时，可根据硬盘大小和防范要求在硬盘录像机上设定图像格式与保存模式。防范要求高的监视点可采用所在区域的摄像机图像全部录像的模式，防范要求低的可采用有目标移动时才录制的模式。

10. 数字监控系统

（1）前端处理

数字监控系统前端设备可采用模拟摄像机＋编码器的方式，把模拟信号转换为数字信号进行传输；也可以直接用数字摄像机。

（2）传输与控制

数字监控系统传输网络一般利用计算机网络系统。通过交换机，前端设备可把数字化的视频信号接入局域网、广域网或因特网；利用接入计算机网络的服务器、交换机、工作站等设备，可对网络中的数字视频信号进行录像、控制与显示。

在监控中心，还可利用解码器得到的视频信号在显示器中显示。

（3）远程管理

网络用户经授权可对监控前端现场实时监控，网络用户可以分为若干级别，功能上相互独立，但在资源管理上可以共享互联。可以设立多级模式，每一级都是一套功能完备的监控系统，并对上一级负责，网络中的经授权用户，只要通过 IE 浏览器就能监控到网络中任何一个监控前端现场情况。

三、入侵报警系统设计

1. 常用入侵报警设备选择

（1）周界用入侵探测器的选型

1）规则的外周界可选用主动式红外入侵探测器、遮挡式微波入侵探测器、振动入侵探测器、激光式探测器、光纤式周界探测器、振动电缆探测器、泄漏电缆探测器、电场感应式探测器、高压电子脉冲式探测器等。

2）不规则的外周界可选用振动入侵探测器、室外用被动红外探测器、室外用双技术探测器、光纤式周界探测器、振动电缆探测器、泄漏电缆探测器、电场感应式探测器、高压电子脉冲式探测器等。

3）无围墙/栏的外周界可选用主动式红外入侵探测器、遮挡式微波入侵探测器、激光式探测器、泄漏电缆探测器、电场感应式探测器、高压电子脉冲式探测器等。

4）内周界可选用室内用超声波多普勒探测器、被动红外探测器、振动入侵探测器、室内用被动式玻璃破

碎探测器、声控振动双技术玻璃破碎探测器等。

（2）出入口部位用入侵探测器的选型

1）建筑物内对人员、车辆等有通行时间界定的正常出入口（如大厅、车库出入口等）可选用室内用多普勒微波探测器、室内用被动红外探测器、微波和被动红外复合入侵探测器、磁开关入侵探测器等。

2）建筑物内非正常出入口（如窗户、天窗等）可选用室内用多普勒微波探测器、室内用被动红外探测器、室内用超声波多普勒探测器、微波和被动红外复合入侵探测器、磁开关入侵探测器、室内用被动式玻璃破碎探测器、振动入侵探测器等。

（3）室内用入侵探测器的选型

1）室内通道可选用室内用多普勒微波探测器、室内用被动红外探测器、室内用超声波多普勒探测器、微波和被动红外复合入侵探测器等。

2）室内公共区域可选用室内用多普勒微波探测器、室内用被动红外探测器、室内用超声波多普勒探测器、微波和被动红外复合入侵探测器、室内用被动式玻璃破碎探测器、振动入侵探测器、紧急报警装置等。且宜设置两种以上不同探测原理的探测器。

3）室内重要部位可选用室内用多普勒微波探测器、室内用被动红外探测器、室内用超声波多普勒探测器、微波和被动红外复合入侵探测器、磁开关入侵探测器、室内用被动式玻璃破碎探测器、振动入侵探测器、紧急报警装置等。宜设置两种以上不同探测原理的探测器。

2. 入侵报警系统设置部位

（1）建筑围墙、边界或建筑物一层及顶层；

（2）重要通道及主要出入口，如楼梯间、走廊等；

（3）重要部位，如集中收款处、财务出纳室、重要物品库房。

3. 探测器的安装部位

探测器一般安装在安装区域顶部、墙体上端、墙角等位置，具体位置应根据建筑情况确定。

4. 电源与线路敷设

报警控制室应设专用双电源自动切换配电箱，并自带应急电源，且能保证入侵警报系统正常工作时间大于60h。

系统宜采用钢管暗敷设，如明敷设时应注意隐蔽。管线敷设不与其他系统合用管路、线槽等。

四、电子巡查系统设计

1. 离线式电子巡查系统

（1）规划巡更路线

规划设计合理的巡更路线，保证巡逻人员按规定路线能完成对巡访区域的全面巡查，没有死角。

（2）设置巡更点

在巡更路线上合理设置巡更点。确保巡更人员按规定的巡更点巡逻，能完成对巡访区域的全面巡查。

（3）控制器设置

根据要求，在控制器进行报警、数据读取等设置。

2. 在线式电子巡查系统

在线式电子巡查系统可以与前述报警系统合用一套装置。

在线式电子巡查系统可以由防侵入报警系统中的警报控制主机编程确定巡更路线，每条路线上有数量不等的巡更点，巡更点可以是门锁或读卡机，视作为一个防区。

五、出入口控制系统设计

1. 设计原则

整个系统能够包含多个门禁控制节点；控制中心能够动态地改变各个节点状态，进行人员、卡信息的实时权限管理；与安防系统联动。如发生火灾时，各远端智能控制节点能同时全局联动，打开所有的门以紧急疏散人群并发出报警信号；控制器对于非法闯入也采取实时报警并处理。

2. 设计要点

（1）采用 RS - 422/485 网络的出入口控制控制系统设计

整个出入口控制系统共由五大部分组成：数据/网络管理计算机及软件、RS - 422/RS - 485 通讯转换卡、门禁控制器节点、读卡器等传感设备以及电子锁等执行机构。

①在需要设置门禁系统的出入口设置读卡器、电子锁、开门按钮等设备。注意设置时设备在门里侧还是外侧。

②设置控制节点。每个控制节点独立控制一个或多个门，放在合适的位置，如吊顶内、门附近或弱电井内。

③设置电源。对需要供电的门禁系统，可集中或分散设置供电电源，一般采用 12~36V 直流供电模块供电。

④线路连接。在控制机房内设置控制器，从控制器引出控制总线到个控制节点，按设备要求连接控制线与电源线。

⑤软件设置。根据权限制卡，并设置相应的软件功能。若工程设有一卡通系统，可与门禁系统结合，在门禁管理软件中增加相应功能模块即可。

（2）采用 TCP/IP 协议的出入口控制系统设计

此方案中门禁采用网络系统传输控制信号，从而简化了系统设计。一个 MPU 负责 TCP/IP 协议的实现以及同以太网接口的控制。具体设备设计可参照采用 RS485 的系统设计。

六、停车库（场）管理系统设计

1. 入口自动识别及停车发卡子系统

在距停车场入口处一定距离位置设有读卡装置，要求持卡车辆在适当距离内出示感应卡；在入口处一定距离安有防撞挡板和发卡机。

2. 车辆停放及辅助引导子系统

停车场内每个停车位各安装一个超声波车位检测器，当有车进入或离开时，可发出灯光指示信号示意。与之配套的有防盗电子栓与视频监控系统。

3. 收费子系统

单出口人工交费管理系统适用于小型停车场，而多出口中央联网收费系统和全自动收费管理系统适用于大型或流量大的停车场。

4. 出门验票子系统

车辆驶入出口通道，地下车辆感应器感应到车辆，出口验票机将判断车辆是否缴费，同时出口处前的摄像机将该车车牌摄下送入车牌识别系统，在与入口处记录号牌自动比对无误后，出口闸杆自动打开允许车辆驶出。

七、监控中心的设计

建筑中心平面布置首先考虑大型设备排布，如电视墙靠墙安装并留有检修通道；电视墙前方为控制台与值班人员座椅，注意控制台与电视墙间距离不能太小。其次为小型设备布置，如各种小型控制器、电源、空调等。建筑中心面积应根据设备情况确定，一般不宜小于 20m²。

第八节　信息设施系统设计

一、综合布线系统设计

1. 综合布线系统设计思路

综合布线系统一般设计思路如图 6-8-1 所示。

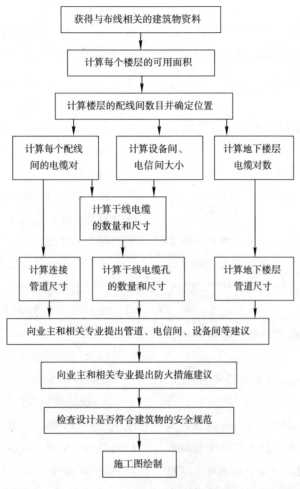

图6-8-1 综合布线系统设计思路

2. 综合布线系统设计要点

（1）用户需求分析，确定设计等级

具体要求，就是确定用户类型，对信息点（或信息插座）的数量、位置以及通信业务需求进行分析。一般可从下列角度来进行考虑：

1）工程区域类型

综合布线系统的工程区域基本分为办公智能建筑或建筑群的综合布线系统，智能化小区以及工厂综合布线等三种的综合布线系统。每种形式设计等级可参见相关规范。

2）信息业务种类的多少

目前，综合布线系统一般用于话音、数据、图像和监控等信息业务。由于智能化的性质和功能不同，对信息业务种类的需求有可能增加或减少。

（2）综合布线各子系统设计

1）工作区子系统

①确定信息插座的数量和类型。

②工作区适配器选用。

③信息点汇总表。

2）配线子系统设计

①确定配线子系统路由

确定配线子系统的路由，主要是确定其布线方案和线路走向。在设计时，应根据建筑物的结构、线缆数量等因素来具体确定。

②确定配线间所管理的区域

一般情况下，一个楼层设置一个配线间。配线间所管理的区域，主要由水平布线的最大距离决定。

③确定线缆类型

线缆类型的选择，主要根据用户的需求来确定。一般来说，不管数据点还是语音点，配线子系统线缆统一采用4对8芯的对绞电缆。

另外，配线子系统多采用非屏蔽电缆，只有在抗干扰要求、保密要求较高的场合，才使用屏蔽电缆；在金属线槽、金属管内，选用非阻燃线缆，在有防火要求的特殊场合，选用阻燃电缆。

④确定线缆长度。

根据线缆布线方法、走向和配线间服务区域，确定一个信息点平均长度，从而确定总用线量。

⑤计算接线模块数量。

选用模块时，一根 4 对 8 芯对绞电缆（进线或出线）占据 4 对接线口，一对语音电缆占据一对接线口。根据进出配线柜或配线架的信息点总数，可计算出所需总模块数。

3）干线子系统设计

干线子系统主要确定上升路由或水平干线路由的多少和位置、上升部分的建筑方式（包括占用上升房间面积大小）和干线系统的连接方式，与建筑设计密切相关。

①干线子系统设计原则。

A. 干线子系统的线缆，应遵循数据、语音分别设置的原则。

B. 应选择干线电缆最短，最安全和最经济的路由。一般选择弱电井。

C. 如果设备间与计算机机房处于不同的地点，而且需要把话音电缆连至计算机机房，则在设计中选取不同的干线电缆或干线电缆的不同部分来分别满足不同路由话音和数据的需要。当需要时，也可采用光缆系统。

②干线子系统设计要点。

A. 根据不同的需要和经济性选择干线线缆类型，即确定使用光纤还是对绞电缆。

B. 确定干线数量。

所需光纤的数量，可由相应楼层工作区的数据点总数确定。即先统计数据点总数，再按每 20～24 点或 40～45 点配两芯多模光纤。

所需大对数电缆数量，按相应楼层的语音点总数确定。每一个语音点需一对对绞电缆。大对数电缆一般是 25 对的整倍数，如 25 对、50 对、75 对、100 对等。选择时，根据语音点总数选择相应对数的电缆，并注意预留 10% 左右的余量。

C. 确定干线线缆路由。

干线线缆的路由主要是上升路由的设计，但也会涉及水平路由设计。当建筑物为塔楼或楼层面积不大，其楼层的总长度和总宽度均不大于 60m 且用户信息点较多时，应采用单个上升干线子系统。用户信息点分布不密集时，可放宽为 75m。当智能建筑是由几个不同功能的分区组成或楼层面积较大，要考虑设置两个或多个上升干线子系统。如因楼层分区平面布置或建筑结构的限制（如楼层的层高不一）或其他因素不能使上升部分上下对齐时，应采用相应的预埋管路相连接、在楼板上预留电缆孔连接或用分支电缆将干线交接间相互连接成上下贯通整体。

③主干线路的连接方法（包括干线交接间与二级交接间的连接）。

在一般的综合布线系统工程设计中，为了保证网络安全可靠，应首先选用点对点端连接方法。为了节省投资费用，也可改用分支连接方法。

④干线子系统中的主干线路长度确定。

干线子系统中的主干线路长度可在图纸上直接量得，也可用等差数列求得，并留有备用部分和端接容量。

4）设备间、电信间设计

①设备间设计。

A. 设备间的理想位置应设于建筑物综合布线系统主干线路的中间，一般常放在一、二层，并尽量靠近通信线路引入房屋建筑的位置。通信线路的引入端和设备及网络接口的间距，一般不宜超过 15m。

B. 设备间的配线设备安装面积宜按以下原则确定：当系统小于 1000 个信息点时为 $10m^2$，系统较大时，每 1500 个信息点为 $15m^2$。同时留有足够的施工和维护空间。

②电信间设计。

A. 电信间数量应从干线系统所服务的区域来考虑并确定干线通道及楼层配线间的数目。如果对给定楼层配线间所要服务的信息插座都在 75m 范围内，设置一个电信间。凡超出这一范围的，设置两个或多个电信间。电信间的设计方法与设备间相同，只是面积较小。电信间兼做设备间时，其面积不应小于 $10m^2$。

B. 凡工作区数量超过 600 个，需增加一个电信间。

C. 二级交接间设计。

当水平工作面积较大，给定楼层配线间所要服务的信息插座离干线的距离超过 75m，或每个楼层工作区数量超过 200 个时，可设置一个二级交接间。

二级交接间的设计方法与设备间相同。

5）管理设计

①管理应设备间、交接间和工作区的配线设备、缆线、信息插座等设施，按一定的模式进行标识和记录。

②规模较大的综合布线系统宜采用计算机进行管理，简单的综合市线系统宜按图纸资料进行管理，并应做到记录准确、及时更新、便于查阅。

③综合布线的每条电缆、光缆、配线设备、端接点、安装通道和安装空间均应给定相应的标志。标志中可包括名称、颜色、编号、字符串或其他组合。

6）建筑群子系统设计

①建筑群子系统设计要点。

建筑群子系统主要连接二个及以上建筑物的电话、数据等布线系统。

A. 建筑物间的干线一般采用多模、单模光缆或大对数对绞电缆，但均应为室外型缆线。一般数据干线采用光缆，语音干线采用大对数电缆。

B. 综合布线系统使用光缆可增长传输距离，并可组成抗电磁干扰和防止信息泄漏的网路，同时能支持宽带综合业务的应用。

C. 建筑群子系统宜采用地下管道敷设方式，同时预留 1～2 个备用管孔，以便扩充。

②建筑群子系统网络结构设计。

一般来说，综合布线物理上多采用星型拓扑结构。对于智能建筑而言，单栋建筑多采用两层星形结构，而建筑群均采用多层星形结构。

7）进线间设计

建筑群主干电缆和光缆、公用网和专用网电缆、光缆及天线馈线等室外缆线进入建筑物时，应在进线间成端转换成室内电缆、光缆，并在缆线的终端处可由多家电信业务经营者设置入口设施，入口设施中的配线设备应按引入的电、光缆容量配置。

3. 综合布线系统防护设计

（1）综合布线系统防火设计

在综合布线系统中的上升房或易燃区域中，所有敷设的电缆或光缆宜选用防火、低烟的产品。此外，配套的接续设备也应采用阻燃型的材料和结构。如果电缆和光缆穿放在钢管等非燃烧的管材中，且不是主要段落时，可考虑采用普通外护层。在重要布线段落且是主干缆线时，应选用带有防火、阻燃护层的电缆或光缆，以保证通信线路安全。如果缆线是穿放在不可燃的管道内，或在每个楼层均采取了切实有效的防火措施（如用防火堵料或防火板村堵封严密）时，可以不设阻燃护套。

（2）综合布线系统电气防护

1）综合布线电缆与附近可能产生高电平电磁干扰的电动机、电力变压器、射频应用设备等电器设备之间应保持必要的间距。

2）综合布线系统缆线与配电箱、变电室、电梯机房、空调机房之间的最小净距应符合《综合布线系统工程设计规范》要求。

（3）综合布线系统屏蔽保护

综合布线系统应根据环境条件选用相应的缆线和配线设备，或采取防护措施。

4. 综合布线与外界的配合

在进行综合布线设计时，必须经常与房屋建筑和各种设施的设计及施工单位配合协调，采取统一考虑和妥善处理方式，及时解决问题。

（1）与土建设计和施工的配合

与土建设计和施工的配合有以下几个主要部分：

1）通信线路引入房屋建筑部分。

综合布线系统都需对外连接，其通信线路的建筑方式应采用地下管道引入，包括直埋电缆或直埋光缆穿管引入方式。

2）设备间部分。

在设备间的有关设计和施工应注意设备间的设置、位置等。

3）建筑物主干布线部分。

在智能化建筑中，综合布线系统的建筑物主干布线部分的缆线，一般采取在上升管路（槽道），电缆竖井和上升房等辅助设施中敷设或安装。

4）楼层水平布线部分。

主要涉及楼层水平布线的管路或槽道的路由、管径和槽道规格、通信引出端的位置和数量、预留穿放缆线的洞孔尺寸大小以及各种具体安装方式等问题。此外，水平布线的敷设和楼层配线架及通信引出端的安装以及预留洞孔的尺寸，都要结合所选用的设备型号和缆线规格要求，互相吻合。

（2）与其他系统的配合

1）与有线电视系统和视频安防监控系统的配合

目前，有线电视系统和视频安防监控系统所采用的传输媒质多为 75Ω 阻抗的同轴电缆。当视频图像采用全数字模式传输（如数字电视、全数字视频监控系统），可利用综合布线的布线通道或线路本身传输。

2）与建筑设备管理系统的配合

在实际应用中，建筑设备管理系统的各种设备均由所属系统考虑，它们的传输信息的线路可由综合布线系统统一规划和通盘考虑。若统一设计，应结合实际情况有条件地将全部或部分线路段落纳入综合布线系统中，并注意保护。

3）与消防系统配合

综合布线与消防系统的配合主要是体现在消防通信上，一般应遵循以下原则：

①在智能化建筑中专用的消防通信应为独立的火警电话通信系统，不得与其他通信系统合用，所以综合布线系统中不应包含有消防通信系统的布线部分，但须综合考虑它们可作为互相备用的通信系统，以保证通信运行安全可靠。

②在智能化建筑中需要设置对讲电话或对讲录音电话时，由于在综合布线系统中一般不设对讲电话的通信线路，可考虑能临时连成通路（在各个配线架上跳接连成通道），以供对讲电话临时急用的备用线路。

③智能化建筑的消防控制室内应设置向当地公安消防部门直接报警的外线电话。其通信线路可以通过综合布线系统与公用通信网连接，也可以设专线直接与公用通信网连接。如有条件，应两者兼有为好。

二、电话系统设计

1. 电话系统平面布置要点

确定每个功能性房间的电话配线数量，统计出各个楼层电话配线总数，从而确定各个电话分线箱的设置位置、数量、容量，确定电话分线箱至各个电话出线口的线路敷设。

（1）电话配线数量的确定

办公楼、写字楼可按办公用面积每 $5 \sim 10 \mathrm{m}^2$，设置不少于二对电话线设计；宾馆、饭店、旅馆可按每单间客房一对电话线设计，每套间客房二对电话线设计。住宅楼每户可按二对电话线设计，有特殊需要时按实际情况确定，其余性质的场所和建筑物应按建设单位要求确定电话配线数量。

（2）电话分线箱选择及定位

分线箱的容量一般按设计的出线数量再增加30%左右的预留量计算。对于房屋功能定位变化幅度较大的建筑，如商场、招商城、商务中心等可适当增加预留量。

分线箱平面位置一般应设在建筑物的弱电间或公共部位，且应考虑设在建筑平面的较居中位置，弱电间内宜挂墙明装，公共部位宜嵌入式安装。

（3）线路敷设

保护管的选用：电话分线箱、过路盒至电话出线口间的保护管，对于公共类型建筑，宜多对电话线共穿同一管或同一线槽敷设。对于住宅类建筑，电话分线箱、过路盒之间可多根电话线穿同一管敷设，而电话分线箱、过路盒至各住户内的电话出线口之间必须单独穿管敷设，且不宜穿越非本户其他房间，如必须穿越时，暗管不得在其房间内开口。

电话配线的选用：电话线宜选用 $0.4 \sim 0.5 \mathrm{mm}^2$ 的铜芯导线，优先选用绞型软导线，如 $RVS - 2 \times 0.5 \mathrm{mm}^2$ 等。

电话出线盒的安装高度为底边离地 $0.3 \mathrm{m}$。

2. 电话系统干线设计要点

（1）干线配线方式的选择

高层建筑当建筑层数较少时，宜采用单独式配线设计方案；当建筑层数较多时，宜采用交接式配线方案。

多层建筑，采用单独式配线设计方案。住宅类建筑中，一般在单元底层设置电话分线箱，通过各个楼层设置的过路盒，放射式单独引至各住户室内的多媒体箱，再从多媒体箱引至电话出线口。

（2）干线线路敷设

干线配线电缆均采用市话配线电缆，如 HYA、HPVV 等型号，线径宜选用 $0.5 \mathrm{mm}$，配线电缆对数，一般应与端接的电话分线箱对数相等。

干线线路的敷设，如有弱电竖井，一般应在竖井内设桥架或穿管明敷设。若采用穿管墙内暗敷设时，竖直方向管径不应大于 $32 \mathrm{mm}$。

3. 电话总机房，电话交换间的设计要点。

（1）电话总机房的设计要点

电话总机房应设在首层以上、四层以下的房间，且进出线方便，尽量靠近弱电井的位置。总机房的面积应以设备能合理布置，且设备前后预留空间满足相关规定为原则，机房设计中，对于建筑专业、结构专业、暖通空调专业、给排水专业的技术要求也应按相关规定执行。

总机房的电气设计主要包含供电电源、机房照明、接地等内容。可参见相关章节内容。

（2）电话交接间的设计要点

电话交接间应设在便于管理，进出线方便，尽量位于布线中心的地点。

当电话用户数量在 600 ~ 1000 户时，应单独设置电话电缆交接间，面积不应小于 10m²；当用户数量小于 600 户时，可单独设置电话交接间，也可与其他弱电设备间合用，其面积以能合理布置交接设备、进出线缆且留有一定的维护操作空间为原则；如与综合布线系统合用设备间，合用时面积不应小于 10m²，与综合布线系统合用的楼层交接间（管理区）面积不应小于 5m²。交接间的建筑、结构设计也应满足相关规定。

三、卫星及有线电视系统设计

1. 设计思路

（1）建筑物内部有线电视系统设计

①确定系统输出口设计电平。

②确定各楼层平面有线电视终端的位置及数量。

③楼幢放大器的选型、数量、输出电平。

④确定无源分配网络的电路结构形式、设备选型。

⑤建筑物内部有线电视施工图设计。

（2）建筑群、住宅小区内有线电视干线设计

①确定光工作站（光节点）的数量、布局、输出电平等。

②依据光工作站的设置，确定后续电缆分配网络的电路结构形式、设备选型等。

③建筑群、住宅小区内部有线电视干线施工图设计。

（3）卫星电视与城市有线电视网引入信号的联网设计

①根据建设方的要求，收集相关接收卫星的资料。

②卫星地面站设计（卫星接收设备选型）。

③联网型有线电视分前端的电路设计。

（4）分配系统技术指标的验算

①验算光工作站后续有线电视分配系统的主要技术指标：C/N、C/CTB、C/CSO、系统输出口电平值。

②验算后的指标值应大于城市有线电视网分配给分配系统（电缆部分）的指标值，若验算结果不满足要求，应对原设计方案做局部调整，直至满足要求为止。

对于卫星电视在局部范围内与城市有线电视联网的系统，仍然属于城市有线电视网的分配系统，而不是独立的系统。因此验算的技术指标仍应满足整个城市有线电视网分配给分配系统的指标值。

2. 设计要点

（1）建筑物内部有线电视系统的设计要点

1）系统输出口设计电平

国家规范中系统输出口电平范围为 60 ~ 80dB，工程设计时考虑到用户的实际需求，应留有足够余量。

住宅类建筑，系统输出口设计电平：72 ± 4dB 左右。

公用类型建筑，系统输出口设计电平：66 ± 4dB 左右。

2）系统输出口数量的确定

公用类建筑，按照各个房间的功能及建设方的要求确定系统输出口的数量；住宅类建筑，每户从室外引入一路有线电视信号（即按照一个系统输出口设计），户内电视终端插座的数量依据室内房屋的功能确定。

3）楼幢放大器的设计要点

楼幢放大器选择的总体原则：增益高（一般应 ≥ 30dB）；标称输出电平高（一般应 ≥ 100dB）；频带宽（一般为 5 ~ 750MHz，5 ~ 862MHz 的双向放大器，且频带宽度应大于或等于城市有线电视网的工作频率范围）；各项技术参数（如 N_F，C/CTB，C/CSO 等）能满足系统设计要求。

楼幢放大器数量的配置原则：每幢楼至少需要设置一台放大器（别墅型住宅除外），如楼内住户数量多，则每 30 ~ 70 户需要设置一台放大器。

楼幢放大器的实际输出电平应控制在 ≤103dB。

4）建筑物内部楼幢放大器后续无源分配网络的电路设计及无源设备选择要点

对于住宅类建筑，很多城市的有线电视台都制定了标准的设计模式，此时，应按照该城市的标准设计模式确定无源分配网络的电路结构形式，且分支器、分配器、同轴电缆的型号、规格、穿管管径、敷设方式等均应该按标准设计模式执行。

无源设备选择：进户电缆为 SYWLY - 75 - 9 或 SYWLY-75-12 等；楼道内支干线电缆一般为 SYWV - 75 -9 或 SYWV - 75 - 7；用户线为 SYWV - 75 - 5。建筑物内部分配器、分支器均应选用不馈电流型、频带宽度为 5 ~ 1000MHz 的双向器件。在选择分支器时，需注意分支器的插入损耗与分支损耗之间的关系。

5）有线电视施工图设计要点

放大器的设置要点：放大器应设置在靠近外墙处，放大器箱位置应预留接地端子。放大器箱中应预留单相电源插座。放大器箱若设置在弱电井内宜挂墙明装，在其他位置优先选择嵌墙暗装。

分配器箱的设置要点：一般应设置在分配点的较居中位置。分配器箱在弱电竖井、吊顶内设置时宜采用明装，其余部位应嵌墙暗装，箱体底边离地 0.3~0.5m 为宜。

电视终端的定位一般应根据建筑室内布置确定。暗装高度为底边离地 0.3m。

（2）建筑群、住宅小区干线有线电视系统设计要点

1）有线电视分配网络的电路结构形式

原则上，建筑群、住宅小区内光工作站输出的电信号直接进入楼放。即小区内电缆传输部分只有一级放大器。若光工作站至楼房距离较远时，可在光工作站至楼放之间增加一级线路延长放大器。

光工作站与楼放之间的电路采用星形结构形式，即集中接入方式。从光工作站的多输出口（有二输出口、四输出口等）星形覆盖下一节点，但光工作站每一输出口应对称接入，且接入用户数量基本相等。

2）设备选型、定位、线路敷设

建筑群、住宅小区内楼房之间的干线电缆应选用 SYWV-75-9 及以上规格的铝管屏蔽物理发泡同轴电缆；分支器、分配器应选用 5~1000MHz 双向产品，一般不选用馈电型；线路延长放大器应选用 5~862MHz 双向放大器，且放大器的主要技术参数宜高于后级的楼幢放大器暴露在室外的氛大器、分配器、分支器等设备，均应选用防雨型产品。

放大器、分配器、分支器等设备的定位，总体原则是依据建筑群体中楼房的平面布局，设置在后接楼房的中心位置附近，优先考虑将设备安置在建筑群内。

线路的敷设应结合建筑群、住宅小区的室外管网总体规划进行，优先考虑埋地暗敷设。

（3）卫星电视与城市有线电视网引入信号联网设计要点

1）收集与接收卫星的相关技术资料

卫星地面站设计时，首先应根据建设方拟接收的卫星频道，收集相关技术资料。

2）卫星接收系统设备的选型

卫星接收系统的设计主要是卫星接收系统设备的选型，在选择卫星接收系统的各个设备时，其要点如下。

①卫星接收天线的选择要点

根据需接收卫星频道是 C 还是 K$_u$ 波段，确定选用接收天线类型及直径大小。

②馈源、高频头的选择要点

一种方案是分别选用馈源和高频头，所选用的馈源、高频头必须与需要接收的卫星频道的波段（C 还是 K$_u$）、极化方式（V 还是 H、L 还是 R）、工作方式（模拟还是数字 9 相配套。

另一种方案是选用馈源、高频头一体化的产品。

③功分器，混合器的选择要点

功分器的选用：根据接收的某一颗卫星的频道数量，选用相应输出路数的功率分配器，其空余的输出端口作为备用，可接 75Ω 终端电阻接地。

中频混合/分配器的选用：当要求某一卫星接收机可以选择不同卫星、不同极性、不同波段的电视节目时，通过选用中频混合/分配器可完成此种功能。

④卫星接收机的选择要点

卫星接收机的类型、种类很多，在选用时必须与需要接收的卫星电视频道的波段（C、Ku）一致；与需要接收的卫星电视频道的工作方式一致；选用的卫星接收机与高频头之间应配接；应选用门限电平值低的卫星接收机。

（4）分配系统技术指标的验算要点

当一个建筑物、建筑群、住宅小区的有线电视分配系统设计完成后，应该进行分配系统技术指标的验算，主要应该验算 C/N、C/CTB、C/CSO、系统输出口电平值等。其验算结果必须满足当地有线电视网的技术要求。

四、有线广播及扩声系统设计

1. 一般性原则

（1）有线广播系统设计的一般性原则

①一般工程宜采用定压式音频传输方式；当传输线路短且扬声器数量少时，可以考虑采用定阻式音频传输方式；一般情况下不宜采用调频传输方式。

②有线广播系统宜分区（分路）设置，以便于控制和管理。

③设置客房音乐广播的系统，音源不应少于三套，也不应大于五套。

④业务性广播、服务性广播与紧急广播合用时，应满足《火灾自动报警系统设计规范》GB50116的要求。

（2）扩声系统设计的一般性原则

①会场扩声按语音扩声系统设计，多功能厅扩声按语音和音乐兼用的扩声系统设计，歌舞厅、音乐厅按音乐扩声系统设计。

②会场扩声可设单声道系统，多功能厅、歌舞厅、音乐厅扩声至少应设双声道系统。

③会场扩声可采用定压式或陡阻式音频传输方式，多功能厅、歌舞厅、音乐厅宜采用定阻式音频传输方式。

④扩声系统设备的选择应以保证音质传输效果为主，尤其是末级功放和音箱的配置，对扩声系统的音质传输效果影响很大。

⑤扩声系统的声学要求应与建筑声学设计密切配合。

2. 设计思路

（1）有线广播系统的设计思路

①确定扬声器的位置及数量；

②选择扬声器；

③确定广播系统的分区（分路）设置；

④音控室设备的配置，完成广播系统图；

⑤线路敷设；

⑥业务性广播，服务性广播与火灾应急广播合用时的技术措施。

（2）扩声系统的设计思路

①确定厅堂扩声系统设计等级及声学特性指标；

②确定音箱轴向灵敏度；

③计算声场驱动电功率；

④扩声系统设备配钟，完成扩声系统图；

⑤确陡传声器、扬声器声场的布置。

3. 设计要点

（1）有线广播系统的设计要点

1）扬声器的位置及数量

业务性广播、背景音乐广播应在电梯前室、大厅、走道、会议厅、休息厅、咖啡厅等公共区域设置扬声器，客房音乐广播应在每间客房的床头电控柜中设置扬声器。

设置在公共区域的扬声器，有吊顶时宜采用嵌入式安装；无吊顶时宜采用吸顶式或壁挂式安装。

2）扬声器的选择

扬声器的选择同样是以满足声压级、频带宽度、声场均匀度等声学指标为基本要求。背景音乐广播、业务性广播扬声器的功率为3~5W，客房广播扬声器功率为1~2W。扬声器的频带宽度宜大于100~10000Hz，背景音乐广播系统用的扬声器频带宽度宜大于业务性广播系统用扬声器的频带宽度。

3）有线广播的分区（分路）设置

若建筑物楼层数量不多，各楼层平面布置的扬声器数量也较少时，有线广播系统可以共用一条回路，仅在各楼层分支路设置。

若建筑物楼层较多，或各楼层需布置的扬声器数量也较多时，应根据用户类别、播音控制、广播线路路由等因素，按层或几层或按功能区域划分广播分路。

4）音控室设备的配置

业务性广播、背景音乐广播系统，一般只配置一路音源（宜可配置备用音源），客房音乐广播系统应配置3~5套音源。

功率放大器的配置数量应该根据广播系统的分区（分路）情况设置，每个分区宜单独配置功率放大器，宜可配置备用功率放大器，其备用数量应根据广播的重要程度确定。

5）线路选择

有线广播系统的传输线路宜采用绞型铜芯导线（如RVS）穿管或线槽敷设，导线截面积应根据分区（分路）扬声器的额定总容量、功放输出端至线路上最远的扬声器间的线路衰耗值确定。通常，干线线缆的截面积较大，楼层支线截面积可适当减小。

6）业务性广播、服务性广播、紧急广播合用时的设计要点

应以满足《火灾自动报警系统设计规范》GB50116为原则，紧急广播具有最高级别优先权。

若紧急广播系统仅利用业务性广播、服务性广播的馈电线路及扬声器系统，而扩音设备是专用时，应该具有分层控制功能。如何在发生火灾时分层控制，有多种选择方案。

方案之一：可在火灾自动报警系统中设置楼层广播控制模块，平时接通背景音乐广播或业务性广播线路，

当发生火灾时，由消防中心的联动控制柜发出指令，在楼层广播控制模块中完成强制切换，如楼层中设置了音量调节器，需要采用三线制连接至音量调节器，或将音量调节器设置在楼层广播控制模块前面。

方案之二：从消防中心联动控制柜输出控制线路至业务性广播、背景音乐广播的扩音控制柜（一般为控制柜中的分路控制器），当发生火灾时，由消防中心的联动控制柜发出指令，将正常广播信号切断，通过设置的分路控制器，完成应急广播的分层控制。

方案之三：宜可采用三线制馈送回路直接连接至各个楼层的扬声器，但发生火灾时应首先切除正常的广播系统，等等。

若紧急广播系统与背景音乐广播、业务性广播系统共用一套系统时（含机房设备），应在消防中心机房的音控柜（或消防中心联动控制柜）中完成强制切换。但后续线路的设计必须具有分层控制功能。

客房音乐广播系统中，强制切换扬声器也有多种选择方案。

方案之一：在客房床头控制柜内设强制切换继电器，发生火灾时，由消防中心提供 DC24V 电源，完成强制切换，并提供应急广播信号。

方案之二：在床头控制柜中设置应急广播专用扬声器，直接连接至消防中心的广播主机。

在线路选择与敷设方面，应急广播线路的导线截面积不应小于 $1.0mm^2$，宜采用阻燃导线或耐火导线。应急广播线路的敷设，应优先考虑穿金属管或硬质塑料管暗敷设，若穿金属管、金属线槽明敷设时，应在管材的外壁采取防火保护（可刷防火涂料），且不应与其他弱电线路在同一线槽中敷设。

（2）扩声系统的设计要点

1）厅堂扩声系统主要声学特性指标的确定

根据厅堂的性质、用途、规模大小、建设方的要求等，确定厅堂扩声系统的设计等级，从而确定该厅堂的主要声学特性指标。

2）音箱轴向灵敏度的选择

音箱轴向灵敏度不宜选得过高、也不宜选得过低，一般应在 95～110dB 之间选择，若厅堂的设计声压级高，则应选得高些，反之，则应选得低些。多功能厅音箱轴向灵敏度宜在 95～100dB 之间选择。

3）确定最远听音距离

音箱的最远供声距离应小于 3 倍的混响半径。

4）计算声场总电功率

厅堂中声场总电功率可按声场设计声压级、音箱轴向灵敏度、音箱轴线上接收点距音箱的轴线距离等参数进行估算。

5）音箱、功放的配接关系

功率配接关系：一般厅堂，可取功放功率与音箱功率相等；语言扩声为主的厅堂，功放的功率可取音箱功率的 1/3 左右（但应该大于计算值，且留有余量）；电影院、舞厅、多功能厅堂，功放的功率可大于音箱功率的 1/3。

阻抗配接关系：对于定阻式功放，功放的额定负载阻抗应等于音箱的标称阻抗。

频率配接关系：功放的频带宽度远大于音箱的频带宽度。

6）扩声系统设备的配置

音箱系统的配置：从灵敏度和额定功率着手，确定每个声源的功率。音乐扩声为主的厅堂，宜选用专业音箱，语言扩声为主的厅堂，宜选用音柱。

功率放大器的配置：应有足够的功率余量，并能长期稳定地工作。

调音台与其他设备的配置：应根据整个系统的功能要求，选择不同数量的输入通道和输出路数的调音台。此外，还应根据不同厅堂的声学要求，选择合适的均衡器、延时器、混响器、压限器等中间级设备。

节目源设备的配置：CD、DVD、调频接收机等。

传声器的配置：必须与它所处的声学环境、拾音对象相适应，应根据扩声系统的总体要求、应用场合、拾音声源、传声器本身的技术特性及厅堂的特点去权衡选择。

7）音箱声场的布置

集中式布置：各类中小型的多功能厅、会场、歌舞厅等多采用该布置方式。

半集中式布置：主要应用于大型或纵向距离较长的大厅堂、有楼座的影剧院、各方面均有观众的视听大厅等。

分散式布置：主要应用于房屋高度较低、纵向尺寸较长、室内混响时间过长的会场扩声，以及广播系统。

五、会议系统设计

1. 一般性原则

①会议系统的设计，应满足建设方的要求，应满足会议功能的要求。

②小型会议、一般性学术交流会议厅（室）宜按照基本会议讨论系统设计，部分会议厅可设置会议视频跟踪摄录系统、会议视频显示系统以及 5.1 声道环绕立体声系统。

③国际会议厅、商务会议厅（室）宜按照带同声传译功能的会议系统设计，应设置会议视频跟踪摄录系统、会议视频显示系统，宜可设置 5.1 声道环绕立体声系统。

④有固定座位的会议厅（室）可选用有线传输或无线传输的会议音频系统，无固定座位的会议厅（室）应选用无线传输的会议音频系统。

⑤面积较大的会议厅、有旁听席的会议厅除设计会议音频系统外，应设置会议公共广播系统，宜可设置会议视频跟踪摄录系统、会议视频显示系统。

2. 设计思路

①会议音频系统设计。

②会议扩声系统设计。

③会议视频跟踪摄录系统设计。

④会议视频显示系统设计。

3. 设计要点

（1）会议音频系统设计要点

1）基本会议讨论系统

①控制主机的选用。

控制主机在选用时，除了关注基本功能外，还需要关注其他的技术参数，如：话筒管理模式、输入路数、每路可外接的发言机台数、控制主机与发言机的链接方式、线路传输距离、与外界的联系方式、内置声音处理功能等。

②发言设备的选用。

发言设备由代表机、主席机组成。发言设备都有音量调节、内置扬声器、耳机插孔、内置传声器、发言请求、主席机优先控制等基本功能。

控制主机、代表机、主席机等设备应选用配套型产品。

2）带同声传译功能的会议系统

该系统通常都是在基本会议讨论系统的基础上增加同声传译功能组成。

一般采用无线红外线同声传译系统。

①红外发射机的选用。

红外发射机的通道数量应满足会议同声传译语种的要求。

②红外辐射器的选用及布置。

会议厅中需布置几只红外辐射器，可根据会议厅（室）的容积去选取每只辐射器的功率及数量。

③红外接收机、轻型耳机的选用。

红外接收机应该与红外发射机配套选用（声道数量、灵敏度等），红外接收机均应有声道选择、音量控制等功能，轻型耳机主要供收听用。

④译员机的选用。

译员机的配置数量应根据同声传译系统的语种数量来确定，二次翻译系统的译员机的配置数量为 $1 + n$（n 为需要翻译的语种数量）。

红外发射机、红外辐射器、红外接收机、译员机等设备应选用配套型产品。

3）带投票表决功能的会议系统

该系统通常都是在基本会议讨论系统的基础上增加会议表决的功能组成。

通过选用带投票表决功能的主席机、代表机以及具有投票表决管理的中央控制器组成系统。中央控制器、代表机、主席机等设备应选用配套型产品。

（2）会议扩声系统设计要点

会议扩声系统的设计方法与一般扩声系统设计方法基本相同。

对于较大型的会议厅，其声学设计指标可参照一般语言扩声系统或语言和音乐兼用的扩声系统设计，并应结合会议厅的功能确定最佳混响时间。

（3）会议视频跟踪摄录系统设计要点

在会议厅的适当位置设置一体化球形摄像机，一般性的会议厅设置 1~2 台。如设置 2 台摄像机，其中的 1 台对着会议主席台，另 1 台对着代表席或观众席。如仅设置 1 台，应能全方位旋转，对整个会场进行全景或特写拍摄。摄像机的各项技术参数都应该满足视频拍摄的要求（如水平、垂直旋转角度、光圈、变焦、聚焦、最低照度、逆光补偿等）。

（4）会议视频显示系统设计要点

投影机的选用：会议显示系统选用的投影机有正投和背投两种，一般工程均应该选用正投影机。

大屏幕投影的选用：投影幕的尺寸应根据会议厅空间大小选用，一般在 100～200 寸之间。正投影幕一般可选用玻珠材料及幼珠材料幕布。

六、线路敷设

1. 智能化系统线路敷设一般要求

对于智能化系统中信号线，防止受到外界电磁干扰是保证系统正常工作的最重要条件之一。这里所说的信号线包括通信传输介质，即包括综合布线系统中除电源线、地线、保护线之外的所有传递信息的线路。

从避免电磁干扰的角度出发，要求系统中的传输介质应良好的屏蔽。这是一种原则性的要求。事实上，在满足一定距离的条件下，无屏蔽也是允许的，因为在很多情况下，双绞线是可以明敷，或者是不得不明敷的。

当信号线没有采取屏蔽措施而又和电源线平行布置时，只要两者平行布置的间距在 300mm 以上，便基本上可以不影响正常的信号传递。

2. 几种常用的线路敷设方法

（1）竖井内布线

1）配线竖井的位置和数量

配线竖井的位置和数量应根据建筑物规模、建筑物的沉降缝设置和防火分区、智能化机房的位置以及其他弱电子系统的要求等因素综合考虑确定，保证系统的可靠性。有条件时智能化系统竖井宜与电气竖井分开设置。

2）智能化系统竖井的面积与布置

智能化系统竖井的面积应根据线路及设备的布置来确定，除了应满足布线间隔及端子箱等设备的布置所必需的尺寸外，还应充分考虑布线施工及设备运行的操作维护距离，一般在箱体前留不小于 0.80m 的操作维护距离。具体可参见《电气竖井设备安装》04D701-1。

3）线槽和桥架在竖井内安装

线槽和桥架在竖井内安装可参见《电气竖井设备安装》04D701-1。

（2）沿顶棚布线

沿顶棚布线，一般可采用天花板内电缆架布线、配线槽布线、天棚内配管布线等方式，一般根据天花板具体形式选择。

（3）地板下配线

地板下布线可采用搁空活动地板下配线、地毯下配线、沟槽配线等方式。

（4）楼板内配线

1）楼板内配管配线方式

楼板内配管配线方式是中、小规模办公楼中用得最多的配线方式。

2）楼板内线槽配线方式

楼板内线槽配线方式，主要用于大型办公楼的地板内配线。

3）蜂窝孔配线方式

蜂窝孔配线方式，就是在钢结构的高层建筑中，用波形钢板作为底板，上面浇筑泡沫混凝土构成楼板，在这种波形底板的波峰或波谷处，用钢板盖住，形成蜂窝形孔槽，在这些蜂窝孔槽里进行配线。

（5）房间内配线

1）房间内配线槽方式

适合计算机终端室及现有办公室增加配线以及适应特殊房间的配线。

2）装有配线空间的家具方式

在家居上留有配线空间，并安装插座和设置电话、办公自动化设备用配线出线口。

第九节　建筑设备管理系统设计

一、建筑设备管理系统的设计流程

设计步骤及主要内容如图 6-9-1 所示。

二、BMS 系统网络结构规划

1. 网络结构规划的原则

对于 BMS，总线结构与环状结构是 BMS 的基本网络结构，一般系统都可根据这两种结构进行构架。

2. 系统网络结构规划

BMS 的系统结构有：①分级分布式结构，对任何规模都是适用的；②集中式结构，适用于小型系统和设备布置比较集中的较小型系统。

图 6-9-1　BMS 施工图设计流程

三、单体机组纳入 BMS 的处理

（1）在网络上设置专用的交换接口控制器

在网络上设置专用的交换接口控制器，可以为许多不同厂家的不同的设备进入到 BMS 提供可能，这是一种比较理想的处理方法。

（2）采用同一厂家开发的控制器

采用单体机组的微机控制器和整个 BMS 系统由同一厂家开发的产品，使其既具有单机自动运行、实现自控，又可使其从硬件（如设置 RS485 接口）和软件（通信协议）设计上保证实现集散系统的通信功能、实现集中管理和节能运行控制。

（3）中央站简化控制

中央站只控制已有微机控制机组的启停（包括程序启/停），而且这种功能赋予就地设置的系统分站来完成，参数显示和设定值修改及参数控制则由已配置的微机控制器实现，中央站则不予干涉。

（4）重设传感器

按选定的产品重设传感器、并接至分站，虽然提高

了集中监视水平，但浪费了资源，并不可取。

四、监控总表的编制

1. 具体服务功能的规划

无论把哪些系统纳入所设计的 BMS 之中，都必须实现对分散的建筑设备的集中控制和管理。具体设计时，可按功能分层规划参考模型，对系统硬设备和软件分层合理规划加以细化。具体设计时，可按照分级的方法，确定具体的监控对象。

第一级别的建筑物自动化系统，将对建筑内所有的设备进行监控，监视所有设备运行参数，自动控制所有设备。通常包括：

①空调系统；

②电气系统；

③给排水系统；

④通信系统；

⑤安防系统；

⑥电梯系统；

⑦如果允许，还可纳入消防系统。

第二级别是由于种种原因，需要减少控制对象，这时可包括：

①空调系统；

②电气系统；

③给排水系统；

④安防系统。

第三级别可以进一步减少控制对象，包括：

①空调系统；

②电气系统；

③给排水系统。

第四级别可以只包括：

①空调系统；

②电气系统。

在上述的所有级别中，都没有列入消防系统，这是考虑现有管理体制的约束。一旦允许消防系统以某种合理的方式纳入 BMS 中，几乎不论哪个级别，均应列入消防系统。

2. 按技术可实现性原则规划具体服务功能

BMS 涉及所有设备工种（包括电气工种），当设备选型未定时，根本无法对监控内容进行具体规划。而设备选型已定后，监控要求应由各工种根据工艺要求提出。由于设备制造限制、工艺流程限制、信号传输处理限制等，并不是所有监控功能都能顺利实现。这时，需要对指定监控点的实施监控进行技术可行性分析，确定可实现的具体功能。

3. 系统确认

由设计人员和建设单位共同协商确认可纳入 BMS 的对象系统，编制成确认表。

4. 监控总表的编制

监控总表应按设计内容列出各监控点、设备、分站、通道及相关监控内容，相关格式可参考标准图集《建筑设备监控系统设计与安装》X201-2。

五、分站设计

1. 分站监控区域的划分

分站的划分应符合下列规定。

①集中布置的大型设备应规划在一个分站内监控（如集中空调器、冷冻机组、柴油发电机组等）。

②集中布置的设备群应划为一个分站（如变配电站、大空间的照明回路等）。

③一个分站实际所用的监控点数不超过最大容量的80%。

④分站对控制对象系统实施 DDC 控制时，必须满足实时性的要求。

⑤每个分站至监控点的最大距离应根据所用传输介质、选定的波特率以及线芯截面等数值按产品规定的最大距离的性能参数确定，并不得超过。

⑥分站监控范围可不受楼层限制，依据平均距离最短原则设置于监控点附近（一般不超过50m）。但当消防功能被纳入系统后，消防分站（即报警区域）则应按有关消防规范确定，按防火分区或同一楼层的几个防火分区来设置。非消防分站不受防火分区的限制。

2. 分站的布置

分站一般应选挂墙的箱式结构，箱前留有足够的操作空间。其位置一般在控制参数较为集中的地方（如各种机房或弱电井内）。对于设备集中的机房，分站控制模块较多时，也可选落地柜式结构。

六、中央站及监控中心设计

1. 中央站的硬软件组态

（1）中型及中型以上系统中央站的最小基本组态

计算机系统、UPS；通信接口单元；主操作台；至少一台打印机。

（2）设计时需考虑的问题

BAS 必须设法保证其连续正常运行，在局部设备——尤其是关键设备出现故障时应能自动地更换。此外，还可用多种办法投入备用设备。

中央站、打印机都应考虑冗余。

（3）中央站的软件配置

应具备系统软件、应用软件、语言处理软件、数据库生成和管理软件，通信管理软件；故障自诊断，系统调试与维护软件。

2. 监控中心

（1）监控中心的位置

监控中心宜设在主楼底层，在确保设备安全的条件下亦可设在地下层。

（2）监控中心的设备布置

1）为了检修与监视方便，参照仪表盘（柜）安装时对盘前盘后的净空要求。

2）对规模较大的系统且有多台监视设备布置于中央控制室时，监控设备应呈弧形或单排直列布置。当横向排列总长度大于 7m 时，应在两端各留大于 1m 的通道。

3）不停电电源设备按规模设专用室时，对于电源室面积的确定，在考虑设备本身占地面积大小的同时，应充分考虑为方便检修留出足够的面积，且不得小于 4m²。

4）当中央控制室内安装模拟显示屏时，应留有足够的安装和观察面积。

七、电源、接地、线路选择与敷设

1. 电源

（1）BMS 的负荷级别及供电要求

按有关设计规范规定，BMS 的监控中心的负荷级别为一级负荷，因此，其供电要求应按一级负荷供电要求处理，应由两个电源供电，特别重要的建筑还应增设应急电源。

（2）负荷容量

BMS 用电负荷的总容量为现有设备总容量与预计扩展总容量之和。若扩展容量无明确规划依据，可按现有容量的 20% 估算。用电力负荷计算中需要系数按 1.0 计算。

（3）配电方式

1）中央站（监控中心）的配电

由变电所引出两条专用回路供电，在监控中心设双电源切换箱。监控中心内系统主机及其外部设备宜设专用配电盘，通常不宜与照明、动力混用。

2）分站配电

①对于较大型、大型系统，采用放射式配电方式，即由监控中心专切换箱以一条支路专供一个分站的方式配电。

②当分站数量多而分散时，亦可采用树干式配电方式，即数个分站共用一条线路。

③对于中型及以下系统，当产品无要求时，亦可由分站邻近的动力配电箱以专路供电。

④含 CPU 的分站，应设备用电池组，且支持分站全部负荷运行不小于 72h。

2. 线路选择

通信线路在满足传输速率的要求时，应优先选用双绞线，也可采用 1.0mm² 的 RVVP 或 DJYP₂V。在强干扰环境中和远距离传输时，宜选用光缆。

分站至现场设备（传感器和阀门等）的控制电缆一般采用 1～1.5mm² 聚氯乙烯绝缘聚氯乙烯护套铜芯电缆，根据具体设备确定是否采用软线及屏蔽线，导线芯数亦根据具体设备而定。

第七章　建筑给水排水专业设计

第一节　概述

一、设计依据

建筑给水排水工程设计依据主要有以下三个方面：

（1）甲方或政府部门提供的设计资料。主要包括：①设计任务与设计范围；②市政设计要点，如：建筑周边给水管网的基本情况，包括管径、接管点位置、标高、水压及市政管网是否为环状给水管网等；排水管网及污水处理的基本情况，包括排水体制、接管点位置、管径、标高及市政管网是否进入城市污水处理厂等；③甲方提出的设计要求。

（2）本专业的相关规范、图集、手册等。

建筑给水排水工程设计通常使用的规范有（在设计过程中，应采用现行规范的最新版本）：

《建筑给水排水设计规范》GB50015

《建筑设计防火规范》GB50016

《高层民用建筑设计防火规范》GB50045

《自动喷水灭火系统设计规范》GB50084

《建筑灭火器配置设计规范》GB50140

《汽车库、修车库、停车场设计防火规范》GB50067

《民用建筑太阳能设计规范》GB50364

《民用建筑节水设计标准》GB50555

（3）其他专业提供的设计资料，如建筑方案图纸等。

二、过程中与其他专业的配合

在工程设计中，建筑给排水专业与建筑、结构、暖通空调以及电气专业都有配合。建筑物的特性、功能需求，空调及电气设备要求，是建筑给排水专业进行设计的依据之一。同时建筑给排水专业的设计方案也必须得到相关专业的配合。

1. 与建筑专业的配合

与建筑专业的配合就是要在确保建筑功能需求、美观要求的基础上，合理确定本专业设备机房的大小与位置，各种水池、水箱的大小与位置，各类管线的空间位置与走向，使建筑在使用过程中更安全、美观、舒适。

各设计阶段给排水与建筑专业的配合内容见表7-1-1。

与建筑专业的配合内容　　　　　　　　　　　　　　　　表7-1-1

	方案设计阶段	初步设计阶段	施工图设计阶段
接受资料	①工程设计任务及要求；②市政设计要点；③总平面图及各层平面图、立面图等；④建筑设计说明	①调整后的工程设计任务及要求；②调整后的总平面图及各层平面图、立面图、剖面图等；③屋面雨水斗的位置、数量及排水方式；④调整后的建筑设计说明	①最终确认的总平面图及各层平面图、立面图、剖面图等；②各类大样图；③最终确认的建筑设计说明
提供资料	各类专业用房的大小、位置及层高要求	①各类专业设备用房的大小、位置及层高要求；②各类管井、报警阀间等的位置与大小；③排水所需的集水坑及地沟的大小与位置；④复核建筑提供的屋面雨水斗的位置及数量；⑤与总图相关的各类水处理构筑物的位置与大小等	①各类专业设备用房的平面布置图；②各类管井、报警阀间等的平面布置图；③排水所需的集水坑、地漏及地沟的平面布置图；④雨水斗及内排水雨水管道布置图；⑤消防设备（消火栓、喷头）平面布置图；⑥与总图相关的各类水处理构筑物的平面布置图等

2. 与结构专业的配合

给排水专业在设计过程中应与结构专业密切配合，以确保建筑结构的安全性。

各设计阶段给排水与结构专业的配合内容见表7-1-2。

与结构专业的配合内容　　表7-1-2

与结构专业的配合内容　　表7-1-2

	方案设计阶段	初步设计阶段	施工图设计阶段
接受资料	①结构设计的原则及选型； ②基础形式及基础深度； ③开间大小等	①各层梁、板布置平面图； ②大跨度大空间的结构布置； ③地基处理的范围、方法和技术要求	①各层梁、板布置平面图； ②基础布置图； ③大跨度大空间的结构布置图； ④楼梯、坡道等详图； ⑤室外管沟、管架详图等
提供资料	①各类水池、水箱及设备机房的位置及荷载； ②楼板及承重墙上要开的大洞； ③有特殊空间要求的房间（需拔柱等）	①各类水池、水箱及设备机房的位置及荷载； ②排水所需的集水坑和地沟的大小与位置； ③需要穿基础的管道位置	①各类水池、水箱、设备机房、集水坑及地沟等的详图； ②给排水设备的基础详图； ③需要穿越承重结构、楼板、屋面及地下室外墙的管道布置图等

3. 与暖通专业的配合

各设计阶段给排水与暖通专业的配合内容见表7-1-3。

与暖通专业的配合内容　　表7-1-3

	方案设计阶段	初步设计阶段	施工图设计阶段
接受资料	锅炉房、换热站、制冷机房和空调机房等的用水量、排水量及水质水压要求	①暖通专业所需的各类用、排水点的位置、水质、水量及水压要求等； ②锅炉房、换热站平面布置图； ③主要风管路由等	①暖通专业所需的各类用、排水点平面布置图及水质、水量及水压要求等； ②锅炉房、换热站平面布置图； ③风管平面布置图等
提供资料	①各种热水系统的工作制； ②给排水专业所需供热量、介质及其参数	①热水系统所需的供热量，一次热媒的种类及参数要求； ②给排水专业设备用房对通风、温湿度的要求； ③气体灭火区域； ④主要干管敷设路由及冷却塔标高和压力要求	①热水系统所需的供热量，热媒介质的温度及压力要求，热媒引入点位置等； ②给排水专业设备用房对通风、温湿度的要求； ③气体灭火区域； ④主要干管敷设路由及冷却塔标高和压力要求

4. 与电气专业的配合

各设计阶段给排水与电气专业的配合内容见表7-1-4。

与电气专业的配合内容　　表7-1-4

	方案设计阶段	初步设计阶段	施工图设计阶段
接受资料	有无特殊给排水或灭火要求的电气设备用房	①各类电气设备用房的给排水要求； ②主要管线、桥架的大小与位置	①各类电气设备用房平面布置图及给排水要求； ②主要管线、桥架的平面布置图； ③灯具及火灾探测设备平面布置图等
提供资料	主要用电设备	①消防设备及其他主要用电设备的位置、数量及用电负荷； ②消防系统控制要求； ③消火栓、报警阀、水流指示器、信号阀等的位置及数量； ④主要干管敷设路由	①消防设备及其他主要用电设备的平面布置图； ②消防系统控制要求； ③各层消防系统平面布置图； ④水池、水箱、水泵及气压给水设备的控制要求； ⑤室内主要给排水管道的平面及竖向通道

三、毕业设计过程中的施工图文件编制要求

1. 正式给排水施工图文件编制要求

在建筑设计院进行工程设计时，给排水专业施工图应包含以下内容：

①图样目录。

②设计说明书。

③设计图样。

④主要设备材料表。

⑤设计计算书（供内部使用及存档）。

工程施工图设计文件的深度要求如下：

（1）设计及施工说明

①工程设计概况：应将经审批定案后的初步（或方案）设计说明书中的主要指标录入。

②各系统的主要设计参数，系统形式等。

③各系统的管道、阀门等的材质要求及连接方式。

④管道、设备的施工安装要求及验收方法与标准。

⑤本工程选用标准图图集编号、页号。

⑥节水、节能设计专篇。

（2）工程设计图纸

①给排水总平面图。应包括与工程相关的所有室外给排水管线。压力流管道应标注管径，重力流应标注管径、坡度、长度及管内底标高。

②底层给排水平面图。应包括所有室内给排水管线、设备的平面位置，尤其要突出进出建筑的室内管线的位置、管径、标高等，应对所有进出建筑的管线按系统分类进行编号，其编号应与系统图编号一致。

③各层给排水平面图。应包括所有室内给排水管线、设备的平面位置，并对所有立管按系统进行分类编号，其编号应与系统图编号一致。

④各系统轴测图或原理图。系统轴测图应能反映系统中主要管线的空间走向、管道直径、管道标高等信息，重力流管道还应对水平敷设管线的坡度进行标注。系统原理图可不反映管道的空间走向。系统图中各立管、进出户横管的编号应与平面图一致。

⑤卫生间大样图。卫生间大样图应反映各卫生设备、地漏等需要在楼板预留空洞或预埋套管的准确位置，应给出卫生间内给排水支管的系统轴测图或原理图，标注管道的管径、标高、坡度等信息。

⑥设备房详图。包括各类泵房、水池、水箱、热交换间、报警阀间、气压给水设备用房等设备房的详图。设备房详图应以平、立、剖面图的形式对主要设备及其连接管道进行表示，并应详细说明其控制要求。

⑦其他详图。如集水坑、排水沟等详图。

（3）主要设备表

注明主要设备图标、名称、型号、规格、单位、数量等。

（4）设计计算书（供内部使用及存档）

施工图设计阶段的计算书，只补充初步设计阶段时应进行计算而未进行计算的部分，修改因初步设计文件审查变更后，需重新进行计算的部分。

2. 毕业设计文件编制要求

考虑到本科毕业设计环节教学时数及教学要求的实际情况，给排水专业本科毕业设计文件应基本达到工程施工图设计的要求，可适量增减图纸内容，但应包括以下内容：图样目录、设计及施工说明、设计图纸、主要设备表、设计计算说明书等内容。

其中，设计图样与设计计算说明书为主要部分。一般而言，设计图样应包括给排水总平面图、各层给排水平面图、各系统轴测图或原理图、卫生间详图和设备房详图等，折算成 A2 图 12～18 张左右。

设计计算说明书应包括封面、中文摘要、英文摘要、目录、正文、结束语、参考文献、致谢词等主要部分。其中正文应包括设计思路、方案论证、主要计算等内容。设计计算说明书应注意格式符合相关规定，篇幅不宜小于 50 页。

第二节　生活给水系统设计

一、生活给水系统设计步骤

生活给水系统的设计通常应按下列步骤进行。

1. 设计用水量计算

设计用水量计算应根据建筑的性质及用途、建筑所在地的气候条件及生活习惯等因素确定生活用水定额，并根据建筑专业提供（或自行估算）的用水单位数，计算确定该建筑的设计用水量。

2. 确定给水方式

给水方式应以业主提供的市政给水管网的资用水头

为依据，结合建筑的性质、用途、层高和层数等因素，经技术经济比较后确定。

3. 给水管道的布置与敷设

给水管道的布置与敷设应遵循先主后次的原则进行，即：根据用水点的分布情况，先布置给水横干管和立管，再布置给水支管。给水横干管和立管应尽量靠近用水量大、用水集中且便于安装维护的位置。

4. 给水系统设计计算

给水系统设计计算就是通过水力计算确定各个管段的管径，复核给水方式的安全性与可靠性，计算并确定增压和贮水设备的规格型号等。

5. 绘制图纸

包括平面图、系统图及大样图等。

二、设计用水量的计算

设计用水量是确定建筑用水规模和给水方式的前提，是计算生活水池、水箱有效容积的基础。

建筑的设计用水量应为建筑内部所有分项用水量之和，可按下式逐项列表计算并计算总和。

1. 最高日生活用水量

最高日生活用水量可按式（7-2-1）计算：

$$Q_d = \frac{mq_d}{1000} \qquad (7-2-1)$$

式中 Q_d——最高日生活用水量（m³/d）；

　　m——用水单位数（人、床位、人次等）；

　　q_d——用水定额（L/（人·d）、L/（床·d）等）。

用水单位数的确定应根据建筑的性质、用途等确定。通常，单元式住宅可按每户 3～4 人计算；宾馆、医院的病房楼等建筑，可按实际床位数确定；剧场、影剧院、体育场等建筑的观众人数可按实际座位数确定；办公建筑可根据业主要求的或建筑专业提供的办公人数确定，也可以根据办公楼的档次，按面积进行估算。

2. 最高日最大时生活用水量

最高日最大时生活用水量可按式（7-2-2）计算：

$$Q_h = \frac{Q_d}{T}K \qquad (7-2-2)$$

式中 Q_h——最高日最大时生活用水量（m³/h）；

　　T——用水时间（h）；

　　K——时变化系数。

用水定额、用水时间和时变化系数可根据《建筑给水排水设计规范》GB50015—2003（2009 年版）的表 3.1.9 及表 3.1.10 确定。

其他用水量，如空调循环冷却补水量、锅炉补水量等应根据其他专业提供的资料按实计算。

三、给水方式

1. 高层建筑常用的给水方式

由于城市给水管网的供水压力通常为 0.2～0.4MPa，难以满足高层建筑直接供水的要求。故高层建筑通常采用分区给水的方式，即：低区由市政管网直接供水，高区由水泵加压供水。高层建筑常用的加压给水方式及其特点见表 7-2-1。

高层建筑常用的给水方式及其特点　　　　　　　　　　　表 7-2-1

给水方式		系统图式	特点
分区并联给水	变频给水		优点：各区供水自成系统，互不影响，供水较安全可靠；各区增压设备集中设置，便于维修、管理；无需水箱，节省了占地面积。 缺点：上区供水泵扬程较大，高压水管线长；设备费用较高，维修复杂

给水方式		系统图式	特点
分区并联给水	气压给水		优点：各区供水自成系统，互不影响，供水较安全可靠；各区增压设备集中设置，便于维修、管理；无需水箱，节省了占地面积。 缺点：上区供水泵扬程较大，高压水管线长；气压给水设备调节容积小，耗电量较大，分区多时，高区气压罐承受压力大，使用钢材较多，费用高
	水泵—水箱		优点：各区供水自成系统，互不影响，供水较安全可靠；各区增压设备集中设置，系统简单，便于维修、管理。 缺点：上区供水泵扬程较大，高压水管线长；分区水箱多，需占用一定的建筑面积；易造成二次污染
分区串联给水			优点：无需设置高压水泵和高压管线；水泵可保持在高效段工作，节省能耗；管道布置简单，省管材。 缺点：供水的安全性差，下区设备故障，将直接影响上层供水；各区水箱、水泵分散，维修、管理不便，且要占用一定的建筑面积；水箱容积较大，将增加结构的负荷和造价；易造成二次污染
分区减压给水	减压阀减压		优点：水泵数量少，占地少，且集中设置，管线布置简单，便于维修、管理。 缺点：各区用水均需提升至屋顶水箱，不但水箱容积大，对建筑结构和抗震不利，也增加了电耗；供水不够安全，水泵或屋顶水箱输水管、出水管的局部故障都将影响各区供水
	减压水箱减压		优点：水泵数量少，占地少，且集中设置，管线布置简单，便于维修、管理。 缺点：各区用水均需提升至屋顶水箱，不但水箱容积大，对建筑结构和抗震不利，也增加了电耗；供水不够安全，水泵或屋顶水箱输水管、出水管的局部故障都将影响各区供水；减压水箱液位控制阀启闭频繁，容易损坏

2. 给水的竖向分区

根据《建筑给水排水设计规范》GB50015—2003（2009 年版）第 3.3.4 条和第 3.3.5 条的相关规定，高层建筑生活给水系统必须进行竖向分区。在对高层建筑进行竖向分区时，可按以下方法进行。

（1）能够由市政给水管网直接供水的部分，确定为直接供水区域，或叫低区。

（2）必须通过增压方式供水的部分，应根据建筑物的性质与用途确定分区。通常，宾馆、住宅类建筑，其竖向分区应以分区最低点静水压不超过 0.35MPa 为依据；办公等建筑的竖向分区应以分区最低点静水压不超过 0.45MPa 为依据。

3. 给水方式的比选

高层建筑的给水方式应根据建筑物的高度、性质及用途等，经技术经济比较后确定。

通常，建筑高度小于 100m 的高层建筑，宜采用分区并联的给水方式。同时，对于该类住宅、宾馆等用水量较大的高层建筑，使用变频供水方式的节能效果显著，应优先采用；对于此类办公等用水量相对较小的高层建筑，亦可考虑采用分区减压的给水方式。从用水卫生安全及节约建筑空间的角度出发，采用分区减压给水方式时，应优先采用减压阀减压给水的方式。

对于建筑高度大于 100m 的高层建筑，宜采用分区串联的给水方式。由于采用分区串联给水方式时，增压、贮水设备较为分散，应在方案设计阶段与建筑专业密切配合，合理确定设备转换层的位置。

此外，在允许从市政管网直接吸水的地区，应充分利用市政给水管网的水压，优先采用叠压供水（或称无负压供水）方式，以降低增压设备的扬程，达到节电节能的目的。

四、给水管道的布置与敷设

1. 基本要求

给水管道的布置与敷设受建筑结构、用水要求、配水点和室外给水管道的位置以及供暖、通风、空调和供电等其他建筑设备工程管线布置等因素的影响。进行管道布置时，应处理好各种相关因素间的关系，力求经济、合理。

生活给水管道的布置应满足供水安全、水力条件好、不影响建筑使用、保护管道不受损坏及便于安装维修等基本要求。

保证供水安全，主要应从给水引入管的数量和给水管网的布置形式两个方面来考虑。如建筑不允许间断供水，则应设置 2 根以上的引入管，且引入管应从环状市政给水管网的不同环状管段引入；室内给水管网也应根据情况布置成环状，并用阀门合理分段。

水力条件好就是要求给水干管应布置在用水量大或不允许间断供水的配水点附近，既利于供水安全，又可减少流程中不合理的转输流量，节省管材。管道应尽可能与墙、梁、柱平行，呈直线走向，力求管路简短，以减少工程量，降低造价。

不影响建筑使用和保护管道不受损坏就是要求给水管道不得布置在妨碍生产操作和交通运输或遇水易引起燃烧、爆炸的设备、产品和原料上方。为避免管道渗漏，造成配电间电气设备故障或短路，给水管道不得从变、配电间通过。埋地的给水管道应避免布置在可能受重物压坏处。给水管道不得穿越以下地方：生产设备的基础、建筑物的伸缩缝和沉降缝、烟道和风道、排水沟和大、小便槽等。

便于安装维修就是要求布置管道时其周围要留有一定的空间，以满足安装、维修的要求。需要进人维修的管道井，其通道不宜小于 0.6m。

2. 布置形式

给水管道的布置按供水的安全可靠性要求可分为枝状和环状两种，前者为单向供水，安全可靠性差，但节省管材，造价低；后者为双向供水，安全可靠，但管线长，造价高。一般建筑内部生活给水管道宜采用枝状布置。按水平供水干管敷设的位置又可分为上行下给、下行上给两种。上行下给时，水平干管通常位于建筑的顶部，立管中的水流方向向下，常用于屋顶水箱供水；下行上给时，水平干管位于建筑的底层，立管中的水流方向向上，常用于直接供水方式和变频加压供水。

五、给水管材及附件

目前，建筑内部生活给水系统常用的管材主要有塑料管和复合管。塑料管如：UPVC 塑料给水管、PEX 管、PPR 管和 PE 管等；复合管主要有：镀锌钢管内衬（或内喷涂）塑料管和镀锌钢管内衬不锈钢管。室外埋地给水管通常采用铸铁管（主要是球墨铸铁管）或 HDPE 管。在选择管材的过程中，除应考虑工作场所、工作压力等因素外，由于塑料管材的线胀系数较大，抗变形能力较差，故对于管径较大的给水管道，宜采用复合管材，以避免由于管道自重和热胀冷缩等原因导致的管道变形和损坏。在选择给水附件的过程中，在满足功能要求的同时，还应尽量选择与所用管材线胀性等相似的材质，并应考虑其方便与管道连接。

六、给水系统设计计算

给水系统设计计算的主要目的是计算设计秒流量，并根据流量确定各管段的管径和水头损失，从而确定系统所需压力。对直接供水系统，应复核市政给水管网资用水头是否满足系统所需压力要求，对增压供水系统，应根据系统所需水压和流量确定增压设备选型。

目前，规范根据建筑物的性质及用途规定了3种给水设计秒流量计算方法，在进行水力计算时，应根据规范要求，选定计算方法。对于同时具有多种功能的建筑，如商住楼，对商业部分和住宅部分应分别采用不同的设计秒流量计算公式进行计算，然后再进行加权得出最终总的设计秒流量。

不同性质及用途的建筑，其设计秒流量计算公式详见《建筑给水排水设计规范》GB50015—2003（2009年版）。

第三节　消防系统设计

一、消火栓系统

消火栓系统以水为灭火介质，是扑救一般建筑火灾最经济有效的手段之一。建筑消火栓系统的设计包含室内消火栓系统与室外消火栓系统两个部分。消火栓系统的设置场所应严格按照《建筑设计防火规范》GB50016—2006及《高层民用建筑设计防火规范》GB50045—95（2005年版）的相关要求确定。

1. 消火栓系统的设计步骤

（1）确定消防用水量

消防用水量的确定是进行建筑消火栓系统设计的基础与前提。其确定应首先明确建筑的类别及其耐火等级（由建筑专业提供），在此基础上根据建筑的性质、用途、体积、层数及总建筑高度等因素确定该建筑的室内、外消防用水量及一次火灾的延续时间。

（2）确定消防系统给水方式

我国的室外消防系统一般采用低压消防系统，即要求最不利点室外消火栓的静水压应不小于0.1MPa。通常情况下，由于市政给水管网的资用水头都能满足此要求，故在以市政给水管网作为水源时，建筑室外消火栓系统可采用直接供水方式，并可与室外生活给水管网合并。

室内消火栓系统常用的给水方式有临时高压给水系统和常高压给水系统。就高层建筑而言，由于其层数多，总建筑高度较高，一般应采用临时高压给水系统。

（3）布置消火栓

室外消火栓的布置应遵循其保护半径不大于150m、间距不超过120m的原则进行；室内消火栓的布置则应遵循有两支水枪的充实水柱同时到达室内任一着火点的原则，根据其保护半径进行布置。

（4）布置消防管网

在布置消防管网时，应注意根据建筑的性质、用途、体积、层数及总建筑高度等因素确定消防管网的具体布置要求，如是否必须呈环状布置、环状管网分段阀门的设置要求等。

（5）消火栓系统设计计算

对室外消火栓系统而言，如以市政管网作为水源，水力计算的目的主要是复核最不利点室外消火栓的静水压是否满足低压消防的要求，同时确定室外消防管网的管径。对于室内消防管网，除通过水力计算确定室内消防管网的管径外，对于常高压系统，还应对最不利点室内消火栓的栓口压力进行复核；对于临时高压系统，还应根据水力计算的结果确定消防增压及贮水设施规格和型号。

（6）绘制图纸

包括平面图、系统图和增压及贮水设备详图等。

2. 消火栓系统的给水方式

（1）室外消火栓系统

目前，我国室外消防系统通常采用与室外生活或生产给水管网合建的方式，由市政给水管网直接供水，为低压消防系统，要求保证最不利点室外消火栓的栓口静水压不小于0.1MPa即可。

（2）室内消火栓系统

室内消火栓系统的给水方式根据压力可分为常高压系统和临时高压系统。当管网压力能够保证室内最不利点消火栓的水压和水量时，可采用管网直接供水的方式，即常高压系统；否则，就必须设置增压和贮水设施（如消防水池、消防水箱和消防水泵等），以保证火灾时系统的压力和水量，即为临时高压系统。常高压系统与临时高压系统的系统原理图如图7-3-1所示。

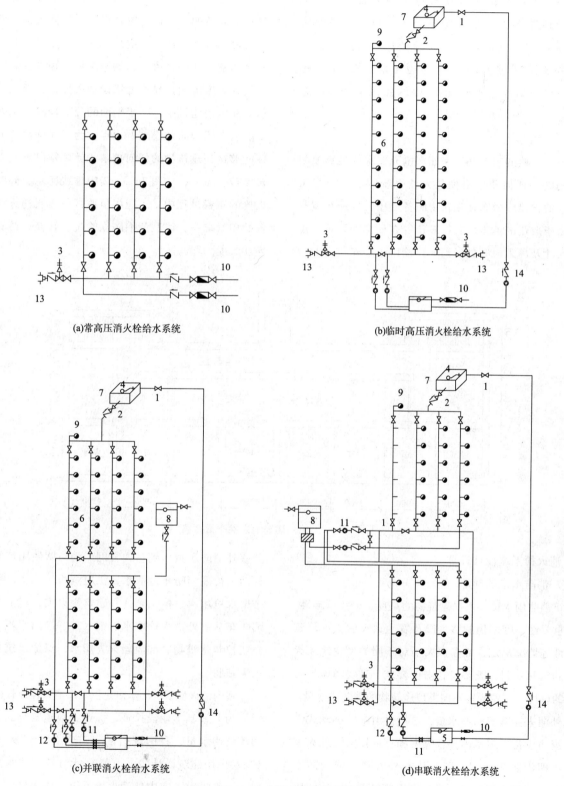

(a)常高压消火栓给水系统

(b)临时高压消火栓给水系统

(c)并联消火栓给水系统

(d)串联消火栓给水系统

图7-3-1　室内消火栓系统示意图

1-阀门；2-止回阀；3-安全阀；4-浮球阀；5-水池；6-消火栓；7-高位水箱；8-低位水箱；9-屋顶试水消火栓；10-来自城市管网；11-高区消防水泵；12-低区消防水泵；13-消防水泵接合器；14-生活水泵

3. 消火栓系统的布置

（1）室外消火栓

室外消火栓是消防车取水的接口装置。室外消火栓应沿道路布置，并宜靠近十字路口；当道路宽度超过60m时，宜在道路两边设消火栓；消火栓的布置间距不应超过120m，距路边不应超过2m，距建筑物外墙不宜小于5m；消火栓的保护半径不应超过150m。

（2）室内消火栓

室内消火栓的布置必须保证水枪充实水柱能够喷射到建筑物内的任何角落且使消火栓系统的立管数量最少。室内消火栓应分布在建筑物的各层中，且应布置在明显和易于取用的地方。它一般布置在楼梯间附近、走廊内、大厅及出入口等处。消火栓栓口中心安装高度距地面1.1m。在多层建筑物内，室内消火栓间距不大于50m；在高层建筑物内，其间距不大于30m。

在进行消火栓的平面布置时，通常应首先在建筑物的疏散通道的出入口位置各设置1只消火栓，然后根据消火栓的保护半径，确定是否满足2支水枪充实水柱同时到达室内任一着火点，如不满足，则应在2只消火栓之间的走道等明显易取处增设消火栓，直至满足这一要求。在民用建筑中，由于平面的分隔较多，水龙带往往不能以直线距离敷设到着火点，为了保证水枪的充实水柱能够达到建筑物的任何角落，就必须以水龙带的实际长度转折布置，如图7-3-2中虚线所示。同时，在消火栓的布置过程中，还应尽量兼顾各楼层消火栓空间位置的相对统一，以避免消防立管过多转换，给施工安装增加难度。

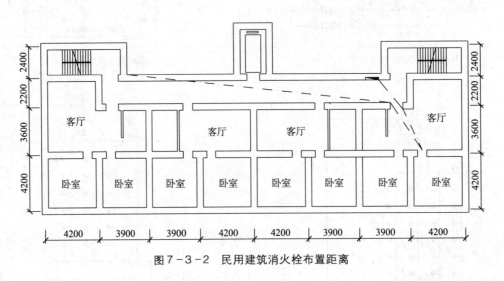

图7-3-2　民用建筑消火栓布置距离

4. 消火栓系统设计计算

（1）消防水量的确定

建筑消防用水量，根据建筑物的高度、火灾危险性、用途、重要性、可燃物的多少以及发生火灾后火灾蔓延的可能性等情况确定，并参照火场对不同类型建筑灭火用水量的实际资料，既要符合安全要求，又要考虑到经济条件的许可，方能确定不同类型建筑物的消防用水量。

室外消火栓系统的用水量，是指供消防队移动式消防车及消防设备支援室内扑救火灾和直接扑救室外火灾的用水。即消防队使用消防车从室外管网（或消防水池）取水，通过水泵接合器供应室内管网用水。当室内消防水泵发生故障时，将全部室外消防用水送到室内管网；当室内消防用水量超过固定消防水泵流量时，将部分室外消防水量送到室内管网。消防队使用消防车从室外消火栓或消防水池取水，供应消防云梯车、曲臂车等带架水枪用水，控制和扑救建筑物火灾；或消防队使用消防车从室外消火栓取水、铺水带、接出水枪、直接扑救或控制建筑物底部数层火灾用水，保护建筑免遭邻近火灾威胁。

室内消火栓系统用水量是供室内消火栓扑救火灾使用。

为节省基本建设投资，保证扑救建筑物火灾的必要的消防用水量，我国现行的《建筑设计防火规范》和《高层民用建筑设计防火规范》针对各种建筑的具体情况，详细规定了室内外消火栓系统的用水量。

（2）栓口所需压力的计算

对于采用低压消防系统的室外消火栓系统，应保证最不利点室外消火栓的栓口静水压不小于 0.10MPa。

对于室内消火栓系统，栓口静水压应能满足灭火所需的水量要求和水枪充实水柱长度要求。室内消火栓栓口静水压的计算可按式（7-3-1）进行。

$$H_{xh} = H_q + h_d \qquad (7-3-1)$$

式中　H_{xh}——消火栓栓口水压（mH_2O）（$1mH_2O = 9.8 \times 10^3 Pa$）；

　　　　H_q——水枪喷嘴形成一定充实水柱长度所需的水压（mH_2O）（$1mH_2O = 9.8 \times 10^3 Pa$）；

　　　　h_d——水龙带的水头损失（mH_2O）（$1mH_2O = 9.8 \times 10^3 Pa$）。

水枪喷嘴射出的流量与喷嘴压力之间的关系，可用下式计算：

$$q_{xh} = \sqrt{BH_q} \qquad (7-3-2)$$

式中　q_{xh}——水枪喷嘴的射流量（L/s）；

　　　　H_q——水枪喷嘴造成一定充实水柱所需的压力（mH_2O）（$1mH_2O = 9.8 \times 10^3 Pa$）；

　　　　B——水流特性系数。

水龙带水头损失按下式计算：

$$h_d = A_z L_d q_{xh}^2 \qquad (7-3-3)$$

式中　h_d——水龙带水头损失（mH_2O）（$1mH_2O = 9.8 \times 10^3 Pa$）；

　　　　q_{xh}——水枪喷嘴的射流量（L/s）；

　　　　L_d——水龙带长度（m）；

　　　　A_z——水龙带阻力系数。

（3）室内消防管网水力计算

1）室内消火栓用水量的分配

多层和低层建筑室内消火栓给水系统的消防用水量是扑救初期火灾的用水量，根据扑救初期火灾使用水枪数量及灭火效果统计，在火场出一支水枪灭火控制率为40%，同时出两支水枪的火灾控制率可达65%，可见扑救初期火灾使用的水枪数是不应少于两支。

高层建筑内消火栓应保证扑救整个灭火过程所需的用水量，同时，需要同层相邻两个消火栓同时扑救，以防止火灾蔓延扩大。当相邻两根竖管有一根检修时，另一根应仍能保证扑救初期火灾的需要，故每一根竖管应供给一定消防用水量，室内消防用水量小于或等于20L/s 时建筑物内每根竖管的流量不小于两支水枪的用水量；室内消防用水量等于或大于30L/s 时，建筑物内每根竖管的流量不小于三支水枪的用水量。

2）室内消火栓给水系统的水力计算

消防管网的水力计算方法与给水管网计算相同，不同的是消防立管的直径上下保持不变，计算水头损失需将实际消防流量通过管道来计算。

室内消火栓给水系统所需的水压按下式计算：

$$H = H_{标} + H_{栓} + H_{管} \qquad (7-3-4)$$

式中　H——保证最不利点处消火栓所需要的压力（mH_2O）（$1mH_2O = 9.8 \times 10^3 Pa$）；

　　　　$H_{标}$——管网或消防水泵中心与最不利点消火栓的标高差（m）；

　　　　$H_{栓}$——最不利点栓口所需要的压力（mH_2O）（$1mH_2O = 9.8 \times 10^3 Pa$）；

　　　　$H_{管}$——室内消火栓给水系统管网的水头损失（mH_2O）（$1mH_2O = 9.8 \times 10^3 Pa$）。

在高层建筑中，为防止消火栓系统压力过大而导致的管道及设备的损坏，当建筑最低层消火栓的栓口静水压大于 1.0MPa 时，应对系统进行竖向分区，并采取减压措施，以保证分区最低层消火栓的栓口静水压不大于1.0MPa。为使建筑内部高层和低层消火栓水枪出流量的相对平衡，避免因底层栓口压力过大导致消防队员难以控制水枪，当栓口静水压大于 0.50MPa 时，应对消火栓采取减压措施。

对于竖向分区减压，可采用比例式减压阀进行减压；对栓口减压，则可采用减压孔板减压或使用减压稳压消火栓。

二、自动喷水灭火系统

自动喷水灭火系统是一种以水为灭火剂，在火灾发生时能够自动打开喷头，喷水灭火的系统。其对初期火灾具有非常高的扑救成功率，故而越来越受到人们的重视。自动喷水灭火系统根据喷头的形式不同，可分为开式系统（如：雨淋系统、水幕系统等）和闭式系统（如：湿式系统、干式系统和预作用系统等）。建筑内部是否需要设置自动喷水灭火系统，设置哪种系统，应严格按照《建筑设计防火规范》GB50016—2006 及《高层民用建筑设计防火规范》GB50045—95（2005 年版）的相关规定执行。

通常，湿式自动喷水灭火系统是建筑内部最为常用的自动喷水灭火系统，故以下将以湿式自动喷水灭火系统为例，讲述其设计的具体方法与过程。

1. 系统组成及动作原理

湿式自动喷水灭火系统基本组成包括水源、加压设施、稳压设施、报警阀组、管网及闭式喷头等部分。其工作原理方框图，如图7-3-3所示。其系统示意图见图7-3-4。

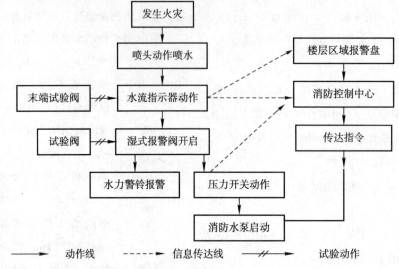

图7-3-3 湿式自动喷水灭火系统工作原理方框图

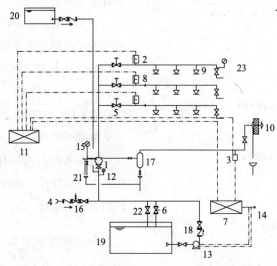

图7-3-4 湿式自动喷水灭火系统示意图

1-湿式报警阀；2-水流指示器；3-压力开关；4-水泵接合器；5-信号阀；6-泄压阀；7-电气自控箱；8-减压孔板；9-闭式喷头；10-水力警铃；11-火灾报警控制屏；12-闸阀；13-消防水泵；14-按钮；15-压力表；16-安全阀；17-延迟器；18-单身阀；19-消防水池；20-高位水箱；21-排水漏斗；22-消防水泵试水阀；23-末端试水装置

2. 系统设计步骤

（1）确定设置范围与设计参数

自动喷水灭火系统设计过程中，应首先根据建筑的性质、用途、面积等因素确定系统设置的范围，即该建筑是否需要设置自动喷水灭火系统，是在整个建筑范围内设置还是局部应用。通常，局部应用系统适用于室内最大净空高度不超过8m的民用建筑中，局部设置、且保护区域总建筑面积不超过1000m²的湿式系统。

在确定设置范围后，还应根据建筑的火灾危险等级、建筑净空高度确定系统的设计喷水强度和作用面积。在同一建筑中，允许不同危险等级的保护区域采用不同的设计参数，但共用消防增压和贮水设备时，消防增压和贮水设备应按危险等级最高的保护区域的设计参数确定。

（2）系统布置

系统布置包括喷头的选择与布置、管网布置、报警阀组和水流指示器的设置以及末端试水或末端放空装置的布置。

（3）系统设计计算

通过设计计算确定各管段的管径、系统所需的压力并以此确定增压和贮水设备的规格和型号。

（4）绘制图纸

绘制喷淋系统平面图和系统图、节点详图等。

3. 系统布置

（1）喷头的选择与布置

喷头是自动喷水灭火系统的关键部件，在灭火过程中起着探测火警、启动喷水灭火的重要作用。故自动喷水灭火系统的效果，在很大程度上取决于喷头的性能和合理布置。

在选择喷头时要注意下面几个问题：

1）喷头的动作温度。喷头公称动作温度宜比环境最高温度高出30℃，以避免在非火灾情况下环境温度发生较大幅度波动时导致误喷。

2）热敏元件的热量吸收速度。喷头自动开启不仅与公称动作温度有关，而且与建筑物构件的相对位置、火灾中燃烧物质的燃烧速度、空气气流传递热量的速度等有关。因此，不少种类的喷头在加速热敏元件吸收热容量的性能上，增加了快速反应的措施，如采用金属薄片

传递热量于易熔元件，扩大溅水盘对热辐射吸收的能力等，来加快热敏元件动作所需的吸热速度，使正常需耗时一分钟左右的动作加快5~6倍，仅需11s即行动作。

3）喷头的布水形态、安装方式及喷放的覆盖面积与流量系数等。

喷头的布置与设计喷水强度和每个喷头的最大保护面积有关。它不仅要使保护对象的任何部位都能喷到水，而且要有一定的喷水强度。一个 Φ15mm 标准喷头的最大保护面积与喷头之间的最大距离见表7-3-1。

Φ15mm 喷头最大允许保护面积与间距　表7-3-1

喷头出口压力（Pa）	危险等级	每个喷头的最大保护面积（m²）	计算喷水半径 R（m）
4.9×10⁴	轻危险级	19.0	3.1
	中危险级	9.4	2.1
	严重危险级	5.7	1.7
9.8×10⁴	轻危险级	21	3.2
	中危险级	12.5	2.5
	严重危险级	8.0（5.4）	2.0（1.6）

在无梁柱障碍的平顶下布置喷头时，如果火灾危险等级一致，一般采取喷头间距成正方形、长方形、菱形的布置，如图7-3-5所示。

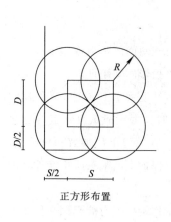
正方形布置

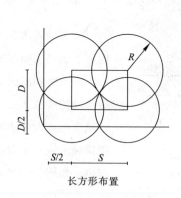
长方形布置

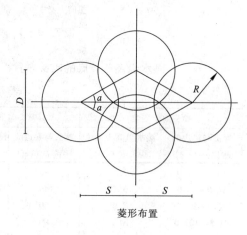
菱形布置

图7-3-5　喷头的布置

喷头以正方形布置时：

$$S = D = 2R\cos45° = \sqrt{2}R \leqslant \sqrt{A} \quad (7-3-5)$$

喷头以长方形布置时：

$$\sqrt{S^2 + D^2} = 2R, SD \leqslant A \quad (7-3-6)$$

喷头以菱形布置时：

$$\tan\alpha = D/2S \quad (7-3-7)$$

$$S \cdot D \leqslant A \quad (7-3-8)$$

式中　S——喷头的水平间距（m）；

D——喷头的垂直间距（m）；

R——喷头的喷水半径（m）；

A——喷头的最大保护面积（m²）。

不同危险等级时菱形与长方形喷头布置的间距如表7-3-2所示。

不同危险等级时菱形与长方形喷头布置的间距 表7-3-2

菱形 S、D 间距（m）								长方形 S、D 间距（m）							
R=1.6		R=2.0		R=2.5		R=3.2		R=1.6		R=2.0		R=2.5		R=3.2	
S	D	S	D	S	D	S	D	S	D	S	D	S	D	S	D
1.70	3.15	2.05	3.85	2.60	4.80	3.35	6.25	2.80	1.55	3.50	1.90	4.00	3.00	5.60	3.00
2.10	2.55	2.55	3.10	3.20	3.90	4.15	5.00	2.60	1.85	3.20	2.40	3.80	3.25	5.30	3.60
2.85	1.90	3.45	2.30	4.30	2.85	5.60	3.75	2.40	2.10	2.80	2.85	3.60	3.45	5.00	4.00
								2.20	2.30	2.60	3.05	3.40	3.65	4.60	4.45
										3.20	3.85	4.40	4.65		

楼板与屋顶板下有梁或搁栅的地方，喷头的布置为了不超越上文所述与板底面的距离，有必要布置在梁或搁栅底面以上时，须按表7-3-3所规定的距离来减少梁深的干扰。

当梁的高度使喷头高于梁底最大距离仍不能满足上述要求的距顶板距离时，应以此梁作为边墙对待，如果梁与梁之间的中心间距小于1.8m时，可用交错布置喷头的办法来处理。如图7-3-6。

当喷头安装于不到顶隔墙附近时，喷头距隔墙的水平距离及与隔墙顶最小垂直距离应符合表7-3-4的规定：

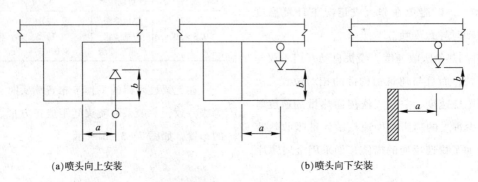

(a)喷头向上安装　　　　　　　　　(b)喷头向下安装

图7-3-6 喷头与梁、格栅及不到顶隔墙的垂直、水平距离

溅水盘高于梁底的喷头布置 表7-3-3

喷头向上安装		喷头向下安装	
喷头与梁边的距离 a（cm）	溅水盘高于梁底距离 b（cm）	喷头与梁边的距离 a（cm）	溅水盘高于梁底距离 b（cm）
30.5~61.0	2.5	20	4.0
61.0~76.0	5.1	40	10.0
76.0~91.5	7.6	60	20.0
91.5~107.0	10.2	80	30.0
107.0~122.0	15.2	100	41.5
122.0~137.0	17.8	120	46.0
137.0~153.0	22.9	140	46.0
153.0~168.0	28.0	160	46.0
168.0~183.0	35.6	180	46.0

喷头距隔墙的水平和最小垂直距离 表7-3-4

水平距离 a（cm）	15	22.5	30	37.5	45	60	75	≥90
距墙顶最小垂直距离 b（cm）	7.5	10	15	20	23.75	31.75	38.75	45

喷头的溅水盘必须平行于斜面的顶板或屋顶板，在斜面下的喷头间距要以水平投影的间距计算。

在人字斜屋面下，斜面坡度大于1:3时，若距屋脊最高处的喷头大于750mm时，由于喷头溅水盘与屋脊的垂直距离大于300mm，则在屋脊下应加装一排喷头，这排喷头应水平安装，用以保护下面喷头所不能喷到的部位，如图7-3-7所示。

除非两个喷头之间在结构构件上有能起挡水作用的构件存在，一般喷头的间距不应小于2.4m（货架内置喷头的间距不应小于2m），以避免一个喷头在火灾中动作后所喷出的水流淋湿另一喷头，影响它的动作灵敏度。如果没有这样的条件，而喷头有必要布置于小于2.4m的间距时，可在两个喷头之间安装专用的挡水板。挡水板的宽度约为200mm，高150mm，最好是金属板，且放在两喷头的中间，安排成能起遮挡喷头相互喷湿的作用。当安放在支管上时，挡板的顶端应延伸到溅水盘上方大约50~75mm的地方，如图7-3-8所示。

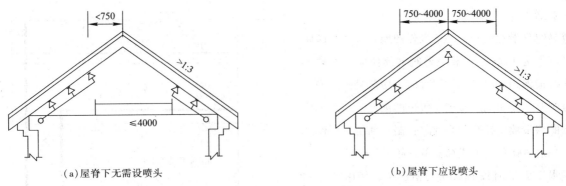

（a）屋脊下无需设喷头　　　　　　　（b）屋脊下应设喷头

图7-3-7　斜面下的喷头安装

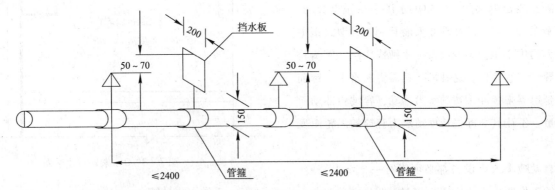

图7-3-8　喷头之间的最小距离与喷头挡水板

边墙型喷头与一般标准喷头大致相同，喷水量和动作温度也一样，只是由于溅水盘的形式不同而改变了喷头的喷水分布状况。一般要求是，边墙型喷头的一侧布水量达到70%～80%，另一侧为20%～30%，用这样的喷水能力来设计需要的保护面积和间距。它适用于宽度不大于3.6m的狭长的房间、走廊，喷头沿墙布置，两侧1m范围内和墙面垂直方向2m范围内，均不应设有障碍物。喷头距吊顶、楼板、屋面板的距离不应小于10cm，并不应大于15cm，距墙面的距离不应小于5cm，并不应大于10cm。

沿墙布置喷头时，其保护面积和间距应符合表7-3-5。扩大覆盖面边墙型喷头应按生产厂家提供的数据布置。

边墙型喷头的保护面积和间距　　表7-3-5

建筑物危险等级	每个喷头最大保护面积（m²）	喷头最大间距（m）	距端墙最大距离（m）
中危险级	8	3.6	1.3
轻危险级	14	4.6	2.3

当房间宽度大于3.6m时，可在对面墙边交错布置另一排边墙喷头；当房间宽度大于7.2m的场所，除两侧各布置一排边墙型喷头外，还应在房间中间布置标准喷头。

近来，国内外开发了一种扩大覆盖面边墙形喷头，其$K=118～115$，覆盖的射距可达5.5m，可解决宽度于3.6～5.5m房间的喷洒问题。

（2）管网

自动喷水灭火系统所有供水设施（包括喷淋泵、消防水箱）的管道均应经过报警阀组接入系统，报警阀组后的管网上不得再连接除喷头以外的其他用水设施。当系统设有2个及以上的报警阀组时，报警阀组前的供水管网应呈环状连接。

配水管两侧每根配水支管控制的标准喷头数，轻危险级、中危险级场所不应超过8只，同时在吊顶上下安装喷头的配水支管，上下侧均不应超过8只。严重危险级及仓库危险级场所均不应超过6只。

水平安装的管道宜有坡度，并应坡向泄水阀，其坡度不宜小于2‰。

自动喷水灭火系统配水管道的工作压力不应大于1.20MPa。当系统工作压力大于1.20MPa时，应进行竖向分区并采取相应的减压措施。对于轻危险级、中危险级场所，各配水支管入口（水流指示器处）的压力均不宜大于0.40MPa。否则，应采用减压孔板进行减压。

（3）报警阀组

报警阀组宜设在安全及易于操作的地点，报警阀距地面的高度宜为 1.2m。安装报警阀的部位应设有排水设施。连接报警阀进出口的控制阀应采用信号阀。当不采用信号阀时，控制阀应设锁定阀位的锁具。一个报警阀组控制的喷头数应符合下列规定：湿式系统、预作用系统不宜超过 800 只；干式系统不宜超过 500 只。

在供水压力平时没有波动的情况下，如由高位水箱、稳压泵、气压罐等设施供水，在通至水力警铃的管道上是无需安装延迟器的，但如供水源来自城市管网，由于不均衡系数大，水压波动亦大而且频繁，湿式报警阀受到较大的供水压力突变或发生水锤作用时，阀瓣将被冲开，导致误发警报。这种情况就需要在水力警铃前安置一个延迟器来缓冲短暂的水力冲动，容纳由冲动而来的水流量，不让其立即进行推动水力警铃的涡轮而发虚报。

每套自动喷水灭火设备都必须附有一个水力警铃。水力警铃的工作压力不应小于 0.05MPa，并应设在有人值班的地点附近，与报警阀连接的管道，其管径应为 20mm，总长不宜大于 20m。

压力开关应设置在延时器和水力警铃之间。当湿式报警阀阀瓣开启后，其中一部分压力水流通过报警管进入安装于水力警铃前的压力开关的阀体内，开关膜片受压后，触点闭合发出电信号输入报警控制箱，从而启动消防泵。

（4）水流指示器

水流指示器的作用是指示火灾发生的具体位置。因此，除报警阀组控制的喷头只保护不超过防火分区面积的同层场所外，每个防火分区、每个楼层均应设水流指示器。水流指示器入口前的控制阀应采用信号阀。

（5）末端试验及放空装置

每个报警阀组控制的最不利点喷头处，应设末端试水装置，其他防火分区、楼层均应设直径为 25mm 的试水阀。末端试水装置和试水阀应便于操作，且应有足够排水能力的排水设施。

末端试水装置应由试水阀、压力表以及试水接头组成，如图 7-3-9 所示。试水接头出水口的流量系数，应等同于同楼层或防火分区内的最小流量系数喷头。末端试水装置的出水，应采取孔口出流的方式排入排水管道。

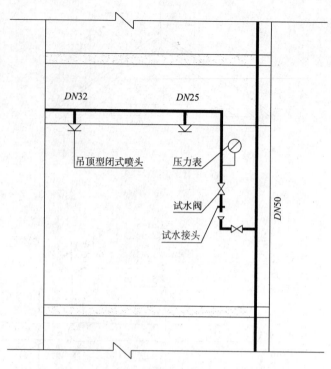

图 7-3-9 末端试水装置

4. 系统水力计算

（1）系统设计用水量

自动喷水灭火系统的设计秒流量宜按下式计算：

$$Q_s = \frac{1}{60} \sum_{i=1}^{n} q_i \qquad (7-3-9)$$

式中 Q_s——系统设计秒流量（L/s）；

　　q_i——最不利点处作用面积内各喷头节点的流量（L/s）；

　　n——最不利点处作用面积内喷头数。

（2）初定管径

自动喷水灭火系统中管道的管径应按设计流量及流速计算确定。管道中的最大流速不宜超过 5m/s，而对于某些配水支管可以采用缩小管径增大沿程水头损失以达到减压的目的时，管中流速允许超过 5m/s，但也不能超过 10m/s。

自动喷水灭火系统中管道的管径也可根据作用面积内喷头开放的个数来初步确定，见表 7-3-6。

一般场所喷洒管网管径的初定

表 7-3-6

管径（mm）	25	32	40	50	70	80	100
最多喷头数（个）	1	3	4	5~8	9~12	13~32	33~64

在不同的喷水强度要求下，调整喷头的间距来满足

喷水强度的不同要求。

（3）管段流量及水头损失计算

在自动喷水灭火系统管网中，每一个喷头的出流量与其喷头特性系数 B、工作水头 H 有关。而 B 对某种口径的喷头而言为一常数，因此在自动喷水灭火系统管网中，由于每个喷头处工作水头的不同，出水量也不相同。

自动喷水灭火系统管网的水力计算，因管道中同时有许多喷头出水，而每个喷头出流量又不相同，故采用一般的枝状管网计算方法较为困难，为了简化计算，常采用下述方法。

在管径初步决定后，即可按流量、压力、水头损失间的关系进行水力计算：

$$q = \sqrt{BH}$$
$$h = AlQ^2 \qquad (7-3-10)$$

式中　q——喷头或节点处的流量（L/s）；

　　　B——喷头特性系数，与流量系数和喷头口径有关（$L^2/(s^2 \cdot m)$）；

　　　H——喷头处水压（mH_2O）（$1mH_2O = 9.8 \times 10^3 Pa$）；

　　　h——管段沿程水头损失（mH_2O）（$1mH_2O = 9.8 \times 10^3 Pa$）；

　　　l——管段长度（m）；

　　　Q——管段中流量（L/s）；

　　　A——比阻抗（s^2/L^2）。

现举例作水力计算分析如下：

图 $7-3-10$ 为一个自动喷水灭火系统管网，设喷头 $1-5-6$ 系统为管系 I，喷头 $a-b-6$ 系统为管系 II，管系 I 管段的水力计算列于表 $7-3-7$。

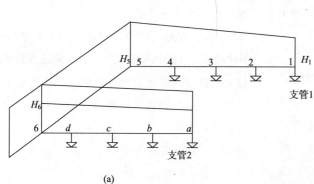

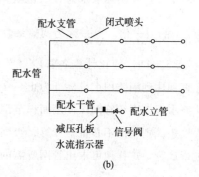

图 $7-3-10$　喷洒管网计算原理图

支管 I，在节点 5 只有转输流量而没有支出流量，则：

$$Q_{6-5} = Q_{5-4} \qquad (7-3-10a)$$

由表 $7-3-7$ 知

$$\Delta H_{5-4} = H_5 - H_4 = A_{5-4} l_{5-4} Q_{5-4}^2 \qquad (7-3-10b)$$

与管系 I 计算方法相同，对管系 II 可得：

$$\Delta H_{6-d} = H_6 - H_d = A_{6-d} l_{6-d} Q_{6-d}^2 \qquad (7-3-10c)$$

上二式相除，并设支管 I 和支管 II 水力条件（管材、管长、喷头口径及位置等）相同，可得

$$Q_{6-d} = Q_{5-4} \sqrt{\frac{\Delta H_{6-d}}{\Delta H_{5-4}}} \qquad (7-3-10d)$$

如图 $7-3-10$ 所示，根据管中水流连续性原理，可得节点 6 的转输流量：

$$q_6 = Q_{5-4} + Q_{6-d} \qquad (7-3-10e)$$

将式（$7-3-10d$）代入上式可得：

$$q_6 = Q_{5-4}\left(1 + \sqrt{\frac{\Delta H_{6-d}}{\Delta H_{5-4}}}\right) \qquad (7-3-10f)$$

将式（$7-3-10a$）代入上式得：

$$q_6 = Q_{6-d}\left(1 + \sqrt{\frac{\Delta H_{6-d}}{\Delta H_{5-4}}}\right) \qquad (7-3-10g)$$

因为节点 6 水压 $H_6 = H_d + \Delta H_{6-d} = H_5 + H_{6-5}$，将其中 $\Delta H_{6-d} = H_6 - H_d$ 及式（$7-3-10b$）代入上式得：

$$q_6 = Q_{6-5}\left(1 + \sqrt{\frac{H_6 - H_d}{H_5 - H_4}}\right) \qquad (7-3-10h)$$

按上式求 q_6 值是比较繁杂的。简化计算令 $\sqrt{\frac{H_6 - H_d}{H_5 - H_4}} = \sqrt{\frac{H_6}{H_5}}$ 可得：

$$q_6 = Q_{6-5}\left(1 + \sqrt{\frac{H_6}{H_5}}\right) \qquad (7-3-11)$$

式中　q_6——管网上节点 6 处的转输流量（L/s）；

　　　Q_{6-5}——管段 $6-5$ 中的流量（L/s）；

　　　H_6——节点 6 的水压（mH_2O）（$1mH_2O = 9.8 \times 10^3 Pa$）；

　　　H_5——节点 5 的水压（mH_2O）（$1mH_2O = 9.8 \times 10^3 Pa$）。

管段流量及水头损失计算　　　　　　　　　　　　表 7-3-7

节点喷头	管段	喷头特性系数 (B)	喷头或节点处压力 (mH$_2$O)	喷头或节点处之流量 (L/s)	管段内之流量 Q (L/s)	Q^2	管段直径 d (mm)	管道比阻值 A (s^2/L^2)	管段长 l (m)	管段水头损失 h (mH$_2$O)
1		B	H_1	$q_1 = \sqrt{BH_1}$						
	2-1				$Q_{2-1} = q_1$	Q_{2-1}^2	d_{2-1}	A_{2-1}	L_{2-1}	$\Delta H_{2-1} = A_{2-1}l_{2-1}Q_{2-1}^2$
2		B	$H_2 = H_1 + \Delta H_{2-1}$	$q_3 = \sqrt{B(H_1 + \Delta H_{2-1})}$						
	3-2				$Q_{3-2} = q_1 + q_2$	Q_{3-2}^2	d_{3-2}	A_{3-2}	L_{3-2}	$\Delta H_{3-2} = A_{3-2}l_{3-2}Q_{3-2}^2$
3		B	$H_3 = H_2 + \Delta H_{3-2}$	$q_3 = \sqrt{B(H_2 + \Delta H_{3-2})}$						
	4-3				$Q_{4-3} = q_1 + q_2 + q_3$	Q_{4-3}^2	d_{4-3}	A_{4-3}	l_{4-3}	$\Delta H_{4-3} = A_{4-3}l_{4-3}Q_{4-3}^2$
4		B	$H_4 = H_3 + \Delta H_{4-3}$	$q_4 = \sqrt{B(H_3 + \Delta H_{4-3})}$						
	5-4				$Q_{4-3} = q_1 + q_2 + q_3 + q_4$	Q_{5-4}^2	d_{5-4}	A_{5-4}	L_{5-4}	$\Delta H_{5-4} = A_{5-4}l_{5-4}Q_{5-4}^2$

式（7-3-11）的意义：通过计算点 6 所供给的两股流量中，由于节点 6 实际水压为 H_6，故其供给支管 II 的流量必为 Q_{6-5} 的 $\sqrt{\dfrac{H_6}{H_5}}$ 倍。$\sqrt{\dfrac{H_6}{H_5}}$ 称为调整系数。

按式（7-3-11）简化计算各管段（节点）的转输流量值，直到达到消防用水量标准为止。

如自动喷水灭火系统管网在作用面积范围内左部尚有对称布置喷头，则左部不必重新计算，否则仍按上述方法继续进行计算。这样便可求出管网所需的流量以及所需起点压力。

此外，计算过程中应注意必须遵守下列规定：

1）喷洒系统最不利点处喷头的工作水头，任何情况下亦不得小于 5m。

2）管网允许流速，钢管一般不大于 5m/s，铸铁管为 3m/s。计算中可用表 7-3-8 流速系数值直接乘以流量，校核流速是否超过允许值，如不满足要求，即应对初定管径进行调整，流速表达公式如下：

$$v_p = K_c Q_p \qquad (7-3-12)$$

式中　v_p——流速（m/s）；

　　　K_c——流速系数（m/L）；

　　　Q_p——流量（L/s）。

流速系数 K_c　　　　　　　　　　　　表 7-3-8

管材	管径 (mm)												
	15	20	25	32	40	50	70	80	100	125	150	200	250
	K_c (m/L)												
钢管	5.85	3.105	1.883	1.05	0.8	0.47	0.283	0.204	0.115	0.075	0.053	—	—
铸铁管	—	—	—	—	—	0.127	—	—	0.127	0.081	0.0566	0.0318	0.021

（4）自动喷水灭火系统所需的水压

自动喷水灭火系统中供水管或消防水泵处所需的水压，可按下式计算：

$$H_{pb} = H_p + H_{pj} + \sum h_p + H_{kp} \qquad (7-3-13)$$

式中　H_{pb}——供水管或消防泵处压力（mH$_2$O）（1mH$_2$O = 9.8×10^{3}Pa）；

　　　H_p——最高最远喷头的工作水头（mH$_2$O）（1mH$_2$O = 9.8×10^{3}Pa）；

　　　H_{pj}——最高最远喷头与供水管或消防泵中心之间的几何高差（m）；

　　　$\sum h_p$——自动喷水灭火系统的沿程损失和局部损失之和（mH$_2$O）（1mH$_2$O = 9.8×10^{3}Pa）；

　　　H_{kp}——控制信号阀的压力损失（mH$_2$O）（1mH$_2$O = 9.8×10^{3}Pa），其值可参考表 7-3-9 之计算公式确定。

各种报警阀的压力损失公式 表7-3-9

阀门名称	阀门直径（mm）	计算公式 $H_{kp} = B_k Q^2$
湿式报警阀	100	$H_{kp} = 0.00302 Q^2$
湿式报警阀	150	$H_{kp} = 0.000869 Q^2$
干湿两用报警阀	100	$H_{kp} = 0.00726 Q^2$
干湿两用报警阀	150	$H_{kp} = 0.00208 Q^2$
干式报警阀	150	$H_{kp} = 0.0016 Q^2$
雨淋阀	65	$H_{kp} = 0.0048 Q^2$
雨淋阀	100	$H_{kp} = 0.00634 Q^2$
雨淋阀	150	$H_{kp} = 0.0014 Q^2$

注：1. 计算公式中 B_k 为设备的比阻值（供参考）；
　　2. 表中 Q 以 L/s 计。

自动喷水灭火系统管网的水头损失分为两个部分：沿程水头损失和局部水头损失。沿程水头损失按下式计算：

$$h_y = \sum iL \qquad (7-3-14)$$

式中　h_y——管段的沿程水头损失（mH₂O）（$1\text{mH}_2\text{O} = 9.8 \times 10^3 \text{Pa}$）；

　　　L——计算管段的长度（m）；

　　　i——管道单位长度的水头损失（mH₂O）（$1\text{mH}_2\text{O} = 9.8 \times 10^3 \text{Pa}$）；

局部水头损失可采用当量长度法计算或按沿程损失值的20%计算。

三、消防系统的增压及贮水设备

1. 消防水池

符合下列情形之一的高层建筑，应设置消防水池：

（1）市政给水管道和进水管或天然水源不能满足消防用水量；

（2）市政给水管道为枝状或只有一条进水管（二类居住建筑除外）。

消防水池的设置应符合以下规定：

（1）当室外给水管网能保证室外消防用水量时，消防水池的有效容量应满足在火灾延续时间内室内消防用水量的要求；当室外给水管网不能保证室外消防用水量时，消防水池的有效容量应满足火灾延续时间内室内消防用水量和室外消防用水量不足部分之和的要求。

高层建筑的商业楼、展览楼、综合楼、一类建筑的财贸金融楼、图书馆、书库、重要的档案楼、科研楼和高级旅馆的一次火灾延续时间应按3.00h计算，其他高层建筑按2.00h计算。自动喷水灭火系统按火灾延续时间1.00h计算。

（2）消防水池的总容量超过500m³时，应分成两个能独立使用的消防水池。消防水池的补水时间不宜超过48h。消防用水与其他用水共用的水池，应采取确保消防用水量不作他用的技术措施。

（3）供消防车取水的消防水池应设取水口或取水井，其水深应保证消防车的消防水泵吸水高度不超过6m。取水口或取水井与被保护高层建筑的外墙距离不宜小于5m，并不宜大于100m。

2. 消防水箱

（1）消防水箱的有效容积

消防水箱的有效容积应能保证火灾初期10min消防水量的要求，并应符合以下规定：

对于多层建筑，当室内消防用水量不超过25L/s，经计算消防水箱储水量超过12m³时，仍可采用12m³；当室内消防用水量超过25L/s，经计算消防水箱储水量超过18m³时，仍可采用18m³。

对于高层建筑，高位消防水箱的消防储水量，一类公共建筑不应小于18m³；二类公共建筑和一类居住建筑不应小于12m³；二类居住建筑不应小于6m³。

（2）消防水箱的设置高度

对室内消火栓系统，消防水箱的设置高度应保证最不利点消火栓静水压力。当建筑高度不超过100m时，高层建筑最不利点消火栓静水压力不应低于0.07MPa；当建筑高度超过100m时，高层建筑最不利点消火栓静水压力不应低于0.15MPa。

对自动喷水灭火系统，消防水箱的设置高度应保证最不利点喷头处的工作压力不小于0.05MPa。

当高位消防水箱不能满足上述要求时，应设稳压设施。

3. 消防水泵

（1）流量

消火栓系统的增压泵的流量应不小于消火栓给水系统的消防用水量。自动喷水灭火系统增压泵的流量应不小于实际计算的系统设计流量。

（2）扬程

消火栓系统的增压泵的扬程应不小于消火栓给水系统所需的水压，按式（7-3-4）计算。

自动喷水灭火系统增压泵的扬程应不小于自动喷水灭火系统所需的水压，按式（7-3-13）计算。

4. 稳压设施

当消防水箱无法满足最不利点消火栓或喷头的工

作压力要求时，应设置稳压设施。常用的稳压设施为气压给水设备。气压给水设备主要由稳压泵及气压罐组成。

（1）稳压泵

稳压泵的流量可按对消火栓给水系统不应大于5L/s，对自动喷水灭火系统不应大于1L/s确定。

稳压泵的扬程按在气压罐内消防贮水容积下限时，能保证最不利点消火栓或喷头的工作压力所需水压来计算。

（2）气压罐

气压罐应设有消防贮水容积、稳压水容积、缓冲水容积等，其气压罐的总容积应按下式进行计算：

$$V = \frac{\beta V_{xf}}{1 - \alpha_b} \quad (7-3-15)$$

式中　V——消防气压罐总容积（m^3）；

　　　V_{xf}——消防水总容积，等于贮水容积、稳压水容积及缓冲水容积之和；

　　　β——气压罐的容积系数，其值如下：立式水罐 $\beta = 1.10$，卧式水罐 $\beta = 1.25$，隔膜水罐 $\beta = 1.05$；

　　　α_b——工作压力比，宜为 0.5~0.9。

气压罐的贮水容积，消火栓系统应按2支水枪30s的出水量计算，即 $0.3m^3$；自动喷水灭火系统应按5只喷头30s出水量计算，即 $0.15m^3$。稳压水容积及缓冲水容积之和应按不小于 $0.05m^3$ 计算。

气压罐的最低工作压力 P_1 应保证最不利点消火栓或喷头所需水压要求。

最高工作压力 P_2 按下式计算：

$$P_2 = \frac{P_1 + 0.098}{1 - \dfrac{\beta V_x}{V}} - 0.098 \quad (7-3-16)$$

式中　P_2——最高工作压力，即消防水泵的启动压力（表压，MPa）；

　　　P_1——最低工作压力（表压，MPa）；

　　　V_x——消防贮水容积（m^3）；

　　　V——气压水罐总容积（m^3）；

　　　β——容积系数。

（3）增压泵的启、停压力

增压泵启动压力 P_{S1} 按 $P_{S1} = P_2 + 0.02MPa$ 取值；

增压泵停止压力 P_{S2} 按 $P_{S2} = P_{S1} + 0.05MPa$ 取值，同时应保证稳压水容积不小于 $0.05m^3$。

四、消防系统的管材及附件

室内消防系统的管材通常采用热浸镀锌钢管，DN100 以下的可采用丝扣连接，DN100 以上的可采用沟槽连接。消防系统的控制阀门一般采用蝶阀。

第四节　建筑热水系统设计

一、热水系统的分类及组成

建筑内部热水供应系统按供应范围的大小可分为局部热水供应系统和集中热水供应系统。局部热水供应系统是指在用水点采用小型加热设备制备并供应热水的系统。适用于使用要求不高，用水点少而分散的建筑。集中热水供应系统供水范围大，热水集中制备，用管道输送至各用水点。适用于使用要求高，耗热量大，用水点多且分布较密集的建筑。

高层建筑热水系统通常采用集中热水供应系统。如图7-4-1所示，集中热水供应系统一般由热媒系统（第一循环系统）、热水供应系统（第二循环系统）和各类附件等组成。

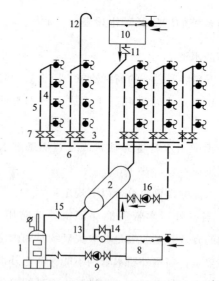

图 7-4-1　热媒为蒸汽的集中热水供应系统

1-锅炉；2-水加热器；3-配水干管；4-配水立管；5-回水立管；6-回水干管；7-检修阀；8-凝结水池；9-冷凝水泵；10-冷水箱；11-止回阀；12-透气管；13-冷凝水管；14-疏水器；15-蒸汽管；16-循环水泵

二、建筑热水系统设计步骤

建筑热水系统通常按下列步骤进行设计。

1. 确定热水制备方式

此过程主要是合理选择热源、热媒和热水加热方式。热源的选择应优先考虑清洁能源和可再生利用能源的使用，如太阳能、地热、城市和工业余热等。

2. 确定热水供应系统的方式

主要是根据建筑对热水系统的使用要求，合理选择热水系统的给水方式、循环方式，解决好冷、热水系统压力平衡等问题。

3. 热水管网布置

根据热水制备方式和热水供应方式合理布置热水、热媒管网。

4. 热水系统设计计算

包括热媒系统的设计计算与热水供应系统的设计计算。热媒系统的设计计算主要包含耗热量、热媒耗量和热媒管网的计算，以及加热设备的计算选型；热水供应系统的设计计算主要包括供水管网和回水管网的水力计算，以及增压贮水设备和循环设备的计算与选型等。

5. 绘制图纸

即绘制热水系统平面图、系统图和大样图等。

三、热水的制备

1. 热源

集中热水供应系统的热源，应优先利用工业余热、废热、地热和太阳能。当无上述条件时，可考虑采用区域性蒸汽或高温热水供应系统作为热源，或设置燃油、燃气热水机组及电蓄热设备等作为其热源。

需要注意的是，随着我国节能环保政策的不断推行，太阳能作为一种清洁的可再生能源，其在建筑中的应用越来越受到重视。我国不少省、市也将太阳能在建筑中的利用作为建筑节能考核的一项重要指标。如江苏省就规定：12层及其以下的建筑，其热水系统必须采用太阳能热水系统，否则不予审图。

2. 加热方式

热水加热方式有直接加热和间接加热之分。

直接加热也称一次换热，是利用以燃气、燃油、燃煤为燃料的热水锅炉或太阳能集热器，把冷水直接加热到所需要的温度，或是将热媒直接通入冷水混合制备热水。图7-4-2为太阳能直接加热系统示意图。

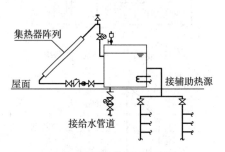

(a)单罐贮水直接加热系统

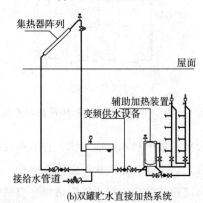

(b)双罐贮水直接加热系统

图7-4-2 太阳能直接加热系统示意图

间接加热也称二次换热，是将热媒通过水加热器把热量传递给冷水达到加热冷水的目的，在加热过程中热媒与被加热水不直接接触。图7-4-3为太阳能间接加热系统示意图。

四、热水供水方式

热水的供水方式应根据用户对热水水温、水压的要求，结合冷水系统的给水方式确定。

当给水管道的水压变化较大，且用户要求水压稳定时，宜采用开式热水供水方式。

当用户要求系统随时能提供符合设计水温要求的热水时，宜采用全循环方式；当允许配水支管中有少量冷水时，可采用半循环方式；无循环热水供水方式是指在热水管网中不设任何循环管道。对于热水供应系统较小、使用要求不高的定时供应系统，如：公共浴室、洗衣房等可采用此方式。

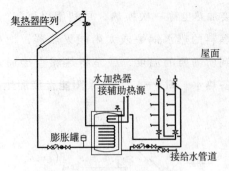

(a)单罐贮水间接加热系统

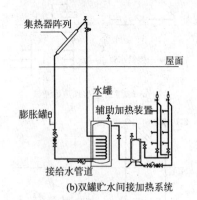

(b)双罐贮水间接加热系统

图7-4-3 太阳能间接加热系统示意图

对于大型的集中热水供应系统，宜采用设循环泵的机械循环方式。循环管路的敷设应采取同程式。

对于高层建筑的集中热水供应系统，当系统需要进行竖向分区时，为平衡冷热水系统的压力，热水系统的分区应与冷水系统分区相一致，且热水系统的水源应由相应区冷水系统供给。

五、热水管道的布置与敷设

热水管网的布置和敷设，除了满足给（冷）水管网布置敷设的要求外，还应注意由于水温高带来的体积膨胀、管道伸缩补偿、保温、排气等问题。

对于下行上给的热水管网，水平干管可敷设在室内地沟内，或地下室顶部。对于上行下给的热水管网，水平干管可敷设在建筑物最高层吊顶或专用设备技术层内。水平干管的直线段应设置足够的伸缩器，上行下给管网最高点应设自动排气装置，下行上给管网可利用最高配水点排气，且循环回水立管应在配水立管最高配水点下≥0.5m处连接。为便于排气和泄水，热水横管均应有与水流相反的坡度，且坡度应不小于0.003，并在管网的最低处设泄水阀门，以便检修时泄空管网存水。

根据建筑物的使用要求，热水管网也有明装和暗装两种形式。明装管道尽可能布置在卫生间、厨房沿墙、

柱敷设，一般与冷水管平行，并应位于冷水管的上方。暗装管道可布置在管道竖井或预留沟槽内。立管与横管连接时，为避免管道伸缩应力破坏管网，立管与横管相连应采用乙字弯。

管道穿楼板、基础及墙壁应设套管，让其自由伸缩。穿楼板的套管应高出楼板地面5~10cm，以防楼板集水时，通过套管内缝隙流到下层。为调节平衡热水管网的循环流量和检修时缩小停水范围，在配水或回水环形管网的分干管处、配水立管和回水立管的端点以及居住建筑和公共建筑中每一用户或单元的热水支管上均应设阀门，如图7-4-1所示。

热水管道中水加热器或贮水器的冷水供水管和机械循环第二循环回水管上应设止回阀，以防加热设备内水倒流被泄空而造成安全事故，并防止冷水进入热水系统影响配水点的供水温度。

热水供应系统由于水温高，气体溶解度低，氧化活动较强，使得金属管材极易腐蚀。因此对管材的要求较高。热水管管径≤150mm时，可采用镀锌钢管和相应的配件；对于标准较高的宾馆、高级办公楼、高级住宅等建筑，可采用铜管及铜制配件。另外，热水系统中加热设备、管道、管配件等均应保温，以减少热损失。管道及设备保温结构施工有涂抹式、预制式、浇灌式和捆扎式。

六、热水管材及附件

热水系统常用的管材有塑料管（如PPR热水给水管等）、钢塑复合管（如镀锌钢管内衬或内喷涂塑料管）、不锈钢管和铜管。由于塑料管材的线胀性较大，对于大型的集中热水供应系统，其供水干管及立管不宜采用。热水系统中使用的附件（如阀门等），应尽量选用与管材膨胀系数接近的材质。

七、热水系统设计计算

1. 耗热量

耗热量可按式（7-4-1）计算：

$$Q = \frac{CQ_h(t_r - t_1)}{3.6} \qquad (7-4-1)$$

式中 Q——设计小时耗热量（W）；

Q_h——设计小时热水用量（L/h）；

C——水的比热（4.187J/（kg·℃））；

t_r——热水温度（℃）；

t_l——冷水温度（℃）。

2. 加热设备的选择

（1）热交换器

常用的热交换器有：容积式（半容积式）热交换器、快速式（快速式、半即热式、板式和螺旋管式）热交换器等。

该类设备的选择可依据贮存热水的容积和换热面积2个因素确定。在热源稳定、充沛，且有可靠的温度调节设施的条件下，各类热交换设备贮存热水的容积可参考表7-4-1中给出的贮热量折算得到。

热交换器的贮热量　表7-4-1

加热设备	工业企业淋浴间	其他建筑物
容积式热交换器	≥30min 设计小时耗热量	≥45min 设计小时耗热量
有导流装置的容积式热交换器	≥20min 设计小时耗热量	≥30min 设计小时耗热量
半容积式热交换器	≥15min 设计小时耗热量	≥15min 设计小时耗热量
半即热式热交换器	—	—
快速式热交换器	—	—

（2）太阳能水加热器

1）太阳能集热器的面积

对直接加热的太阳能热水系统，其集热器的面积可按式（7-4-2）计算：

$$A_c = \frac{Q_W C_W (t_{end} - t_i) f}{J_T \eta_{cd} (1 - \eta_L)} \quad (7-4-2)$$

式中　A_c——直接系统集热器总面积（m²）；

Q_W——日均用水量（kg）；

C_W——水的比热（4.187J/（kg·℃））；

t_{end}——贮水箱内水的设计温度（℃）；

t_i——水的初始温度（℃）；

f——太阳保证率（%）；

J_T——当地集热器光面上的年平均日太阳辐射量（kJ/m²）；

η_{cd}——集热器的年平均集热效率，具体取值应根据产品测试结果确定；

η_L——贮水箱和管路的热损失率，根据经验取值宜为0.20~0.30。

对间接加热的太阳能热水系统，集热器的面积可按式（7-4-3）计算：

$$A_{IN} = A_C \left(1 + \frac{F_R U_L \times A_C}{U_{hx} \times A_{hx}} \right) \quad (7-4-3)$$

式中　A_{IN}——间接系统集热器总面积（m²）；

$F_R U_L$——集热器总热损失系数[W/（m²·℃）]；对平板型集热器，宜取4~6W/（m²·℃）；对真空管集热器，宜取1~2W/（m²·℃）；具体数值应根据集热器产品的实际测试结果确定；

U_{hx}——换热器传热系数[W/（m²·℃）]；

A_{hx}——换热器换热面积（m²）。

2）集热循环水箱的有效容积

集热循环水箱的有效容积，应根据系统的大小，按式（7-4-4）计算确定：

$$V = A_S \cdot B_1 \quad (7-4-4)$$

式中　V——集热循环水箱的有效容积（L）；

A_S——集热器的集热面积（m²）；

B_1——集热器单位时间、单位采光面积的产热水量[L/（m²·d）]，一般为50~100，具体数值应根据当地日照条件、集热器产品的实际测试结果而定。

3）集热循环泵的选择

集热循环管路及循环泵的流量可按式（7-4-5）计算确定：

$$Q_X = (0.01~0.02) A_S \quad (7-4-5)$$

式中　Q_X——集热循环流量（L/s）；

A_S——集热器集热面积（m²）。

循环泵宜靠近集热循环水箱设置，其扬程必须能克服整个集热系统的最大阻力。开式系统及闭式系统循环泵的扬程可分别按式（7-4-6）和式（7-4-7）计算确定。

$$H_X = h_p + h_e + h_j + h_z + h_a \quad (7-4-6)$$

$$H_X = h_p + h_e + h_j + h_a \quad (7-4-7)$$

式中　H_X——循环泵的扬程（kPa）；

h_p——集热循环管路的沿程及局部阻力损失（kPa）；

h_e——集热器间接换热设备的阻力损失（kPa）；

h_j——循环流量流经集热器的阻力损失（kPa）；

h_z——集热器与集热循环水箱之间的垂直高差（kPa）；

h_a——为保证换热效果的附加压力（kPa），一一般为 20 ~ 50kPa。

3. 热水供应系统水力计算

（1）供水管路

热水供水管路水力计算的方法与步骤和冷水给水系统水力计算类似。应根据建筑物的用途、性质选择相应的设计秒流量计算公式，在确定各配水管段设计秒流量的基础上，依据经济流速、选择管径，计算管段的水头损失。

需要注意的是，热水管道由于结垢、腐蚀等原因，其水头损失较冷水给水管道有所不同，在水力计算的过程中，一定要采用"热水管道水力计算表"；并且，热水管道经济流速较冷水给水管道要小一些，在设计计算过程中，热水管道的流速一般不宜大于 1.5m/s，当管径小于等于 25mm 时，宜采用 0.6 ~ 0.8m/s；此外，热水系统的局部水头损失可按系统沿程水头损失的 15% ~ 20% 估算。

（2）循环管路

热水系统循环的目的是通过循环流量，向系统补充热量，以补偿系统由于自然散热而损失的热量，从而保证系统各用水点的水温。

1）循环系统主要设计参数

配水管网最大温差，即加热设备出口温度与系统最不利点的温差，一般采用 5 ~ 15℃，对自然循环系统，应取较大值，对机械循环系统，可取较小值。回水管路的温降一般按 5℃ 考虑。

回水管路的管径，对于自然循环系统，可采用较相应配水管管径小 1 号的管径；对机械循环系统，可采用较相应配水管管径小 1 ~ 2 号的管径；但热水回水管的管径最小不宜小于 20mm。

2）管段热损失

管段的热损失可按式（7-4-8）计算：

$$W = \pi D L K (1 - \eta)(t_m - t_k) \qquad (7-4-8)$$

式中　W——管段的热损失（kJ/h）；

D——管段计算外径（m）；

L——计算管道长度（m）；

K——无保温时管段的传热系数，约为 41.87 ~ 43.96kJ/（$m^2 \cdot h \cdot$ ℃）；

t_m——计算管段的平均水温（℃）；

t_k——计算管段周围的空气温度（℃）。

η——保温系数，不保温时按 0 计算，简单保温时按 0.6 计算，较好保温时按 0.7 ~ 0.8 计算。

3）循环流量

管网总循环流量所携带的热量，应等于热水供回水管网总的热损失。故管网总循环流量可按式（7-4-9）计算：

$$q_x = \frac{\sum W}{C(t_1 - t_2)} \qquad (7-4-9)$$

式中　q_x——管网总循环流量（L/s）；

$\sum W$——供回水管路总的热损失（kJ/h），在方案或初步设计阶段可按设计小时耗热量的 5% ~ 10% 计算；

C——水的比热（4.187J/kg·℃）；

t_1, t_2——加热器出口和系统最不利点的水温（℃）。

4）循环泵的选择

对全天循环的系统，循环泵的流量和扬程可分别按式（7-4-10）和式（7-4-11）计算：

$$q_b \geqslant q_x + q_f \qquad (7-4-10)$$

$$H_b \geqslant \left(\frac{q_x + q_f}{q_x}\right)^2 H_p + H_x \qquad (7-4-11)$$

式中　q_b——循环泵的流量（L/h）；

H_b——循环泵的扬程（Pa）；

q_x——管网总循环流量（L/h）；

q_f——附加流量，一般取设计小时用水量的 15%（L/h）；

H_p——循环流量通过配水管网的水头损失（Pa）；

H_x——循环流量通过回水管网的水头损失（Pa）。

对定时循环的系统，循环泵的流量和扬程可分别按式（7-4-12）和式（7-4-13）计算：

$$q_b \geqslant (2-4)V \qquad (7-4-12)$$

$$H_b \geqslant H_p + H_x + H_j \qquad (7-4-13)$$

式中　V——供回水管网的水容积（L）；

H_j——加热设备的水头损失（Pa）。

第五节　建筑排水系统设计

一、污水排水系统

1. 设计步骤

（1）系统选型

在确定建筑内部排水系统类型时，应首先确定其排水体制（污、废合流或分流），然后根据建筑的用途、层数及高度等因素确定其系统形式，如采用单管制、双管制或三管制。

（2）污水管网布置

污水管网布置应遵循先主后次的原则，即：先布置立管、横干管和出户横管，后布置排水支管。

（3）污水管网设计计算

污水管网的设计计算过程中应注意最小管径、最小坡度（标准坡度）、最大设计充满度等问题。

（4）绘制图纸

即绘制污水排水系统平面图、系统图和大样图等。

2. 污水排水系统的选择

根据系统是否设置通气管及通气管的设置方式，排水系统可分为：单管制排水系统，如设伸顶通气管的普通排水系统和特殊的单立管排水系统等；双管制排水系统，如设专用通气立管的排水系统和污、废水立管互为通气的排水系统等；三管制排水系统，如1根污水立管和1根废水立管共用1根排水立管的排水系统。

由于高层建筑中卫生器具多，排水量大，且排水立管连接的横支管多，多根横管同时排水，必将引起管道中较大的压力波动，导致水封破坏，室内环境污染。为防止水封破坏，高层建筑排水系统必须解决好通气问题，稳定管内气压，以保持系统运行的良好工况。因此，高层建筑的排水系统必须采取设专用通气立管的双管制和三管制排水系统，或采用能够解决系统通气问题、稳定系统内压力的特殊单立管系统。

3. 排水管道的布置与敷设

高层建筑排水管道的布置与敷设除应遵循多层建筑排水管道布置与敷设的原则外，还应注意以下问题：

第一，在管材选择方面。高层建筑排水系统的管材应较多层建筑具有更大的强度，通常可选用柔性接口机制的排水铸铁管、PPR 塑料排水管等。

第二，应尽量利用排水立管的位置转换或通过设置异型弯对排水系统进行消能；应选用水舌系数小的连接件，以降低水舌形成对系统压力的影响。

第三，对建筑物的底层乃至二层进行单独排水。对于承担1个或多个排水立管转换的排水横干管，除应考虑相关楼层的单独排水问题外，还应注意排水立管以及排水横支管接入排水横干管时相互之间的水平距离，一般不宜小于3m，最小不得小于1.5m。

第四，检查口的设置除底层、顶层及立管转换位置

的上下层应设置外，可按塑料管隔5层、排水铸铁管隔1层进行设置。

4. 污水排水系统的水力计算

（1）设计秒流量

排水系统的设计秒流量可根据建筑物的性质及用途，按《建筑给水排水设计规范》中的相关公式进行计算。

（2）系统水力计算

1）横管计算

排水横管计算应以排水横管的设计秒流量为依据，除应满足标准坡度（或最小坡度）、最小流速和最大充满度的要求外，还应注意以下问题。

第一，排水横支管的管径不得小于与之相连接的最大卫生器具排水管的管径，排水横干管的管径不得小于与之相连接的最大排水立管的管径；

第二，公共食堂、餐饮行业的操作间排水横管宜较计算管径放大一号。

2）立管计算

排水立管的计算可根据排水系统的通气方式和立管所承担的最大排水当量负荷进行确定。排水立管的管径不得小于与之相连接的最大排水横支管的管径。

3）通气管系

通气管管径应根据排水管负荷、管道长度决定，一般不得小于排水管道管径的1/2，最小管径可参见表7-5-1确定。

通气管最小管径 表7-5-1

污水管管径（mm）	32	40	50	75	100	125	150
器具通气管管径（mm）	32	32	32		50	50	
环形通气管管径（mm）			32	40	50	50	
通气立管管径（mm）			40	50	75	100	100

此外，通气管道设置时还应注意：

伸顶通气管管径应与所连接的排水立管管径相同；结合通气管的管径应与通气立管的管径相同；通气立管长度大于50m时，其管径应与排水立管管径相同；当两个及两个以上的排水立管共用一个通气立管时，通气立管的管径应以最大排水立管所需的通气立管的管径确定，且通气立管的管径不得小于与之相连的任一排水立管的管径；总通气管的断面面积应按最大一个通气管的断面面积加其余通气管断面面积之和的0.25~0.5倍计算。

5. 污水的提升

对不能自流排出的污、废水，应设置提升设施，即污水集水池和提升泵。

当污水提升泵为自动启闭时，其流量应按设计秒流量确定；当为人工启闭时，应按最大小时流量确定。

污水提升泵的扬程可按式（7-5-1）计算：

$$H_p \geq H_1 + H_2 + H_3 + H_4 + H_5 \qquad (7-5-1)$$

式中　H_p——污水提升泵的扬程（m）；

　　　H_1——集水池最低水位至出水管中心的垂直高差（m）；

　　　H_2——吸水管路的水头损失（m）；

　　　H_3——压水管路的水头损失（m）；

　　　H_4——流出水头（m）；

　　　H_5——必要剩余水头（m），考虑到使用过程中设备效能可能降低，水头损失可能增加等因素设置的富余水头，在全扬程小于20m时，可按2~3m计算，大于20m时，可按3~5m计算。

污水集水池的有效容积应按不小于最大一台泵5min出水量计算，并应保证水泵在1小时内启闭不超过6次。集水池的有效水深一般取1.0~1.5m，保护高度一般取0.3~0.5m。污水集水池应设置高水位、低水位和报警水位。

二、雨水排水系统

1. 雨水排水系统设计步骤

（1）系统选型

确定屋面雨水系统的排水方式，如采用重力流系统或压力流系统、内排水系统或外排水系统等。

（2）雨水斗及雨水管网布置

雨水斗的布置通常要结合屋面面积的大小、屋面的结构形式和雨水排水的方式，充分与建筑和结构专业沟通后确定。雨水管网的位置则应在遵循水力条件良好的前提下，充分考虑建筑的美观和方便管网的安装与维护。

（3）雨水排水系统设计计算

根据建筑的重要性及其屋面面积和结构形式，确定雨水排水系统的设计重现期，计算雨水量，确定雨水斗的规格型号和雨水管网的管径、坡度。

（4）绘制图纸

即绘制雨水排水系统平面图、系统图等。

2. 雨水系统的选择

为保证建筑立面的美观，方便雨水管道的检修和维护，高层建筑屋面雨水排水一般采用内排水系统。

3. 雨水管道的布置与敷设

雨水斗的布置应以建筑物的伸缩缝、沉降缝和防火墙作为雨水分水线，各自自成排水系统。如果分水线两侧的两个雨水斗需连接在同一根立管或悬吊管上时，应采用柔性接头，并保证密封不漏水。防火墙两侧雨水斗连接时，可不用伸缩接头。当采用多斗排水系统时，雨水斗宜对立管作对称布置。一根悬吊管上连接的雨水斗不得多于4个，且雨水斗不能设在立管顶端。

连接管是连接雨水斗和悬吊管的1段竖向短管。连接管一般与雨水斗同径，但不宜小于100mm。连接管应牢固固定于建筑物的承重结构上，下端用斜三通与悬吊管连接。

悬吊管连接雨水斗和排水立管，是雨水内排水系统中架空布置的横向管道。其管径不小于连接管管径，也不应大于300mm。悬吊管沿屋架悬吊，坡度不小于0.005。在悬吊管的端头和长度大于15m的悬吊管上应设检查口或带法兰盘的三通，位置宜靠近墙柱，以利检修。连接管与悬吊管、悬吊管与立管之间宜采用45°三通或90°斜三通连接。悬吊管应采用铸铁管，并用管箍或吊架固定在建筑物的桁架或梁上。

雨水立管承接悬吊管或雨水斗流来的雨水，一根立管连接的悬吊管根数不多于两根，立管管径不得小于悬吊管管径。立管宜沿墙、柱安装，在距底层地面1m高处应设检查口。立管的管材和接口与悬吊管相同。

4. 雨水系统的设计计算

（1）雨水量

屋面雨水量可按建筑物所在地的5min暴雨强度和雨水汇水面积计算。屋面雨水的设计重现期应视屋面的面积及建筑物的重要性确定，一般建筑为2~5年。汇水面积的计算除应考虑屋面水平投影的面积外，还应考虑高出建筑屋面侧墙的汇水面积。侧墙汇水面积的计算方法如下：

1）一面侧墙，按侧墙面积的1/2计算汇水面积；

2）两面相邻侧墙，按两面侧墙面积平方和的平方根 $\sqrt{a^2+b^2}$ 的1/2计算；

3）两面相对侧墙，等高时可不计算汇水面积，不等高时应按高出低墙部分面积的 1/2 计算；

4）三面侧墙，应按最低墙顶以下的中间墙面积的 1/2，加上最低墙的墙顶以上墙面面积值，按 2）或 3）计算；

5）四面侧墙，最低墙顶以下的面积不计入，最低墙顶以上的面积按上述方法折算。

（2）雨水斗

雨水斗的布置与计算，应按不同降雨强度条件下，不同型号雨水斗的最大汇水面积确定。

（3）雨水管

雨水连接管的管径应与雨水斗的直径一致。悬吊管的管径可根据不同管径、坡度条件下的最大允许汇水面积确定。立管的管径可根据立管所允许的最大排水流量和最大汇水面积确定。排出管的管径一般采取立管管径，对高层建筑雨水排水系统，其管径宜放大一号。

第八章　暖通空调专业设计

第一节　概述

一、设计的基本原则

暖通空调专业（注：这里采用一般设计院对本专业的称呼）的毕业设计是本科学习阶段的最后环节，是理论知识与工程实践结合的锻炼过程，是把长期的理论学习成果转化为实际生产力的重要手段。每位同学在毕业设计中都应当通过认真工作，努力实现这一目标。

1. 专业配合

暖通空调专业在建筑设计中的主要目的与任务在于创造健康舒适的室内环境，包括室内热环境、声环境和光环境。同时还要为建筑提供能源供应系统的整体规划与系统设计，可再生能源利用以及建筑节能等多方面的服务。本专业的服务范围已超越了传统意义上的暖通空调专业的含义，专业的功能大大增加了。在设计时一定要明确专业的定位与要求。同时要注意，室内热环境、声环境和光环境的营造，建筑节能等，不仅仅是本专业的任务，也离不开其他专业，如建筑设计，建筑电气等专业的共同配合。因此，在设计中必须要建立系统化的思想，在技术体系上理解，支持专业间的协调。

现代建筑设计，在可持续思想的指引下，绿色建筑已逐渐成为普遍的设计标准，绿色建筑的设计要求各专业之间的协同更进一步加强，与其他专业之间的融合进一步加深。设计时要自觉注意服务于建筑设计目标的大局。

2. 设计要素

设计方案的决策，要坚持技术、经济、节能、安全、环保这五个要素的统一，即方案的选择必须技术上

可行，能够实现预期的设计目标，如系统供冷供热能力、冷媒输配系统能够合理配送室内需要的流量，室内环境能够达到舒适要求。经济造价合理，在预算范围之内。暖通空调系统应运行节能，效率高。特别是在部分负荷条件下以及建筑空间的间歇使用时，能够适应建筑负荷的变化，表现出良好的系统可调性，同时要积极消减暖通空调的负荷，减少设备系统使用的时间。安全总是最重要的因素，暖通空调系统中的安全，包括所设计系统中，管道、设备自身的安全，在高温高压作用下，应能正常工作；还包括室内环境的安全，例如对于生物有害物的防控，有害气体的防控；还包括人身安全，避免相关设备系统可能对人体的伤害等。环保的意义十分明确，就是要防止所设计的暖通空调系统对自然环境的伤害，如有害废气、废水的排放，温室气体的排放，噪声的扩散等。确定设计技术方案时应对上述五个要素进行通盘考虑。

3. 遵从技术规范

在设计过程中，应学习技术规范，理解技术规范，并自觉执行规范。技术规范是长期以来工程技术成果的总结，是行之有效的技术方法，他的技术原理、技术精神对于指导工程设计是十分重要的。特别是其中的强制性条文，更是不能违背。

但是，遵从技术规范，又不能教条主义地对待技术规范，生搬硬套应用它，必须从理解规范条文的技术原则、技术精神的角度来应用它，根据具体的工程条件有原则地灵活执行。

二、设计主要依据

1. 设计依据主要内容

设计依据是设计的出发点，在设计之前即应当确定下来。设计依据一般包括以下主要方面：

（1）项目立项文件（含节能审查报告）、规划要点、招标的标书、合同所附的验收标准，以及建设方提供的有关职能部门（如：供电部门、消防部门、通信部门、公安部门等）认定的工程设计资料和建设方设计任务书、业主提出的有关设计目标与要求等。

（2）与本工程有关的国家、地方政府的有关设计规范、标准。

2. 常用的设计标准、规范

设计常用的设计标准、规范与图集等如下。由于标准在不断修订，使用时应注意采用最新的版本。

（1）通用设计标准

《民用建筑供暖通风与空气调节设计规范》GB50736

《公共建筑节能设计标准》GB50189

《采暖通风与空气调节设计规范》GBJ19

《采暖通风与空气调节制图标准》GBJ14

《建筑设计防火规范》GB50016

《高层民用建筑设计防火规范》GB50045

《多联机空调系统工程技术规范》JGJ174

《锅炉房设计规范》GB50041

《汽车库、修车库、停车场设计防火规范（暖通部分）》GB50067

《洁净厂房设计规范》GB50073

《通风与空调质量验收规程》GB50243

《建筑给水排水及采暖工程施工质量验收规程》GB50242

《夏热冬冷地区居住建筑节能设计标准》JGJ134

《夏热冬暖地区居住建筑节能设计标准》JGJ75

《民用建筑节能设计标准（采暖居住建筑部分）》JGJ26

《民用建筑热工设计规范》GB50176

《冷库设计规范》GB50072

《建筑给排水及采暖工程施工质量验收规范》GB50242

《通风与空调工程施工质量验收规范》GB50243

《既有采暖居住建筑节能改造技术标准》JGJ129

《建筑节能工程施工质量验收规范》GB50411

（2）有关公共建筑、居住建筑设计规范

《住宅设计规范》GB50096

《中小学校建筑设计规范》GB50099

《旅馆建筑设计规范》JGJ62－90

《办公建筑设计规范》JGJ67－89

《人民防空地下室设计规范（暖通部分）》GB50038

《人民防空工程设计防火规范》GB50098

《文化馆建筑设计规范》JGJ41

《图书馆建筑设计规范》JGJ38

《档案馆建筑设计规范》JGJ25

《博物馆建筑设计规范》JGJ66

《剧场建筑设计规范》JGJ57

《电影院建筑设计规范》JGJ58

《商店建筑设计规范》JGJ48

《饮食建筑设计规范》JGJ64

《城市热网设计规范》CJJ31

（3）国家建筑标准设计图集

《新型散热器选用与安装》05K405

《采暖空调循环水系统定压》05K210

《风机安装》05K102

《防空地下室通风设备安装》04FK02

《防空地下室通风设计示例》04FK01

《热水集中采暖分户计量系统施工安装》04K502

《离心式水泵安装》03K202

《风管支吊架》03K132

《风机盘管安装》01K403

《防、排烟设备安装图》99K103

三、设计过程中与各专业之间的配合内容

建筑设计是系统工程，具有整体工程特性要求。在工程设计中，暖通专业与建筑、结构、给排水及电气专业之间应密切配合。暖通专业要了解建筑物的特性、功能要求，为其他专业提供必要的配合与协助，暖通专业也离不开其他专业的配合支持。

1. 与建筑专业的配合

建筑专业是设计的龙头。暖通空调专业要为建筑节能和绿色建筑提出相应技术措施，并进行能源总体规划，同时还要就暖通空调的机房位置、面积、垂直管道井的安排，空调风管与建筑层高的关系、空调冷热源方式、外部设备的布置、室内装潢效果与空调系统之关系等诸多问题进行协调配合，如表8－1－1所示。

与建筑专业的配合 表8-1-1

方案设计阶段	初步设计阶段	施工图设计阶段
①了解建筑物的特性及功能要求； ②了解建筑物的面积、层高、层数、建筑高度； ③了解建筑节能标准，绿色建筑星级要求；周边水系、能源供应条件； ④提出机房位置、数量； ⑤提出建筑自然通风与自然采光的建议	①了解建筑物的使用要求、板块组成、区域划分； ②提出建筑节能与绿色建筑措施； ③地源热泵与建筑场地的要求； ④提出空调机房及管理中心的面积、层高、位置、防火、防水、通风要求； ⑤提出管道竖井的面积、位置、防火、防水要求； ⑥了解防火区域划分	①核对初步设计阶段了解的资料； ②了解各类用房的设计标准、设计要求；核实绿色建筑的落实； ③提出机房、管理中心的地面、墙面、门窗等做法及要求； ④协商风管安装高度； ⑤建筑节能措施的核实； ⑥提出在非承重墙上的留洞尺寸； ⑦室内设备与装潢效果协调

2. 与结构专业的配合

暖通空调专业的大型机械设备重量大，设备多，对于构筑物承重要求高，应提请结构专业配合。同时，由于风管面积大，占用较多空间，有时不免在承重墙上、梁上留洞，对结构受力不利；应及时提出，如表8-1-2所示。

与结构专业的配合 表8-1-2

方案设计阶段	初步设计阶段	施工图设计阶段
一般工程不需配合	①提供制冷、锅炉、水泵等机房的位置与承重（屋面、楼面）； ②了解基础形式、主体结构形式	①提出在承重墙上留洞尺寸及标高； ②提出机房、控制中心的荷载值； ③提出设备基础及安装要求

3. 与给排水专业的配合

如表8-1-3，与给排水专业的配合应解决：

(1) 热水系统的需要量，热水参数；

(2) 根据建筑的能源规划，确定热源供应模式；

(3) 提出暖通空调系统的给水、排水要求。

与给排水专业的配合 表8-1-3

方案设计阶段	初步设计阶段	施工图设计阶段
①了解热水需求； ②协商热源解决方案	①确定热水需要量； ②确定热源方案； ③提出冷却塔补水要求； ④提出锅炉房给水要求、排污要求	①核实热水方案； ②了解压力表、电动阀门的安装位置； ③核实冷却塔补水要求； ④核实锅炉房给水要求、排污要求

4. 与电气专业的配合

暖通空调设备的运行管理，依赖于智能化系统。暖通空调工程师应充分与控制工程师合作，确定暖通空调系统在动态条件下的控制策略，设备选型等，见表8-1-4。

电气专业内部的配合 表8-1-4

方案设计阶段	初步设计阶段	施工图设计阶段
①了解建筑智能化系统概况； ②了解设备用电的负荷与参数	①提出智能化系统设备的监控范围； ②提出智能化系统的监控要求与控制策略； ③提出消防送、排风机、消防风口控制箱位置； ④提供设备用电的负荷与参数； ⑤提出能耗计量的点位要求	①核实建筑设备自动控制系统的监控点数量、位置、类型及控制要求； ②核实智能化系统设备的监控范围； ③核实智能化系统的监控要求与控制策略；能耗计量的点位； ④核实消防送、排风机、消防风口控制箱位置； ⑤核实设备用电的负荷与参数

5. 暖通空调专业提供给其他专业资料的明细汇总

暖通空调专业提供给其他专业的资料见表8-1-5。

提供给其他专业的资料　　　　　　　　　　　表8-1-5

接收专业	内容	深度要求					表达方式			备注
		位置	尺寸	标高	荷载	其他	图	表	文字	
建筑	制冷机房（电制冷机房或吸收式制冷机房）设备平面布置	●	●				●	●		1. 核算泄爆面积、核对防爆墙等安全设施的设置及烟囱的位置、尺寸；2. 主管道的平面布置影响各专业间的综合
	燃油燃气锅炉房设备平面布置	●	●				●	●		
	空调机房设备平面布置及风管井、水管井	●	●				●	●		
	换热站、膨胀水箱间设备平面布置	●	●				●			
	通风空调系统主风管道平面布置	●		●			●			
	设备吊装孔及运输通道	●	●				●			
	送、排风系统在外墙或出地面的口部	●		●			●			
	在垫层内埋管的区域和垫层厚度	●	●				●			
	设计说明书（包括：设计说明、消防专篇、人防专篇、环保专篇、节水专篇）								●	
结构	制冷机房（电制冷机房或吸收式制冷机房）设备平面布置	●	●		●		●	●		
	燃油燃气锅炉房设备平面布置	●	●		●		●	●		
	空调机房荷载要求	●	●		●		●	●		
	换热站设备平面布置	●	●		●		●	●		
	管道平面布置	●	●	●		核心筒、剪力墙等部位较大开洞	●			
	设备吊装孔及运输通道	●	●	●	●		●			
给排水	用水点（锅炉房、制冷机房、换热站、空调机房等）	●				用水量、用水压力、水质	●	●		
	排水点（锅炉房、制冷机房、换热站、空调机房等）	●				排水量	●	●		
	冷冻机及冷却塔台数、水流量、运行方式、控制要求、供回水温度	●				冷却塔有无冬季供冷要求	●			
	燃油燃气锅炉房锅炉平面布置	●					●			
	不能保证给排水专业温度要求房间	●				给排水管道需另作保温、加热措施	●			
	风系统、水系统主要管道敷设路由	●				敷设路径	●			
电气	制冷机房（电制冷机房或吸收式制冷机房）、燃油燃气锅炉房、换热站	●				设备位置、电量、电压、控制方式	●	●	●	1. 做BAS设计需要提供设备控制要求；2. 高电压直接启动的制冷机等电压、负荷应特别提示；3. 提供控制原理图，控制要求说明，联动控制要求等
	空调机房及空调系统、通风机房及通风系统	●					●	●	●	
	防排烟系统	●					●	●	●	
	其他用电设备	●								
	风系统、水系统主要管道敷设路由	●					●	●	●	

四、毕业设计文件编制要求

1. 工程施工图设计文件内容

①图样目录（按照设计施工说明、设备材料表、机房系统图、平面图、剖面图、大样图的顺序）。

②设计与施工说明。

③主要设备表。

④工程设计图样。

⑤计算书（供内部使用及存档）。

2. 工程施工图设计文件要求

（1）设计与施工说明

①工程设计概况：应将经审批定案后的初步（或方案）设计说明书中的主要指标录入。

②各系统的施工要求和注意事项（包括布线、设备安装等）。

③设备定货要求（亦可附在相应图纸上）。

④防雷及接地保护等其他系统有关内容（亦可附在相应图样上）。

⑤系统工作压力和试压技术要求。

⑥本工程选用标准图图集编号、页号。

⑦节能专项：配电、照明相关节能说明。

⑧采暖系统还应说明散热器型号。

（2）工程设计图样

①施工设计说明、补充图例符号。

②主要设备表（施工图阶段，型号、规格栏应注明详细的技术数据）。

③冷冻站、锅炉房工艺流程图。

④设备平面图（通风、空调平面图，一般采用双线绘风管，单线绘空调冷热水、凝结水管道的画法）。

⑤剖面图（有需要时应绘制局部剖面图）。

⑥通风、空调、制冷机房平面图（绘出通风、空调、制冷设备的轮廓位置及编号，注明设备和基础距离墙或轴线的尺寸；绘出连接设备的风管、水管位置及走向；注明尺寸、管径、标高）。

⑦通风、空调、制冷机房剖面图（剖面图应绘制出与机房平面图的设备、设备基础、管道和附件相对应的竖向位置、竖向尺寸和标高）。

⑧暖通设计中的系统图、立管图（多层、高层建筑的集中采暖系统，应绘制采暖立管图，并编号；并注明管径、坡向、标高、散热器型号和数量）。

⑨详图。通风、空调制冷系统的各种设备及零部件施工安装，应注明采用的标准图、通用图的图名或图号。凡无现成图纸可选，且需要交待设计意图的，均须绘制详图。简单的详图，可就图引出，绘局部详图；制作详图或安装复杂的详图应单独绘制。

（3）主要设备表

注明主要设备图标、名称、型号、规格、单位、数量、安装方式等。

（4）计算书

①供暖、通风与空调工程的热负荷、冷负荷计算。

②风量、空调冷热水量、冷却水量计算。

③管道与风管的水力计算。

④主要设备的选择计算。

施工图设计阶段的计算书，只补充初步设计阶段时应进行计算而未进行计算的部分，修改因初步设计文件审查变更后，需重新进行计算的部分。

3. 毕业设计文件要求

暖通空调专业本科毕业设计文件应包括施工图设计文件的主要内容：图样目录、设计说明书、设计图样、主要设备表、技术报告（计算书）等内容。

设计图样与技术报告为主要部分。一般而言，设计图样应包括各分系统的系统图与平面图。图纸绘制量应满足工作量要求，且各主要平面图应绘制完整。在满足工作量前提下，可选择系统图与重要平面图打印出来，折算成 A1 图 6~10 张。

技术报告应包括封面、中文摘要、英文摘要、目录、正文、结束语、参考文献、致谢词等主要部分。其中正文应包括设计思路、方案论证、主要计算等内容。技术报告应注意格式符合相关规定，数量不宜小于 50 页。

第二节　全年动态负荷计算

一、全年动态负荷计算的意义

空调建筑的冷、热负荷计算是一切空调工程设计的基本依据。一般的工程设计中往往只进行典型设计工况下的冷热负荷计算，以用于冷热源设备容量的确定，但是这远远不能满足对设计方案的定量分析与比较的要求。

不管工程处于方案设计或初步设计阶段，还是处于施工图设计阶段，甚至对于工程的运行管理与能源管理，空调的全年动态逐时计算方法都是一种强有力的计算手段，可为工程设计与决策提供可靠的定量依据。

空调全年逐时动态负荷计算的目的与功能，绝不仅仅是为了计算冬夏设计日的最大热、冷负荷，设计者设计的任务与责任也不仅仅为了确定空调冷、热源和末端设备容量而计算负荷，而是为了在满足规定的热舒适与室内空气质量的前提下，选择合理的空调方案，确定最经济的空调方式与系统，达到全年最省能的运行目的。其中最关键的工作是必须进行正确的全年逐时冷、热负荷计算。

另外，如何通过改善建筑外围护结构的保温隔热遮阳性能，最大限度地降低围护结构冬夏的传热负荷要靠它；如何权衡外窗玻璃的天然照明效果与遮阳效果要靠它；如何合理确定冷、热源的容量与台数配置，及如何通过优化控制策略实行经济运行要靠它；如何正确、合理确定空调方式与空调水系统方案要靠它；在推广蓄冷空调、燃气空调和能量回收系统时，如何评价其经济效益、社会效益及环保效益也要靠它。

二、动态负荷计算的作用

具体而言，全年逐时动态负荷计算所获得数据与信息，主要可以进行以下几类问题的分析：

（1）根据整个建筑逐月与全年的最高冷、热负荷数据，可以校核与确定该工程空调冷、热源设备的设计容量；

（2）根据建筑各个内、外区冬夏季冷热负荷与累计冷、热量的数据，对空调水系统的划分与空调方式提出改进调整建议；

（3）根据建筑内、外区冬季白天都存在冷负荷的特点，降低新风送风状态参数，达到减少冬季新风处理热负荷与供热量的目的；

（4）根据单位新风量全年处理的累计供冷供热量与最高小时冷、热负荷的资料，不但便于划分新风处理系统和准确选择新风处理机组，而且能准确掌握处理新风全年所需的冷、热量，以及采用空气热回收装置后所能获得的节能效果；

（5）根据建筑逐月累计冷、热量数据，可以进一步准确推算工程的逐月供热、供冷的电能消耗与天然气消耗，从而准确计算出逐月的能耗费用，对照工程逐月的实际能耗费用，以便寻找节能潜力和采取有效的节能措施；

（6）根据建筑的逐时冷、热负荷数据，可以准确

统计出全年的冷负荷与热负荷分布的累计时间规律，从而可以制订出全楼全年冷、热源设备优化控制的策略。

三、全年动态负荷的计算方法

选择正确可靠的计算软件与气象资料是全年空调逐时动态负荷计算的首要问题。

有了正确可靠的计算软件与气象资料之后，如何根据工程的各自特点，合理确定程序计算中各项设定参数，是设计者能否获得充分、有效、可靠的原始计算结果数据的基本条件。

1. 气象参数

我国用于建筑能耗计算的气象数据的来源目前有三种，一种来源于美国的政府组织，如美国能源部和美国军方所掌握的中国气象资料；第二种来源于国际气象局的国际地面气象观测数据库；第三种源自我国自己的气象观测资料。第一种和第二种资料来源，原始气象站点和气象要素都不全面，且不能够保证数据的可靠性，不宜作为我国建筑能耗计算分析的依据。

清华大学与中国气象局气象信息中心合作，利用我国气象观测台站的长期观测数据联合建立了建筑热过程模拟的气象数据，并已发布。

课题组以全国 270 个台站 1971～2003 年的所有全年逐时数据为基础，根据动态模拟分析的不同需要挑选出 6 套逐时气象数据，以用于不同的模拟目的，包括：建筑能耗分析、空调系统设计模拟、供暖系统设计模拟、太阳能系统设计模拟等。

2. 基本数据

数据输入的基本原则主要是：准确、全面，一般不采用软件的默认值。

基础数据包括建筑围护结构数据和采暖空调运行参数两大部分。

建筑围护结构输入数据必须以建筑专业提供的数据为准，以保证计算数据的准确性。现在建筑设计都必须符合建筑节能的相关要求。执行相应的节能标准，如《公共建筑节能设计标准》GB50189—2005 等。在总图布置、建筑排列、外墙与窗户热阻、遮阳系数与窗墙比控制等多方面都提出了要求。在计算时，应当根据建筑师的方案逐一输入相关参数，特别是外墙，往往要根据具体的墙体构造来计算具体的热工参数，且不同部位，不同朝向的围护结构的做法也不一定相同，需要分别设置。

房间的换气次数是影响建筑能耗的重要因素，应当根据实际条件与健康通风要求准确设置，不然计算结果差异极大。在公共建筑中，采用集中式空调系统时可以分别按照不考虑与考虑房间的换气次数计算新风系统换热量的大小与影响。

采暖空调系统、照明系统等使用时间是重要的基础数据，应当依据工程当地的气候条件进行具体设置。有的软件可以按照全年逐时来设置运行状态，使模拟计算更加精准。

3. 主要软件介绍

在建筑能耗及空调系统模拟领域，建筑模拟分析软件大致有以下两大类：

（1）空调系统仿真软件

主要用于空调系统部件的控制过程的仿真，以TRANSYS、HVACSIM+等为代表。主要模拟目标是由各类模块搭成的系统的动态特性及其在各种控制的响应。采用简单的房间模型和复杂的系统模型，适用于系统的高频（如以几秒为时间步长）动态特性及过程的仿真。

这类软件组态灵活，可以模拟任意形式的系统。还可以由其他的使用者各自开发各种模块，实现资源共享。然而这类软件的核心是采用小时间步长的高频计算过程，当采用以小时为单位进行建筑能耗计算时，计算结果会出现严重失真。另外，灵活的模块方式可以组成不同的系统形式，但却难以处理实际的建筑物，建筑物作为有机的整体，很难切割成多个标准模块，建筑物的负荷形式难以与空调系统相连接。

（2）建筑能耗模拟软件

建筑能耗模拟软件不是立足于系统，而是立足于建筑。这类软件代表性的有 DeST、DOE、ESP－r、EnergyPlus 等。主要服务于长周期的建筑能耗模拟。可以灵活处理各种形式的建筑物，很好的预测建筑热性能和不同围护结构形式对能耗的影响。但是大多数建筑能耗模拟软件却又不能有效模拟设备系统的运行能耗。

DeST 是清华大学建筑技术科学系独立研发的能耗模拟与设备性能分析软件。该成果 2009 年获得国家科技进步二等奖。其主要特点是基于"分阶段模拟"的理念，以自然室温为桥梁实现了建筑物与设备系统的连接，使之既可以详细的分析建筑物的热特性，又可以模拟系统性能，较好地解决了建筑物和系统设计耦合问题。

4. 数据分析

当获得了充分、有效、可靠的原始计算结果后，应从这些原始信息中提取有用的数据进行统计分析，得出有助于方案确定和设备容量计算的结论。这需要设计者具有良好的专业眼光。

在此提供一个案例，展现对计算数据的分析提炼过程。限于篇幅，详细内容参见文献：《空调全年逐时动态负荷计算能提供什么信息和回答什么问题》（暖通空调 HV&AC，2005 年第 35 卷第 10 期，作者：汪训昌，林海燕）

第三节　冷热源选择及机房设计

采暖空调系统冷热源的作用相当于人体的心脏。它源源不断地为建筑提供采暖空调系统所需的冷量和热量。如果冷热源系统能力不足，则整个采暖空调系统就失去了室内环境保障的物质基础。从能耗角度，冷热源消耗了大量的电力、燃气燃油等资源，能耗所占比例达到建筑总能耗的 50% 以上。这样它理所当然地成为采暖空调系统节能的重点对象，内含巨大的节能潜力。经济投资方面，冷热源是采暖空调系统里最贵重的设备，投资量大，冷热源的投资要达到整个采暖空调系统的30% ~50%。基于以上技术经济与节能环保方面的原因，冷热源模式的选择历来成为采暖空调系统方案选择中最为重要的部分，备受设计师、业主以及产品供应商的关注。

一、主要形式及特点

完全依靠天然冷热源直接供应建筑的情况极少遇到，如果具有这样的条件，那是大自然最美好的赠与，应优先选择利用。绝大多数情况下，冷热源都依靠一次能源的消耗来提供。

制冷机的工作方式现有蒸汽压缩式和吸收式两种。蒸汽压缩式依赖电力，吸收式依赖蒸汽和高温热水。冬季供暖热源的来源有燃料直接燃烧和热泵供热两种模式。

现在，国际社会及其关注节能减排，我国也是一样。可再生能源建筑应用是建筑节能的重要措施。在目前技术水平下，可再生能源能够在建筑上应用的主要有太阳能和浅层地热能。太阳能采暖已在拉萨火车站采暖工程中建成使用。这是一个真正投入工程运行的项目。这依赖于西藏良好的太阳能资源条件。太阳能空调依然还在处于实验研究中，近期还未完全达到工程实用化程度，主要是太阳能的能量密度较低，难以负担建筑空调所需的能量强度。

浅层地热能包括地表土壤层、地表水、城市污水等所含冷热量。但这些冷热量并不能供应到建筑中作为冷热量直接利用，还是需要通过热泵系统来实现间接使用，或者说通过改善热泵系统的工作参数，提高热泵效率实现节能。

建筑能源系统设计越来越重视系统间的能源整合设计。通过能源整合设计使得不同系统间的能源供应与利用实现互补，提高能源使用效率，比如，空调的冷凝热回收用作生活热水的加热源，便能够显著减少生活热水的能耗。

<h3 style="text-align:center">冷热源系统形式及特点</h3>

表 8-3-1

序号	名称		特点
1	电动冷水机组与锅炉/换热站		经典的组合模式。供冷供热能力有足够保证，供应能力受气候影响很小，适用于不同热工分区内。投资适中，运行能耗较低。机房面积较大。电动冷水机组可选用离心式、螺杆式、活塞式等。锅炉一般可选用燃气或轻质燃油作为燃料。热媒根据采暖空调及建筑其他需求可采用蒸汽与热水
2	空气源热泵	集中式	采用空气源热泵机组集中提供冷媒和热媒。系统简洁，可布置于屋顶，不占有效建筑面积。但需做好隔振处理。投资较小。 冬季供热能力受气候影响大，气温低于 -5℃ 以下时供热能力衰减大，在寒冷、严寒地区使用效果差
		分散式	小型独立系统，布置方便，使用灵活。能直接处理室内空气，为室内空气提供冷热量。 冬季供热能力受气候影响大，气温低于 -5℃ 以下时供热能力衰减大，在寒冷、严寒地区使用效果差
3	土壤源热泵		土壤温度总是低于夏季空气温度，高于冬季空气温度。利用这一特性提高热泵的运行效率。被国家纳入可再生能源的利用范畴。 土壤源热泵需要足够的埋管面积，同时建筑物的冬夏季累计负荷应有可能实现土壤的全年热平衡。 方案确定前应进行细致的资源调查、建筑全年负荷计算与方案评估。 土壤换热器的科学设计是关键。要求通过土壤换热器合理设计及系统配置实现热泵的节能，同时又要满足土壤热平衡要求。 系统设计应遵照《地源热泵系统工程技术规范》GB50366—2005 及有关地方标准的要求。 土壤换热器的造价较高
4	地表水源热泵		地表水包括江河湖泊、海水。 方案确定前应进行详细的资源量调查评估和可行性分析。如果地表水的温度夏季和冬季都优于空气温度，同时又有足够的水体容量保证水体不出现热污染，且取水方便、能耗较低，则可以采用地表水源热泵。 地表水源热泵也被国家纳入可再生能源的利用范畴。 冬季寒冷时节，水体温度较低，有一段时间低于热泵机组的最低进口温度限值，使热泵机组不能正常工作。需采用乙二醇在水体与机组之间过渡，或采用其他方式补热
5	城市污水源热泵		城市污水的温度夏季一般低于 29℃，冬季高于 10℃，低于夏季空气温度而高于冬季空气温度。十分有利于提高热泵的运行效率。同样被国家纳入可再生能源的利用范畴。 城市污水的杂质多，腐蚀性强，做好水质处理，是热泵换热器有效工作是关键
6	溴化锂吸收式机组 + 换热站		当有集中热网提供热电厂蒸汽、分布式发电系统的蒸汽、工业企业的余热废热时，可以采用本方案，实现能源的梯级利用，高效利用
7	蓄冷系统		

二、选择要求

机组或设备的选择，应根据建筑规模、使用特征，结合当地能源结构及其价格政策、环保规定等多种因素经综合论证比较后确定。综合论证的方法可以采用层次分析法。

（1）需遵循的一般性原则：

1）有城市集中供热或工厂余热可利用的地区，宜采用作为空调系统的冷热源；

2）具有热电厂的地区，宜推广利用电厂余热的供热、供冷技术；

3）具有充足的天然气供应的地区，宜推广应用分布式热电冷联供和燃气空调技术，实现电力和天然气的削峰填谷，提高能源的综合利用率；

4）电力供应充足的地区，可采用电动压缩式冷水机组供冷；

5）有余热或废热可以利用时，可采用溴化锂吸收式冷（温）水机组供冷和供热；

6）电力供应紧缺的地区，宜采用燃油、燃气吸收式冷水机组及燃油、燃气锅炉供冷和供热；

7）附近有长期稳定、充足的江、河、湖、海、浅层地下水等天然水资源，或有工业废水、热电厂冷却水、污水处理厂等排出的再生水资源可以利用，且水温适宜时，宜采用地表水水源热泵系统供冷和供热；不具备集中供热条件，经技术经济论证认为合理且能确保同层回灌时，可采用地下水水源热泵系统供冷和供热；具备集中供热条件，经技术经济论证及全年负荷分析认为合理且有充足的地面供埋管时，可采用地埋管地源热泵系统供冷和供热；

8）各区域负荷特性相差较大，全年需要空调且常年有稳定的大量余热，并需长时间同时供冷和供热的建筑物，经技术经济比较认为合理时，宜采用水环热泵空调系统供冷和供热；

9）如有合适的蒸汽源时，宜采用汽轮机驱动的离心式冷水机组，并利用其排气作为吸收式冷（温）水机组的热源，通过联合运行提高能源的利用率；

10）具有多种能源（热、电、燃气等）的地区，宜采用复合式能源供冷和供热；

11）夏季空调室外计算湿球温度较低，干湿球温度差较大，且当地水源比较丰富的地区，宜采用直接或间接蒸发冷却方式；

12）采用区域供冷方式时，必须经过认真、细致的技术经济分析论证，务必确保能达到理想的节省能源与降低初投资的目的。

冷热源的方案选择应是多因素综合权衡的结果。如何进行多因素决策是本问题的关键。可以层次分析法时，仍然需要科学地分析计算各因素的基本数据。

（2）不得设计采用电热锅炉、电热水机组、电热水器直接作为空调系统的热源。目的在于提高能源使用效率。

但是，符合下列条件之一者除外。

1）电力供应充足、供电政策支持、电价优惠的地区；

2）以供冷为主，供热负荷较小，且无法利用热泵提供热源的建筑；

3）无集中供热与燃气源，用煤或油等燃料又受到环保或消防限制的建筑；

4）夜间可利用低谷电进行蓄热，且蓄热式电锅炉在白天用电高峰时段和平段时间不启动运行的建筑；

5）利用可再生能源发电地区的建筑；

6）内、外区合一的变风量系统中需要对局部外区进行加热的建筑；

7）高精度恒温恒湿空调系统室温控制环节的空气加热器。

（3）确定冷水机组的装机容量时，应充分考虑不同朝向和不同用途房间空调峰值负荷同时出现的机率。以及各建筑空调工况的差异，对空调负荷乘以小于 1 的修正系数。该修正系数一般可取 0.70~0.90；建筑规模大时宜取下限，规模小时宜取上限。

（4）冷水（热泵）机组的单台容量及台数的选择，应能适应空调负荷全年变化规律，满足季节及部分负荷要求。

冷水机组的台数宜为 2~4 台，一般不必考虑备用。小型工程只需一台机组时，应采用多机头机型。目的在于适应建筑负荷的变化，在负荷降低时仍然能够保持较高的效率。当空调冷负荷大于 528kW 时，机组的数量不宜少于 2 台。便于运行时适应负荷变化的调节。

选择冷水机组时，不仅应保证其供冷量满足实际运行工况条件下的要求，运行时的噪声与振动符合有关标准的规定外，还必须考虑和满足下列各项性能要求：

1）热力学性能：运行效率高、能耗少（主要体现为 COP 值的大小）；

2）安全性：要求毒性小、不易燃、密闭性好、运行压力低；

3）经济性：具有较高的性能价格比；

4）环境友善性：具有消耗臭氧层潜值 ODP（Ozone Depletion Potential）低、全球变暖潜值 GWP（Global Warming Potential）小、大气寿命短等特性。

（5）国家对于电动压缩循环冷水（热泵）机组的节能性能实施能效等级的管理。一级能效最高，五级能效最低，属于要淘汰的产品。《公共建筑节能设计标准》GB50189 中对电动压缩循环冷水（热泵）机组制冷效率做出了规定，规定了在名义制冷工况条件下，性能系数不得低于表 8-3-2 的规定值；有条件时，应优先选择采用表 8-3-3 中能效等级为 2 级或 1 级的节能型产品。

冷水（热泵）机组的最低制冷性能系数 COP 表 8-3-2

类型		额定制冷量（kW）	性能系数 COP（W/W）
水冷	活塞式/涡旋式	$CC \leqslant 528$	3.8
		$528 < CC \leqslant 1163$	4
		$CC > 163$	4.2
	螺杆式	$CC \leqslant 528$	4.1
		$528 < CC \leqslant 1163$	4.3
		$CC > 163$	4.6
	离心式	$CC \leqslant 528$	4.4
		$528 < CC \leqslant 1163$	4.7
		$CC > 163$	5.1
风冷或蒸发冷却式	活塞式/涡旋式	$CC \leqslant 50$	2.4
		$CC > 50$	2.6
	螺杆式	$CC \leqslant 50$	2.6
		$CC > 50$	2.8

注：引自中华人民共和国国家标准：《公共建筑节能设计标准》GB 50189—2005。

机组的能源效率等级指标 表 8-3-3

机组类型	额定制冷量 CC（kW）	能效等级 COP（W/W）				
		1	2	3	4	5
风冷式或蒸发冷却式	$CC <= 50$	3.2	3	2.8	2.6	2.4
	$CC > 50$	3.4	3.2	3	2.8	2.6
水冷式	$CC <= 528$	5	4.7	4.4	4.1	3.8
	$528 < CC <= 1163$	5.5	5.1	4.7	4.3	4
	$CC > 1163$	6.1	5.6	5.1	4.6	4.2

注：引自中华人民共和国国家标准《冷水机组能效限定值及能源效率等级》GB 19577—2004。

（6）水冷式电动蒸气压缩循环冷水（热泵）机组的综合部分负荷性能系数（IPLV）宜按下式计算：

$$IPLV = 2.3\% \times A + 41.5\% \times B +$$
$$46.1\% \times C + 10.1\% \times D \quad (8-3-1)$$

式中 A——100% 负荷时的性能系数（W/W），冷却水进水温度 30℃；

B——75% 负荷时的性能系数（W/W），冷却水进水温度 26℃；

C——50% 负荷时的性能系数（W/W），冷却水进水温度 23℃；

D——25% 负荷时的性能系数（W/W），冷却水进水温度 19℃。

IPLV 仅是评价单台冷水机组在满负荷及部分负荷条件下按时间百分比加权平均的能效指标，不能准确反映单台机组的全年能耗，因为它未考虑机组负荷对冷水机组全年耗电量的权重影响。

IPLV 计算法则也不适用于多台冷水机组系统。在许多工程中，多台冷水机组以群控方式运行，每台冷水机组大部分时间在 70% ~90% 或以上的高负荷区运行。因此，若简单的比较冷水机组全年节能效果，则冷水机组满负荷能效（COP）的权重大于 IPLV 的权重。

IPLV 的计算法则有利于多机头机组，不能反映多机头机组实际运行的能效。

应根据实际项目中冷水机组全年运行工况，结合实际气象数据、建筑负荷特性、机组数量、机组运行时间及负荷、分时电价等，通过系统模拟或专业计算方法，算出冷水机组全年耗电量及电费。

（7）蒸气压缩循环冷水（热泵）机组的综合部分负荷性能系数（IPLV）不宜低于表 8-3-4 的规定值（IPLV 值是基于单台主机运行工况）。

冷水（热泵）机组的综合部分负荷

性能系数（*IPLV*）　　表 8-3-4

类型	额定制冷量（kW）	*IPLV*（W/W）
水冷螺杆式	$CC \leqslant 528$	4.47
	$528 < CC \leqslant 1163$	4.81
	$CC > 1163$	5.13
水冷离心式	$CC \leqslant 528$	4.49
	$528 < CC \leqslant 1163$	4.88
	$CC > 1163$	5.42

注：引自中华人民共和国国家标准《公共建筑节能设计标准》
　　GB 50189—2005。

（8）选择制冷剂时，除了应考虑保护臭氧层外，还必须考虑其对全球气候变暖的影响。按照科学原理选用大气寿命短、*ODP* 与 *GWP* 值均小、热力学性能优良（*COP* 值高）、并在一定条件下能确保安全使用的制冷剂，见表 8-3-5。

常用制冷剂的环境评价指标　表 8-3-5

压力	制冷剂名称	*ODP*	*GWP*	大气寿命 τ（a）	理论 *COP*
低压	CFC-11	1	4750	45	7.57
	HCFC-123	0.02	77	1.3	7.44
中压	CFC-12	1	10890	100	7.06
	HFC-134a	0	1430	14	6.94
高压	HCFC-22	0.05	1810	12	6.98
	HFC-125	0	3500	29	6.08
	HFC-32	0	675	4.9	6.74
混合制冷剂	R-407C（R32/R125/R134a）	0	1800	(4.9/29/14)	6.78
	R-410A（R32/R125）	0	2100	(4.9/29)	6.56

注：1. *ODP*、*GWP*、大气寿命 τ 数据源自 2003 年联合国《蒙特利尔议定书》臭氧层科学评估报告书；
　　2. 理论 *COP* 源自 REFPROP program from NIST，（1994）（工况：蒸发温度 4.4℃，冷凝温度 37.8℃，饱和条件）。

我国消耗臭氧层物质（ODS）替代产品标准规定：凡是 *ODP* 值小于等于 0.11 的制冷剂，在现阶段都是环保的。

（9）我国和国际社会关于臭氧层保护提出了路线图，机组制冷剂的选择应当考虑以下环保政策的要求。

1）《中国逐步淘汰消耗臭氧层物质国家方案》（修订稿）中，对工商制冷行业中制冷剂替代的技术路线是：

对于透平式制冷机，HCFC—123 可以替代 CFC—11；

对于单元式空调机中制冷量为 22～140kW 的中型半封闭制冷压缩机，HCFC—22 可以替代 CFC—12。

2）2007 年 9 月蒙特利尔议定书第十九次缔约方大会上，做出了以下加速淘汰 HCFC 的调整方案：

①把 HCFC 生产量与消费量的冻结从 2016 年提前至 2013 年；

②把用于新设备的 HCFC 生产与消费淘汰期限从 2040 年提前至 2030 年；

③削减步骤为：到 2015 年削减 10%；到 2020 年削减 35%；到 2025 年削减 67.5%；直至 2030～2040 年，允许保留年平均 2.5% 数量供维修用。

《蒙特利尔议定书》缔约方第 19 次会议达成分阶段加速淘汰氢氯氟烃（HCFCs）的调整方案，时间表整体上提前了大约 10 年，但最终淘汰日期未变，对使用回收和再生制冷剂的淘汰日期没有限定。目前我国超过 80% 的工商制冷空调设备使用 HCFC—22 制冷剂，全球范围内至今尚未找到完全理想的 HCFC 的替代物，HFCs 因其具有较高的 GWP 值被《京都议定书》明确列入应实施减排的温室气体目录。就长远的发展趋势而言，HFCs 在未来的消费淘汰也是不可避免的，唯一尚不能确定的是这一替代进程的时间进度。寻找零 ODP 且 GWP 值较低的环保制冷剂已成为全球的共同责任，因此若以 HFCs 替代 HCFCs，这种技术方向和时间上的不确定性对于我国制冷空调业而言，存在巨大的风险和挑战。

环保性还与冷水机组的节能性相关，冷水机组耗电产生 CO_2 排放，造成全球气候变暖的间接影响。95% 的全球变暖潜在影响是由于设备能耗产生的 CO_2 排放。

（10）民用锅炉房设计方案的确定，应考虑以下因素和要求：

1）锅炉房设计应根据批准的建设区域的总体规划和热力规划进行，做到远近期结合，以近期为主，并宜留有扩建余地；对改、扩建民用锅炉房，应合理利用原有建筑物、构筑物、设备和管道，同时应与原有生产系统、设备及管道的布置、建筑物、构筑物形式相协调；

2）民用建筑用热的供应，应根据所在区域的供热规划确定；当不能由区域热电站、区域锅炉房或其他单位的锅炉房供应，且不具备热电联产条件时，宜自设锅炉房；

3）锅炉房的建设，应优先考虑能源的综合利用，提倡冷、热、电三联供，分布式能源等能源梯级利用系统；

4）锅炉房燃料的选用应根据当地的具体条件确定；有条件或有要求时，宜优先选用清洁能源；设在民用建筑物内的锅炉房，应选用燃油或燃气燃料；地下、半地下、地下室、半地下室锅炉房，严禁选用液化石油气或相对密度大于或等于0.75的气体燃料；

5）对于要求常年供热（含热水、蒸汽）的用户，以城市集中供热为主热源时，宜建辅助锅炉房。辅助锅炉房的容量应能满足城市热网检修期间本用户所需用热量的要求。

三、机房设计

（1）冷（热）源机房应设置在靠近冷（热）负荷中心处，以便尽可能减少冷（热）媒的输送距离；同时，应符合下列要求：

1）有地下层的建筑，应充分利用地下层房间作为机房，且应尽量布置在建筑平面的中心部位；

2）无地下层的建筑，应优先考虑布置在建筑物的一层；当受条件限制，无法设置在主体建筑内时，也可设置在裙房内，或与主体建筑脱开的独立机房内；

3）对于超高层建筑，除应充分利用本建筑地下层以外，还应利用屋顶层或设置专用设备层作为机房；

4）变配电站及水泵房宜靠近制冷机房；

5）机房内设备的布置，应考虑各类管道的进、出与连接，减少不必要的交叉；

6）机房布置时，应充分考虑并妥善安排好大型设备的运输和进出通道、安装与维修所需的起吊空间；

7）大中型机房内，应设置观察控制室、维修间及洗手间；

8）机房内应有给排水设施，满足水系统冲洗、排污等要求；

9）机房内仪表集中处，应设置局部照明；在机房的主要出入口处，应设事故照明。

（2）冷（热）源机房内部设备的布置，应符合下列要求：

1）设备布置应符合管道布置方便、整齐、经济、便于安装维修等原则；

2）机房主要通道的净宽度，不应小于1.5m；

3）机组与墙之间的净距不应小于1.0m，与配电柜的距离不应小于1.5m；

4）机组与机组或其他设备之间的净距，不应小于1.2m；

5）机组与其上方管道、烟道、电缆桥架等的净距，不应小于1.0m；

6）应留出不小于蒸发器、冷凝器等长度的清洗、维修距离。

（3）燃气溴化锂吸收式冷（温）水机组的机房设计，除应遵守现行有关的国家标准、规范、规程的各项规定外，还应符合下列要求：

1）机房的人员出入口不应少于2个；对于非独立设置的机房，出入口必须有1个直通室外；

2）设独立的燃气表间；

3）烟囱宜单独设置；

4）当需要两台或两台以上机组合并烟囱时，应在每台机组的排烟支管上加装闸板阀；

5）机房及燃气表间应分别独立设置燃气浓度报警器与防爆排风机，防爆风机应与各自的燃气浓度报警器连锁（当燃气浓度达到爆炸下限1/4时报警，并启动防爆排风机排风）。

（4）由于制冷剂的比重几乎都大于空气，一旦泄漏就能很快地取代室内空气占有的容积，从而导致室内人员窒息而死亡。所以，不论采用何种组分的制冷剂，都应根据不同的制冷剂，选择采用不同的检漏报警装置，并与机房内的事故通风系统连锁，测头应安装在制冷剂最易泄漏的部位。

（5）各台制冷机组的安全阀出口或安全爆破膜出口，应用钢管并联起来，并接至室外，以便发生超压破裂时将制冷剂引至室外上空释放，确保冷冻机房运行管理人员的人身安全。

（6）溴化锂吸收式冷（温）水机组的设计，应遵循以下原则：

1）有废热蒸汽压力不低于30kPa或废热热水温度不低于80℃的热水等适宜的热源可利用；

2）制冷量大于或等于350kW、所需冷水温度不低于5℃；

3）电力增容有困难，又无合适热源可利用，以及要求振动小的建筑，可采用直燃型溴化锂吸收式制冷；

4）无其他热源可利用时，不应采用专配锅炉为驱动热源的溴化锂吸收式制冷。

（7）溴化锂吸收式冷（温）水机组的类型，应根据用户具有的热源条件按表8-3-6选择确定。

（8）燃烧轻质柴油的直燃机房的供油系统，应由运输、卸油、室外贮油罐、油泵、室内日用油箱及管路等组成，见图8-3-1。

各类溴化锂吸收式冷热水机组的热源参数

表8-3-6

机组类型		热源种类及参数
蒸汽型	单效	废汽（0.1MPa蒸汽）
	双效	额定压力（表）0.25、0.4、0.6、0.8MPa蒸汽
热水型	单效	废热（85~140℃热水）
	双效	>140℃热水
直燃型		天然气、人工煤气、轻质柴油、石油液化气

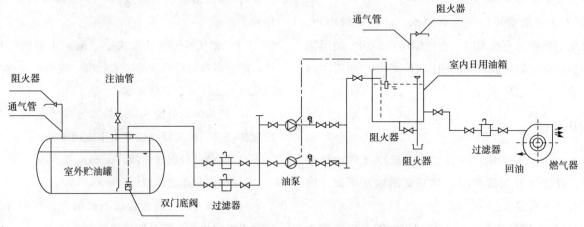

图8-3-1　燃烧轻质柴油的直燃机房的供油系统原理图

（9）直燃机房的燃气系统原理图，见图8-3-2。

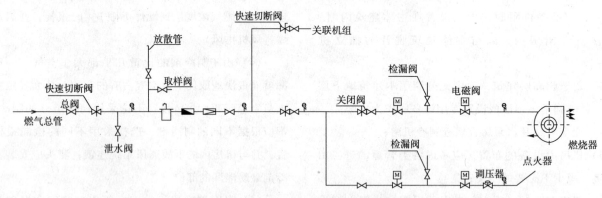

图8-3-2　直燃机房的燃气系统原理图

（10）民用锅炉房的总图布置应符合下列要求：

1）锅炉房宜为独立的建筑物；在受条件限制并经当地消防、安全、环保等管理部门许可，可与主体建筑物贴邻或设置在主体建筑的首层或地下一层；也可设置在小区绿地的地下；

2）独立建筑的民用锅炉房与其他建筑的间距，应符合《建筑设计防火规范》GB50016和《高层建筑设计防火规范》GB50045的规定；

3）锅炉房和主体建筑贴邻或设置在其内部时，锅炉使用的介质、容量、运行压力、温度、燃料，以及工艺设计和建筑设计都应符合《建筑设计防火规范》GB50016、《高层民用建筑设计防火规范》GB50045、《锅炉房设计规范》GB50041以及所在地区地方标准的有关规定；

4）当锅炉房和其他建筑物相连或设置在其内部时，严禁设置在人员密集场所和重要部门的上一层、下一层、贴邻位置以及主要通道、疏散通道的两旁，并应设置在首层或地下室一层靠建筑物外墙部位；

5）住宅建筑物内，不宜设置锅炉房；

6）锅炉房（蒸汽、热水）不得与甲、乙类及使用可燃液体的丙类火灾危险性房间相连。与其他生产厂房相连时，应用防火墙隔开。

（11）建设在居住小区内燃用清洁燃料的锅炉房，可布置在小区绿地的地下，其出入口、泄爆面、烟囱等，可采取建筑手法装饰或隐蔽。

（12）锅炉房的设备布置应符合下列原则：

1）应确保设备安装、操作运行、维护检修的安全和方便，工艺流程合理，整齐紧凑，便于监测，并力求风、烟、汽、水管道短，配件弯头少，燃料、灰渣流程畅通；

2）锅炉操作地点和通道的净空高度不应 <2m，并应满足起吊设备操作高度的要求；在锅筒，省煤器及其他发热部位的上方，当不需要操作和通行时，其净空高度可为 0.7m；分汽（水）缸、水箱等设备前，应有操作和更换阀门的空间；

3）锅炉的前后端及两侧面与建筑物之间的净距应符合表 8-3-7 的要求；

锅炉机组布置尺寸要求 表 8-3-7

锅炉容量		炉前净距（m）		锅炉两侧和后部通道距离（m）
蒸汽锅炉（t/h）	热水锅炉（MW）	燃煤锅炉	燃气（油）锅炉	
1~4	0.7~2.8	3	2.5	0.8
6~20	4.2~14	4	3	1.5
≥35	≥29	5	4	1.8

4）烟道和墙壁、机组间应保持 70mm 宽的膨胀间隙，间隙用玻璃纤维绞绳填充，两端应用不燃材料封堵；

5）锅炉之间的操作平台可以根据需要加以连通；锅炉房内所有高位布置的辅助设施和热工监测、控制装置及阀门等，当操作、维护高度超过 1.5m 时，应设置平台和扶梯，阀门可设置传动装置引至楼（地）面进行操作；

6）炎热地区的锅炉间操作层，可采用半敞开布置或在其前墙开门。操作层为楼层时，门外应设置阳台。

第四节 土壤源热泵设计

一、土壤源热泵系统设计要点

1. 负荷计算

地埋管系统是否能够可靠运行，取决于埋管区域岩土体温度是否能长期稳定。吸、释热量不平衡，造成岩土体温度的持续升高或降低，导致进入水源热泵机组的传热介质温度变化很大，该温度的提高或降低，都会带来水源热泵机组性能系数的降低，不仅影响地源热泵系统的供冷供热效果，也降低了地源热泵系统的整体节能性。为此《地源热泵系统工程规范》明确规定："地埋管换热系统设计应进行全年动态负荷计算，最小计算周期宜为 1 年。计算周期内，地源热泵系统总释热量宜与其总吸热量相平衡。"

2. 地埋管换热器设计

地埋管换热器设计是土壤源热泵设计特有的内容。地埋管换热器换热效果不仅受岩土体导热性能及地下水流动情况等地质条件的影响，同时建筑物全年动态负荷、岩土体温度的变化、地埋管管材、地埋管形式及传热介质特性等因素都会影响地埋管换热器的换热效果。

（1）岩土体热物性的确定

岩土体热物性的确定是竖直埋管设计的关键。《地源热泵系统工程规范》中规定："地埋管换热器设计计算宜根据现场实测岩土体及回填料热物性参数进行"。岩土体热物性可以通过现场测试，以扰动-响应方式获得，即在拟埋管区域安装同规格同深度的竖直埋管，通过水环路，将一定热量（扰动）加给竖直埋管，记录热响应数据。通过对这些数据的分析，获得测试区域岩土体的导热系数、扩散系数及温度。分析方法主要有 3 种，即线源理论、柱源理论及数值算法。实际应用中，如有可能，应尽量采用两种以上的方法同时分析，以提高分析的可靠性。

（2）竖直埋管地下传热计算

地下传热模型基本是建立在线源理论或柱源理论基础上，20 世纪 80 年代末，瑞典开发出一套计算结果可靠且使用简单的软件，其数值模型采用的是 Eskilson（1987）提出的方法，该方法结合解析与数值模拟技术，确定钻孔周围的温度分布，在一定初始及边界条件下，对同一土质内单一钻孔建立瞬时有限差分方程，进行二维数值计算获得单孔周围的温度分布。通过对单孔温度场的附加，得到整个埋管区域相应的温度情况。为便于计算，将埋管区域的温度响应转换成一系列无因次温度响应系数，这些系数被称为 g-functions。通过 g-functions 可以计算一个时间步长的阶梯热输入引起的埋管温度的变化，有了 g-functions，任意释热源或吸热源影响都可转化成一系列阶梯热脉冲进行计算。1999 年 Yavuzturk 和 Spitler 对 Eskilson 的 g-functions 进行了改进，使该方法适用于短时间热脉冲。1984 年 Kavanaugh 使用圆柱形源项处理，利用稳态方法和有效热阻方法近似模拟逐时吸热与释热变化过程。《地源热泵系统工程规范》中附录 B，采用类似方法，给出了竖直地埋管换热器的设计计算方法，供设计选用。

（3）设计软件

通常地埋管设计计算是由软件完成的。一方面是因为地下换热过程的复杂性，为尽可能节约埋管费用，需要对埋管数量作准确计算；另一方面地埋管设计需要预测随建筑负荷的变化埋管换热器逐时热响应情况及岩土体长期温度变换情况。加拿大国家标准（CAN/CSA-C448.1）中对地埋管系统设计软件明确提出了以下要求：能计算或输入建筑物全年动态负荷；能计算当地岩土体平均温度及地表温度波幅；能模拟岩土体与换热管间的热传递及岩土体长期储热效果；能计算岩土体、传热介质及换热管的热物性；能对所设计系统的地埋管换热器的结构进行模拟，（如钻孔直径、换热器类型、灌浆情况等）。为此，《地源热泵系统工程规范》中规定："地埋管设计宜采用专用软件进行"。

二、关键技术问题

（1）资源条件是地源热泵系统的首要问题，以土壤源热泵为例，地质情况与土壤热特性是首要关键技术问题：土壤温度和传热系数是实施土壤源热泵的前提和基础，江苏属于"夏热冬冷"地区，土壤温度基本稳定在 16~20℃ 之间，地温适宜采用土壤源热泵，浅层土以黏土、粉质黏土及粉砂为主的软土，且土壤潮湿，地下水位高，含水量充足的土壤是实施土壤源热泵的良好地质条件；这些地质特点直接影响土壤换热器的换热效果和施工成本。

（2）土壤热平衡问题：建筑物夏季空调与冬季采暖负荷之间一般不会相等，土壤换热器全年内向土壤释放的热量与吸收的热量将不一致，如不采取优化设计措施，长期运行会导致土壤温度持续上升或下降，从而引起系统效率的衰减。土壤热平衡解决的解决方法在于减少土壤换热器群的密集度和减少冷热负荷的不平衡率，前者可以通过增大土壤换热器布置的间距、减少土壤换热器单位深度承担的设计负荷等措施进行，而后者可以通过设置系统调峰、采用热泵机组热回收技术减少夏季排热等措施实现。相比较而言，减少土壤换热器群的密集度需要增加土壤换热器布置面积，因而实施受实际情况限制，但对于系统持久安全运行更有用。采用系统调峰等措施可以将土壤温升控制在一定范围内并获得较好的经济性，但合理的调峰比例需要根据空调负荷情况做技术经济分析确定。

有调峰的复合式系统对运行的经济性帮助很大，因为空调的尖峰负荷出现的时间比较少，因而采用调峰系统可以减少部分土壤换热器昂贵的初投资，系统的整体经济性更好，因此对条件具备时应该优先考虑作为解决土壤热失衡的主要措施。但是应该注意调峰系统同时也提高了剩余土壤换热器的使用频率，因此调峰后土壤承担的冬夏负荷不宜相差过大。利用带热回收功能的土壤源热泵机组提供生活热水在冬季增加了土壤源热泵系统的取热负荷，在夏季回收了热泵机组向地下的冷凝排热，在过渡季节部分带有全热回收功能的热泵机组还可以作为热水机使用从地下取热，这对缓解土壤热平衡非常有益，同时也可以提供廉价的生活热水，对有生活热水需要的项目也是非常合适的一个技术手段。

除以上几点外，条件适合时还可采用以下技术手段缓解土壤热平衡问题：

1）将土壤换热器与热泵机组对应设置成多个回路轮流使用，在部分负荷时优先使用土壤换热器布置的周边回路，以延长土壤换热器的温度自然恢复时间，避免中心局部过热。

2）在土壤换热器布置场地中心位置布置温度传感器对空调季土壤温度变化进行实时检测，当土壤温升超过规定数值后，启动调峰系统运行。条件合适的土壤源热泵机房还可以设置自动控制和管理系统，以确保土壤源热泵系统处于较好的控制和调节状态运行。

3）土壤源热泵即使不采用复合式系统，也可以预留冷却塔位置和接口，以保证如果持续运行出现土壤热温升超出控制范围，启动冷却塔辅助冷却。

4）对冬夏季节土壤热负荷差异较大的项目，可以采用夏季冷却塔优先开启运行的复合式系统，或者在空调不运行的夜间将冷却塔和土壤换热器串联使用，来冷却地下土壤，可以很好地解决热平衡问题并不影响系统经济性。由于土壤源热泵系统在夏热冬冷地区的主要的节能优势在于冬季，在夏季和常规冷水机组的效率提升并不明显，因此在夏季灵活冷却塔并不降低系统的效率和经济性，但可以很好改善土壤热失衡状况。

第五节　空调水系统设计

一、空调冷热水系统的制式选择

空调水系统的种类按照水泵的级别分为一次泵系统、二次泵系统；按照管制分类为双管制和四管制两类。在水系统选择时，应遵从下列原则：

（1）当建筑物所有区域只要求按季节同时进行供冷和供热转换时，应采用两管制水系统。

（2）当建筑物内一部分区域的空调系统需全年供应空调冷水、其他区域仅要求按季节进行供冷和供热转换时，可采用分区两管制水系统；内外区集中送新风的风机盘管加新风系统的分区两管制系统形式。

（3）当空调水系统的供冷和供热工况转换频繁或需同时使用时，宜采用四管制水系统。

（4）水温要求一致且各区域管路压力损失相差不大的中小型工程，可采用冷源测定流量、负荷侧变流量的一次泵系统（简称一次泵系统）。

（5）负荷侧系统较大、阻力较大时，宜采用在冷源侧和负荷侧分别设置一级泵（定流量）和二级泵（变流量）的二次泵系统；当各区域管路阻力相差悬殊（超过0.05MPa）或各系统水温要求不同时，宜按区域或按系统分别设置二级泵。

（6）具有较大节能潜力的空调水系统，在确保设备的适应性、控制方案和运行管理可靠的前提下，可采用冷源侧和负荷侧均变流量的一次泵（变频）变流量水系统。

（7）采用换热器加热或冷却的空调热水或冷水系统，其负荷侧二次水应采用二次泵变频调节的变流量系统。

二、一次泵空调水系统设计

1. 系统设计

末端空气处理装置的回水支管上宜设置电动两通阀；当末端空气处理装置采用电动两通阀时，应在冷热源侧和负荷侧的集、分水器（或总供、回水管）之间设旁通管和电动两通调节阀，旁通管和旁通阀的设计流量应取单台最大冷水机组的额定流量。

冷水机组与冷水循环泵之间，宜采用一对一独立接管的连接方式；机组数量较少时，宜在各组设备连接管之间设置互为备用的手动转换阀。冷水机组与冷水循环泵之间采取一对一连接有困难时，可采用共用集管的连接方式。当冷水泵停止运行时，应隔断对应冷水机组的冷水通路；当采用集中自动控制系统时，每台冷水机组的进水或出水管道上应设置与对应的冷水机组和水泵联锁开关的电动两通阀（隔断阀）。

2. 一次泵变流量空调冷水系统的设计

（1）调节设备的配置

空调末端装置的回水支管上应采用电动两通阀。冷水循环泵应采用变频调速泵。冷水机组和冷水循环水泵的台数变化及其运行与启停，应分别独立控制。冷水机组的进水或出水管道上应设置与冷水机组联锁开关的电动两通阀（隔断阀）。在总供、回水管之间应设旁通管和电动两通调节阀，旁通管和旁通阀的设计流量应取单台最大冷水机组允许的最小流量。

系统流量变化范围应按下列原则确定：

1）应考虑蒸发器最大许可的水压降和水流对蒸发器管束的侵蚀因素，确定冷水机组的最大流量。

2）冷水机组的最小流量不应影响到蒸发器换热效果和运行安全性。

（2）冷水机组的选择和配置

应选择允许水流量变化范围大、适应冷水流量快速变化（允许流量变化率大）的冷水机组；冷水机组应具有减少出水温度波动的控制功能，例如：除根据出水温度变化调节机组负荷的常规控制外，还具有根据冷水机组进水温度变化来预测和补偿空调负荷变化对出水温度影响的前馈控制功能等。

采用多台冷水机组时，应选择在设计流量下蒸发器水压降相同或接近的冷水机组。空调水系统的冷水机组、末端装置及管路部件的工作压力不应大于其承压能力，必要时应采取相应的防超压措施：

1）设备、管件、管路承受的压力应按系统运行时的压力考虑。

2）空调冷水泵宜安装在冷水机组蒸发器的进水口侧

（水泵压入式）；当冷水机组进水口侧承受的压力大于所选冷水机组蒸发器的承压能力，但系统静水压力在冷水机组蒸发器承压能力以内，且末端空调设备和管件、管路等能够承受系统压力时，可将水泵安装在冷水机组蒸发器的出水口侧（水泵抽吸式），水系统竖向可不分区。

当空调冷水泵设在冷水机组蒸发器的出水口侧，但定压点设在进水口侧时，如机组阻力较大，建筑和膨胀水箱高度较低，水泵入口有可能产生负压。因此一般情况下空调冷水泵宜安装在冷水机组蒸发器的进水口侧。

当系统静水压力大于标准型冷水机组的承压能力（一般电压缩式冷水机组为 1.0MPa，吸收式冷水机组为 0.8MPa）时，应选用工作压力更高的设备，或经过经济比较，采用竖向分区的闭式循环系统。

3. 水系统能效的要求

空调水系统的运行能耗在整个空调系统中占据约 $1/4 \sim 1/3$。特别是在低负荷运行时，输送能耗所占比例较大，是集中空调系统能耗较高的原因之一。在设计时应严格控制水系统能耗。

设计状态下，空调水系统能耗用空调冷热水系统循环水泵的输送能效比（ER）来衡量。它应符合下列规定：

①输送能效比（ER）不应大于表 8-5-1 中规定的限值。

②工程设计的输送能效比（ER），应按下式计算：

$$ER = 0.002342H/(\Delta t \times \eta) \qquad (8-5-1)$$

式中　H——水泵设计扬程（mH_2O）；

Δt——供回水温差（℃）；

η——水泵在设计工作点的效率（%）。

空调冷热水系统的最大
输送能效比（ER）　　表 8-5-1

管道类型	两管制空调热水管道			四管制空调热水管道	空调冷水管道
	严寒地区	寒冷地区/夏热冬冷地区	夏热冬暖地区		
ER	0.00577	0.00618	0.00865	0.00673	0.0241

注：1. 表中的数据适用于独立建筑物内的空调冷热水系统，最远环路总长度一般在 200～500m 范围内，区域供冷（热）管道或总长更长的水系统可参照执行；
　　2. 两管制热水管道数值不适用于采用直燃型溴化锂吸收式冷（温）水机组、空气源热泵、地源热泵等作为热源，供回水温差小于 10℃ 的系统。

第六节　温湿度独立处理技术

采用温湿度独立处理技术的温湿度独立控制空调系统（THIC）是指将温度和湿度进行独立控制的空调系统。在常规空调系统中，夏季普遍采用热湿耦合的控制方法，通过制冷机获得较低温度的冷水（一般 5～7℃），利用该冷水对空气进行降温和除湿处理，同时去除建筑物内的冷负荷与湿负荷。

对于传统的空调方式，存在的问题是：

（1）高能耗。夏季采用较低的（7℃ 左右）的供水温度保证较好的除湿效果。本可用高温水（17℃ 左右）处理的占空调总负荷一半左右的显热负荷，与除湿处理一起采用了 7℃ 左右的低温冷水，造成能源利用品位上的浪费。

（2）难以满足室内热湿比的变化。常规系统中处理的显热与潜热之比只能在一定的范围内变化，只能控制温度和湿度两个参数中的一个，难以满足建筑物实际需要的较大范围内变化的要求，影响舒适性。

（3）室内空气品质问题冷凝除湿表面冷却器的潮湿表面会成为霉菌、军团菌等危害人体健康的微生物繁殖的场所。同时过滤器积聚的大量灰尘也会成为送风的二次污染源。通过在空调末端设备中采用温湿度独立控制技术，可以使处理空调系统显热负荷的冷水温度从传统的 7℃ 调高到 17℃ 左右，同时在冷源设备中最大限度地使用高温冷水机组，使高温冷水机组的性能系数（COP）提高 40% 以上，可以使空调系统的夏季综合能效提高 25% 以上，并可显著改善室内空气品质和环境舒适度。

一、基本原理

温湿度独立控制空调系统，通过利用低温水或其他处理新风湿负荷的方法将新风减湿处理后，送入室内排除室内余湿和 CO_2，同时通过利用高温水的辐射板或干式风机盘管来排除室内余热。

温湿度独立处理空调技术的核心是把对温度和湿度两个参数的控制由原来常规空调系统的一个处理手段改为两个处理手段，将显热负荷和潜热负荷分开处理，即通过新风除湿来控制室内湿度，高温冷水（16～18℃）降温控制室内温度。该方法能显著提高室内温湿度的控制精度，使空调系统的综合能效比得到进一步提高，达到节能、舒适、提高空气洁净度的目的。

二、目的与适用条件

温湿度独立控制系统分别控制室内的温度与湿度，

如图 8-6-1 所示。

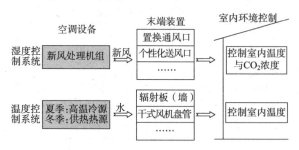

图 8-6-1　温湿度独立控制空调系统

处理显热的系统包括：高温冷源、和用高温冷源产生的水消除余热的末端装置，以水作为输送媒介。由于除湿的任务由处理潜热的系统承担，因而显热系统的冷水供水温度可以提高到 17℃ 左右，从而为天然冷源的使用提供了条件，即使采用机械制冷方式，制冷机的性能系数也有大幅度的提高。消除余热的末端装置可以采用辐射板、干式风机盘管等多种形式，由于供水温度高于室内空气的露点温度，因而不存在结露的危险。

处理潜热的系统包括新风处理机组和送风末端装置，采用新风作为能量输送的媒介。承担去除室内 CO_2、异味等保证室内空气质量的任务。在处理潜热的系统中，由于不需要处理温度，因而湿度的处理除了常规空调中使用的普通型冷水机组产生的 5～7℃ 冷冻水外，可能有新的节能高效方法，如转轮除湿、溶液除湿等。由于仅是为了满足新风和湿度的要求，温湿度独立控制系统的风量远小于变风量系统的风量。

温湿度独立控制空调系统可广泛应用于各类办公楼、商场、宾馆、饭店、医院等公共建筑，各类设置中央空调系统的公寓、别墅等民用建筑，各类有空调需求恒温恒湿需求的工业建筑，以及其他对室内温湿度有严格要求或空气品质要求比较高的场合。

三、系统组成

温湿度独立控制空调系统基本上由处理显热和处理潜热的两个系统组成，两个系统独立调节，分别控制室内的温度与湿度。在温湿度独立控制的空调系统中，系统的除湿主要由新风机组完成，空调系统只要完成降温的功能，因此可以将冷媒水的温度提高到 17℃ 左右使冷水机组主机运行在较高能效比的状态下。温湿度独立控制系统中的末端产品由于没有除湿功能，基本都是运

行在干工况条件下，既简化了结构，又可以避免因霉菌而影响空气品质。

在新风除湿系统中，常用的新风除湿方式主要有三种：冷凝除湿、固体吸附除湿（转轮除湿）、液体吸湿除湿（溶液除湿），新风处理过程的 $h-d$ 图如图 8-6-2 所示，三种新风处理方式的比较见表 8-6-1。

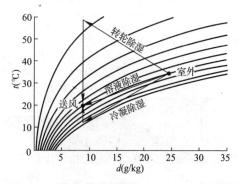

图 8-6-2　溶液除湿与冷凝除湿、转轮除湿处理过程

三种新风处理方式的比较　表 8-6-1

	夏季新风处理过程	特点
冷凝除湿	冷凝除湿处理后再加热	制冷效率低，需要再热，能耗大，温湿度难以同时精确调节，影响室内空气品质
固体吸附除湿	吸附除湿后再冷却降温	可以实现温度与湿度的独立控制，但运行能耗高
溶液除湿	与室内排气进行多级热湿交换后再进一步除湿降温	可以实现温度与湿度的独立控制，机组效率高，可有效防止交叉污染和二次污染

根据新风除湿系统的不同，温湿度独立控制空调系统一般有三种不同的构建方式：基于转轮除湿的温湿度独立控制空调系统、基于溶液除湿的温湿度独立控制空调系统和基于冷冻除湿的温湿度独立控制空调系统。

基于转轮除湿的系统技术成熟，但除湿过程效率低，系统综合 COP 低于常规系统，可实现干工况，但不节能，欧美有应用，新风除湿系统昂贵。基于溶液除湿的系统正在发展，除湿过程效率高，系统综合 COP 显著高于常规系统，新风除湿系统昂贵。基于冷冻除湿的系统技术成熟，应用广泛，除湿效率显著高于转轮除湿系统，略低或相当于溶液除湿系统，可实现干工况，新风除湿系统造价较低。因此，目前在我国基于溶液除湿的温湿分控空调系统和基于冷冻除湿的温湿分控空调系统两类系统均有应用。其中，双温空调是基于冷冻除湿的温湿度独立调节空调系统的一种构建方式。

传统空调系统与温湿分控空调系统的设备系统对比情况表　　　　表 8－6－2

	传统空调系统	温湿度独立控制空调系统
空调末端	使用设备：空调机组、风机盘管 特点：湿工况、承担室内显热负荷和部分湿负荷	使用设备：空调机组、风机盘管、辐射板 特点：干工况、只承担室内显热负荷
新风机组	使用设备：柜式空调机组 特点：湿工况、承担新风负荷和部分显热负荷	使用设备：溶液除湿新风机组、自带辅助除湿冷源的双温型新风机组 特点：承担全部新风负荷和室内湿负荷
空调冷热源	使用设备：7/12℃冷水机组 特点：系统 COP 在 3.0 左右，装机容量大	使用设备：高温冷水机组（如 15/20℃） 特点：系统 COP 在 4.0 以上，装机容量小

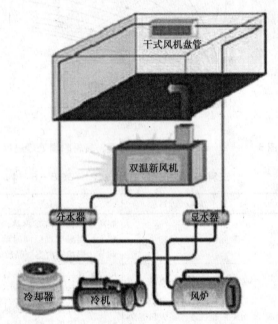

图 8－6－3　基于冷冻除湿的温湿度独立调节空调系统

四、设计要点

温湿度独立控制空调系统分为湿度控制系统和温度控制系统。湿度控制系统的主要组成部分包括控制湿度的干燥新风处理系统，如溶液除湿、转轮除湿等方式处理新风；末端送风系统，如置换送风、个性化送风等。新风机组的任务是对新风进行处理，得到干燥的空气，送入室内控制湿度。

THIC 空调系统分为温度控制系统和湿度控制系统两部分，由于这两种系统承担的热湿处理任务不同，在进行 THIC 空调系统设计时应分别针对这两种系统计算负荷。THIC 空调系统负荷与常规空调系统相同。同时应当考虑渗透风对建筑负荷带来的影响。

湿度控制系统通过送入含湿量低于室内设计状态的干燥新风来承担全部的建筑潜热负荷。同时由于送风温度的不同还可能承担部分建筑显热负荷。常规新风系统一般不承担室内湿负荷，因此其送风含湿量一般均高于室内设计工况对应的含湿量。在温湿度独立调节空调系统中，需要将新风的含湿量处理到足够低，使新风含湿量显著低于室内设计工况对应的含湿量，用以承担室内湿负荷。新风的送风含湿量差越大，则新风的载湿能力越强。因此，湿度控制系统承担的负荷为将新风从室外设计状态处理到送风状态时所需投入的冷（热）量。在 THIC 系统中，对于空气湿度的处理有多种方式：冷却除湿、转轮除湿以及溶液除湿等，在满足建筑与空调房间全年使用参数的基础上，这些技术都是可以采用的。从目前的研究和分析来看，溶液调湿方式对空气热湿处理要求具有较大的适应能力。同时根据有关产品的资料，热泵式溶液调湿新风机组在江南潮湿地区的除湿能力可以达到 16.6g/kg，机组 COP 达 5.0 以上，完全能满足夏热冬冷地区新风处理的需求。它可以将空气直接处理到所需要的送风状态点，无疑是较好的方式之一。

1. 基于溶液调湿技术的温湿度独立控制空调系统

基于溶液调湿技术的温湿度独立控制空调系统应用形式类似于风机盘管加新风的系统。夏季，室外新风（状态点 W）进入溶液调湿新风机组，经过全热回收、溶液除湿处理到 N 点，与经过干式风机盘管降温处理的回风（状态点 N_2）混合，送入室内。由新风机组承担全部人员负荷（包括显热和潜热），风机盘管通入高温冷水，承担其他室内显热负荷，对应的空气处理过程如图 8－6－4 所示。

THIC 系统中，新风的作用除了满足人员卫生要求外，还承担排除室内余湿和 CO_2 等任务，新风量的确定应当综合考虑人员卫生要求和其他需求。

（1）满足人员卫生要求。根据《公共建筑节能设计标准》GB50189－2005 的要求确定满足人员卫生要求的最低新风量。

（2）满足新风机组的除湿极限。新风处理后所需的送风含湿量不能低于新风机组的最低送风含湿量。

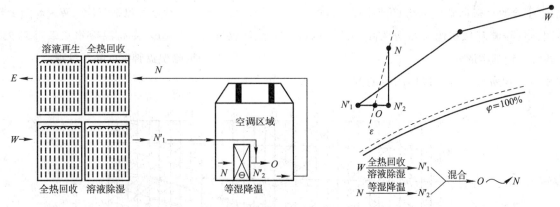

图 8-6-4　基于溶液除湿技术的风机盘管加新风系统

需要注意的是，不同类型的新风机组可以处理的极限送风含湿量也是不同的。一般情况下，采用冷冻除湿的新风机组（冷水温度 7℃/12℃），送风含湿量不低于 8g/kg；采用溶液除湿的新风机组，送风含湿量不低于 4g/kg；采用转轮除湿的新风机组，送风含湿量不低于 1g/kg。如果所需要的送风含湿量采用上述 3 种类型的新风机组都可以满足要求，应该选择经济性最佳的机组。

2. 基于冷冻除湿的温湿度独立控制空调系统

双温温湿度分控系统是基于冷冻除湿的温湿度独立控制空调系统的一种构建形式。在双温温湿度分控系统中，采用两个不同蒸发温度的冷源。利用冷冻除湿原理，先由高温冷源通过高温表冷器对新风进行预冷除湿，以承担新风热湿负荷，然后再由低温冷源通过低温表冷器进一步进行冷却除湿，以承担室内湿负荷。高温冷源承担总负荷的 85%～90%，低温冷源只承担 10%～15%。

在双温温控分控空调系统中，新风的夏季处理过程是由高低温两组冷源组合完成的，双温空调的新风处理过程，由于将新风处理到与室内等焓，只需降温到 21℃左右，因此，可以利用高温冷源来承当新风负荷（注：此处的新风负荷特质由新风带入的高出室内空气焓值的那部分能量）。该过程可以分为两段，第一段为通过高温冷水盘管实现的对新风的冷却除湿过程，即图 8-6-5 中的 W-L1 段，其中 L1 称为第一设计机器露点，简称"第一露点"；第二段为通过直接蒸发盘管实现的对新风的深度冷却除湿过程，即图中的 L1-L2 段，其中 L2 称为第二设计机器露点，简称"第二露点"。对于供回水温度为 15/20℃ 的双冷源系统，第一露点工况为 DB18℃/RH95%，第二露点则取为 DB12℃/RH95%。当室内相对湿度有精确控制要求时，也可以按室内湿负荷情况对第二露点进行精确设计。

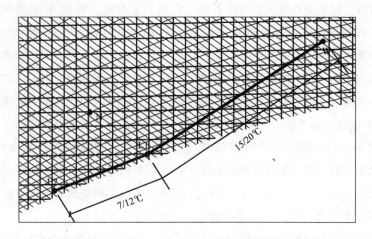

图 8-6-5　双温温湿度分控系统新风的夏季处理过程

双冷源新风机组的高温冷源通常采用供水温度为 13～19℃ 的集中冷水，低温冷源则一般采用分散设置的

直接蒸发制冷系统，即每一台双冷源新风机组均自带一组用于辅助除湿的低温冷源，也可采用供回水温度为

7~12℃的集中冷源。根据新风机组自带低温冷源的冷凝模式不同，双冷源新风机组又可分为集中式、内冷式、水冷式等三种基本形式。

如图8-6-6所示，对于带热回收的双温新风系统，夏季空气处理过程包括三段：W~A为全热或显热热回收过程，A~L1为高温冷水盘管冷却处理过程，L1~L2为辅助除湿盘管深度除湿过程。

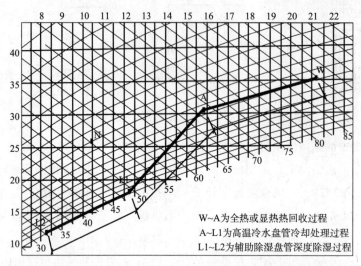

W~A为全热或显热热回收过程
A~L1为高温冷水盘管冷却处理过程
L1~L2为辅助除湿盘管深度除湿过程

图8-6-6　带热回收的双温新风系统的夏季空气处理过程

采用内冷式双温新风机组的双温空调系统如图8-6-7所示，这种系统几种设置高温冷水机组，新风机组为双冷源机组，机组自带低温除湿冷源，低温冷源采用排风冷凝（内冷），新风机组可采用全热回收，末端循环系统采用高温冷源，末端设备干工况运行，该系统适用于有集中排风的大中型空调系统。

采用水冷式双温新风机组的双温空调系统如图8-6-8所示，这种系统与内冷式系统的区别是由于系统无集中排风，因此新风自带低温冷源采用冷却水冷凝，机组所用的冷却水可以大楼系统共用一个冷却水系统，也可以集中设置一个新风机组专用的冷却水系统。因此，这种系统适用于无集中排风的大中型空调系统。

集中式指低温冷源采用的是集中式低温冷源，而非分散设置的直接蒸发制冷系统。采用集中式双温新风机组的双温空调系统指集中设置高温冷水机组和低温冷源，新风机组为双冷源机组，高/低温冷源均由管道集中输送，室内末端系统采用高温冷源（末端设备干工况运行）。

基于冷冻除湿的温湿度独立控制空调系统设计中，应该分别计算室内热湿负荷，合理选配高低温热源，最大限度地使用高温冷水机组。高温冷源应集中设置，低温冷源可集中设置或采用内置式冷源新风机组。按照节能原则，最大限度进行有组织排风，优先选用全热回收

型内冷式双冷源新风系统，采用无源回热技术，不借助外部热源实现新风回热过程。

3. 高温冷水源的确定

高温冷源采用约17℃的冷水即可满足降温要求。此温度要求的冷水为很多天壤冷源的使用提供了条件，如深井水、通过土壤源换热器获取冷水等，深井回灌与土壤源换热器的冷水出水温度与使用地的年平均温度密切相关。不少地区可以直接利用该方式提供17℃冷水。在某些干燥地区可以通过直接蒸发或间接蒸发的方法制取17℃冷水。即使采用机械制冷的方式，制冷机的COP有大幅度的提高。如以三菱重工微型离心式高温冷水机组的工作原理。当冷冻水进、出水温度为21/18℃、冷却水进、出水温度为37/32℃时，其COP=7.1，在部分负荷条件下或冷却水温度降低时，其性能更为优越。

高温冷水的提取方法包含如下四种：

（1）采用高温型冷水机组制取高温冷水。高温型冷水机组指专门针对高温工况设计的专用型冷水机组。离心式机组的单机制冷效率可达8.0~8.5，螺杆式机组也可达7.5以上。

（2）采用常规冷水机组制取高温冷水。以7/12℃为供回水设计工况的常规冷水机组，当提高蒸发温度运行，用于制取15℃左右冷冻水时，其单机制冷效率也会有20%左右的提升。

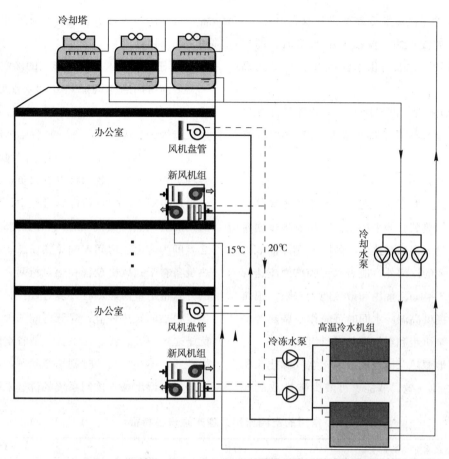

图8-6-7　采用内冷式双温新风机组的双温空调系统

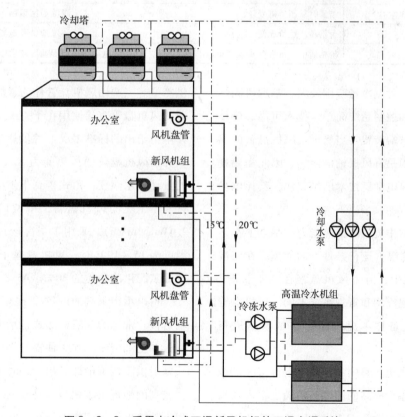

图8-6-8　采用水冷式双温新风机组的双温空调系统

（3）采用直接或间接蒸发冷却方式制取高温冷水。当室外空气的湿球温度或露点温度低于12℃时，即可利用直接或间接蒸发方式获得供水温度低于15℃的高温冷水。

（4）利用水/地源直取高温冷水。在我国长江流域及以北地区，利用地埋管技术即可获得低于16℃的高温冷水。

对于中小型建筑，为了减少设备投资，简化系统，用于温湿度独立调节空调系统的能源也不希望由另外设置的燃气锅炉或电加热装置等来提供。冷却塔冬季通常不具备供热条件；绝大多数夏热冬冷地区不允许抽取地下水；同时，除较大的江河外，地表水一般来说流速都很小，水深也只有3~4m，蓄热和散热能力有限，很难利用。因此，适合提供高温冷水同时可兼作空调热源的只有地埋管地源热泵机组和空气源热泵机组。

显然，地埋管地源热泵机组的效率比空气源热泵机组高得多，它是一种高效、节能、可减少碳排放的设备，可采用与热泵型溶液调湿新风机组联合运行的方法用于江南地区。

4. 显热处理末端设备形式的确定

目前常用的空调显热处理末端装置主要有四种形式：辐射墙（顶）、辐射吊顶、埋管式辐射地板、干式风机盘管，见表8-6-3。末端显热设备是指温度控制系统选用的干式末端设备，有干式风机盘管，辐射板等多种类型，这类设备的特点是只负责处理显热负荷，不会出现冷凝水。在负荷计算过程中，可以计算得到每个房间的显热负荷及新风送风承担的部分显热负荷，两者之差即为应由该房间末端显热设备承担的负荷。末端显热设备有干式风机盘管和辐射板两大类形式。采用辐射的方式带走室内显热有许多好处：和送风方式比，减少带走显热的换热环节；降低房间的尖峰负荷；热舒适性优于送风方式；无机械设备，节省空间等。用在西北干燥地区，不存在启动时刻结露问题。辐射方式应成为干燥地区温湿度独立控制系统的优选末端方式。

常用的空调显热处理末端设备特征　　　　表8-6-3

	冷负荷密度（W/m²）	特征	结论
埋管式辐射地板	40左右	适用于空调显热负荷密度不大的场所，如高级办公室	很难满足常规公共建筑负荷要求
辐射墙（顶）	65左右	结露时易产生霉变	潮湿地区慎用
辐射吊顶	60~100	价格高、性价比低	潮湿地区及电器安全要求高的场合慎用
干式风机盘管	120左右	价格适中，带有凝水盘时可以准干工况运行，需供电运行	潮湿地区较适用

干式风机盘管是一种制冷量范围较大、基本可满足常规建筑需求、运行和控制系统简单、技术可靠、价格相对低廉的显热空调末端装置。当然干式风机盘管的供冷负荷密度较大的原因是有风机辅助换热，因此需要耗费电力，好在直流变速电动机技术已经成熟，其耗电功率已降到常规风机盘管的一半以下。

目前风机盘管样本中提供的换热能力，基本上都是在"湿工况"（冷凝除湿）运行条件下的数据。在温湿度独立控制空调系统中，由于风机盘管在"干工况"下运行，并且供回水温度均和常规系统不同，风机盘管实际供冷量与常规设备样本提供的供冷量数据进行选型。

干式盘管与标准风机盘管的不同在于运行工况的改变。即进出水温度大幅度提高的同时还要满足室内对冷量、风量的需求，其换热温差小于标准风机盘管，而且不涉及潜热换热，需要通过增加盘管的换热面积来提高供冷量。当选用风机盘管作为末端设备时，若将常规的湿式风机盘管直接使用在干工况情况下，则可根据产品样本中给出的标准工况下的供热量及供回水温度差由式反算出风机盘管的传热能力KF，继而根据供冷工况下的设计供水温度，由式得到干工况下的实际供冷量。

干工况的风机盘管，单位风量的供冷量在2.0~2.4W/（m³/h）。采用干工况运行的风机盘管，当冷水温度为15~19℃时，风机盘管干工况供冷能力约为标准湿工况供冷能力的30%~45%。

可以承担末端的设备除干式风机盘管外，还可以用辐射板，常见的辐射板形式包括混凝土埋管式、金属辐射板和毛细管席。在3种辐射供冷系统中，混凝土埋管式辐射供冷造价最低，40元/m²左右，与我国普及率已经较高的地板供暖相当，易于安装，也适合大规模的应用。其特点是供冷能力最小，在高湿地区一般难以超过30W/m²，释冷最慢，有8~10h的滞后，但可以利用楼板进行蓄能，从而节省运行费用，因此是目前商业开发建筑利用温湿度单独处理系统时的主要方式。

金属辐射板美观大方，易与装修配合，可以直接作为吊顶装饰面使用，也是3种辐射供冷中供冷最快的一种。但是金属辐射板安装需要梁下的吊顶空间较大，金属辐射板材料的价格就超过1000元/m²，是3种辐射吊顶中造价最高的辐射末端，仅适合作为较高档的办公楼的选择。理论上，金属辐射板相对于其他两种辐射供冷可以提供更高的供冷能力，可以超过100W/m²，但实际中由于避免结露的限制，其循环水进口水温不能高于室内设计空气状态的露点温度，其供冷能力得不到最大程度的发挥，因此目前只能作为一种易于配合较高吊顶装修要求的辐射供冷形式。

毛细管席由外径3～5mm的毛细管以10～30mm的间距并排组合而成。由于施工技术和造价等方面的因素。目前辐射空调多以顶面湿式安装的毛细管席为主，即将毛细管席固定在顶面上，在管席表面直接进行石膏等材料的喷涂覆盖，使之与建筑装饰相结合。毛细管网栅安装简单、控制系统完善、供冷能力及释冷速度都适中，供冷能力可以达到60W/m²，启动约1h后即可实现室内降温，但造价高，实现国产化前尚不具备规模化应用的可能性。毛细管辐射供冷系统，由于其一般干挂于吊顶下，失去了蓄冷的可能性，因此控制室温的稳定性较混凝土埋管式辐射供冷要差，但是却带来了调节控制上的便利性，为防止结露，可设置室内相对湿度传感器和相应的水路切断控制系统，这是其优于混凝土埋管式辐射供冷系统的地方。

毛细管是辐射供冷供热管的一种，利用充满水的毛细管进行换热，由外径为3.5～5.0mm（壁厚0.9mm左右）的毛细管和外径20mm（壁厚2mm）的供回水主管构成毛细管席。毛细管席宽度范围是600～1200mm，长度范围是1～12m，具体尺寸可根据安装需要定制，且安装方式灵活，管路和席子之间通过热熔或快速结头连接。毛细管材质为聚丙烯材料，使用寿命50年左右。毛细管充水后重量轻，可以灵活地敷设在天花板、地面和墙壁上，不仅适合于新建筑，在旧建筑原有基础上也

可以安装，不会给建筑物增加荷载。其安装方式可以吊顶抹灰安装或墙面抹灰安装，或者石膏板吊顶模块，或者金属吊顶模块。

技术参数一般夏季供回水温度为：16/18℃，辐射面表面温度约为20℃，室内温度为26℃时，制冷量约为80W/m²。冬季系统供回水温度为32/28℃，辐射面表面温度为30℃，室内温度为20℃时，制热量为86W/m²。

毛细管辐射末端可以与各种高效冷热源配套使用，其中与地源热泵结合节能效果最好。冷热水源由主站房提高至毛细管平面末端，由毛细管末端向室内辐射冷热量，实现夏季供冷，冬季供热的目的。夏季供回水温度范围在15～20℃之间，温差以2～3℃为宜；冬季供回水温度的范围在28～35℃之间，温差以4～5℃为宜。

其缺点是当冷辐射表明的温度低于室内空气露点温度的时候，就会产生结露现象。一般通过配置新风系统除湿来解决这个问题，新风系统是毛细管辐射空调系统的必须组成部分，利用新风控制室内露点始终低于冷辐射表面的温度。为防止结露，可通过安装露点探测器来控制。当室内湿度增加，探测到冷凝危险时，即关闭制冷系统，防止结露现象的产生。

可采用等效辐射换热系数和对流-辐射综合换热系数方法进行辐射板的换热量计算。

输配新风的送风末端装置的风量仅是为了满足新风和湿度的要求，如果人均风量40m³/h，每人5m²面积，则换气次数只在2～3次，远小于变风量系统的风量。这部分空气可通过置换送风的方式从下侧或地面送出，也可采用个性化送风方式直接将新风送入人体活动区。当送风温度较低时，宜采用高诱导比低温送风口、塑料散流器等；新风处理采用其他方式且送风温度接近室温时，宜采用置换通风、地板送风等下送风方式。

潮湿地区使用的辐射板或干式风机盘管的高温冷水系统，应对室内温湿度进行监测，并采取确保设备各表面不结露的自动控制，有结露危险时（室内露点温度高于冷表面温度）可加大新风量，必要时关闭末端装置冷水阀。

下篇·设计实例

第九章 建筑设计

第一节 工程概况

本工程为淮安古黄河大酒店，基地位于江苏省淮安市淮海北路与淮海东路交叉路口西北侧，东临主要市政道路淮海北路，基地周边均为多层老建筑。用地面积为 2655m²，形状呈不规则四边形，地势比较平坦，室内相对标高 ±0.00 相当于绝对标高 14.50m。根据地质钻探，该场地土质较均匀，场地上部为新生代沉积成因的粉土，场地无液化土层，属于 II 类场地。地下水位较高，在天然地面以下 1.5~2.0m 处无侵蚀性。基本风压：0.35kN/m；主导风向：东南；基本雪压：0.40kN/m；抗震设防烈度为 7 度；设计基本地震加速度为 0.10g；建筑结构安全等级：二级。该建筑总建筑面积为 7944.6m²，基底占地面积 721.2m²，建筑总长 32m、宽 30.5m，主体高 35.45m，标准层层高为 3.0m，一~三层层高为 3.9m，顶层层高为 3.9m。该建筑一~三层主要用于餐饮、会议、商务活动，设有厨房、餐厅、会议室、多功能厅等，四~九层为住宿用的标准客房。

总平面如图 9-1-1 所示。

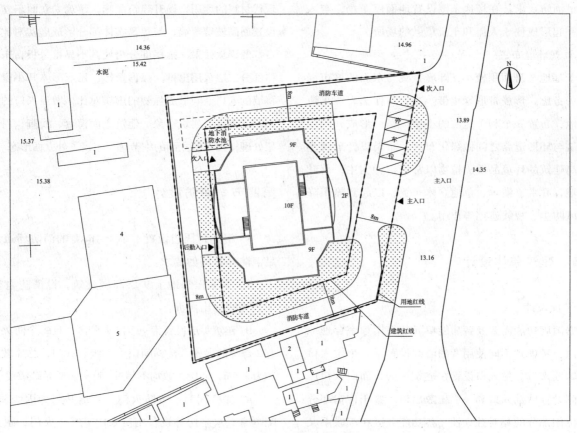

图 9-1-1 酒店总平面

第二节　总平面设计

1. 总体布局构思

根据区域规划布局特点，结合地形现状及周边环境，该方案在面向淮海北路布置建筑主楼，采用高层点式形式，各功能用房围绕建筑核心筒布置，利于建筑功能的排布，最大限度减少交通面积，且使得建筑形体在视觉效果上显得挺拔干练。考虑到基地东临主要市政道路淮海北路，因此出入口设置在基地中央且与交叉口相距70m以外处设置。基地东侧布置入口广场空间，裙楼弧形的平面形式布置在塔楼下方，与入口广场形成东西向中轴对称的布局，形成良好的呼应关系，引导人流进入。

2. 交通组织

根据建筑使用功能上的特点，合理地进行交通流线设计和出入口设置，做到人、车、后勤分流，各种流线导向明确、组织有序，利于提高工作效率和总体环境质量。基地只有一面邻城市道路，因此在淮海北路上设置两个出入口，一个为酒店的人流主入口，另一个为机动车出入口兼做后勤出入口，沿基地周边设置4m环形车道，满足消防要求。在场地东侧设置地面停车场，与入口广场一起形成便于人流和车流集散的场所。

3. 景观环境布置

由于基地本身面积较小，环境景观与东面的城市绿化作统一考虑，形成带形绿化带。主入口作为人、车流的集中地，布置一个利于疏散的小型广场，形成开阔视野。建筑与环形道路之间做绿化布置，布局设计景观小品，提高建筑的环境品质。植物以常青树种为主，落叶树种为辅，乔木、灌木、草地立体布置，以起到隔声降噪、防风防尘、视线遮挡等作用。

第三节　建筑单体设计

1. 平面设计

根据酒店功能需要及各功能单元的使用频率合理地布置平面，考虑到不同使用者的流线设置了一个主入口和两个辅助入口。主入口设置在建筑东侧，面向入口广场，西侧设置后勤入口和一个疏散出口。鉴于住宿部分和公共休闲部分的相对独立性，各功能分区相互联系又各自独立。建筑一至三层部分为酒店公共部分，层高为

3.9m，总面积为2824.5m²。一、二层为餐饮休闲部分，主要布置中餐厅、西餐厅、咖啡厅等功能性用房及厨房、空调机房、消防控制室、卫生间等辅助用房。三层为商务办公部分，主要房间为会议室和多功能厅。入口大堂层高7.8m，设有两部弧形楼梯直接上二楼，楼梯既是大堂的造型元素，又可以直接引导人流。四至九层部分布置客房，标准客房开间4.2m，进深6.9m，层高3m，共有84套，总面积为4238.9m²。各设备用房布置在地下一层，建筑面积为721.2m²。

2. 立面设计

作为酒店建筑，建筑立面设计充分结合建筑平面形态，在满足功能的基础上进行精心的雕刻。在设计手法上运用虚实结合、形体穿插咬合的手法来体现建筑所特有的现代美感。建筑立面采用对称式构图方式，强调其水平线条，加强建筑的尊重感。平面为十字形构图，东西向客房部分采用弧形大面积开窗，利用梁柱的凹凸关系形成立面水平向线条划分，两侧为实墙面，用弧形构架打破立面的单调感，成为活跃建筑立面的元素。

为了融于环境，同时又跳出环境，建筑的实体部分采用白色真石漆，通过对玻璃体、实体墙面、铝合金型材等现代材料的运用，提升建筑品味，建筑主立面东立面局部设置通高玻璃幕墙，与建筑实体部分形成虚实对比，得到良好的视觉效果。裙楼部分为使其不显得呆板，东立面入口部分二层采用出挑的弧形形体，弧形形体开小窗与玻璃幕墙的入口空间形成强烈的虚实对比，增强入口的识别性同时又丰富了建筑形象。建筑立面窗套、线脚、顶部的构架处理增强建筑立面的细节感，丰富了外立面形态。

第四节　消防设计

1. 沿建筑周边设置不小于4m宽的消防环道，且满足消防扑救面的要求。

2. 本工程为地上9层高层建筑，设消防电梯及防烟楼梯间并出屋面。

3. 建筑每层设置为一个防火分区，且每个防火分区设有2部疏散楼梯。楼梯间门为乙级防火门，总疏散净宽之和为2.5m，每层人数均不超过250人，满足疏散要求。

4. 楼梯间为乙级防火门，管道井门为丙级防火门，配电室、水泵房等设备用房采用甲级防火门，耐火极限不少于3h。

5. 消防控制室位于一层北面靠东侧外墙位置，并直通室外。具体布置及内部设备详见电气专业图纸及说明。

6. 不同管道井独立设置，井壁为耐火极限不低于1.0h的不燃烧体，楼层处每层用相当于楼板耐火极限的不燃烧体分隔，设丙级防火门，与房间、走道等相连的孔洞，其空隙采用不燃烧材料填塞密实。

7. 室内所有露明的钢梁、钢柱、钢平台、钢梯均在其外表面刷防火涂料，涂料厚度应使各部分构件耐火等级达到二级。所有外墙、屋面均采用岩棉板 A 级阻燃材料为保温材料。

第五节　节能设计

1. 节能设计文件编制依据
①《民用建筑热工设计规范》
②《公共建筑节能设计标准》
③《江苏省公共建筑节能设计标准》
④《全国民用建筑工程设计技术措施——节能专篇》

⑤《建筑外窗空气渗透性能分级及其检测方法》
⑥相关的国家和江苏省、淮安市的标准设计图集

2. 本工程所选用的主要保温隔热材料及其热工性能参数

①屋面保温材料拟选用憎水性岩棉板，其导热系数为 0.045W/（m·K），蓄热系数为 0.75W/（m²·K），热阻值为 1.4m²·K/W。

②外墙保温材料拟选用憎水性岩棉板，其导热系数为 0.045W/（m·K），蓄热系数为 0.75W/（m²·K），热阻值为 0.74m²·K/W。

③地下外墙保温材料拟选用沥青油毡纸，其导热系数为 0.170/（m·K），蓄热系数为 3.3W/（m²·K），热阻值为 0.024m²·K/W。

④地下室顶板保温材料拟选用憎水性岩棉板，其导热系数为 0.045W/（m·K），蓄热系数为 0.75W/（m²·K），热阻值为 0.556m²·K/W。

3. 工程材料
本工程主要建造材料如表 9-5-1 所示。

本工程主要建造材料　　　　　　　　　　　　表 9-5-1

材料名称	编号	导热系数 λ	蓄热系数 S	密度 ρ	比热容 C_p	备注
		W/（m·K）	W/（m²·K）	kg/m³	J/（kg·K）	
水泥砂浆	1	0.930	11.370	1800.0	1050.0	来源:《民用建筑热工设计规范》GB50176-93
钢筋混凝土	4	1.740	17.200	2500.0	920.0	来源:《民用建筑热工设计规范》GB50176-93
碎石、卵石混凝土（ρ=2100）	19	1.280	13.570	2100.0	920.0	
SBS 改性沥青防水卷材	22	0.230	9.370	900.0	1620.0	
粉煤灰加气混凝土砌块（墙体）	20	0.220	3.590	700.0	1150.8	用于墙体修正系数 =1.35
粉煤灰加气混凝土砌块（墙体）	29	0.220	3.590	700.0	1150.8	用于墙体修正系数 =1.35
混合砂浆	30	0.870	10.630	1700.0	1050.6	修正系数 =1.00
抗裂砂浆，耐碱网格布	32	—	—	—	—	
憎水性岩棉板	37	0.045	0.750	140.0	1227.8	修正系数 =1.20
钢筋混凝土	45	1.740	17.060	2500.0	920.0	修正系数 =1.00
抗裂砂浆（网格布）	49	0.930	11.306	1800.0	1050.0	
沥青油毡、油毡纸	50	0.170	3.300	600.0	1468.1	摘自《民用建筑热工设计规范》GB50176-93 附录四
花岗岩、玄武岩	55	3.490	25.570	2800.0	920.1	摘自《民用建筑热工设计规范》GB50176-93 附录四
热镀锌电焊网，抗裂砂浆	63	—	—	—	—	

4. 围护结构节能构造作法

（1）屋顶构造（1）：平屋顶　憎水性岩棉板＋钢筋混凝土（由外到内）

碎石、卵石混凝土（$\rho = 2100$）（50mm）＋SBS改性沥青防水卷材（3mm）＋水泥砂浆（20mm）＋憎水性岩棉板（75mm）＋水泥砂浆（20mm）＋钢筋混凝土（120mm）＋水泥砂浆（20mm）

（2）外墙构造（1）：外－岩棉＋粉煤灰加气混凝土砌块（墙体）（由外到内）

花岗岩、玄武岩（8mm）＋抗裂砂浆，耐碱网格布（8mm）＋水泥砂浆（20mm）＋热镀锌电焊网，抗裂砂浆（2mm）＋憎水性岩棉板（40mm）＋粉煤灰加气混凝土砌块（墙体）（200mm）

（3）外墙构造（2）：外－岩棉＋钢筋混凝土（由外到内）

花岗岩、玄武岩（8mm）＋抗裂砂浆，耐碱网格布（8mm）＋水泥砂浆（20mm）＋热镀锌电焊网，抗裂砂浆（2mm）＋憎水性岩棉板（40mm）＋钢筋混凝土（300mm）

（4）地下墙构造：钢筋混凝土剪力墙

沥青油毡、油毡纸（4mm）＋钢筋混凝土（300mm）＋混合砂浆（20mm）

（5）采暖、空调地下室地面或地上采暖空调房间的地下室顶板：地下室顶板

钢筋混凝土（120mm）＋憎水性岩棉板（30mm）＋抗裂砂浆（网格布）（8mm）＋水泥砂浆（20mm）

（6）门窗：

1）东、西、北向外门窗均采用6透明＋12空气＋6透明-隔热金属窗框，传热系数3.400W/（m·K），南向外门窗均采用6高透光Low－E＋12空气＋6透明-隔热金属窗框，传热系数2.700W/（m·K），东向遮阳系数为0.28W/（m^2·K），南向遮阳系数为0.20W/（m^2·K），西向遮阳系数为0.28W/（m^2·K），北向遮阳系数为0.86W/（m^2·K）

2）所有外窗气密性不应低于《建筑外窗空气渗透性能分级及其检测方法》的4级。

3）所有外门窗玻璃的可见光透射比不应当小于0.4。

4）门窗洞口的构造做法参见苏J16－2003（一）－10，敞开式露台的构造做法参见国标图集06J123－45－2。

（7）遮阳：东、南、西向上部无门窗利用平板式固定外遮阳板；采用织物卷帘遮阳，夏季遮阳系数0.330，冬季遮阳系数1.000，做法参见06J506－1－Z7－4。

第十章 结构设计

第一节 结构布置及初选截面尺寸

经过对建筑高度、使用要求、材料用量、抗震要求、造价因素综合考虑后，该建筑选用钢筋混凝土框架-剪力墙结构体系。混凝土等级：梁、柱、剪力墙为 1~4 层为 C35，4 层以上为 C30。

1. 柱截面尺寸

为保证柱的延性，框架柱符合规范对剪压比（$V_c/(f_cb_ch_{c0})$），剪跨比（$\lambda = M/(Vh_c)$）、轴压比（$\mu_N = N/(f_cb_ch_c)$）的限值要求，其中轴压比起主要作用，在抗震等级为三级的情况下，框架剪力墙的轴压比限制不大于 0.90，即：$N/(bhf_c) \leqslant 0.95$。

所以要满足式：$A = bh \geqslant \dfrac{N}{0.95 \times f_c} = \dfrac{1.1nN_v}{0.95f_c}$（$n$ 为层数）可得：

地下层柱估算：（N_v 根据工程经验取 15，n 取 10，C35 混凝土，$f_c = 16.9\text{N/mm}^2$）

$$A = a^2 = \frac{15 \times 1.1 \times 4.5 \times 4.2 \times 10}{16.9 \times 0.95 \times 10^3} \geqslant 0.194\text{m}^2$$

$$a \geqslant 0.441\text{m}$$

柱从第 4 层变混凝土强度为 C30。

四层柱估算：（N_v 取 15，n 取 7，C30 混凝土，$f_c = 14.3\text{N/mm}^2$）

$$A = a^2 = \frac{15 \times 1.1 \times 4.5 \times 4.2 \times 7}{14.3 \times 0.95 \times 10^3} \geqslant 0.161\text{m}^2$$

$$a \geqslant 0.401\text{m}$$

初选柱截面尺寸均为 500mm×500mm，以上尺寸满足规范关于柱截面宽度和高度的最小尺寸、柱剪跨比、截面高宽比等要求。

2. 梁截面尺寸

主梁：跨度 4.5m，取梁高取 $h = (1/12 \sim 1/8)l = 375 \sim 562.5\text{mm}$，初选 500mm 高，梁宽度 $b = (1/3 \sim 1/2)h$，初选 250mm；跨度 7.5m，梁高初选 700mm，梁宽度初选 300mm。

次梁：跨度 4.2m，取梁高 400mm，梁宽 200mm。

3. 板厚度

板的最小厚度不小于 80mm，按双向板跨度的 1/50 考虑，板厚 $\geqslant L/50 = 400/50 = 80\text{mm}$，考虑到保证结构的整体性和舒适性，初选 $h = 120\text{mm}$。

4. 剪力墙数量的确定

目前，确定剪力墙的数量，是以满足《高规》关于结构水平位移限值为依据，即结构实际布置的剪力墙应等于或稍大于满足水平位移限值所需的剪力墙数量。考虑经济性和安全性，参照已有的实际工程，剪力墙厚度取为 250mm。

各构件截面尺寸及混凝土强度等级见表 10-1-1。

构件截面尺寸及混凝土强度等级 表 10-1-1

楼层	梁截面（mm）			柱截面（mm）	剪力墙厚度（mm）	混凝土等级
	主梁 1	主梁 2	次梁			
-1~3	300×700	250×500	200×400	500×500	250	C35
4~10	300×700	250×500	200×400	500×500	250	C30

第二节 荷载计算

各层重力荷载计算

第一节点 G 的确定

楼层重：

楼梯间：$S = 6.1 \times 2.8 \times 2 = 34.16\text{m}^2$

$G_1 = 34.16 \times 4.529 \times 1.2 = 185.65\text{kN}$

卫生间：$S = 4.45 \times 3.9 + 4.2 \times 4.45 + 2.35 \times 3.45 \times 2 = 52.26\text{m}^2$

$G_2 = 52.26 \times 5.26 = 274.89\text{kN}$

其余地面：$S = 27 \times 31.5 - 5.1 \times 6.9 \times 4 - 34.16 - 52.26 - 2.2 \times 2.1 \times 4 - 6.6 \times 17.7 = 488.02\text{m}^2$

$G_3 = 488.02 \times 4.529 = 2210.24\text{kN}$

$G = G_1 + G_2 + G_3 = 185.65 + 274.89 + 2210.24 = 2670.78\text{kN}$

柱重：

$G = 1.1 \times 3.9 \times (13.08 \times 0.5 \times 40 + 3.14 \times 0.25^2 \times 4 \times 25) = 1206.46\text{kN}$

梁重：

主梁 1：（截面 $250\text{mm} \times 500\text{mm}$）

$G_1 = (0.5 - 0.12) \times [(4.2 - 0.5) \times 4 + (4.2 - 0.25 - 0.12) \times 4 + (16.8 - 0.5 \times 4) \times 2 + (16.8 - 0.5 \times 3) \times 2 + (3.9 - 0.5) \times 6 + 4.0 \times 2 + (11.88 - 0.5 \times 3) \times 2 + (3 - 0.5) \times 4 + (1.8 - 0.37) \times 8] \times 6.39 = 413.72\text{kN}$

主梁 2：（截面 $300\text{mm} \times 700\text{mm}$）

$G_2 = (0.7 - 0.12) \times [(6.9 - 0.5) \times 4 + (6.6 - 0.5) \times 4 + (7.5 - 0.5) \times 4 + 7.3 \times 2] \times 7.64 = 410.33\text{kN}$

次梁：（截面 $200\text{mm} \times 400\text{mm}$）

$G_3 = (0.4 - 0.12) \times [(16.8 - 0.5 - 0.25 \times 3) \times 2 + (8.4 - 0.5 - 0.25) \times 2 + (3 - 0.25 - 0.1) \times 6 + (3.9 - 0.3) \times 3 + 2.75 \times 2 + (2.4 - 0.2) \times 3] \times 5.14 = 123.2\text{kN}$

$G = G_1 + G_2 + G_3 = 413.72 + 410.33 + 123.2 = 947.25\text{kN}$

外墙：

外墙净面积：

$S = [(16.8 - 0.5 \times 4) \times 2 + (3 - 0.5) \times 2 + (11.88 - 0.5 \times 3) \times 2] \times (3.9 - 0.5) + (6.9 - 0.5) \times 4 \times (3.9 - 0.7) = 270.14\text{m}^2$

外墙重：$G = 3.649 \times (270.14 - 103.39) = 608.47\text{kN}$

内墙：

面积（不扣门窗洞）：200 厚填充墙。

上半层横墙：

$S_1 = \{[(6.9 - 0.75) \times 2 + 4.5 - 0.5 + 11.7 - 0.5 \times 3] \times (3.9 - 0.5) + [(3 - 0.25) \times 3 + 3 + 2.8 \times 2 + 2.2 \times 3] \times (3.9 - 0.4)\}/2 = 87.79\text{m}^2$

上半层纵墙：$S_2 = \{[(16.8 - 0.5) \times 2 + 8.2 \times 2] \times (3.9 - 0.5) + (6.6 - 0.5) \times 2 + 7.5 - 0.5) \times (3.9 - 0.7)\}/2 = 113.27\text{m}^2$

下半层横墙：

$S_1' = \{[(6.9 - 0.75) \times 3 + 4.5 - 0.5 + 11.7 - 0.5 \times 3] \times (3.9 - 0.5) + [(3 - 0.25) \times 3 - 0.2 + 2.8 \times 2 + 2.2 \times 3 + 5.7 - 0.25 + 0.1] \times (3.9 - 0.4)\}/2 = 97.98\text{m}^2$

下半层纵墙：

$S_2' = \{[(16.8 - 0.5) + 8.4 - 0.25 + 0.1 + 8.2 \times 2] \times (3.9 - 0.4) + [(6.6 - 0.5) \times 2 + 1.6 - 0.1 + 2.1 - 0.3] \times (3.9 - 0.7)\}/2 = 96.47\text{m}^2$

$G_1 = (87.79 + 113.27 + 97.98 + 96.47 - 31.19 - 25.83) \times 1.978 = 669.53\text{kN}$

100 厚墙：$S = [(8.4 - 0.5 \times 2) + 2.35 \times 2] \times (3.9 - 0.4) = 42.35\text{m}^2$

$G_2 = 42.35 \times 1.278 = 54.12\text{kN}$

内墙总重：$G = 669.53 + 54.12 = 723.65\text{kN}$

剪力墙：

$G = [(8.2 \times 4 + 5.6 \times 4 + 2.4 \times 2) \times 3.9 - 1.2 \times 2.1 \times 2] \times 5.578 = 1227.14\text{kN}$

门窗：

窗：$S_1 = 2.1 \times 2.6 + 1.4 \times 1.2 \times 2 + 3.3 \times 2.6 \times 4 + 2.4 \times 2.6 \times 4 + (11.88 - 0.5 \times 3) \times 3.4 = 103.39\text{m}^2$

门：下半层，$S_2 = \dfrac{1.2 \times 2.1 \times 12 + 1.5 \times 2.1 + 0.9 \times 2.1 \times 10 + 1.2 \times 2.1 \times 4}{2} = 31.19\text{m}^2$

上半层，$S_3 = \dfrac{0.9 \times 2.1 \times 14 + 1.2 \times 2.1 \times 10}{2} = 25.83\text{m}^2$

大厅门窗：$S_4 = [(11.86 - 1.5) + 3.4 \times 2] \times 3.9 = 67\text{m}^2$

门窗总重：$G = (81.81 + 31.19 + 25.83 + 67) \times 0.45 = 92.62\text{kN}$

活载：

楼梯：$S = 34.16\text{m}^2$

走廊：$S = 17.5 \times 2 \times 1.5 + 8.6 \times 2 \times 1.8 = 83.46\text{m}^2$

卫生间：$S = 52.26m^2$

中餐厅、西餐厅：$S = 115.9 + 53.99 = 169.89m^2$

电梯机房：$S = 2.1 \times 2.2 \times 4 = 18.48m^2$

其余：$S = 488.02 - 83.46 - 169.89 = 234.67m^2$

$G = 2.5 \times (34.16 + 83.46 + 169.89) + 2.0 \times (52.26 + 234.67) + 7 \times 18.48 = 1422kN$

总计：

$G_1 = G_{恒} \times 100\% + G_{活} \times 50\% = 2670.78 + 1206.46 +$

$947.25 + 608.47 + 723.65 + 1277.72 + 92.62 + 1422 \times 50\% = 8237.95kN$

按同样的方法可以计算得到其他各层的重力荷载值。

第三节 剪力墙、框架及连梁刚度计算

1. 框架的等效剪切刚度 C_F

（1）柱线刚度计算（表 10-3-1）

柱线刚度　　　　　　　　　　　　　　　　　　　表 10-3-1

层号	柱截面 ($b_c \times h_c$)		混凝土等级	h （m）	$I_c = 1/12 b_c h_c^3$ （m^4）	E_c （kN/m^2）	$i_c = E_c I_c/h$ （$kN \cdot m$）
1~3	0.5	0.5	C35	3.9	0.0052	31500000	42067.31
1、2层10、11轴线柱	0.5	0.5	C35	7.8	0.0052	31500000	21033.65
4~8	0.5	0.5	C30	3	0.0052	30000000	52083.33
9	0.5	0.5	C30	3	0.0052	30000000	52083.33
	0.5	0.5	C30	4.5	0.0052	30000000	34722.22
10	0.5	0.5	C30	3.9	0.0052	30000000	40064.10

（2）梁线刚度计算（表 10-3-2、表 10-3-3）

1~3 层梁线刚度计算　　　　　　　　　　　　　　表 10-3-2

梁编号	跨度 L_b （m）	截面 ($b \times h$) (m^2)		混凝土等级	E_c （kN/m^2）	$I_0 = bh^3/12$ （m^4）	边框架梁		中框架梁	
		b	h				$I_b = 1.5I_0$	$i_b = E_c I_b/L_b$	$I_b = 2I_0$	$i_b = E_c I_b/L_b$
主梁1	6.6	0.3	0.7	C35	31500000	0.0086			0.0172	81852.27
	6.9	0.3	0.7	C35	31500000	0.0086	0.0129	58720.11		
	7.5	0.3	0.7	C35	31500000	0.0086			0.0172	72030.00
主梁2	3	0.25	0.5	C35	31500000	0.0026	0.0039	41015.63		
	4.2	0.25	0.5	C35	31500000	0.0026	0.0039	29296.88	0.0052	39062.50
	4.5	0.25	0.5	C35	31500000	0.0026			0.0052	36458.33
次梁	4.2×4	0.2	0.4	C35	31500000	0.0011			0.0021	4000.00
	1.8	0.2	0.4	C35	31500000	0.0011			0.0021	37333.33

4~9 层梁线刚度计算　　　　　　　　　　　　　　表 10-3-3

梁编号	跨度 L_b （m）	截面 ($b \times h$) (m^2)		混凝土等级	E_c （kN/m^2）	$I_0 = bh^3/12$ （m^4）	边框架梁		中框架梁	
		b	h				$I_b = 1.5I_0$	$i_b = E_c I_b/L_b$	$I_b = 2I_0$	$i_b = E_c I_b/L_b$
主梁1	6.6	0.3	0.7	C30	30000000	0.0086			0.0172	77954.55
	6.9	0.3	0.7	C30	30000000	0.0086	0.0129	55923.91		
	7.5	0.3	0.7	C30	30000000	0.0086			0.0172	68600.00
主梁2	3	0.25	0.5	C30	30000000	0.0026	0.0039	39062.50		
	4.2	0.25	0.5	C30	30000000	0.0026	0.0039	27901.79	0.0052	37202.38
	4.5	0.25	0.5	C30	30000000	0.0026			0.0052	34722.52
次梁	4.2×4	0.2	0.4	C30	30000000	0.0011			0.0021	3809.52
	1.8	0.2	0.4	C30	30000000	0.0011			0.0021	35555.56

（3）框架柱侧移刚度

对于高度小于50m且高宽比小于4的建筑物，仅考虑梁柱弯曲变形引起的柱侧移刚度，忽略柱的轴向变形，与剪力墙相连的边柱作为剪力墙的翼缘，计入剪力墙的刚度，不作为框架柱处理。具体计算结果见表10-3-4。

楼层柱平均抗侧刚度：

$$D = 1/H \times \sum_{i=1}^{10} D_i h_i = 1/35.1 \times [3.9 \times (725742 + 676840 + 739662) + 3.0 \times (1435710 \times 5 + 1414262) + 4.5 \times 112109 + 3.9 \times 85628)] = 1005267$$

平均层高：$35.1/10 = 3.51\text{m}$

框架抗推刚度：$C_f = 3.51 \times 1005267 = 3.53 \times 10^6 \text{kN}$

2. 剪力墙的等效刚度 EI_{eq}

（1）剪力墙的刚度计算

剪力墙截面见图10-3-1，剪力墙厚250mm，1～3

层混凝土C35，4层以上混凝土C30。

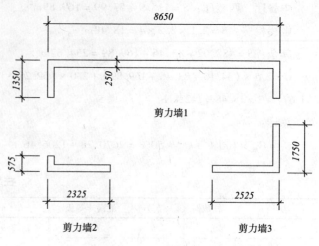

剪力墙1

剪力墙2　　　　　剪力墙3

图10-3-1　剪力墙截面

D 值计算　　　　　　　　　　　　　　　　表 10-3-4

层号	层高 h（m）	位置	$K = (\sum i_b)/2i_c$（一般层） $K = (\sum i_b)/i_c$（底层）	$a_c = K/(2+K)$（一般层） $a_c = (0.5+K)/(2+K)$（底层）	i_c（kN/m）	$D = a_c \cdot 12 \cdot i_c/h^2$	柱根数 n	$\sum D_i = n \cdot D$	楼层 $\sum D$
10	3.9	中框架 D、G 柱 4、8 轴	0.268	0.339	40064.1	10703	8	85628	85628
9层外围	3	边框架 A、K 柱 3、9 轴	0.536	0.409	52083.3	28369	4	113477	
	3	边框架 A、K 柱 567 轴	1.071	0.512	52083.3	35525	6	213150	
	3	中框架 B、J 柱 567 轴	1.429	0.563	52083.3	39066	6	234398	
	3	边框架 C、H 柱 1、11 轴	0.536	0.409	52083.3	28369	4	113477	
	3	框架 C、H 柱 3、9 轴	0.609	0.425	52083.3	29519	4	118074	1414262
	3	中框架 D、G 柱 2、10 轴	1.498	0.571	52083.3	39665	4	158662	
	3	中框架 D、G 柱 4、8 轴	1.498	0.571	52083.3	39665	4	158662	
	3	中框架 E、F 柱 1、11 轴	1.318	0.548	52083.3	38050	4	152200	
	3	中框架 E、F 柱 4、8 轴	1.317	0.548	52083.3	38041	4	152162	
4～8	3	边框架 A、K 柱 3、9 轴	0.536	0.409	52083.3	28369	4	113477	
	3	边框架 A、K 柱 567 轴	1.071	0.512	52083.3	35525	6	213150	
	3	中框架 B、J 柱 567 轴	1.429	0.563	52083.3	39066	6	234398	
	3	边框架 C、H 柱 1、11 轴	0.536	0.409	52083.3	28369	4	113477	
	3	框架 C、H 柱 3、9 轴	0.609	0.425	52083.3	29519	4	118074	1435710
	3	中框架 D、G 柱 2、10 轴	1.498	0.571	52083.3	39665	4	158662	
	3	中框架 D、G 柱 4、8 轴	1.498	0.571	52083.3	39665	4	158662	
	3	中框架 E、F 柱 1、11 轴	1.318	0.548	52083.3	38050	4	152200	
	3	中框架 E、F 柱 4、8 轴	2	0.625	52083.3	43403	4	173611	

续表

层号	层高 h (m)	位置	$K=(\sum i_b)/2i_c$ (一般层) / $K=(\sum i_b)/i_c$ (底层)	$a_c=K/(2+K)$ (一般层) / $a_c=(0.5+K)/(2+K)$ (底层)	i_c (kN/m)	$D=a_c\cdot12\cdot i_c/h^2$	柱根数 n	$\sum D_i=n\cdot D$	楼层 $\sum D$
3	3.9	边框架 A、K 柱 3、9 轴	0.68	0.440	42067.3	14613	4	58453	739662
	3.9	边框架 A、K 柱 567 轴	1.36	0.554	42067.3	18373	6	110236	
	3.9	中框架 B、J 柱 567 轴	1.813	0.607	42067.3	20133	6	120797	
	3.9	边框架 C、H 柱 2、10 轴	0.68	0.440	42067.3	14613	4	58453	
	3.9	框架 C、H 柱 3、9 轴	0.773	0.459	42067.3	15236	4	60945	
	3.9	中框架 D、G 柱 2、10 轴	1.9	0.615	42067.3	20424	4	81696	
	3.9	中框架 D、G 柱 4、8 轴	1.9	0.615	42067.3	20424	4	81696	
	3.9	中框架 E、F 柱 1、11 轴	1.671	0.591	42067.3	19628	4	78511	
	3.9	中框架 E、F 柱 4、8 轴	2.538	0.669	42067.3	22219	4	88875	
2	3.9	边框架 A、K 柱 3、9 轴	0.696	0.444	42067.3	14723	4	58894	676840
	3.9	边框架 A、K 柱 567 轴	1.393	0.558	42067.3	18517	6	111100	
	3.9	中框架 B、J 柱 567 轴	1.857	0.611	42067.3	20282	6	121691	
	3.9	边框架 C、H 柱 1、11 轴	0.696	0.444	42067.3	14723	4	58894	
	3.9	框架 C、H 柱 3、9 轴	0.792	0.463	42067.3	15358	4	61433	
	3.9	中框架 D、G 柱 2 轴	1.946	0.620	42067.3	20573	2	41146	
	7.8	中框架 D、G 柱 10 轴	3.892	0.745	21033.7	3092	2	6185	
	3.9	中框架 D、G 柱 4、8 轴	1.946	0.620	42067.3	20573	4	82292	
	3.9	中框架 E、F 柱 1 轴	1.712	0.596	42067.3	19778	2	39555	
	7.8	中框架 E、F 柱 11 轴	3.891	0.745	21033.7	3092	2	6185	
	3.9	中框架 E、F 柱 4、8 轴	2.6	0.674	42067.3	22367	4	89467	
1	3.9	边框架 A、K 柱 3、9 轴	0.696	0.444	42067.3	14723	4	58894	725742
	3.9	边框架 A、K 柱 567 轴	1.393	0.558	42067.3	18517	6	111100	
	3.9	中框架 B、J 柱 567 轴	1.857	0.611	42067.3	20282	6	121691	
	3.9	边框架 C、H 柱 1、11 轴	0.696	0.444	42067.3	14723	4	58894	
	3.9	框架 C、H 柱 3、9 轴	0.792	0.463	42067.3	15358	4	61433	
	3.9	中框架 D、G 柱 2、10 轴	1.946	0.620	42067.3	20573	4	82292	
	3.9	中框架 D、G 柱 4 轴	1.946	0.620	42067.3	20573	2	41146	
	3.9	中框架 E、F 柱 1、11 轴	1.712	0.596	42067.3	19778	4	79110	
	3.9	中框架 E、F 柱 4 轴	2.6	0.674	42067.3	22367	2	44733	
	3.9	中框架 E、F 柱 8 轴	0.887	0.480	42067.3	15945	2	31890	

剪力墙 1 有效翼缘宽度计算：

$$\begin{cases} b_l=b+6h_i=0.25+6\times0.25=1.75\text{m} \\ b_l=b+H/20=0.25+36.6/20=2.08\text{m}; \ \text{取} \ b_l=1.35\text{m} \\ b_{01}=1.475\text{m} \end{cases}$$

其他有效翼缘宽度如图 10-3-1 所示。

剪力墙惯性矩计算：

剪墙 1：墙肢面积：$A_{w1}=1.35\times0.25\times2+8.15\times0.25=2.713\text{m}^2$

墙肢形心：$x_{01}=4.325\text{m}$

墙肢惯性矩：$I_{w1}=\dfrac{1}{12}\times0.25\times8.15^3+0.25\times1.35\times$

$4.2^2 \times 2 = 23.18 m^4$

剪墙 2：墙肢面积：$A_{w2} = 0.25 \times 0.575 + 0.25 \times 2.075 = 0.6625 m^2$

墙肢形心：

$$x_{02} = \frac{0.25 \times 0.575 \times 0.125 + 2.075 \times 0.25 \times 1.2875}{0.6625} = 1.035 m$$

墙肢惯性矩：

$$I_{w2} = \frac{1}{12} \times 0.575 \times 0.25^3 + \frac{1}{12} \times 0.25 \times 2.075^3 + 0.575 \times$$

$$0.25 \times (1.035 - 0.125)^2 + 0.25 \times 2.075 \times$$

$$\left(1.035 - 0.25 - \frac{2.075}{2}\right)^2 = 0.339 m^4$$

剪墙 3：墙肢面积：$A_{w3} = 0.25 \times 2.525 + 0.25 \times 1.5 = 1.00625 m^2$

墙肢形心：

$$x_{03} = \frac{0.25 \times 2.525 \times 2.525/2 + 1.5 \times 0.25 \times 0.125}{1.00625} = 0.839 m$$

墙肢惯性矩：

$$I_{w3} = \frac{1}{12} \times 0.25 \times 2.525^3 + \frac{1}{12} \times 1.5 \times 0.25^3 + 0.25 \times$$

$$2.525 \times \left(\frac{2.525}{2} - 0.839\right)^2 + 0.25 \times 1.5 \times (0.839 -$$

$$0.125)^2 = 0.642 m^4$$

1~3 层　$\sum EI_w = (23.18 + 0.339 + 0.642) \times 2 \times 31500000 = 15.09 \times 10^8 kN \cdot m^2$

4~9 层　$\sum EI_w = (23.18 + 0.339 + 0.642) \times 2 \times 30000000 = 14.37 \times 10^8 kN \cdot m^2$

截面不均匀系数，剪墙 1：$\mu_1 = 1.29$　剪墙 2：$\mu_1 = 1.313$　剪墙 3：$\mu_1 = 1.817$

（2）剪力墙等效抗弯刚度

1~3 层：

$$\sum EI_{eq} = \sum \frac{EI_w}{1 + \frac{9uI_w}{A_w H^2}} = 2 \times 3.15 \times 10^7 \times$$

$$\left(\frac{23.18}{1 + \frac{9 \times 1.29 \times 22.97}{2.713 \times 11.7^2}} + \frac{0.339}{1 + \frac{9 \times 1.313 \times 0.339}{0.6625 \times 11.7^2}} + \right.$$

$$\left.\frac{0.642}{1 + \frac{9 \times 1.817 \times 0.642}{1.00625 \times 11.7^2}}\right) = 8.78 \times 10^8 kN \cdot m^2$$

4~9 层：

$$\sum EI_{eq} = \sum \frac{EI_w}{1 + \frac{9uI_w}{A_w H^2}} = 2 \times 3.00 \times 10^7 \times$$

$$\left(\frac{23.18}{1 + \frac{9 \times 1.29 \times 22.97}{2.713 \times 19.5^2}} + \frac{0.339}{1 + \frac{9 \times 1.313 \times 0.339}{0.6625 \times 19.5^2}} + \right.$$

$$\left.\frac{0.642}{1 + \frac{9 \times 1.817 \times 0.642}{1.00625 \times 19.5^2}}\right) = 11.38 \times 10^8 kN \cdot m^2$$

按层高加权平均：

$$\sum EI_w = \frac{8.78 \times 11.7 + 11.38 \times 19.5}{31.2} \times 10^8 = 10.41 \times 10^8 kN \cdot m^2$$

3. 连梁约束刚度 C_B

LL-1

计算公式：$C_b = \frac{1}{h} \sum (m_{12} + m_{21})$

连梁两端约束弯矩为：$m_{12} = \frac{6 \times (1 + a - b)}{(1 - a - b)^3} \times \frac{\eta_v EI_b}{l}$（$\eta_v$ 为折减系数）

$$m_{21} = \frac{6 \times (1 - a + b)}{(1 - a - b)^3} \times \frac{\eta_v EI_b}{l}$$

截面为 $0.2 m \times 0.4 m$，1~5 层混凝土 C35，6~12 层为 C30，一端有刚域。

连梁刚性段长度：

$al = 2.325 - 1.035 - 1/4 \times 0.5 = 1.165 m$

$bl = 2.525 - 0.839 - 1/4 \times 0.5 = 1.561 m$

$l = 2.325 - 1.035 + 2.525 - 0.839 + 4.0 = 6.976 m$

$a = \frac{1.165}{6.976} = 0.167$；$b = \frac{1.561}{6.976} = 0.224$

连梁净跨：$l' = 6.976 - 1.165 - 1.561 = 4.25 m$

面积：$A = 0.25 \times 0.5 = 0.125 m^2$

惯性矩：$I_b = 1/12 \times 0.25 \times 0.5^3 = 0.0026 m^4$

$\frac{h_b}{l'} = \frac{0.5}{4.25} = 0.118$　可查得 $\eta_v = 0.96$

1~3 层：

$$m_{12} = \frac{6 \times (1 + 0.167 - 0.224)}{(1 - 0.167 - 0.224)^3} \times \frac{0.96E \times 0.0026}{6.976} = 2.823 \times 10^5 kN \cdot m$$

$$m_{12} = \frac{6 \times (1 - 0.167 + 0.224)}{(1 - 0.167 - 0.224)^3} \times \frac{0.96E \times 0.0026}{6.976} = 3.164 \times 10^5 kN \cdot m$$

$$C_b = \frac{1}{3.9} \times (2.823 + 3.164) \times 10^5 = 1.54 \times 10^5 kN$$

4~9 层：

$$m_{12} = \frac{6 \times (1 + 0.167 - 0.224)}{(1 - 0.167 - 0.224)^3} \times \frac{0.96E \times 0.0026}{6.976} =$$

$2.689 \times 10^5 \mathrm{kN \cdot m}$

$$m_{12} = \frac{6 \times (1 - 0.167 + 0.224)}{(1 - 0.167 - 0.224)^3} \times \frac{0.96E \times 0.0026}{6.976} =$$

$3.013 \times 10^5 \mathrm{kN \cdot m}$

$$C_b = \frac{1}{3} \times (2.689 + 3.013) \times 10^5 = 1.9 \times 10^5 \mathrm{kN}$$

按层高加权平均：$C_b = \dfrac{1.54 \times 11.7 + 1.9 \times 19.5}{31.2} =$

$1.77 \times 10^5 \mathrm{kN}$

4. 主体结构刚度特征值

$$\lambda = H\sqrt{\frac{C_f + C_b}{EI_{eq}}} = 35.1 \times \sqrt{\frac{3.53 \times 10^6 + 0.35 \times 10^6}{1041 \times 10^6}} = 2.14$$

第四节 水平地震作用计算

（1）结构基本自振周期

$$G_E = \sum G_i = 8237.95 + 8549.41 + 8570.77 +$$

$8506.33 \times 5 + 9116.54 + 2502.8 = 79509.12 \mathrm{kN}$

$$G_{eq} = 0.85 \times G_E = 0.85 \times 79509.12 = 67582.8 \mathrm{kN}$$

$$q = \frac{G_E}{H} = 2265.2 \mathrm{kN/m}$$

采用底部剪力法近似计算地震作用，结构自振周

期为：

$$T_1 = \varphi_1 H^2 \sqrt{\frac{q}{gEI_w}}$$

其中 φ_1 查 $\varphi_1 - \lambda$ 图表可得：$\varphi_1 = 1.08$；可得 $T_1 = 0.627 \mathrm{s}$。

（2）总水平地震作用

由场地类别 Ⅱ，设计地震分组为第一组，可查得：

$T_g = 0.35 \mathrm{s}$，$a_{max} = 0.08$，因为 $T_g < T < 5T_g$

所以 $a = \left(\dfrac{T_g}{T}\right)^{0.9} \times a_{max} = \left(\dfrac{0.35}{0.627}\right)^{0.9} \times 0.08 = 0.071$

主体结构底部剪力标准值为：

$$F_{EK} = aG_{eq} = 0.071 \times 67582.8 = 4798.4 \mathrm{kN}$$

（3）各楼层质点的水平地震作用

$T_g = 0.35 \mathrm{s}$，$T_1 = 0.627 \mathrm{s} > 1.4T_g = 0.49 \mathrm{s}$

顶部附加地震作用系数

$\delta_n = 0.08T_1 + 0.07 = 0.08 \times 0.627 + 0.07 = 0.12$

附加顶端集中荷载

$\Delta F_n = \delta_n F_{EK} = 0.12 \times 5237.7 = 575.81 \mathrm{kN}$

$$F_i = \frac{G_i H_i}{\sum\limits_{i=1}^{12} G_j H_j} \times F_{EK}(1 - \delta_n) = 4222.6 \frac{G_i H_i}{\sum\limits_{i=1}^{12} G_j H_j}$$

F_i 计算结果见表 $10 - 4 - 1$。

水平地震作用力计算表 表 10 - 4 - 1

层号	H_i（m）	G_i（kN）	$G_i H_i$（kN·m）	$G_i H_i / \sum G_j H_j$	F_i（kN）	v_i（kN）	$F_i H_i$（10^3kN·m）
10	35.1	2502.8	87848.28	0.0608	256.72	256.72	9.01
9	30.45	9116.54	277598.64	0.1921	1387.03	1643.76	42.24
8	26.7	8506.33	227119.01	0.1572	663.72	2307.47	17.72
7	23.7	8506.33	201600.02	0.1395	589.14	2896.61	13.96
6	20.7	8506.33	176081.03	0.1219	514.57	3411.18	10.65
5	17.7	8506.33	150562.04	0.1042	439.99	3851.17	7.79
4	14.7	8506.33	125043.05	0.0865	365.42	4216.59	5.37
3	11.7	8570.77	100278.01	0.0694	293.05	4509.63	3.43
2	7.8	8549.41	66685.40	0.0462	194.88	4704.51	1.52
1	3.9	8237.95	32128.01	0.0222	93.89	4798.40	0.37
Σ			1444943.49			4798.40	112.06

注：本题主体结构为 10 层，高度为 36.6m，第 10 层为局部电梯机房屋面及水箱，为简化起见，在下面的计算中均以 9 层为对象，把 9 层作为顶层，ΔF_n 作用在第 9 层上。

将楼层处集中力按基底等弯矩折成三角形荷载。

$$M_0 = \frac{1}{2}qH \times \frac{2}{3}H = \frac{1}{3}qH^2$$

$$q = \frac{3M}{H^2} = 267.4 \mathrm{kN/m}$$

第五节　框架-剪力墙协同工作计算

1. 框架-剪力墙协同工作计算简图

框架-剪力墙协同工作计算简图见图 10 - 5 - 1。所有框架、剪力墙和连梁各自综合在一起，分别形成总框架，总剪力墙和总连梁。本设计中框架、剪力墙间没有直接连梁连接，总连梁为剪力墙之间的连梁。

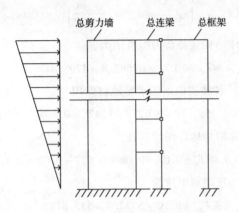

图 10 - 5 - 1　协同工作计算简图

2. 结构 λ 值及荷载类型计算

考虑连梁塑性调幅，其刚度折减系数取为 0.55，重新计算 λ 值：

$$C_B = 0.55 \times 0.35 \times 10^6 = 0.1925 \times 10^6 \text{kN}$$

$$\lambda = H \sqrt{\frac{C_F + C_B}{EI_{eq}}} = 35.1 \times \sqrt{\frac{3.53 \times 10^6 + 0.1925 \times 10^6}{1041 \times 10^6}} = 2.1$$

总框架承担剪力：

$$V_F = \frac{C_F}{C_F + C_B} V_F' = \frac{3.53}{3.53 + 0.1925} V_F' = 0.948 V_F'$$

总连梁的线约束弯矩：

$$m = \frac{C_B}{C_B + C_F} V_F' = 0.052 V_F'$$

总剪力墙的弯矩：

$$V_w = V_w' + m$$

注：$V_F' = (1 - \xi^2) V_0 - V_w'$

$$V_w' = \frac{-2}{\lambda^2} \left[\left(1 + \frac{\lambda \text{sh}\lambda}{2} - \frac{\text{sh}\lambda}{\lambda}\right) \frac{\lambda \text{sh}\lambda}{\text{ch}\lambda} - \left(\frac{\lambda}{2} - \frac{1}{\lambda}\right) \lambda \text{ch}\lambda \xi - 1 \right] V_0$$

$$M_w = \frac{3}{\lambda^2} \left[\left(1 + \frac{\lambda \text{sh}\lambda}{2} - \frac{\text{sh}\lambda}{\lambda}\right) \frac{\text{ch}\lambda \xi}{\text{ch}\lambda} - \left(\frac{\lambda}{2} - \frac{1}{\lambda}\right) \text{sh}\lambda \xi - \xi \right] M_0$$

计算过程及结果见表 10 - 5 - 1。

各层剪力墙底部截面内力　　　　　表 10 - 5 - 1

层号	标高 x (m)	$\varepsilon = x/H$	$\lambda = 2.1$, $M_0 = 112.06 \times 10^3 \text{kN} \cdot \text{m}$, $V_0 = 4.7889 \times 10^3 \text{kN}$							
			M_w/M_0	M_w (10^3kN·m)	V_w'/v_0	V_w' (10^3kN·m)	V_F' (10^3kN·m)	V_F (10^3kN·m)	m (10^3kN·m)	V_w (10^3kN·m)
9	31.2	1.000	0.000	0.00	-0.339	-1.62	1.62	1.54	0.08	-1.54
8	26.7	0.856	-0.045	-4.99	-0.083	-0.40	1.68	1.59	0.09	-0.31
7	23.7	0.760	-0.046	-5.15	0.059	0.28	1.74	1.65	0.09	0.38
6	20.7	0.663	-0.028	-3.15	0.185	0.89	1.79	1.70	0.09	0.98
5	17.7	0.567	0.007	0.79	0.300	1.44	1.81	1.72	0.09	1.53
4	14.7	0.471	0.058	6.52	0.409	1.96	1.77	1.67	0.09	2.05
3	11.7	0.375	0.125	14.00	0.516	2.47	1.64	1.56	0.09	2.56
2	7.8	0.250	0.235	26.33	0.659	3.16	1.33	1.26	0.07	3.23
1	3.9	0.125	0.373	41.81	0.817	3.91	0.80	0.76	0.04	3.95
0	0	0.000	0.543	60.84	1.000	4.79	0.00	0.00	0.00	4.79

3. 内力计算

（1）各层剪力墙底部截面内力 M_w、V_w 见表 10 - 5 - 2。

（2）各层总框架柱剪力应由上、下层处 V_F 值近似计算：

$$V_{Fi} = (V_{Fi-1} + V_{Fi})/2$$

（3）各层联系梁总约束弯矩由下式求得：

$$M_{bj} = \frac{m(\xi)(h_i + h_{i+1})}{2}$$

计算结果如表 10 - 5 - 2。

各层连梁总约束弯矩　表 10-5-2

层号	总剪力墙		总框架	总连系梁
	M_w (10^3kN·m)	V_w (10^3kN)	V_F (10^3kN)	M_{lj} (10^3kN·m)
9	0.00	-1.54	1.56	0.175
8	-4.99	-0.31	1.62	0.312
7	-5.15	0.38	1.68	0.272
6	-3.15	0.98	1.71	0.280
5	0.79	1.53	1.70	0.282
4	6.52	2.05	1.62	0.276
3	14.00	2.56	1.41	0.295
2	26.33	3.23	1.01	0.270
1	41.81	3.95	0.38	0.162
0	60.84	4.79	0.00	0

4. 位移计算

$$y = \frac{q_{max}H^4}{EI_w\lambda^2}\left[\left(1 + \frac{\lambda \, sh\lambda}{2} - \frac{sh\lambda}{\lambda}\right)\frac{ch\lambda\xi}{\lambda^2 ch\lambda} + \left(\frac{1}{2} - \frac{1}{\lambda^2}\right)\left(\xi - \frac{sh\lambda\xi}{\lambda}\right) - \frac{\xi^3}{6}\right]$$

位移计算结果见表 10-5-3。

位移计算　表 10-5-3

层号	H_i (m)	$\varepsilon = x/H$	$Y(\varepsilon)$ (mm)	Δy_i (mm)
10	35.1	1.000	13.74	2.05
9	30.45	0.868	11.70	1.72
8	26.7	0.761	9.98	1.42
7	23.7	0.675	8.56	1.45
6	20.7	0.590	7.11	1.45
5	17.7	0.504	5.66	0.48
4	16.7	0.476	5.18	2.26
3	11.7	0.333	2.92	1.48
2	7.8	0.222	1.44	1.04
1	3.9	0.111	0.40	

层间位移：

$$\frac{\Delta y_{max}}{h} = \frac{2.26 \times 10^{-3}}{3.9} = \frac{1}{1725.7} < \left[\frac{1}{800}\right]$$

顶点位移：

$$\frac{\Delta y_{(n)}}{H} = \frac{13.74 \times 10^{-3}}{35.1} = \frac{1}{2755.1} < \left[\frac{1}{850}\right], \text{满足要求。}$$

第六节　水平地震作用下结构的内力计算

1. 框架梁、柱内力计算（D 值法）

（1）框架地震剪力 V_F 在各框架柱间的分配（取 A 轴一榀框架）。

框架剪力调整

当 $V_F < 0.2V_0$ 时，取 $V_F = 1.5V_{Fmax}$ 和 $V_F = 0.2V_0$ 中较小者；

当 $V_F > 0.2V_0$ 时，不必调整（$0.2V_0 = 0.2 \times 4798.4 = 959.68$kN）。

框架结构中 3~9 层 $V_F > 0.2V_0$，不必调整；

由于 $1.5V_{Fmax} = 1.5 \times 1.71 \times 10^3 = 2.57 \times 10^3$kN $> 1.044 \times 10^3$kN $= 0.2V_0$，所以 1 层调整为 $V_F = 0.96 \times 10^3$kN。

（2）第 i 层第 m 个柱所分配的剪力。

$$D_{im} = \alpha_c \frac{12i_c}{h_i^2}; V_{im} = \frac{D_{im}}{\sum D_{im}}V_i$$

（3）框架柱反弯点位置。

各层柱反弯点高度比 y 的确定：$y = y_0 + y_1 + y_2 + y_3$
计算结果见表 10-6-1。

柱反弯点　表 10-6-1

层号	3 轴柱（7 轴柱）（边）						4 轴柱（5、6 轴柱）（中）					
	K	y_0	y_1	y_2	y_3	y	K	y_0	y_1	y_2	y_3	y
9	0.536	0.268	0	0	0	0.268	1.071	0.404	0	0	0	0.404
8	0.536	0.368	0	0	0	0.368	1.071	0.45	0	0	0	0.45
7	0.536	0.418	0	0	0	0.418	1.071	0.454	0	0	0	0.454
6	0.536	0.45	0	0	0	0.45	1.071	0.5	0	0	0	0.5
5	0.536	0.45	0	0	0	0.45	1.071	0.5	0	0	0	0.5
4	0.536	0.468	0	0	-0.03	0.443	1.071	0.5	0	0	0	0.5
3	0.68	0.5	0	0	0	0.5	1.36	0.5	0	0	0	0.5
2	0.696	0.55	0	0	0	0.55	1.393	0.5	0	0	0	0.5
1	0.696	0.75	0	0	0	0.75	1.393	0.67	0	0	0	0.67

（4）框架柱节点弯矩分配。

$$M_{c\text{上}} = V_{im}(1-y) \cdot h; M_{c\text{下}} = V_{im} \cdot y \cdot h$$

梁端弯矩，对于边柱：$M_{b总} = M_{c上} + M_{c下}$

对于中柱：$M_{b左} = \dfrac{i_b^{左}}{i_b^{左} + i_b^{右}}(M_{c上} + M_{c下})$，

$M_{b右} = \dfrac{i_b^{右}}{i_b^{左} + i_b^{右}}(M_{c上} + M_{c下})$

计算结果如表 10-6-2 所示。

D 值法计算　　　　　　　　　　　　　　　　　　　　　表 10-6-2（a）

层号	层高 h（m）	各层框架剪力 V_i（kN）	层间刚度 D（10^5kN/m）	3 轴柱（7 轴柱）（边）						
				D_{im}（10^5kN/m）	V_{im}（kN）	K	y	$M_{c上}$（kN·m）	$M_{c下}$（kN·m）	$M_{b总}$（kN·m）
9	3	1538	14.14	0.284	30.90	0.536	0.268	67.853	24.842	67.853
8	3	1590	14.36	0.284	31.45	0.536	0.368	59.625	34.718	84.467
7	3	1650	14.36	0.284	32.64	0.536	0.418	56.987	40.929	91.706
6	3	1700	14.36	0.284	33.62	0.536	0.45	55.468	45.383	96.397
5	3	1715	14.36	0.284	33.92	0.536	0.45	55.968	45.792	101.351
4	3	1675	14.36	0.284	33.13	0.536	0.443	55.352	44.024	101.145
3	3.9	1559	7.40	0.146	30.76	0.68	0.5	59.981	59.981	104.005
2	3.9	1263	6.77	0.147	27.41	0.696	0.55	48.112	58.804	108.094
1	3.9	960	7.26	0.147	19.44	0.696	0.75	18.952	56.856	77.756

D 值法计算　　　　　　　　　　　　　　　　　　　　　表 10-6-2（b）

层号	层高 h（m）	各层框架剪力 V_i（kN）	层间刚度 D（10^5kN/m）	4 轴柱（5、6 轴柱）（中）						
				D_{im}（10^5kN/m）	V_{im}（kN）	K	y	$M_{c上}$（kN·m）	$M_{c下}$（kN·m）	$M_{b总}$（kN·m）
9	3	1538	14.14	0.355	38.62	1.071	0.404	69.058	46.811	69.058
8	3	1590	14.36	0.355	39.31	1.071	0.45	64.861	53.068	111.672
7	3	1650	14.36	0.355	40.80	1.071	0.454	66.828	55.568	119.896
6	3	1700	14.36	0.355	42.02	1.071	0.5	63.032	63.032	118.600
5	3	1715	14.36	0.355	42.40	1.071	0.5	63.600	63.600	126.632
4	3	1675	14.36	0.355	41.41	1.071	0.5	62.110	62.110	125.710
3	3.9	1559	7.40	0.183	38.55	1.36	0.5	75.182	75.182	137.292
2	3.9	1263	6.77	0.185	34.50	1.393	0.5	67.277	67.277	142.459
1	3.9	960	7.26	0.185	19.35	1.393	0.67	24.905	50.565	92.182

2. 框架柱轴力与剪力计算

框架梁剪力：$V_{12j} = \dfrac{M_{b12j} + M_{b21j}}{l}$；其中 $l = 4.2\text{m}$，

M_{b12j}、M_{b21j} 为梁两端弯矩；

框架柱轴力：$N_{cj3} = \sum V_{34j}$（边柱），$N_{cj4} = \sum (V_{45j} - V_{34j})$（中柱）

计算结果见表 10-6-3。

框架柱轴力与梁端剪力　　　　　　　　　　　　　　　表 10-6-3

层号	梁端剪力 V（kN）				柱轴力 N（kN）							
	34 跨 V_{34j}	45 跨 V_{45j}	56 跨 V_{56j}	67 跨 V_{67j}	3 轴 N_{cj3}	4 轴		5 轴		6 轴		7 轴 N_{cj7}
						$V_{45j} - V_{34j}$	N_{cj4}	$V_{56j} - V_{45j}$	N_{cj5}	$V_{67j} - V_{56j}$	N_{cj6}	
9	24.38	16.44	16.44	24.38	-24.38	-7.93	-7.93	0.00	0.00	7.93	7.93	24.38
8	33.41	26.59	26.59	33.41	-57.78	-6.82	-14.75	0.00	0.00	6.82	14.75	57.78
7	36.11	28.55	28.55	36.11	-93.89	-7.56	-22.31	0.00	0.00	7.56	22.31	93.89
6	37.07	28.24	28.24	37.07	-130.96	-8.83	-31.15	0.00	0.00	8.83	31.15	130.96
5	39.21	30.15	30.15	39.21	-170.17	-9.06	-40.20	0.00	0.00	9.06	40.20	170.17
4	39.05	29.93	29.93	39.05	-209.22	-9.12	-49.32	0.00	0.00	9.12	49.32	209.22
3	41.11	32.69	32.69	41.11	-250.32	-8.42	-57.74	0.00	0.00	8.42	57.74	250.32
2	42.70	33.92	33.92	42.70	-293.02	-8.78	-66.51	0.00	0.00	8.78	66.51	293.02
1	30.27	23.51	23.51	30.27	-323.29	-6.76	-73.27	0.00	0.00	6.76	73.27	323.29

框架柱弯矩、轴力图如图 10-6-1 和图 10-6-2 所示。

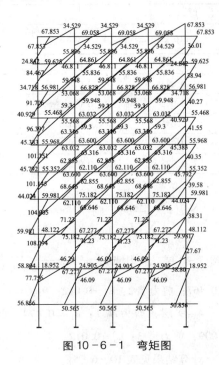

图 10-6-1 弯矩图

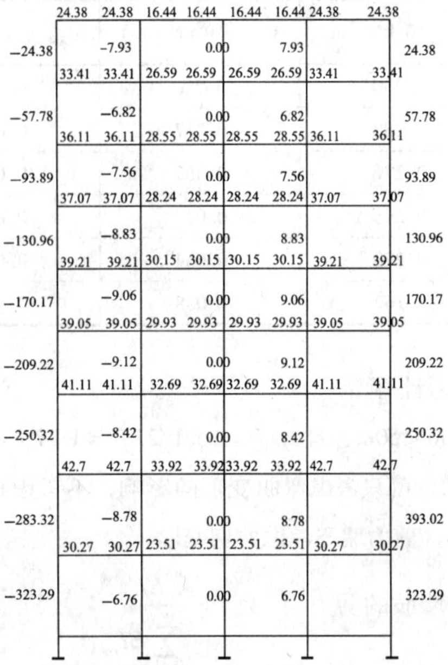

图 10-6-2 轴力图

3. 连梁内力计算

LL-1 计算简图如图 10-6-3 所示。

$al = 2.325 - 1.035 - 1/4 \times 0.5 = 1.165\text{m}$

$bl = 2.525 - 0.839 - 1/4 \times 0.5 = 1.561\text{m}$

$l = 2.325 - 1.035 + 2.525 - 0.839 + 4.0 = 6.976\text{m}$

$l' = 6.976 - 1.165 - 1.561 = 4.25\text{m}$

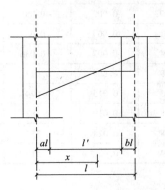

图 10-6-3 连梁计算简图

1~3 层：

$$m_{12} = \frac{6(1+a-b)}{(1-a-b)^3} \times \frac{\eta_v EI_b}{l} = 2.826 \times 10^5 \text{kN} \cdot \text{m}$$

$$m_{21} = \frac{6 \times (1-a+b)}{(1-a-b)^3} \times \frac{\eta_v EI_b}{l} = 3.164 \times 10^5 \text{kN} \cdot \text{m}$$

$$x = \frac{m_{12}}{m_{12} + m_{21}} \times l = \frac{2.826}{2.826 + 3.164} \times 6.976 = 3.29$$

$$M_{12} = \frac{m_{12}}{m_{12} + m_{21}} M_{bj} \times \frac{1}{2} = 0.236 M_{bj}$$

连梁计算弯矩：

$$M_{b12} = \frac{x - al}{x} M_{12} = 0.646 M_{12}$$

$$M_{b21} = \frac{l - x - bl}{l - x} M_{12} = 0.646 M_{12}$$

计算剪力：$V_{bj} = \dfrac{M_{b12} + M_{b21}}{l'} M_{12} = 0.304 M_{12}$

6~11 层：（公式同上，混凝土强度改变）。

地震作用下单根连梁内力计算结果见表 10-6-4。

连梁内力计算 表 10-6-4

层号	LL-1					
	M_{bj} (10^3kN·m)	M_{12} (10^3kN·m)	M_{b12} (10^3kN·m)	M_{b21} (10^3kN·m)	V_{bj} (10^3kN)	$\sum V_{bj}$(10^3kN)
9	0.175	0.041	0.027	0.027	0.013	0.013
8	0.312	0.074	0.048	0.048	0.022	0.035
7	0.272	0.064	0.041	0.041	0.019	0.054

续表

层号	LL-1					
	M_{bj}（10^3kN·m）	M_{12}（10^3kN·m）	M_{b12}（10^3kN·m）	M_{b21}（10^3kN·m）	V_{bj}（10^3kN）	$\sum V_{bj}$（10^3kN）
6	0.280	0.066	0.043	0.043	0.020	0.074
5	0.282	0.067	0.043	0.043	0.020	0.095
4	0.276	0.065	0.042	0.042	0.020	0.115
3	0.295	0.070	0.045	0.045	0.021	0.136
2	0.270	0.064	0.041	0.041	0.019	0.155
1	0.162	0.038	0.025	0.025	0.012	0.167

4. 剪力墙内力计算

因为 $H = 35.1\text{m} < 50\text{m}$，且 $H/B = 35.1/27.7 = 1.27 < 4$，所以由《高规》知，可只考虑弯曲变形的影响，不考虑柱和墙肢的轴向变形，剪力墙不考虑剪切变形。

第 j 层第 i 个墙肢的剪力为：$V_{wij} = \dfrac{EI_{eqi}}{\sum\limits_{i=1}^{n} EI_{eqi}} V_{wj}$

弯矩为：$M'_{wij} = \dfrac{EI_{eqi}}{\sum\limits_{i=1}^{n} EI_{eqi}} M_{wj}$，$M_{wij} = M'_{wij} - M_{bij}$

令 $\mu = \dfrac{EI_{eqi}}{\sum\limits_{i=1}^{n} EI_{eqi}}$，则

1～3 层，剪力墙 1：$u_1 = \dfrac{13.006}{13.006 + 0.325 + 0.597} \times 0.5 = 0.467$；剪力墙 2：$u_2 = 0.012$；剪力墙 3：$u_3 = 0.021$

4～9 层，剪力墙 1：$u_1 = 0.474$；剪力墙 2：$u_2 = 0.009$；剪力墙 3：$u_3 = 0.017$

计算结果见表 10-6-5。

地震作用下剪力、弯矩在剪力墙上的分配　　　　　表 10-6-5

层号	剪墙 1					剪墙 2		剪墙 3	
	M_{wj}（10^3kN·m）	M_{bij}（10^3kN·m）	M_{wij}（10^3kN·m）	V_{wj}（10^3kN）	V_{wij}（10^3kN）	M_{wij}（10^3kN·m）	V_{wij}（10^3kN）	M_{wij}（10^3kN·m）	V_{wij}（10^3kN）
9	0.00	0.027	0.000	-0.769	-0.365	-0.027	-0.007	-0.027	-0.013
8	-2.49	0.048	-1.182	-0.154	-0.073	-0.022	-0.001	-0.090	-0.003
7	-2.57	0.041	-1.220	0.188	0.089	-0.023	0.002	-0.085	0.003
6	-1.58	0.043	-0.747	0.491	0.233	-0.014	0.004	-0.069	0.008
5	0.39	0.043	0.186	0.766	0.363	0.004	0.007	-0.036	0.013
4	3.26	0.042	1.546	1.025	0.486	0.029	0.009	0.013	0.017
3	7.00	0.045	3.318	1.278	0.597	0.063	0.015	0.074	0.027
2	13.17	0.041	6.241	1.614	0.754	0.118	0.019	0.183	0.034
1	20.90	0.025	9.909	1.977	0.923	0.188	0.024	0.331	0.042
0	30.42	0.000	14.420	2.394	1.118	0.274	0.029	0.517	0.050

剪力墙 1、2、3 在地震作用下弯矩、剪力如图 10-6-4 和图 10-6-5 所示。

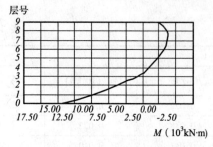

图 10-6-4　剪力墙弯矩图

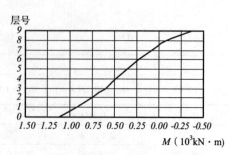

图 10-6-5　剪力墙剪力图

第七节　竖向荷载作用下结构的内力计算

1. 框架梁、柱内力计算（以 A 轴横向框架为例）
（分层法）

荷载及计算简图如图 10-7-1 和图 10-7-2 所示。

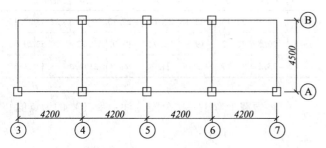

图 10-7-1　A 轴各层平面图

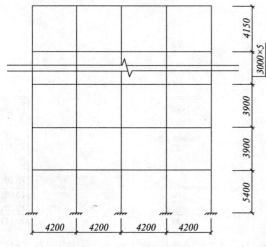

图 10-7-2　框架计算简图

按照荷载传递计算得到的框架恒载计算简图如图
10-7-3 所示。

活载与恒载的比值不大于 1 时，可不考虑活载的最
不利布置，活载按整框架布置，求得的内力在支座处于
最不利荷载法下内力很接近，而跨中弯矩乘以 1.2 的增
大系数考虑，如图 10-7-4 所示。

（1）A 轴方向梁

4~9 层，楼板传给梁：$2.0 \times 5/8 \times 2.1 = 2.63 \mathrm{kN/m}$

1~3 层，楼板传给梁：$2.5 \times 5/8 \times 2.1 = 3.26 \mathrm{kN/m}$

（2）垂直框架方向纵梁

4~9 层，屋面板传给梁：

$$\left[1 - 2\left(\frac{2.1}{4.5}\right)^2 + \left(\frac{2.1}{4.5}\right)^3\right] \times 2.0 \times 2.1 = 2.8 \mathrm{kN/m}$$

柱顶集中力：$2.8 \times 4.5/2 = 6.3 \mathrm{kN}$

偏心弯矩：$6.3 \times 0.1 = 0.63 \mathrm{kN \cdot m}$

1~3 层，楼板传给梁：$\left[1 - 2\left(\frac{2.1}{4.5}\right)^2 + \left(\frac{2.1}{4.5}\right)^3\right] \times$

$2.5 \times 2.1 = 3.5 \mathrm{kN/m}$

柱顶集中力：$3.5 \times 4.5/2 = 9.15 \mathrm{kN}$

偏心弯矩：$9.15 \times 0.1 = 0.92 \mathrm{kN \cdot m}$

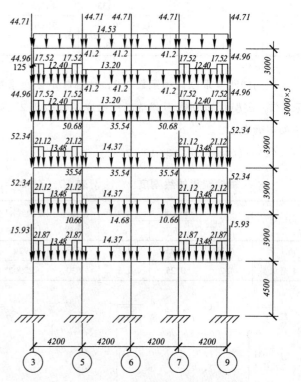

图 10-7-3　框架横向荷载计算简图

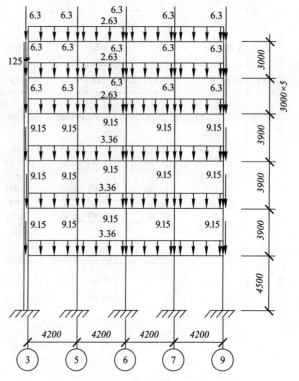

图 10-7-4　活载计算简图（满布）

2. 框架弯矩计算

（1）柱的线刚度（表10-7-1）

A轴柱线刚度　　表10-7-1

层号	混凝土强度等级	i_c（kN·m）	$0.9i_c$（kN·m）
4～8	C30	52083.33333	46875.00
1～3	C35	42067.30769	37860.58
-1	C35	36458.33	—

柱的线刚度乘以调整系数0.9，柱端弯矩传递系数取1/3，底层柱线刚度不调整，且传递系数取1/2，梁传递系数取1/2。

（2）梁的线刚度（表10-7-2）

A轴框架梁的线刚度　　表10-7-2

层号	跨度（m）	截面（$b×h$）（m^2）		混凝土等级	梁的线刚度（kN·m）
		b	h		
负1至3	4.2	0.25	0.5	C35	29297
4至9层	4.2	0.25	0.5	C30	27902

（3）梁的固端弯矩（恒载与活载分开考虑，见表10-7-3）

A轴框架梁恒载下固端弯矩计算表　　表10-7-3

层号	35跨		56跨		67跨		79跨	
	总M（kN·m）		总M（kN·m）		总M（kN·m）		总M（kN·m）	
	M35	M53	M56	M65	M67	M76	M79	M97
9	-22.13	22.13	-22.13	22.13	-22.13	22.13	-22.13	22.13
3～8	-20.52	20.52	-19.92	19.92	-19.92	19.92	-20.52	20.52
-1～2	-23.17	23.17	-21.7	21.7	-21.7	21.7	-23.17	23.17

（4）恒载下弯矩一次分配〔注：带（）的为负值〕

结果	3.10				(0.48)		0.00			0.48				(3.10)
	9.31				(1.45)		0.00			1.45				(9.31)
	0.00						0.00							(0.00)
	0.00				(0.00)		0.00			0.00				(0.00)
	0.20				(0.02)		0.00			0.02				(0.20)
	9.11				(1.43)		0.00			1.43				(0.11)

负1层	上柱	下柱	梁	梁	上柱	下柱	梁	梁	上柱	下柱	梁	梁	上柱	下柱	上柱
系数	0.37	0.36	0.28	0.22	0.39	0.28	0.22	0.22	0.29	0.28	0.22	0.22	0.29	0.28	0.22	0.28	0.36	0.37

初始弯矩值
| | (1.78) | | (23.17) | 23.17 | | | (21.70) | 21.70 | | | (21.70) | 21.70 | | | (23.70) | 23.70 | | 1.78 |

	8.78	7.06	3.83	0.00	0.00	0.00	0.00	0.00	0.00	(3.63)	(7.05)	(8.78)
	(0.88)	(1.10)	(1.38)	(1.10)	(1.58)		0.58	1.18	1.38	1.10	(0.56)
	0.19	0.18	0.08	0.00	0.00	0.00	0.00	0.00	0.00	(0.08)	(0.16)	(0.19)
	(0.01)	(0.02)	(0.02)	(0.02)	(0.01)		0.01	0.02	0.02	0.01
	0.00	0.00	0.00	0.00	0.00	0.00	0.00	0.00	(0.00)
	(0.00)	(0.00)	(0.00)	(0.00)	(0.00)		0.00	0.00	0.00	(0.00)
	0.00	0.00			0.00	0.00	0.00		(0.00)	(0.00)

| | 8.88 | (16.51) | 25.68 | (1.40) | (22.83) | 21.14 | 0.00 | (21.14) | 22.83 | 1.40 | (25.66) | 18.51 | (8.93) |

传给下层柱
| | 4.48 | | | (0.70) | | 0.00 | | 0.70 | | | (4.49) |

1~2 层

传给上层

4.30	(0.61)	(0.00)	0.61	(1.30)
12.91	(1.57)	(0.00)	1.52	(12.91)
0.00	(0.00)	(0.00)		(0.00)
	(0.00)	(0.00)	0.00	(0.00)
0.25	(0.03)	0.00	0.03	(0.25)
12.66	(1.79)	0.00	1.79	(12.55)

1~2层 系数 初始弯矩值

	上柱	下柱	梁	梁	上柱	下柱	梁	梁	上柱	下柱	梁	梁	上柱	下柱	梁	梁	下柱	上柱
系数	0.38	0.38	0.24	0.22	0.28	0.28	0.22	0.22	0.28	0.28	0.22	0.22	0.28	0.28	0.22	0.28	0.36	0.36

初始弯矩值：(5.94) (29.11) 23.17 (21.70) 21.70 (21.70) 21.70 (23.17) 29.11 5.94

12.65	9.74	4.87	0.00	0.00	0.00	0.00	0.00	(4.87)	(9.74)	(12.55)
	(0.59)	(1.38)	(1.79)	(1.38)	(1.58)	0.69	1.38	1.79	1.38	0.69
0.25	0.19	0.10	0.00	0.00	0.00	0.00	0.00	(0.10)	(0.19)	(0.25)
	(0.01)	(0.02)	(0.03)	(0.02)	(0.01)	0.01	0.02	0.03	0.02	0.01
0.00	0.00	0.00	0.00	0.00	(0.00)	(0.00)	(0.00)	(0.00)	(0.00)	(0.00)
	(0.00)	(0.00)	(0.00)	(0.00)	(0.00)	0.00	0.00	0.00		
0.00	0.00				(0.00)	(0.00)	(0.00)			

12.91	(19.87)	26.74	(1.83)	(20.10)	21.14	(0.00)	(21.00)	23.10	1.82	(38.74)	19.87	(12.91)

传给下层柱

4.30	(0.61)	(0.00)	0.61	(4.30)

1~2 层

3 层

传给上层

4.81	(0.64)	(0.00)	0.64	(4.81)
14.43	(1.93)	(0.00)	1.93	(14.43)
0.00	(0.00)	(0.00)		(0.00)
0.00	(0.00)	(0.00)	0.00	(0.00)
0.24	(0.02)	0.00	0.02	(0.24)
14.19	(1.90)	0.00	1.90	(14.19)

3层 系数 初始弯矩值

	上柱	下柱	梁	梁	上柱	下柱	梁	梁	上柱	下柱	梁	梁	上柱	下柱	梁	梁	下柱	上柱
系数	0.42	0.34	0.24	0.20	0.33	0.27	0.20	0.20	0.33	0.27	0.20	0.20	0.33	0.27	0.20	0.25	0.34	0.41

初始弯矩值：(5.01) (29.11) 33.17 (21.70) 31.70 (21.70) 21.70 (33.17) 29.11 5.01

11.45	8.45	4.23	0.00	0.00	0.00	0.00	0.00	(4.23)	(8.46)	(11.46)
	(0.57)	(1.13)	(1.53)	(1.13)	(0.57)	0.57	1.13	1.63	1.13	0.67
0.19	0.14	0.07	0.00	0.00	0.00	0.00	0.00	(0.07)	(0.14)	(0.19)
	(0.01)	(0.01)	(0.02)	(0.01)	(0.01)	0.01	0.01	0.02	0.01	0.01
0.00	0.00	0.00	0.00	(0.00)	(0.00)	(0.00)	(0.00)	0.00	(0.00)	(0.00)
	(0.00)	(0.00)	(0.00)	(0.00)	(0.00)	0.00	0.00	0.00		(0.00)
0.00	0.00				(0.00)	(0.00)	(0.00)			(0.00)

11.66	(21.06)	26.32	(1.56)	(22.85)	21.13	(0.00)	(21.13)	22.85	1.65	(26.32)	21.08	(11.66)

传给下层柱

3.89	(0.52)	(0.00)	0.62	(2.89)

3 层

传给上层

3.97	(0.43)	0.00	0.43	(3.97)
11.91	(1.30)	0.00	1.30	(11.91)
0.00		0.00		(0.00)
0.00	(0.00)	0.00	0.00	(0.00)
0.15	(0.01)	0.00	0.01	(0.15)
11.76	(1.29)	0.00	1.29	(11.76)

4~8层	上柱	下柱	梁	梁	上柱	下柱	梁	梁	上柱	下柱	梁	梁	上柱	下柱	梁	梁	下柱	上柱
系数	0.39	0.39	0.22	0.19	0.31	0.31	0.19	0.19	0.31	0.31	0.19	0.19	0.31	0.31	0.19	0.22	0.39	0.39

初始弯矩值

(5.01)	(25.53)	20.52	(19.92)	19.92	(19.92)	19.92	(20.52) 25.53 5.01
11.76 7.02	(0.38)	3.51 (0.77)	0.00 (1.29) (0.77)	0.00 (0.38)	0.00 0.00 0.38	0.00 0.77 1.29 0.77	(3.51) 0.38 (7.02)(11.76)
0.15 0.09	(0.00)	0.04 (0.01)	0.00 (0.01)(0.01)	0.00 (0.00)	0.00 0.00 0.00	0.00 0.01 0.01 0.01	(0.04) 0.00 (0.09)(0.15)
0.00 0.00	(0.00)	0.00 (0.00)	0.00 (0.00)(0.00)	0.00 (0.00)	0.00 0.00 0.00	0.00 0.00 0.00 0.00	(0.00) 0.00 (0.00)(0.00)
0.00 0.00				0.00 0.00	0.00 0.00		

11.91 (18.81) 23.30	(1.30)(20.70) 19.53	0.00 (19.53) 20.70	1.30 (23.30) 18.81 (11.91)

传给下层柱

3.97	(0.43)	0.00	0.43	(3.97)

4~8层

9层	边柱	梁	梁	柱	梁	梁	柱	梁	梁	柱	梁	梁	边柱
系数	0.63	0.37	0.27	0.46	0.27	0.27	0.46	0.27	0.27	0.46	0.27	0.37	0.63

初始弯矩值

(26.81)	(4.68)	22.13	(22.13)	22.13	(22.13)	22.13	(22.13) 4.68 26.81
19.74 11.75	(0.30)	5.87 (1.60)	0.00 (2.68)(1.60)	0.00 (0.30)	0.00 0.00 0.30	0.00 1.60 2.68 1.60	(5.87) 0.80 (11.75)(19.74)
0.50 0.30	(0.02)	0.15 (0.04)	0.00 (0.07)(0.01)	0.00 (0.02)	0.00 0.00 0.02	0.00 0.04 0.07 0.01	(0.15) 0.02 (0.30)(0.50)
0.01 0.01	(0.00)	0.00 (0.00)	0.00 (0.00)(0.00)	0.00 (0.00)	0.00 0.00 0.00	0.00 0.00 0.00 0.00	(0.00) 0.00 (0.01)(0.01)
0.00 0.00	(0.00)	0.00 (0.00)	0.00 (0.00)(0.00)	0.00 (0.00)	0.00 0.00 (0.00)	0.00 0.00 0.00 0.00	0.00 0.00 0.00 0.00
				0.00 0.00	0.00 0.00		

20.25 (15.53) 26.52	(2.75)(23.77) 21.31	0.00 (21.31) 23.77	2.75 (26.52) 15.58 (20.26)

传给下层柱

6.75	(0.92)	0.00	0.92	(6.75)

9层

（5）恒载下弯矩二次分配

负1层

	上柱	下柱	梁		梁	上柱	下柱	梁		梁	上柱	下柱	梁		梁	上柱	下柱	梁		梁	下柱	上柱

结果：11.99　　(1.71)　　0.00　　1.71　　(11.99)

第一次分配后的弯矩值：
- 0.31　　(1.45)　　0.00　　1.45　　(9.31)
- 2.68　　(0.26)　　0.00　　0.26　　(2.68)
- (0.00)　　0.00　　0.00　　0.00
- (0.00)　　0.00　　0.00　　(0.00)　　0.00
- (0.05)　　0.01　　0.00　　(0.01)　　0.08
- (1.57)　　0.34　　0.00　　(0.34)　　1.57

系数：

上柱	下柱	梁	梁	上柱	下柱	梁	梁	上柱	下柱	梁	梁	上柱	下柱	梁	梁	下柱	上柱
0.37	0.36	0.27	0.22	0.28	0.28	0.22	0.22	0.28	0.28	0.22	0.22	0.28	0.28	0.22	0.27	0.36	0.37

上下层分配来的弯矩值：
- 4.30　　(0.61)　　(0.00)　　0.61　　(4.30)
- (1.51) (1.22)　(0.61) 0.00　0.00 0.00 0.00　0.00 0.61　1.22 1.51
- 0.13　0.26 0.34 0.26　0.13 (0.13)　(0.26) 0.34 (0.36)　(0.13)
- (0.05) (0.04)　(0.02) 0.00　0.00 0.00　0.00 0.03　0.06 0.05
- 0.00　0.00 0.01 0.00　0.00 (0.00)　(0.00) (0.01) (0.00)　(0.00)
- (0.00) (0.00)　(0.00) 0.00　0.00 0.00 0.00　0.00 0.00　0.00 0.00
- 0.00 0.00　0.00 0.00 0.00　0.00 (0.00)　(0.00) (0.00) (0.00)　(0.00)
- (0.00) (0.00)

第一次分配后的弯矩值：
- (1.56) (1.12)　(0.36) 0.35 0.27　0.13 0.00 (0.13)　(0.27) (0.35) 0.36　1.12 1.56
- 8.96 (16.51) 25.66　(1.40) (22.82) 21.14　0.00 (21.14) 22.82　1.40 (25.66) 16.51 (8.96)

结果：7.42 (17.83) 25.30　(1.05) (22.55) 21.23　0.00 (21.23) 22.55　1.05 (25.30) 17.83 (7.42)

-1层

1层

结果：14.45　　(1.82)　　(0.00)　　1.62　　(14.45)

第一次分配后的弯矩值：
- 12.91　　(1.82)　　(0.00)　　1.62　　(12.91)
- 1.54　　0.00　　(0.00)　　(0.00)　　(1.54)
- (0.00)　　0.00　　0.00　　0.00
- (0.00)　　0.00　　0.00　　(0.00)　　0.00
- (0.09)　　0.01　　0.00　　(0.01)　　0.08
- (2.67)　　0.60　　0.00　　(0.60)　　2.67

系数：

上柱	下柱	梁	梁	上柱	下柱	梁	梁	上柱	下柱	梁	梁	上柱	下柱	梁	梁	下柱	上柱
0.36	0.36	0.28	0.22	0.26	0.26	0.22	0.22	0.26	0.26	0.22	0.22	0.26	0.26	0.22	0.28	0.36	0.36

上下层分配来的弯矩值：
- 4.30 3.10　　(0.61) (0.46)　　(0.00) 0.00　　0.61 0.46　　(3.10) (4.30)
- (2.67) (2.06)　(1.03) 0.00　0.00 0.00 0.00　0.00 1.03　2.06 2.67
- 0.23　0.46 0.60 0.46　0.23 (0.23)　(0.46) (0.60) 0.46　(0.23)
- (0.08) (0.06)　(0.03) 0.00　0.00 0.00　0.00 0.03　0.06 0.08
- 0.00　0.01 0.01 0.01　0.00 (0.00)　(0.01) (0.01) (0.01)　(0.00)
- (0.00) (0.00)　(0.00) 0.00　0.00 0.00 0.00　0.00 0.00　0.00 0.00
- 0.00 0.00　0.00 0.00 0.00　0.00 (0.00)　(0.00) (0.00) (0.00)　(0.00)
- (0.00) (0.00)

第一次分配后的弯矩值：
- 0.35 (1.69)　(0.59) (0.12) 0.47　0.23 0.00 (0.23)　(0.47) (0.12) 0.59　1.89 (0.35)
- 12.91 (19.87) 26.74　(1.62) (23.10) 21.00　(0.00) (21.00) 23.10　1.82 (26.74) 19.87 (12.91)

结果：13.25 (21.76) 26.14　(1.69) (22.64) 21.23　(0.00) (21.23) 22.64　1.69 (26.14) 21.76 (13.25)

-1层

结果	13.75		(1.68)		0.00		1.63		(13.75)
第一次分配后的弯矩值	12.01		(1.32)		(0.00)		1.32		(12.91)
	0.84		0.13		0.00		(0.13)		(0.84)
	(0.00)				0.00				0.00
	(0.00)		0.00		0.00		(0.00)		0.00
	(0.09)		0.01		0.00		(0.01)		0.09
	(2.96)		0.64		0.00		(0.64)		2.96

2层	上柱	下柱	梁	梁	上柱	下柱	梁	梁	上柱	下柱	梁	梁	上柱	下柱	梁	梁	下柱	上柱
系数	0.39	0.37	0.24	0.22	0.23	0.23	0.22	0.22	0.23	0.23	0.22	0.22	0.23	0.23	0.22	0.24	0.37	0.39

上下层分配来的弯矩值	3.89	4.30		(0.52)	(0.51)		(0.00)	(0.00)			0.52	0.51			(4.30)	(3.89)
		(2.96)	(2.23)	(1.14)		0.00	0.00		0.00	0.00	0.00		1.14	2.23	2.06	
			0.25	0.49	0.64	0.49	0.25		(0.25)	(0.49)	(0.54)	(0.49)	(0.25)			
		(0.09)	(0.07)	(0.03)		0.00	0.00	0.00		0.00	(0.01)	(0.01)	0.03	0.07	0.09	
			0.00		0.01	0.01	0.00		(0.00)	0.00			(0.00)			
		(0.00)	(0.00)	(0.00)		0.00	0.00	(0.00)		(0.00)	(0.00)		0.05	(0.00)	0.00	
			0.00	0.00	0.00	0.00	0.00		(0.00)	(0.00)	(0.00)		(0.00)			
		(0.00)	(0.00)			0.00	0.00	0.00								

第一次分配后的弯矩值		1.26	(2.10)	(0.67)	0.04	0.50	0.25	0.00	(0.25)	(0.50)	(0.04)	0.67	2.10	(1.26)
		12.01	(19.57)	26.74	(1.02)	(23.10)	21.00	(0.00)	(21.00)	23.10	1.82	(26.74)	19.67	(12.91)
结果		14.16	(21.97)	26.06	(1.77)	(22.43)	21.25	0.00	(21.25)	23.60	1.77	(26.06)	21.97	(14.15)

2 层

结果	14.87		(1.66)		0.00		1.66		(14.87)
第一次分配后的弯矩值	14.43		(1.93)		(0.00)		1.93		(14.43)
	0.44		0.26		0.00		(0.26)		(0.44)
	(0.00)				0.00				0.00
	(0.00)		0.00		0.00		(0.00)		0.00
	(0.09)		0.01		0.00		(0.01)		0.09
	(3.44)		0.69		0.00		(0.69)		3.44

3层	上柱	下柱	梁	梁	上柱	下柱	梁	梁	上柱	下柱	梁	梁	上柱	下柱	梁	梁	下柱	上柱
系数	0.42	0.34	0.24	0.20	0.33	0.27	0.20	0.20	0.33	0.27	0.20	0.20	0.33	0.27	0.20	0.24	0.34	0.42

上下层分配来的弯矩值	3.97	4.30		(0.43)	(0.51)		0.00	(0.00)			0.43	0.61			(4.30)	(3.97)
		(2.76)	(2.06)	(1.03)		0.00	0.00		0.00	0.00	0.00		1.03	2.06	2.78	
			0.21	0.41	0.55	0.41	0.21		(0.21)	(0.41)	(0.55)	(0.41)	(0.21)			
		(0.07)	(0.05)	(0.03)		0.00	0.00	0.00		0.00	(0.01)	(0.01)	0.03	0.05	0.07	
			0.00		0.01	0.01	0.00		(0.00)	0.00			(0.00)	0.00	0.00	
		(0.00)	(0.00)	(0.00)		0.00	0.00	(0.00)		(0.00)	(0.00)		(0.00)	(0.00)		
			0.00	0.00	0.00	0.00	0.00		(0.00)	(0.00)	(0.00)					
		(0.00)	(0.00)			0.00	0.00	0.00								

第一次分配后的弯矩值		1.45	(1.89)	(0.64)	(0.05)	0.42	0.21	0.00	(0.21)	(0.42)	0.05	0.64	1.89	(1.45)
		11.66	(21.06)	26.32	(1.55)	(22.85)	21.13	(0.00)	(21.13)	22.85	1.56	(26.32)	21.08	(11.66)
结果		13.11	(22.96)	26.69	(1.59)	(22.43)	21.33	0.00	(21.33)	22.43	1.99	(29.69)	22.07	(13.11)

3 层

| | 上柱 | 下柱 | 梁 | | 梁 | 上柱 | 下柱 | 梁 | | 梁 | 上柱 | 下柱 | 梁 | | 梁 | 上柱 | 下柱 | 梁 | | 梁 | 下柱 | 上柱 |

4层部分

结果	12.48	(1.07)	0.00	1.07	(12.42)
第一次分配后的弯矩值	11.91	(1.30)	0.00	1.30	(11.91)
	0.51	0.23	0.00	(0.23)	(0.91)
	(0.00)	0.00	0.00	(0.00)	0.00
	(0.00)	0.00	0.00	(0.00)	0.00
	(0.08)	0.01	0.00	(0.01)	0.08
	(3.38)	0.65	0.00	(0.65)	3.38

4层	上柱	下柱	梁	梁	上柱	下柱	梁	梁	上柱	下柱	梁	梁	上柱	下柱	梁	梁	上柱	下柱	梁	梁	下柱	上柱
系数	0.39	0.39	0.22	0.19	0.31	0.31	0.19	0.19	0.31	0.31	0.19	0.19	0.31	0.31	0.19	0.22	0.39	0.39				

上下层分配来的弯矩值：

3.97	4.61	(0.43)	(0.64)	0.00	(0.00)	0.43	0.64	(4.61)	3.97
	(3.38) (2.02)	(1.01)	0.00	0.00	0.00 0.00	0.00	1.01	2.02 3.38	
	0.20	0.39	0.65 0.39	0.20	(0.20)	(0.39)	(0.65) (0.39)	(0.20)	
	(0.08) (0.04)	(0.02)	0.00	0.00	0.00 0.00	0.00	0.02	0.04 0.06	
	0.00	0.00	0.01 0.00	0.00	(0.00)	(0.00)	(0.01) (0.00)	(0.00)	
	(0.00) (0.00)	(0.00)	0.00	0.00	0.00 0.00	0.00	0.00	0.00	
	0.00 (0.00)	0.00	0.00	0.00	0.00 0.00				

第一次分配后的弯矩值：

第一次分配后的弯矩值	1.35	(1.67)	(0.64)	0.02	0.39	0.20	(0.20)	(0.39)	(0.02)	0.64	1.87	(1.35)
	11.91	(18.81)	23.30	(1.30)	(20.70)	19.53	0.00	(19.53)	20.70	1.30	(23.30)	16.61 (11.91)
结果	13.26	(20.67)	22.66	(1.28)	(20.30)	19.73	0.00	(19.73)	20.30	1.28	(22.66)	20.67 (13.06)

4 层

5~7层部分

结果	12.76	(0.17)	0.00	1.17	(12.76)
第一次分配后的弯矩值	11.91	(0.30)	0.00	1.30	(11.91)
	0.85	0.13	0.00	(0.13)	(0.85)
	(0.00)	0.00	0.00	(0.00)	0.00
	(0.00)	0.00	0.00	(0.00)	0.00
	(0.06)	0.01	0.00	(0.01)	0.06
	(3.06)	0.56	0.00	(0.58)	3.06

5~7层	上柱	下柱	梁	梁	上柱	下柱	梁	梁	上柱	下柱	梁	梁	上柱	下柱	梁	梁	上柱	下柱	梁	梁	下柱	上柱
系数	0.39	0.39	0.22	0.19	0.31	0.31	0.19	0.19	0.31	0.31	0.19	0.19	0.31	0.31	0.19	0.22	0.39	0.39				

上下层分配来的弯矩值：

3.97	3.97	(0.43)	(0.43)	0.00	0.00	0.43	0.43	(3.97)	(3.97)
	(3.06) (1.83)	(0.91)	0.00	0.00	0.00 0.00	0.00	0.91	1.83 3.06	
	0.17	0.33	0.56 0.33	0.17	(0.17)	(0.33)	(0.56) (0.33)	(0.17)	
	(0.06) (0.04)	(0.02)	0.00	0.00	0.00 0.00	0.00	0.02	0.04 0.06	
	0.00	0.00	0.01 0.00	0.00	(0.00)	(0.00)	(0.01) (0.00)	(0.00) 0.00	
	(0.00) (0.00)	(0.00)	0.00	0.00	0.00 0.00	0.00	0.00	(0.00)	
	0.00 (0.00)	0.00	0.00	0.00	0.00 0.00				

第一次分配后的弯矩值：

第一次分配后的弯矩值	0.65	(1.70)	(0.60)	0.13	0.34	0.17	0.00	(0.17)	(0.34)	(0.13)	0.60	1.70	(0.65)
	11.91	(18.81)	23.30	(1.30)	(20.70)	19.53	0.00	(19.53)	20.70	1.30	(23.30)	16.61 (11.91)
结果	12.76	(20.50)	22.70	(1.17)	(20.36)	19.70	0.00	(19.70)	20.36	1.17	(22.70)	20.50 (12.76)

5 ~7 层

	结果 14.49	(0.40)	0.00	1.40	(14.44)
第一次分配后的弯矩值	11.91	(0.30)	0.00	1.30	(11.91)
	1.53	(0.10)	0.00	0.10	(1.53)
	(0.00)	0.00	(0.00)	(0.00)	0.00
	(0.00)	0.00	(0.00)	(0.00)	0.00
	(0.09)	0.01	(0.00)	(0.01)	0.09
	(4.13)	0.81	(0.00)	(0.61)	4.13

8层	上柱	下柱	梁	梁	上柱	下柱	梁	梁	上柱	下柱	梁	梁	上柱	下柱	梁	梁	下柱	上柱
系数	0.39	0.39	0.22	0.19	0.31	0.31	0.19	0.19	0.31	0.31	0.19	0.19	0.31	0.31	0.19	0.22	0.39	0.38
上下层分配来的弯矩值	6.75	3.97	(0.92)	(0.43)		0.00	0.00			0.92	0.43					(3.97)	(8.75)	
	(4,13)	(2.47)	(1.23)		(0.00)		(0.00)	(0.00)	(0.00)					1.23	1.47	4.13		
	0.24		0.48	0.61	0.48	0.14			(0.24)	(0.48)		(0.81)	(0.48)		(0.14)			
	(0.09)	(0.06)	(0.03)		(0.00)		(0.00)	(0.00)	(0.00)					0.03	0.05	0.09		
	0.00		0.01	0.01	0.01	0.00			(0.00)	(0.01)		(0.01)	(0.01)		(0.00)			
	(0.00)	(0.00)	(0.00)		(0.00)		(0.00)	(0.00)	(0.00)					0.00	0.00	0.00		
	0.00		0.01	0.00	0.00	0.00			(0.00)	(0.00)		(0.00)	(0.00)		(0.00)			
	(0.00)	(0.00)					(0.00)	(0.00)	(0.00)									
第一次分配后的弯矩值	0.25	(2.26)	(0.77)	0.36	0.49	0.24		(0.00)	(0.24)		(0.49)		(0.38)	0.77	2.28	(0.25)		
	11.91	(18.81)	23.30	(1.30)	(20.70)	19.53		0.00	(19.53)		20.70		1.30	(23.30)	16.61	(11.91)		
结果	11.65	(21.08)	22.53	(0.92)	(20.11)	19.78		(0.00)	(19.78)		10.21		0.92	(11.53)	21.06	(11.65)		

8层

9层	边柱	梁	梁	柱	梁	梁	柱	梁	梁	柱	梁	梁	边柱
系数	0.63	0.37	0.27	0.46	0.27	0.27	0.46	0.27	0.27	0.46	0.27	0.37	0.63
下层分配过来的弯矩值	3.97		(0.43)			0.00				0.43			(3.97)
	(2.49)	(1.48)	(0.74)	0.00	0.00	0.00	0.00	0.00		0.74	1.48		2.49
		0.16	0.32	0.54	0.32	0.16		(0.16)	(0.32)	(0.54)	(0.32)	(0.16)	
	(0.10)	(0.06)	(0.03)	0.00	0.00	0.00	0.00	0.00		0.03	0.06		0.10
		0.00	0.01	0.01	0.01	0.00		(0.00)	(0.01)	(0.01)	(0.01)	(0.00)	
	(0.00)	(0.00)	(0.00)	0.00	0.00	0.00	0.00	0.00		0.00	0.00		0.00
		0.00	0.00	0.00	0.00	0.00		(0.00)	(0.00)	(0.00)	(0.00)	(0.00)	
	(0.00)	(0.00)	(0.00)	0.00	0.00	0.00	0.00	0.00		0.00	0.00		0.00
		0.00	0.00	0.00	0.00	0.00		(0.00)	(0.00)	(0.00)	(0.00)	(0.00)	
	(0.00)	(0.00)				0.00	0.00	0.00				0.00	0.00
第一次分配后的弯矩值	1.38	(1.38)	(0.44)	0.12	0.33	0.16	0.00	(0.16)	(0.33)	(0.12)	0.44	1.38	(1.38)
	20.26	(16.58)	26.52	(2.75)	(23.77)	21.31	0.00	(21.31)	23.77	2.75	(26.52)	16.68	(20.26)
结果	21.64	(16.96)	36.07	(2.53)	(23.44)	21.47	0.00	(31.47)	23.44	2.63	(26.07)	16.96	(31.64)

9层

（6）活载作用下弯矩分配

活载作用下弯矩分配过程与恒载相同，略去，活载作用下梁固端弯矩见表10-7-4（按满布考虑）。

梁固端弯矩　　　　　　　　　　　　表 10 - 7 - 4

层号	35 跨		56 跨		67 跨		79 跨	
	总 M（kN·m）		总 M（kN·m）		总 M（kN·m）		总 M（kN·m）	
	M35	M53	M56	M65	M67	M76	M79	M97
3~9	-4.12	4.12	-4.12	4.12	-4.12	4.12	-4.12	4.12
-1~2	5.15	5.13	-5.15	5.13	-5.15	5.13	-5.15	5.13

（7）跨中弯矩及梁端剪力计算

荷载作用下的跨中弯矩及梁端剪力（借助结构力学求解器），结果见表 10 - 7 - 5 和表 10 - 7 - 6。

恒载作用下的跨中弯矩及梁端剪力　　　　　　　表 10 - 7 - 5

层号	35 跨								56 跨							
	M_{35}	$0.9M_{35}$	M_{53}	$0.9M_{53}$	$M_{中}$	$1.2M_{中}$	V_{35}	V_{53}	M_{56}	$0.9M_{56}$	M_{65}	$0.9M_{65}$	$M_{中}$	$1.2M_{中}$	V_{56}	V_{65}
9	-16.96	-15.26	26.07	23.46	11.67	14.00	29.44	33.77	-23.44	-21.10	21.47	19.32	10.73	12.88	32.07	31.14
8	-21.08	-18.97	22.53	20.28	8.38	10.06	31.04	31.73	-20.21	-18.19	19.78	78.80	9.88	11.86	28.56	28.35
7	-20.50	-18.45	22.70	20.43	8.59	10.31	30.36	31.91	-20.36	-18.32	19.70	17.73	9.85	11.82	28.61	28.30
6	-20.50	-18.45	22.70	20.43	8.59	10.31	30.36	31.91	-20.36	-18.32	19.70	17.73	9.85	11.82	28.61	28.30
5	-20.50	-18.45	22.70	20.43	8.59	10.31	30.36	31.91	-20.36	-18.32	19.70	17.73	9.85	11.82	28.61	28.30
4	-20.67	-18.60	22.66	20.39	8.50	10.20	30.90	31.87	-20.30	-18.27	19.73	17.76	9.86	11.83	28.59	28.32
3	-22.98	-20.68	25.69	23.12	7.37	8.84	31.46	31.31	-22.43	-20.19	21.33	19.20	8.00	9.60	28.72	28.19
2	-21.97	-19.77	26.06	23.45	9.81	11.77	35.35	37.30	-22.60	-20.34	21.25	19.13	10.62	12.74	31.32	30.67
1	-21.76	-19.58	26.14	23.53	9.87	11.84	35.28	37.37	-22.64	-20.38	21.23	19.11	10.61	12.73	31.33	31.66
-1	-17.63	-15.87	25.30	22.77	10.29	12.35	35.48	37.17	-22.55	-20.30	21.28	19.15	10.63	12.76	31.30	30.69

层号	67 跨								79 跨							
	M_{67}	$0.9M_{67}$	M_{76}	$0.9M_{76}$	$M_{中}$	$1.2M_{中}$	V_{67}	V_{76}	M_{79}	$0.9M_{79}$	M_{97}	$0.9M_{97}$	$M_{中}$	$1.2M_{中}$	V_{79}	V_{97}
9	-21.47	-19.32	23.44	21.10	10.73	12.88	31.14	32.07	-26.07	-23.46	16.96	15.26	11.67	14.00	33.77	29.44
8	-19.78	-17.80	20.21	18.19	9.88	11.86	28.35	28.56	-22.53	-20.28	21.08	18.97	8.38	10.06	31.73	31.04
7	-19.70	-17.73	20.36	18.32	9.85	11.82	28.30	28.61	-22.70	-20.43	20.50	18.45	8.59	10.31	31.91	30.36
6	-19.70	-17.73	20.36	18.32	9.85	11.82	28.30	28.61	-22.70	-20.43	20.50	18.45	8.59	10.31	31.91	30.36
5	-19.70	-17.73	20.36	18.32	9.85	11.82	28.30	28.61	-22.70	-20.43	20.50	18.45	8.59	10.31	31.91	30.36
4	-19.73	17.76	20.30	18.27	9.86	11.83	28.32	28.59	-22.66	-20.39	20.67	18.60	8.50	10.20	31.87	30.90
3	-21.33	-19.20	22.43	20.19	8.00	9.60	28.19	28.72	-25.69	-23.12	22.98	20.68	7.37	8.84	31.31	31.46
2	-21.25	-19.13	22.60	20.34	10.62	12.74	30.67	31.32	-26.06	-23.45	21.97	19.77	9.81	11.77	37.30	35.35
1	-21.23	-19.11	22.64	20.38	10.61	12.73	31.66	31.33	-25.30	-22.77	21.76	19.58	9.87	11.84	37.37	35.28
-1	-21.28	-19.15	22.55	20.30	10.63	12.76	30.69	31.30	-25.30	-22.77	17.63	15.87	10.29	12.35	37.17	35.48

活载作用下的跨中弯矩及梁端剪力　　　　　　　表 10 - 7 - 6

层号	35 跨								56 跨							
	M_{34}	$0.9M_{34}$	M_{43}	$0.9M_{43}$	$M_{中}$	$1.2M_{中}$	V_{34}	V_{43}	M_{45}	$0.9M_{45}$	M_{54}	$0.9M_{54}$	$M_{中}$	$1.2M_{中}$	V_{45}	V_{54}
9	-2.63	-2.37	4.71	4.24	2.50	3.00	5.38	6.38	-4.32	-3.89	4.02	3.62	2.00	2.40	5.95	5.81
8	-3.41	-3.07	4.45	4.01	2.93	3.52	5.96	5.80	-4.15	-3.74	4.10	3.69	2.05	2.46	5.89	5.87
7	-3.33	-3.00	4.47	4.02	3.01	3.61	5.96	5.80	-4.17	-3.75	4.09	3.68	2.04	2.45	5.90	5.86
6	-3.33	-3.00	4.47	4.02	3.01	3.61	5.96	5.80	-4.17	-3.75	4.09	3.68	2.04	2.45	5.90	5.86
5	-3.33	-3.00	4.47	4.02	3.01	3.61	5.96	5.80	-4.17	-3.75	4.09	3.68	2.04	2.45	5.90	5.86
4	-3.34	-3.01	4.47	4.02	3.01	3.61	5.96	5.80	-4.17	-3.75	4.09	3.68	2.04	2.45	5.90	5.86
3	-3.30	-2.97	4.49	4.04	2.28	2.74	5.60	6.16	-4.18	-3.76	4.09	3.68	2.04	2.45	5.90	5.86
2	-3.86	-3.47	5.71	5.14	2.93	3.52	6.91	7.79	-5.27	-4.74	5.09	4.58	2.54	3.05	7.39	7.31
1	-3.92	-3.53	5.69	5.12	2.91	3.49	6.93	7.73	-6.25	-4.73	5.10	4.59	2.55	3.06	7.39	7.31

续表

层号	35 跨								56 跨							
	M_{34}	$0.9M_{34}$	M_{43}	$0.9M_{43}$	$M_{中}$	$1.2M_{中}$	V_{34}	V_{43}	M_{45}	$0.9M_{45}$	M_{54}	$0.9M_{54}$	$M_{中}$	$1.2M_{中}$	V_{45}	V_{54}
-1	-3.70	-3.33	5.76	5.18	2.99	3.59	6.86	7.84	-5.30	-4.77	5.07	4.56	2.53	3.04	7.40	7.30

层号	67 跨								79 跨							
	M_{56}	$0.9M_{56}$	M_{65}	$0.9M_{65}$	$M_{中}$	$1.2M_{中}$	V_{56}	V_{65}	M_{67}	$0.9M_{67}$	M_{76}	$0.9M_{76}$	$M_{中}$	$1.2M_{中}$	V_{67}	V_{76}
9	-4.02	-3.62	4.32	3.89	2.00	2.40	5.81	5.95	-4.71	-4.24	2.63	2.37	2.50	3.00	6.38	5.38
8	-4.10	-3.69	4.15	3.74	2.05	2.46	5.87	5.89	-4.45	-4.01	3.41	3.07	2.93	3.52	5.80	5.96
7	-4.09	-3.68	4.17	3.75	2.04	2.45	5.86	5.90	-4.47	-4.02	3.33	3.00	3.01	3.61	5.80	5.96
6	-4.09	-3.68	4.17	3.75	2.04	2.45	5.86	5.90	-4.47	-4.02	3.33	3.00	3.01	3.61	5.80	5.96
5	-4.09	-3.68	4.17	3.75	2.04	2.45	5.86	5.90	-4.47	-4.02	3.33	3.00	3.01	3.61	5.80	5.96
4	-4.09	-3.68	4.17	3.75	2.04	2.45	5.86	5.90	-4.47	-4.02	3.34	3.01	3.01	3.61	5.80	5.96
3	-4.09	-3.68	4.18	3.76	2.04	2.45	5.86	5.90	-4.49	-4.04	3.30	2.97	2.28	2.74	6.16	5.60
2	-5.09	-4.58	5.27	4.74	2.54	3.05	7.31	7.39	-5.71	-5.14	3.86	3.47	2.93	3.52	7.79	6.91
1	-5.10	-4.59	5.25	4.73	2.55	3.06	7.31	7.39	-5.69	-5.12	3.92	3.53	2.91	3.49	7.73	6.93
-1	-5.07	-4.56	5.30	4.77	2.53	3.04	7.30	7.40	-5.76	-5.18	3.70	3.33	2.99	3.59	7.84	6.86

（8）柱端剪力计算

柱端剪力计算结果见表 10-7-7 和表 10-7-8。

恒载柱端剪力　　　　　　　　　　　表 10-7-7

层号	层高	3 柱			5 柱			6 柱		
		M_{ij}	M_{ji}	V_{ij}	M_{ij}	M_{ji}	V_{ij}	M_{ij}	M_{ji}	V_{ij}
9	3	21.64	14.44	12.03	-2.63	-1.40	-1.34	0.00	0.00	0.00
8	3	11.65	12.76	8.14	-0.92	-1.17	-0.70	0.00	0.00	0.00
7	3	12.76	12.76	8.51	-1.17	-1.17	-0.78	0.00	0.00	0.00
6	3	12.76	12.76	8.51	-1.17	-1.17	-0.78	0.00	0.00	0.00
5	3	12.76	12.42	8.39	-1.17	-1.07	-0.75	0.00	0.00	0.00
4	3	13.26	14.87	9.38	-1.28	-1.66	-0.98	0.00	0.00	0.00
3	3.9	13.11	12.91	6.67	-1.59	-1.82	-0.87	0.00	0.00	0.00
2	3.9	14.16	14.45	7.34	-1.77	-1.82	-0.92	0.00	0.00	0.00
1	3.9	13.25	11.99	6.74	-1.69	-1.71	-0.87	0.00	0.00	0.00
-1	4.5	7.42	4.49	2.65	-1.05	-0.70	-0.39	0.00	0.00	0.00

活载柱端剪力　　　　　　　　　　　表 10-7-8

层号	层高	3 柱			5 柱			6 柱		
		M_{ij}	M_{ji}	V_{ij}	M_{ij}	M_{ji}	V_{ij}	M_{ij}	M_{ji}	V_{ij}
9	3	3.28	2.23	1.84	-0.39	-0.19	-0.19	0.00	0.00	0.00
8	3	1.83	1.99	1.27	-0.11	-0.15	-0.09	0.00	0.00	0.00
7	3	1.99	1.99	1.33	-0.15	-0.15	-0.10	0.00	0.00	0.00
6	3	1.99	1.99	1.33	-0.15	-0.15	-0.10	0.00	0.00	0.00
5	3	1.99	1.97	1.32	-0.15	-0.15	-0.10	0.00	0.00	0.00
4	3	2.02	2.05	1.36	-0.15	-0.15	-0.10	0.00	0.00	0.00
3	3.9	1.90	2.29	1.07	-0.16	-0.21	-0.09	0.00	0.00	0.00
2	3.9	2.49	2.41	1.26	-0.23	-0.22	-0.12	0.00	0.00	0.00
1	3.9	2.42	2.71	1.32	-0.22	-0.28	-0.13	0.00	0.00	0.00
-1	4.5	1.90	1.09	0.66	-0.19	-0.12	-0.07	0.00	0.00	0.00

注：因结构对称性，7 柱及 9 柱剪力与 5 柱和 3 柱相同。

（9）柱轴力计算过程及结果

竖向荷载作用下柱轴力计算过程及结果见表10-7-9和表10-7-10。

恒载下柱轴力　　　　　　　　　　　　　　　　　　　　　　表10-7-9

层号	层高(m)	3柱					5柱					6柱				
		3柱自重(kN)	柱顶集中力(kN)	梁剪力V_{ab}(kN)	柱顶(kN)	柱底(kN)	5柱自重(kN)	柱顶集中力(kN)	梁剪力(kN)	柱顶(kN)	柱底(kN)	6柱自重(kN)	柱顶集中力(kN)	梁剪力(kN)	柱顶(kN)	柱底(kN)
9	3	20.63	44.71	29.41	74.15	94.78	20.63	44.71	65.84	110.55	131.18	20.63	44.71	62.28	106.99	127.62
8	3	20.63	44.96	31.04	170.78	191.41	20.63	41.2	60.29	232.67	253.3	20.63	41.2	56.7	225.52	246.15
7	3	20.63	44.96	30.36	266.73	287.36	20.63	41.2	60.52	355.02	375.65	20.63	41.2	56.6	343.95	364.58
6	3	20.63	44.96	30.36	362.68	383.31	20.63	41.2	60.52	477.37	498	20.63	41.2	56.6	462.38	483.01
5	3	20.63	44.96	30.36	458.63	479.26	20.63	41.2	60.52	599.72	620.35	20.63	41.2	56.6	580.81	601.44
4	3	20.63	44.96	30.9	555.12	575.75	20.63	41.2	60.46	722.01	742.64	20.63	41.2	56.64	699.28	719.91
3	3.9	26.81	44.96	31.46	652.17	678.98	26.81	41.2	60.03	843.87	870.68	26.81	41.2	56.38	817.49	844.3
2	3.9	26.81	52.34	35.35	766.67	793.48	26.81	50.68	68.62	989.98	1016.79	26.81	35.54	61.34	941.18	967.99
1	3.9	26.81	52.34	35.28	881.1	907.91	26.81	35.54	68.7	1121.03	1147.84	26.81	35.54	63.32	1066.85	1093.66
-1	4.5	30.94	15.93	35.48	959.32	990.26	30.94	10.66	68.47	1226.97	1257.91	30.94	14.68	61.38	1169.72	1200.66

活载下柱轴力　　　　　　　　　　　　　　　　　　　　　　表10-7-10

层号	层高(m)	3柱					5柱					6柱				
		3柱自重(kN)	柱顶集中力(kN)	梁剪力V_{ab}(kN)	柱顶(kN)	柱底(kN)	5柱自重(kN)	柱顶集中力(kN)	梁剪力(kN)	柱顶(kN)	柱底(kN)	6柱自重(kN)	柱顶集中力(kN)	梁剪力(kN)	柱顶(kN)	柱底(kN)
9	3	0	6.3	5.38	11.68	11.68	0	6.3	12.33	18.63	18.63	0	6.3	11.62	17.92	17.92
8	3	0	6.3	5.96	23.94	23.94	0	6.3	11.69	36.62	36.62	0	6.3	11.74	35.96	35.96
7	3	0	6.3	5.96	36.2	36.2	0	6.3	11.7	54.62	54.62	0	6.3	11.72	53.98	53.98
6	3	0	6.3	5.96	48.46	48.46	0	6.3	11.7	72.62	72.62	0	6.3	11.72	72	72
5	3	0	6.3	5.96	60.72	60.72	0	6.3	11.7	90.62	90.62	0	6.3	11.72	90.02	90.02
4	3	0	6.3	5.96	72.98	72.98	0	6.3	11.7	108.62	108.62	0	6.3	11.72	108.04	108.04
3	3.9	0	6.3	5.6	84.88	84.88	0	6.3	12.06	126.98	126.98	0	6.3	11.72	126.06	126.06
2	3.9	0	9.15	6.91	100.94	100.94	0	9.15	15.18	151.31	151.31	0	9.15	14.62	149.83	149.83
1	3.9	0	9.15	6.93	117.02	117.02	0	9.15	15.12	175.58	175.58	0	9.15	14.62	173.6	173.6
-1	4.5	0	9.15	6.86	133.03	133.03	0	9.15	15.24	199.97	199.97	0	9.15	14.6	197.35	197.35

注：因结构对称性，7柱及9柱轴力与5柱和3柱相同。

第八节 框架梁、柱内力组合

进行内力组合前，需对竖向荷载作用下产生的梁端和跨中弯矩进行调幅，调幅系数可取0.9，水平荷载作用下产生的内力不需进行调幅。

内力组合分不考虑地震组合及考虑地震作用组合两种情况。不考虑地震组合时，一般为活载控制，计算公式为：

$$S = 1.2C_G G_K + 1.4C_Q Q_K$$

考虑地震作用组合时：

$$S = 1.2(C_G G_K + 0.5C_Q Q_K) + 1.3S_{Ehk}$$

1. 梁内力组合

控制截面为梁两端及梁跨中截面，67、79轴间梁与65、53对称，如图10-8-1所示。

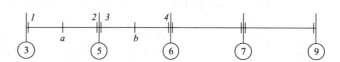

图10-8-1　梁控制截面

支座弯矩正负规定为：

跨中下部受拉为：$+M$

组合结果见表10-8-1和表10-8-2所示。

　　35 跨、56 跨梁分别与 97 跨、76 跨梁对称，故只列出 35、56 跨梁内力组合。

2. 柱内力组合

　　各柱内力组合见表 10-8-3～表 10-8-5 所述。

35 跨梁截面内力组合　　　　　　　　表 10-8-1

框架梁 35 跨左截面 1 内力组合

荷载类型	恒载		活载		地震作用 →		地震作用 ←		内力组合					
									1.2 恒 +1.4 活			1.2 恒 +0.6 活 +1.3 地震		
层数	M_{34}	V_{34}	M_{34}	V_{34}	M	V	M	V	M_{max}	M_{min}	V_{max}	$0.75M_{max}$	$0.75M_{min}$	$0.85V_{max}$
9	-15.26	29.44	-2.63	5.38	67.85	-24.38	-67.85	24.38		-22.00	42.86	51.24	-81.08	59.71
8	-18.97	31.04	-3.41	5.96	84.47	-33.41	-54.47	33.41		-27.54	45.59	63.75	-100.96	71.61
7	-18.45	30.36	-3.33	5.96	91.71	-36.11	-91.71	36.11		-26.80	44.78	71.31	-107.52	73.91
6	-18.45	30.36	-3.33	5.96	96.40	-37.07	-96.40	37.07		-26.80	44.78	75.88	-112.09	74.97
5	-18.45	30.36	-3.33	5.96	101.35	-39.21	-101.35	39.21		-26.80	44.78	80.71	-116.92	77.33
4	-18.60	30.90	-3.34	5.96	101.14	-39.05	-101.14	39.05		-27.00	45.42	80.37	-116.86	77.71
3	-20.68	31.46	-3.30	5.60	104.00	-41.11	-104.00	41.11		-29.44	45.59	81.31	-121.50	80.37
2	-19.77	35.35	-3.86	6.91	108.09	-42.70	-108.09	42.70		-29.13	52.04	85.86	-124.92	86.76
1	-19.58	35.28	-3.92	6.93	73.80	-30.27	-73.80	30.27		-28.99	52.04	52.56	-91.34	72.97
-1	-15.87	35.48	-3.70	6.86						-24.22	52.18	-15.95	-15.95	39.69

框架梁 35 跨右截面 2 内力组合

荷载类型	恒载		活载		地震作用 →		地震作用 ←		内力组合					
									1.2 恒 +1.4 活			1.1（恒 + 活）+1.3 地震		
层数	M_{43}	V_{43}	M_{43}	V_{43}	M	V	M	V	M_{max}	M_{min}	V_{max}	$0.75M_{max}$	$0.75M_{min}$	$0.85V_{max}$
9	23.46	-33.77	4.24	-6.38	34.53	-24.38	-34.53	24.38	34.09		-49.46	56.69	-10.64	-62.77
8	20.28	-31.73	4.01	-5.80	55.84	-33.41	-55.84	33.41	29.94		-46.20	74.49	-34.39	-70.41
7	20.43	-31.91	4.02	-5.80	59.95	-36.11	-59.95	36.11	30.15		-46.41	78.65	-38.25	-73.56
6	20.43	-31.91	4.02	-5.80	59.30	-37.07	-59.30	37.07	30.15		-46.41	78.01	-37.62	-74.62
5	20.43	-31.91	4.02	-5.80	63.32	-39.21	-63.32	39.21	30.15		-46.41	81.93	-41.54	-76.98
4	20.39	-31.87	4.02	-5.80	62.86	-39.05	-62.86	39.05	30.11		-46.36	81.45	-41.12	-76.77
3	23.12	-31.31	4.04	-6.16	68.65	-41.11	-68.65	41.11	33.40		-46.20	89.56	-44.30	-78.87
2	23.45	-37.30	5.14	-7.79	71.23	-42.70	-71.23	42.70	35.34		-55.67	92.87	-46.03	-87.42
1	23.53	-37.37	5.12	-7.73	46.09	-30.27	-46.09	30.27	35.40		-55.67	68.42	-21.46	-73.70
-1	22.77	-37.17	5.18	-7.84					34.58		-55.58	22.83	22.83	-40.17

框架梁 35 跨中截面 a 内力组合

荷载类型	恒载		活载		地震作用 →		地震作用 ←		内力组合					
									1.2 恒 +1.4 活			1.05（恒 + 活）+1.3 地震		
层数	M	V	M	V	M	V	M	V	M_{max}	M_{min}	V_{max}	$0.75M_{max}$	$0.75M_{min}$	$0.85V_{max}$
9	14.00		3.00		-16.66		16.66		21.00			30.20		
8	10.06		3.52		-14.32		14.32		16.99			24.59		
7	10.31		3.61		-15.88		15.88		17.43			26.38		
6	10.31		3.61		-18.55		18.55		17.43			28.99		
5	10.31		3.61		-19.02		19.02		17.43			29.44		
4	10.20		3.61		-19.14		19.14		17.30			29.47		
3	8.84		2.74		-17.68		17.68		14.44			26.43		
2	11.77		3.52		-18.43		18.43		19.05			30.15		
1	11.84		3.49		-13.85		13.85		19.10			25.74		
-1	12.35		3.59						19.84			12.73		

56 跨梁截面内力组合

表 10-8-2

框架梁 56 跨左截面 1 内力组合

荷载类型	恒载		活载		地震作用 →		地震作用 ←		内力组合					
									1.2恒+1.4活			1.2恒+0.6活+1.3地震		
层数	M_{45}	V_{45}	M_{45}	V_{45}	M	V	M	V	M_{max}	M_{min}	V_{max}	$0.75M_{max}$	$0.75M_{min}$	$0.85V_{max}$
9	-21.10	32.07	-3.89	5.95	34.53	-16.44	-34.53	16.44		-30.76	46.81	12.93	-54.40	53.91
8	-18.19	28.56	-3.74	5.89	55.84	-26.59	-55.84	26.59		-27.06	42.52	36.39	-72.49	61.52
7	-18.32	28.61	-3.75	5.90	59.95	-28.55	-59.95	28.55		-27.24	42.59	40.27	-76.63	63.74
6	-18.32	28.61	-3.75	5.90	59.30	-28.24	-59.30	28.24		-27.24	42.59	39.64	-76.00	63.39
5	-18.32	28.61	-3.75	5.90	63.32	-30.15	-63.32	30.15		-27.24	42.59	43.55	-79.91	65.51
4	-18.27	28.59	-3.75	5.90	62.86	-29.93	-62.86	29.93		-27.18	42.57	43.15	-79.42	65.24
3	-20.19	28.72	-3.76	5.90	68.65	-32.69	-68.65	32.69		-29.49	42.72	47.07	-86.79	68.42
2	-20.34	31.32	-4.74	7.39	71.23	-33.92	-71.23	33.92		-31.05	47.93	49.01	-89.89	73.20
1	-20.38	31.33	-4.73	7.39	46.09	-23.51	-46.09	23.51		-31.07	47.94	24.47	-65.40	61.71
-1	-20.30	31.30	-4.77	7.40						-31.03	47.92	-20.41	-20.41	35.70

框架梁 56 跨右截面 2 内力组合

荷载类型	恒载		活载		地震作用 →		地震作用 ←		内力组合					
									1.2恒+1.4活			1.2恒+0.6活+1.3地震		
层数	M_{54}	V_{54}	M_{54}	V_{54}	M	V	M	V	M_{max}	M_{min}	V_{max}	$0.75M_{max}$	$0.75M_{min}$	$0.85V_{max}$
9	19.32	-31.14	3.62	-5.81	34.53	-16.44	-34.53	16.44	28.25		-45.50	52.68	-14.65	-51.15
8	17.80	-28.35	3.69	-5.87	55.84	-26.59	-55.84	26.59	26.53		-42.24	72.12	-36.76	-59.92
7	17.73	-28.30	3.68	-5.86	59.95	-28.55	-59.95	28.55	26.43		-42.16	76.06	-40.84	-62.03
6	17.73	-28.30	3.68	-5.86	59.30	-28.24	-59.30	28.24	26.43		-42.16	75.43	-40.20	-61.69
5	17.73	-28.30	3.68	-5.86	63.32	-30.15	-63.32	30.15	26.43		-42.16	79.35	-44.12	-63.80
4	17.76	-28.32	3.68	-5.86	62.86	-29.93	-62.86	29.93	26.46		-42.19	78.92	-43.65	-63.58
3	19.20	-28.19	3.68	-5.86	68.65	-32.69	-68.65	32.69	28.19		-42.03	85.86	-48.00	-66.51
2	19.13	-30.67	4.58	-7.31	71.23	-33.92	-71.23	33.92	29.36		-47.04	88.72	-50.17	-71.38
1	19.11	-31.66	4.59	-7.31	46.09	-23.51	-46.09	23.51	29.35		-48.23	64.20	-25.68	-60.76
-1	19.15	-30.69	4.56	-7.30					29.37		-47.05	19.29	19.29	-33.91

框架梁 56 跨中截面 a 内力组合

荷载类型	恒载		活载		地震作用 →		地震作用 ←		内力组合					
									1.2恒+1.4活			1.2(恒+0.5活)+1.3地震		
层数	M	V	M	V	M	V	M	V	M_{max}	M_{min}	V_{max}	$0.75M_{max}$	$0.75M_{min}$	$0.85V_{max}$
9	12.88		2.40		0.00		0.00		18.81			12.67		
8	11.86		2.46		0.00		0.00		17.67			11.78		
7	11.82		2.45		0.00		0.00		17.61			11.74		
6	11.82		2.45		0.00		0.00		17.61			11.74		
5	11.82		2.45		0.00		0.00		17.61			11.74		
4	11.83		2.45		0.00		0.00		17.63			11.75		
3	9.60		2.45		0.00		0.00		14.95			9.74		
2	12.74		3.05		0.00		0.00		19.56			12.84		
1	12.73		3.06		0.00		0.00		19.56			12.84		
-1	12.76		3.04						19.56			12.85		

表 10-8-3

3 柱内力组合

层号	恒载 M	恒载 V	恒载 N	活载 M	活载 V	活载 N	地震作用 → M	地震作用 → V	地震作用 → N	地震作用 ← M	地震作用 ← V	地震作用 ← N	1.2 恒 +1.4 活 M	1.2 恒 +1.4 活 V	1.2 恒 +1.4 活 N	1.2（恒 +0.5 活）+1.3 地（→） M	V	N	1.2（恒 +0.5 活）+1.3 地（←） M	V	N
9	21.64	-12.03	-74.15	3.28	-1.84	-11.68	-67.85	30.90	24.38	67.85	-30.90	-24.38	30.56	-17.00	-105.33	-60.27	24.63	-64.29	116.29	-55.70	-127.68
9	14.44		-94.78	2.23		-11.68	-24.84		24.38	24.84		-24.38	20.45		-130.09	-13.63		-89.05	50.96		-152.44
8	11.65	-8.14	-170.78	1.83	-1.27	-23.94	-59.62	31.45	57.78	59.62	-31.45	-57.78	16.54	-11.55	-238.45	-62.43	30.35	-144.19	92.59	-51.41	-294.41
8	12.76		-191.71	1.99		-23.94	-34.72		57.78	34.72		-57.78	18.10		-263.57	-28.63		-169.30	61.64		-319.53
7	12.76	-8.51	-266.73	1.99	-1.33	-36.20	-56.99	32.64	93.89	56.99	-32.64	-93.89	18.10	-12.07	-370.76	-57.58	31.43	-219.74	90.59	-53.43	-463.85
7	12.76		-287.36	1.99		-36.20	-40.93		93.89	40.93		-93.89	18.10		-395.51	-36.70		-244.50	69.71		-488.61
6	12.76	8.51	-362.68	1.99	-1.33	-48.46	-55.47	33.62	130.96	55.47	-33.62	-130.96	18.10	-12.07	-503.06	-55.60	32.70	-294.04	88.61	-54.71	-634.54
6	12.76		-383.31	1.99		-48.46	-45.38		130.96	45.38		-130.96	18.10		-527.82	-42.49		-318.80	75.50		-659.30
5	12.76	-8.39	-458.63	1.99	-1.32	-60.72	-55.97	33.92	170.17	55.97	-33.92	-170.17	18.10	-11.92	-635.36	-56.25	33.23	-365.57	89.26	-54.96	-808.01
5	12.42		-479.26	1.97		-60.72	-45.79		170.17	45.79		-170.17	17.66		-660.12	-43.44		-390.32	75.62		-832.77
4	13.26	-9.38	-555.12	2.02	-1.36	-72.98	-55.35	33.13	209.22	55.35	-33.13	-209.22	18.74	-13.15	-768.32	-54.83	31.00	-437.95	89.08	-55.13	-981.92
4	14.87		-575.75	2.05		-72.98	-44.02		209.22	44.02		-209.22	20.71		-793.07	-38.16		-462.70	76.30		-1006.67
3	13.11	-6.67	-652.17	1.90	1.07	-84.88	-59.98	30.76	250.32	59.98	-30.76	-250.32	18.39	-9.51	-901.44	-61.10	31.34	-508.12	94.85	-48.64	-1158.95
3	12.91		-678.98	2.29		-84.88	-59.98		250.32	59.98		-250.32	18.70		-933.61	-61.11		-540.29	94.84		-1191.12
2	14.16	-7.34	-766.67	2.49	-1.26	-100.94	-48.11	27.41	293.02	48.11	-27.41	-293.02	20.48	-10.56	-1061.32	-44.06	26.08	-599.64	81.03	-45.20	-1361.49
2	14.45		-793.48	2.41		-100.94	-58.80		293.02	58.80		-293.02	20.71		-1093.49	-57.66		-631.81	95.23		-1393.67
1	13.25	-6.47	-881.10	2.42	-1.32	-117.02	-14.99	15.38	323.29	14.90	-15.38	-323.29	19.29	-9.61	-1221.15	-2.14	11.43	-707.26	75.00	-28.54	-1547.81
1	11.99		-907.91	2.71		-117.02	-44.98		323.29	44.98		-323.29	18.18		-1253.32	-42.46		-739.43	74.48		-1579.98
-1	7.42	-2.65	-959.32	1.90	-0.66	-133.03							11.56	-4.11	-1337.43	10.04	-3.57	-1231.00	10.04	-3.57	-1231.00
-1	4.49		-990.26	1.09		-133.03							6.91		-1374.55	6.04		-1268.13	6.04		-1268.13

表 10-8-4

5 柱内力组合

层号	恒载 M	恒载 V	恒载 N	活载 M	活载 V	活载 N	地震作用→ M	地震作用→ V	地震作用→ N	地震作用← M	地震作用← V	地震作用← N	1.2恒+1.4活 M	1.2恒+1.4活 V	1.2恒+1.4活 N	1.2(恒+0.5活)+1.3地(→) M	(→) V	(→) N	1.2(恒+0.5活)+1.3地(←) M	(←) V	(←) N
9	-2.63	1.34	-110.55	-0.39	0.19	-18.63	-69.06	38.62	7.93	69.06	-38.62	-7.93	-3.70	1.88	-158.74	-93.17	51.94	-133.53	86.39	-48.48	-154.15
	-1.40		-131.18	-0.19		-18.63	-46.81		7.93	46.81		-7.93	-1.95		-183.50	-62.65		-158.29	59.06		-178.90
8	-0.92	0.70	-232.67	-0.11	0.09	-36.62	-64.86	39.31	14.75	64.86	-39.31	-14.75	-1.26	0.96	-330.47	-85.49	51.99	-282.00	83.15	-50.21	-320.35
	-1.17		-253.30	-0.15		-36.62	-53.07		14.75	53.07		-14.75	-1.61		-355.23	-70.48		-306.76	67.49		-345.11
7	-1.17	0.78	-355.02	-0.15	0.10	-54.62	-66.83	40.80	22.31	66.83	-40.80	-22.31	-1.61	1.08	-502.49	-88.37	54.03	-429.79	85.38	-52.04	-487.80
	-1.17		-375.65	-0.15		-54.62	-55.57		22.31	55.57		-22.31	-1.61		-527.25	-73.73		-454.55	70.74		-512.56
6	-1.17	0.78	-477.37	-0.15	0.10	-72.62	-63.03	42.02	31.15	63.03	-42.02	-31.15	-1.61	1.08	-674.51	-83.44	55.62	-575.92	80.45	-53.63	-656.91
	-1.17		-498.00	-0.15		-72.62	-63.03		31.15	63.03		-31.15	-1.61		-699.27	-83.44		-600.68	80.45		-681.67
5	-1.17	0.75	-599.72	-0.15	0.10	-90.62	-63.60	42.40	40.20	63.60	-42.40	-40.20	-1.61	1.04	-846.53	-84.17	56.08	-721.78	81.19	-54.16	-826.30
	-1.07		-620.35	-0.15		-90.62	-63.60		40.20	63.60		-40.20	-1.49		-871.29	-84.05		-746.53	81.31		-851.05
4	-1.28	0.98	-722.01	-0.15	0.10	-108.62	-62.11	41.41	49.32	62.11	-41.41	-49.32	-1.75	1.32	-1018.48	-82.37	55.06	-867.47	79.12	-52.59	-995.70
	-1.66		-742.64	-0.15		-108.62	-62.11		49.32	62.11		-49.32	-2.20		-1043.24	-82.83		-892.22	78.66		-1020.46
3	-1.59	0.87	-843.87	-0.16	0.09	-126.98	-75.18	38.55	57.74	75.18	-38.55	-57.74	-2.13	1.18	-1190.42	-99.74	51.23	-1013.77	95.73	-49.02	-1163.89
	-1.82		-870.68	-0.21		-126.98	-75.18		57.74	75.18		-57.74	-2.48		-1222.59	-100.05		-1045.94	95.43		-1196.07
2	-1.77	0.92	-989.98	-0.23	0.12	-151.31	-67.28	34.50	66.51	67.28	-34.50	-66.51	-2.45	1.27	-1399.81	-89.72	46.03	-1192.30	85.20	-43.68	-1365.23
	-1.82		-1016.79	-0.22		-151.31	-67.28		66.51	67.28		-66.51	-2.49		-1431.98	-89.78		-1224.47	85.14		-1397.40
1	-1.69	0.87	-1121.03	-0.22	0.13	-175.58	-24.91	19.35	73.27	24.91	-19.35	-73.27	-2.34	1.23	-1591.05	-34.54	26.28	-1355.33	30.22	-24.03	-1545.84
	-1.71		-1147.84	-0.28		-175.58	-50.57		73.27	50.57		-73.27	-2.44		-1623.22	-67.95		-1387.51	63.51		-1578.01
-1	-1.05	0.39	-1226.97	-0.19	0.07	-199.97							-1.53	0.56	-1752.32	-1.37	0.51	-1592.35	-1.37	0.51	-1592.35
	-0.70		-1257.91	-0.12		-199.97							-1.01		-1789.45	-0.91		-1629.47	-0.91		-1629.47

6 柱内力组合

表 10-8-5

层号	恒载			活载			地震作用 (→)			地震作用 (←)			1.2 恒 + 1.4 活			1.2（恒 + 0.5 活）+ 1.3 地（→）			1.2（恒 + 0.5 活）+ 1.3 地（←）		
	M	V	N	M	V	N	M	V	N	M	V	N	M	V	N	M	V	N	M	V	N
9	0	0	-106.99	0	0	-17.92	-69.06	38.62	0	69.06	-38.62	0	0	0	-153.48	-89.78	50.21	-139.14	89.78	-50.21	-139.14
			-127.62			-17.92	-46.81		0	46.81		0	0	0	-178.23	-60.85		-163.90	60.85		-163.90
8	0	0	-225.52	0	0	-35.96	-64.86	39.31	0	64.86	-39.31	0	0	0	-320.97	-84.32	51.10	-292.20	84.32	-51.10	-292.20
			-246.15			-35.96	-53.07		0	53.07		0	0	0	-345.72	-68.99		-316.96	68.99		-316.96
7	0	0	-343.95	0	0	-53.98	-66.83	40.80	0	66.83	-40.80	0	0	0	-488.31	-86.88	53.04	-445.13	86.88	-53.04	-445.13
			-364.58			-53.98	-55.57		0	55.57		0	0	0	-513.07	-72.24		-469.88	72.24		-469.88
6	0	0	-462.38	0	0	-72.00	-63.03	42.02	0	63.03	-42.02	0	0	0	-655.66	-81.94	54.63	-598.06	81.94	-54.63	-598.06
			-483.01			-72.00	-63.03		0	63.03		0	0	0	-680.41	-81.94		-622.81	81.94		-622.81
5	0	0	-580.81	0	0	-90.02	-63.60	42.40	0	63.60	-42.40	0	0	0	-823.00	-82.68	55.12	-750.98	82.68	-55.12	-750.98
			-601.44			-90.02	-63.60		0	63.60		0	0	0	-847.76	-82.68		-775.74	82.68		-775.74
4	0	0	-699.28	0	0	-108.04	-62.11	41.41	0	62.11	-41.41	0	0	0	-990.39	-80.74	53.83	-903.96	80.74	-53.83	-903.96
			-719.91			-108.04	-62.11		0	62.11		0	0	0	-1015.15	-80.74		-928.72	80.74		-928.72
3	0	0	-817.49	0	0	-126.06	-75.18	38.55	0	75.18	-38.55	0	0	0	-1157.47	-97.74	50.12	-1056.62	97.74	-50.12	-1056.62
			-844.30			-126.06	-75.18		0	75.18		0	0	0	-1189.64	-97.74		-1088.80	97.74		-1088.80
2	0	0	-941.18	0	0	-149.83	-67.28	34.50	0	67.28	-34.50	0	0	0	-1339.18	-87.46	44.85	-1219.31	87.46	-44.85	-1219.31
			-967.99			-149.83	-67.28		0	67.28		0	0	0	-1371.35	-87.46		-1251.49	87.46		-1251.49
1	0	0	-1066.85	0	0	-173.60	-24.91	19.35	0	24.91	-19.35	0	0	0	-1523.26	-32.38	25.16	-1384.38	32.38	-25.16	-1384.38
			-1093.66			-173.60	-50.57		0	50.57		0	0	0	-1555.43	-65.73		-1416.55	65.73		-1416.55
-1	0	0	-1169.72	0	0	-197.35							0	0	-1679.95	0.00	0.00	-1522.07	0.00	0.00	-1522.07
			-1200.66			-197.35							0	0	-1717.08	0.00		-1559.20	0.00		-1559.20

弯矩组合时，因柱间无荷载作用，轴力和剪力沿柱高线性变化，取各层柱上、下两端截面为控制截面。

第九节　剪力墙、连梁内力计算及组合

1. 剪力墙在竖向荷载作用下的内力计算

（1）墙所承担的上层墙自重 N_1

8 层 $N_1 = (8.2 + 1.35 \times 2) \times 0.25 \times 4.5 \times 25 \times 1.1 = 3.38 \times 10^2 \text{kN}$

3 ~ 7 层 $N_1 = (8.2 + 1.35 \times 2) \times 0.25 \times 3.0 \times 25 \times 1.1 = 2.25 \times 10^2 \text{kN}$

-1 ~ 2 层 $N_1 = (8.2 + 1.35 \times 2) \times 0.25 \times 3.9 \times 25 \times 1.1 = 2.92 \times 10^2 \text{kN}$

（2）楼板传来的均布荷载

走廊恒载：4.013kN/m²；走廊活载：2kN/m²；合计：6.013kN/m²

走廊荷载：恒 +0.5 活 =5.013kN/m²

楼梯间前室，休息平台：5.013kN/m²；屋面荷载：6.985kN/m²

南侧板（走廊）传来荷载（单向板）：

9 层：$6.985 \times 1.05 = 7.34 \text{kN/m}$

-1 ~ 8 层：$5.529 \times 1.05 = 5.81 \text{kN/m}$

北侧板，梯段板荷载传到平台梁上，不传到剪力墙上，仅平台板荷载传到剪力墙（双向板）：

前室板：$5.529 \times 5/8 \times 1.05 = 3.63 \text{kN/m}$

平台板上层段：

9 层：0

8 层：$\frac{5}{8} \times 5.529 \times 1.2/2 = 2.07 \text{kN/m}$

4 ~ 7 层：$\frac{5}{8} \times 5.529 \times 1.85/2 = 2.59 \text{kN/m}$

-1 ~ 3 层：$\frac{5}{8} \times 5.529 \times 1.2/2 = 2.07 \text{kN/m}$

平台板中间层段：$\frac{5}{8} \times 5.529 \times 1.2/2 = 2.07 \text{kN/m}$

（3）纵梁传来的集中荷载

南侧梁：$2.1 \times 0.25 \times 0.5 \times 1.1/2 = 0.15 \text{kN}$（忽略）

北侧梁：

前室梁上均布荷载：

墙传来：9 层：$1.978 \times 3.4 = 6.72 \text{kN/m}$

8 层：$1.978 \times 4.0 = 7.9 \text{kN/m}$

3 ~ 7 层：$1.978 \times 2.5 = 4.9 \text{kN/m}$

-1 ~ 3 层：$1.978 \times 3.4 = 6.72 \text{kN/m}$

前室传来：$5.529 \times \left[1 - 2\left(\frac{1.05}{2.8}\right)^2 + \left(\frac{1.05}{2.8}\right)^3\right] \times 1.05 = 4.48 \text{kN/m}$

平台板传来：9 层：0

8 层：$5.529 \times \left[1 - 2\left(\frac{0.6}{2.8}\right)^2 + \left(\frac{0.6}{2.8}\right)^3\right] \times 0.6 = 3.04 \text{kN/m}$

4 ~ 7 层：$5.529 \times \left[1 - 2\left(\frac{0.925}{2.8}\right)^2 + \left(\frac{0.925}{2.8}\right)^3\right] \times 0.925 = 4.18 \text{kN/m}$

-1 ~ 3 层：$5.529 \times \left[1 - 2\left(\frac{0.6}{2.8}\right)^2 + \left(\frac{0.6}{2.8}\right)^3\right] \times 0.6 = 3.04 \text{kN/m}$

合计：9 层：11.2kN/m

8 层：15.42kN/m

4 ~ 7 层：13.56kN/m

-1 ~ 3 层：14.24kN/m

上层平台梁：

平台板传来：9 层：0

8 层：$5.529 \times \left[1 - 2\left(\frac{0.6}{2.8}\right)^2 + \left(\frac{0.6}{2.8}\right)^3\right] \times 0.6 = 3.04 \text{kN/m}$

4 ~ 7 层：$5.529 \times \left[1 - 2\left(\frac{0.925}{2.8}\right)^2 + \left(\frac{0.925}{2.8}\right)^3\right] \times 0.925 = 4.18 \text{kN/m}$

-1 ~ 3 层：$5.529 \times \left[1 - 2\left(\frac{0.6}{2.8}\right)^2 + \left(\frac{0.6}{2.8}\right)^3\right] \times 0.6 = 3.04 \text{kN/m}$

楼梯传来：9 层：$4.75 \times 5.529 \times 1.2/4 = 7.88 \text{kN/m}$（传给前室梁）

8 层：$3.4 \times 5.529 \times 1.2/2 = 11.28 \text{kN/m}$

4 ~ 7 层：$2.7 \times 5.529 \times 1.2/2 = 8.96 \text{kN/m}$

-1 ~ 3 层：$3.4 \times 5.529 \times 1.2/2 = 11.28 \text{kN/m}$

合计：9 层：0

8 层：14.32kN/m

4 ~ 7 层：13.14kN/m

-1 ~ 3 层：14.32kN/m

中间层平台梁：

平台板传来：$5.529 \times \left[1 - 2\left(\frac{0.6}{2.8}\right)^2 + \left(\frac{0.6}{2.8}\right)^3\right] \times 0.6 = 3.04 \text{kN/m}$

楼梯传来：9 层：$4.75 \times 5.529 \times 1.2/4 + 3.4 \times 5.529 \times 1.2/4 = 13.52 \text{kN/m}$

8 层：$3.4 \times 5.529 \times 1.2/2 = 11.28 \text{kN/m}$

4~7 层：$2.7 \times 5.529 \times 1.2/2 = 8.96 \text{kN/m}$

-1~3 层：$3.4 \times 5.529 \times 1.2/2 = 11.28 \text{kN/m}$

合计：9 层：16.56kN/m

8 层：14.32kN/m

4~7 层：12kN/m

-1~3 层：14.32kN/m

由上可知，传到剪力墙上的集中荷载见表10-9-1。

传到剪力墙上的集中荷载   表 10-9-1

层号	前室梁	上层平台梁	中间层平台梁
9 层	26.71kN	0	23.18kN
8 层	21.58kN	20.05kN	20.05kN
4~7 层	18.98kN	18.4kN	16.8kN
-1~3 层	19.93kN	20.05kN	20.05kN

剪力墙在竖向荷载作用下的计算简图如图10-9-1所示。

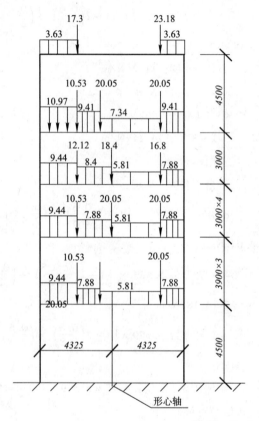 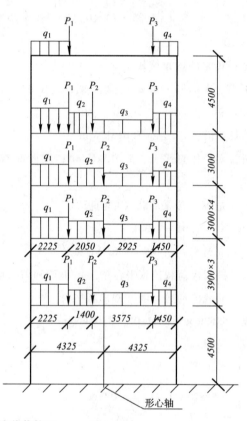

图 10-9-1　剪力墙荷载简图

竖向荷载作用下剪力墙弯矩计算结果如表10-9-2所示。

竖向荷载作用下剪力墙弯矩计算结果   表 10-9-2

层号	M_1	M_2	M_3	M_{q1}	M_{q2}	M_{q3}	M_{q4}	$\sum M$
9	-58.39	0.00	63.95	-26.92	0.00	0.00	18.34	-3.02
8	-47.17	-16.36	55.32	-80.61	-19.97	25.49	47.54	-35.76
4~7	-41.49	-3.06	43.59	-70.02	-14.01	22.03	39.81	-23.15
3	-43.57	-16.36	55.32	-70.02	-13.14	22.03	39.81	-25.93
1~3	-43.57	-16.36	55.32	-70.02	-16.72	20.18	39.81	-31.36

竖向荷载作用下剪力墙轴力计算结果如表10-9-3所示。

2. 剪力墙内力组合

剪力墙内力组合见表10-9-4所示。

竖向荷载作用下剪力墙轴力计算

表 10-9-3

层号	Q_{1L} (kN)	Q_{2L} (kN)	Q_{3L} (kN)	Q_{4L} (kN)	P_1 (kN)	P_2 (kN)	P_3 (kN)	N_w (kN)	P (kN)	$\sum P$ (kN)
9	8.08	0	0	5.26	26.71	0.00	23.18	0.00	63.23	63.23
8	24.41	13.17	26.24	13.64	21.58	20.05	20.05	338.00	477.14	540.37
7	21.01	17.22	17	11.43	18.98	18.40	15.80	225.00	344.84	885.21
6	21.01	17.22	17	11.43	18.98	20.05	20.05	225.00	350.74	1235.95
5	21.01	17.22	17	11.43	18.98	20.05	20.05	225.00	350.74	1586.69
4	21.01	17.22	17	11.43	18.98	20.05	20.05	225.00	350.74	1937.43
3	21.01	16.15	17	11.43	19.93	20.05	20.05	225.00	350.62	2288.05
2	21.01	11.03	20.77	11.43	19.93	20.05	20.05	292.00	416.27	2704.32
1	21.01	11.03	20.77	11.43	19.93	20.05	20.05	292.00	416.27	3120.59
-1	21.01	11.03	20.77	11.43	19.93	20.05	20.05	292.00	416.27	3536.86

剪力墙内力组合

表 10-9-4

层号	恒+0.5活		地震作用						内力组合					
	M (kN·m)	N (kN)	(→) M (kN·m)	V (kN)	N (kN)	(→) M (kN·m)	V (kN)	N (kN)	1.2(恒+0.5活)+1.3地(→) M (kN·m)	V (kN)	N (kN)	1.2(恒+0.5活)+1.3地(←) M (kN·m)	V (kN)	N (kN)
9	-3.02	-63.23	0.0	-364.6	-12.56	0.0	364.6	12.56	-3.62	-473.98	12.56	-3.62	473.98	-59.55
8	-38.78	-540.37	-1181.9	-73.1	-34.93	1181.9	73.1	34.93	-1582.98	-94.99	34.93	1489.91	94.99	-603.03
7	-74.54	-885.21	-1220.1	88.9	-54.42	1220.1	-88.9	54.42	-1675.64	115.63	54.42	1496.74	-115.63	-991.51
6	-110.30	-1235.95	-746.9	232.5	-74.48	746.9	-232.5	74.48	-1103.29	302.28	74.48	838.57	-302.28	-1386.31
5	-146.06	-1586.69	186.2	363.2	-94.73	-186.2	-363.2	94.73	66.85	472.17	94.73	-417.40	-472.17	-1780.87
4	-181.82	-1937.43	1546.3	486.1	-114.51	-1546.3	-486.1	114.51	1792.01	631.88	114.51	-2228.38	-631.88	-2176.06
3	-207.75	-2288.05	3317.9	596.9	-135.67	-3317.9	-596.9	135.67	4063.94	776.00	135.67	-4562.54	-776.00	-2569.28
2	-239.11	-2704.32	6240.5	753.5	-155.05	-6240.5	-753.5	155.05	7825.74	979.57	155.05	-8399.60	-979.57	-3043.62
1	-270.47	-3120.59	9908.7	923.4	-166.71	-9908.7	-923.4	166.71	12556.69	1200.44	166.71	-13205.82	1200.44	-3527.99
-1	-301.83	-3536.86	14420.0	1118.2	-166.71	-14420.0	-1118.2	166.71	18383.82	1453.67	166.71	-19108.21	-1453.67	-4027.51
底部	-301.83	-3536.86	14420.0	1118.2	-166.71	-14420.0	-1118.2	166.71	18383.82	1453.67	166.71	-19108.21	-1453.67	-4027.51

3. 连梁内力组合

为简化计算，忽略连梁自重，忽略相邻框架竖向荷载对连梁的影响。只计算水平地震作用下连梁内力并进行组合，见表 10-9-5。

连梁内力组合　　　　　　　　　　　　　　　　表 10-9-5

层号	地震作用（→）		地震作用（←）		内力组合（1.3地）		
	M (kN·m)	V (kN)	M (kN·m)	V (kN)	M_{max} (kN·m)	M_{min} (kN·m)	V_{max} (kN)
9	26.69	-12.56	-26.69	12.56	34.70	-34.70	16.33
8	47.54	-22.37	-47.54	22.37	61.80	-61.80	29.08
7	41.40	-19.48	-41.40	19.48	53.82	-53.82	25.33
6	-42.64	-20.07	-42.64	20.07	55.44	-55.44	26.09
5	43.03	-20.25	-43.03	20.25	55.94	-55.94	26.32
4	42.02	-19.77	-42.02	19.77	54.63	-54.63	25.71
3	44.98	-21.17	-44.98	21.17	58.47	-58.47	27.52
2	41.18	-19.38	-41.18	19.38	53.53	-53.53	25.19
1	24.77	-11.66	-24.77	11.66	32.20	-32.20	15.15

第十节　构件截面设计

1. 框架梁截面设计

混凝土强度 C30，$f_c = 14.3 \text{N/mm}^2$，$f_t = 1.43 \text{N/mm}^2$

C35，$f_c = 16.7 \text{N/mm}^2$，$f_t = 1.57 \text{N/mm}^2$

钢筋强度 HRB335，$f_y = 300 \text{N/mm}^2$

HRB400，$f_y = 360 \text{N/mm}^2$

（1）正截面受弯承载力计算

35 跨，梁截面尺寸为 $250\text{mm} \times 500\text{mm}$。

9 层：跨中截面 $M = 30.20 \text{kN·m}$

$$\alpha_s = \frac{M}{f_c b h_0^2} = \frac{30.20 \times 10^6}{16.7 \times 250 \times 465^2} = 0.0335$$

$$\xi = 1 - \sqrt{1 - 2 \times 0.0335} = 0.034$$

$$A_s = \frac{f_c b h_0 \xi}{f_y} = \frac{16.7 \times 250 \times 465 \times 0.034}{360} = 183.4 \text{mm}^2$$

$$\rho_{min} = \max\left(0.2\%, \ 0.45\frac{f_t}{f_y}\right) = 0.2\%$$

$$\therefore \rho_{min} bh = 0.2\% \times 250 \times 500 = 250 \text{mm}^2 > 183.4 \text{mm}^2$$

可按构造配筋，选 3 ⊈ 16（$A_s = 603 \text{mm}^2$）。

左支座 1 截面：$M = 81.08 \text{kN·m}$

$$\alpha_s = \frac{M}{f_c b h_0} = \frac{81.08 \times 10^6}{16.7 \times 250 \times 465^2} = 0.091$$

$$\xi = 1 - \sqrt{1 - 2 \times 0.091} = 0.096$$

$$A_s = \frac{f_c b h_0 \xi}{f_y} = \frac{16.7 \times 250 \times 465 \times 0.096}{360} = 517.7 \text{mm}^2$$

$$> \rho_{min} bh = 250 \text{mm}^2$$

选配 3 ⊈ 16（$A_s = 603 \text{mm}^2$）

右支座 2 截面：$M = 56.52 \text{kN·m}$

$$\alpha_s = \frac{M}{f_c b h_0^2} = \frac{56.52 \times 10^6}{16.7 \times 250 \times 465^2} = 0.065$$

$$\xi = 1 - \sqrt{1 - 2 \times 0.065} = 0.067$$

$$A_s = \frac{f_c b h_0 \xi}{f_y} = \frac{16.7 \times 250 \times 465 \times 0.067}{360} = 361.3 \text{mm}^2$$

$$> \rho_{min} bh = 250 \text{mm}^2$$

选配 2 ⊈ 16（$A_s = 402 \text{mm}^2$）。

35 跨 1~8 层以及 56 跨 1~9 层计算过程与 35 跨 9 层计算过程相同，具体计算结果见表 10-10-1 ~ 表 10-10-3。

框架梁 35 跨配筋计算　　　　　　　　　　　　表 10-10-1

						35 跨跨中				
层号	M (kN·m)	f_c (N/mm²)	b (mm)	h (mm)	h_0 (mm)	α_s	γ_s	A_s (mm²)	ρ	ρ_{min}
9	30.20	14.3	250	500	465	0.039	0.980	184.07	0.0015	0.0020
8	24.59	14.3	250	500	465	0.032	0.984	149.31	0.0012	0.0020
7	26.38	14.3	250	500	465	0.034	0.983	160.40	0.0013	0.0020
6	28.99	14.3	250	500	465	0.037	0.981	176.54	0.0014	0.0020

续表

35 跨跨中

层号	M（kN·m）	f_c（N/mm²）	b（mm）	h（mm）	h_0（mm）	α_s	γ_s	A_s（mm²）	ρ	ρ_{min}
5	29.44	14.3	250	500	465	0.038	0.981	179.38	0.0014	0.0020
4	29.47	14.3	250	500	465	0.038	0.981	179.55	0.0014	0.0020
3	26.43	16.7	250	500	465	0.029	0.985	160.26	0.0013	0.0020
2	30.15	16.7	250	500	465	0.033	0.983	183.21	0.0015	0.0020
1	25.74	16.7	250	500	465	0.029	0.986	156.00	0.0012	0.0020
−1	19.84	16.7	250	500	465	0.022	0.989	119.86	0.0010	0.0020

35 跨左截面 1

层号	M（kN·m）	f_c（N/mm²）	b（mm）	h（mm）	h_0（mm）	α_s	γ_s	A_s（mm²）	ρ	ρ_{min}
9	81.08	14.3	250	500	465	0.105	0.194	512.81	0.0041	0.0020
8	100.96	14.3	250	500	465	0.131	0.930	648.70	0.0052	0.0020
7	107.52	14.3	250	500	465	0.139	0.925	694.50	0.0056	0.0020
6	112.09	14.3	250	500	465	0.145	0.921	726.80	0.0058	0.0020
5	116.92	14.3	250	500	465	0.151	0.918	761.19	0.0061	0.0020
4	116.86	14.3	250	500	465	0.151	0.918	760.77	0.0061	0.0020
3	121.50	16.7	250	500	465	0.135	0.927	782.62	0.0063	0.0020
2	124.92	16.7	250	500	465	0.138	0.925	806.58	0.0065	0.0020
1	91.34	16.7	250	500	465	0.101	0.947	576.45	0.0046	0.0020
−1	24.22	16.7	250	500	465	0.027	0.986	146.68	0.0012	0.0020

35 跨右截面 2

层号	M（kN·m）	f_c（N/mm²）	b（mm）	h（mm）	h_0（mm）	α_s	γ_s	A_s（mm²）	ρ	ρ_{min}
9	56.52	14.3	250	500	465	0.073	0.962	350.97	0.0028	0.0020
8	74.47	14.3	250	500	465	0.096	0.949	468.66	0.0037	0.0020
7	78.62	14.3	250	500	465	0.102	0.946	496.35	0.0040	0.0020
6	77.99	14.3	250	500	465	0.101	0.947	492.12	0.0039	0.0020
5	81.91	14.3	250	500	465	0.106	0.944	518.39	0.0041	0.0020
4	81.43	14.3	250	500	465	0.105	0.944	515.16	0.0041	0.0020
3	89.34	16.7	250	500	465	0.099	0.948	563.08	0.0045	0.0020
2	93.04	16.7	250	500	465	0.103	0.945	587.82	0.0047	0.0020
1	68.57	16.7	250	500	465	0.076	0.960	426.50	0.0034	0.0020
−1	34.58	16.7	250	500	465	0.038	0.980	210.70	0.0017	0.0020

框架梁 56 跨配筋计算　　　　　表 10−10−2

56 跨跨中

层号	M(kN·m)	f_c(N/mm²)	b(mm)	h(mm)	h_0(mm)	α_s	γ_s	A_s(mm²)	ρ	ρ_{min}
9	18.81	14.3	250	500	465	0.024	0.988	113.77	0.0009	0.0020
8	17.67	14.3	250	500	465	0.023	0.988	106.80	0.0009	0.0020
7	17.61	14.3	250	500	465	0.023	0.988	106.43	0.0009	0.0020
6	17.61	14.3	250	500	465	0.023	0.988	106.43	0.0009	0.0020
5	17.61	14.3	250	500	465	0.023	0.988	106.43	0.0009	0.0020
4	17.63	14.3	250	500	465	0.023	0.988	106.52	0.0009	0.0020
3	14.95	16.7	250	500	465	0.017	0.992	90.04	0.0007	0.0020
2	19.56	16.7	250	500	465	0.022	0.989	118.14	0.0009	0.0020
1	19.56	16.7	250	500	465	0.022	0.989	118.15	0.0009	0.0020
−1	19.56	16.7	250	500	465	0.022	0.989	118.13	0.0009	0.0020

56 跨左截面1									
层号	M(kN·m)	f_c(N/mm²)	b(mm)	h(mm)	h_0(mm)	α_s	γ_s	A_s(mm²)	ρ	ρ_{min}
9	54.40	14.3	250	500	465	0.070	0.963	337.30	0.0027	0.0020
8	72.49	14.3	250	500	465	0.094	0.951	455.51	0.0036	0.0020
7	76.63	14.3	250	500	465	0.099	0.948	483.03	0.0039	0.0020
6	76.00	14.3	250	500	465	0.098	0.948	478.81	0.0038	0.0020
5	79.91	14.3	250	500	465	0.103	0.945	505.00	0.0040	0.0020
4	79.42	14.3	250	500	465	0.103	0.946	501.66	0.0040	0.0020
3	86.79	16.7	250	500	465	0.096	0.949	546.12	0.0044	0.0020
2	89.89	16.7	250	500	465	0.100	0.947	566.75	0.0045	0.0020
1	65.40	16.7	250	500	465	0.072	0.962	405.98	0.0032	0.0020
-1	31.03	16.7	250	500	465	0.034	0.983	188.68	0.0015	0.0020

56 跨右截面2									
层号	M(kN·m)	f_c(N/mm²)	b(mm)	h(mm)	h_0(mm)	α_s	γ_s	A_s(mm²)	ρ	ρ_{min}
9	52.68	14.3	250	500	465	0.068	0.965	336.25	0.0026	0.0020
8	72.49	14.3	250	500	465	0.093	0.951	453.06	0.0036	0.0020
7	76.06	14.3	250	500	465	0.098	0.948	479.25	0.0038	0.0020
6	75.43	14.3	250	500	465	0.098	0.949	475.04	0.0038	0.0020
5	79.91	14.3	250	500	465	0.103	0.946	501.19	0.0040	0.0020
4	78.92	14.3	250	500	465	0.102	0.946	498.35	0.0040	0.0020
3	85.86	16.7	250	500	465	0.095	0.950	539.96	0.0043	0.0020
2	88.72	16.7	250	500	465	0.098	0.948	558.97	0.0045	0.0020
1	64.20	16.7	250	500	465	0.071	0.963	398.22	0.0042	0.0020
-1	29.37	16.7	250	500	465	0.033	0.983	178.40	0.0014	0.0020

框架梁正截面实际配筋 表 10-10-3

		35 跨			56 跨		
		支座截面1	支座截面2	跨中截面	支座截面1	支座截面2	跨中截面
		负弯矩	负弯矩	正弯矩	负弯矩	负弯矩	正弯矩
		上部	上部	下部	下部	上部	下部
实配筋	9	3 ⌀ 16	2 ⌀ 16	3 ⌀ 16	2 ⌀ 16	2 ⌀ 16	3 ⌀ 16
	8	4 ⌀ 16	3 ⌀ 16	3 ⌀ 16	3 ⌀ 16	3 ⌀ 16	3 ⌀ 16
	4~7	4 ⌀ 16	2 ⌀ 16 + 1 ⌀ 18	3 ⌀ 16	2 ⌀ 16 + 1 ⌀ 18	2 ⌀ 16 + 1 ⌀ 18	3 ⌀ 16
	1~3	2 ⌀ 16 + 2 ⌀ 18	2 ⌀ 16 + 1 ⌀ 18	3 ⌀ 16	2 ⌀ 16 + 1 ⌀ 18	2 ⌀ 16 + 1 ⌀ 18	3 ⌀ 16
	-1	2 ⌀ 16 + 1 ⌀ 14	2 ⌀ 16	2 ⌀ 16	2 ⌀ 16	2 ⌀ 16	2 ⌀ 16

(2)斜截面抗剪承载力计算

根据规范，本工程框架抗震等级为三级，梁段箍筋加密区剪力设计值由强剪弱弯要求计算。

$$V_b = \eta_{vb} \times \frac{M_b^l + M_b^r}{l_0} + V_{Gb} \quad (\eta_{vb} = 1.1)$$

3~5 跨

9 层：按强剪弱弯 $V_b = 1.1 \times \dfrac{81.08 + 56.52}{4.2} +$

32.13 = 65.48kN

按内力组合 $V_b = 59.71$kN，取 $V_b = 65.48$kN

剪压比 $\dfrac{V_b}{\beta_c f_c h_{b0} b_h} = \dfrac{65.48 \times 10^3}{1.0 \times 14.3 \times 250 \times 465} = 0.04 <$

0.2 满足要求

$$\frac{A_{sv}}{s} = \frac{V_b - 0.42 f_t b_b h_{b0}}{f_{yv} h_{b0}} =$$

$$\frac{65.48 \times 10^3 - 0.42 \times 1.43 \times 250 \times 465}{300 \times 465} < 0$$

取双肢箍⌀8，$A_{sv} = 101$mm²

由构造要求 s 取($\dfrac{h_b}{4}$, 8d, 150)中较小值，取 $s = 100$mm

取 2 ⌀ 8@100。

加密区长度取 800mm（约为 $1.5h_b$）

非加密区 $2 \oplus 8 @ 200$mm，$\rho_{sv} = \dfrac{A_{sv}}{bs} = \dfrac{101}{250 \times 150} =$

$0.002 > 0.26 \dfrac{f_t}{f_y} = 0.001$

4 ~ 8 层：$V_b = 1.1 \times \dfrac{116.92 + 81.91}{4.2} + 34.81 =$

83.98kN

按内力组合 $V_b = 80.71$kN，取 $V_b = 83.98$kN

剪压比 $\dfrac{V_b}{\beta_c f_c h_{b0} b_h} = \dfrac{83.98 \times 10^3}{1.0 \times 14.3 \times 250 \times 465} = 0.0505 <$

0.2，满足要求

$\dfrac{A_{sv}}{s} = \dfrac{V_b - 0.42 f_t b_h h_{b0}}{f_{yv} h_{b0}} =$

$\dfrac{83.98 \times 10^3 - 0.42 \times 1.43 \times 250 \times 465}{300 \times 465} = 0.081$

取双肢箍 $\oplus 8$，$A_{sv} = 101$mm^2。

s 取 $\left(\dfrac{h_b}{4}, 8d, 150 \right)$ 中之较小值，取 $s = 100$mm。

$\dfrac{A_{sv}}{s} = \dfrac{101}{100} = 1.01 > 0.081$，取 $2 \oplus 8 @ 100$。

加密区长度取 800mm（约为 $1.5h_b$）。

非加密区 $2 \oplus 8 @ 200$mm，$\rho_{sv} = \dfrac{A_{sv}}{bs} = \dfrac{101}{250 \times 150} =$

$0.002 > 0.26 \dfrac{f_t}{f_y} = 0.001$

$-1 \sim 3$ 层：$V_b = 1.1 \times \dfrac{93.04 + 124.92}{4.2} + 39.87 =$

96.95kN

按内力组合 $V_b = 86.76$kN，取 $V_b = 96.95$kN。

剪压比 $\dfrac{V_b}{\beta_c f_c h_{b0} b_h} = \dfrac{96.95 \times 10^3}{1.0 \times 16.7 \times 250 \times 465} = 0.05 <$

0.2，满足要求。

$\dfrac{A_{sv}}{s} = \dfrac{V_b - 0.42 f_t b_h h_{b0}}{f_{yv} h_{b0}} =$

$\dfrac{96.95 \times 10^3 - 0.42 \times 1.53 \times 250 \times 465}{300 \times 465} = 0.088$

取双肢箍 $\phi 8$，$A_{sv} = 101$mm^2。

s 取 $\left(\dfrac{h_b}{4}, 8d, 150 \right)$ 中之较小值，取 $s = 100$mm。

$\dfrac{A_{sv}}{s} = \dfrac{101}{100} = 1.01 > 0.088$，取 $2 \oplus 8 @ 100$。

加密区长度取 800mm（约为 $1.5h_b$）。

非加密区 $2 \oplus 8 @ 200$mm，$\rho_{sv} = \dfrac{A_{sv}}{bs} = \dfrac{101}{250 \times 150} =$

$0.002 > 0.26 \dfrac{f_t}{f_y} = 0.001$，满足要求。

5 ~ 6 跨

4 ~ 9 层：$V_b = 1.1 \times \dfrac{79.91 + 79.35}{4.2} + 31.56 = 73.27$kN

按内力组合 $V_b = 65.51$kN，取 $V_b = 73.27$kN。

剪压比 $\dfrac{V_b}{\beta_c f_c h_{b0} b_h} = \dfrac{73.27 \times 10^3}{1.0 \times 14.3 \times 250 \times 465} = 0.044 <$

0.2，满足要求。

$\dfrac{A_{sv}}{s} = \dfrac{V_b - 0.42 f_t b_h h_{b0}}{f_{yv} h_{b0}} =$

$\dfrac{73.27 \times 10^3 - 0.42 \times 1.43 \times 250 \times 465}{300 \times 465} = 0.009$

取双肢箍 $\oplus 8$，$A_{sv} = 101$mm^2

s 取 $\left(\dfrac{h_b}{4}, 8d, 150 \right)$ 中之较小值，取 $s = 100$mm。

$\dfrac{A_{sv}}{s} = \dfrac{101}{100} = 1.01 > 0.013$，取 $2 \oplus 8 @ 100$。

加密区长度取 800mm（约为 $1.5h_b$）。

非加密区 $2 \oplus 8 @ 200$mm，$\rho_{sv} = \dfrac{A_{sv}}{bs} = \dfrac{101}{250 \times 150} =$

$0.002 > 0.26 \dfrac{f_t}{f_y} = 0.001$

$-1 \sim 3$ 层：$V_b = 1.1 \times \dfrac{89.69 + 88.72}{4.2} + 35.02 =$

81.75kN

按内力组合 $V_b = 73.2$kN，取 $V_b = 81.75$kN。

剪压比 $\dfrac{V_b}{\beta_c f_c h_{b0} b_h} = \dfrac{81.75 \times 10^3}{1.0 \times 16.7 \times 250 \times 465} = 0.042 <$

0.2，满足要求。

$\dfrac{A_{sv}}{s} = \dfrac{V_b - 0.42 f_t b_h h_{b0}}{f_{yv} h_{b0}} =$

$\dfrac{81.75 \times 10^3 - 0.42 \times 1.43 \times 250 \times 465}{300 \times 465} \approx 0$

取双肢箍 $\oplus 8$，$A_{sv} = 101$mm^2。

s 取 $\left(\dfrac{h_b}{4}, 8d, 150 \right)$ 中之较小值，取 $s = 100$mm，取 $2 \oplus 8 @ 100$。

加密区长度取 800mm（约为 $1.5h_b$）。

非加密区 $2 \oplus 8 @ 200$mm，$\rho_{sv} = \dfrac{A_{sv}}{bs} = \dfrac{101}{250 \times 150} =$

$0.002 > 0.26 \dfrac{f_t}{f_y} = 0.001$。

表 $10 - 10 - 4$ 为配箍汇总表。

配箍汇总表　　表 10 - 10 - 4

35 跨		56 跨	
加密区	非加密区	加密区	非加密区
2 ⏦ 8@100mm	2 ⏦ 8@200mm	2 ⏦ 8@100mm	2 ⏦ 8@200mm

2. 框架柱截面设计

（1）柱截面尺寸

首先验算轴压比，取底层轴力最大设计值 $N_c = 1789.5kN$ 进行验算。

$$u_N = \frac{N_c}{f_c A_c} = \frac{1789.5 \times 10^3}{16.7 \times 500 \times 500} = 0.43 < [0.90]，满足$$

要求。

取四层轴力最大设计值 $N_c = 1043.24kN$ 进行验算。

$$u_N = \frac{N_c}{f_c A_c} = \frac{1043.24 \times 10^3}{14.3 \times 500 \times 500} = 0.292 < [0.90]，满足$$

要求。

则柱的轴压比满足规范要求。

其次进行截面尺寸复核，$V_{max} = 56.08kN$。

$$\frac{1}{\gamma_{RE}}(0.2f_c b_c h_{c0}) = \frac{1}{0.8} \times (0.2 \times 16.7 \times 500 \times 465) = $$

$970.7kN > V_{max}$

满足要求。

（2）柱计算长度

底层柱：$l_0 = 1.0H = 4.5m$

其他层：$l_0 = 1.25H$

（3）柱截面设计

正截面设计：通常，柱同一截面分别承受正反向弯矩，所以对柱纵向钢筋采用对称配筋。

③轴柱：计算界限轴力值 N_b（角柱）

-1~3 层：$N_b = \alpha f_c b \xi_b h_0 = 16.7 \times 500 \times 0.518 \times 465 = 2011.26kN$

4~9 层：$N_b = \alpha f_c b \xi_b h_0 = 14.3 \times 500 \times 0.518 \times 465 = 1722.22kN$

检查框架内力组合中的各轴力值（乘以 $\gamma_{RE} = 0.75$ 后），均小于 N_b，所以柱均按大偏压构件考虑，从第 9 层往下算。

9 层：不考虑强柱弱梁

取内力组合：$M_c = 116.14kN \cdot m，N = 127.68kN$

偏心距：$e_0 = \frac{M_c}{N_c} = \frac{118.92}{127.68} = 0.931$

附加偏心距取 20mm 和 $\frac{h_c}{30} = \frac{500}{30} = 16.67mm$ 两者中

较大值。取 $e_a = 0.02$，则有

$$e_i = e_0 + e_a = 0.931 + 0.02 = 0.951$$

$$\xi_1 = \frac{0.5f_c A}{N} = \frac{0.5 \times 14.3 \times 500 \times 500}{127.68} > 1，取 \xi_1 = $$

$1.0。$

长细比 $\frac{l_0}{h_c} = \frac{3.75}{0.5} = 7.5 < 15$，取 $\xi_2 = 1$。

$$\eta = 1 + \frac{1}{1400\frac{e_i}{h_0}}\left(\frac{l_0}{h}\right)^2 = 1.02，e' = \eta e_i - \frac{h_c}{2} + a = $$

$0.97 - 0.25 + 0.035 = 0.755m$

矩形截面按大偏心受压构件设计：

$$x = \frac{N}{\alpha f_c b} = \frac{127.68 \times 0.75 \times 10^3}{14.3 \times 250} = 26.79mm < 2a' = $$

$70mm$，取 $x = 70mm$

$$A_s' = A_s = \frac{Ne'}{f_y'(h_0 - a')} = \frac{127.68 \times 0.755}{360 \times 430} = 622.7mm^2$$

取内力组合：$M_c = 60.27kN \cdot m，N = 64.29kN$

偏心距：$e_0 = \frac{M_c}{N} = \frac{60.27}{64.29} = 0.937m$

则有 $e_i = e_0 + e_a = 0.937 + 0.02 = 0.957m$

$$\eta = 1 + \frac{1}{1400\frac{e_i}{h_0}}\left(\frac{l_0}{h}\right)^2 = 1.02$$

$$e' = \eta e_i - \frac{h_c}{2} + a = 0.97 - 0.25 + 0.035 = 0.761m$$

矩形截面按大偏心受压构件设计：

$$x = \frac{N}{\alpha f_c b} = \frac{69.24 \times 0.75 \times 10^3}{14.3 \times 250} = 14.53mm < 2a' = $$

$70mm$，取 $x = 70mm$

$$A_s' = A_s = \frac{Ne'}{f_y'(h_0 - a')} = \frac{69.24 \times 0.761}{360 \times 430} = 340.39mm^2$$

角柱的最小配筋率为 0.7%，则有

$$A_{smin} = A_{s'min} = 0.9\% \times 500 \times 500/2 = 1125mm^2 > A_s，$$

选用 2 ⏦ 20 + 2 ⏦ 18，$A_s = 1137mm^2$。

4~8 层柱的弯矩设计值变化均不大，而轴力增大，但均未超过界限轴力值，属大偏压情况。大偏压构件，轴力越小越不利，因此 4~8 层柱均可按构造配筋。

3 层：按强柱弱梁考虑。

$$\sum M_c = \eta_c M_b = 1.1 \times 162 = 178.2 kN \cdot m$$

$$M_c = \frac{61.10}{61.10 + 38.16} \times 178.2 = 109.7kN \cdot m$$

3 层柱弯矩内力组合值 94.85kN·m，取 $M_c = 109.7kN \cdot m$，按大偏压考虑取 $N = 508.12kN \cdot m$。

偏心距：$e_0 = \dfrac{M_c}{N} = \dfrac{109.7}{508.12} = 0.216\text{m}$

附加偏心距取 20mm 和 $\dfrac{h_c}{30} = \dfrac{500}{30} = 16.67\text{mm}$ 两者中较大值，取 $e_a = 0.02\text{m}$，则有

$e_i = e_0 + e_a = 0.216 + 0.02 = 0.236\text{m}$

$\xi_1 = \dfrac{0.5 f_c A}{N} = \dfrac{0.5 \times 16.7 \times 500 \times 500}{508.12} > 1$，取 $\xi_1 = 1.0$。

长细比 $\dfrac{l_0}{h_c} = \dfrac{4.875}{0.5} = 9.75 < 15$，取 $\xi_2 = 1.0$。

$\eta = 1 + \dfrac{1}{1400 \dfrac{e_i}{h_0}} \left(\dfrac{l_0}{h}\right)^2 = 1.134$

$e = \eta e_i + \dfrac{h_c}{2} - a = 0.268 + 0.25 - 0.035 = 0.483\text{m}$

矩形截面按大偏心受压构件设计：

$x = \dfrac{N}{\alpha f_c b} = \dfrac{508.12 \times 0.75 \times 10^3}{16.7 \times 250} = 91.28\text{mm} > 2a' = 70\text{mm}$

$A_s' = A_s = \dfrac{Ne - \alpha f_c bx (h_0 - 0.5x)}{f_y' (h_0 - a')} =$

$\dfrac{508.12 \times 0.483 - 16.7 \times 250 \times 91.28 \times (465 - 0.5 \times 91.28)}{360 \times 430}$

$= 553.01\text{mm}^2$

柱的最小配筋率为 0.9%，则有：

$A_{smin} = A_{s'min} = 0.9\% \times 500 \times 500/2 = 1125\text{mm}^2 > A_s$

选用 $2\Phi20 + 2\Phi18$，$A_s = 1137\text{mm}^2$。

-1 层~2 层按构造配筋。

⑤轴柱：计算界限轴力值 N_b

$-1 \sim 3$ 层：$N_b = \alpha f_c b \xi_b h_0 = 16.7 \times 500 \times 0.518 \times 465 = 2011.26\text{kN}$

$4 \sim 9$ 层：$N_b = \alpha f_c b \xi_b h_0 = 14.3 \times 500 \times 0.518 \times 465 = 1722.22\text{kN}$

检查框架内力组合中的各轴力值，均小于 N_b，所以柱均按大偏压构件考虑，从 9 层往下算。

9 层：不考虑强柱弱梁

按内力组合取：$M_c = 93.17\text{kN·m}$，$N = 133.53\text{kN}$

偏心距：$e_0 = \dfrac{M_c}{N} = \dfrac{93.17}{133.53} = 0.698\text{m}$

附加偏心距取 20mm 和 $\dfrac{h_c}{30} = \dfrac{500}{30} = 16.67\text{mm}$ 两者中较大值。取 $e_a = 0.02\text{m}$，则有

$e_i = e_0 + e_a = 0.698 + 0.02 = 0.718\text{m}$

$\xi_1 = \dfrac{0.5 f_c A}{N} = \dfrac{0.5 \times 14.3 \times 500 \times 500}{133.53} > 1$，取 $\xi_1 = 1.0$。

长细比 $\dfrac{l_0}{h_c} = \dfrac{3.75}{0.5} = 7.5 < 15$，取 $\xi_2 = 1.0$。

$\eta = 1 + \dfrac{1}{1400 \dfrac{e_i}{h_0}} \left(\dfrac{l_0}{h}\right)^2 = 1.02$

$e' = \eta e_i - \dfrac{h_c}{2} + a = 0.8 - 0.25 + 0.035 = 0.517\text{m}$

矩形截面按大偏心受压构件设计：

$x = \dfrac{N}{\alpha f_c b} = \dfrac{133.53 \times 0.75 \times 10^3}{14.3 \times 250} = 28.02\text{mm} < 2a' = 70\text{mm}$，取 $x = 70\text{mm}$

$A_s' = A_s = \dfrac{Ne'}{f_y' (h_0 - a')} = \dfrac{133.53 \times 0.517}{360 \times 430} = 446\text{mm}^2$

边柱的最小配筋率为 0.7%，则有：

$A_{smin} = A_{s'min} = 0.7\% \times 500 \times 500/2 = 875\text{mm}^2 > A_s$

可按构造配筋，选用 $2\Phi18 + 2\Phi16$，$A_s = 911\text{mm}^2$。

3 层：按强柱弱梁考虑

$\sum M_c = \eta_c M_b = 1.1 \times (119.41 + 62.76) = 200.39\text{kN·m}$

$M_c = \dfrac{83.15}{83.15 + 59.06} \times 200.39 = 117.17\text{kN·m}$

大于 3 层柱弯矩内力组合值 99.74kN·m，所以取 $M_c = 117.17\text{kN·m}$，按大偏压 $N = 1013.77\text{kN}$。

偏心距：$e_0 = \dfrac{M_c}{N} = \dfrac{117.17}{1013.77} = 0.116\text{m}$

附加偏心距取 20mm 和 $\dfrac{h_c}{30} = \dfrac{500}{30} = 16.67\text{mm}$ 两者中较大值，取 $e_a = 0.02\text{m}$，则有

$e_i = e_0 + e_a = 0.116 + 0.02 = 0.136\text{m}$

$\xi_1 = \dfrac{0.5 f_c A}{N} = \dfrac{0.5 \times 16.7 \times 500 \times 500}{1013.77 \times 10^3} > 1$，取 $\xi_1 = 1.0$。

长细比 $\dfrac{l_0}{h_c} = \dfrac{4.875}{0.5} = 9.75 < 15$，取 $\xi_2 = 1.0$。

$\eta = 1 + \dfrac{1}{1400 \dfrac{e_i}{h_0}} \left(\dfrac{l_0}{h}\right)^2 = 1.14$

$e = \eta e_i + \dfrac{h_c}{2} - a = 0.115 + 0.25 - 0.035 = 0.33\text{m}$

矩形截面按大偏心受压构件设计：

$x = \dfrac{N}{\alpha f_c b} = \dfrac{1013.77 \times 0.75 \times 10^3}{16.7 \times 250} = 182.1\text{mm} > 2a' = 70\text{mm}$

$A_s' = A_s = \dfrac{Ne - \alpha f_c bx (h_0 - 0.5x)}{f_y' (h_0 - a')} =$

$$\frac{1013.77 \times 0.33 \times 10^6 - 16.7 \times 250 \times 182.1 \times (465 - 0.5 \times 182.1)}{360 \times 430}$$

$= 324.56 \text{mm}^2$

边柱的最小配筋率为 0.7% ，则有：

$A_{smin} = A'_{smin} = 0.7\% \times 500 \times 500/2 = 875 \text{mm}^2 > A_s$

选用 2 ⌀ 18 + 2 ⌀ 16，$A_s = 911 \text{mm}^2$。

−1 ～ 2 层均可按 3 层同样配筋。

⑥轴柱：计算界限轴力值 N_b。

−1 ～ 3 层：$N_b = \alpha f_c b \xi_b h_0 = 16.7 \times 500 \times 0.518 \times 465 = 2011.26 \text{kN}$

4 ～ 9 层：$N_b = \alpha f_c b \xi_b h_0 = 14.3 \times 500 \times 0.518 \times 465 = 1722.22 \text{kN}$

检查框架内力组合中的各轴力值，均小于 N_b，柱均按大偏压构件考虑，从 9 层往下算。

9 层：不考虑强柱弱梁。

按内力组合取 $M_c = 89.78 \text{kN} \cdot \text{m}$，$N = 139.14 \text{kN}$

偏心距：$e_0 = \frac{M_c}{N} = \frac{89.78}{139.14} = 0.645 \text{m}$

附加偏心距取 20mm 和 $\frac{h_c}{30} = \frac{500}{30} = 16.67 \text{mm}$ 两者中较大值，取 $e_a = 0.02 \text{m}$，则有

$e_i = e_0 + e_a = 0.645 + 0.02 = 0.665 \text{m}$

$\xi_1 = \frac{0.5 f_c A}{N} = \frac{0.5 \times 14.3 \times 500 \times 500}{139.14} > 1$，取 $\xi_1 = 1.0$。

长细比 $\frac{l_0}{h_c} = \frac{3.75}{0.5} = 7.5 < 15$，取 $\xi_2 = 1.0$。

$\eta = 1 + \frac{1}{1400 \frac{e_i}{h_0}} \left(\frac{l_0}{h}\right)^2 = 1.03$

$e' = \eta e_i - \frac{h_c}{2} + a = 0.685 - 0.25 + 0.035 = 0.47 \text{m}$

矩形截面按大偏心受压构件设计：

$x = \frac{N}{\alpha f_c b} = \frac{139.14 \times 0.75 \times 10^3}{14.3 \times 250} = 29.19 \text{mm} < 2a' = 70 \text{mm}$

取 $x = 70 \text{mm}$，$A_s' = A_s = \frac{Ne'}{f_y'(h_0 - a)} =$

$\frac{139.14 \times 0.47}{360 \times 430} = 422.5 \text{mm}^2$

柱的最小配筋率为 0.7% ，则有：

$A_{smin} = A_{s'min} = 0.7\% \times 500 \times 500/2 = 875 \text{mm}^2 > A_s$

可按构造配筋，选用 2 ⌀ 18 + 2 ⌀ 16，$A_s = 911 \text{mm}^2$。

4 ～ 8 层柱弯矩变化不大，轴力变大，对大偏压有利，柱可按 9 层同样配筋。

3 层：按强柱弱梁考虑：

$\sum M_c = \eta_c M_b = 1.1 \times (114.48 + 64) = 196.33 \text{kN} \cdot \text{m}$

$M_c = \frac{97.74}{97.74 + 80.74} \times 196.33 = 107.52 \text{kN} \cdot \text{m}$

偏心距 $e_0 = \frac{M_c}{N} = \frac{107.52}{1052.62} = 0.102 \text{m}$

附加偏心距取 20mm 和 $\frac{h_c}{30} = \frac{500}{30} = 16.67 \text{mm}$ 两者中较大值，取 $e_a = 0.02 \text{m}$，则有

$e_i = e_0 + e_a = 0.102 + 0.02 = 0.122 \text{m}$

$\xi_1 = \frac{0.5 f_c A}{N} = \frac{0.5 \times 16.7 \times 500 \times 500}{1052.62 \times 10^3} > 1$，取 $\xi_1 = 1.0$。

长细比 $\frac{l_0}{h_c} = \frac{4.875}{0.5} = 9.75 < 15$，取 $\xi_2 = 1.0$。

$\eta = 1 + \frac{1}{1400 \frac{e_i}{h_0}} \left(\frac{l_0}{h}\right)^2 = 1.26$

$e = \eta e_i + \frac{h_c}{2} - a = 0.154 + 0.25 - 0.035 = 0.369 \text{m}$

矩形截面按大偏心受压构件设计：

$x = \frac{N}{\alpha f_c b} = \frac{1052.62 \times 0.75 \times 10^3}{16.7 \times 250} = 189.1 \text{mm} > 2a' = 70 \text{mm}$

$A_s' = A_s = \frac{Ne - \alpha f_c b x (h_0 - 0.5x)}{f_y'(h_0 - a')} =$

$\frac{1052.62 \times 0.369 - 16.7 \times 250 \times 189.1 \times (465 - 0.5 \times 189.1)}{360 \times 430}$

$= 830.6 \text{mm}^2$

柱的最小配筋率为 0.7% ，则有：

$A_{smin} = A_{s'min} = 0.7\% \times 500 \times 500/2 = 875 \text{mm}^2 > A_s$

选用 2 ⌀ 16 + 2 ⌀ 18，$A_s = 911 \text{mm}^2$。

−1 ～ 2 层均可按 3 层同样配筋。

斜截面设计：

⑨轴柱：

1 层：为保证强剪弱弯，柱设计剪力取

$V_c = \eta_{vc} \frac{(M_c^t + M_c^b)}{H_{c0}} = 1.1 \times \frac{75.00 + 74.48}{3.9 - 0.7} = 51.38 \times 10^3 \text{N}$

剪压比验算：$\frac{V_c}{f_c b_c h_{c0}} = \frac{\gamma_{RE} \times 51.38 \times 10^3}{16.7 \times 500 \times 465} = 0.01 < 0.2$

满足要求。

又 $N = 1547.81 \text{kN} > N_c = 0.3 f_c b h_{c0} = 0.3 \times 16.7 \times 500 \times 465 = 1164.83 \text{kN}$，取 $N = 1164.83 \text{kN}$。

$\lambda = \frac{H_{c0}}{2h_c} = \frac{3900 - 700}{2 \times 500} = 3.2 > 3$ 取 $\lambda = 3$。

$\frac{A_{sv}}{s} = \frac{1}{f_{yv} h_{c0}} \left[\gamma_{RE} V_c - \left(\frac{1.05}{\lambda + 1} f_c b_c h_{c0} + 0.056 N\right)\right] =$

$$\frac{1}{300 \times 465} \times [0.8 \times 51.38 \times 10^3 - (1.05/4 \times 16.7 \times 500 \times 465 + 0.056 \times 1164.83 \times 10^3)] < 0$$

按体积配筋率配筋。

柱端箍筋加密区最小含箍特征值 $\lambda_v = 0.06$，则

$$\rho_v = \lambda_v \frac{f_c}{f_{yv}} = 0.06 \times \frac{16.7}{300} = 0.334\%$$

$$s = \frac{A_{sv} l_{sv}}{l_1 l_2 \rho_v} = \frac{8 \times 78.5 \times 450}{450 \times 450 \times 0.477\%} = 208\text{mm}$$

取双肢箍 2 Φ 10@100。

9 层：

$$V_c = \eta_{vc} \frac{(M_c^t + M_c^b)}{H_{c0}} = 1.1 \times \frac{116.14 + 50.96}{3.0 - 0.7} = 79.92 \times 10^3 \text{N}$$

剪压比验算：$\dfrac{V_c}{f_c b_c h_{c0}} = \dfrac{0.8 \times 79.92 \times 10^3}{14.3 \times 500 \times 465} = 0.019 <$ 0.2，满足要求。

又 $N = 152.44\text{kN} > N_c = 0.3 f_c b h_{c0} = 0.3 \times 14.3 \times 500 \times 465 = 997.43\text{kN}$，取 $N = 152.44\text{kN}$。

$$\lambda = \frac{H_{c0}}{2h_c} = \frac{3000 - 700}{2 \times 500} = 2.3 < 3,\ \text{取}\ \lambda = 2.3。$$

$$\frac{A_{sv}}{s} = \frac{1}{f_{yv} h_{c0}} \left[\gamma_{RE} V_c - \left(\frac{1.05}{\lambda + 1} f_c b_c h_{c0} + 0.056N \right) \right] =$$

$$\frac{1}{300 \times 465} \times [0.8 \times 79.92 \times 10^3 - (1.05/3.3 \times 14.3 \times 500 \times 465 + 0.056 \times 152.44 \times 10^3)] < 0$$

按体积配筋率配筋。

柱端箍筋加密区最小含箍特征值 $\lambda_v = 0.06$，则

$$\rho_v = \lambda_v \frac{f_c}{f_{yv}} = 0.06 \times \frac{14.3}{300} = 0.286\%$$

$$s = \frac{A_{sv} l_{sv}}{l_1 l_2 \rho_v} = \frac{4 \times 78.5 \times 450}{450 \times 450 \times 0.286\%} = 244\text{mm}$$

取双肢箍 2 Φ 10@100。

⑦轴柱

1 层：为保证强剪弱弯，柱设计剪力取：

$$V_c = \eta_{vc} \frac{(M_c^t + M_c^b)}{H_{c0}} = 1.1 \times \frac{34.54 + 67.95}{3.9 - 0.7} = 35.23 \times 10^3 \text{N}$$

剪压比验算：$\dfrac{V_c}{f_c b_c h_{c0}} = \dfrac{0.8 \times 35.23 \times 10^3}{16.7 \times 500 \times 465} = 0.007 <$ 0.2，满足要求。

又 $N = 1545.84\text{kN} > N_c = 0.3 f_c b h_{c0} = 0.3 \times 16.7 \times 500 \times 465 = 1164.83\text{kN}$，取 $N = 1164.83\text{kN}$。

$$\lambda = \frac{H_{c0}}{2h_c} = \frac{3900 - 700}{2 \times 500} = 3.2 > 3\ \text{取}\ \lambda = 3,\ \text{则}$$

$$\frac{A_{sv}}{s} = \frac{1}{f_{yv} h_{c0}} \left[\gamma_{RE} V_c - \left(\frac{1.05}{\lambda + 1} f_c b_c h_{c0} + 0.056N \right) \right]$$

$$= \frac{1}{300 \times 465} \times [0.8 \times 35.23 \times 10^3 - (1.05/4 \times 16.7 \times 500 \times 465 + 0.056 \times 1164.83 \times 10^3)] < 0$$

按体积配筋率配筋，取双肢箍 2 Φ 10@100。

9 层：

$$V_c = \eta_{vc} \frac{(M_c^t + M_c^b)}{H_{c0}} = 1.1 \times \frac{93.17 + 62.65}{3.0 - 0.7} = 74.52 \times 10^3 \text{N}$$

剪压比验算：$\dfrac{V_c}{f_c b_c h_{c0}} = \dfrac{0.8 \times 74.52 \times 10^3}{14.3 \times 500 \times 465} = 0.018 <$ 0.2，满足要求。

又 $N = 152.44\text{kN} < N_c = 0.3 f_c b h_{c0} = 0.3 \times 14.3 \times 500 \times 465 = 997.43\text{kN}$，取 $N = 178.9\text{kN}$。

$$\lambda = \frac{H_{c0}}{2h_c} = \frac{3000 - 700}{2 \times 500} = 2.3 < 3\ \text{取}\ \lambda = 2.3$$

$$\frac{A_{sv}}{s} = \frac{1}{f_{yv} h_{c0}} \left[\gamma_{RE} V_c - \left(\frac{1.05}{\lambda + 1} f_c b_c h_{c0} + 0.056N \right) \right] =$$

$$\frac{1}{300 \times 465} \times [0.8 \times 74.52 \times 10^3 - (1.05/3.3 \times 14.3 \times 500 \times 465 + 0.056 \times 178.9 \times 10^3)] < 0$$

按体积配筋率配筋，取双肢箍 2 Φ 10@100。

⑥轴柱

1 层：为保证强剪弱弯，柱设计剪力取：

$$V_c = \eta_{vc} \frac{(M_c^t + M_c^b)}{H_{c0}} = 1.1 \times \frac{32.38 + 65.73}{3.9 - 0.7} = 33.73 \times 10^3 \text{N}$$

剪压比验算：$\dfrac{V_c}{f_c b_c h_{c0}} = \dfrac{0.8 \times 33.73 \times 10^3}{16.7 \times 500 \times 465} = 0.007 <$ 0.2，满足要求。

又 $N = 1416.55\text{kN} > N_c = 0.3 f_c b h_{c0} = 0.3 \times 16.7 \times 500 \times 465 = 1164.83\text{kN}$，取 $N = 1164.83\text{kN}$。

$$\lambda = \frac{H_{c0}}{2h_c} = \frac{3900 - 700}{2 \times 500} = 3.2 > 3\ \text{取}\ \lambda = 3,\ \text{则}$$

$$\frac{A_{sv}}{s} = \frac{1}{f_{yv} h_{c0}} \left[\gamma_{RE} V_c - \left(\frac{1.05}{\lambda + 1} f_c b_c h_{c0} + 0.056N \right) \right] =$$

$$\frac{1}{300 \times 465} \times [0.8 \times 33.73 \times 10^3 - (1.05/4 \times 16.7 \times 500 \times 465 + 0.056 \times 1164.83 \times 10^3)] < 0$$

按体积配筋率配筋，取双肢箍 2 Φ 10@100。

9 层：

$$V_c = \eta_{vc} \frac{(M_c^t + M_c^b)}{H_{c0}} = 1.1 \times \frac{89.78 + 60.85}{3.0 - 0.7} = 72.04 \times 10^3 \text{N}$$

剪压比验算：$\dfrac{V_c}{f_c b_c h_{c0}} = \dfrac{0.8 \times 72.04 \times 10^3}{14.3 \times 500 \times 465} = 0.017 <$ 0.2，满足要求。

又 $N = 163.9 \text{kN} > N_c = 0.3 f_c b h_{c0} = 0.3 \times 14.3 \times 500 \times 465 = 997.43 \text{kN}$，取 $N = 163.9 \text{kN}$。

$$\lambda = \frac{H_{c0}}{2 h_c} = \frac{3000 - 700}{2 \times 500} = 2.3 < 3 \text{ 取 } \lambda = 2.3，$$

$$\frac{A_{sv}}{s} = \frac{1}{f_{yv} h_{c0}} \left[\gamma_{RE} V_c - \left(\frac{1.05}{\lambda + 1} f_c b_c h_{c0} + 0.056 N \right) \right] =$$

$$\frac{1}{300 \times 465} \times \left[0.8 \times 72.04 \times 10^3 - (1.05/3.3 \times 14.3 \times 500 \times 465 + 0.056 \times 163.9 \times 10^3) \right] < 0$$

按体积配筋率配筋，取双肢箍 2 Φ 10@100。

表 10 - 10 - 5 为柱配筋汇总表。

柱配筋汇总   表 10 - 10 - 5

柱	3 轴		5 轴		6 轴	
正截面	2 Φ 20 + 2 Φ 18		2 Φ 18 + 2 Φ 16		2 Φ 18 + 2 Φ 16	
斜截面	加密区	非加密区	加密区	非加密区	加密区	非加密区
	2 Φ 10@100	Φ 10@200	2 Φ 10@100	Φ 10@200	2 Φ 10@100	Φ 10@200

3. 剪力墙截面设计

根据规范，本工程剪力墙抗震等级为二级。剪力墙截面详细尺寸和材料如下所示。

C35 级混凝土 $f_c = 16.7 \text{N/mm}^2$，$f_t = 1.57 \text{N/mm}^2$

$h_w = 8650 \text{mm}$，$b_w = 250 \text{mm}$，$a_s = a_s' = 300 \text{mm}$

$h_{w0} = 8650 - 300 = 8350 \text{mm}$

分布筋用 HRB335 $f_{yw} = 300 \text{N/mm}^2$

端部纵筋用 HRB400 $f_{yw} = 360 \text{N/mm}^2$，$f_{ywk} = 385 \text{N/mm}^2$

箍筋采用 HRB335 $f_{yw} = 300 \text{N/mm}^2$

内力组合值：① $M_w = 12556.7 \text{kN} \cdot \text{m}$，$N_w = 3961.43 \text{kN}$，$V_w = 1200.44 \text{kN}$

② $M_w = 13205.8 \text{kN} \cdot \text{m}$，$N_w = 3528 \text{kN}$，$V_w = 1200.44 \text{kN}$

轴压比：$u_w = \frac{N}{b_w h_w f_c} = \frac{3961.43 \times 10^3}{250 \times 8650 \times 16.7} = 0.11 < 0.6$，满足要求。

（1）墙肢竖向钢筋

加强部位取底部一层，由分布筋的构造要求，取双层网片配筋 Φ 10@250。

则 $\rho_{sw} = \frac{78.5 \times 2}{250 \times 250} = 0.251\% > 0.25\%$，符合要求。

则竖向分布筋总面积为：

$A_{sw} = b_w h_{w0} \rho_{sw} = 250 \times 8350 \times 0.251\% = 5239.6 \text{mm}^2$

假定墙肢为大偏压，对称配筋 $A_s = A_s'$，$\sigma_s = f_y$。

选用弯矩最大的一组，即：

$M_w = 13205.8 \text{kN} \cdot \text{m}$，$N_w = 3528 \text{kN}$，$V_w = 1200.44 \text{kN}$

$$x = \frac{\gamma_{RE} N + f_{yw} A_{sw}}{\alpha_1 f_c b_w + \frac{1.5 f_{yw} A_{sw}}{h_{w0}}} =$$

$$\frac{0.85 \times 3528 \times 10^3 + 300 \times 5239.6}{16.7 \times 250 + 1.5 \times 210 \times 5239.6/8350} = 937.4 \text{mm}$$

$\xi = \frac{937.4}{8350} = 0.112 < \xi_b = 0.518$，按大偏压计算。

分布钢筋抵抗弯矩为：

$$M_{sw} = \frac{A_{sw} f_{yw}}{2} h_{w0} (1 - \xi) \left(1 + \frac{N}{A_{sw} f_{yw}} \right) = \frac{5239.6 \times 210}{2} \times$$

$8350 \times (1 - 0.112) \left(1 + \frac{3528 \times 10^3}{5239.6 \times 210} \right) = 17159 \text{kN} \cdot \text{m}$

端部筋 $A_s = A_s' = \frac{\gamma_{RE} M - M_{sw}}{f_y (h_{w0} - a')} < 0$

按构造配筋，底部一层为加强部位，按约束边缘构件的配筋，$A_s = A_s' = 0.008 \times 250 \times 850 = 1700 \text{mm}^2$，选配 4 Φ 20 + 4 Φ 16，$A_s = 2060 \text{mm}^2$。

箍筋按体积配箍率要求配置。

端部箍筋加密区按约束边缘构件最小含箍特征值，取 $\lambda_v = 0.2$，则

$\rho_v = \lambda_v f_c / f_{yv} = 0.2 \times 16.7/300 = 1.113\%$

剪墙约束边缘长度：$l_c = 0.15 \times 8.65 = 1.2 \text{m}$

$s = \frac{A_{sv} l_{sv}}{l_1 l_2 \rho_v} = \frac{78.5 \times 4 \times 700}{200 \times 500 \times 0.01113} = 197.5 \text{mm}$，按构造要求选配复式箍 4 Φ 10@100。

（2）墙肢水平钢筋

由强剪弱弯要求，二级抗震时墙肢剪力为：

$V = n_w V_w = 1.4 \times 1200.44 = 1680.62 \text{kN}$

剪跨比为：$\lambda = \frac{M}{V h_{w0}} = \frac{13205.8}{1680.62 \times 8.35} = 0.94 < 1.5$，取 $\lambda = 1.5$。

抗剪水平分布筋取双排的 Φ 12@200

$N = 3528 \text{kN} < 0.2 f_c b_w h_{w0} = 0.2 \times 16.7 \times 250 \times 8350 = 6972.2 \text{kN}$，取 $N = 3528 \text{kN}$。

$$\frac{1}{\gamma_{RE}} \left[\frac{1}{\lambda - 0.5} \left(0.4 f_t b_w h_{w0} + 0.1 N \frac{A_w}{A} \right) + 0.8 f_{yh} \frac{A_{sh}}{s} h_{w0} \right]$$

$$= \frac{1}{0.85} \times \left[0.4 \times 1.53 \times 250 \times 8350 + 0.1 \times 3528 \times 10^3 + 0.8 \times 210 \times \frac{2 \times 131}{200} \times 8350 \right] = 4080 \text{kN} > V = 1680.62 \text{kN}$$

满足要求。

校核截面尺寸：

$\dfrac{1}{\gamma_{RE}}(0.15\beta_c f_c b_w h_{w0}) = \dfrac{1}{0.85} \times (0.15 \times 1.0 \times 16.7 \times$

$250 \times 8350) = 6151.98kN > V_w = 1680.62kN$，满足要求。

4. 连梁截面设计

本工程连梁截面尺寸为：$b_b = 250mm$，$h_b = 500mm$，

$h_{b0} = 460mm$，$l_n = 4000mm$。

（1）1~3层

正截面抗弯设计，取 $M_b = 58.47kN \cdot m$

$A_s = \dfrac{\gamma_{RE} M_b}{f_y(h_{b0} - a')} = \dfrac{0.75 \times 58.47 \times 10^6}{360 \times (460 - 40)} = 290mm^2$

选用 3 Φ 16（$A_s = 603mm^2$）。

斜截面抗剪设计：

根据强剪弱弯要求，因为 V_{Gb} 很小，忽略不计。

$V_b = \eta_{vb}\dfrac{M_b^l + M_b^r}{l_n} + V_{Gb} = 1.2 \times \dfrac{2 \times 58.47}{4.0} = 35.08kN$

$\dfrac{l_n}{h_b} = \dfrac{4000}{500} = 8 > 2.5$

$\dfrac{\gamma_{RE} V_b}{f_c b_b h_{b0}} = \dfrac{0.75 \times 35.08 \times 10^3}{16.7 \times 250 \times 460} = 0.014 < 0.2$

满足要求。

箍筋 $\dfrac{A_{sv}}{s} = \dfrac{V_b - 0.42f_t b_b h_{bo}}{f_{yv} h_{b0}} =$

$\dfrac{35.08 \times 10^3 - 0.42 \times 1.53 \times 250 \times 460}{300 \times 460} < 0$

取双肢 2 Φ 8，$A_{sv} = 101mm^2$。

按构造 s 取 $min(h_b/4, 8d, 100) = 100mm$，取 2 Φ 8@100。

$V_b < \dfrac{1}{r_{RE}}\left(0.45f_t b_b h_0 + f_{yv}\dfrac{A_{sv}}{s}h_{b0}\right) = \dfrac{1}{0.85} \times$

$\left(0.45 \times 1.53 \times 250 \times 460 + 300 \times \dfrac{101}{100} \times 460\right) = 257.13kN$

满足要求。

（2）4~9层

正截面抗弯设计：取 $M_b = 61.8kN \cdot m$，则

$A_s = \dfrac{\gamma_{RE} M_b}{f_y(h_{b0} - a')} = \dfrac{0.75 \times 61.8 \times 10^6}{360 \times (460 - 40)} = 306.5mm^2$

选用 3 Φ 16（$A_s = 603mm^2$）。

斜截面抗剪设计：

根据强剪弱弯要求，因为 V_{Gb} 很小，忽略不计。

$V_b = \eta_{vb}\dfrac{M_b^l + M_b^r}{l_n} + V_{Gb} = 1.2 \times \dfrac{2 \times 61.8}{4.0} = 37.08kN$

$\dfrac{l_n}{h_b} = \dfrac{4000}{500} = 8 > 2.5$

$\therefore \dfrac{\gamma_{RE} V_b}{f_c b_b h_{b0}} = \dfrac{0.75 \times 37.08 \times 10^3}{16.7 \times 250 \times 460} = 0.014 < 0.2$，满足要求。

箍筋 $\dfrac{A_{sv}}{s} = \dfrac{V_b - 0.42f_t b_b h_{bo}}{f_{yv} h_{b0}} =$

$\dfrac{37.08 \times 10^3 - 0.42 \times 1.53 \times 250 \times 460}{300 \times 460} < 0$

取双肢 2 Φ 8，$A_{sv} = 101mm^2$。

按构造 s 取 $min(h_b/4, 8d, 100) = 100mm$，取 2 Φ 8@100。

$V_b < \dfrac{1}{\gamma_{RE}}\left(0.45f_t b_b h_0 + f_{yv}\dfrac{A_{sv}}{s}h_{b0}\right) = \dfrac{1}{0.85} \times (0.45 \times 1.53 \times$

$250 \times 460 + 300 \times \dfrac{101}{100} \times 460) = 257.13kN$，满足要求。

第十一节 基础设计

1. 框架柱桩基设计

采用人工挖孔扩底灌注桩，C35 混凝土，取桩身直径 1000mm，桩端直径 2000mm，承台埋深 4.5m，承台高 1m，全风化软质岩作为持力层，则桩长取 $L = 2.7 + 5.3 = 8m$，如图 10-11-1 所示。

（1）单桩竖向承载力标准值

桩的极限侧阻力标准值：粉细砂：$q_{sk} = 48kPa$

粉质黏土：$q_{sk} = 53kPa$

全风化软质岩：$q_{sk} = 80kPa$

桩的极限端阻力标准值：全风化风化岩：$q_{pk} = 1800kPa$

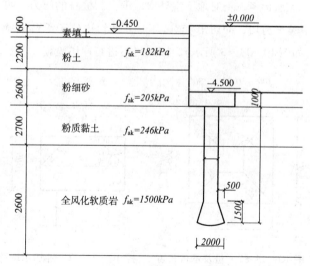

图 10-11-1 框架柱底基础图

$Q_{uk} = Q_{sk} + Q_{pk} = \mu \sum \psi_{si} q_{sik} l_i + \psi_p q_{pk} A_p$

$= 3.14 \times 1.0 \times (0.8/1)^{1/3} \times [2.7 \times 48 +$

$(5.3 - 1.5) \times 80] + (0.8/2)^{1/3} \times 1800 \times 3.14 \times$

$1.0^2 = 5428kN$

（2）单桩竖向承载力特征值

$$R_a = \frac{1}{2}Q_{uk} = 2714\text{kN}$$

（3）布桩

选择所计算的框架进行桩基设计，柱均为 500mm × 500mm，确定各桩均为一柱一桩形式，桩柱之间为承台连接。布置图如图 10-11-2 所示。

（4）单桩承载力验算

3 轴柱（边柱）下：$F_K = 1123.29\text{kN}$

$G_K = 25 \times 1.6^2 \times 1.0 = 64\text{kN}$

$$N_K = \frac{F_K + G_K}{n} = \frac{64 + 1123.29}{1} = 1187.29\text{kN} < R_a，满足$$

要求。

5 轴柱（中柱）下：$F = 1457.88\text{kN}$

$G_K = 25 \times 1.6^2 \times 1.0 = 64\text{kN}$

$$N_K = \frac{F_K + G_K}{n} = \frac{64 + 1457.88}{1} = 1521.88\text{kN} < R_a，满足$$

要求。

6 轴柱（中柱）下：$F = 1398.01\text{kN}$

$G_K = 25 \times 1.6^2 \times 1.0 = 64\text{kN}$

$$N_K = \frac{F_K + G_K}{n} = \frac{64 + 1398.01}{1} = 1462.01\text{kN} < R_a，满足要求。$$

（5）桩承台设计

混凝土 C35，$f_t = 1.53\text{N/mm}^2$，$f_c = 16.7\text{N/mm}^2$

承台考虑土对地下室外壁，承台，桩身的压力，可不验算剪切，冲切角 45° 破坏时，冲切边位于承台侧壁（如图 10-11-3 所示），因此可不进行冲切验算。

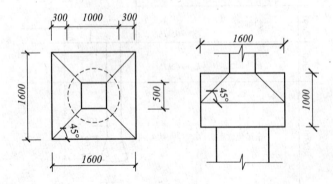

图 10-11-2　桩及承台布置　　图 10-11-3　冲切示意图

承台配筋按照构造要求，配 $\Phi 12@200$ 的钢筋笼。桩进入承台的深度为 100mm，桩与承台之间钢筋锚固长度为 $35d = 560\text{mm}$。

（6）单桩桩身设计

三根柱中取桩顶轴力最大的 5 轴柱，则

$$N = 1866.25 < \psi_c f_c A = 0.9 \times 16.7 \times 3.14 \times 500^2 = 11798.6\text{kN}$$

均可按最小配筋率 ρ_{min} 进行桩身配筋：

$$A_s = 0.3\% \times 3.14 \times 500^2 = 2355\text{mm}^2$$

选配 14 Φ 16（$A_s = 2851.4\text{mm}^2$），箍筋按构造采用 $\phi 8@200$，加密区长度为 $5d = 5\text{m}$，箍筋为 $\phi 8@100$。

2. 剪力墙桩基设计

采用人工挖孔扩底灌注桩，C35 混凝土，取桩身直径 900mm，桩端直径 1800mm，承台埋深 4.5m，承台高 1m，全风化软质岩作为持力层，则桩长取 $L = 2.7 + 7.3 = 10\text{m}$，剖面如图 10-11-4 所示。

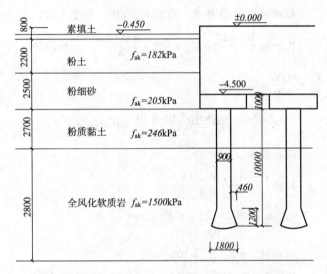

图 10-11-4　剪力墙基础

（1）单桩竖向承载力标准值

$$Q_{uk} = Q_{sk} + Q_{pk} = \mu \sum \psi_{si} q_{sik} l_i + \psi_p q_{pk} A_p = 3.14 \times 0.9 \times (0.8/0.9)^{1/3} \times [2.7 \times 48 + (7.3 - 1.5) \times 80] + (0.8/1.8)^{1/3} \times 1800 \times 3.14 \times 0.9^2 = 5106.69\text{kN}$$

（2）单桩竖向承载力特征值

$$R_a = \frac{1}{2}Q_{uk} = 2553.3\text{kN}$$

（3）布桩

选择所计算的剪力墙进行桩基设计，剪力墙截面为 8650mm × 250mm，布置如图 10-11-5 所示。

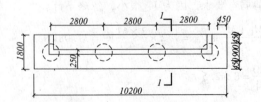

图 10-11-5　剪力墙桩及承台布置

（4）单桩承载力验算

取桩顶荷载效应标准组合：

$M = 14721.83 \text{kN} \cdot \text{m}$，$V = 1118.2 \text{kN}$，$N = 3370.15 \text{kN}$

$G_K = 25 \times 1.8 \times 10.2 \times 1.0 = 459 \text{kN}$，$M_K = 14721.83 + 1118.2 \times 1.0 = 15840 \text{kN}$

$$N_K = \frac{F_K + G_K}{n} = \frac{3370.15 + 459}{4} = 957.29 \text{kN} < R = 2251.5 \text{kN}$$

满足要求。

$$N_{Kmin}^{Kmax} = \frac{F_K + G_K}{n} \pm \frac{M_K x_{max}}{\sum x_i^2}$$

$$= \frac{3370.15 + 459}{4} \pm \frac{15840 \times 4.2}{(4.2^2 + 1.4^2) \times 2}$$

$$= \begin{cases} 2654.43 \text{kN} < 1.2R = 3063.96 \text{kN} \\ -739.85 \text{kN} < 0 \end{cases}$$

满足要求。

N_{Kmin} 按抗拔桩进行验算。

①群桩呈非整体破坏

$T_{uK} = \sum \lambda_i q_{sik} u_i l_i = 0.8 \times 3.14 \times 1.8 \times 80 \times 3.6 + 0.8 \times 3.14 \times 0.9 \times 80 \times 1.7 + 0.7 \times 3.14 \times 0.9 \times 48 \times 2.7$

$\qquad = 1866.06 \text{kN}$

$G_P = 25 \times 3.14 \times 0.9^2 \times 3.6 + 20 \times 3.14 \times 0.9^2 \times 6.4 = 554.46 \text{kN}$

抗拔承载力：

$$\frac{T_{uK}}{2} + G_P = 1866.06/2 + 554.46 = 1487.49 \text{kN} > N_K = 739.85 \text{kN}$$

满足要求。

②群桩呈整体破坏

$T_{gK} = \frac{1}{n} u_1 \sum \lambda_i q_{sik} l_i = 1/4 \times 0.9 \times 9.3 \times (0.8 \times 80 \times$

$7.3 + 0.7 \times 48 \times 2.7) = 1167.45 \text{ kN}$

$G_{GP} = 1/4 \times 20 \times 0.9 \times 9.3 \times 10 = 418.5 \text{kN}$

抗拔承载力：

$$\frac{T_{gK}}{2} + G_{gP} = 1167.45/2 + 418.5 = 1002.23 \text{kN} > N_K = 739.85 \text{kN}$$

满足要求。

单桩承载力满足要求。

（5）桩承台设计

混凝土 C35，$f_t = 1.53 \text{N/mm}^2$，$f_c = 16.7 \text{N/mm}^2$。承台考虑土对地下室外壁，承台，桩身的压力，可不验算剪切，冲切角45°破坏时，冲切边位于承台侧壁（如图10-11-3所示），因此可不进行冲切验算。

承台配筋按照构造要求，配 $\phi 12 @ 280$ 的钢筋笼。

桩进入承台的深度为100mm，桩与承台之间钢筋锚固长度为 $35d = 560 \text{mm}$。

（6）单桩桩身设计

$$N_{Kmax} = \frac{F_K + G_K}{n} + \frac{M_K x_{max}}{\sum x_i^2} = \frac{4027.51 + 459 \times 1.2}{4} + \frac{19108.21 \times 4.2}{(4.2^2 + 1.4^2) \times 2} = 3191.9 \text{kN} < \psi_c f_c A = 0.9 \times 16.7 \times 3.14 \times 500^2 = 11798.6 \text{kN}$$

可按最小配筋率 ρ_{min} 进行桩身配筋：

$$A_s = 0.3\% \times 3.14 \times 500^2 = 2355 \text{mm}^2$$

选配 $12\phi 16$（$A_s = 2413.2 \text{mm}^2$），箍筋按构造采用 $\phi 8 @ 200$，加密区长度为 $5d = 4.5 \text{m}$，取 $\phi 8 @ 100$。

3. 地下室底板

因设有地下室，取400厚底板，故可不设连梁。桩承受绝大部分荷载，板可按构造采取双层双向配筋 $\Phi 18 @ 200$。

第十一章 电气与智能化设计

第一节 概 述

一、设计范围

(1) 变配电系统

(2) 应急电源系统

(3) 电气照明系统

(4) 防雷接地系统

(5) 火灾自动报警与消防联动系统

(6) 安全防范系统

(7) 综合布线系统

(8) 有线电视系统

(9) 公共广播系统

(10) 建筑设备监控系统

二、初步设计方案

1. 变配电系统

(1) 负荷等级：

本工程一级负荷为消防中心与消防设备、经营管理和设备管理用电子计算机系统电源。

二级负荷为安全防范监控系统、客梯、应急照明与生活水泵供电。

三级负荷为工作照明、空调及其他负荷。

(2) 负荷估算：本工程建筑总面积约8600m²，负荷按照每平方米80～100W估计，计算负荷估计为800kW，拟设变压器总装机容量为1000kVA。

(3) 电源：本工程由市政电网引两路10kV电源供电，互为备用。每路10kV电源均能承担全部一二级负荷。另设置容量为50kW的EPS电源作为第三电源。

(4) 低压配电采用放射式和树干式相结合的方式，对于单台容量较大的负荷或重要负荷，如：水泵房、锅炉房、电梯机房、消防机房、消防动力等设备采用放射式；对于一般负荷采用树干式与放射式相结合的供电方式。

(5) 本工程的消防动力设备、应急照明、计算机网络系统设备、变配电所所用电、电梯等采用双电源供电，并在末端互投。

(6) 本工程地下一层设变配电所，内设两台500kVA变压器，总容量1000kVA。

2. 应急电源系统

本工程两路10kV电源互为备用，另设50kVA的EPS电源作为第三应急电源。

3. 电气照明系统

一般场所用T5直管荧光灯或紧凑型荧光灯；大空间场所和室外空间采用金属卤化物灯；客房照明选用紧凑型荧光灯光源。部分走廊应急照明作为平时正常照明的一部分使用。

本工程重要负荷采用单根电缆供电，敷设在强电竖井内；一般负荷（如正常照明）采用插接式母线供电，每层设置母线引出箱，引出电缆至各层照明配电箱。在每套客房设配电箱，考虑单相进线。客房采用节能插卡取电开关。

消防控制室、变配电所、水泵房、电梯机房、排烟机房、重要机房等处的备用照明的照度按正常值的100%考虑；门厅、走道应急照明照度按正常值30%考虑；客房内入口处筒灯考虑为应急照明；其他场所按10%考虑。疏散楼梯间及其前室、疏散通道、消防电梯间及其前室、合用前室、多功能厅、餐厅等场所设置疏散照明。疏散指示灯和出口标志照明灯具应急照明持续时间不少于45min。

4. 防雷接地系统

(1) 按年预计雷击次数确定建筑物防雷等级，为防直击雷在屋顶设避雷带，所有突出屋面的金属体和构筑物应与避雷带电气连接。防直击雷的引下线利用建筑物钢筋混凝土中的钢筋或钢结构柱。

（2）为防止雷电波的侵入，进入建筑物的各种线路及金属管道采用全线埋地引入，并在入户处将电缆的金属外皮、钢导管及其他金属管道与接地网连接。

（3）为预防雷电电磁脉冲引起的过电流和过电压，在下列部位装设电涌保护器（SPD）：

① 在变压器低压侧装 SPD。

② 在向重要的计算机、建筑设备监控系统、电话交换设备、UPS 电源、火灾报警装置、电梯的集中控制装置等重要设备供电的末端配电箱装设 SPD。

③ 由室外引入或由室内引至室外的电力线缆、信号线路、控制线路、信息线路等在其入口处的配电箱、控制箱、前端箱等引入处装设信号 SPD。

（4）本工程采用共用接地装置，以建筑物、构筑物的金属体、构造钢筋和基础钢筋作为接地体，其接地电阻不大于 1Ω。

（5）本工程低压配电系统接地形式采用 TN－S 制，PE 线与 N 线严格分开。

（6）建筑物做总等电位连接，在变配电所内安装一个总等电位连接端子箱，将所有进出建筑物的金属管道、金属构件、接地干线等与总等电位端子箱有效连接。

（7）在所有弱电机房、电梯机房、浴室等处做局部等电位连接。

5. 火灾自动报警与联动控制系统

由于本工程以酒店客房为主，工作时间楼内人数较多，所以对于大楼的火灾自动报警及联动控制系统要求较高。本工程的火灾报警系统采用集中报警系统；地上各房间、走廊均采用烟感探测器，地下停车场采用温感探测器；消防控制室设于一层；同时设置手动报警按钮、消防广播、联动控制设备等。

6. 安全防范系统设计

本工程安全防范系统主要包含视频安全监控、入侵报警与门禁控制等系统。由于大楼的用途是酒店，人员流动频繁，所以对出入口进行视频监控；同时设置入侵报警系统，增加安全性，对重点房间重点布置。对酒店客房设置门禁系统。

7. 综合布线系统

本工程室内信息传输主要为电话和网络。建筑内房间房间较多，楼层信息点较密集，而且分布均匀。根据这样的特点可以设计 2 层共用一个楼层配线架 FD。水平子系统采用六类 4 对非屏蔽双绞线；垂直干线子系统中，语音干线采用大对数线缆，数据主干线采用多模光纤。

8. 有线电视系统

系统前端设备放置在前端机房，在本工程中，有线电视前端机房与地下一层的综合布线设备间合用。系统前端设在大楼机房内，电视信号来源主要是有线电视网络。在客房、大堂、小餐厅、客房、公共区域等预留点位。本系统信号传输主干线采用 HYWV－75－9 同轴电缆线将信号传递到各楼层，采用 HYWY－75－5 同轴电缆线引至终端插座，用户终端信号保持 $70dB\mu V$ 左右。

9. 公共广播系统

在机房中配备了 CD 播放机、MP3、双卡放音机、AM/FM 调谐器四套音源设备，系统主机中内置硬盘，在各需要进行业务广播的部门设置呼叫站。系统配置了主机箱及相关模块若干。留有分区接口与消防报警接口。系统采用定压输出方式。本方案中共配置了二台的定压功放作为主功放，另配置一台作为备用功放，通过主备功放切换器进行自动切换。

10. 建筑设备监控系统

考虑到本工程中的机电设备具有多而散的特点，所以需要设置建筑设备监控系统。设置建筑设备监控系统一方面是对大楼内空调、电梯、给水排水设备、供电设备等进行监控。

第二节　电气照明设计

一、照度与照明方式选择

1. 照明照度设计标准

本工程照度标准参照国标《建筑照明设计标准》GB50034。

2. 照明方式及照明控制

在满足标准照度的条件下，为节约电力，应恰当地选用一般照明、局部照明和混合照明等多种方式，同时，充分利用自然光。

酒店建筑照明布置可结合装修与家具的布置情况，考虑设置局部照明来烘托酒店的温馨舒适的气氛。

（1）门厅（300lx）采用不同配光形式的灯具组合形

成具有较高环境亮度的整体照明。

（2）总服务台照度要求较高，最低照度300lx。休息区设置落地灯等局部照明灯具。

（3）餐厅照明配合餐饮种类和内部装修风格。中餐厅（200lx）照度高于西餐厅（100lx），中餐厅灯具布置宜均匀分布。

（4）景观照明节能措施

1）采用长寿命高光效光源和高效灯具，点燃后适当降低电压以延长光源使用寿命；

2）设置深夜减光控制方式。

二、照明光源与灯具选择

1. 照明光源

酒店大部分场所照明宜选用低色温、暖色调、显色性好、光效高的光源。一般办公、工作照明选用T5节能型荧光灯，走廊、楼梯、客房等场合选用电子节能灯。有特殊要求不宜选用气体放电灯的地方选用LED灯，不使用卤钨灯或普通白炽灯。

2. 照明灯具

（1）选择灯具时，除考虑环境光分布和限制眩目的要求外，还考虑灯具的效率，选择高光效灯具。

灯具的结构和材质应便于维护清洁和更换光源。

除有装饰需要外，应选用直射光通量比例高、控光性能合理的高效灯具。室内用灯具效率不低于70%，装有遮光格栅时不低于60%，室外用灯具效率不低于50%。

（2）本工程灯具选择

本设计办公室、会议室等一般办公场合采用的是蝠翼式荧光灯或嵌入式遮光格栅荧光灯；大厅、走廊、楼梯间采用吸顶灯或筒灯；客房内采用吸顶灯；厨房采用密闭性灯具。

3. 照明器选型

（1）总体要求

本工程各种灯具外观须平整、光洁、无锈蚀和明显划痕；防护层牢固，色泽均匀，无色差；内壁及端口无毛刺。结构稳固，不变形。灯具效率不小于75%。镇流器一般选用电子镇流器。灯具防护等级IP20。

（2）照明器选择

①蝠翼式荧光灯、嵌入式遮光格栅荧光灯：分别采用28W×1、×2、×3的暖色调三基色荧光灯管，配电子镇流器，功率因数≥0.90。

②加应急装置直管荧光灯：嵌入灯具自带电源型应急电池和检验器件须装在灯具内部，应急工作时间不小于45min，且不小于灯具本身标称的应急工作时间。应急转换时间应不大于5s。

③环管吸顶灯：光源采用1×22W冷光源型环管荧光灯，配电子镇流器，防护等级IP20，绝缘等级为Ⅰ类，灯罩采用乳白色丙烯树脂，安装方式为吸顶安装。

④防潮吸顶灯：光源采用1×22W冷光源型环形荧光灯，配电子镇流器，防护等级IP54，绝缘等级为Ⅰ类，灯罩采用白色丙烯树脂，安装方式为吸顶安装。

⑤筒灯：灯具为本体、镇流器一体式，光源采用18W、26W，色温2700~4000K紧凑型荧光灯光源。

⑥出口、疏散指示灯：自带蓄电池型消防应急灯具，应急工作时间不小于45min。壁装灯为单面显示。吊杆装为双面显示，采用双吊杆式。自带电源型消防应急灯具应急状态不应受其主电供电线短路、接地的影响。

三、应急照明布置

本工程下列部位设置应急照明：

（1）（封闭）楼梯间、防烟楼梯间及前室、消防电梯间及前室、合用前室。

（2）配电室、消防控制室、消防水泵房、防烟排烟机房、信息机房以及发生火灾时仍需坚持工作的其他房间。

（3）多功能厅、餐厅和商业营业厅等人员密集的场所。

（4）建筑内的疏散走道。

疏散应急照明灯设在墙面上或顶棚下方。安全出口标志设在出口的上部；疏散走道的指示标志设在疏散走道及其转角处距地面1m以下的墙面上或杆吊于顶棚下。走道疏散标志灯的间距不大于20m。应急照明和疏散指示标志，采用蓄电池作备用电源，且连续供电时间不少于90min。

四、照度计算及照明器布置

1. 照度计算常见方法

（1）利用系数法

利用系数法计算公式与过程略。

本项工程为酒店类建筑，内部装修由专业公司另行设计，故其内表面情况不明。为简化计算，顶棚、墙壁、地面的有效反射比直接取0.7，0.7，0.2，即，

$\rho_c = 0.7$，$\rho_w = 0.7$，$\rho_f = 0.2$。

（2）单位容量法

实际照明设计中，经常采用单位容量法对照明用电量进行估算，即利用被照面的单位面积上安装功率计算照明的总安装容量，并计算所需灯具数量。为达到标准照度所需的照度值，可将单位面积需要安装的电功率编制成表格，以便查用。一般只适用于照明方案设计或初步设计时的近似计算。

计算公式与过程略。

2. 照明器的布置

（1）照明器的高度布置

照明器的高度主要影响工作面的照度水平。光源与工作面的垂直距离是照明计算的计算高度，同样的光源条件下，计算高度小，照度水平就高。

综合考虑使用安全、限制眩光、便于安装维护等因素，为保证照明质量，室内一般照明灯具的最低悬挂高度要求可参照《照明设计手册》。

（2）照明器的平面布置

照明器的平面布置与照明方式有关，一般分为均匀布置和选择布置两种。室内照明大部分为均匀分布，在需要局部照明或定向照明时，才根据具体情况采用选择布置。

1）照明器的选择布置

选择布置主要是根据工作场所或房间内的设备、设施位置来决定。选择布置一般在室内设施布置不规则的情况下，或突出某一部位，或加强某个局部，或营造局部装饰效果时使用，除保证局部获得必要的照度外，还可以减少照明器数量，节省照明器投资和使用时的耗电量。

2）照明器的均匀布置

均匀布置即指将同类型照明器作有规则的均匀排列，布置成单一的几何图形，以保证工作场所或房间内取得均匀照度。

照明器均匀布置得是否合理，主要取决于照明器的间距 S 与计算高度 h 的比值 S/h 是否恰当。当 h 已定的情况下，距高比与灯距成正比。距高比小，照度均匀性越好，但经济性差；反之，则不能保证照度的均匀度要求。

3. 主要房间照度计算

（1）会议室

因本工程房间种类较多，特选择具有代表性、计算要求全面的会议室作为对象，详细计算。根据《建筑照明设计标准》GB50034—2004，会议室照度标准值 300lx，参考平面为 0.75m 水平面，$UGR = 19$，$Ra = 80$。

1）房间尺寸

会议室长 8.7m，宽 7.2m。考虑到轻质隔墙厚 0.2m，粉刷层 0.01m，则：

房间的长：

$$l = 8.7 - 2 \times \left(\frac{0.2}{2} + 0.01 \right) = 8.48\text{m}$$

房间的宽：

$$w = 7.2 - 2 \times \left(\frac{0.2}{2} + 0.01 \right) = 6.98\text{m}$$

会议室吊顶，照明器采用嵌入式安装。层高为 3.9m，梁底离地坪 3.3m，找平层为 0.03m，则房间的高度 $3.3 - 0.03 = 3.27\text{m}$。

预留吊顶高度后，取高度

$$h = 2.8\text{m}$$

工作面高度

$$h_{FC} = 0.75\text{m}$$

室空间高度

$$h_{RC} = h - h_{FC} = 2.05\text{m}$$

室空间比

$$RCR = \frac{5h_{RC}(l+w)}{lw} = \frac{5 \times 2.05 \times (8.48 + 6.98)}{8.48 \times 6.98} = 2.7$$

$$CCR = 0$$

$$FCR = \frac{5h_{FC}(l+w)}{lw} = \frac{5 \times 0.75 \times (8.48 + 6.98)}{8.48 \times 6.98} = 0.98$$

2）反射比

①等效地面反射比。

地坪和踢脚线均采用白间黑灰水磨石，查"常用建筑材料反射比和透射比"，得反射比：

$$\rho_f = 0.52$$

墙裙采用刷白色调和漆，查"常用建筑材料反射比和透射比"，反射比：

$$\rho_{wf} = 0.7$$

踢脚线高度：

$$h_F = 0.15\text{m}$$

地面空间平均反射比：

$$\rho_{fa} = \frac{\rho_f [lw + 2h_F(l+w)] + 2\rho_{wf}(h_{FC} - h_F)(l+w)}{lw + 2h_{FC}(l+w)}$$

$$= \frac{\begin{array}{c}0.52 \times [8.48 \times 6.98 + 2 \times 0.15 \times (8.48 + 6.98)] + \\ 2 \times 0.7 \times (0.75 - 0.15) \times (8.48 + 6.98)\end{array}}{8.48 \times 6.98 + 2 \times 0.75 \times (8.48 + 6.98)}$$

$$= 0.56$$

等效地面反射比：

$$\rho_{FC} = \frac{2.5\rho_{fa}}{2.5 + (1 - \rho_{fa})FCR}$$

$$= \frac{2.5 \times 0.56}{2.5 + (1 - 0.56) \times 0.98}$$

$$= 0.48$$

②墙面平均反射比。

室空间墙的面积：

$$A_w = 2h_{RC}(l + w) = 2 \times 2.05 \times (8.48 + 6.98)$$

$$= 64m^2$$

墙面采用刷白色调和漆，查"常用建筑材料反射比和透射比"，得反射比：

$$\rho_w = 0.7$$

门有 2 扇，宽 $w_{d1} = 0.9m$，高 $h_{d1} = 2.1m$，宽 $w_{d2} = 0.9m$，高 $h_{d2} = 2.1m$，门的面积：

$$A_d = w_{d1}h_{d1} + w_{d2}h_{d2} = 0.9 \times 2.1 + 0.9 \times 2.1$$

$$= 3.78m^2$$

门采用深褐色调和漆，反射比约：

$$\rho_d = 0.3$$

窗户有 2 扇，宽 $w_{g1} = 3.3m$，高 $h_{g1} = 1.8m$，宽 $w_{g2} = 3.3m$，高 $h_{g2} = 1.8m$，窗户的面积：

$$A_g = w_{g1}h_{g1} + w_{g2}h_{g2} = 3.3 \times 1.8 + 3.3 \times 1.8$$

$$= 11.88m^2$$

窗户反射比约：

$$\rho_g = 0.1$$

墙的平均反射比：

$$\rho_{wa} = \frac{\rho_g A_g + \rho_d A_d + \rho_w(A_w - A_g - A_d)}{A_w}$$

$$= \frac{0.1 \times 11.88 + 0.3 \times 3.78 + 0.7 \times (64 - 11.88 - 3.78)}{64}$$

$$= 0.57$$

③等效顶棚反射比。

照明器拟采用嵌入式安装。吊顶顶棚采用刷白色调和漆，查"常用建筑材料反射比和透射比"，得反射比：

$$\rho_e = 0.7$$

所以：

$$\rho_{CC} = \rho_{ea} = \rho_e = 0.7$$

3）灯数计算

①利用系数。

拟选用 PAK161122 T5 节能格栅灯盘。

根据表，当 $\rho_{CC} = 0.7$、$\rho_{wa} = 0.5$、$\rho_{FC} = 0.2$ 时，在 $RCR = 3$ 时 $U_1 = 0.39$，在 $RCR = 2$ 时 $U_2 = 0.43$。当 $\rho_{CC} = 0.7$、$\rho_{wa} = 0.7$、$\rho_{FC} = 0.2$ 时，在 $RCR = 3$ 时 $U'_1 = 0.43$，在 $RCR = 2$ 时 $U'_2 = 0.46$。

实际 $\rho_{CC} = 0.7$、$\rho_{wa} = 0.6$、$\rho_{FC} = 0.48$，$RCR = 2.7$，利用系数将不低于 0.44，暂取 $U = 0.44$。

②灯数计算。

$$E_{av} = 300lx$$

维护系数：

$$MF = 0.8$$

照明器内光源采用 T5 高效节能荧光灯 28W，PAK090671 荧光灯（$K = 4000K$，$Ra = 85$）每根灯管的输出光通量为：

$$\Phi s = 2500lm$$

当 $E_{av} = 300lx$ 时的灯数：

$$n = \frac{E_{av}lw}{\Phi_S UMF} = \frac{300 \times 8.48 \times 6.98}{2 \times 2500 \times 0.44 \times 0.8} = 11$$

4）照明器布置

①照明器布置。

照明器准备布置成 3 行 4 列，共 12 盏荧光灯。

按照《建筑照明设计标准》GB50034—2004 条文 7.4 规定，灯具灯列应与侧窗平行。

前后照明器的位置：前后照明器离墙的位置通常为它们与中间照明器之间距离的一半，即离墙：

$$x_0 = \frac{x}{6} = \frac{6.98}{6} = 1.16m$$

则纵向照明器之间的距离为：

$$s_x = 2 \times x_0 = 2 \times 1.16 = 2.33m$$

$$s_x = 2.1m$$

左右照明器的位置：左右照明器离墙的位置通常为它们与中间照明器之间距离的 $\frac{1}{3} \sim \frac{1}{2}$，即离墙：

$$y_0 = \frac{y}{8 \sim 11} = \frac{8.48}{8 \sim 11} = 0.77 \sim 1.06m$$

则横向照明器之间的距离为：

$$s_y = 1.54 \sim 3.18$$

取

$$s_y = 2.1m$$

②校核距高比。

由表得，照明器的最大允许距高比：

$$\lambda_\perp = 1.12, \quad \lambda_{//} = 1.05$$

实际距高比：

$$\lambda_x = \frac{s_x}{h_{RC}} = \frac{2.1}{2.05} = 1.02 , \qquad \lambda_y = \frac{s_y}{h_{RC}} = \frac{2.1}{2.05} = 1.02$$

即照明器无论竖装还是横装均能满足距高比要求。

5）照度校核

采用亮度方程法。

① 传递系数计算。

$$f_{CF} = e^{-0.184RCR} + 0.00535RCR - 0.011$$

$$= e^{-0.184 \times 2.7} + 0.00535 \times 2.7 - 0.011 = 0.61$$

$$f_{FC} = f_{CF} = 0.61$$

$$f_{CW} = f_{FW} = 1 - f_{CF} = 1 - 0.61 = 0.39$$

$$f_{WC} = f_{WF} = \frac{2.5}{RCR}(1 - f_{CF}) = \frac{2.5}{2.7} \times (1 - 0.61) = 0.36$$

$$f_{WW} = 1 - \frac{5}{RCR}(1 - f_{CF}) = 1 - \frac{5}{2.7} \times (1 - 0.61) = 0.28$$

② 求初始亮度。

因为所选照明器的上射光通量为 0，故顶棚初始亮度：

$$L_{C0} = 0$$

照明器的下射光通量输出比为 46%，直接比可根据利用系数表最右一列数据确定。当 $RCR = 3$ 时，$DR = 0.31$；$RCR = 2$ 时，$DR = 0.36$。用插入法求 $RCR = 2.7$ 时，约有 $DR = 0.33$。

等效地面初始照度：

$$E_{F0} = \frac{n\Phi_S MFDR}{lw} = \frac{12 \times 2 \times 2500 \times 0.8 \times 0.33}{8.48 \times 6.98} = 267\text{lx}$$

墙面初始照度：

$$E_{W0} = \frac{n\Phi_S MF(\eta_D - DR)}{2h_{RC}(l + w)}$$

$$= \frac{12 \times 2 \times 2500 \times 0.8 \times (0.46 - 0.33)}{2 \times 2.05 \times (8.48 + 6.98)}$$

$$= 98.4\text{lx}$$

等效地面初始亮度：

$$L_{F0} = \frac{\rho_{FC} E_{F0}}{\pi} = \frac{0.48 \times 267}{\pi} = 40.8\text{cd/m}^2$$

墙面初始亮度：

$$L_{W0} = \frac{\rho_{wa} E_{W0}}{\pi} = \frac{0.57 \times 98.4}{\pi} = 17.9\text{cd/m}^2$$

③ 列亮度方程。

$$\begin{bmatrix} 1 & -0.48 \times 0.61 & -0.48 \times 0.39 \\ -0.7 \times 0.61 & 1 & -0.7 \times 0.39 \\ -0.57 \times 0.36 & -0.57 \times 0.36 & 1 - 0.57 \times 0.28 \end{bmatrix}$$

$$\begin{bmatrix} L_F \\ L_C \\ L_W \end{bmatrix} = \begin{bmatrix} 40.8 \\ 0 \\ 17.9 \end{bmatrix}$$

经整理得：

$$\begin{bmatrix} 1 & -0.293 & -0.187 \\ -0.427 & 1 & -0.273 \\ -0.205 & -0.205 & 0.84 \end{bmatrix} \begin{bmatrix} L_F \\ L_C \\ L_W \end{bmatrix} = \begin{bmatrix} 40.8 \\ 0 \\ 17.9 \end{bmatrix}$$

④ 解亮度方程。

$$\Delta = \begin{vmatrix} 1 & -0.293 & -0.187 \\ -0.427 & 1 & -0.273 \\ -0.205 & -0.205 & 0.84 \end{vmatrix} = 0.6$$

$$\Delta_F = \begin{vmatrix} 40.8 & -0.293 & -0.187 \\ 0 & 1 & -0.273 \\ 17.9 & -0.205 & 0.84 \end{vmatrix} = 36.8$$

$$\Delta_C = \begin{vmatrix} 1 & 40.8 & -0.187 \\ -0.427 & 0 & -0.273 \\ -0.205 & 17.9 & 0.84 \end{vmatrix} = 23.2$$

$$\Delta_W = \begin{vmatrix} 1 & -0.293 & 40.8 \\ -0.427 & 1 & 0 \\ -0.205 & -0.205 & 17.9 \end{vmatrix} = 27.6$$

$$L_F = \frac{\Delta_F}{\Delta} = \frac{36.8}{0.6} = 61.3\text{cd/m}^2$$

$$L_C = \frac{\Delta_C}{\Delta} = \frac{23.2}{0.6} = 38.7\text{cd/m}^2$$

$$L_W = \frac{\Delta_W}{\Delta} = \frac{27.6}{0.6} = 46\text{cd/m}^2$$

⑤ 计算工作面平均照度。

$$E_{av} = \frac{\pi L_F}{\rho_{FC}} = \frac{\pi \times 61.3}{0.48} = 401\text{lx}$$

比规定值略高，考虑到将来的装修情况，计算结果合理，并可求得实际的利用系数：

$$U = \frac{E_{av} wl}{n\Phi_S MF} = \frac{401 \times 8.48 \times 6.98}{12 \times 2 \times 2500 \times 0.8} = 0.49$$

比原先选定的 0.44 高出：

$$\frac{0.49 - 0.44}{0.44} \times 100\% = 11\%$$

6）统一眩光值计算

按照《建筑照明设计标准》GB50034—2004，会议室眩光指数 UGR = 19。

眩光指数应从横向和纵向两个方向进行计算，这里只计算纵向的眩光指数。

①间接照度 E_i 计算。

观察者站在墙中间离墙 1m 处，眼睛位置离地坪 1.5m。灯具离眼睛高度：

$$h_1 = 2.8 - 1.5 = 1.3 \text{m}$$

等效地面离眼睛高度：

$$h_2 = 1.5 - 0.75 = 0.75 \text{m}$$

等效顶棚对眼睛的形状因数：

$$f_C = \arctan \frac{w}{2h_1} - \frac{h_1}{\sqrt{h_1^2 + l^2}} \arctan \frac{w}{2\sqrt{h_1^2 + l^2}}$$

$$= \arctan \frac{6.98}{2 \times 1.3} - \frac{1.3}{\sqrt{1.3^2 + 7.48^2}} \arctan$$

$$\frac{6.98}{2 \times \sqrt{1.3^2 + 7.48^2}} = 1.14$$

式中 $l = 8.48 - 1 = 7.48$m，式中结果已由角度换算为弧度。

等效地面对眼睛的形状因数：

$$f_F = \arctan \frac{w}{2h_2} - \frac{h_2}{\sqrt{h_2^2 + l^2}} \arctan \frac{w}{2\sqrt{h_2^2 + l^2}}$$

$$= \arctan \frac{6.98}{2 \times 0.75} - \frac{0.75}{\sqrt{0.75^2 + 7.48^2}} \arctan$$

$$\frac{6.98}{2 \times \sqrt{0.75^2 + 7.48^2}} = 1.3$$

一面侧墙对眼睛的形状因数：

$$f_W = \frac{1}{2} \left[\arctan \frac{2h_1}{w} + \arctan \frac{2h_2}{w} - \frac{w}{\sqrt{w^2 + 4l^2}} \right.$$

$$\left(\arctan \frac{2h_1}{\sqrt{w^2 + 4l^2}} + \arctan \frac{2h_2}{\sqrt{w^2 + 4l^2}} \right) \Bigg]$$

$$= \frac{1}{2} \left[\arctan \frac{2 \times 1.3}{6.98} + \arctan \frac{2 \times 0.75}{6.98} - \right.$$

$$\frac{6.98}{\sqrt{6.98^2 + 4 \times 7.48^2}} \times \left(\arctan \frac{2 \times 1.3}{\sqrt{6.98^2 + 4 \times 7.48^2}} + \right.$$

$$\left. \arctan \frac{2 \times 0.75}{\sqrt{6.98^2 + 4 \times 7.48^2}} \right) \Bigg] = 0.23$$

对面墙（视线以上）对眼睛的形状因数：

$$F_{W1} = \frac{h_1}{\sqrt{h_1^2 + l^2}} \arctan \frac{w}{2\sqrt{h_1^2 + l^2}} + \frac{w}{\sqrt{w^2 + 4l^2}} \arctan$$

$$\frac{2h_1}{\sqrt{w^2 + 4l^2}} = \frac{1.3}{\sqrt{1.3^2 + 7.48^2}} \arctan \frac{6.98}{2 \times \sqrt{1.3^2 + 7.48^2}} +$$

$$\frac{6.98}{\sqrt{6.98^2 + 4 \times 7.48^2}} \arctan \frac{2 \times 1.3}{\sqrt{6.98^2 + 4 \times 7.48^2}}$$

$$= 0.14$$

对面墙（视线以下）对眼睛的形状因数：

$$F_{W2} = \frac{h_2}{\sqrt{h_2^2 + l^2}} \arctan \frac{w}{2\sqrt{h_2^2 + l^2}} + \frac{w}{\sqrt{w^2 + 4l^2}} \arctan$$

$$\frac{2h_2}{\sqrt{w^2 + 4l^2}} = \frac{0.75}{\sqrt{0.75^2 + 7.48^2}} \arctan \frac{6.98}{2 \times \sqrt{0.75^2 + 7.48^2}}$$

$$+ \frac{6.98}{\sqrt{6.98^2 + 4 \times 7.48^2}} \arctan \frac{2 \times 0.75}{\sqrt{6.98^2 + 4 \times 7.48^2}} = 0.08$$

间接照度：

$$E_i = L_C f_C + L_F f_F + L_W (2f_W + F_{W1} + F_{W2})$$

$$= 38.7 \times 1.14 + 61.3 \times 1.3 + 46 \times$$

$$(2 \times 0.23 + 0.14 + 0.08)$$

$$= 155 \text{lx}$$

$$L_b = \frac{E_i}{\Pi} = \frac{155}{3.14} = 49.4$$

②照明器配光特性。

本设计采用的照明器具有非对称的配光特性，因此不能精确地提供照明器各个方向上的光强值。但在进行眩光源的亮度计算和对眼睛的直射照度计算时需要这方面的数据，为此可借用线光源配光特性表示法。首先判断该照明器纵向配光的类别，照明器纵向配光特性见表 11-2-1。

该照明器的纵向配光与 D 类最接近，近似认为其属于 D 类。

$$f(\alpha) = \cos^3 \alpha$$

③眩光源亮度和直射照度计算

PAK161122　T5 节能格栅灯盘，照明器的出光口面积（见厂家数据）：

$$A = 1.2 \times 0.3 = 0.36 \text{m}^2$$

眩光源的坐标见图 11-2-1，列表计算见表 11-2-2。为简化计算，取 8 个灯。

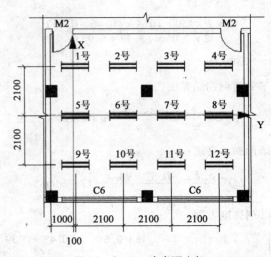

图 11-2-1　眩光源坐标

照明器纵向配光　　　　　　　表 11-2-1

$\alpha°$	0	5	15	25	35	45	55	65	75	85
I_α^{1000} cd	228	224	205	177	145	107	67	39	20	5.6
$f(\alpha)$	1	0.982	0.899	0.776	0.636	0.469	0.294	0.171	0.088	0.025

眩光列表计算　　　　　　　表 11-2-2

灯　号	1	2	3	4	5	6	7	8
x（m）	2.1	2.1	2.1	2.1	0	0	0	0
y（m）	0.1	2.2	4.3	6.4	0.1	2.2	4.3	6.4
$\theta = \arctan \dfrac{x}{h_1}$	58.2°	58.2°	58.2°	58.2°	0	0	0	0
$I_{\theta,0}^{1000}$ cd	58	58	58	58	228	228	228	228
$\alpha = \arctan \dfrac{y}{\sqrt{h_1^2 + x^2}}$	2.3°	41.7°	60.1°	68.9°	4.4°	59.4°	73.2°	78.5°
$I_\gamma = I_{\theta,\alpha} = \dfrac{I_{\theta,0}^{1000} f(\alpha)}{1000}$	289	121	36	13.5	1130	150	27	9
$r^2 = h_1^2 + x^2 + y^2$	6.11	10.94	24.59	47.06	1.7	6.53	20.18	42.65
$L_\gamma^2 \Omega_\gamma = \dfrac{I_\gamma^2}{A h_1 r}$	72198	9458	558	56	2092601	18813	346	26
P	16	4.4	2.1	1.6	16	3.5	1.9	1.53
$\dfrac{1}{P^2}$	0.0039	0.051	0.226	0.39	0.0039	0.081	0.277	0.427
$\dfrac{L_\gamma^2 \Omega_\gamma}{P^2}$	281	482	126	22	8161	1523	95	11

眩光源亮度：

$$\sum \frac{L_\gamma^2 \Omega_\gamma}{P^2} = 2 \sum_{i=1}^{4} \frac{L_{\gamma i}^2 \Omega_{\gamma i}}{P_i^2} + \sum_{i=5}^{8} \frac{L_{\gamma i}^2 \Omega_{\gamma i}}{P_i^2}$$

$$= (2 \times 281 + 482 + 126 + 22) + (8161 + 1523 + 95 + 11) = 11612$$

④眩光指数计算

根据以上数据可求得眩光指数：

$$UGR = 8\lg\left(\frac{0.25}{L_b} \sum \frac{L_\gamma^2 \Omega_\gamma}{P^2}\right) = 8 \times \lg\left[\frac{0.25}{49.4} \times 11612\right] = 14$$

经计算眩光指数不超过 19，符合使用要求。

（2）地下层各房间照明计算、标准层主要房间的照明计算

略

（3）商务厅、西餐厅及多功能厅等照度计算

这些房间因考虑到以后装修，仅做基础照明。具体设计由专业公司设计。

这里以单位容量法计算。计算结果如表 11-2-3。

各房间灯具数量　　　　　　　表 11-2-3

房间	照度标准（lx）	面积（m²）	半直接型灯具功率（W）	单位容量（W/m²）	灯具数量
商务厅	300	28.98	70	5.4	3
西餐厅	100	54.6	18	6.0	24
多功能厅	500	81.90	18	6.2	30
美容美发	300	28.98	18	5.4	9

第三节　配电系统设计

一、照明配电系统设计

1. 照明配电系统设计原则

（1）本工程照明系统的电源引自变电所低压配电网络，经配电干线引向照明配电箱，再由配电箱支线回路向照明器供电。系统配电级数不宜超过三级。正常的照明供电回路与应急照明供电回路分开。三相照明线路各相负荷的分配保持平衡。照明电压等级为 220V/380V，并采用 TN-S 系统。

（2）高层建筑的照明系统则常用放射式与树干式相结合的混合式配电。本工程就是采用这种配电方式。

（3）配电支线设计时要注意几点：照明器一般单相供电，也可以二、三相供电；每个配出回路应该单独配出中性线。

（4）灯与插座分别采用单独回路供电；灯的控制要求要满足安全、节能、便于管理和维护等要求。当插座为单独回路时，每一回路插座数量不宜超过 10 个（组）；用于计算机电源的插座数量不宜超过 5 个（组），并应采用 A 型剩余电流动作保护装置。

（5）配电箱设计的主要内容包括位置、数量的选择与安装。数量设置多少取决于负荷的大小、供电区域的面积大小，安装与管理方便等。每个回路应该满足电压降的要求；位置尽量设在负荷中心，维护方便的地方。

（6）照明配电设备的选择主要包括配电柜、配电箱。配电柜一般设在层配电室或电井里。各层配电箱一般选择嵌入式与挂墙式两种结构。

2. 照明负荷计算

（1）主要用电设备功率和功率因数详见表 11-3-1。

主要用电设备功率和功率因数   表 11-3-1

灯具	P	$\cos\varphi$	$\tan\varphi$
T5 型直管荧光灯	28W	0.9	0.48
节能筒灯	18W	0.9	0.48
节能吸顶灯	22W	0.9	0.48
插座（二、三孔）	100W	0.8	0.75
疏散指示灯	15W	1	0
安全出口灯	15W	1	0

（2）应急照明负荷计算。

选择典型的 4ALE 箱各回路负荷计算。

①WE1 回路，7 盏节能筒灯、8 盏疏散指示灯和 1 盏三管格栅灯。

用电负荷：$P = 7 \times 18 + 3 \times 35 + 8 \times 15 = 0.351\text{kW}$

$$Q = P \times \tan\varphi = 0.11\text{kvar}$$

$$S = \sqrt{P^2 + Q^2} = 0.368\text{kVA}$$

$$I_c = S/0.22 = 1.67\text{A}$$

选用 C65N-16 断路器，其额定电流 $I = 16\text{A} > 1.67\text{A}$，合格。

②WE2 回路，4 个安全型二、三孔插座。

用电负荷：$P = 4 \times 100 = 400\text{W} = 0.4\text{kW}$

$$Q = P \times \tan\varphi = 0.4 \times 0.75 = 0.3\text{kvar}$$

$$S = \sqrt{P^2 + Q^2} = 0.50\text{kVA}$$

$$I_c = P/\ (0.22 \times \cos\varphi) = 2.27\text{A}$$

选用 C65N-16 断路器，其额定电流 $I = 16\text{A} > 2.27\text{A}$，合格。

③WE3，略。

整理计算结果见表 11-3-2。

4ALE   表 11-3-2

序号	回路编号	总功率	需用系数	功率因数	额定电压	设备相位	视在功率	有功功率	无功功率	计算电流
1	WE1	0.21	1.00	0.90	220	L3 相	0.23	0.21	0.10	1.06
2	WE2	0.28	1.00	0.90	220	L3 相	0.31	0.28	0.14	1.41
3	WE3	0.31	1.00	0.90	220	L2 相	0.34	0.31	0.15	1.56
4	WE4	0.4	1.00	0.80	220	L1 相	0.50	0.40	0.30	2.27
5	WE5	0	1.00	0.80	220	L2 相	0.00	0.00	0.00	0.00
6	WE6	0	1.00	0.80	220	L2 相	0.00	0.00	0.00	0.00
总负荷：$P_e = 1.47\text{kW}$			总功率因数：$\cos\varphi = 0.85$			计算功率：$P_{js} = 1.47\text{kW}$			计算电流：$I_{js} = 2.62\text{A}$	

其余应急照明配电箱计算表略。

（3）一般照明负荷计算及设备选型

计算过程同上述应急照明负荷计算，整理计算结果见表 11-3-3。

1AL 箱一般照明负荷计算表 表 11-3-3

序号	回路编号	总功率	需用系数	功率因数	额定电压	设备相数	视在功率	有功功率	无功功率	计算电流
1	WL1	2.00	1.00	0.90	220	L1 相	2.22	2.00	0.97	10.10
2	WL2	0.42	1.00	0.90	220	L3 相	0.47	0.42	0.20	2.12
3	WL3	0.49	1.00	0.90	220	L1 相	0.54	0.49	0.24	2.47
4	WL4	0.36	1.00	0.90	220	L3 相	0.40	0.36	0.17	1.82
5	WL5	0.14	1.00	0.90	220	L1 相	0.16	0.14	0.07	0.71
6	WL6	0.80	1.00	0.80	220	L2 相	1.00	0.80	0.60	4.55
7	WL7	0.80	1.00	0.80	220	L3 相	1.00	0.80	0.60	4.55
8	WL8	0.25	1.00	0.90	220	L2 相	0.28	0.25	0.12	1.26
9	WL9	0.63	1.00	0.90	220	L2 相	0.70	0.63	0.31	3.18
10	WL10	0.28	1.00	0.90	220	L1 相	0.31	0.28	0.14	1.41
11	WL11	0.50	1.00	0.80	220	L3 相	0.63	0.50	0.38	2.84
12	WL12	0.40	1.00	0.80	220	L2 相	0.50	0.40	0.30	2.27
13	WL13	0.70	1.00	0.80	220	L2 相	0.87	0.70	0.52	3.98
14	WL14	0.70	1.00	0.80	220	L3 相	0.87	0.70	0.52	3.98
15	WL15	0.00	1.00	0.90	220	L2 相	0.00	0.00	0.00	0.00
总负荷：$P_e = 8.73\text{kW}$			总功率因数：$\cos\varphi = 0.84$				计算功率：$P_{js} = 8.73\text{kW}$			计算电流：$I_{js} = 15.79\text{A}$

2AL～9AL 箱一般照明负荷计算表略。

（4）门厅、多功能厅、客房和套间照明配电箱负荷计算。

略。

另普通客房每间配电 1kW，套间每间配电 1.2kW。

（5）典型照明配电线缆选型要求。

照明出线电缆选用 BV-0.45/0.75kV-(3×2.5) PC20 WC CC

插座出线电缆选用 BV-0.45/0.75kV-(3×2.5) PC20 WC FC

应急回路出线电缆选用 ZRBV-0.45/0.75kV-(3×2.5) PC20 WC CC

进线电缆选用 BV-0.45/0.75kV-PC32 WC FC，截面根据需要选择。

（6）配电箱的选用。

选用 PZ30 系列配电箱，根据各配电箱回路数与开关型号，选择具体型号。过程略。

二、动力配电系统设计

1. 动力设备的控制要求

电力系统设计包括各种机泵等动力设备的配电，设备的启动、制动和调速方式及控制等内容。在高层建筑中，有的动力设备的供电可靠性要求高，如电梯和各种消防用机泵，有的动力设备的单台容量大，如空调机组和空调用

水泵等，所以，动力设备的配电方式以放射式为主。

（1）消防用电设备的控制

根据给水专业所提条件，消火栓泵和喷淋泵都是一用一备的工作方式，对其控制要求为当工作泵中任意一台发生故障后备用泵应能自动投入。

1）消火栓泵的控制要求

①消火栓按钮的控制回路应采用 50V 以下的安全电压，以保证人身安全；

②消火栓泵的起、停可以由消火栓按钮直接控制，也可以由消防联动控制装置来控制；

③在消防控制室，应装设消火栓泵的手动启、停按钮；

④消火栓按钮发送启动信号后，在消防控制室应有声、光信号显示，有条件时宜对应显示按钮的工作部位，否则也应按防火分区或楼层显示；

⑤在消防控制室，应显示消火栓泵的工作及故障状态（即消火栓泵的工作电源和水泵的运行状态）；

⑥消防水泵启动后，消火栓箱内起动水泵的反馈信号灯应燃亮。

2）喷淋泵控制要求

①平时由气压罐及压力开关自动控制增压泵维持管网压力，管网压力过低，直接启动主泵。

②火灾时，喷头喷水，水流指示器动作并向消防控制室报警，同时报警阀动作，启动喷淋泵。

③消防控制室，应能手动启动喷淋泵，并显示工作

状态。

④消防泵房可手动启动喷淋泵。

3）排烟风机和正压风机的控制要求

①排烟阀动作以后应该启动相关的排烟风机和正压风机；

②消防控制室应能对防排烟进行应急控制。

（2）空调动力设备的控制

由暖通专业提供设计资料知，本空调系统为地源热泵中央空调系统。

本系统只提供电源，供给设备控制箱。

（3）给排水装置的基本要求

水泵房内给水泵的控制应该在满足供水工艺、安全及经济运行、管网合理调度的前提下，系统简单可靠便于管理维修，并应该合理选择检测仪器表和控制装置。

水专业提出给水泵为两用一备，且变频控制。

（4）电梯的配电

本工程普通客梯均为二级负荷。每台电梯设专用双回路供电，装设单独的隔离电器和短路保护电器。电梯轿厢的照明电源，轿顶电源插座和报警装置的电源线，从电梯的动力电源隔离器前取得，且装有隔离电器与短路保护电器。电梯机房及滑轮间、电梯井道及底坑的照明和插座线路与电梯分别配电。

（5）本工程中对于消防设备如消防电梯、消防水泵、自动喷淋泵等都采用双电源供电，末端切换。对于空调动力设备的供电，如空调制冷机组采用直配方式供电，从变电所低压母线直接引来电源到机组控制柜。冷却水泵等由于台数多，多数采用降压启动，对其供电方式一般用两级放射式配电。新风机组采用多级放射式供电，而风机盘管由于容量较小就采用插座供电。

2. 各专业提供主要设备材料表

各专业提供主要设备材料如表 11-3-4 所示。

<table>
<tr><td colspan="4" style="text-align:center">水、暖专业主要动力设备负荷表（三相）</td><td>表 11-3-4</td></tr>
<tr><td>专业</td><td>设备名称</td><td>使用方式</td><td colspan="2">电功率（kW）</td></tr>
<tr><td rowspan="9">暖通</td><td>地源热泵冷热水机组</td><td>1 台</td><td colspan="2">46.2/66.3（制冷/制热）</td></tr>
<tr><td>地源热泵冷热水机组</td><td>2 台</td><td colspan="2">30.8/44.2（制冷/制热）</td></tr>
<tr><td>空调冷冻水循环泵</td><td>3 台（二用一备）</td><td colspan="2">5.5</td></tr>
<tr><td>空调冷却水循环泵</td><td>3 台（二用一备）</td><td colspan="2">5.5</td></tr>
<tr><td>空调冷却塔</td><td>3 台</td><td colspan="2">0.746</td></tr>
<tr><td>组合式空调机组</td><td>1 台</td><td colspan="2">3.5</td></tr>
<tr><td>新风机组</td><td>9 台</td><td colspan="2">0.37</td></tr>
<tr><td>防排烟风机（前室）</td><td>2 台</td><td colspan="2">4</td></tr>
<tr><td>防排烟风机（楼梯间）</td><td>2 台</td><td colspan="2">5.5</td></tr>
<tr><td rowspan="9">给排水</td><td>给水泵</td><td>3 台（二用一备）</td><td colspan="2">11</td></tr>
<tr><td>消防泵</td><td>2 台（一用一备）</td><td colspan="2">37</td></tr>
<tr><td>自动喷淋泵</td><td>2 台（一用一备）</td><td colspan="2">75</td></tr>
<tr><td>潜污泵</td><td>3 组（每组一用一备）</td><td colspan="2">5.5</td></tr>
<tr><td>稳压泵</td><td>2 台</td><td colspan="2">1.5</td></tr>
<tr><td>空气源热泵</td><td>2 台</td><td colspan="2">1.5</td></tr>
<tr><td>循环泵 IL40-40-125</td><td>2 台（一用一备）</td><td colspan="2">1.5</td></tr>
<tr><td>供水泵 KQL40/110</td><td>2 台（一用一备）</td><td colspan="2">0.2</td></tr>
<tr><td>循环泵 KQL40/100</td><td>2 台（一用一备）</td><td colspan="2">0.6</td></tr>
</table>

注：各设备位置详见各专业设计图纸。

3. 动力配电选型

由水专业所提型号,并查相关资料,得出表11-3-5。

水专业主要电动机启动、保护电器及导线选择　　　表11-3-5

电机型号（IP54）	给水泵 Y160M1-2	消防泵 225S-4	喷淋泵 280S-4	循环泵 Y90S-2
功率（kW）	11	37	75	1.5
额定电流（A）	21.3	69.8	139.7	3.4
启动电流（A）	160.0	502.6	1006	23.8
熔断体 gG（A）	50	125	200	10
断路器壳架电流/整定电流（A）	125/25	125/80	250/160	63/16
接触器额定电流（A）	26	75	145	9
热继电器（A）	18~25	60~80	130~175	3~10
BV、YJV 型配线	5×6	3×25+2×16	3×70+2×35	5×2.5
钢管直径（mm）	25	50	65	15

由暖通专业所提电动机功率（未完全给出相关电动机型号）,并查相关设计手册,初步得出表11-3-6。

暖通专业主要电动机启动、保护电器及导线选择　　　表11-3-6

电机功率（kW）	1.5	4	5.5	45	75
额定电流（A）	3.4	8.2	21.3	84.5	139.7
启动电流（A）	23.8	57.4	160.0	608.4	1006
熔断体 gG（A）	10	25	50	160	200
断路器壳架电流/整定电流（A）	63/16	63/20	125/25	125/100	250/160
接触器额定电流（A）	9	20	26	95	145
热继电器（A）	2.8~4.0	7.5~11	18~25	80~110	130~175
BV、YJV 型配线	5×2.5	5×4	5×6	3×35+2×16	3×70+2×35
钢管直径（mm）	15	15	25	50	65

第四节　变配电所电气设计

一、变配电所的位置选择与要求

1. 变配电所形式

变配电所的形式应根据用电负荷的状况和周围环境情况综合分析确定。

本工程为高层酒店宾馆类建筑,变配电所设置在地下一层。

2. 变配电所的位置选择

高层建筑地下层变配电所的位置,应选择在通风、散热条件较好的场所。地下仅有1层时,适当抬高该所地面,并采取排水和防水措施。

3. 变配电所对土建、水暖专业的要求

（1）本工程高低压配电装置、干式变压器处于同一房间内,耐火等级不低于二级。

（2）本工程变配电所位于高层建筑地下一层,通向过道的门为甲级防火门。

（3）变配电所的通风窗,采用非燃烧材料。

（4）变压器室、配电室、电容器室的门向外开启。

（5）配电装置室及变压器室门的宽度按最大不可拆卸部件宽度加0.3m,高度按不可拆卸部件最大高度加0.5m。

（6）变压器室、配电室、电容器室等设置防止雨、雪的窗并加设防护网。

（7）配电室、电容器室和各辅助房间的内墙表面抹灰刷白。地（楼）面宜采用高标号水泥抹面压光。配电室、变压器室、电容器室的顶棚以及变压器室的内墙面刷白。

（8）配电室设两个出口。

（9）配电所、变电所的电缆沟采取防水、排水措施。因变配电间设置在地下层,其进出地下层的电缆口采取防水措施。

（10）变配电所设机械送排风系统。

（11）配电室没有与其无关的管道和线路通过。

二、变配电所的布置

本工程变配电所采用高低压成套开关设备，变压器采用环氧树脂干式变压器。各设备布置在同一房间内。

1. 变配电所内各装置布置通道要求

略。详见《低压配电设计规范》GB50052与《10kV及以下变电所设计规范》GB50053。

2. 变配电所设备布置

本工程变配电所设备呈侧转"Ⅱ"形布置。变电所内右侧布置6台高压柜，左侧上下两行低压柜面对面布置，变压器与低压柜紧靠在一起。布置时，注意各配电柜前后及柜侧通道要求，并注意避让所内立柱影响。详见变配电房平面布置图。

3. 变配电所灯具布置

在变配电所内裸导体的正上方，不布置灯具和明敷线路。当在裸导体上方布置灯具时，灯具与裸导体的水平净距不应小于1.0m，灯具不采用吊链和软线吊装，采用吸顶安装。由于变电所内照明灯具一般不安装在配电开关柜正上方，变配电所照明也可在设备布置后，根据实际需要，灯具布置方式为选择布置。

4. 变配电所内接地设置

变配电所内设有等电位连接端子箱，从端子箱引出接地用热镀锌扁钢并沿墙明敷设，适当设置临时接地的接线柱。过门处热镀锌扁钢埋地，与金属预埋件可靠连接。变配电所内各设备外壳、支架等均按要求可靠连接。

三、电力负荷计算

1. 电力负荷分级

用电设备消耗的功率总称为负荷，负荷是电力系统的重要组成部分。负荷可以根据不同的用途分为不同的类型。在工程实际中，常用的是根据对供电可靠性的要求及中断供电在政治、经济上所造成的损失或影响的程度，分为一级负荷、二级负荷、三级负荷。

本工程为二类高层建筑，按三星级旅馆标准设计。根据《民用建筑电气设计规范》JGJ16—2008，本酒店负荷分级如下：

(1) 一级负荷

消防电力负荷、经济管理与设备管理用电子计算机系统电源。

(2) 二级负荷

厨房、宴会厅、多功能厅、普通电梯和生活水泵等用电等。

(3) 三级负荷

普通照明、洗衣房、空调电力等其他电力负荷。

2. 电力负荷的计算

本工程中负荷计算采取使用单位密度法估算，需要系数法复核的方法。该方法最大优点是简单实用，能否满足精度要求的关键在于选择需要系数。

现以本工程为例使用需要系数法求计算负荷。

有功功率 P_c、无功功率 Q_c、视在功率 S_c、计算电流 I_c 计算公式，略。

3. 计算各个支路的负荷

以消防电梯为例，其他支路以列表表示：

$$P_e = 18.5\text{kW}, \quad K_x = 1.0, \quad \cos\varphi = 0.6$$

$$\tan\varphi = \sqrt{\cos^{-2}\varphi - 1} = 1.33$$

$$P_c = K_x P_e = 18.5 \times 1.0 = 18.5\text{kW}$$

$$Q_c = P_c \tan\varphi = 18.5 \times 1.33 = 26.60\text{kvar}$$

$$S_c = \frac{P_c}{\cos\varphi} = \frac{18.5}{0.6} = 33.33\text{kVA}$$

$$I_c = \frac{S_c}{\sqrt{3}U} = \frac{33.33}{\sqrt{3} \times 0.38} = 50.64\text{A}$$

计算其他支路负荷，并整理列于表11-4-1。

各支路负荷表　　　　　　　　　　　　　　　表11-4-1

负荷名称	P_e (kW)	K_x	$\cos\varphi$	P_c (kW)	$\tan\varphi$	Q_c (kvar)	S_c (kVA)	I_c (A)
-1、1、2、3F应急照明	6.3	0.85	0.85	5.36	0.62	3.32	6.30	9.57
-1、1F照明	8.47	0.85	0.85	7.20	0.62	4.46	8.47	12.87
2F照明	5.51	0.85	0.85	4.68	0.62	2.90	5.51	8.37
3F照明	8.7	0.85	0.85	7.40	0.62	4.58	8.70	13.22
4F照明	15.75	0.85	0.85	13.39	0.62	8.30	15.75	23.93
5F照明	15.75	0.85	0.85	13.39	0.62	8.30	15.75	23.93

续表

负荷名称	P_e（kW）	K_x	$\cos\varphi$	P_e（kW）	$\tan\varphi$	Q_c（kvar）	S_c（kVA）	I_e（A）
6F 照明	15.75	0.85	0.85	13.39	0.62	8.30	15.75	23.93
7F 照明	15.75	0.85	0.85	13.39	0.62	8.30	15.75	23.93
8F 照明	15.75	0.85	0.85	13.39	0.62	8.30	15.75	23.93
9F 照明	15.75	0.85	0.85	13.39	0.62	8.30	15.75	23.93
10F 照明	4.59	0.85	0.85	3.90	0.62	2.42	4.59	6.97
4~6F 应急照明	2.25	0.85	0.85	1.91	0.62	1.19	2.25	3.42
7~9F 应急照明	2.25	0.85	0.85	1.91	0.62	1.19	2.25	3.42
10F 应急照明	1.2	0.85	0.85	1.02	0.62	0.63	1.20	1.82
中央机房	5	1	0.85	5.00	0.62	3.10	5.88	8.94
消防控制室	20	1	0.85	20.00	0.62	12.39	23.53	35.75
消防电梯	18.5	1	0.6	18.50	1.33	26.67	33.33	50.64
普通客梯	15	1	0.6	15.00	1.33	20.00	25.00	37.98
普通客梯	15	1	0.6	15.00	1.33	20.00	25.00	37.98
普通客梯	15	1	0.6	15.00	1.33	20.00	25.00	37.98
厨房	60	0.8	0.85	48.00	0.62	29.75	56.47	85.80
新风机 1 到 9 层	3.33	1	0.8	3.33	0.75	2.50	4.16	6.32
组合式空调机组	3.5	1	0.8	3.50	0.75	2.63	4.38	6.65
冷冻水泵 2-1	11	1	0.8	11.00	0.75	8.25	13.75	20.89
冷却水泵 2-1	11	1	0.8	11.00	0.75	8.25	13.75	20.89
冷却塔 3	2.25	1	0.8	2.25	0.75	1.69	2.8125	4.27
地源热泵 1	45	1	0.8	45.00	0.75	33.75	56.25	85.46
地源热泵 2	132.6	1	0.8	132.60	0.75	99.45	165.75	251.83
防排烟风机	20	1	0.8	20.00	0.75	15.00	25	37.98
风机盘管 1~3 层	0.885	0.8	0.8	0.71	0.75	0.53	0.885	1.34
自动喷淋泵	75	1	0.8	75.00	0.75	56.25	93.75	142.44
消防泵	37	1	0.8	37.00	0.75	27.75	46.25	70.27
给水泵	22	1	0.8	22.00	0.75	16.50	27.5	41.78
潜污泵	16.5	1	0.8	16.50	0.75	12.38	20.63	31.33
稳压泵	3	1	0.8	3.00	0.75	2.25	3.75	5.70
循环泵	1.5	1	0.8	1.50	0.75	1.13	1.875	2.85
供水泵	0.2	1	0.8	0.20	0.75	0.15	0.25	0.38
循环泵	0.6	1	0.8	0.60	0.75	0.45	0.75	1.14
洗衣房	20	0.85	0.85	17.00	0.62	10.54	20	30.39

4. 计算总负荷

用需要系数法计算步骤为：

①将用电设备分组，求出各组用电设备的总额定容量 P_{C1}。

②查出各组用电设备相应的需要系数及对应的功率因数；

$$P_{C1} = K_{X1} \times P_{e1}, \quad P_{C2} = K_{x2} \times P_{e2}$$

$$Q_{C1} = P_{C1} \times \tan\varphi_1, \quad Q_{C2} = P_{C2} \times \tan\varphi_2$$

$$P_C = \sum P_{Ci}, \quad Q_C = \sum Q_{Ci}, \quad S_C = \sqrt{P_C^2 + Q_C^2}$$

③用需要系数法求本工程的总负荷时，需要在各级配电点乘以同期系数 K_Σ。

本系统中，消防负荷（除自动喷淋泵外）平时作为正常负荷使用（如消防电梯兼作客梯使用），火灾时切掉非消防负荷。因此，计算总负荷时，本系统考虑除自动喷淋泵外的全部消防负荷。

（1）照明负荷

应急照明：查《工业与民用配电设计手册》取：

$$K_d = 1.0, \quad \cos\varphi = 0.9, \quad \tan\varphi = 0.48$$

$$P_C = \sum P_{ci} = 1.0 \times (5.36 + 2.00 + 2.00 + 1.02) = 10.38\text{kW}$$

$$Q_C = \sum Q_{ci} = 4.98\text{kvar}$$

$$S_C = \sqrt{P_C^2 + Q_C^2} = \sqrt{10.38^2 + 4.98^2} = 11.51\text{kVA}$$

普通照明：查《工业与民用配电设计手册》取：

$$K_d = 1.0, \cos\varphi = 0.9, \tan\varphi = 0.48$$

$$P_C = \sum P_{ci} = 1.0 \times 103.5 = 103.5\text{kW}$$

$$Q_C = \sum Q_{ci} = 103.5 \times 0.48 = 49.68\text{kvar}$$

$$S_C = \sqrt{P_C^2 + Q_C^2} = \sqrt{103.5^2 + 49.68^2} = 114.8\text{kVA}$$

（2）空调、动力负荷：

$$U_N = 380\text{V}$$

厨房负荷：查《工业与民用配电设计手册》取：

$$K_d = 0.8, \cos\varphi = 0.8, \tan\varphi = 0.75$$

$$P_C = \sum P_{ci} = 0.8 \times 60 = 48\text{kW}$$

$$Q_C = \sum Q_{ci} = 36\text{kvar}$$

$$S_C = \sqrt{P_C^2 + Q_C^2} = \sqrt{48^2 + 36^2} = 60\text{kVA}$$

电梯总负荷：查《工业与民用配电设计手册》取：

$$K_d = 0.8, \quad \cos\varphi = 0.8, \quad \tan\varphi = 0.75$$

$$P_C = \sum P_{ci} = 0.8 \times (15 \times 3 + 18.5) = 51.5\text{kW}$$

$$Q_C = \sum Q_{ci} = 39\text{kvar}$$

$$S_C = \sqrt{P_C^2 + Q_C^2} = \sqrt{51.5^2 + 39^2} = 65\text{kVA}$$

空调总负荷：查《工业与民用配电设计手册》取：

$$K_d = 1, \quad \cos\varphi = 0.8, \quad \tan\varphi = 0.75$$

$$P_C = \sum P_{ci} = 1 \times (3.5 + 5.5 \times 2 + 5.5 \times 2 + 2.25 + 45 + 132.6) = 203.1\text{kW}$$

$$Q_C = \sum Q_{ci} = 152.33\text{kvar}$$

$$S_C = \sqrt{P_C^2 + Q_C^2} = \sqrt{203.1^2 + 152.33^2} = 253.88\text{kVA}$$

风机总负荷：查《工业与民用配电设计手册》取：

$$K_d = 0.8, \quad \cos\varphi = 0.8, \quad \tan\varphi = 0.75$$

$$P_C = \sum P_{ci} = 0.8 \times (20 + 0.885 + 3.33) = 20.038\text{kW}$$

$$Q_C = \sum Q_{ci} = 15.03\text{kvar}$$

$$S_C = \sqrt{P_C^2 + Q_C^2} = \sqrt{20.038^2 + 15.03^2} = 25.05\text{kVA}$$

水泵总负荷：查《工业与民用配电设计手册》取：

$$K_d = 1, \quad \cos\varphi = 0.8, \quad \tan\varphi = 0.75$$

$$P_C = \sum P_{ci} = 1 \times (11 \times 2 + 37 + 1.5 \times 2 + 1.5 + 0.2 + 0.6 + 16.5) = 84.3\text{kW}$$

$$Q_C = \sum Q_{ci} = 63.22\text{kvar}$$

$$S_C = \sqrt{P_C^2 + Q_C^2} = \sqrt{84.3^2 + 63.22^2} = 105.38\text{kVA}$$

洗衣房负荷：查《工业与民用配电设计手册》取：

$$K_d = 0.8, \quad \cos\varphi = 0.8, \quad \tan\varphi = 0.75$$

$$P_C = \sum P_{ci} = 0.8 \times 20 = 16\text{kW}$$

$$Q_C = \sum Q_{ci} = 12\text{kvar}$$

$$S_C = \sqrt{P_C^2 + Q_C^2} = \sqrt{16^2 + 12^2} = 20\text{kVA}$$

（3）其他负荷（弱电）

$$K_d = 0.8, \quad \cos\varphi = 0.8, \quad \tan\varphi = 0.75$$

$$P_C = \sum P_{ci} = 0.8 \times (20 + 5) = 20\text{kW}$$

$$Q_C = \sum Q_{ci} = 15\text{kvar}$$

$$S_C = \sqrt{P_C^2 + Q_C^2} = \sqrt{20^2 + 15^2} = 25\text{kVA}$$

总负荷：参看《工业与民用配电设计手册》取得，由用电设备组计算负荷同时系数：

$$K_{\sum P} = 0.85 \sim 0.95, 取 K_{\sum P} = 0.95$$

$$K_{\sum q} = 0.9 \sim 0.97, 取 K_{\sum q} = 0.97$$

由上计算得：

$$\sum P_C = 0.95 \times 643.67 = 557.32\text{kW}$$

$$\sum Q_C = 0.97 \times 434.51 = 432.24\text{Var}$$

$$S_C = \sqrt{\sum P_C^2 + \sum Q_C^2} = \sqrt{557.32^2 + 432.24^2} = 705.29\text{kVA}$$

$$I_C = \frac{S_C}{\sqrt{3} U_N} = \frac{705.29}{\sqrt{3} \times 0.38} = 1071.6\text{A}$$

5. 电容补偿计算

本工程采用低压集中补偿方式，按国标规定将功率因数补偿到0.9以上。

（1）补偿前的变压器的容量与功率因数

变压器低压侧的视在功率为 $S_C = 705.29\text{kVA}$。主变压器容量的选择条件为 $S_{NT} \geq S_C$，因此未进行无功率补偿时，变压器总容量选1000kVA。此时的变电所低压侧的功率因数为：

$$\cos\varphi = P_c / S_c = 557.32 / 705.29 = 0.79$$

（2）无功补偿容量

按照规定，变电所高压侧的 $\cos\varphi \geq 0.9$，考虑到变压器本身的无功功率损耗 ΔQ_T 远大于其有功功率的损耗 ΔP_T，一般无功损耗是有功损耗的 $4 \sim 5$ 倍，因此在变压器低压侧进行无功补偿时，低压侧补偿后的功率因数应略高于 0.9，显然 $\cos\varphi = 0.79$ 不满足要求。在这里取 $\cos\varphi = 0.92$，要使低压侧的功率因数提高到 0.9，低压侧所需要装设的并联电容器的容量为：

$$\Delta Q_c = \sum P_c(\tan\arccos 0.79 - \tan\arccos 0.92)$$
$$= 557.32 \times (0.78 - 0.426)$$
$$= 197.3\text{kvar}$$

取 $\Delta Q_c = 200\text{kvar}$

（3）补偿后的变压器的容量和功率因数

补偿后变电所低压侧的视在计算负荷为：

$$S'_c = \sqrt{557.32^2 + (432.24 - 200^2)} = 603.77\text{kVA}$$

因此两台变压器的总容量可以选择 800kVA，每台 400kVA。

变压器的功率损耗为：

$$\Delta P_T \approx 0.015 \times 603.77 = 9.06\text{kW}$$
$$\Delta Q_T \approx 0.06 \times 603.77 = 36.24\text{kW}$$

变电所高压侧的计算负荷为：

$$P'_{c1} = 557.32 + 9.06 = 566.38\text{kW}$$
$$Q'_{c1} = 432.24 - 200 + 36.24 = 268.48\text{kvar}$$
$$S'_{c1} = \sqrt{566.38^2 + 268.48^2} = 626.79\text{kVA}$$
$$I'_{c1} = \frac{S'_{c1}}{\sqrt{3}U_N} = \frac{626.79}{\sqrt{3} \times 10} = 36.19\text{A}$$

补偿后的功率因数为：

$$\cos\varphi = P_c/S_c = 566.38/626.79 = 0.904$$

显然达到 $\cos\varphi \geq 0.9$ 的要求。

6. 短路电流计算

（1）变压器高低压侧的短路计算

本工程采用标幺制法计算短路电流。

上级变电站出线断路器选择真空断路器 EV1206-31。

1）确定基准值

基准容量：

$$S_d = 100\text{MVA}$$

系统高压侧基准电压：

$$U_{d1} = 10.5\text{kV}$$

系统低压侧基准电压：

$$U_{d2} = 0.4\text{kV}$$

系统高压侧额定短流容量：EV1206-31 的短路开断电流 $I_{oc} = 31.5\text{kA}$

$$S_{oc} = \sqrt{3}I_{oc}U_N = \sqrt{3} \times 31.5 \times 12 = 654.72\text{MVA}$$

系统高压侧基准电流：

$$I_{d1} = \frac{S_d}{\sqrt{3}U_{d1}} = \frac{100}{\sqrt{3} \times 10.5} = 5.50\text{kA}$$

系统低压侧基准电流：

$$I_{d2} = \frac{S_d}{\sqrt{3}U_{d2}} = \frac{100}{\sqrt{3} \times 0.4} = 144\text{kA}$$

2）电路中各元件电抗标幺值的计算

①电力系统的电抗标幺值

$$X_s^* = \frac{S_d}{S_{oc}} = 100/654.72 = 0.153$$

②电力变压器的电抗标幺值的计算

$$X_T^* = \frac{U_K\% S_d}{100 S_N}$$

查得 SCB10-400/10 变压器阻抗电压 $U_K\% = 4$，则

$$X_T^* = \frac{4 \times 100 \times 1000}{100 \times 400} = 10$$

③电力线路的电抗标幺值的计算

$$X_{WL}^* = X_0 l \frac{S_d}{U_c^2}$$

查得 10kV 电缆单位长度电抗平均值 $X_0 = 0.08\Omega/\text{km}$，则

$$X_{WL}^* = 0.08 \times 5 \times \frac{100}{10.5^2} = 0.363$$

等效电路图如图 11-4-1 所示。

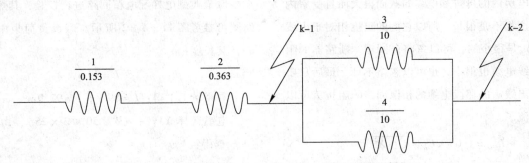

图 11-4-1　短路等效电路图（标幺制法）

3）计算高压侧的短路电流（k-1）点

$$X^*_{\sum(K-1)} = X^*_S + X^*_{WL} = 0.153 + 0.363 = 0.516$$

三相短路电流周期分量的有效值：

$$I^{(3)}_{K-1} = \frac{I_{d1}}{X^*_{\sum(K-1)}} = 5.5 / 0.516 = 10.66 \text{kA}$$

其他三相短路电流：（k-2点）

$$I''^{(3)} = I^{(3)}_\infty = I^{(3)}_{K-1} = 10.66 \text{kA}$$

$$i^{(3)}_{sh} = 2.55 \times I''^{(3)} = 2.55 \times 10.66 = 27.18 \text{kA}$$

$$I^{(3)}_{sh} = 1.51 \times I''^{(3)} = 1.51 \times 10.66 = 16.10 \text{kA}$$

三相短路容量：

$$S^{(3)}_{K-1} = \frac{S_d}{X^*_{\sum(K-1)}} = 100 / 0.516 = 193.80 \text{MVA}$$

4）计算低压侧的短路电流（k-2点）

$$X^*_{\sum(K-2)} = X^*_S + X^*_{WL} + X^*_T / 2 = 0.153 + 0.363 + 5 =$$

5.516

三相短路电流周期分量的有效值：

$$I^{(3)}_{K-2} = \frac{I_{d2}}{X^*_{\sum(K-2)}} = 144 / 5.516 = 26.11 \text{kA}$$

其他三相短路电流：

$$I''^{(3)} = I^{(3)}_\infty = I^{(3)}_{K-2} = 26.11 \text{kA}$$

$$i^{(3)}_{sh} = 1.84 \times I''^{(3)} = 1.84 \times 31.89 = 48.04 \text{kA}$$

$$I^{(3)}_{sh} = 1.09 \times I''^{(3)} = 1.09 \times 31.89 = 28.46 \text{kA}$$

三相短路容量：

$$S^{(3)}_{K-2} = \frac{S_d}{X^*_{\sum(K-2)}} = 100 / 5.516 = 18.13 \text{MVA}$$

（2）照明回路的短路计算

取该类最长回路进行计算，其短路时的电路图如图11-4-2所示，假设负荷集中在负荷中心，其长度：

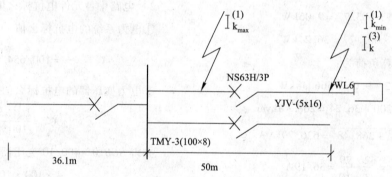

图11-4-2　低压侧短路电路图

$$L = (36.1 + 4.5 + 50 + 1.5) = 92.1 \text{m}$$

乘裕量1.1得：

$$L = 92.1 \times 1.1 = 101.31 \text{m}$$

电缆选择YJV-（5×16），根据参考文献［1］查得：

电缆单位长度电阻：$R_0 = 1.359 \text{m}\Omega/\text{m}$

单位长度电抗：$\quad X_0 = 0.082 \text{m}\Omega/\text{m}$

电缆电阻：$R = 92.1 \times 1.359 \approx 0.125 \Omega$

电缆电抗：$X = 92.1 \times 0.082 \approx 0.007 \Omega$

由于变电房内的母排和电缆的截面很大而且受室内的限制其长度都不是很长，所以它们的阻抗相对于出线电缆（YJV）是很小的，可以忽略；同理，断路器的阻抗相对于出线电缆也很小，也可以忽略不计。最后只要算得变电房出线后的那段电缆的相保回路的阻抗就可以算出短路电流了。

$$I^{(1)}_{kmin} = 1.05 \times U_n / \sqrt{R^2 + X^2}$$

$$= 1.05 \times 220 / \sqrt{0.125^2 + 0.007^2}$$

$$= 0.03 \text{kA}$$

$$I^{(3)}_k = 1.05 \times U_n / (2 \times \sqrt{R^2 + X^2}) \times \frac{2}{\sqrt{3}} = 1.05 \times (380 /$$

$$\sqrt{0.125^2 + 0.007^2} \times 2) \times \frac{2}{\sqrt{3}} = 1.07 \text{kA}$$

$$I''^{(3)} = I^{(3)}_\infty = I^{(3)}_{K-1} = 0.03 \text{kA}$$

$$i^{(3)}_{sh} = 2.55 \times I''^{(3)} = 2.55 \times 0.03 = 0.08 \text{kA}$$

$$I^{(3)}_{sh} = 1.51 \times I''^{(3)} = 1.51 \times 0.03 = 0.05 \text{kA}$$

（3）动力回路短路计算

取最典型电梯配电箱回路进行校验，其短路时的电路图可参考图11-4-2所示。假设负荷集中在负荷中心，其长度：

$$L = 89 \text{m}$$

乘裕量1.1得：$L = 89 \times 1.1 = 97.9 \text{m}$

电缆选择YJV-（3×50+2×25），由参考文献［1］查得：

电缆单位长度电阻：$\quad R_0 = 0.435 \text{m}\Omega/\text{m}$

单位长度电抗：$\quad X_0 = 0.079 \text{m}\Omega/\text{m}$

电缆电阻：$R = 97.9 \times 0.435 \approx 0.043\Omega$

电缆电抗：$X = 97.9 \times 0.079 \approx 0.007\Omega$

由于变电房内的母排和电缆的型号很大而且受室内的限制其长度都不是很长，所以它们的阻抗相对于出线电缆（YJV）是很小的，可以忽略；同理，断路器的阻抗相对于出线电缆也很小，也可以忽略不计。最后我们只要算得变电房出线后的那段电缆的相保回路的阻抗就可以算处短路电流了。

$$I_{kmin}^{(1)} = 1.05 \times U_n / \sqrt{R^2 + X^2}$$
$$= 1.05 \times 220 / \sqrt{0.435^2 + 0.007^2} = 1.04\text{kA}$$

$$I_k^{(3)} = 1.05 \times U_n / (2 \times \sqrt{R^2 + X^2}) \times \frac{2}{\sqrt{3}}$$
$$= 1.05 \times (380 / \sqrt{0.435^2 + 0.007^2} \times 2) \times \frac{2}{\sqrt{3}}$$
$$= 1.53\text{kA}$$

$$I''^{(3)} = I_\infty^{(3)} = I_{K-1}^{(3)} = 1.04\text{kA}$$
$$i_{sh}^{(3)} = 2.55 \times I''^{(3)} = 2.55 \times 1.04 = 2.65\text{kA}$$
$$I_{sh}^{(3)} = 1.51 \times I''^{(3)} = 1.51 \times 1.046.28 = 1.57\text{kA}$$

（4）低压配电柜配电室出线回路的短路计算

取最典型的低压配电柜出线回路进行校验，其短路时的电路图可参考图11-4-2。假设负荷集中在负荷中心，其长度：

$$L = (36.1 + 4.5 + 50 + 1.5) = 92.1\text{m}$$

乘裕量1.1得：$L = 92.1 \times 1.1 = 101.31\text{m}$

电缆选择 YJV - $(3 \times 240 + 2 \times 150)$，由参考文献[1] 查得：

电缆单位长度电阻：　$R_0 = 0.091\text{m}\Omega/\text{m}$

单位长度电抗：　$X_0 = 0.077\text{m}\Omega/\text{m}$

电缆电阻：$R = 101.31 \times 0.091 \approx 0.0085\Omega$

电缆电抗：$X = 101.31 \times 0.077 \approx 0.0072\Omega$

由于变电房内的母排和电缆的截面很大而且受室内的限制其长度都不是很长，所以它们的阻抗相对于出线电缆（YJV）是很小的，可以忽略；同理，断路器的阻抗相对于出线电缆也很小，也可以忽略不计。最后只要算得变电房出线后的那段电缆的相保回路的阻抗就可以算处短路电流了。

$$I_{kmin}^{(1)} = 1.05 \times U_n / \sqrt{R^2 + X^2}$$
$$= 1.05 \times 220 / \sqrt{0.0085^2 + 0.0072^2}$$
$$= 16.59\text{kA}$$

$$I_k^{(3)} = 1.05 \times U_n / \sqrt{R^2 + X^2}$$
$$= 1.05 \times (380 / \sqrt{0.0085^2 + 0.0072^2 \times 2}) \times \frac{2}{\sqrt{3}}$$
$$= 20.68\text{kA}$$

$$I''^{(3)} = I_\infty^{(3)} = I_{K-1}^{(3)} = 20.68\text{kA}$$
$$i_{sh}^{(3)} = 2.55 \times I''^{(3)} = 2.55 \times 20.68 = 52.73\text{kA}$$
$$I_{sh}^{(3)} = 1.51 \times I''^{(3)} = 1.51 \times 20.68 = 31.23\text{kA}$$

四、配变电所主结线的确定

1. 供电电源

本工程依据计算负荷、供电可靠性以及电力系统供电情况等综合因素，最终确定为第三种供电方案，即：两路10kV高压电源进线。

2. 高压电气主结线

由前面负荷计算知，本工程无功补偿后的视在功率为603.77kVA。即所需负荷不大，综合考虑后，本工程采用第三种结线方案，即高压母线分段运行，母线间不联络。

3. 低压电气主结线

高层建筑变配电所的低压主结线一般采用分段单母线结线方式、互为备用、母联开关手动或者自动切换。根据变压器的台数和电力负荷的分组情况，可以有以下几种常见的结线形式。

（1）电力和照明负荷共用变压器供电，为了对电力和照明负荷分别计量，将电力电价负荷和照明负荷分别集中，设分计量表。

（2）空调制冷负荷专用变压器供电，空调制冷负荷由专用变压器供电，当在非空调季节空调设备停用运行时，可以将专用变压器也停用，从而达到经济运行的目的。

（3）电力和照明负荷分别由不同变压器供电。

空调电力按照明电价计算，则取同时系数0.9并由负荷计算知照明、空调有功总负荷为：

$(10.38 + 103.5 + 203.1 + 20.04) \times 0.9 = 303.28\text{kW}$

而其他动力负荷的有功总负荷为：

$(48 + 51.5 + 84.3 + 16 + 20) \times 0.9 = 229.28\text{kW}$

即两组有功负荷相近，因此本工程采用第三种方案，即是：动力和照明负荷分别由不同变压器供电，且动力、照明分开计量。对于一二级负荷，则由不同母线上的两供电回路在末端自动切换。

五、变配电设备的选择

1. 变压器选择

（1）变压器的选型。

1）变压器的台数及容量应根据负荷大小对供电的可靠性和电能质量的要求进行选择。

2）变压器容量应根据计算负荷选择。

3）变压器的过负荷能力。

（2）由负荷计算得，本工程选用两台 400kVA 的环氧树脂干式铜线变压器，型号为 SCB10 - 400kVA - 10/0.4kV，D，yn11，$U_k\% = 4$。

1）冷却方式：AF（风冷）

2）变压器应设有防止电磁干扰的措施，应保证变压器不对该环境中的任何事物构成不能承受的电磁干扰。

3）变压器应有温度显示器及温控系统且三相线圈巡回轮流检测，并须有超温报警及掉闸触电，触点容量应达到 220V/2A。

2. 高压配电设备选择

（1）高压配电装置初步选择

本工程初步方案选用因为 KYN28A - 12 型高压开关柜。但因其最终所需负荷不大，且其中重要负荷的总负荷所占电气总负荷比例较少，同时考虑到高压断路器与高压负荷开关的经济比较，以及受限于变配电所面积，所以改选占地较小，操作简单，可灵活组合的 SM6 高压环网柜。

（2）高压设备的选择与校验

1）高压负荷开关

①本柜采用 AS12 系列 SF6 高压负荷开关。

②额定电压和电流选择：

$$U_{max} \geq U_y kV, \ I_r \geq I_{max} A$$

式中　U_{max}、U_y——分别为电气设备和电网的额定电压；

　　　I_r、I_{max}——分别为电气设备的额定电流和电网的最大负荷电流。

③开断电流选择。

高压负荷开关的额定开断电流交流分量有效值不应小于实际开断瞬间的短路电流周期分量有效值，即：

$$I_{sc} \geq I_{sct}$$

④短路关合电流的选择。

为了保证断路器在关合短路电流时间的安全，负荷开关的额定关合电流不应小于短路电流最大冲击值。

⑤负荷开关热稳定和动稳定的校验。

校验式：

热稳态：$I_{al}^2 \times t \geq I_{\infty}^{(3)2} \times t_{ima}$

动稳态：$i_{max} \geq i_{sh}^{(3)}$

本工程采用 SC6 - 125。额定电压 $U = 12kV$，额定负荷开断电流 $I = 630A$，额定短路开断电流 $I_{sc} = 25kA$。

根据前文短路计算，变压器高压侧短路冲击电流 $i_{sh}^{(3)} = 27.8kA < I_{sc} = 50kA$，满足要求。

热稳定也满足要求，过程略。

2）互感器

①种类和型式的选择。

选择电流互感器时，应根据安装地点（如屋内、屋外）和安装方式（如穿墙式、支持式、装入式）选择其形式。当一次电流较小时，优先采用一次绕组多匝式。信号及智能化系统用互感器二次额定电流采用 1A，供配电系统用互感器二次侧额定电流采用 5A。

②一次回路额定电压和电流的选择。

A. 互感器的额定电压不小于回路电网电压。

B. 互感器的额定电流不小于回路的最大持续电流。

本工程各回路所用互感器一次侧额定电流，根据所接回路计算电流，向上取整，如 50/5、100/5、150/5 等。

3. 低压配电设备选择

低压设备选择应该满足工作电压、电流、频率、准确等级和使用环境的要求，应该尽量满足短路条件下的动稳定性与热稳定性，对断开短路电流的电器应该校验其短路条件下的通断能力。由于高层建筑的造价高，为少占用面积，一般多采用结构紧凑、防护性质好、维护方便、方案组合灵活、开关分断能力高的抽屉式低压配电柜或组合式低压配电柜。

（1）常用的低压配电柜

MNS 型低压开关柜、DOMINO 组合式开关柜、GCK、GCL 型低压抽出式成套开关设备、GHK1 低压固定组合式开关柜。

本工程选用的就是 GCK 型低压开关柜。

（2）断路器的选择

以消防电梯为例选择断路器：

已知 $P_e = 18.5kW$，$I_{IN} = 37A$，根据设计手册，对于普通笼型感应电动机，其启动电流是额定电流 4 ~ 7 倍，故：

$$I_q = (4 \sim 7) I_N = 7 I_N = 7 \times 37 = 259A（因电机功率$$

较小，全压起动）

断路器长延时脱扣器整定值：

$$I_{RT} = K_S I_N = (1.1 \sim 1.2) I_N = 1.1 \times 37 = 40.7A，取$$

$I_{z1} = 50A$。

则断路器的瞬时脱扣器的整定值为：

$$I_{z2} = 12 I_{z1} = 12 \times 50 = 600A$$

当断路器的瞬时脱扣器整定值等于或大于2.0～2.5倍的电动机启动电流时就能躲过电动机启动电流对脱扣器的冲击：

$$I_{R1} = K I_q = (2.0 \sim 2.5) I_q$$

消防电梯为轻载，取 $K = 2.0$，则

$$I_{R2} = K I_q = 2.0 \times 259 = 518A < I_{z2} = 600A$$

则 $I_{z1} = 50A$

整定值合格。

热继电器额定电流选为42A。

4. 低压柜出线回路电缆的选择与校验

（1）AL2低压开关柜出线回路电缆的选择与校验

AL2低压开关柜出线回路为五个照明回路，其中WLM1为封闭母线出线树干式供电给层照明配电箱，其他回路一备一用分别供电给应急照明配电箱和变电所所用配电箱–1ALE1。

WLM1回路计算电流205.62A，选用封闭母线KSC25 250A从低压配电柜引向电气竖井，允许持续载流量250A。

WLM2回路计算电流20.50A，选用YJV–0.6/10kV–5×10电缆，沿桥架敷设，引向电气竖井，其允许载流量为85A，满足要求。

WLM3回路计算电流3.45A，选用YJV–0.6/10kV–5×10电缆，沿桥架敷设，引向电气竖井，其允许载流量为85A，满足要求。

热稳定校验：

$$A_{min} = I_\infty^{(3)} \frac{\sqrt{t_{ima}}}{C}$$

式中　C——热稳定系数 $A\sqrt{S}/$（mm^2），根据参考文献［1］查表得 YJV–（5×10）型铜芯电缆为140；

$$A_{min} = I_\infty^{(3)} \frac{\sqrt{t_{ima}}}{C} = 2.05 \times 10^3 A \times \frac{\sqrt{0.75S}}{140A\sqrt{S}}$$

$$= 12.7mm^2 < 16mm^2$$

校验合格。

（2）AL3低压开关柜出线回路电缆的选择与校验

AL3低压开关柜出线回路为八个动力回路。

1WPM1动力回路计算电流41.8A，选用YJV–（5×10）型铜芯电缆，桥架中敷设，允许持续载流量85A。

热稳定度校验同WLM2回路。

2WPM2～5电梯动力回路计算电流40A，选用YJV–（5×10）型铜芯电缆，桥架中敷设，允许持续载流量85A。

热稳定度校验同WLM2回路。

（3）AL7低压开关柜出线回路电缆的选择与校验

AL7低压开关柜同AL3配置。

（4）AL8低压开关柜出线回路电缆的选择与校验

AL8低压开关柜出线回路为5个动力回路。

WLM9回路计算电流42A，选用YJV–（5×10）型铜芯电缆，桥架中敷设，允许持续载流量85A。

热稳定度校验：

$$A_{min} = I_\infty^{(3)} \frac{\sqrt{t_{ima}}}{C}$$

式中　C——热稳定系数 $A\sqrt{S}$（mm^2），根据参考文献［1］查表得 YJV–（5×10）型铜芯电缆为140；

$$A_{min} = I_\infty^{(3)} \frac{\sqrt{t_{ima}}}{C} = 2.05 \times 10^3 A \times \frac{\sqrt{0.75S}}{140A\sqrt{S}}$$

$$= 12.7mm^2 < 16mm^2$$

校验合格。

WLM10回路计算电流350A，选用ZR–YJV–(3×95+2×50)型铜芯电缆，桥架中敷设，允许持续载流量362A。

热稳定度校验：

$$A_{min} = I_\infty^{(3)} \frac{\sqrt{t_{ima}}}{C}$$

式中　C——热稳定系数 $A\sqrt{S}$（mm^2）根据参考文献［1］查表得 ZR–YJV–（3×95+2×50）型铜芯电缆为140；

$$A_{min} = I_\infty^{(3)} \frac{\sqrt{t_{ima}}}{C} = 6.22 \times 10^3 A \times \frac{\sqrt{0.75S}}{140A\sqrt{S}}$$

$$= 38.5mm^2 < 95mm^2$$

校验合格。

WLM11、WLM12、WLM13校验计算，略。

5. 电压损失计算

（1）AL2电压损失的计算

取该类最长的 WLM2 回路进行校验，假设负荷集中在负荷中心，其长度：

$$L = 4.4 + 3 + 39.6 + 8 + 8 + 3 + 60 = 126m$$

乘裕量 1.1 得 $L = 126 \times 1.1 = 138.6m$。

电缆选择 YJV – （5×10）根据产品资料查得：

电缆单位长度电阻：$R_0 = 1.359 m\Omega/m$

单位长度电抗：$X_0 = 0.082 m\Omega/m$

电缆电阻：$R = 138.6 \times 1.359 m\Omega/m \approx 0.18835\Omega$

电缆电抗：$X = 138.6 \times 0.082 m\Omega/m \approx 0.01137\Omega$

三相电压损耗：

$$\Delta U_{三相}\% = \frac{P_c \cdot R + Q_c \cdot X}{U_{N三相}^2} \times 100\%$$

$$\therefore \Delta U\% = \frac{1100 \times 0.188 + 580 \times 0.0114}{380^2} \times 100\%$$

$$\approx 0.14\% < 2.5\%$$

满足要求。

所以与 WLM2 回路计算电流接近和电缆型号的选择相同的回路，其电压损失将满足要求。

（2）AL8 电压损失的计算

取该类最长的 WPM12 回路进行校验，假设负荷集中在负荷中心，其长度：

$$L = 4.4 + 3 + 39.6 + 8 + 8 + 3 + 60 + 6 = 132m$$

乘裕量 1.1 得 $L = 132 \times 1.1 = 145.2m$。

电缆选择 YJV – （3×50+2×25）根据参考文献[1]查得：

电缆单位长度电阻：$R_0 = 0.435 m\Omega/m$

单位长度电抗：$X_0 = 0.079 m\Omega/m$，

电缆电阻：$R = 132 \times 0.435m \approx 0.057\Omega$

电缆电抗：$X = 145.2 \times 0.079m \approx 0.011\Omega$

三相电压损耗：

$$\Delta U_{三相}\% = \frac{P_c \cdot R + Q_c \cdot X}{U_{N三相}^2} \times 100\%$$

$$\therefore \Delta U\% = \frac{16500 \times 0.057 + 21950 \times 0.011}{380^2} \times 100\%$$

$$\approx 0.82\% < 2.5\%$$

满足要求。

所以与 WPM12 回路计算电流接近和电缆型号的选择相同的回路，其电压损失必将满足要求。

第五节 防雷接地系统设计

本工程建筑物的尺寸为长 27m，宽 31.5m，高

36.6m。淮安地区年平均雷暴日为 37.5d/a。

因建筑物的高 H 小于 100m，则其等效面积确定为：

$$A_e = [LW + 2(L+W) \times \sqrt{H(200-H)} + \pi H(200-H)] \times 10^{-6} = [27 \times 31.5 + 2 \times (27+31.5) \times \sqrt{36.6 \times (200-36.6)} + \pi \times 36.6 \times (200-36.6)] \times 10^{-6}$$

$$= 0.0287$$

该建筑物年预计雷击次数（次/a）：

$$N = 0.1 T_a K A_e = 0.1 \times 37.5 \times 1 \times 0.0287 = 0.1076$$

由《建筑防雷设计规范》中，年预计雷击次数大于 0.05 次/a 的人员密集的公共建筑划为二类防雷建筑，即本工程为第二类防雷建筑物。

则该建筑物防雷装置须满足防直击雷、防雷电感应及雷电波入侵要求，且设置总等电位的连接。

一、防雷接地要求

（1）本建筑物屋顶易受雷击的部位设置 Φ10mm 的热镀锌圆钢（4mm×25mm 的热镀锌扁钢）避雷带作为接闪器，在整个屋面组成 10m×10m 或 12m×8m 的网格。

（2）避雷带安装在屋顶的外沿和建筑物的突出部位。

（3）屋面上的所有金属突出物，如卫星和共用天线接收装置、节日彩灯、金属设备和管道以及建筑物金属构件等，均应与屋面上的防雷装置可靠连接。

（4）建筑物的擦窗机及导轨应做好等电位连接并与防雷系统连为一体。当擦窗机升到最高处，其上部达不到人身的高度时，应作 2m 高的避雷针保护。

（5）利用建筑物四周每一根结构柱内二根主钢筋（Φ≥16）作为防雷引下线，且间距不大于 18m。引下线下端与基础梁及基础底板轴线上的上下两层钢筋内的主钢筋可靠焊接。外墙引下线在距室外地面 1m 处引出与室外接地线焊接。

（6）本工程强、弱电接地系统统一设置，即：采用共用接地系统。利用建筑物结构基础作为接地装置，要求总接地电阻 $R \le 1\Omega$。在结构完成后，必须通过测试点测试接地电阻，若达不到设计要求，应加人工接地体。

（7）人工接地体距建筑物出入口或人行通道不应小于 3m。当小于 3m 时，为减少跨步电压，采取下列措施之一：

①水平接地体局部埋深不应小于 1m；

②水平接地体局部应包绝缘物，可采用 50~80mm 的沥青层，其宽度应超过接地装置 2m；

③采用沥青碎石地面或在接地体上面敷设 50~

80mm 的沥青层，其宽度应超过接地装置 2m。

（8）当结构基础有被塑料、橡胶等绝缘材料包裹的防水层时，应在高出地下水位 0.5m 处，将引下线引出防水层，与建筑物周圈接地体连接。

（9）引下线距地 0.5m 设测试卡子，并配有与墙面同颜色的盖板。

（10）接地装置焊接应采用搭接焊，其搭接长度应满足以下要求：

①扁钢与扁钢搭接应为扁钢宽度的 2 倍，不少于三面施焊；

②圆钢与圆钢搭接应为圆钢直径的 6 倍，双面施焊；

③扁钢与圆钢搭接应为圆钢直径的 6 倍，双面施焊；

④扁钢与钢管、扁钢与角钢焊接时，紧贴角钢外侧两面，或紧贴钢管 3/4 钢管表面，上下两侧施焊。

（11）室外接地凡焊接处均应刷沥青防腐。

（12）在变压器低压侧装一组电涌保护器 SPD，装在低压主进断路器负载侧的母线上，SPD 支线上设短路保护电器，并且与主进断路器之间有选择性。

（13）在向重要设备供电的末端配电箱的母线的各相上，装设信号 SPD。

（14）由室外引入或室内引至室外的电力线路、信号线路、控制线路、信息线路等在其入口处的配电箱、控制箱、前端箱等的引入处应装设信号 SPD。

（15）防雷设施施工参见国家标准图集《建筑物防雷设施安装》D501-1。

二、安全措施

（1）在地下一层配电房适当柱子处预留 160×160×6（mm）铜板，并与沿建筑物内墙全长敷设的一根接地带可靠连接，作为专用总等电位连接线，将建筑物内设备金属总管、建筑物金属构件等部位进行总等电位连接。

（2）在消防控制室、电梯机房、中央控制室以及各层强、弱电竖井、卫生间等处做局部等电位连接。接地线规格详见接地干线系统图。

（3）为阻止人身触电的危险，本工程设置专用接地保护线（PE），即 TN-S 系统配线，电缆进线处做重复接地。凡正常不带电，绝缘破坏时可能带电的电气设备的金属外壳、穿线钢管、电缆外皮、支架等均应可靠与接地系统连接。

（4）等电位盘由紫铜板制成，应将建筑物内保护干线、设备金属总管、建筑物金属构件等部位连接。总等电位连接均采用各种型号的等电位卡子，绝对不允许在金属管道上焊接。具体做法参考《等电位连接安装》D501-2。各种金属设备总管位置详见设备工种的施工图。

（5）本工程采用 TN-S 系统接地形式，其专用接地保护线（PE）的界面规定为：

当相线截面 $\leqslant 16mm^2$ 时，PE 线为相线相同；

当相线截面 $16 \sim 35mm^2$ 时，PE 线为 $16mm^2$；

当相线截面 $35 \sim 400mm^2$ 时，PE 线为相线截面的一半；

（6）变压器的中性点与接地装置连接时，应采用单独的接地线。

（7）所有插座回路均设置剩余电流保护器，其动作电流 $\leqslant 30mA$，动作时间不大于 0.1s。

三、屋顶太阳能热水器防雷措施

由于水专业采用太阳能热水系统，在屋顶装有大量太阳能集热板，要求对其做好有效的防雷措施。

本工程采用在太阳能热水器水箱最高处正上方 25cm 处布避雷线的防雷措施。同时注意所有焊接长度如果为双面焊接应为 6 倍圆钢直径，太阳能支架也应与防雷装置可靠连接。

第六节　火灾自动报警与消防联动控制系统设计

一、方案设计

1. 系统的保护等级

根据高层建筑的使用性质、火灾危险性、疏散和扑救难度，确定本工程为二类建筑，为二级火灾自动报警系统保护对象。按上海市松江电子仪器厂 JB-3101G 模拟量智能型火灾报警控制系统设计。

2. 系统形式

火灾自动报警系统是整个电气消防的核心，它对控制火灾蔓延，减少火灾损失起着至关重要的作用。火灾自动报警系统主要由触发器件、火灾报警装置、火灾警报装置和其他辅助功能的装置组成。

火灾自动报警与消防联动控制系统分：区域系统，集中系统，控制中心系统。本工程为二级保护对象，火灾报警系统采用集中报警系统。

集中报警系统报警控制器要求具有下列基本功能。

(1) 为火灾探测器供电;

(2) 火灾自动报警,接受探测器的火灾报警信号后发出声光报警信号,显示火灾部位;

(3) 故障报警,能对探测器的内部故障及线路故障报警,发出声光信号,指示故障部位及种类。其声光信号与火灾信号不同;

(4) 火警优先,当故障与火灾报警先后同时出现,均优先发出火灾报警信号;

(5) 自检和巡检,可人工自检和自动巡检报警控制器内部及外部系统器件和线路是否完好,以提高整个系统的完好率;

(6) 自动计时,可以自动显示第一次火警时间或自动记录火灾及故障报警时间;

(7) 能接收区域报警器或火灾探测器发来的火灾信号,用声、光及数字显示火灾发生的区域和楼层;

(8) 集中监控、管理,发生火灾时可便于加强消防指挥。

二、系统设计

1. 消防控制室的位置和面积

淮安古黄河大酒店的消防控制中心设在一层的右侧,有直接对外出口,并且门朝外开。消防控制中心内设置火灾报警控制器、消防联动控制装置、消防对讲主机、消防应急广播主机及显示、打印设备。其面积为 $4.2 \times 6.9 = 28.98 \mathrm{m}^2$。

消防控制室应有的控制和功能。

(1) 控制消防设备的启、停,并显示其工作状态;

(2) 除自动控制外,还应能手动直接控制消防水泵,防烟和排风机的启、停;

(3) 显示火灾报警、故障报警部位;

(4) 应有显示被保护建筑的重点部位、疏散通道及消防设备所在位置的平面图或模拟图;

(5) 显示系统供电电源的工作状态。

2. 探测器的设置部位和类型

根据参考有关感烟探测器和感温探测器的特点和相关规范,结合本次工程的实际情况,在锅炉房、厨房选用感温探测器;其他房间、走廊、楼梯的上下出入口、竖井间内等均选用感烟探测器。

楼层显示盘放在楼层走廊的中间,靠近交叉口电梯

前室的位置,便于工作人员的观察。

古黄河大酒店工作区探测器平面布置计算,本次建筑主要的房间有客房、餐厅、多功能厅、厨房、锅炉房、设备间和水泵房。

(1) 锅炉房:根据参考文献,锅炉房应采用感温探测器。

① 确定感温探测器的保护面积 A 和保护半径 R。

保护区域面积:$S = 12.6 \times 6.9 = 86.96 \mathrm{m}^2 \geqslant 30 \mathrm{m}^2$

房间高度:$h = 4.5 \mathrm{m}$,即 $h \leqslant 6 \mathrm{m}$

顶棚坡度:$\theta = 0°$,即 $\theta \leqslant 15°$

查表可得,感烟探测器保护面积 $A = 20 \mathrm{m}^2$,保护半径 $R = 3.6 \mathrm{m}$。

② 计算所需探测器数 N。

根据参考文献,该工程为二级保护对象,K-修正系数取 1.0。

则所需探测器数为:$N \geqslant S/KA = 86.90/1.0 \times 20 = 6$ 只。

③ 确定探测器安装间距 a、b。

查极限曲线 D:

$D = 2R = 2 \times 3.6 = 7.2 \mathrm{m}$,$A = 20 \mathrm{m}^2$,查图可得极限曲线为 $D1$。

确定 a、b:

由于锅炉房的感温探测器采用均匀布置。根据现场的实际情况 $a = 4.2 \mathrm{m}$;$b = 3.45 \mathrm{m}$。

布置探测器:其布置的方式见图 11-6-1。

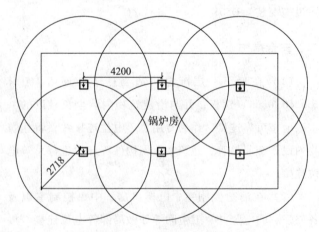

图 11-6-1 锅炉房探测器布置图

校核

$r = [(a/2)^2 + (b/2)^2]^{1/2} = (2.1^2 + 1.725^2)^{1/2} = 2.72 \mathrm{m}$

即 $3.6 \mathrm{m} = R > r = 2.72 \mathrm{m}$,满足保护半径的要求。

(2) 客房、中餐厅、多功能厅、咖啡厅、洗衣房:

厅采用感烟探测器。

计算过程略。

（3）厨房：采用感温探测器。

计算过程略。

（4）其他空间探测器设置。

①在九层的排烟竖井之中分别布置一个感烟探测器。

②电梯机房探测器设置。

电梯机房选用感烟探测器，灵敏度为Ⅱ或Ⅲ级，布置与办公室的相同。

③电梯竖井中的探测器设置。

电梯竖井中采用感烟探测器，在位于十层电梯井最顶部分别布置一个感烟测器，探测器居中布置。

④卷帘门两侧探测器。

在卷帘门两侧分别设置感烟、感温探测器，并接入卷帘门控制箱。

（5）火灾报警按钮的设置。

报警区域内每个防火分区，至少安装一只手动火灾报警按钮。从一个防火分区内的任何位置到最邻近的一个手动报警按钮的距离，不宜大于25m。手动火灾报警按钮在下列部位装设：各层楼梯间、电梯前室，大厅、过厅、主要公共活动场所出入口，餐厅、多功能厅等处的主要出入口，主要通道等经常有人通过的地方。

在本工程中，根据消防防火分区的划分要求，每一层为一个防火分区，在各层的电梯前室各设置一个报警按钮，每一层最远点距最近的手动火灾报警按钮距离大约为16m，满足了要求，为了提高对火情的监控能力，本工程中采用带电话插孔的手动报警按钮，并在地下层的停车场的中间位置设置手动报警按钮，以提高对停车场监控。

（6）火灾应急广播与消防通信。

本建筑设有服务性广播与消防紧急广播合用的广播系统。在走廊、楼梯口、交叉口等重要位置布置，并且保证了从防火分区的任意位置到最近的一个扬声器的距离不超过25m，客房每个房间布置一个扬声器。公共区域扬声器功率一般取3W，客房扬声器功率1W。当确认火灾信号后，所有广播强制切换到紧急广播状态，并按规定输出语音报警信号。

消防电话网络为独立的下消防通信系统。消防控制室设消防专用电话，配电室、顶层电梯机房设有消防电话。其他通过火灾报警按钮带电话塞孔，用固定电话报

警。平面图中电梯前室的1825模块为扬声器控制模块。

（7）消防联动设计。

1）消防泵的控制：由消火栓按钮控制，或消防控制中心发指令来控制启/停，并将设备状态信号反馈到消防控制中心。

在每个消防箱设置消火栓按钮。整栋建筑的消火栓按钮单独连成一体，并接到消防泵防消防泵控制柜。

2）喷淋系统：由水流指示器或压力开关控制，或消防控制中心发指令来控制启/停，并将设备状态信号反馈到消防控制中心。

在水流指示器与压力开关处设置联动模块，接入联动总线。

消防泵、喷淋泵和消防电梯为多线联动，从消防控制中心引来多线联动控制总线。

3）防排烟设备：现场发现火灾后，停止有关部位的风机，关闭防火阀，并接受其反馈信号；启动有关部位的防、排烟风机和排烟阀，并接受其反馈信号。在相应的风机、排烟机、排烟阀等处，设置联动模块，接入联动总线。

4）电梯控制：发出控制信号强制所有电梯停在首层，并接受其反馈信号。在电梯控制箱设置联动模块，接入联动总线。

5）广播控制：火灾确认后，把广播强制切换到紧急广播状态，通过消防广播发出火灾警报通知火区人员疏散。

6）卷帘门控制：火灾确认后，关闭有关部位的防火卷帘，并接受其反馈信号。在卷帘门两侧分别设置烟感与温感，并在卷帘门控制箱设置控制模块。

7）应急照明：确认火灾后，强制点亮所有应急照明。

8）非消防电源切断：确认火灾后，切断有关楼层（防火分区）的非消防电源，并将设备状态信号反馈到消防控制中心。在各层的非消防电源总进线断路器内设置分励脱扣，同时在配电箱内设置联动模块，连接到报警总线。

（8）设备选择

1）火灾报警控制器

为满足本工程火灾自动报警及消防联动控制要求，本工程中选用JB－3101G（B）型火灾报警控制系统。JB－3101G（B）型火灾报警控制系统是在继承了JB－1501A型火灾报警控制系统优点的基础上，开发生产的新一代（开关量）报警控制系统。

主要技术指标：略。

2）楼层显示器

本工程采用 JB-SX-96 火灾显示盘。它通过总线与火灾报警控制器相连，处理并显示控制器传送过来的数据。当用一台报警控制器同时监控数个楼层或防火分区时，可在每个楼层或防火分区设置火灾显示盘以取代区域报警控制器。

主要技术指标：略。

3）输入模块

此工程中的输入模块选用 HJ-1750、HJ-1750B 型输入模块。输入模块可将现场各种主动型设备如：水流指示器、压力开关等接入到消防控制系统的总线上。

技术指标：略。

4）短路隔离器：采用 HJ-1751 型隔离器，可在恶劣的工业环境下稳定工作。主要用于隔离总线上发生短路的部分，保证总线上的其他设备正常工作。待故障修复后，隔离器可自行将被隔离出去的部分重新纳入系统，而且使用隔离器便于确定总线上发生短路的位置。具有超强的抗电磁干扰能力。

主要技术指标：略。

5）总线型联动模块选用 HJ-1825 总线控制模块。HJ-1825 总线控制模块用于控制警铃、声光报警器、阀口、电梯、广播切换等，输出继电器提供二常开二常闭转变触点，模块接收无源常开反馈信号。

主要技术指标：略。

6）多线型联动模块选用 HJ-1807 多线控制模块。HJ-1807 多线控制模块用于控制水泵、风机等重要设施，其输出继电器提供二常开二常闭转变触点，模块接收无源常开反馈信号或 AC220V 交流反馈信号。

主要技术指标：略。

3. 消防线路的选择和敷设

（1）导线选择

火灾自动报警与消防联动控制系统的布线，应采用铜芯绝缘电线或铜芯电缆且耐压不低于交流 250V。由于本次设计的建筑是二类建筑，建筑内重要消防设备（如消防水泵、消防电梯、防、排烟风机等）采用阻燃型的电线或电缆。

（2）线路敷设

1）火灾探测器的传输线路采用阻燃型电缆 BV 敷设。

2）连接手动报警器（包括起泵按钮）、消防设备启动控制装置、电气控制回路、运行状态反馈信号、灭火系统中的电控阀门、水流指示器、应急广播等线路宜采用耐热配线。

3）由应急电源引至第一台设备（如应急配电装置、报警控制器等）以及从应急配电装置至消防泵、喷淋泵、送排烟风机、消防电梯、防火卷帘门、疏散照明等的配电线路，采用耐火配线。

综上所述，耐火耐热配线的措施如下：

1）本工程消防控制室引出的火灾报警线路均采用铜芯聚氯乙烯绝缘连接软电线即 RVS 线，消防联动控制线、广播线和 24V 主机电源线铜芯聚氯乙烯绝缘电线即 BV 线，消防电话线铜芯聚氯乙烯绝缘软电线即 BVR 线。以上的这些线路均采用水煤气管敷设，且在金属管或金属线槽上涂布防火涂料保护；采用暗敷的，则穿金属保护管敷设在不燃烧体结构内，保护层厚度≥30mm。

2）消防用电设备的供电线路采用阻燃电线电缆沿阻燃桥架敷设，火灾自动报警系统传输线路、联动控制线路、通信线路和应急照明线路为 BV 线穿钢管沿墙、地面和楼板暗敷。暗敷设时，可用普通电线电缆穿金属或阻燃塑料管保护，敷设在不燃烧体结构内，且保护层厚度不宜小于 30mm。明敷设时，应采用金属管或金属线槽涂防火涂料保护。竖井内敷设时，采用绝缘和护套为不延燃材料的电缆，不穿金属管保护。

4. 防雷保护与信息接地设计

（1）室外引入线缆每回路加装电涌保护器（SPD）。

（2）本工程保护接地、弱电接地及防雷接地采用联合接地，要求接地电阻大于 1Ω。

（3）消防控制中心单独设置 BV-1×25 接地线一根，穿 PC20 从基础接地极直接引来。

（4）所有弱电的金属箱体、金属走线槽均应可靠接地。考虑到系统的电磁兼容性 EMC，线缆均穿金属管或金属线槽敷设。相邻布置的信息插座与电源插座的间距需≥300mm。

第七节　安全防范系统设计

淮安古黄河大酒店的安防系统应由主要由视频监控系统、入侵报警系统与门禁系统组成。

一、视频安防监控系统设计

1. 系统方案

1）根据建筑实际情况，本工程视频安防监控采用模拟——数字系统，即前端摄像系统采用模型系统，后端存储、控制采用数字控制系统。

2）本工程视频安防监控系统与入侵报警系统联动，并预留网络接口，后期可根据需要接入火灾自动报警、建筑设备管理系统等。

3）本工程选用彩色、黑白混合系统。

2. 视频监控点布置情况

视频安防监控系统应对需要进行监控的建筑物内（外）的主要公共活动场所、通道、电梯（厅）、重要部位和区域等进行有效的视频探测与监视，图像显示、记录与回放。结合本工程实际情况，监控点的设计方案如下。

1）视频监控系统由一层安全防范监控中心统一管理。除电梯外，其余摄像机输出信号通过 SYV-75-5 同轴电缆接入安全防范监控中心，电梯摄像机的视频信号采用 SYFPY 电梯专用同轴电缆传输。

2）考虑对本工程加强其自身防范能力、规范内部管理，在大楼内建立视频安防监控系统，对古黄河大酒店的主要出入口、电梯轿厢、门厅、各楼层电梯厅、走廊等重要防护部位及部门设置监控点，并进行实时监视及录像，以备事故监察。根据以上的分析，本系统共计需配置 65 台摄像机，其中 26 台为黑白固定摄像机，31 台为彩色摄像机，6 台半球形摄像机，2 台一体化快球。具体每层的配置见表 11-7-1。

摄像机配置   表 11-7-1

楼层	彩色摄像机	半球形摄像机	一体化快球	黑白摄像机
B1	4	0	0	2
1	3	2	2	7
2	3	0	0	3
3	3	0	0	2
4	3	0	0	2
5	3	0	0	2
6	3	0	0	2
7	3	0	0	2
8	3	0	0	2
9	3	4	0	2
总计	31	6	2	26

3）根据设计规范摄像机的监视距应在 20~40m 之间。摄像机应安装在监视目标附近不易受外界损伤的地方，其位置不应影响现场设备的运行和人员的正常活动。安装高度为：室内距地 2.5~5m；室外距地 3.5~10m。电梯轿厢内摄像机因应安装在电梯操作器对角处的轿厢顶部，应能监视轿厢内全景。

3. 主要设备选择

1）摄像机选择。

综合摄像机原理、分类和技术指标，本工程中的摄像机均采用三星公司的产品。

①一层大厅需要监控整个大厅的全部情况，采用球形摄像机，SCC-C6433 一体化快球摄像机。布置在大厅中部。

②电梯厅、楼梯间等人流量较大、照度较高场合，采用彩色摄像机，SDC-415PD 高清晰经济型彩色摄像机，配固定云台。布置在楼梯或电梯厅的角落，位置要能监视整个区域。

③各层走廊、主要通道等，考虑到可能在低照度情况下工作，选用黑白摄像机，选用 SBC-331AP 黑白固定式摄像机，配固定云台。布置在走廊或通道的尽头与拐角处。

④电梯专用摄像机选用 SCC-B5203SP 三星电梯专用彩色半球摄像机，电梯内吸顶安装。

各摄像机的产品介绍略。

2）矩阵、主控键盘系统。

根据视频切换的要求以及视频监控系统的实际情况，选择加拿大 AB 公司生产的 AB80-50VD 系列视频矩阵切换/控制系统。

因系统前端共 63 路输入，考虑输出 16 路，故选择 AB80-50VD64-16 矩阵控制主机。

控制键盘采用 AB60-884M 宏功能键盘，实现宏指令操作。

矩阵控制主机与键盘主要技术参数略。

3）录像机选择。

根据对于录像机的要求，在本工程选用三星硬盘录像机，型号为 SRD-1640P 十六路 CIF 全实时硬盘录像机。其技术参数略。

4. 系统供电

本工程安防系统主机供电采用交流电＋UPS 电源供电方案，设置 25kVA UPS 一台，给系统主机供电。

本工程各摄像机均采用 DC24V 电源供电，每层设置 DC24V 电源一台，放在每层弱电井，供本层摄像机及楼层入侵报警设备用。电源传输线路采用 RVV-2×1.5。电源线路单独穿管，不敷设在弱电桥架内。

5. 控制信号传输

本工程一层两台快球需要进行远程控制，其余均不予控制。因摄像机与监控中心相距不远，故控制信号采用 RS-485 总线。从矩阵控制主机引出 RS-485 总线至摄像机，控制线路采用 RVVP-2×1.5。

6. 监视系统

本工程共设置 16 台监视器，均为 19 寸彩色液晶显示器，组成 4×4 电视墙。监视器中 2 台为快球专用，其余根据需要人工或自动切换。

7. 线路敷设

本工程安防系统视频信号、控制信号与入侵报警信号在电井及各层走廊区域合用金属桥架。24V 电源单独穿管。从桥架至设备部分穿 MT 金属管，其中电源线路需单独穿管，视频线路、控制线路可同管敷设。

8. 系统的功能描述

本工程的视频监控系统的主要功能略。

二、入侵报警系统设计

1. 入侵报警系统监控点设置

古黄河大酒店应设置入侵报警系统。设置入侵报警的主要部位为：酒店的出入口、各层楼梯间出入口，见表 11-7-2。

探测器分布表　　表 11-7-2

楼层	位置	类型	数量
-1 层	楼梯口	被动红外	8
1 层	出入口	被动红外	12
2 层	楼梯口	被动红外	6
3~9 层	楼梯口	被动红外	每层 5

2. 系统的组成及功能

本工程中的入侵报警系统主要由前端探测器、防区模块、防盗报警主机。

（1）前端探测器

工程中经常使用的探测器有微波探测器和红外探测器。微波探测器是针对移动物体来探测的，它发射一种频率的微波，微波碰到移动的物体后频率会产生偏差，

然后根据这个偏差来判断是否有移动物体。而红外探测器是一种被动的探测设备，完全不需要自己发射任何东西，它是通过探测人体放射出的热能（特定频率的红外线）来工作的，只要是活人的身体来到附近，就一定会发出红外线，并且由于这种探测器本身并不发射任何东西，有极强的隐蔽性，所以这种设备从远离上来讲，本身是很先进的。

根据本工程的实际和两种探测器各自的优缺点，在此工程中主要选用红外探测器作为前端探测器。

（2）防区模块

防区模块的主要功能是对每个探测器进行地址编码，从而实现总线式的报警传输方式，再由报警主机进行解码，便于与探测器的连接，进而提高了系统的先进性。

（3）入侵报警主机

入侵报警主机通过识别探测器的地址码，对确定报警防区的位置，同时它能够输出报警信号，与视频监控系统等其他的系统实现联动。

综合以上各组成部分的分析，此系统采用总线制的报警方式，通过相应的防区模块将各个前端探测器的探测信号传输到入侵报警主机之中去，入侵报警主机通过自带的软件进行分析得出报警的区域，并通过声光告知相关的管理人员，从而实现对大楼的安全防范。同时入侵报警主机也负责为每一个探测器提供电源，从而进一步提供其可靠性。

3. 主要设备选择

（1）探测器

此工程中的被动红外探测器选用霍尼韦尔 Honeywell 公司生产的产品，其型号为 IS2260T。其具有真实的温度补偿，捕获性能更佳，大大降低误报率；安装方式灵活，可墙装、角装或利用旋转安装支架以一定的角度安装，安装高度可选（2.3m 或 3m）；下望窗功能，防止爬行入侵者高高 LED 显示，方便步测；步测完毕后，LED 灯速熄灭，以降低探测器的功耗；防拆保护功能，可探测到"外壳被打开或被破坏"异常事件。

具体的技术指标：略。

（2）防区扩展模块

此工程中选用防区扩展模块选用霍尼韦尔公司生产的 4293SN 可编址单防区扩展模块，其支持 1 个常闭回

路，额定电流为 1mA，能够对常规探测器进行自学式编址，以便接入 ADEMCO 支持总线的主机。

（3）报警主机

此工程中的报警主机我们选用 Honeywell 的 VISTA - 120 总线制报警主机。

其控制性能与电气性能略。

三、门禁系统

1. 设计方案

本次设计在地下层、一层～四层的重要房间设置门禁设备，五层以上各客房均设置门禁系统。

本次设计拟全部采用微耕的双门门禁控制器，依照两门靠近共用一个双门门禁控制器的原则进行门禁设备的布置。具体内容可参见门禁系统图和弱电平面图。

地下一层及一层～四层设有双门门禁控制器，每个门在门口设刷卡机、门内侧设出门按钮，门锁采用电控锁。

客房直接采用门锁刷卡开锁方式，不是单独的刷卡机与出门按钮。

设备线路水平干线和垂直干线部分借用安防系统管道、桥架敷设，系统主机设在一层安防监控室。

2. 线路连接

本工程从门禁控制主机引出门禁控制总线 2×（RVVP 4×1.5）至各双门禁控制器。双门禁控制器间总线连接。从门禁控制器分别引出门磁控制线（RVV 2×0.5）与电锁控制器（RVV 2×0.5）至门磁与电锁。另从门禁控制器分别引出出门按钮线（RVV 2×0.5）与读卡器用线（RVVP 4×0.5）至进门读卡器。

3. 系统注意事项

（1）系统设施的工作室外环境温度符合的要求为 -15～+50℃，室内环境温度符合的要求为 -5～+45℃。

（2）控制器宜安装在有读卡器门的天花板上方不易受外界损伤的地方，安装位置应不影响现场设备运行。

读卡器安装在有门锁一边的门框旁距地面 1.5m 左右。

通信线缆与电力线平行或交叉敷设时，其间距不重小于 0.3m。

4. 系统供电

系统的供电电源应采用 220V、50Hz 的单相交流电流，并配置专门的配电箱。从监控中心用（BV 3×2.5）引至各双门禁控制器，再从双门禁控制器引出线路（RVV2×0.5）给电锁供电。供电线路单独穿管，不走桥架。

第八节　综合布线系统设计

一、需求分析

根据古黄河大酒店的实际需要，对综合布线系统进行了相应的设计。

古黄河大酒店的综合布线系统，主要用于大楼的数据网和语音网支持。根据业务应用要求，数据的水平布线选用非屏蔽 6 类产品（带十字骨架或纸片状隔离），模块处有防尘处理（包括配线架处）；语音主干采用 3 类 25 对大对数电缆。

二、方案设计

1. 系统结构设计

作为大酒店，综合布线系统的设计必须考虑不仅要满足现在信息社会的功能，而且要考虑今后信息技术的发展，业主对功能要求的增加，避免现有系统被快速淘汰，造成设备浪费。

针对以上分析，再结合比较目前布线市场智能酒店产品的情况，为了满足以后的发展，布线系统必须超前考虑，因此工作区插座全部采用 6 类模块化信息插座，在配线子系统中我们使用 6 类布线系统为传输数据信号，干线系统采用室内多模光纤到楼层管理间，对数据交换实现完全备份，语音主干采用 3 类大对数 UTP 电缆接入每层的管理间。整个系统采用模块化设计和分层星型网络拓扑结构，先由设备间到各个楼层的弱电间（管理间）布放主干电缆和光缆，再由各个弱电间布放水平电缆到各信息端口，从而构成的整栋建筑的综合布线系统。此系统具有良好的可扩充性和灵活的管理维护，充分地满足了日常生活的需要。

2. 产品选型

综合产品情况以及本工程的特点，选用南京普天通信股份有限公司的布线产品。

3. 子系统设计

（1）工作区子系统设计

为满足信息高速传输具体情况，古黄河大酒店的数据点采用"普天"6类RJ45信息插座模块，语音点采用两芯RJ11信息插座模块，使用墙面单口和双口插座面板，每个信息面板可根据需要设为数据点和语音点，同时能够标识出插口的类型（数据或语音），可支持超过250Mbps高速信息传输。不同型号的微机终端通过RJ45标准跳线可方便地连接到数据信息插座上；连接电话机的RJ11连接线插在语音信息口上。信息口底盒（预埋盒）采用标准86型PVC底盒。

根据本工程的实际情况。对本工程的相关区域进行工作区的划分。以下是对各层的需求分析及信息点的设置情况。地下层需要进行布线的房间有水泵房、空调机房、变配电室和锅炉房。根据规范同时结合以后的发展需要在以上的各个房间均设置一个语音的点和一个数据点。地上一层需要进行布线的房间有消防控制室、休息室、暖通机房、值班室、厨房、咖啡厅及大厅。此层的设置如下：考虑到消防控制室在其内设置一个语音点，其中语音插座为单口；面积为30m^2。咖啡厅需设置两个数据点和一个语音点，面积为6.3×6.6m^2。值班室需设置六个数据点和两个语音点；休息室和暖通机房分别需设置一个数据点和一个语音点；厨房设置二个语音的点；服务间内设置一个语音点。客房每个房间设一个数据点与两个语音点。综上所述可得表11-8-1的统计结果。

各楼层信息点的布置

表11-8-1

楼层	数据点数量	语音点数量	双口信息插座（语音和数据）	单口信息插座（数据）	单口插座（语音）
地下一层	7	6	6	1	0
一	7	9	7	0	2
二	3	7	3	0	4
三	15	13	13	15	13
四	18	32	0	18	32
五	18	32	0	18	32
六	18	32	0	18	32
七	18	32	0	18	32
八	18	32	0	18	32
九	18	32	0	18	32
十	0	3	0	0	3
合计	138	225	5	133	225

工作区子系统数据点、语音点总材料见表11-8-2。

工作区子系统数据点、语音点总材料

表11-8-2

序号	材料名称	规格型号	数量（个）
1	6类RJ45模块	NJA5.566.034	138
2	两芯RJ11模块	NJA5.566.037	225
3	K2系列单口面板	FA3-08ⅧA	358
4	K2系列双口面板	FA3-08ⅪB	5

（2）配线子系统设计

配线子系统是由工作区的信息插座模块、信息插座模块至电信间配线设备（FD）的配线电缆和光缆、电信间的配线系统及设备缆线和跳线组成。线缆经弱电井出线后，采用金属桥架在吊顶内铺设的方式，再从金属桥架配金属管至信息点。为了满足高速率数据传输配线系统线缆均选用"普天"6类四对UTP双绞线。

电缆的长度计算略。

（3）管理子系统设计

管理子系统连接水平电缆和垂直干线，是综合布线系统中关键的一环，常用设备包括快接式配线架、理线架、跳线和必要的网络设备。调整管理子系统的交接可以安排或重新安排路由，因而传输线路能够延伸到建筑物内部的各个工作区，这是综合布线系统灵活性的集中体现。

根据工作区的信息点的统计结果，可知地下层和十层的信息点较少，若单独设置管理间，将会造成不必要的浪费，故而将地下层和一层的管理间合用，设在一楼的弱电间之中。同样，十层的管理间与九层的合用，并设于九层的弱电间。其他层按3层单独设置管理间，并设于相应中间层的弱电间之中。

本设计中，针对数据水平电缆采用"普天"6 类 24 口快接式配线架（由安装板和 6 类 RJ45 插座模块组合而成）；针对语音水平和垂直主干电缆采用"普天"50 回线高频接线模块配线架；数据主干光缆的端接采用"普天"抽屉式 12 端口光纤分线盒。

建筑物配线架（BD）到楼层配线架（FD）的距离不该超过 500m。在本工程中话音干线采用 100 欧姆大对数铜缆。数据信号垂直部分的传输采用 4 芯多模光纤来实现。在工程对数据传输距离、传输稳定性要求较高的情况下，主干数据传输采用光纤来实现是比较合理的。

在设计时，需要着重考虑干线系统垂直通道，即弱电井的位置。弱电井是干缆的布放通道，配线架就设置在竖井附设的配线间内，管理该竖井周围的信息点或相邻楼层的信息点，设计时应保证布线的水平距离在网络要求的 90m 限制之内。竖井内使用封闭的金属桥架为垂直干缆提供屏蔽保护，避免大型电磁干扰源。

1）主干大对数电缆：

每个语音点配置一对线。−1 层和 1 层语音点数：6 + 9 = 15。再考虑 10% 的备份线对，选择一根 25 对电缆，共用一个楼层配线架，设置在 1 层。2 层、3 层和 4 层每层语音点数：7 + 13 + 32 = 52。再考虑 10% 的备份线对，选择三根 25 对电缆，共用一个楼层配线架，设置在 3 层。5 ~ 10 层也是每 3 层共用一个楼层配线架，语音每个房间一根线，串两个语音点。所需电缆为：48 对电缆，所以主干光缆选用 2 根 25 对电缆。

整个系统共 129 各语音点（计算语音主干电缆客房两个语音插座串接按一个语音点计），采用 150 对大对数电缆。

2）主干光缆：

−1 层和 1 层信息点数：7 + 7 = 14。−1 层和 1 层共用一个楼层配线架，设置在 1 层。以每个 HUB/SW 为 24 个端口计，14 个信息点需设置 1 个 HUB/SW；每个 HUB/SW（24 个端口）设置一个主干端口。每个主干光缆口按 2 芯光纤考虑，则 −1 层和 1 层光纤的需求量为 2 芯。

2 层、3 层和 4 层信息点数：3 + 15 + 18 = 36。2 层、3 层和 4 层共用一个楼层配线架，设置在 3 层。以每个 HUB/SW 为 24 个端口计，36 个信息点需设置 2 个 HUB/SW；每个 HUB/SW（24 个端口）设置一个主干

端口，共需设置 2 个主干端口。每个主干光缆口按 2 芯光纤考虑，则需求量为 4 芯。

5 ~ 9 层也是每 3 层共用一个楼层配线架，信息点数量为 54，所需光缆为 6 芯。

因此，整个建筑光缆使用量为 1 层、3 层配线架用 4 芯光缆各一根，6 层、9 层用 6 芯光缆各一根。

（4）设备间子系统设计

设备间设置在地下一层，周围无用水设备，远离强电磁场干扰。

设备间面积为 18m²，采用外开双扇门。设备间内放置电话交换机，建筑物配线架。

4. 管线设计

水平管线设计方案，采用两种走线方式。

（1）采用走吊顶的轻型槽型电缆桥架方式。

（2）采用地面线槽走线方式。

（3）结合本建筑的设计具体走线方式。

采用走吊顶的轻型装配式槽形电缆桥架的方案，吊顶为水平线系统提供机械保护和支持。装配的槽形电缆桥架是一种闭合式的金属托架，安装在吊顶内，从弱电井引向各种设有信息点的房间。再由预埋在墙内的不同规格的钢管，将线路引到墙上的暗装铁盒内。

PDS 系统的布线是放射型的，线缆量较大，所以线槽容量的计算很重要。按照标准的线槽设计方法，应根据水平线的外径来确定线槽的容量。

即：线槽的横截面积 = 水平线截面积之和 × 3。

线槽的材料为冷轧合金板，表面可进行相应处理，如镀锌、喷塑、烤漆等。线槽可以根据情况选用不同的规格。为保证线缆的转弯半径，线槽配相应规格的分支辅件，以提供线路路由的弯转自如。

同时为确保线路的安全，槽体应有良好的接地端。金属线槽、金属软管、电缆桥架及各分配线箱均需整体连接，然后接地。

三、线路敷设与保护

1. 线路敷设设计

在弱电系统布线中，我们需要注意以下几点。

（1）从消防控制中心引出的火灾报警线路、消防联动控制线、消防电话线和广播线均采用交联聚乙烯绝缘无卤低烟 B 级阻燃电缆 WDZB − BYJ 和交联聚乙烯绝缘、聚氯乙烯护套无卤低烟 B 级阻燃控制电缆

WDZB – KYJY 穿管或走金属线槽敷设。采用明敷的，在金属管或金属线槽上涂布防火涂料保护；采用暗敷的，则穿金属保护管敷设在不燃烧体结构内，保护层厚度≥30mm。

（2）其他弱电系统敷设基本通道为金属线槽，其中地下层线槽明敷，其他层线槽均在吊顶内暗敷。由金属线槽引出至终端设备采用金属管暗敷。

（3）垂直布线均在各楼电信间内采用金属线槽引上明敷。

（4）弱电系统的金属线槽、金属管路均与接地系统可靠连接。

2. 防雷保护与信息接地设计

在防雷保护和信息接地设计中，我们要注意以下几点。

（1）室外引入线缆每回路加装电涌保护器（SPD）。

（2）本工程保护接地、弱电接地及防雷接地采用联合接地，要求接地电阻不大于1Ω。

（3）在设备机房及消防控制中心等处设信息接地（信号、屏蔽、逻辑、安全接地）。

（4）所有弱电的金属箱体、金属走线槽均应可靠接地。考虑到系统的电磁兼容性 EMC，线缆均穿金属管或金属线槽敷设。相邻布置的信息插座与电源插座的间距需≥300mm。

第九节 有线电视系统设计

一、方案设计

1. 系统组成

有线电视的基本构成：信号源、前端设备、干线以及分配网络。

系统前端设备放置在前端机房，在本工程中，有线电视前端机房与地下一层的综合布线设备间合用。

系统前端设在大楼机房内，电视信号来源主要是有线电视网络。有线电视网的入口设一级放大，其指标同前端一起考虑。根据用户终端的分布和电平分配情况，采用分支-分支传输方式。电缆均采用损耗小，频带为1GHz 的高效物理发泡双向传输专用电缆，系统采用 RG6 电缆。为了系统的安全可靠，主楼干线放大器采用前端芯线 60V 供电方式。

2. 系统指标

系统输出口电平：64±4dB

相邻频道电平差：≤2dB

任意频道电平差：≤8dB

载噪比（C/N）：45dB 国标值≥44dB（带宽 B = 5.75MHz）

载波互调比（IM）：59dB 国标值≥58dB

交扰调制比（CM）：48dB 国标值≥47dB

复合差拍比（CTB）：52dB

系统其余技术指标，全部符合《有线电视系统工程技术规范》标准。

二、系统设计

根据酒店情况，确定总设计点位为94 个电视点，设1 个放大器。根据各房型情况，设置点位；为大堂、小餐厅、客房、公共区域等预留一定的点位。

1. 系统传输部分

（1）系统组成：前端系统、传输系统和分配器系统。

（2）信号传输：本系统信号传输主干线采用 HYWV –75 – 9 同轴电缆线将信号传递到各楼层，主干线接入主干放大器，此放大器双向，主干线信号不能低于75dBμV。采用 HYWY –75 –5 同轴电缆线引至终端插座，用户终端信号保持70dBμV 左右。

2. 系统分析

（1）传输系统-干线

1）同轴电缆是一种有耗的传输线。为了把信号传送到相当的距离，则必须在传输路径上串接一定数量的放大量以补偿被电缆衰耗的信号电平。其次，同轴电缆的衰耗特性是与频道相关的，为了保证传送信号的质量，还必须在传送过程中对这种"倾斜"加以均衡补偿。

2）放大器的引入延伸了干线，但也引入了非线性失真，热噪声和幅频特性畸变等问题。

（2）分配系统

分配系统的功能主要是将干线系统传送来的信号分配至各个用户点。为了分配系统获得高的分配效率。放大器工作在高电平状态，因此非线性失真成为分配系统的主要限制因素。

1）系统输出口电平所存在和随机电平波动各偏差，最终都有反映到用户电平上。左右该电平取值的主要因素有：

①系统的不稳定因素 U_s。

②系统由温度引起的电平波动或系统采取电平控制后的剩余偏差。

2）分配系统在高电平状态工作，以获得良好分配效率。

3）考虑分配系统的特点：与干线系统相比，由于高电平分配导致系统长度短，放大器串接数目小。

3. 器材特性及指标

（1）放大器

技术指标略。

（2）分配器

技术指标略。

（3）分支器

技术指标略。

（4）终端插座

技术指标略。

（5）HYWY—75—9 电缆、HYWY—75—5 电缆

技术指标略。

4. 系统主要技术指标的分配和设计计算

本系统前端为了提供足够的电平给预留接口，监视系统和分配系统，设置了一台前端放大器。分配系统为无源器件，对整个系统的技术指标不产生影响。系统指标按表 11 - 9 - 1 所示在前端和干线之间分配。

系统指标表　表 11 - 9 - 1

项　目	前　端	干　线
载噪比（C/N）	5/10	5/10
交扰调制比（CN0）	3/10	7/10
载波互调比（IM）	3/10	7/10
复合差拍比（CTB）	3/10	7/10

5. 系统前端的分配指标和设计计算

根据计算，可得出系统前端应满足的指标值，即分配给前端的指标值见表 11 - 9 - 2 所示。

分配给前端的指标值　表 11 - 9 - 2

项　目	系统设计值	前端分配系数	前端指标配值
载噪比（C/N）	45	5/10	$45 - 10\lg5/10 = 48$
交扰调制比（VM）	48	3/10	$48 - 20\lg3/10 = 58.5$
载互调比（IM）	59	3/10	$59 - 10\lg3/10 = 64$
复合差拍比（CTB）	52	3/10	$52 - 20\lg3/10 = 62$

前端调制器的信噪比：$S/N > 50dB$

其载噪比：$C/Nm = S/N + 6.4 = 56.4dB$

前端放大器载噪比：

$C/NA = $ 放大器输入电平 - 放大器噪声系统 $- 2.4 = 70 - 8 - 2.4 = 59.6dB$

根据公式 $1/(C/N)$ 前端 $= 1/(C/N)m + 1/(C/N)A$

式中（C/N）前端、（C/N）A 分别为前端、调制器、放大器载噪比的倍数值。

$(C/N)m = 1g - 156.4/10 = 436515.8$

$(C/N) = 1g - 156.4/10 = 912010.8$

$1/(C/N)$ 前端 $= 1/436515.8 + 1/912010.8 = 0.000003387$

(C/N) 前端 $= 1/0.000003387 = 295216$

(C/N) 前端 $= 10\lg295216 = 54.7dB$

放大器在 80 个频道工作，102dBu 输出时给出非线性指标，在设计中前端放大器输出电平为 98dBu，相应指标应在 102dBu 输出的基础上提高 2（102 - 98）= 8dB。

$CM = 69 + 8 = 77dB$

$IM = 62 + 8 = 70dB$

$CTB = 67 + 8 = 75dB$

上述计算结果表明，设计计算指标均高于前端的设计分配值。

第十节　公共广播系统设计

一、系统功能

1. 背景音乐功能

本系统可以实现从收音头、DVD 唱机或磁带机等三套背景音乐节目之间的选择、切换，选择一路输出，可对三种节目音量的输出进行控制。

2. 业务广播功能

本系统可为呼叫站按键的优先权编程，可将每个按键设定与相应广播区域对应。设置在广播控制室的呼叫站可对任意区域进行来人、通知、广播讲话等业务广播。

3. 分区控制功能

本系统通过主机系统可实现分区广播，需要时也可实现全区广播。

4. 消防自动报警功能

广播和消防共用一套广播系统，广播系统在收到报警信号后，立即自动对相应防火分区进行消防广播，消防广播符合有关消防规范，具有最高优先权。当紧急情况发生时，相应区域的正常广播立即被中断，取而代之的是消防广播和安全疏散引导广播，引导安全疏散（N、N＋1、N－1 的模式）。

二、系统设计说明

本系统中选用旗胜的 AM－300C 数字网络广播系统。

1. 音源部分

方案在机房中配备了 CD 播放机、MP3、双卡放音机、AM/FM 调谐器四套音源设备，系统主机中内置了一块 40G 的硬盘，可以存储大量的内部铃声、背景音乐、消防报警信号，在各需要进行业务广播的部门设置呼叫站。

2. 控制部分

系统配置了主机箱及相关模块若干。AM－300C 通过配置不同的模块达到不同的需求，在本设计中留有分区接口与消防报警接口。

3. 功放部分

本系统采用定压输出方式。

4. 系统输出功率的计算

根据系统设计方案所确定的扬声器数量以及每只扬声器的分配功率，可以计算出所有扬声器的损耗功率（扬声器损耗功率是指电信号在扬声器上转换为声信号所消耗掉的功率）。确定系统所需的输出功率是在计算出扬声器损耗功率后，再加上线路传输损耗功率。

本方案中共配置了二台 250W 的定压功放做为主功放，另配置一台 250W 的定压功放作为备用功放，通过主备功放切换器进行自动切换。

三、主要设备

1. 网络化广播主机

网络化广播系统是采用 32 位工业 CPU 的工业板卡和定制 WINCE 操作系统，基于 INTER 网的高智能化、高集成度、高可靠性的广播系统，分为 1 级、2 级、3 级分区；3 种分区控制模式：矩阵分区模式、分区继电器模式、总线寻址控制模式；系统具有功能：人工播放背景音乐，自动定时播放背景音乐，自动定时播放业务广播。

2. 呼叫站

用于人工广播，由呼叫站的键盘完成选区，由呼叫站上的话筒进行广播。配置的呼叫站通过电缆和主机相连，利用呼叫站可发出带有提示信号的业务广播，同时可调用简短的口讯，自动完成那些频繁重复使用的内容固定变的业务广播。

3. M1820 主备功放切换器

M1820 备用功放切换器集成了系统监听和系统故障功放检测切换功能，并留有 6 个模块空间为系统扩展时增加模块而提供了安装空间。具有 10 路线路输入、10 路功率输入监听的功能；可以检测 8 台功放的工作情况，并可将备用功放切换上去，使系统连续工作。

4. 扬声器

公共区域扬声器采用3W，大厅采用5W，客房采用1W。

第十一节　建筑设备监控系统设计

一、需求分析

建筑设备自动化是现代控制技术在建筑物中的应用，它是根据现代控制理论和控制技术，采用现代计算机技术，对建筑物（或建筑群）的电力、照明、空调、给排水、防灾、保安、车库管理等设备或系统，以集中监示、控制和管理目的而构成的综合系统，以使建筑物内的有关设备合理、高效地运行。

在建筑物内设置 BA 的目的是使建筑物成为具有最佳工作与生活环境、设备高效运行、整体节能效果最佳而且安全的场所。BA 的整体功能可以概括为以下 4 个方面：

（1）对建筑设备实现以最优控制为中心的过程自动化；

（2）实现以运行状态监视和计算为中心的设备管理自动化；

（3）实现以安全状态监视和灾害控制为中心的防灾自动化；

（4）实现以节能运行为中心的能量管理自动化。

淮安古黄河大酒店作为一座集楼宇自控、消防、安保及诸多子系统于一体的综合性高层智能化酒店，其对于楼宇自动控制系统有很高的要求，它不仅需要对大楼内的所有的机电设备如 HVAC 设备、供配电系统、给排水设备、电梯等进行统一管理，而且这些设备还需与其他的智能化子系统进行通信和必要的联动控制，以致力于创造一个高效、节能、舒适、高性能价格比、温馨而安全的工作环境。

二、方案设计

1. 设备选型

系统设计以满足用户的要求，采用最先进的技术和系统，根据设计院有关图纸，以最高价格性能比为原则，采用优化的设备配置、运行方案及管理方式，为大楼提供高效率的系统管理，为大楼的机电设备提供良好的运行环境，为大楼提供舒适的工作及生活环境。根据建筑特点和功能要求及以上需求分析，为大楼提供 Honeywell 最新推出的 EXCEL5000EBI 系统。

Honeywell 公司的 EBI 系统是一个集成系统，可完全满足现代建筑的需要，且为很多工程应用的成熟、可靠的系统。系统网络应采用标准网络协议，符合远程通信管理以及符合计算机发展技术趋势的要求。系统软件应能提供多种标准通信协议便于实现系统集成，并按模块化的方法设计，便于系统规模及应用功能的扩展。

相比较于其他公司的产品。霍尼韦尔的产品在控制器种类、传感器种类和系统兼容性的方面，显示出非常好的性能。故选用霍尼韦尔公司的产品。

系统根据需要可将大楼的楼宇控制系统、消防报警系统及安保自动化系统等集成在同一平台上，并适用于大楼的建筑特点及先进的控制和管理要求，包括可选配最先进的 LonWork 产品设备，以及提供与其他系统的开放性接口。

2. EBI 系统特点

略。

3. 系统配置

（1）中央部分

1）硬件

中央主服务器器及备用服务器均选用国际名牌 IBM
PC 机，该 PC 机均经过公司现场测试支持 Honeywell 公司楼宇控制 EBI 系统的监控型 PC 机；操作站采用 IBM PC 机，并且各项技术性能指标均满足 EBI 的系统要求；打印机采用了矩阵打印机，以便连续打印事件/报警事件。

2）软件配置

服务器上安装 EBI 的冗余系统服务器/工作站软件及 Windows 操作，API 标准接口软件及第三方的开发接口。

EBI 冗余系统软件能够使主服务器及备用服务器间保持通讯，并采用 Honeywell 公司的专用技术使得两台服务器的数据保持同步，一旦主服务器出现故障，备用服务器便能检测到该故障，系统便自动软切换至备用服务器工作，且数据同步技术可以使数据能够完整地保存。

（2）现场设备

控制器采用 EXCEL500 型控制器，为 128 点；EXCEL500 大型控制器：它是采用 Lon work 技术的分布式、模块式的大型控制器，总点数可达 128 点，支持本地及现场分布式模块，配置灵活，为 Lon Mark 产品，完全支持 Lon - Bus。

（3）电源

控制器及现场控制设备的电源由控制中心统一提供，为一路交流 220V 电源。

4. 设计内容

根据古黄河大酒店智能化系统工程的要求，参考相关的水、电、暖施工图，淮安古黄河大酒店的 BA 系统需监控的内容如下：

（1）中央空调/送排风系统

新风机组系统/全空调系统控制。

（2）给水、排水系统

生活给水系统。

（3）电气系统

1）供配电系统。

2）电梯。

5. 各分系统设计

（1）空调系统

本工程空调大部分采用风机盘管＋独立新风模式，只在一层大厅设置全空气系统，新风机组如图 11 - 11 - 1 所示。

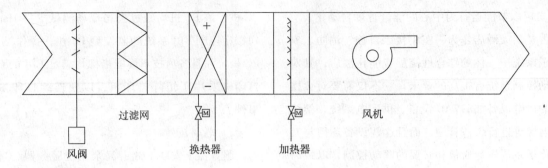

过滤网　　　　　　　　风机

风阀　　　　换热器　　加热器

图 11 - 11 - 1　新风机组的组成图

1）新风机组组成、工作原理及监控要求

新风机组是提供新鲜空气的一种空气调节设备。功能上按使用环境的要求可以达到恒温恒湿或者单纯提供新鲜空气，新风机组的组成如图 11 - 11 - 1 所示。工作原理是在室外抽取新鲜的空气经过除尘、除湿（或加湿）、降温（或升温）等处理后通过风机送到室内，在进入室内空间时替换室内原有的空气。

BA 基本监控功能：

①检测功能

检查风机电机的工作状态，确定是处于"开"还是"关"；

检测风机电机的电流是否过载；

测量风机出口处的空气温湿度，以了解机组是否已经将新风处理到要求的状态；

测定空气过滤器两侧的压差，以了解过滤器是否要求清洗、更换；

检查新风阀状态，确定是处于"开"还是"关"；

②控制功能

根据要求启停风机；

控制水量调节阀的开度，使机组出口空气温度达到指定值；

控制干蒸汽加湿器调节阀的开度，使冬季机组出口处空气相对湿度达到设定值；

换热器的动机防冻保护。

③集中管理功能

显示新风机组启停状态，送风温湿度，风阀、水阀状态；

通过控制管理机启停机组，修改送风参数的设定值；

当过滤器压差过大，风机电机过载，以及发生其他

故障时，通过中央控制管理机报警；

用户可以根据需要增加其他功能，如有关节能控制的管理功能。

2）控制规律

温度传感器和空气加湿器都存在一定的惯性，在选用控制算法时，通常采用比例积分调节。

3）测量变送装置及执行机构的配置

风阀配置开关式风阀控制器。风机开启时，风阀全开，风机关闭时，风阀全关。风阀控制通过一路 DO 通道完成。

过滤网的状态通过微压差开关检测。当过滤网阻力增大到一定数值时，微压差开关吸合，从而产生"通"的开关信号。

换热器的水阀通过电动调节阀控制。通过 AO 输出通道输出电流信号，直接对阀门的开关进行控制。

加湿器的阀门通过电动调节阀来控制蒸汽量，配置方法与水阀相同。

风机的工作状态检测通过风机电机交流接触器的辅助触点的状态输入实现，由 DI 通道接入。电机过载报警则从继电器的辅助触头取得，由 DI 通道接入。同时通过 DO 通道发出对电机的启停控制信号。

在送风口配置温湿度传感器，这样能够准确地了解及控制送风参数。

综上可得新风机组的监控原理图如图 11 - 11 - 2 所示。

图 11 - 11 - 2 中：

DI 点：风机状态、过载、过滤网报警；

AI 点：送风温湿度；

DO 点：风机启停、加湿器开关、新风风门；

AO 点：冷热水阀开度。

全空气调节系统如图 11 - 11 - 3 所示。

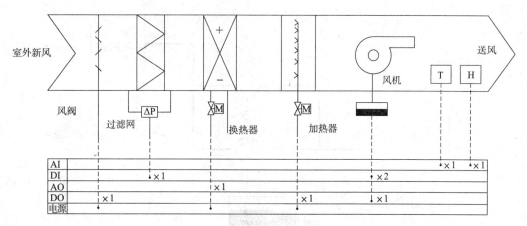

图 11-11-2　新风机监控原理图

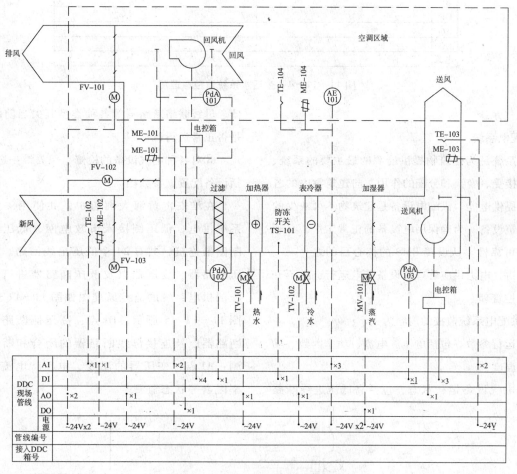

图 11-11-3　全空气调节系统图

（2）给排水系统

高层建筑加压供水方式有高位水箱供水、气压水箱供水和无水箱供水三种方式。在淮安古黄河大酒店中采用高位水箱的供水方式，其中地下层至地上三层由城市给水管网的水压直接供水，四层至十层采用高位水箱供水，由位于顶层的水箱向四层至十层供水。

给水系统即生活水系统，其监控功能主要体现在检测生活水池、饮用水箱的水位、水泵的开/关、水位的高低，同时可以由时间程序自动控制启停，以及阀门的运行状态检测，并由系统管理中心制定检测和保养计划，打印检修工作单及事故提示，自动切换备用水泵。

在古黄河大酒店中共设两台给水水泵（一个备用水泵）和两个位于顶层的高位水箱。生活水系统监控原理图如图 11-11-4 所示，DO 点：两台水泵的启/停；DI 点：两台水泵的运行状态、屋顶水箱高地位报警。

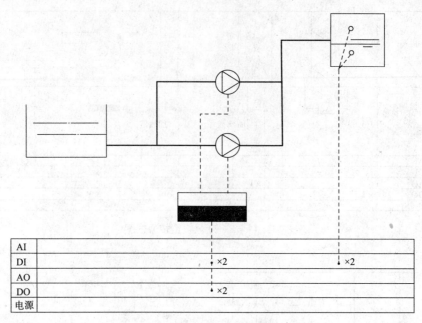

图 11-11-4　生活水系统监控原理图

（3）电气系统

1）供配电系统

供配电系统是为建筑物提供能源的最主要的系统，对电能起着接受、变换和分配的作用，向建筑物内的各种用电设备提供电能。供配电设备是建筑物不可缺少的最基本的建筑设备。为确保用电设备的正常工作，必须保证供电的可靠性。从设置 BMS 的核心目的之一——节约能源来讲，电力供应管理和设备节电运行也离不开供配电的监控管理。

BA 对供配电系统监控的内容为：

①检测运行参数，包括电压、电流、功率因数、功率、变压器温度；

②监视电气设备运行状态，包括高低压进线断路器、母线联络断路器等各种类型开关当前的合闸状态、是否正常运行；

③对各种电气设备的检修、保养维护进行管理，包括设备配置、参数档案。

在淮安古黄河大酒店中，共使用一台变压器为系统供电，低压侧接入市政电网，低压侧母线排由断路器连接，共有 24 个低压出线回路。BMS 需对高压断路器、变压器以及低压断路器进行监测。本工程的供电系统的监控原理图如图 11-11-5 所示，如图 11-11-5 所示，DI 点：高压侧断路器、低压侧断路器以及连接母线断路器的闭合和断开的状态监测；AI 点：变压器的温度、电压、电流、功率、功率因素等状态监测。

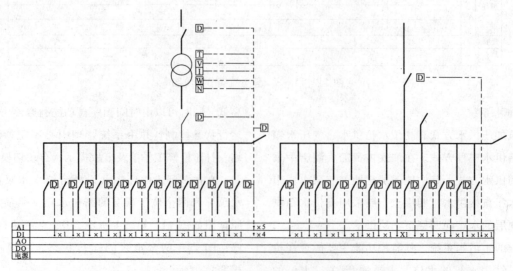

图 11-11-5　供配电系统监控原理图

2）电梯

①电梯系统的组成及工作原理、控制要求。

电梯是现代建筑尤其是高层建筑中必备的垂直交通工具，其主要由曳引系统、导向系统、轿厢、门系统、重量平衡系统、电力拖动系统、电气控制系统及安全保护系统组成。

BMS 对电梯的监控内容为：监视电梯的运行状态、故障机紧急状况报警。运行状态监视包括启动停止状态、运行状态、所处楼层位置等，通过自动检测并将结果送入 DDC，动态地显示出个台电梯的实际状态。故障检测包括电动机、电磁制动器等各种装置出现故障后，自动报警，并显示故障电梯的地点、发生故障时间、故障状态等。紧急状况检测包括火灾、地震状况监测、发生故障是否与人有关等，一旦发现立即报警。

②监控点配置。

本工程中采用的东芝电梯，通过电梯的控制箱可以得到电梯运行参数。

BMS 可以实现以下监控功能：

电梯的运行状态、电梯上升、电梯下降、障碍状态及火警状态；

其监控原理图如图 11 - 11 - 6 所示，图中 DI 点：电梯的运行状态、电梯上升、电梯下降、障碍状态及火警状态。

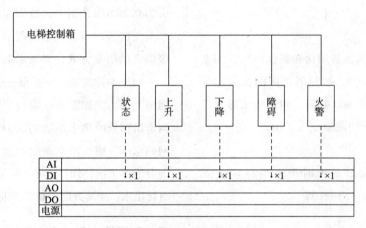

图 11 - 11 - 6　电梯监控原理图

6. 建筑设备监控室设计

建筑设备机房设在一层建筑设备自动化中心与安防控制中心、消防控制放在一起，BMS 机房是建筑设备监控系统的管理中心，其设置应满足以下原则。

（1）尽量靠近控制负荷中心，离变电所、电梯机房、水泵房等会产生强电磁干扰的 15m 以上。上方及毗邻无用水和潮湿的机房及房间。

（2）室内控制台前应有 1.5m 的操作距离，控制台靠墙布置时，台后有大于 1m 的检修距离，并注意避免阳光直射。

（3）当控制台横向排列总长度超过 7m 时，在两端留大于 1m 的通道。

（4）控制室地板采用抗静电架空活动地板，高度不小于 20cm。

建筑设备系统的中央工作站由 PC 主机、彩色屏幕 CRT 显示器及打印机组成。中央控制主机通过 N2 总线分别的控制网络连接。EBI 系统工作站是本系统的管理与调度中心，实现对全系统的集中监督管理及运行方案指导，以及对整个大楼的被控设备进行监测、调度、管理，实现设备的远动控制。它通过大楼的局域网和地下室冷热源工作分和变配电工作站连接起来，实现分站的管理。建筑设备系统的供电方式采用 UPS 对现场 DDC 控制器及阀门的执行器进行集中供电。

第十二章　建筑给水排水设计

第一节　给水系统设计

一、用水定额及用水量

本建筑地下一至三层为设备用房和餐饮用房,四至九层为宾馆,共有客房 84 间,按每间客房两张床位计算,则最大服务人数为 168 人。根据《建筑给水排水设计规范》,最高日生活用水定额取 $q_d = 350$L/(床·d),小时变化系数取 $K_h = 2.5$。

最高日用水量和最高日最大时用水量分别按式(12 - 1 - 1)和式(12 - 1 - 2)计算。

$$Q_d = \frac{mq_d}{1000} \qquad (12 - 1 - 1)$$

$$Q_h = \frac{Q_d}{T} \times K_h \qquad (12 - 1 - 2)$$

式中　Q_d——最高日用水量(m³/d);

　　　m——用水单位数,人或床位数等;

　　　q_d——最高日生活用水定额,L/(人·d)、L/(床·d)或 L/(人·班);

　　　Q_h——最大小时用水量(m³/h);

　　　T——建筑的用水时间(h);

　　　K_h——小时变化系数。

则:本建筑的最高日生活用水量和最高日最大时用水量分别为:

$$Q_d = 168 \times 350/1000 = 58.8 \text{m}^3/\text{d}$$

$$Q_h = \frac{Q_1}{T_1} \times K_h = \frac{58.8}{24} \times 2.5 = 6.125 \text{m}^3/\text{h}$$

二、给水方式比选

根据所提供的设计资料,本工程市政管网的资用水头为 0.25MPa,而本建筑为高层建筑,市政管网的资用水头无法满足直接供水的要求,故不能采用市政管网直接供水的给水方式,必须采取增压措施。

由于本建筑地下一层至三层为设备用房和餐饮用房,四至九层为宾馆客房,需设置集中热水供应系统,为平衡客房部分冷热水系统的压力,同时又充分利用市政管网的水压,减少给水系统的运行成本,将本建筑给水系统分为两个区,即:地下一层至三层为低区,由市政管网直接供水;四至九层为高区,采用变频恒压给水系统供水。

三、高区给水系统水力计算

1. 设计秒流量

本建筑为宾馆,给水设计秒流量按式(12 - 1 - 3)计算。

$$q_g = 0.2 \times \alpha \times \sqrt{N_g} + kN_g \qquad (12 - 1 - 3)$$

式中　q_g——计算管段的给水设计秒流量(L/s);

　　　α、k——根据建筑用途而定的系数,本建筑中:

　　　　　$\alpha = 2.5$, $k = 0$;

　　　N_g——计算管段的卫生器具给水当量总数。

2. 高区给水管水力计算

高区卫生间给水支管有两种布置方式,分别见图 12 - 1 - 1 和图 12 - 1 - 2,对应的给水立管分别为 JL - 1 和 JL - 2,其水力计算结果分别见表 12 - 1 - 1 和表 12 - 1 - 2。

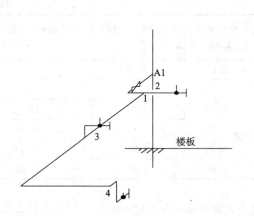

图12-1-1 B型卫生间给水支管布置图

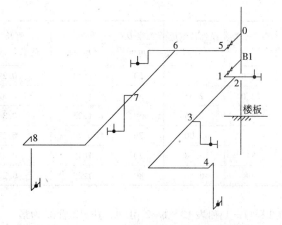

图12-1-2 A型卫生间给水支管布置图

JL-1 立管水力计算表　　　　表12-1-1

计算管段编号	当量总数 N_g	设计秒流量（L/s）	管径 DN（mm）	流速 v（m/s）	每米管长沿程水头损失 i（kPa/m）	管段长度 L（m）	管段沿程水头损失 $h_y = iL$（kPa）	管段沿程水头损失累计 $\sum h_y$（kPa）
3~4	0.5	0.10	15	0.57	0.374	2.14	0.80	0.80
1~3	1.0	0.20	20	0.64	0.324	1.45	0.47	1.27
a1~1	2.0	0.40	25	0.82	0.382	0.47	0.18	1.45
a1-A	2.0	0.40	25	0.82	0.382	3.00	1.15	2.60
A-B	4.0	0.80	32	1.00	0.402	3.00	1.21	3.81
B-C	6.0	1.20	40	0.96	0.284	3.00	0.85	4.66
C-D	8.0	1.41	40	1.13	0.380	3.00	1.14	5.80
D-E	10.0	1.58	40	1.26	0.464	3.00	1.39	7.19
E-F1	12.0	1.73	40	1.38	0.545	9.09	4.95	12.14
F1-F2	24	2.45	50	1.25	0.347	7.80	2.71	14.85
F2-F3	48	3.46	70	0.90	0.129	0.91	0.49	14.97
F3-G	84	4.58	70	1.19	0.212	26.01	5.51	20.48
G-H	168	6.48	80	1.29	0.21	5.89	1.22	21.70

JL-2 立管水力计算表　　　　表12-1-2

计算管段编号	当量总数 N_g	设计秒流量（L/s）	管径 DN（mm）	流速 v（m/s）	每米管长沿程水头损失 i（kPa/m）	管段长度 L（m）	管段沿程水头损失 $h_y = iL$（kPa）	管段沿程水头损失累计 $\sum h_y$（kPa）
7~8	0.5	0.10	15	0.57	0.374	2.20	0.82	0.82
5~7	1.0	0.20	20	0.64	0.324	17.34	5.62	6.44
0~5	2.0	0.40	25	0.82	0.382	2.80	1.07	7.51
b1~0	4.0	0.80	32	1.00	0.402	0.34	0.14	7.65
b1-A'	4.0	0.80	32	1.00	0.402	2.60	1.04	8.69
A'-A	6.0	1.20	32	1.49	0.825	0.40	0.33	9.02
A-B'	8.0	1.41	40	1.13	0.380	2.60	0.99	10.01
B'-B	10.0	1.58	40	1.26	0.464	0.40	0.19	10.20
B-C'	12.0	1.73	40	1.38	0.545	2.60	1.42	11.62
C'-C	14.0	1.87	50	0.95	0.215	0.40	0.09	11.71
C-D'	16.0	2.00	50	1.02	0.242	2.60	0.63	12.34
D'-D	18.0	2.12	50	1.08	0.269	0.40	0.11	12.45

续表

计算管段编号	当量总数 N_g	设计秒流量 (L/s)	管径 DN (mm)	流速 v (m/s)	每米管长沿程水头损失 i (kPa/m)	管段长度 L (m)	管段沿程水头损失 $h_y = iL$ (kPa)	管段沿程水头损失累计 $\sum h_y$ (kPa)
D－E′	20.0	2.24	50	1.14	0.295	2.60	0.77	13.22
E′－E	22.0	2.35	50	1.20	0.322	0.40	0.13	13.35
E－F	24.0	2.45	50	1.25	0.347	6.345	12.71	15.53
F－F3	36	3.00	70	0.78	0.100	3.74	0.37	15.90
F3－G	84	4.58	70	1.19	0.212	26.00	5.50	21.40
G－H	168	6.48	80	1.29	0.207	5.89	1.22	22.62

由表12-1-1和表12-1-2可知，JL-2管线为最不利管线，高区所需的给水压力应由此路管线确定。

3. 高区给水系统所需压力

高区给水系统所需压力按式（12-1-4）计算。

$$H = H_1 + H_2 + H_3 + H_4 \qquad (12-1-4)$$

式中　H——给水系统所需压力，kPa；

　　　H_1——给水引入管到最不利点的垂直高差，kPa；

　　　H_2——最不利管路的水头损失，kPa；

　　　H_3——水表节点的水头损失，此处为零；

　　　H_4——最不利点的流出水头，kPa。

由式（12-1-4）得，高区给水系统所需压力为：

$$H = 346.4 \text{kPa}$$

4. 高区增压贮水设备选择

（1）生活水池（贮水设备）

根据《建筑给水排水设计规范》，在缺少用水量资料时，建筑内部生活水池的有效容积可按最高日用水量的20%～25%计算，本工程生活水池有效容积按最高日用水量的25%计算，则生活水池的有效容积为：

$$V = 25\% Qd = 0.25 \times 58.8 = 14.7 \text{m}^3$$

查给水排水标准图集02S101（冷水部分），选用箱体尺寸为3m×3m×2m（$B \times L \times H$）的组合式不锈钢给

水箱，有效水深约为1.65m。

（2）高区增压设备

由上述计算可知，高区给水系统的设计秒流量为6.48L/s，高区给水系统所需压力为346.4kPa。

四、低区给水系统水力计算

低区最不利管线为JL-3，连接1～3层的公共卫生间。低区的系统图如图12-1-3所示。

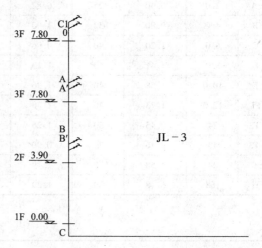

图12-1-3　低区系统图

管段计算见表12-1-3。

管段计算　　　　　　　　　　　　　表12-1-3

计算管段编号	设计秒流量 (L/s)	管径 DN (mm)	流速 v (m/s)	i (kPa/m)	管长 L (m)	管段沿程水头损失 $h_y = iL$ (kPa)	管段沿程水头损失累计 $\sum h_y$ (kPa)
c1－0	1.58	40	1.26	0.464	0.50	0.23	0.23
0－1	1.00	40	0.80	0.206	2.50	0.52	0.75
1－2	0.80	32	1.00	0.402	3.69	1.48	2.23
2－3	0.40	25	0.82	0.382	4.53	1.73	3.96
3－4	0.20	20	0.64	0.324	4.84	1.57	5.53
2－5	0.40	25	0.82	0.382	3.85	1.47	7.00
5－6	0.30	20	0.96	0.665	1.11	0.74	7.74

续表

计算管段编号	设计秒流量（L/s）	管径 DN（mm）	流速 v（m/s）	i（kPa/m）	管长 L（m）	管段沿程水头损失 $h_\gamma = iL$（kPa）	管段沿程水头损失累计 $\sum h_\gamma$（kPa）
6-7	0.20	20	0.64	0.324	1.11	0.36	8.10
7-8	0.10	15	0.57	0.374	1.11	0.41	8.51
0-9	1.00	40	0.80	0.206	1.52	0.31	8.82
9-10	0.80	32	1.00	0.402	3.69	1.48	10.30
10-11	0.40	25	0.82	0.382	4.53	1.73	12.03
11-12	0.20	20	0.64	0.324	4.84	1.57	13.60
10-13	0.40	25	0.82	0.382	3.85	1.47	15.07
13-14	0.30	20	0.96	0.665	1.11	0.74	15.81
14-15	0.20	20	0.64	0.324	1.11	0.36	16.17
15-16	0.10	15	0.57	0.374	1.11	0.41	16.58
0-A	1.58	40	1.26	0.464	3.50	1.62	18.20
A-A′	1.94	50	0.99	0.229	0.40	0.09	18.29
A′-B	2.24	50	1.14	0.295	3.50	1.03	19.32
B-B′	2.50	50	1.27	0.360	0.40	0.14	19.46
B′-C	2.74	50	1.40	0.423	5.20	2.20	21.66

室内所需水压 $H_1 = 0.8 + 7.8 + 0.8 = 9.4 \text{mH}_2\text{O} = 94 \text{kPa}$

$H_4 = 50 \text{kPa}$，$q = 2.74 \text{L/s} = 9.864 \text{m}^3/\text{h}$

最不利管段的水头损失为：$H_2 = 21.66 \text{kPa}$

室内所需的压力：

$$H = H_1 + H_2 + H_3 + H_4 = 86 + 21.66 + 50$$
$$= 157.66 \text{kPa} < 200 \text{kPa}$$

室内所需的压力小于市政给水管网工作压力，可满足 1~3 层供水要求，不再进行调整。

第二节 消火栓系统设计

一、消防用水量

由于该宾馆为 10 层，是高层建筑，建筑类别为二类。

（1）消防给水水源：消防水池。

（2）消防给水系统类型：该建筑物超过 24m 但小于 50m，故采用不分区给水方式。

室外消火栓用水量 $Q_外 = 30 \text{L/s}$，室内 $Q_内 = 20 \text{L/s}$。

二、消火栓系统给水方式

本工程为二类高层建筑，建筑耐火等级二级，市政管网的资用水头不能满足消防时的水压要求，故本工程室内消防系统采用临时高压给水系统。消防水箱设置于建筑屋顶，供给火灾初期 10min 消防水量，消防水池设置于建筑室外，贮存火灾延续时间内的室内外消防用水，消防泵房设置于建筑地下室内，消防泵从消防水池吸水，供给室内消防系统用水。

三、消火栓系统水力计算

1. 室内消火栓栓口所需压力计算

根据高层设计防火规范，本设计室内的消火栓用水量满足 30L/s，每根竖管最小流量为 15L/s，每只水枪最小流量为 5L/s。选用 65mm 口径的消火栓、19mm 喷嘴水枪、长度 25m 麻质水带。

消火栓口所需压力：

$$H_{Xh} = H_q + h_d + H_K$$

$$H_q = \frac{v^2}{2g}, \quad v = \frac{Q}{A} = \frac{5 \times 0.001 \times 4}{3.14 \times 0.019^2} = 17.64 \text{m/s}$$

$$H_q = 15.876 \text{m} = 158.76 \text{kPa}$$

$$H_q = \frac{H_f}{1 - \varphi H_f}, \quad \varphi = 0.0097, \quad H_f = 0.869 \text{m}$$

$$H_f = \alpha_f H_m, \quad \alpha_f = 1.19 + 80 (0.01 \cdot H_m)^4$$

$$H_q = \frac{\alpha_f \cdot H_m}{1 - \varphi \cdot \alpha_f \cdot H_m}, \quad \varphi = 0.0097, \quad \alpha_f = 1.21$$

$$H_m = 11.37 \text{m} > 10 \text{m}$$

$$H_K = 20 \text{kPa}, \quad h_d = A_Z \cdot L_d q_{xh}^2 \times 10$$

$$= 0.0043 \times 25 \times 25 \times 10 = 26.88 \text{kPa}$$

$H_{Xh} = 158.76 + 26.88 + 20 = 205.64 \text{kPa} = 20.56\text{m}$

消火栓的布置间距：$S_1 \leqslant 2 \cdot \sqrt{R^2 - b^2}$，$R = C \cdot L_d + h$

19mm 喷嘴压力为 15.876mH$_2$O。充实水柱为 11.37m。消火栓保护半径：

$R = 21.25 + 3 = 24.25\text{m}$

其中水带敷设长度：

$L_d = 25 \times 80\% = 21.25\text{m}$

观察图纸，高区的 $b = 9.4\text{m}$。

要求同时两股水达到同一火灾地点，消火栓间距：

$S = \sqrt{(R^2 - b^2)} = 22.35\text{m}$

消火栓单排布置，计算后在每层廊道布置 1 个消火栓，消防前室布置一个消火栓。故每层共 4 个消火栓。

2. 室内消火栓系统水力计算

按照最不利点消防立管和消火栓的流量分配要求，最不利消防立管为 x3，出水枪数为 2 支，相邻消防立管即 x2，出水枪数为 2 支。

$H_{Xh0} = H_q + h_d + H_K = 20.56\text{m}$

$H_{Xh1} = H_{Xh1} + h_{01} + \Delta H_{01} = 20.56 + 3.0 + 0.026 = 23.586\text{kPa}$

0 点的水枪射流量（9 层）

$q_{xh0} = \sqrt{BH_q} = \sqrt{0.1577 \times 158.76} = 5.0036\text{L/s}$

8 层消火栓处的压力为 $H_8 = 15.88 + 2.688 + 3 + 0.026 = 21.59\text{mH}_2\text{O}$

1 点的水枪射流量 8 层消火栓的消防出水量为：

$$H_8 = AL_d q_{x1}^2 + \frac{q_{xh1}^2}{B},$$

$$q_{xh1} = \sqrt{\frac{H_8}{10AL_d + \frac{1}{B}}} =$$

$$\sqrt{\frac{215.9}{10 \times 3.14 \times 0.019^2 \times 21.25 + \frac{1}{0.1577}}} = 5.73\text{L/s}$$

消火栓立系统水力计算见表 12-2-1。

消火栓立系统水力计算表　　　　　　　　　　表 12-2-1

设计管段	设计秒流量 q（L/s）	管长 L（m）	DN	v（m/s）	i（kPa/m）	沿程水头损失（m）
0~1	5.00	3.00	100	0.64	0.09	0.026
1~2	10.73	31.20	100	1.37	0.35	1.101
2~3	10.73	7.45	100	1.37	0.35	0.263
3~4	21.46	1.00	100	2.73	1.27	0.127
4~5	21.46	7.00	100	2.73	1.27	0.891
					$\sum h_y = 2.408$	

管路总水头损失为：

$$H_w = 2.408 \times 1.1 = 2.649\text{m}$$

消火栓给水系统所需要总水压（H_x）应为：

$$H_X = H_1 + H_{xh} + H_w = 28.2 + 20.56 + 2.649$$
$$= 51.409\text{m}$$

消火栓灭火总用水量 $Q_x = 21.46\text{L/s}$。

根据《高层民用建筑设计防火规范》GB50045（2005）7.4.6.5，消火栓栓口的静水压力不应大于 1.00MPa，当大于 1.00MPa 时，应采取分区给水系统。消火栓栓口的出水压力大于 0.50MPa 时，应采取减压措施。

采用 SN65 型减压稳压消火栓，无需另设减压设备。

3. 室外消火栓系统设计

本工程室外消火栓采用低压消防给水系统，以市政管网为水源，室外消防管网与室外生活给水管网合建，并呈环状布置；室外消火栓按保护半径不大于 150m，最大间距不超过 120m 布置，室外消火栓设置于建筑环形消防车道旁，并保证与消防水泵接合器的距离不超过 40m。

四、增压及贮水设备

1. 室内消火栓增压泵

根据室内消火栓系统水力计算的结果，选取型号为 125MSL＊4-37 的立式离心泵，一用一备，流量为 23.33L/s，扬程 90m，电动机机座号 225S，功率 37KW。

2. 消防水池、消防水箱及稳压设备

消防水池、消防水箱及稳压设备详《高层民用建筑设计防水规范》5.3.4。

第三节　自动喷水灭火系统设计

一、设计范围及设计参数

该建筑总长 31.5m，宽 30m，高 34.2m。按《自动喷水灭火系统设计规范》GB50084—2001（2005 年版）表 5.0.1，火灾危险等级为中危险级 I 级，喷水强度 6L／（min·m²），作用面积 160m²。

二、系统设置

地下室采用垂直普通直立上喷玻璃球闭式喷头，其他层皆采用普通吊顶型喷头（下喷），特性系数 $K = 80$，喷头动作温度 68℃。4～9 层标准间由于房间长度约为 4.4m，宽度约为 4.1m，客房面积 $S = 18.04m^2$。若采用边墙型覆盖喷头，单排喷头的最大保护跨度为 3.0m < 4.1m，而两排布置过于浪费，故选用 TY4332 水平边墙型扩展覆盖喷头，其覆盖面积为 4.9m×6.1m，其特性系数 $K = 110$。最小流量 $q = 2.006L/s$，最小压力 0.11MPa，溅水盘至屋顶距离 100～150mm，喷头间距 3.1m。

三、自喷系统水力计算

1. 最不利保护面积水力计算

（1）采用特性系数法计算

根据设计，绘制系统和最不利层喷头和管道布置简图如图 12-3-1 所示。

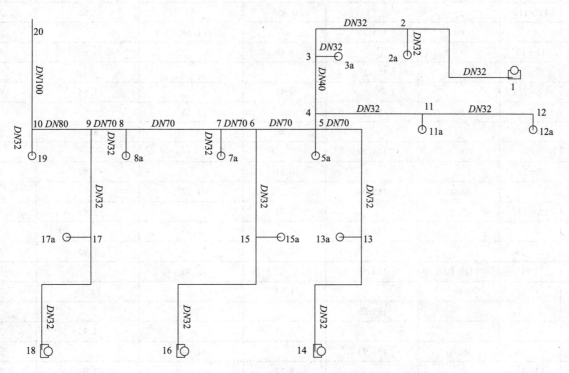

图 12-3-1　高区标准层最不利喷头和管道布置图

最不利层为 9 层客房标准层。

喷头的出流量和管段水头损失应按下式计算：

$$q = K\sqrt{10P} \qquad (12-2-1)$$

式中　q——喷头出水量（L／min）；

　　　P——喷头处水压（MPa）；

　　　K——喷头流量特性系数。

$$h = 10ALQ^2 \qquad (12-2-2)$$

式中　h——沿程水头损失（MPa）；

　　　A——管道比阻值；

　　　L——计算管段长度（m）；

　　　Q——计算管段流量（L／s）。

高区标准层喷淋系统水力计算结果见表 12-3-1。

由上可知高区最不利点立管出口压力 $H_{20} = 28.647mH_2O$，$Q_{20} = 23.95L/s$。

（2）计算低区商务层喷淋系统

低区商务层最不利点喷淋布置图如图 12-3-2 所示。

低区标准层喷淋系统水力计算结果见表 12-3-2。

高区标准层喷淋系统水力计算

表 12-3-1

节点编号	管段编号	喷头流量系数	节点处水压（kPa）	管段长度（m）	喷头处流量（L/S）	管段流量（L/S）	管径（mm）
1		110	110.00		1.92		
	1-2			4.80		1.92	32
2			126.66				
	2-2a			0.82		1.49	32
2a		80	124.95		1.49		
	2-3			3.68		3.41	32
3			165.13				
	3-3a			0.70		1.70	32
3a		80	163.23		1.70		
	3-4			1.67		5.11	40
4			184.60				
	4-11			3.30		3.32	32
11			156.43				
	11-11a			0.455		1.66	32
11a		80	155.25		1.66		
	11-12			3.40		1.65	32
12			155.19				
	12-12a			0.46		1.65	32
12a		80	154.02		1.65		
	4-5			0.46		8.43	50
5			188.19				
	5-5a			0.81		1.82	32
5a		80.00	185.69		1.82		
	5-13			1.83		3.49	32
13			132.53		1.53		
	13-14			4.83		1.95	32
14		110.00	113.56		1.95		
	5-6			1.83		11.92	70
6			195.69				
	6-15			3.21		3.72	32
15		80.00	151.93		1.64		
	15-16			5.77		2.07	32
16		110.00	127.68		2.07		
	6-7			1.075		15.64	70
7			203.29				
	7-7a			0.805		1.89	32
7a		80	200.60		1.89		
	7-8			2.93		17.53	70
8			229.33				
	8-8a			0.805		2.01	32
8a		80	226.29		2.01		
	8-9			1.08		19.54	70
9			241.24				

续表

节点编号	管段编号	喷头流量系数	节点处水压（kPa）	管段长度（m）	喷头处流量（L/S）	管段流量（L/S）	管径（mm）
	9－17			3.21		4.14	32
17		80	187.01		1.82		
	17－18			4.91		2.32	32
18		110	159.98		2.32		
	9－10			1.83		21.85	80
10			251.45				
	10－10a			0.805		2.10	32
10a		80	248.12		2.10		
	10－20			22.835		23.95	100
20			286.47				

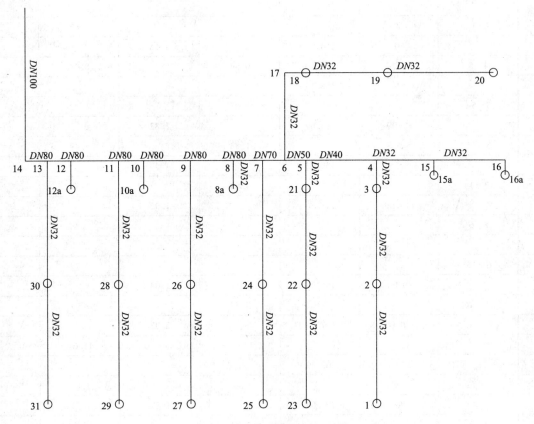

图 12-3-2　低区商务层最不利点喷淋布置图

低区标准层喷淋系统水力计算　　　　　　表 12-3-2

节点编号	管段编号	喷头流量系数	节点处水压（kPa）	管段长度（m）	喷头处流量（L/s）	管段流量（L/s）	管径（mm）
1		110	110.00		1.92		
	1－2			4.80		1.92	32
2			126.66				
	2－2a			0.82		1.49	32
2a		80	124.95		1.49		
	2－3			3.68		3.41	32

续表

节点编号	管段编号	喷头流量系数	节点处水压 （kPa）	管段长度 （m）	喷头处流量 （L/s）	管段流量 （L/s）	管径（mm）
3			165.13				
	3－3a			0.70		1.70	32
3a		80	163.23		1.70		
	3－4			1.67		5.11	40
4			184.60				
	4－11			3.30		3.32	32
11			156.43				
	11－11a			0.455		1.66	32
11a		80	155.25		1.66		
	11－12			3.40		1.65	32
12			155.19				
	12－12a			0.46		1.65	32
12a		80	154.02		1.65		
	4－5			0.46		8.43	50
5			188.19				
	5－5a			0.81		1.82	32
5a		80.00	185.69		1.82		
	5－13			1.83		3.49	32
13			132.53		1.53		
	13－14			4.83		1.95	32
14		110.00	113.56		1.95		
	5－6			1.83		11.92	70
6			195.69				
	6－15			3.21		3.72	32
15		80.00	151.93		1.64		
	15－16			5.77		2.07	32
16		110.00	127.68		2.07		
	6－7			1.075		15.64	70
7			203.29				
	7－7a			0.805		1.89	32
7a		80	200.60		1.89		
	7－8			2.93		17.53	70
8			229.33				
	8－8a			0.805		2.01	32
8a		80	226.29		2.01		
	8－9			1.08		19.54	70
9			241.24				
	9－17			3.21		4.14	32
17		80	187.01		1.82		
	17－18			4.91		2.32	32
18		110	159.98		2.32		
	9－10			1.83		21.85	80

续表

节点编号	管段编号	喷头流量系数	节点处水压 （kPa）	管段长度 （m）	喷头处流量 （L/s）	管段流量 （L/s）	管径（mm）
10			251. 45				
	10 - 10a			0. 805		2. 10	32
10a		80	248. 12		2. 10		
	10 - 20			22. 835		23. 95	100
20			286. 47				

$H_{14} = 24.885 \text{mH}_2\text{O}$，$Q_{14} = 35.82 \text{L/s}$

低区最不利点立管出口压力：

$$H_{32} = H_{14} + ALQ^2 = 24.885 + 0.002674 \times 22.7 \times 35.82^2$$
$$= 32.67 \text{mH}_2\text{O}$$

2. 系统水力计算

$H_b = H + H_z + \sum h + H_K = （32.67 + 5.39）\times（1 + 20\%）+ 29.7 + 4 + 10 = 89.37\text{m}$

四、增压及贮水设备

1. 自喷增压泵

扬程 $H_b = H + H_z + \sum h + H_K = （32.67 + 5.39）\times（1 + 20\%）+ 29.7 + 4 + 10 = 89.37\text{m}$

$Q = Q_{max} = Q_{14} = 35.82 \text{L/s}$

选用 SA 型单级双吸中开离心泵，型号为 6SA - 6，流量 50L/s，扬程 97m，功率 75kW，一用一备。

2. 消防水池、消防水箱及稳压设备

（1）消防水池

消防水池贮存 2h 室内外消火栓所需水量和 1h 自喷系统所需水量，其有效容积为：

$V = 35.82 \times 3.6 + 21.46 \times 2 \times 3.6 = 283.46\text{m}^3$

在室外建矩形钢筋混凝土贮水池，参见标准图集 05S804，体积为 400m³。

（2）消防水箱及稳压设备

据《建筑设计防火规范》GB 50016 - 2006 第 8.4.4 条规定，当室内消防用水量大于 25L/s，经计算消防水箱所需消防储水量大于 18m³ 时，仍可采用 18m³。故选用标准图集 02S101，18m³ 组合式不锈钢板给水箱。

增压水泵的扬程按下式计算：

$$H' = H_0 + \sum h - H_x$$

式中　H'——增压水泵扬程（kPa）；

　　　H_0——最不利喷头的工作压力（kPa）；

　　　$\sum h$——计算管路沿程水头损失与局部水头损失之和（kPa）；

　　　H_x——高位水箱最底液位与最不利点喷头之间的垂直高度压力差（kPa）。

最不利点喷头的工作压力 $H_0 = 100 \text{kPa}$，计算沿程水头损失为 226.7kPa，计算管路的局部损失去沿程水头损失的 25%，则 $\sum h = 1.25 \times 226.7 = 283.38 \text{kPa}$，$H_x = 68.5 \text{kPa}$；所以增压水泵的扬程为：

$$H' = 196.88 + 68.5 = 265.38 \text{kPa}$$

自动喷淋系统和消火栓系统共用一套，故按两个系统所需要的压力确定增压水泵的压力，消火栓系统所需要的压力为 514.09 kPa，自动喷淋系统所需要的压力为 265.38 kPa，故按消火栓系统选用补压设备。参照样本，选 THZW（L）- 1 - XZ - 13 增压设备一套，采用 D1000 立式隔膜气压罐 1 个，2 台 25LGW3 - 10×3 型水泵，功率 $N = 1.1 \text{kW}$，消防供水压力 0.23MPa。

第四节　热水供应系统设计

一、设计范围及设计参数

1. 设计范围

本建筑客房部分设置集中热水供应系统。

2. 设计参数

热水制备温度取 70℃，冷水温度取 10℃；根据《建筑给水排水设计规范》，60℃ 的热水用水定额为：150L/（床·d）。

则最大时热水用量为：

$$Q_r = K_h \frac{mq_r}{T} = 5.61 \times \frac{168 \times 150}{24} = 5890.5 \text{L/h} = 1.73 \text{L/s}$$

式中　K_h——小时变化系数高区取 5.61。

折合成 70℃ 热水的最大时热水用量为：

$$Q = 1.73 \times \frac{60 - 10}{70 - 10} = 1.44 \text{L/s}\ (70℃\ 热水)$$

据此，该系统耗热量为：

耗热量冷水温度 10℃，热水温度 70℃，则设计小时耗热量：

$$Q = K_\text{h} \frac{m q_\text{r}\ (t_\text{r} - t_\text{L})}{3.6 \times T} C = 5.61 \times$$

$$\frac{168 \times 150 \times (70 - 10)}{3.6 \times 24} \times 4.19 = 411.35 \text{kW}$$

二、热水制备及供应方式

1. 热水制备方式

根据江苏省的相关规范，12 层及其以下的民用建筑，在需要使用热水供应系统时，必须采用太阳能热水系统，故本工程热水制备采用太阳能辅助空气源热泵的热水制备方式，热水制备采用直接加热的方式。

2. 热水供应方式

热水供应方式采用上行下给机械半循环的集中热水供应系统。

三、集热系统设计计算

1. 集热器设计计算

（1）集热面积

根据《民用太阳能热水系统应用技术规范》按经验推算每加热 100L 热水所需的集热器面积为 1.8m²，则所需集热总面积：

$$A_\text{c} = 5.61 \times 168 \times 150 \times 1.8 / (24 \times 100) = 106.03 \text{m}^2$$

选用型号为 LPDHWS-2-Y 的玻璃-金属真空管型集热器，单块集热面积为 2.02m²，则需要 53 块集热板。

（2）集热器安装

安装倾角 = 太阳高度角 + 10°

查得淮安的地理位置：北纬 33°，故安装倾角为 43°。

集热器与遮光物前后排的最小距离：

$$D = H \cot\alpha_\text{s} \cdot \cos\gamma$$

式中　H——遮光物最高点与集热器最低点的垂直距离；

　　　α_s——太阳高度角；

　　　γ——计算时刻太阳光线在水平面上的投影线与集热器表面法线在水平面上的投影线之间的夹角。

经过计算，取 $D = 800$mm。

集热水箱按有效容积：

$$V \geq \frac{0.75 \times 3.6 Q}{C\ (t_\text{r} - t_\text{L})} = \frac{0.75 \times 3.6 \times 336725.6}{4187 \times (60 - 10)} = 4.34 \text{m}^3$$

则集热水箱有效容积：

$$V = \frac{60 T Q}{(t_\text{r} - r_\text{L}) C} = \frac{45 \times 60 \times 411350}{60 \times 4187} = 4421\ (\text{L}) = 4.42 \text{m}^3$$

故恒温水箱容积取 5m³。

2. 热水箱容积

（1）集热水箱有效容积

集热水箱有效容积按每平方米集热器 75L 计算，则集热水箱的有效容积为：

$$V = 106 \times 75 = 5618 \text{L}$$

取热水水箱有效容积为 6m³，尺寸为 2.5×2×1.5。

（2）恒温水箱

恒温水箱按有效容积 $V \geq \dfrac{0.75 \times 3.6 Q}{C\ (t_\text{r} - t_\text{L})} =$

$\dfrac{0.75 \times 3.6 \times 336725.6}{4187 \times (60 - 10)} = 4.34 \text{m}^3$

取恒温水箱有效容积为 4.5m³，尺寸为 2×2×1.5。

四、热水供应系统设计计算

1. 热水配水管网水力计算

热水配水网水里计算中，设计秒流量公式与给水管网计算相同，设计秒流量采用下式计算：

$$q_\text{g} = 0.2\alpha\ \sqrt{N_\text{g}}$$

查得宾馆类建筑 $\alpha = 2.5$，则实际秒流量公式为：

$$q_\text{g} = 0.5\ \sqrt{N_\text{g}}$$

热水系统计算草图如图 12-4-1 所示。

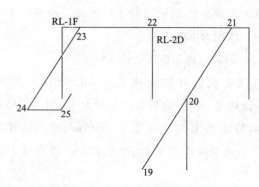

图 12-4-1　热水系统计算草图

热水配水管网水力计算结果见表 12-4-1。

热水配水管网的局部水头损失按沿程水头损失的 30% 计算，管路的总水头损失为：

$$\sum h = \sum h_y \times 1.3 = 3.70 \times 1.3 = 4.81\text{m}$$

考虑 0.05MPa 的流出水头，则热水配水管网所需水压为：

$$H = 4.81 + 5 = 9.81\text{m}$$

2. 热水循环管网的计算

此宾馆客房部分热水供应采用全日制热水供应系统。

（1）计算配水管网个管段的热损失

配水管网个管段的热损失按下式计算：

$$q_s = \pi DLK(1-\eta)\left(\frac{t_c + t_z}{2} - t_j\right)$$

式中　q_s——计算管段的热损失（W）；

D——管道的外径（m）；

L——管段的长度（m）；

K——无保温时管道的传热系数，取 11.6 W/

（$\text{m}^2 \cdot \text{℃}$）。

t_c——管段起点温度（℃）；

t_z——管段终点温度（℃）；

η——保温系数，无保温时为 0，简单保温为 0.6，较好保温为 $0.7 \sim 0.8$；

t_j——空气温度，见表 12-4-2。

t_z 可按下式计算：

$$\Delta t = \frac{\Delta T}{F}$$

$$t_z = t_c - \Delta t \sum f$$

式中　Δt——配水管网中的面积比温降（℃/m）；

ΔT——配水管网起点和终点的温差（℃）；

F——计算管路配水管网的总外表面积（m^2）。

$\sum f$——计算管段的散热面积（m^2）。

热水配水管网水力计算　　　　表 12-4-1

| 管段编号 | 卫生器具种类 | | 当量总数 | q | 管径 DN | v | 单阻 I | 管长 L | 水头损失 $\sum h$ |
	浴盆 $N=1.2$	洗脸盆 $N=0.75$		(L/s)	(mm)	m/s	mm/m	m	(mH₂O)
1-2	1		1.2	0.24	20	0.76	99.40	3.45	0.34
3-2		1	0.75	0.15	20	0.48	38.83	3.23	0.13
2-7	1	1	1.95	0.39	25	0.79	80.44	0.73	0.06
7-8	1	1	1.95	0.39	25	0.79	80.44	0.40	0.03
8-9	2	2	3.9	0.78	32	0.97	86.96	2.60	0.23
9-10	3	3	5.85	1.17	40	0.93	59.96	0.40	0.02
10-11	4	4	7.8	1.40	40	1.11	85.42	2.60	0.22
11-12	5	5	9.75	1.56	40	1.24	106.77	0.40	0.04
12-13	6	6	11.7	1.71	50	0.87	39.27	2.60	0.10
13-14	7	7	13.65	1.85	50	0.94	45.81	0.40	0.02
14-15	8	8	15.6	1.97	50	1.01	52.36	2.60	0.14
15-16	9	9	17.55	2.09	50	1.07	58.90	0.40	0.02
16-17	10	10	19.5	2.21	50	1.13	65.44	2.60	0.17
17-18	11	11	21.45	2.32	50	1.18	71.99	0.40	0.03
18-19	12	12	23.4	2.42	50	1.23	78.53	2.60	0.20
19-20	12	12	23.4	2.42	50	1.23	78.53	8.34	0.65
20-21	18	18	35.1	2.96	70	0.77	19.80	3.87	0.08
21-22	24	24	46.8	3.42	70	0.89	26.40	6.87	0.18
22-23	36	36	70.2	4.19	70	1.09	39.60	6.27	0.25
23-24	42	42	81.9	4.52	70	1.18	46.20	6.38	0.29
24-25	42	42	81.9	4.52	70	1.18	46.20	10.00	0.46
									$\sum h_y = 3.70$

t_j 值（℃）　　　　　　　　　　　　　　　　　　　　　表12-4-2

管道敷设情况	t_j（℃）	管道敷设情况	t_j（℃）
有采暖房间内明装	18~20	敷设在不采暖房间内的地下室	
有采暖房间内暗装	30	敷设在室内地沟内	
敷设在不采暖房间顶棚内	拟用一月份室外平均温度		

每米钢筋外表面积见表12-4-3。

每米钢管外表面积（m²）　　　　　　　　　　　　　　　　表12-4-3

管径 DN（mm）	20	25	32	40	50	70	80	100	125
外径（mm）	26.75	33.5	42.25	48	60	75.5	88.5	114	140
表面积（m²/m）	0.084	0.1052	0.1327	0.1508	0.1885	0.2372	0.2780	0.3581	0.4396
保温层厚度		40	40	50	50	50	50	50	50
保温后表面积		0.2039	0.2584	0.3079	0.3458	0.3943	0.4351	0.4712	0.4396

按公式 $\Delta t = \dfrac{\Delta T}{F}$，配水管路的总外表面积为：

$F = 0.3943 \times 33.39 + 0.3458 \times 9 + 0.3079 \times 3.4 + 0.2584 \times 2.6 + 0.2039 \times 0.73 = 18.15$，$\Delta t = \dfrac{\Delta T}{F} =$

0.55℃/m²，按 $t_z = t_c - \Delta t \sum f$ 依次算出个节点的水温值，将计算结果列于表12-4-4~表12-4-8内。例如：$t_{25} = 70℃$；$t_{24} = 70 - 0.55 \times 0.3943 \times 10 = 67.83℃$，依次类推。

立管 RL-2C 循环系统水力计算　　　　　　　　　　　　表12-4-4

节点	管段编号	管长 L（m）	管径 DN（mm）	外径 D（m）	保温系数 η	节点水温（℃）	平均水温 t_m（℃）	空气温度 t_j（℃）	温差 Δt（℃）	热损失 q_s（W）	循环流量 q_x（L/s）
	1~2	3.45	20	0.027	0			20			
	3~2	3.23	20	0.027	0			20			
2						57.89					
	2~7	0.73	25	0.034	0		57.93	20	37.93	33.79	0.016
7						57.97					
	7~8	0.40	25	0.034	0.6		57.99	20	37.99	7.42	0.016
8						58.02					
	8~9	2.60	32	0.042	0.6		58.20	20	38.20	61.14	0.016
9						58.39					
	9~10	0.40	40	0.048	0.6		58.42	20	38.42	10.75	0.016
10						58.45					
	10~11	2.60	40	0.048	0.6		58.67	20	38.67	70.32	0.016
11						58.89					
	11~12	0.40	40	0.048	0.6		58.93	20	38.93	10.89	0.016
12						58.96					
	12~13	2.60	50	0.060	0.6		59.21	20	39.21	89.12	0.016
13						59.46					
	13~14	0.40	50	0.060	0.6		59.50	20	39.50	13.81	0.016
14						59.54					
	14~15	2.60	50	0.060	0.6		59.78	20	39.78	90.42	0.016
15						60.03					

续表

节点	管段编号	管长 L（m）	管径 DN（mm）	外径 D（m）	保温系数 η	节点水温（℃）	平均水温 t_m（℃）	空气温度 t_j（℃）	温差 Δt（℃）	热损失 q_s（W）	循环流量 q_x（L/s）
	15～16	0.40	50	0.060	0.6		60.07	20	40.07	14.01	0.016
16						60.11					
	16～17	2.60	50	0.060	0.6		60.36	20	40.36	91.72	0.016
17						60.60					
	17～18	0.40	50	0.060	0.6		60.64	20	40.64	14.21	0.016
18						60.68					
	18～19	2.60	50	0.060	0.6		60.93	20	40.93	93.02	0.016
19						61.17					
	19～20	8.34	50	0.060	0.6		61.97	20	41.97	305.92	0.016
20						62.76					
	20～21	3.87	70	0.076	0.6		63.18	20	43.18	183.81	0.053
21						63.60					
	21～22	6.87	70	0.076	0.6		64.34	20	44.34	335.10	0.087
22						65.09					
	22～23	6.27	70	0.076	0.6		65.77	20	45.77	315.66	0.155
23						66.45					
	23～24	6.38	70	0.076	0.6		67.14	20	47.14	330.83	0.220
24						67.83					
	24～25	10.00	70	0.076	0.6		68.92	20	48.92	538.07	0.220
25						70.00				2610.02	

立管 RL－1D 热损失

表 12－4－5

节点	管段编号	管长 L（m）	管径 DN（mm）	外径 D（m）	保温系数 η	节点水温（℃）	平均水温 t_m（℃）	空气温度 t_j（℃）	温差 Δt（℃）	热损失 q_s（W）
	1～2	3.45	20	0.027	0			20		
	3～2	3.23	20	0.027	0			20		
2						59.88				
	2～7	0.73	25	0.034	0		59.92	20	39.92	35.6
7						59.97				
	7～8	3.00	25	0.034	0.6		60.13	20	40.13	58.8
8						60.30				
	8～9	3.00	32	0.042	0.6		60.51	20	40.51	74.8
9						60.73				
	9～10	3.00	40	0.048	0.6		60.98	20	40.98	86.0
10						61.24				
	10～11	3.00	40	0.048	0.6		61.49	20	41.49	87.0
11						61.74				
	11～12	3.00	40	0.048	0.6		62.00	20	42.00	88.1
12						62.25				
	12～20	3.00	40	0.048	0.6		62.51	20	42.51	89.2
20						62.76				519.5

立管 RL-2D 热损失

表 12-4-6

节点	管段编号	管长 L（m）	管径 DN（mm）	外径 D（m）	保温系数 η	节点水温（℃）	平均水温 t_m（℃）	空气温度 t_j（℃）	温差 Δt（℃）	热损失 q_s（W）
	1~2	3.45	20	0.027	0			20		
	3~2	3.23	20	0.027	0			20		
2						61.53				
	2~7	0.73	25	0.034	0		61.60	20	41.60	37.1
7						61.67				
	7~8	0.40	25	0.034	0.6		61.70	20	41.70	8.1
8						61.74				
	8~9	2.60	32	0.042	0.6		61.99	20	41.99	67.2
9						62.24				
	9~10	0.40	40	0.048	0.6		62.28	20	42.28	11.8
10						62.31				
	10~11	2.60	40	0.048	0.6		62.56	20	42.56	77.4
11						62.81				
	11~12	0.40	40	0.048	0.6		62.85	20	42.85	12.0
12						62.88				
	12~13	2.60	40	0.048	0.6		63.13	20	43.13	78.4
13						63.38				
	13~14	0.40	40	0.048	0.6		63.42	20	43.42	12.1
14						63.45				
	14~15	2.60	50	0.060	0.6		63.70	20	43.70	99.3
15						63.95				
	15~16	0.40	50	0.060	0.6		63.99	20	43.99	15.4
16						64.02				
	16~17	2.60	50	0.060	0.6		64.27	20	44.27	100.6
17						64.52				
	17~18	0.40	50	0.060	0.6		64.56	20	44.56	15.6
18						64.60				
	18~22	2.60	50	0.060	0.6		64.84	20	44.84	101.9
22						65.09				637.0

立管 RL-1E 热损失

表 12-4-7

节点	管段编号	管长 L（m）	管径 DN（mm）	外径 D（m）	保温系数 η	节点水温（℃）	平均水温 t_m（℃）	空气温度 t_j（℃）	温差 Δt（℃）	热损失 q_s（W）
	1~2	3.45	20	0.027	0			20		
	3~2	3.23	20	0.027	0			20		
2						60.17				
	2~7	0.73	25	0.034	0		60.23	20	40.23	35.8
7						60.29				
	7~8	3.00	25	0.034	0.6		60.55	20	40.55	59.4
8						60.80				
	8~9	3.00	32	0.042	0.6		61.06	20	41.06	75.8
9						61.31				

续表

节点	管段编号	管长 L(m)	管径 DN(mm)	外径 D(m)	保温系数 η	节点水温 (℃)	平均水温 t_m(℃)	空气温度 t_j(℃)	温差 Δt(℃)	热损失 q_s(W)
	9~10	3.00	40	0.048	0.6		61.56	20	41.56	87.2
10						61.82				
	10~11	3.00	40	0.048	0.6		62.07	20	42.07	88.3
11						62.33				
	11~12	3.00	40	0.048	0.6		62.58	20	42.58	89.3
12						62.83				
	12~21	4.53	40	0.048	0.6		63.22	20	43.22	136.8
21						63.60				572.6

立管 RL-1F 热损失　　　　　　　　　　　表 12-4-8

节点	管段编号	管长 L(m)	管径 DN(mm)	外径 D(m)	保温系数 η	节点水温 (℃)	平均水温 t_m(℃)	空气温度 t_j(℃)	温差 Δt(℃)	热损失 q_s(W)
	1~2	3.45	20	0.027	0			20		
	3~2	3.23	20	0.027	0			20		
2						63.02				
	2~7	0.73	25	0.034	0		63.08	20	43.08	38.4
7						63.14				
	7~8	3.00	25	0.034	0.6		63.40	20	43.40	63.5
8						63.65				
	8~9	3.00	32	0.042	0.6		63.91	20	43.91	81.1
9						64.16				
	9~10	3.00	40	0.048	0.6		64.41	20	44.41	93.2
10						64.67				
	10~11	3.00	40	0.048	0.6		64.92	20	44.92	94.2
11						65.18				
	11~12	3.00	40	0.048	0.6		65.43	20	45.43	95.3
12						65.68				
	12~23	4.53	40	0.048	0.6		66.07	20	46.07	145.8
23						66.45				611.6

（2）计算配水管网总的热损失 Q_s

将各管段的热损失相加便得到配水管网的热损失为：

$Q_s = 538.07 + 2 \times ((2610.02 - 538.07) + 519.5 + 637 + 572.6 + 611.6) = 9363.37W$

（3）计算总循环流量

将 Q_s 带如下式求解热水供应系统的总循环流量 q_x 为：

$$q_x = \frac{Q_s}{C_b \Delta T}$$

式中　Q_s——配水管网的总的热损失（kJ/h）；

C_b——水的比热，$C = 4.187$［kJ/（kg·℃）］；

ΔT——配水管网起点和终点的温差，取 10℃；

q_x——全日热水供应系统的总循环流量（L/h）。

本设计采用暗敷设，取 $\Delta T = 10℃$，则总循环流量 q_x 为：

$$q_x = \frac{9363.37}{4187 \times 10} = 0.22 L/s$$

（4）计算循环管路各管段通过的循环流量

总循环流量 q_x，即通过管段 25-24 的循环流量为：

$$q_{25-24} = 0.22 L/s$$

按照循环流量与热损失成正比，及热平衡关系，对循环流量按下式进行分配：

$$q_{(n+1)} = q_{nx} \frac{\sum Q_{(N+1)}}{\sum Q_{NS}} \qquad (12-4-1)$$

式中　$q_{(n+1)}$、q_{nx}——n、$n+1$ 段所通过的循环流量（L/h）；

$\sum Q_{(N+1)}$——$n+1$ 段本段及其后各管段的热损失之和（kJ/h）；

$\sum Q_{NS}$——n 段后各管段的热损失之和（kJ/h）。

通过节点 24 的热损失为：

$$Q_s = 2610.02 - 538.07 = 2071.95W$$

$q_{24} = Q_X = 0.22L/s$，依次计算将结果填入表内。

（5）计算循环管路的总水头损失

计算公式如下：

$$H = (H_P + H_X) + h_j \qquad (12-4-2)$$

式中　H——循环管网的总水头损失（kPa）；

H_P——循环流量通过配水计算管路的沿程损失和局部水头损失（kPa）；

H_X——循环流量通过回水计算管路的沿程损失和局部水头损失（kPa）；

h_j——循环流量通过换热器的水头损失（kPa）。

循环管路配水管及回水管的局部水头损失按沿程损失的 30% 计算，结果见表 12-4-9。

循环管路配水管及回水管的局部水头损失　　表 12-4-9

管路	管段编号	管长 L (m)	管径 DN (mm)	循环流量 L/s	流速 m/s	沿程损失 mmH$_2$O (m)	沿程损失 mmH$_2$O	水头损失之和 mmH$_2$O
配水管路	2-8	1.13	32	0.016	0.020	0.10	0.113	$H_P = 1.3 \times 6.708$ $= 8.72$ mmH$_2$O $= 87.2$ Pa
	8-12	6.00	40	0.016	0.013	0.03	0.180	
	12-19	11.6	50	0.016	0.008	0.01	0.116	
	19-20	8.34	50	0.016	0.008	0.01	0.083	
	20-21	3.87	50	0.053	0.027	0.09	0.348	
	21-22	6.87	50	0.087	0.044	0.22	1.511	
	22-23	6.27	70	0.155	0.040	0.12	0.752	
	23-24	6.38	70	0.220	0.057	0.22	1.404	
	24-25	10.00	70	0.220	0.057	0.22	2.200	
回水管路	2-20	27.07	32	0.016	0.020	0.10	2.707	$H_P = 1.3 \times 29.469$ $= 38.31$ mmH$_2$O $= 383.1$ Pa
	20-21	3.87	40	0.053	0.042	0.27	1.045	
	21-22	6.87	40	0.087	0.069	0.63	4.328	
	22-23	6.27	50	0.155	0.079	0.59	3.699	
	23-25	16.38	50	0.220	0.112	1.08	17.690	

3. 选泵

（1）恒温水箱至配水点的循环泵

热水循环泵宜采用热水管道泵，安装位置通常位于回水干管的末端，水泵的出水量为：

$$Q_b \geqslant q_x = 0.22L/s$$

循环泵的流量按下式计算：

$Q_b = q_x + q_f = 0.22 + 0.15 \times (5.61 \times 168 \times 150)/24$
$= 0.47L/s$

式中　q_x——循环流量（L/s）；

q_f——循环附加流量（L/s）。

循环水泵扬程为：

$H_b = \left(\dfrac{q_x + q_f}{q_x}\right)^2 \times H_P + H_X = \left(\dfrac{0.22 + 0.25}{0.22}\right)^2 \times 8.72 +$

$38.31 = 78.11$ mmH$_2$O $= 0.078$ mH$_2$O

热水管网内所含水量为 1.40m^3，考虑一小时内管

内热水循环 4 次，则：

$$Q_x = 1.40 \times 4 = 5.60m^3/h = 1.56L/s$$

选用型号为 IL40-125 立式离心泵，一用一备，流量 1.76L/s，扬程 20m，功率 1.5kW，尺寸为基座长 220mm，宽 170mm，泵高 817mm。电机型号为 Y90S-2。

（2）热水箱至恒温水箱的供水泵

选取容积为 5t 的恒温水箱，每日进水 4 次每次的时长为 1h，考虑经过空气源热泵的水头损失为 1m，则：

$$Q_g = 5m^3/h = 1.39L/s$$

$$H_g = 2.81 + 1 = 3.81m$$

选择型号为 KQL40/110 立式离心泵，一用一备，流量 0.94-1.56L/s，扬程 4-3.7m，功率 0.2kW，尺寸为基座长 400mm，宽 400mm，泵高 410mm。

（3）集热器至热水箱的循环水泵

屋顶太阳能集热器推荐工作流量为 0.012kg/（m² · s），集热器所占面积为 106.03m²，配水管道全长 60.46m，回水管道全长 100.749m，则：

集热器管网流量为：

$Q_j = 0.012 \times 106.03 = 1.27L/s$

取 DN50 管径，$R = 450.13Pa$，则

$$H_j = \frac{450.13 \times (60.46 + 100.749)}{1000 \times 10} \times 1.3 = 13.09m$$

选择型号为 KQL40/100 立式离心泵，一用一备，流量 1.75 - 2.11L/s，扬程 13.2 - 12.5m，功率 0.6kW，尺寸为基座长 400mm，宽 400mm，泵高 485mm

第五节　排水系统设计

一、排水体制及排水方式

本建筑为高层建筑，需要通气，故采用设通气立管的双立管排水系统，采用污、废水合流的排水体制。

二、排水系统水力计算

各种卫生器具的排水当量数及排水流量、最小排水管管径见表 12-5-1。

1. 排水横支管计算

排水横支管设计秒流量按下式计算，计算结果见表 12-5-2 ~ 表 12-5-6。

$q_p = 0.12\alpha \sqrt{N_p} + q_{max}$，α 取 2.5。

卫生器具参数　表 12-5-1

给水配件	数量	排水流量（L/s）	当量	排水管管径 DN（mm）
浴盆单阀水嘴	1	1.00	3.0	50
坐便器低水箱虹吸式	1	2.00	6.0	110
洗脸盆混合水嘴	1	0.25	0.75	50
挂式小便器自闭式冲洗阀	1	0.1	0.3	50
大便器（虹吸式）	1	2.0	6.0	110
单格洗涤盆	1	0.67	2.0	50

WL-1　表 12-5-2

管段编号	卫生器具名称数量			当量总数 N_p	设计秒流量 q_p（L/s）	管径 d（mm）	坡度 i
	大便器	洗脸盆	淋浴				
1-2	1			3	1.00	110	0.026
3-2		1	1	6.75	2.25	75	0.026
4-3		1		0.75	0.25	75	0.026
5-4		1		0.75	0.25	75	0.026
2-ml	1	1	1	9.75	2.94	110	0.026

WL-2　表 12-5-3

管段编号	卫生器具名称数量			当量总数 N_p	设计秒流量 q_p（L/s）	管径 d（mm）	坡度 i
	大便器	洗脸盆	淋浴				
2-1	1	1	1	9.75	2.94	110	0.026
7-1	1	1	1	9.75	2.94	110	0.026
3-2	1			3.00	1.00	110	0.026
4-2		1	1	6.75	2.25	75	0.026
5-4		1		0.75	0.25	75	0.026
6-5		1		0.75	0.25	75	0.026
8-7	1			3.00	1.00	110	0.026
9-7		1	1	6.75	2.25	90	0.026
10-9		1		0.75	0.25	75	0.026
11-10		1		0.75	0.25	75	0.026

WL-3　　　　　　　　　　　　　　　　　　表 12-5-4

管段 编号	卫生器具名称数量		当量总数 N_p	设计秒流量 q_p（L/s）	管径 d（mm）	坡度 i
	大便器	洗脸盆				
1-2		1	0.75	0.25	50	0.026
2-3		2	1.5	0.50	75	0.026
3-4	1	2	6	2.50	110	0.026
4-5	2	2	10	4.50	110	0.026
5-6	3	2	16	6.50	110	0.026
6-7	4	2	25.5	7.51	125	0.026

WL-4　　　　　　　　　　　　　　　　　　表 12-5-5

管段 编号	卫生器具名称数量		当量总数 N_p	设计秒流量 q_p（L/s）	管径 d（mm）	坡度 i
	坐便器	洗脸盆				
1-2	4	1	26	7.53	125	0.026
2-3	3	1	13	6.67	125	0.026
3-4	2	1	7	4.67	110	0.026
4-5	1	1	3	2.67	90	0.026
5-6		1	2	0.67	75	0.026

WL-5 同 WL-3。

WL-6　　　　　　　　　　　　　　　　　　表 12-5-6

管段 编号	卫生器具名称数量		当量总数 N_p	设计秒流量 q_p（L/s）	管径 d（mm）	坡度 i
	大便器（冲洗阀）	洗脸盆				
1-2	6	1	3.8	1.27	75	0.026
2-3	6		1.8	0.60	75	0.026
3-4	5		1.5	0.50	75	0.026
4-5	4		1.2	0.40	75	0.026
5-6	3		0.9	0.30	75	0.026
6-7	2		0.6	0.20	75	0.026
7-8	1		0.3	0.10	75	0.026

2. 排水立管计算

根据规范，不同排水立管最大排水能力见表 12-5-7。

排水塑料管最大允许排水流量　　　　　　　　表 12-5-7

通气情况	管道材料	立管高度（m）	通水能力（L/s）							
			管径（mm）							
			50	75	90	100	110	125	150	160
仅设伸顶 通气管	铸铁	—	1.0	2.5	—	4.5	—	7.0	10.0	—
	塑料		1.2	3.0	3.8	—	5.4	7.5	—	12.0
	螺旋		—	3.0		6.0	—	—	13.0	—
设有通气 立管	铸铁		—	5.0		9.0	—	14	25.0	—
	塑料		—			—	10.0	16	—	28.0
特制配	混合		—			6.0	—	9.0	13.0	—
	旋流		—			7.0	—	10.0	15.0	—

（1）WL-1 管

排水当量总数为：

$$N_p = 9.75 \times 6 = 58.5$$

立管最下部管段的排水设计秒流量：

$$q_p = 0.12 \times 2.5 \times \sqrt{58.5} + 2 = 4.29 \text{L/s}$$

查表，选用立管管径 $d = 110 \text{mm}$，流速 1.02m/s。因设计秒流量 $q = 4.29 \text{L/s}$ 小于给排水设计手册中 P433 排水塑料管最大允许排水流量 5.4L/s，但由于是高层建筑，故仍设置专用的通气管。

（2）WL-2 管

排水当量总数为：

$$N_p = 19.5 \times 6 = 117$$

立管最下部管段的排水设计秒流量：

$$q_p = 0.12 \times 2.5 \times \sqrt{117} + 2 = 5.24 \text{L/s}$$

查表，选用立管管径 $d = 125 \text{mm}$，流速 0.95m/s。因设计秒流量 $q = 5.24 \text{L/s}$ 小于给排水设计手册中 P433 排水塑料管最大允许排水流量 7.5L/s，但由于是高层建筑，故仍设置专用的通气管。

（3）WL-3 管

排水当量总数为：

$$N_p = 25.5 \times 3 = 76.5$$

立管最下部管段的排水设计秒流量：

$$q_p = 0.12 \times 2.5 \times \sqrt{76.5} + 2 = 4.62 \text{L/s}$$

查表，选用立管管径 $d = 110 \text{mm}$，流速 1.02m/s。因计秒流量 $q = 4.62 \text{L/s}$ 小于给排水设计手册中 P433 排水塑料管最大允许排水流量 5.4L/s，不设专用的通气立管。

（4）WL-4 管

排水当量总数为：

$$N_p = 26 \times 3 = 78$$

立管最下部管段的排水设计秒流量：

$$q_p = 0.12 \times 2.5 \times \sqrt{78} + 2 = 4.65 \text{L/s}$$

查表，选用立管管径 $d = 110 \text{mm}$，流速 1.02m/s。因设计秒流量 $q = 4.65 \text{L/s}$ 小于给排水设计手册中 P433 排水塑料管最大允许排水流量 5.4L/s，不设专用的通气立管。

（5）WL-5 管

同 WL-3。

（6）WL-6 管

排水当量总数为：

$$N_p = 3.8 \times 3 = 11.4$$

立管最下部管段的排水设计秒流量：

$$q_p = 0.12 \times 2.5 \times \sqrt{11.4} + 2 = 3.0 \text{L/s}$$

查表，选用立管管径 $d = 90 \text{mm}$，流速 0.82m/s。因设计秒流量 $q = 3.01 \text{L/s}$ 小于给排水设计手册中 P433 排水塑料管最大允许排水流量 3.8L/s，不设专用的通气立管。

3. 排水出户横管计算

排水出户横管设计流量同排水立管，查《给排水设计手册》复核得，在取标准坡度为 0.026 时，排水出户横管的管径同立管管径。

4. 化粪池

本建筑为旅馆用水量较大，在室外设化粪池，所有污水经过化粪池后排至污水市政管网。

污水容积：

$$V_1 = \frac{\alpha Nqt}{24 \times 1000} \tag{12-5-1}$$

污泥容积：

$$V_2 = \frac{\alpha NaT (100 - b) Km}{(1 - c) \times 1000} \tag{12-5-2}$$

式中　V_1——污水部分容积（m³）；

　　　V_2——污泥部分容积（m³）；

　　　N——设计人数；

　　　q——每人每日污水量（L/(d·人)），与用水量相同；

　　　α——使用卫生器具人数占总人数的百分比，本设计高层取 70%，低层取 10%；

　　　a——为每人每日污泥量，排水体制为合流制，a 值取 0.7L/（d·人）；

　　　T——污水清掏周期（d），宜采用 90~360d，取 90 天；

　　　b——新鲜污泥含水率，取 95%；

　　　c——化粪池发酵浓缩后的污泥含水率，取 90%；

　　　K——污泥发酵后体积缩减系数取 0.8；

　　　m——清掏污泥后遗留的熟污泥量容积系数，取 1.2。

经计算，本建筑需选用有效容积为 20m³ 的化粪池，查国标图集，选用 92（S）214（二）6-16B01 标准化粪池，尺寸为 7.15×2.60×3.05（m），进水管管底埋深取 0.75m。

第六节 屋面雨水排水系统设计

一、屋面雨水排水方式

根据建筑及结构专业提供的屋面排水条件，结合本工程的建筑立面要求，本建筑屋面雨水排水系统采用内排水系统。

二、屋面雨水排水系统计算

1. 设计参数

本工程地处淮安，屋面雨水设计重现期按 $P = 2$ 年设计，当地的 5min 暴雨强度为：$q_5 = 2.17 \text{L/} (\text{s} \cdot \text{m}^2)$，屋面面积约 800m^2。

2. 降雨量计算

根据上述设计参数，本建筑屋面降雨量为：

$$Q = k_1 \frac{Fq_5}{10000} = 1.0 \times \frac{800 \times 2.17 \times 100}{10000} = 17.36 \text{L/s}$$

式中 k_1——设计重现期为一年的屋面宣泄能力系数，屋面坡度小于 2.5% 时，取 1.0。

3. 雨水斗及雨水立管选用

雨水斗的选用需依据小时降雨厚度 H 和允许汇水面积确定，降雨强度为 $2.17 \text{L/} (\text{s} \cdot \text{m}^2)$，相当于小时降雨厚度为 78mm，住宅屋面的汇水面积为 800m^2，据国标 01S302 选用 79 型雨水斗，其最大允许汇水面积 465m^2，满足泄水要求。

经复核，每根雨水立管的最大排水量约为 1.45L/s，查《建筑给水排水设计规范》，选用塑料排水管公称外径×壁厚(mm) = 110×3.2，最大泄流量 15.98L/s，满足要求。

第十三章　暖通空调设计

第一节　原始资料及计算参数

一、工程概况

淮安古黄河大酒店是一个由酒店、餐饮、会议、商务、商贸等部分组成的三星级酒店。该建筑共10层，地下一层为中央空调机房及其他设备机房，地上一~三层为会议室、娱乐室、休息室、餐厅等，四~九层为酒店客房。每层均设有空调机房，冷却塔及膨胀水箱设于十层。总建筑高度36.6m，建筑总面积6953m²，地下建筑面积678m²。

二、计算参数

1. 室外计算参数（表13-1-1）

淮安市室外气象参数　　　　　　　　　　　表13-1-1

夏季	大气压	100.34kPa	冬季	大气压	102.46kPa
	空气调节温	30.4℃		空气调节温	-8℃
	空调室外计算干球温	33.8℃		最低日平均温	-13℃
	空调室外计算湿球温	28.3℃		采暖室外计算温	-5℃
	室外平均风	3.2m/s		室外平均风	3.6m/s
	计算日较差温	6.5℃		冬季通风室外计算温	0℃

2. 室内计算参数（表13-1-2）

依据江苏省《公共建筑节能设计标准》，确定室内环境参数。

各空调房间室内计算　　　　　　　　　　　表13-1-2

参数		冬季	夏季
温度（℃）	一般房间	20	26
	大堂、过厅	18	室内外温差≤10
风速（v）（m/s）		0.10≤v≤0.20	0.15≤v≤0.30
相对湿度（%）		30~60	40~65
新鲜空气量（m³/（h·人））（三星级酒店标准）	客房	30	
	餐厅、宴会厅、多功能厅	20	
	大堂、四季厅	10	
	商业、服务	10	
	美容、理发	30	
	酒吧、茶座、咖啡厅	10	
	办公	30	

3. 其他设计参数（表 13－1－3 ~ 表 13－1－5）

照明功率密度值（W/m²） 表 13－1－3

建筑类别	房间类别	照明功率密度
宾馆建筑	客房	15
	餐厅	13
	会议室、多功能厅	18
	走廊	5
	门厅	15

不同类型房间人均占有的使用面积（m²/人） 表 13－1－4

建筑类别	房间类别	人均占有的使用面积
宾馆建筑	普通客房	15
	高档客房	30
	会议室、多功能厅	2.5
	走廊	50
	其他	20

不同类型房间电器设备功率（W/m²） 表 13－1－5

建筑类别	房间类别	电器设备功率
宾馆建筑	普通客房	20
	高档客房	13
	会议室、多功能厅	5
	走廊	0
	其他	5

根据江苏省建筑节能的要求，本建筑为甲类公用建筑，建筑节能按照 50% 设计，其围护结构热工指标见表 13－1－6。

夏热冬冷地区围护结构传热系数与遮阳系数 表 13－1－6

传热系数 K ［W/（m²·K）］

围护结构部位		传热系数 K ［W/（m²·k）］	遮阳系数 S_c（东、南、西、北向）
屋面		≤0.70	
外墙（包括非透明幕墙）		≤1.0	
底面接触室外空气的架空或外挑楼板		≤1.0	
外窗（包括透明幕墙）		传热系数 K ［W/（m²·k）］	遮阳系数 S_c（东、南、西、北向）
单一朝向外窗（包括透明幕墙）	窗墙面积比≤0.2	≤4.7	—
	0.2＜窗墙面积比≤0.3	≤3.5	≤0.55
	0.3＜窗墙面积比≤0.4	≤3.8	≤0.50/0.60
	0.4＜窗墙面积比≤0.5	≤2.8	≤0.45/0.55
	0.5＜窗墙面积比≤0.7	≤2.5	≤0.40/0.50
屋顶透明部分		≤3.0	≤0.40

注：有外遮阳时：遮阳系数数 = 玻璃的遮阳系数 × 外遮阳的遮阳系数；

无外遮阳时：遮阳系数 = 玻璃的遮阳系数。

4. 建筑资料（表 13 - 1 - 7）

围护结构物性参数   表 13 - 1 - 7

名称	构造	厚度（mm）	导热热阻 （m²·℃/W）	传热系数 K [W/（m²·℃）]	类型尺寸
外墙	外-挤塑聚苯板 50 + 钢筋混凝土 300 + 水泥砂浆 15	365	1.4	0.64	Ⅱ
内墙	水泥砂浆 20 + 砖墙 240 + 白灰粉刷 20	280	0.34	1.97	Ⅱ
外门	双层中空 12mm 玻璃门	—	—	2.9	1800×2500
	双层实体木制外门	50	—	2.326	—
内门	单层实体木制内门	25	—	4.652	—
外窗	透明反射玻璃 + 透明浮法玻璃 （$S_C = 0.49$，6 + 12A + 6）	—	—	2.9	详见图纸
屋面	35 钢筋混凝土屋面板 + 150 水泥膨 胀珍珠岩保温层	225	1.06	0.60	Ⅳ
楼板	钢筋混凝土内粉刷			0.57	

5. 房间编号（图 13 - 1 - 1 ~ 图 13 - 1 - 4）

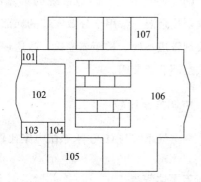

图 13 - 1 - 1　一层房间编号

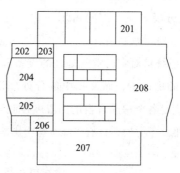

图 13 - 1 - 2　二层房间编号

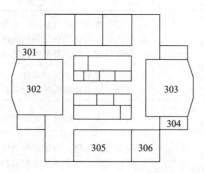

图 13 - 1 - 3　三层房间编号

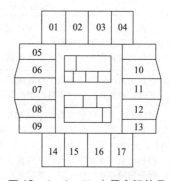

图 13 - 1 - 4　四-九层房间编号

第二节　空气处理方案论证

一、酒店综合楼的空调特点

1. 建筑特点

该酒店的外围护结构多为钢筋混凝土的框架结构，采用Ⅱ型墙体材料作为外围护结构，并设挤塑聚苯板外保温。采用大面积双层铝合金外窗作为酒店外围护结构的主流，其玻璃窗采用为普通双层中空玻璃，玻璃材质为透明反射玻璃 + 透明浮法玻璃。

2. 使用特点

该酒店房间类型繁多，使用时间不一致性大，管理不太方便，在选择空调方案时应充分考虑。

3. 空调系统注意事项

（1）分区问题：考虑到建筑物结构上的差别和房间类型的不同，可将将建筑物按防火分区进行分区。

（2）过度季节问题：过度季节部分房间可不用冷热源，但部分房间仍需要降温，这时应用室外空气直接进入需降温房间降温，即节能又简单；或考虑采用一台小容量的制冷机。

（3）大空间空调形式问题：对于个别大空间可选择取全空气系统。

（4）特殊房间的个别控制问题：用风机盘管加新风系统以便控制。

二、空气调节系统的分类

1. 按空气处理设备的集中程度分

（1）集中式系统：空气集中于机房内进行处理，而房间内只有空气分配装置。需要占用一定的建筑面积，控制管理比较方便，效率高。

（2）半集中式系统：对室内空气处理的设备分散在各个被调节和控制的房间内，而又集中部分处理设备。占用机房少，可以满足各个房间各自的温湿度控制要求，效率较高，但管理维修不方便，且有可能有噪声影响。

（3）分散式系统：对室内进行热湿处理的设备全部分散在各房间内。不需要机房，不需要对空气进行分配的风道，维修管理不便，效率低。在此不考虑集分散式空调系统。

2. 按承担室内负荷所用的介质分

（1）全空气系统：房间内负荷全部由经过处理的空气来承担，适用于面积较大人员较多的场所，新风调节方便，过渡季节可实现全新风运行，节约能源，占地面积大，风管占用较大空间，初投资和运行费用较高。

（2）全水系统：室内负荷全部靠水来承担，没有送风道，节省建筑空间，但室内空气品质不好。

（3）空气-水系统：房间内负荷由经过处理的空气和水来共同承担。

（4）冷剂系统：制冷系统的蒸发器直接放在室内吸收余热余湿，常用于分散安装的局部空调机组，但由于冷剂管道不便于长距离输送，故这种系统不宜作为集中式空调系统使用。

三、空调方案比较

全空气系统与空气-水系统方案比较见表13-2-1。

全空气系统与空气-水系统方案比较表 表13-2-1

比较项目	全空气系统	空气-水系统
设备布置与机房	1. 空调与制冷设备可以集中布置在机房； 2. 机房面积较大层高较高； 3. 有时可以布置在屋顶或安设在车间柱间平台上	1. 只需要新风空调机房、机房面积小； 2. 风机盘管可以设在空调机房内； 3. 分散布置、敷设各种管线较麻烦
风管系统	1. 空调送回风管系统复杂、布置困难； 2. 支风管和风口较多时不易均衡调节风量	1. 放室内时不接送、回风管； 2. 当和新风系统联合使用时，新风管较小
节能与经济性	1. 可以根据室外气象参数的变化和室内负荷变化实现；全年多工况节能运行调节，充分利用室外新风减少与避免冷热抵消，减少冷冻机运行时间； 2. 对热湿负荷变化不一致或室内参数不同的多房间不经济； 3. 部分房间停止工作不需空调时整个空调系统仍需运行不经济	1. 灵活性大、节能效果好，可根据各室负荷情况自我调节； 2. 盘管冬夏兼用，内壁容易结垢，降低传热效率； 3. 无法实现全年多工况节能运行
使用寿命	使用寿命长	使用寿命较长
安装	设备与风管的安装工作量大周期长	安装投产较快，介于集中式空调系统与单元式空调器之间
维护运行	可以严格地控制室内温度和室内相对湿度	对室内温度要求严格时难于满足
温湿度控制	可以严格地控制室内温度和室内相对湿度	对室内温度要求严格时难于满足
空气过滤与净化	可以采用初效、中效和高效过滤器，满足室内空气清洁度的不同要求，采用喷水室时水与空气直接接触易受污染，需常换水	过滤性能差，室内清洁度要求较高时难于满足
消声与隔振	可以有效地采取消防和隔振措施	必须采用低噪声风机才能保证室内要求
风管互相串通	空调房间之间有风管连通，使各房间互相污染，当发生火灾时会通过风管迅速蔓延	各空调房间之间不会互相污染

风机盘管 + 新风系统的特点见表 13 - 2 - 2。

风机盘管 + 新风系统的特点　　　　　　　　　表 13 - 2 - 2

优点	1. 布置灵活，可以和集中处理的新风系统联合使用，也可以单独使用； 2. 各空调房间互不干扰，可以独立地调节室温，并可随时根据需要开停机组，节省运行费用，灵活性大，节能效果好； 3. 与集中式空调相比不需回风管道，节约建筑空间； 4. 机组部件多为装配式、定型化、规格化程度高，便于用户选择和安装； 5. 只需新风空调机房，机房面积小； 6. 使用季节长； 7. 各房间之间不会互相污染
缺点	1. 对机组制作要求高，则维修工作量很大； 2. 机组剩余压头小室内气流分布受限制； 3. 分散布置敷设各中管线较麻烦，维修管理不方便； 4. 无法实现全年多工况节能运行调节； 5. 水系统复杂，易漏水； 6. 过滤性能差
适用性	适用于旅馆、公寓、医院、办公楼等多、高层建筑物中，需要增设空调的小面积、多房间、建筑室温需要进行个别调节的场合

风机盘管的新风供给方式见表 13 - 2 - 3。

风机盘管的新风供给方式　　　　　　　　　表 13 - 2 - 3

供给方式	示意图	特点	适用范围
房间缝隙 自然渗入		1. 无规律渗透风，室温不均匀； 2. 简单、方便； 3. 卫生条件差； 4. 初投资与运用费用低； 5. 机组承担新风负荷，长时间在湿工况下工作	1. 人少，无正压要求，清洁度要求不高的空调房间； 2. 要求节省投资与运行费用的房间； 3. 新风系统布置有困难或旧有建筑改造
机组背面 墙洞引入 新风		1. 新风口可调节，冬、夏季最小新风量，过渡季大新风量； 2. 随新风负荷变化，室内直接受影响； 3. 初投资与运行费节省	同上； 房高为 6m 以下的建筑物
单设新风系统， 独立供给室内		1. 单设新风机组，可随室外气象变化进行调节，保证室内湿度与新风量要求； 2. 投资大； 3. 占有空间多； 4. 新风口尽量紧靠风机盘管为佳	要求卫生条件严格和舒适的房间，目前最常采用此方式
单设新风 系统供给 风机盘管		1. 单设新风机组，可随室外气象变化进行调节，保证室内湿度与新风量要求； 2. 投资大； 3. 新风接至风机盘管，与回风混合后进入室内，加大了风机风量，增加噪声	要求卫生条件严格的房间，目前较少采用此种方式

本设计为酒店的空调系统设计，系统的选定应注意档次和安全的要求，按照负担室内空调负荷所用的介质来分类可选择四种系统——全空气系统、空气-水系统、全水系统、冷剂系统。全空气系统分一次回风式系统和二次回风式系统，该系统是全部由处理过的空气负担室内空调冷负荷和湿负荷；空气-水系统分为再热系统和诱导器系统并用、全新风系统和风机盘管机组系统并用；全水系统即为风机盘管机组系统，全部由水负担室内空调负荷，在注重室内空气品质的现代化建筑内一般不单独采用，而是与新风系统联合运用；冷剂系统分单元式空调器系统、窗式空调器系统、分体式空调器系统，它是由制冷系统蒸发器直接放于室内消除室内的余热和余湿。对于较大型公共建筑，建筑内部的空气品质级别要求较高，全水系统和冷剂系统只能消除室内的余热和余湿，不能起到改善室内空气品质的作用，所以全水系统和冷剂系统在本次的建筑空调设计时不宜采用。

综上所述，拟采用风机盘管加新风系统，风机盘管的新风供给方式用单设新风系统，独立供给室内。而对于餐厅、门厅等空间较大、人员较多、温度和湿度允许值波动范围小的房间，拟采用全空气系统。

四、空调方案的确定

该酒店采用风机盘管加新风系统。因为该酒店房间类型繁多，各房间冷热负荷并不相同，可以个房间进行个别的调节。每层设有新风机组，可以由同层的新风机组送入室内，和风机盘管一起满足室内的冷热负荷。

风机盘管空调方式，这种方式风管小，可以降低房间层高，但维修工作量大，如果水管漏水或冷水管保温不好而产生凝结水，对线槽内的电线或其他接近楼地面的电器设备是一个威胁，因此要求确保管道安装质量。风机盘管加新风系统占空间少，使用也较灵活，但空调设备产生的振动和噪音问题需要采取切实措施予以解决。对于该系统所存在的缺点，可在设计当中根据具体的问题予以解决和弥补。

对于空间较大的房间（比如大堂）如果设置风机盘管水系统的话会用到较多的末端设备，造成投资上的浪费，因此此类房间采用集中式全空气系统，新风和回风通过设在房间的吊顶组合式空调器集中处理后通过风道送入房间内，在空调器新风入口和回风入口处分别设电动调节阀，以便在过渡季节能够实现全新风运行，最大程度的利用自然界的能量，节约能源。

具体实现方式见表13-2-4。

各空调房间实现具体方式表   表13-2-4

楼层	房间类型	空调方式	新风方式
1层	值班室101、厨房102、粗加工103、服务间104、咖啡厅105、消防控制室107	风机盘管+独立新风	新风机房供给
	大堂106	全空气系统	新风机房供给
2层	美容美发201、西点202、备餐203、西餐咖啡204、厨房205、备餐206、中餐厅207	风机盘管+独立新风	新风机房供给
3层	办公301、服务间304、会议305、商务306、多功能厅302、多功能厅303	风机盘管+独立新风	新风机房供给
4~9层	01~18所有客房及会房	风机盘管+独立新风	新风机房供给

新风机房同时为走廊送风冬季需要制冷的房间则将新风预热后直接送入制冷

五、风机盘管机组的结构和工作原理

风机盘管机组是空调机组的末端机组之一，就是将通风机、换热器及过滤器等组成一体的空气调节设备。机组一般分为立式和卧式两种，可以按室内安装位置选定，同时根据室内装修要求可做成明装或暗装。风机盘管通常与冷水机组（夏）或热水机组（冬）组成一个供冷或供热系统。风机盘管是分散安装在每一个需要空调的房间内（如宾馆的客房、医院的病房、写字楼的各写字间等）。

风机盘管机组中风机不断循环所在房间内的空气和新风，使空气通过供冷水或供热水的换热器被冷却或加热，以保持房间内温度。在风机吸风口外设有空气过滤器，用以过滤被吸入空气中的尘埃，一方面改善房间的卫生条件，另一方面也保护了换热器不被尘埃所堵塞。换热器在夏季可以除去房间的湿气，维持房间的一定相对湿度。换热器表面的凝结水滴入接水盘内，然后不断地被排入下水道中。

由于本系统采用风机盘管＋新风系统，有独立的新风系统供给室内新风，即把新风处理到室内参数，不承担房间负荷。这种方案既提高了该系统的调节和运转的灵活性，且进入风机盘管的供水温度可适当提高，水管结露现象可以得到改善。

第三节　空调负荷计算

一、冷负荷构成及计算原理

1. 围护结构瞬变传热形成冷负荷的计算方法

（1）外墙和屋面瞬变传热引起的冷负荷

在日射和室外气温综合作用下，外墙和屋面瞬变传热引起的逐时冷负荷可按下式计算：

$$Q_1 = K \cdot F \cdot \Delta t_{\tau - \varepsilon} \qquad (13-3-1)$$

式中　Q_1——外墙和屋面瞬变传热引起的逐时冷负荷（W）；

　　　F——外墙和屋面的面积（m²）；

　　　K——外墙和屋面的传热系数［W/（m²·℃）］；

　　　τ——计算时间（h）；

　　　ε——维护结构表面受到周期为24h谐波性温度波作用，温度波传到内表面的时间延迟（h）；

　　　$\tau - \varepsilon$——温度波的作用时间，即温度波作用于维护结构内表面的时间（h）；

　　　$\Delta t_{\tau - \varepsilon}$——作用时刻下，维护结构的冷负荷计算温差（℃）。

（2）内墙，楼板等室内传热维护结构形成的瞬时冷负荷

当空调房间的温度与相邻空调房间的温度大于3℃时，要考虑由内维护结构的温差传热对空调房间形成的瞬时冷负荷，可按如下传热公式计算：

$$Q_2 = K \cdot F \cdot (t_{ls} - t_n) \qquad (13-3-2)$$

式中　F——内维护结构的传热面积（m²）；

　　　K——内维护结构的传热系数［W/（m²·K）］；

　　　t_n——夏季空调房间室内设计温度（℃）；

　　　t_{ls}——相邻非空调房间的平均计算温度（℃）。

当邻室为非空调房间时，邻室温度采用邻室平均温度，其冷负荷可按下式计算：

$$Q_2^1 = K \cdot F \cdot (t'_{ls} - t_m) \qquad (13-3-3)$$

t'_{ls}按下式计算：

$$t'_{ls} = t + t_{ls}$$

式中　t——夏季空调房间室外计算日平均温度（℃）；

　　　t_{ls}——相邻非空调房间的平均计算温度与夏季空调房间室外计算日平均温度的差值，当相邻散热量很少（如走廊）时，t_{ls}取3℃，；当相邻散热量在23～116W/m²时，t_{ls}取5℃。

（3）外玻璃窗瞬变传热引起的冷负荷

在室内外温差的作用下，玻璃窗瞬变热形成的冷负荷可按下式计算：

$$Q_3 = X \cdot K \cdot F (t_{wp} + \Delta t_k - t_n) \qquad (13-3-4)$$

式中　X——玻璃窗传热系数修正系数；

　　　F——外玻璃窗面积（m²）；

　　　K——玻璃的传热系数，［W/（m²·K）］；

　　　t_{wp}——夏季空气调节室外计算日平均温度（℃）；

　　　Δt_k——夏季室外计算日较差（℃）；

　　　t_n——室内计算温度（℃）。

2. 透过玻璃窗的日射得热引起的冷负荷

透过玻璃窗进入室内的日射得热形成的逐时冷负荷按下式计算：

$$Q_4 = F_C \cdot x_m \cdot x_b \cdot x_z \cdot J_{c \cdot max} \cdot C_{cl} \qquad (13-3-5)$$

式中　Q_4——各小时的日射冷负荷（W）；

　　　F_c——玻璃窗的面积（m²）；

　　　x_m——窗的有效面积系数；

　　　x_b——窗玻璃修正系数；

　　　x_z——窗的内遮阳系数；

　　　$J_{c \cdot max}$——窗日射得热量最大值（W/m²）；

　　　C_{cl}——冷负荷系数，分内遮阳和外遮阳，按纬度给出。

3. 设备形成的冷负荷

设备和用具显热形成的冷负荷按下式计算：

$$Q_5 = 1000 \cdot n_1 \cdot n_2 \cdot n_3 \cdot N \qquad (13-3-6)$$

式中　Q_5——设备和用具形成的冷负荷（W）；

　　　N——设备安装功率（W）；

　　n_1、n_2、n_3——设备和用具散热冷负荷修正系数，一般取

　　　　　$n_1 = 0.7$，$n_2 = 0.7$，$n_3 = 1.0$。

4. 照明散热形成的冷负荷

根据照明灯具的类型和安装方式的不同，其冷负荷计算式分别为：

$$白炽灯：Q_6 = 1000 \cdot n_3 \cdot NW \quad (13-3-7)$$

$$荧光灯：Q_7 = 1000 \cdot n_3 \cdot n_6 \cdot n_7 \cdot N$$

$$(13-3-8)$$

式中　Q_6、Q_7——灯具散热形成的冷负荷（W）；

　　　　N——照明灯具所需功率（W）；

　　　　n_3——同时使用系数，一般为 $0.5 \sim 0.8$，本设计取 0.6；

　　　　n_6——镇流器消耗功率系数，当明装荧光灯的镇流器装在空调房间内时，取 $n_6 = 1.2$；当暗装荧光灯镇流器装设在顶棚内时，可取 $n_6 = 1.0$；本设计取 $n_6 = 1.2$；

　　　　n_7——灯罩隔热系数，当荧光灯上部穿有小孔（下部为玻璃板），可利用自然通风散热与顶棚内时，取 $n_7 = 0.5 \sim 0.8$；而荧光灯罩无通风孔时，取 $n_7 = 0.6 \sim 0.8$；本设计取 $n_7 = 0.6$；本设计照明设备为明装荧光灯，镇流器设置在顶棚内，荧光灯罩无通风孔，功率按照表 13-1-3 计算。

5. 人体散热形成的冷负荷

人体散热引起的冷负荷计算式为：

$$Q_8 = Q_\tau + Q_q = n \cdot \phi \cdot q_x \cdot X_{\tau-T} + n \cdot \phi \cdot q_x$$

$$(13-3-9)$$

式中　Q_8——人体散热形成的冷负荷（W）；

　　　　Q_τ——人体显热散热量（W），$Q_\tau = n \cdot \phi \cdot q_x \cdot X_{\tau-T}$

　　　　n——室内全部人数，旅馆群集系数为 0.93；

　　　　ϕ——群集系数，男子、女子、儿童折合成成年男子的散热比例；

　　　　q_x——每名成年男子的显热散热量（W）；

　　　　$X_{\tau-T}$——$\tau-T$ 时间人体显热散热量的冷负荷系数；

　　　　Q_q——人体潜热冷负荷（W），$Q_q = n \cdot \phi \cdot q_x$。

二、新风冷负荷

目前，我国空调设计中对新风量的确定原则，仍采用现行规范、设计手册中规定或推荐的原则。

夏季，空调新风冷负荷按下式计算：

$$Q_9 = G_w \cdot (i_w - i_N) \quad (13-3-10)$$

式中　Q_9——夏季新风冷负荷（kW）；

　　　　G_w——新风量（kg/s）；

　　　　i_w——室外空气的焓值（kJ/kg）；

　　　　i_N——室内空气的焓值（kJ/kg）。

三、湿负荷

人体散湿量可按下式计算：

$$W_r = \frac{1}{2000} n \cdot \phi \cdot W \quad (13-3-11)$$

式中　W_r——人体散湿量（kg/h）；

　　　　n——空调房间人员总数；

　　　　ϕ——群集系数，选取群集系数为 0.93；

　　　　W——成年男子的小时散热量［kg/（h·p）］；26℃时，极轻劳动成年男子的小时散热量为 0.109kg/（h·p）。

四、各层房间负荷计算

具体计算数据见附表（略）。

五、各房间送风状态的确定

1. 送风方案

综上所述，采用风机盘管加新风系统，风机盘管的新风供给方式用单设风系统，独立供给室内。

风机盘管加新风系统的空气处理方式有：

（1）新风处理到室内状态的等焓线，不承担室内冷负荷；

（2）新风处理到室内状态的等含湿量线，新风机组承担部分室内冷负荷；

（3）新风处理到焓值小于室内状态点焓值，新风机组不仅承担新风冷负荷，还承担部分室内显热冷负荷和全部潜热冷负荷，风机盘管仅承担一部分室内显热冷负荷，可实现等湿冷却，可改善室内卫生和防止水患；

（4）新风处理到室内状态的等温线风机盘管承担的负荷很大，特别是湿负荷很大，造成卫生问题和水患；

（5）新风处理到室内状态的等焓线，并与室内状态点直接混合进入风机盘管处理。风机盘管处理的风量比其他方式大，不易选型。

所以本设计选择新风处理到室内状态的等焓线，不承担室内冷负荷方案。

2. 各房间的新风量级新风负荷的确定

以 101 房间为例，房间的新风量指标 30m³／（h·p）；本办公楼人员密度按 20m²／人估算，空气密度取 $\rho=1.2$kg/m³；则新风量：

$$G_{w-101} = 30 \times 1 \times 1.2 = 36\text{kg/h}$$

新风负荷计算：

在湿空气的 $i-d$ 图上，根据设计地室外空气的夏季空调计算干球温度 t_w 和湿球温度 t_{ws} 确定新风状态点 W，得出新风的焓 i_w；根据室内空气的设计温度 t_N 和相对湿度 Φ，确定回风状态点（也就是室内空气设计状态点），得出回风的焓 i_N。则夏季空调的新风负荷按 $Q_9 = G_w \cdot (i_w - i_N)$ 计算。

根据室内外参数（$t_N = 26℃$，$\Phi = 60\%$；$t_w = 33.8℃$，$t_{ws} = 28.3℃$）查 $i-d$ 图（见图 13-3-1）得：$i_W = 85.2$kJ/kg，$i_N = 58.4$kJ/kg；$\Delta i = i_w - i_n = 85.2 - 58.4 = 26.8$kJ/kg

则 $Q = G_w - 101 \cdot \Delta i$ （13-3-12）
$$= 36 \times 26.8 \times 1000 \div 3600 = 268\text{W}$$

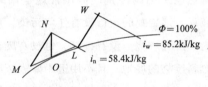

图 13-3-1 湿空气的 $i-d$ 图

六、制冷系统设计逐时最大冷负荷的确定

制冷系统逐时最大冷负荷 Q_0 可按下式确定：

$$Q_0 = Q \cdot K_r \cdot K_f \cdot K_\eta \cdot K_b \quad \text{KW} \quad (13-3-13)$$

式中　Q——空调系统冷负荷（kW）；

　　　K_r——房间同期使用系数，0.6～1.0，本设计 $K_r = 1$；

　　　K_f——冷量损失附加系数，风-水系统 $K_f = 1.10～1.15$；

　　　　　直接蒸发式表冷系统 $K_f = 1.05～1.10$；

　　　　　本设计为风-水系统，$K_f = 1.10$；

　　　K_η——效率降低修正系数，$K_\eta = 1.05～1.10$；本设计 $K_\eta = 1.05$；

　　　K_b——事故备用系数，一般不考虑备用，仅在特殊工程中才采用 X 台 1 备用的方式。本设

计不考虑备用，$K_b = 1.0$。

则本设计制冷系统的设计最大冷负荷：

$Q_0 = Q \cdot K_r \cdot K_f \cdot K_\eta \cdot K_b = 228 \times 1 \times 1.10 \times 1.05 \times 1.0 = 263\text{kW}$

第四节　空调冷热源设备选择

一、冷、热源概况

（1）冷、热源的作用：为空调系统提供必要的冷量和热量。

（2）热源：常见的热源有：余热利用，自然热源（地热、太阳能等）、锅炉供热。

（3）冷源的种类：人工冷源与天然冷源。

1）人工制冷：压缩式制冷与吸收式制冷。

其中，压缩式制冷包括：活塞式、螺杆式和离心式等；吸收式制冷：蒸气型、直燃型和热水型等。

2）天然冷源：低湿的地下水、地表水等。

二、各种冷热源形式的比较

冷热源形式的比较包括：电动冷水机组供冷＋锅炉、直燃溴化锂吸收式冷热水机组及供热空气源热泵、地源热泵四者的比较。

1. 电动冷水机组

供冷＋锅炉是传统的冷热源组合方式，夏季用电动冷水机组供冷、冬季用锅炉供热。电动冷水机组，建筑物内热量通过配套设备冷却塔向空气中散热，达到制冷目的。锅炉冬季通过燃烧天然气、油、煤等对建筑物供热。

其特点为：

（1）电动冷水机组能效比高，制冷量大。水冷螺杆冷水机组为：4～5.5；水冷离心冷水机为 4～5.7。

（2）冷源、热源一般集中设置，需要占据一定的有效建筑面积。

（3）对于环境有一定影响。制冷系统的氟利昂（CFC）问题，破坏臭氧层。热源锅炉排除大量 CO_2、SO_2 和粉尘等有害物质。

（4）冷水机组制冷量不好调节，低负荷运转时效率低，离心机还会发生"喘振"现象。

（5）系统设备较多，包括冷水机、锅炉、冷却塔、泵等，不利于维修管理及设备的可靠运转。

2. 直燃溴化锂吸收式冷热水机组

通过溴化锂水溶液为工质工作，一机二用，可以供冷、供热，特点为：

（1）供热对大气污染小，可省去热源机房，设备占地小。

（2）运动部件少，噪声低。

（3）直燃型溴化锂吸收式冷热水机组初始投资费用较大，设备的工艺要求极严，维护保养要求较高。

（4）系统需要加热源：天然气、人工煤气、液化石油气等。工质腐蚀性高，影响机组寿命。机组气密性要求高。

（5）效率较低，能耗较大。

3. 空气源热泵

它是一种具有节能效益和环保效益的空调冷热源方式。冬季机组直接从空气中吸取热量来供暖，夏季向空气中散热来制冷。比较新兴的产品，在日本、欧美发展较早。近年来在中国应用越来越广。

空气源热泵冷水机组有以下优势：

（1）用空气作为低位热源，取之不尽，用之不竭，处处都有，可以无偿的获取。

（2）空调系统的冷源与热源合二为一，夏季提供7℃冷冻水，冬季提供45~50℃热水，一机两用。

（3）空调水系统中省去冷却水系统。

（4）不需要另设锅炉房或热力站。

（5）要求尽可能将空气源热泵冷热水机组布置在室外，如屋顶花园、阳台上等，这样可以不占用建筑的有效面积。

（6）安装简单，运行管理方便。

（7）不污染使用场所的空气，有利于环保。

但是在使用过程中，应注意下述几个特点：

在冬季运行时，当空气侧换热器表面温度低于周围空气温度的露点温度且低于0℃时，换热器表面就会结霜。当室外空气相对湿度大于70%，温度在3~5℃范围时，机组结霜最严重。机组结霜将会降低空气侧换热器的传热系数，增加空气侧的流动阻力，使风量减少，机组的供热能力下降，严重时机组会停止运行。因此，机组要及时除霜才行。

机组的供热能力和供热性能系数的大小受室外空气状态参数的影响很大。室外大气温度愈低，机组的供热能力和制冷性能系数也愈小。

4. 地源热泵

地源热泵中央空调系统是利用水与地源（地下水、土壤或地表水）进行冷热交换来作为水源热泵的冷热源，冬季把地源中的热量"取"出来，供给室内采暖，此时地源为"热泵"；夏季把室内热量"取"出来，释放到地下水、土壤或地表水中，此时地源为"冷源"。地源热泵中央空调系统通过输入少量的高品位能源（如电能），实现低温位热能向高温位转移。与锅炉（电、燃料）供热系统相比，锅炉供热只能将90%以上的电能或70%~90%的燃料内能转化为热量供用户使用，因此地源热泵中央空调系统要比电锅炉加热节省三分之二以上的电能，比燃料锅炉节省二分之一以上的能量；由于地源热泵中央空调系统的热源温度全年较为稳定，一般为9~16℃，其制冷、制热系数可达3.5~6.3，与传统的空气源热泵相比，要高出40%左右，其运行费用为普通中央空调的50%~60%。

地源热泵中央空调系统的污染物排放，与空气源热泵相比，相当于减少40%以上，与常规电供暖相比，相当于减少70%以上，如果结合其他节能措施减排会更明显。虽然也采用制冷剂，但比常规空调装置减少25%的充灌量。该装置的运行没有任何污染，可以建造在居民区内，没有燃烧，没有排烟，也没有废弃物，不需要堆放燃料废物的场地，且不用远距离输送热量。

地源热泵技术在当前中国发展具有以下优势：

（1）初期投资费用少。

（2）能够提高城市环境质量。

（3）能够缓解能源紧张问题。

（4）受到国家相关政策的支持。

三、冷热源的确定

1. 制冷装置选型的一般规定

制冷机的选择应根据制冷工质的种类、装机容量、运行工况、节能效果、环保安全以及负荷变化情况和运转调节要求等因素确定。

风冷冷水机组宜用于干球温度较低或昼夜温差大，缺乏水源地区的中小型空调系统。

确定制冷机组容量时，应考虑不同朝向和不同用途房间的空调峰值负荷同时出现的可能性，以及各建筑的用冷工况的不同，乘以小于1的负荷修正系数。该系数一般采用0.8~0.9左右。

制冷装置和冷水系统的冷损失应根据计算确定，概略计算时按下列数值选用。

氟利昂直接蒸发式系统 5% ~ 10%。

间接式系统 10% ~ 15%。

选择制冷机时，台数不宜过多，一般为 2 ~ 4 台，不考虑备用。多机头制冷机可以选用单台。

当采用多台相同型号的制冷机时，单台容量调节的下限产冷量大于建筑的最小负荷时，应选用一台小型的制冷机来适应低负荷的需要。

并联的冷水机组至少应选一台节能显著、自动化程度高、调节性能好的冷水机组。

2. 制冷机组的选型

现假设当地具有较好的使用高效能源（如地源热泵）的条件，再综合热泵式冷水机组的优缺点，本设计选用地源热泵冷热水机组，具体设计选型步骤见本章第九节"地源热泵系统设计计算"。

第五节 空调设备选型选择

一、风机盘管选型计算

1. 空气处理方案及有关参数的查取

风机盘管的选型应根据风机盘管所能提供的显热和全热冷负荷能满足房间所需显热和全热负荷的原则选型。

设计方案为：新风处理到室内空气的焓值，而风机盘管承担室内人员、设备冷负荷和建筑物维护结构负荷。

101 房间夏季空气处理方案过程线如图 13 - 5 - 1 所示。

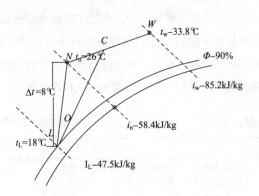

图 13 - 5 - 1 空气处理方案过程图

由 $t_N = 26℃$，$\Phi = 60\%$ 得 $i_N = 58.4\text{kJ/kg}$，$t_{NS} = 20.4℃$。

由 $t_w = 33.8℃$，$t_{ws} = 28.3℃$ 得 $i_W = 85.2\text{kJ/kg}$；$\varepsilon =$

$403/0.0176 = 22967$。

查 $i - d$ 图 $t_{NL} = 17.2℃$，$t_N - t_{NL} = 26 - 17.2 = 8.8 > 8℃$，则取送风温度差为 $\Delta t = 8℃$；则 $t_0 = 26 - 8 = 18℃$，由 $t_0 = 18℃$，$\Phi_L = 90\%$，在 $i - d$ 图上定出风机盘管机器露点 L，得 $i_L = 47.5\text{kJ/kg}$。

2. 风机盘管所需冷量

以 101 房间为例，$Q_F = 450\text{W}$。

3. 风机盘管所需风量

$L_F = Q_F/[1.2 \cdot (i_N - i_L)] = 0.450/[1.2 \times (58.4 - 47.5)] = 0.0344\text{m}^3/\text{s} = 124\text{m}^3/\text{h}$

4. 选择风机盘管

所选的风机盘管要求当进水温度为 7℃ 时，进风参数 $D_B/W_B = 26/18.6℃$，$L_F = 124\text{m}^3/\text{h}$，$Q_F = 450\text{W}$。

根据所需风量及中等风速选型原则，选择清华同方人工环境设备公司的 FP - 2.5 型风机盘管一台，其每台额定风量为 $210\text{m}^3/\text{h}$，取最小水量 $L = 260\text{kg/h}$，进水温度为 7℃ 时查得风机盘管的冷量为 1250W，满足要求。故选 FP - 2.5 标准型风机盘管一台，新风与风机盘管送风混合后进入房间示意图如图 13 - 5 - 2 所示。

图 13 - 5 - 2 新风与风机盘管送风混合后进入房间

用同样方法确定其他房间风机盘管型号，各房间风机盘管型号汇总见附表。

5. 风机盘管的冷量换算

为了把机组的额定工况下所提供的冷量换算成空调设计工况下的冷量，即确定工况变化后的冷量 Q'，任何工况下的冷量 Q' 可按下式计算：

$$Q' = Q\left(\frac{t'_{sl} - t'_{wl}}{t_{sl} - t_{wl}}\right)\left(\frac{W'}{W}\right)^n \times e^{m(t'_{sl} - t_{sl})} \times e^{p(t'_{wl} - t_{wl})}$$

$$(13 - 5 - 1)$$

式中　t'_{sl}、t'_{wl}、W'——分别表示额定工况下进口湿球温度、进水温度和水量；

t_{sl}、t_{wl}、W——分别表示任一工况下的进口湿球温度、进水温度和水量；

n、m、p——系数，n = 0.284（二排管）、0.426（三排管），m = 0.02，p = 0.0167；

本设计风机盘管为二排管，故取 n 值为 0.284；

当风机盘管其他工况不变而仅是风量变化时，则可按下式计算：

$$Q' = Q\left(\frac{G'}{G}\right)^u \qquad (13-5-2)$$

式中 u——系数，可取 0.57。

以 101 房间为例，对风机盘管冷量进行换算。清华同方人工环境设备公司的风机盘管额定供冷量工况参数为：$D_B/W_B = 27/19.5℃$，进水温度为 7℃，而风机盘管

设计进风参数为：$D_B/W_B = 26/18.6℃$，进水温度为 7℃，故需对冷量进行换算。

$$Q' = 1250\left(\frac{18.6-26}{19.5-27}\right)\left(\frac{260}{260}\right)^{0.284} \times 2.718^{0.02}$$

$(18.6-19.5) \times 2.718^{0.0167}$ $(26-27) = 1151W$

故 101 房间设计工况下的冷量为 1151W。

二、新风机组选型

新风机组选型见表 13-5-1。

新风机组选型表　　　　　　　　　　表 13-5-1

空调分区	所需要新风量（m³/h）	所需要新风负荷（kW）	型号	额定风量（m³/h）	额定冷量（kW）	额定热量（kW）	进出水管径	电机功率（kW）	水流量（L/h）	水压降（kPa）	余压（Pa）
一层	430	3.8	ZKD02-JK	2000	24	23	DN40	0.37	1.19	2.3	230
二层	530	4.7	ZKD02-JK	2000	24	23	DN40	0.37	1.19	2.3	230
三层	1940	17.3	ZKD02-JK	2000	24	23	DN40	0.37	1.19	2.3	230
四层	1080	9.6	ZKD02-JK	2000	24	23	DN40	0.37	1.19	2.3	230
五~八层	1080	9.6	ZKD02-JK	2000	24	23	DN40	0.37	1.19	2.3	230
九层	1080	9.6	ZKD02-JK	2000	24	23	DN40	0.37	1.19	2.3	230

三、组合式空调机组选型

组合式空调机组造型见表 13-5-2。

组合式空调机组选型表　　　　　　　　　　表 13-5-2

房间名称	所需风量（m³/h）	机组型号	风量（m³/h）	机组外形		盘管列数	进出水管经（mm）	风机功率（kW）	冷量（kW）	风量（L/h）	风高（kAP）
				高度(mm)	宽度(mm)						
大堂106	4991	ZKW8-JT	8000	1250	1250	4	90	3.5	34	8000	1

四、表冷器热工计算程序编制

表冷器热工计算分为两种类型，一种是设计性的，用于选择定型的表冷器以满足已知空气初、终参数的空气处理要求；另外一种是校核性的，多用于检查一定型号的表冷器能将具有一定初参数的空气处理到什么样的终参数。实际上，每种计算类型按已知条件和计算内容的不同还可以再分为数种，表 13-5-3 是常见的两种计算类型。

表冷器热工计算类型　　　　　　　　　　表 13-5-3

计算类型	已知条件	计算内容
设计性计算	空气量 G 空气初参数 t_1、i_1、t_{s1} 空气终参数 t_2、i_2、t_{s2} 冷水量 W（或冷水初温 t_{w1}）	冷却面积 F（表冷器型号、台数、排数） 冷水初温 t_{w1}（或冷水量 W） 冷水终温 t_{w1} 冷量 Q
校核性计算	空气量 G 空气初参数 t_1、i_1、t_{s1} 冷却面积 F（表冷器型号、台数、排数） 冷水初温 t_{w1} 冷水量 W	空气终参数 t_2、i_2、t_{s2} 冷水终温 t_{w1} 冷量 Q

根据热工计算类型，以 VB6.0 为平台编制设计与校核程序。程序操作界面见图 13-5-3～图 13-5-6，

程序源代码见下。

表冷器设计计算程序源代码略。

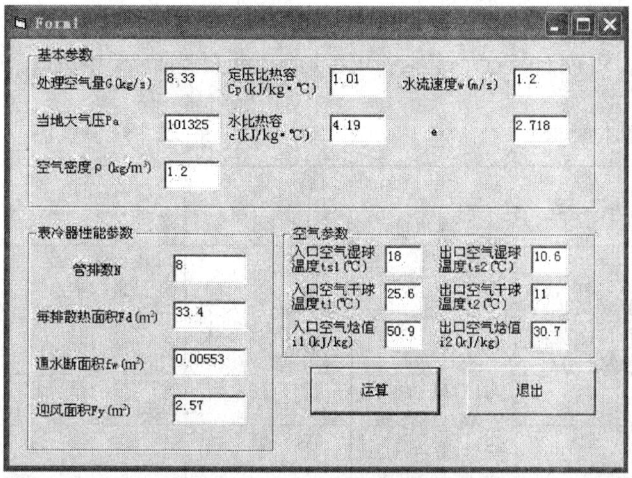

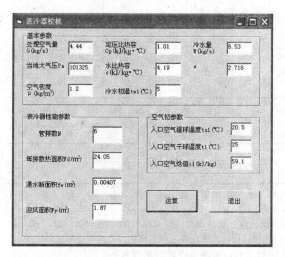

图 13-5-3　表冷器设计计算

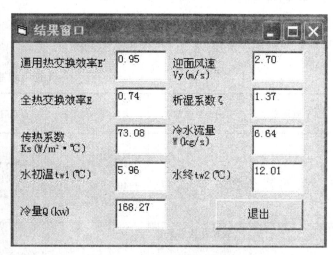

图 13-5-4　表冷器设计计算结果

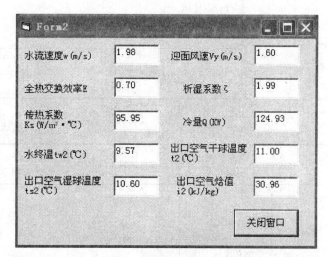

图 13-5-5　表冷器校核计算

图 13-5-6　表冷器校核计算结果

第六节　空调风系统设计计算

一、空调房间气流组织

本设计室内温湿度参数冬季供暖18℃，$\varphi = 40\%$；夏季空调26℃，$\varphi = 60\%$，设计的空调系统为舒适性空调，根据《实用供热空调设计手册》中对气流组织的基本要求（见表 13-6-1 及表 13-6-2），本设计各房间气流组织选择侧面单侧上送上回送风方式，个别不满足送风距离要求的房间采用双侧侧送方式，大堂采用中部侧送方式。

二、风口的布置

1. 送风口布置

一般情况下送风口布置在房间较窄一边可以增加射流射程，对温差衰减有利，所需送风口个数也少，但回流流程加大，对有严格要求的区域温差不利。当送风口布置在房间较宽一边时，对区域温差有利，但由于射程较短，要满足温差衰减，送风口个数大大增加。因此应从工艺设备布置。局部热源和工艺要求综合考虑，使送风口尽量布置在房间较窄一边。如果房间长度很长，可采用双侧内送或布置在房间较长的一边。

本设计风机盘管加新风系统的送风口根据送风管新

风量和风机盘管风量之和选择合适的双层百叶送风口（45°角），同时考虑送风距离、送风速度的影响。

2. 回风口布置

空调房间的气流流型主要取决于送风射流，回风口的位置对气流流型影响很小，对区域温差的影响亦小。因此，除了高大空间或面积大而有较高区域温差要求的空调房间外，一般可仅在一侧集中布置回风口，且回风口不应设在射流区内。对侧送风方式，一般设在送风口同侧下方。有走廊的多间空调房间，如对消声、洁净度要求不高，室内又不排出有害气体时，可在走廊端头布置回风集中风口。

气流组织基本要求　　　　表 13-6-1

空调类型	室内温湿度参数	送风温差（℃）	每小时换气次数	风速（m/s）		可能采取的送风方式
				送风出口	工作区	
舒适性空调	冬季 18~22℃ 夏季 24~28℃ φ =40~80%	送风高度 $h \leq 5m$ 时，不宜大于 10；$h > 5m$ 时，不宜大于 15	不宜小于 6 次，高大房间由其冷负荷通过计算确定	与送风方式、送风口类型、安装高度、室内允许风速、噪声标准等因素有关，消声要求较高时，采用 2~5	冬季不应大于 0.2，夏季不大于 0.3	1. 侧面送风； 2. 散流器平送； 3. 孔板下送； 4. 条缝口下送； 5. 喷口或旋流风口送风
工艺性空调	温湿度基数根据工艺需要和卫生条件确定，室温允许波动范围如下： (1) ≥±1℃	6~10	不小于 6 次（高大房间除外）		0.2~0.5	1. 侧送宜贴附； 2. 散流器平送
	(2) ≤±0.5℃	3~6	不小于 8 次			
	(3) ≤±0.1~0.2℃	2~3	不小于 12 次（工作时间内不送风的除外）			1. 侧送宜贴附； 2. 孔板下送不稳定型

送风方式　　　　表 13-6-2

送风方式	常见气流组织形式	建议出口风速(m/s)	工作区气流流型	特点、技术要求及适用范围	备注
侧面送风	1. 单侧上送下回或走廊回风； 2. 单侧上送上回； 3. 双侧上送下回	2~5（送风口位置高时较大值）	回流	1. 温度场、速度场均匀、混合层高度为 0.3~0.5m； 2. 贴附侧送风口宜贴顶布置，宜采用可调双层百叶风口，回风口宜设在送风口同侧； 3. 用于一般空调，室温允许波动范围为 ±1℃，和 ≤0.5℃ 的工艺性空调	可调双层百叶风口，配对开多页调节阀
散流器送风	1. 散流器平送，下部回风； 2. 散流器下送，下部回风； 3. 送吸式散流器，上送上回	2~5	回流直流	1. 温度场、速度场均匀、混合层高度为 0.5~1.0m； 2. 需设置吊顶或技术夹层，散流器平送时应对称布置，其轴线与侧墙距离不小于 1m； 3. 散流器平送用于一般空调，室温允许波动范围为 ±1℃，和 ≤0.5℃ 的工艺性空调； 4. 散流器下送密集布置于净化空调	
孔板送风	1. 全面孔板下送，下部回风； 2. 局部孔板下送，下部回风	2~5	直流不稳定流	1. 温度场、速度场均匀、混合层高度为 0.2~0.3m； 2. 需设置吊顶或技术夹层，静压箱高度不小于 0.3m； 3. 用于层高较低或净空较小建筑的一般空调。室温允许波动范围为 ±1℃，和 ≤0.5℃ 的工艺性空调。当单位面积送风量较大，工作区内要求风速较小，或区域温差要求严格时，采用孔板下送不稳定流型	孔板宜选用镀锌钢板、不锈钢板、钼板和硬质塑料板

续表

送风方式	常见气流组织形式	建议出口风速(m/s)	工作区气流流型	特点、技术要求及适用范围	备注
喷口送风	上送下回,送回风口布置在同侧	2~5	回流	1. 送风速度高,射程长,工作区新鲜空气、温度场和速度场分布均匀; 2. 对于工作区有一定斜度的建筑,喷口与水平面保持一个向下倾角β。对于冷射流$\beta = 0~12°$、对于热射流$\beta > 15°$	送风口直径宜取0.2~0.8m,送风温差宜取8~12℃,对高大公共建筑送风高度一般为6~10m
条缝送风	条缝型风口下送,下部回风	2~4	回流	1. 送风温差、速度衰减较快,工作区温度分布均匀,混合层高度为0.3~0.5m; 2. 用于已用建筑和工业厂房的一般空调,在高级公共建筑中还可以与灯具配合布置	
旋流风口送风	上送下回	3~8	回流	1. 送风速度、温差衰减快,工作区风速、温度分布均匀; 2. 可用大风口只剩大风量送风,也可用大温差送风,简化送风系统,节省投资; 3. 可直接向工作区或工作地点送风; 4. 用于空间较大的公共建筑和室温允许波动范围≥1℃的高在厂房	

3. 新风入口注意事项

（1）新风进口位置：本系统采用独立的新风系统，因此只需考虑风机盘管机组配置合理；布置时应尽量使排风口与进风口远离，进风口应尽量放在排风口的上风侧；为避免吸入室外地面灰尘，进风口底部应距地面不宜低于2m。

（2）新风口其他要求：进风口应设百叶窗，以防雨水进入，百叶窗应采用固定的百叶窗，在多雨地区，宜采用防水的百叶窗。

4. 风道的布置和制作要求

（1）风管应注意布置整齐，美观和便于维修、测试，应与其他管道统一考虑，要防止冷热源管道之间的不利影响，设计时应考虑各管道的装拆方便。

（2）风管布置应尽量减少局部阻力，弯管中心曲率半径要不小于其风管直径或边长。一般采用1.25倍直径或边长。

（3）风管法兰间应放置具有弹性的垫片，如海绵橡胶、橡皮等，以防止漏风，风管与风管之间不应有看得见的孔洞。

5. 百叶送风口的选择步骤

（1）绘制系统轴测图，标注各段长度和风量。当气流组织及风口位置确定后，接下来就是布置风管，通过风管将各个风口连接起来，为风口提供一个输送空气的渠道。

（2）选定最不利环路（一般是指最长或局部构件最多的分支管路）。

（3）根据房间空调风机盘管送风量和使用场合要求的风口颈部最大风速来确定送风速度和百叶风口的尺寸。

（4）将选到的其他参数的要求，如允许噪声，进行校核。若噪声超出，则重新选择风口。

（5）按所选的风口的参数，对其进行射程的校核计算。

三、气流组织设计计算（侧送风房间）

以204西餐咖啡厅为例，房间的风机盘管送风口及新风均采用侧送上送上回的气流组织方式，如图13-6-1所示。

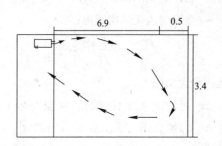

图13-6-1　204西餐咖啡厅气流组织图

该房间尺寸为$7.4 \times 7.4 \times 3.4\text{m}^3$；室内空调系统为风机盘管加新风系统，其安装的风机盘管为FP-16型，风量1350m³/h，新风量为126m³/h。新风作为辅助送风，为简化计算，可忽略新风对气流的影响，因此只需对风机盘管送风的气流组织进行计算。

（1）选定送风口形式，确定过程

拟采用双层百叶送风口，其紊流系数为 $a = 0.16$，射程 x 为 $7.4 - 0.5 = 6.9m$（$0.5m$ 为射流末端宽度）。

（2）确定送风温度及换气次数

根据西餐咖啡厅风机盘管选型计算中送风温差的确定方法，得出 $\Delta t = 8℃$。

$$n = \frac{L_s}{A \times B \times H} \quad (13-6-1)$$

式中 A、B、H——沿射流方向房间长度、宽度、高度(m)；

L_s——计算房间总送风量（m^3/h）。

则，换气次数 $n = 1350 / (7.4 \times 7.4 \times 3.4) = 8L/h$

（3）确定送风口的出口速度 v_s

$$v_s \leqslant 371 \frac{BHK}{L_s} \quad (13-6-2)$$

式中 B、H——房间宽度和高度（m）；

K——送风口有效面积系数，对于国产可调式双层百叶风口，取 0.72，并按表 $13-6-3$ 最后确定满足风速衰减和防止噪声的送风口出口风速；

L_s——计算房间总送风量（m^3/h）。

推荐的送风口出风口风速　　　　　　　　　　　表 13-6-3

射流自由度 F/d_s	5	6	7	8	9	10	11	12	13	15	20	25	30
最大允许出口风速 $v_s = 0.36 F/d_s$	1.8	2.16	2.52	2.88	3.24	3.6	3.96	4.37	4.68	5.4	7.2	9.0	10.8
建议出口风速	2				3.5				5				

（4）计算送风自由度 $\sqrt{F}/d_s$

$$\frac{\sqrt{F}}{d_s} = 53.2 \sqrt{\frac{B \cdot H \cdot V_s \cdot k}{L_s}} \quad (13-6-3)$$

先假定 $v_s = 3m/s$，由式（13-18）算出射流自由度为 10.67，参照表 9.3，$v_s = 0.36 \times 10.67 = 3.84m/s$。所取 $v_s = 3m/s < 3.84m/s$，且在 $2 \sim 5m/s$ 范围之间，满足要求。

（5）确定送风口数目 N

$$N = \frac{B \cdot H}{\left(\dfrac{a \cdot x}{\bar{x}}\right)^2} \quad (13-6-4)$$

式中 a——送风口紊流系数；

x——送风射流的射程（m）；

$\bar{x}$——受限射流无因次距离；

$$\bar{x} = \frac{a \cdot x}{\sqrt{F}} \quad (13-6-5)$$

其他符号含义同上。

定义 Δt_x 射流进入工作区时，室温与轴心温度之差，并取 $\Delta t_x = 1℃$，由（$\Delta t_x / \Delta t_s$）×（F/d_s）= $1/8 \times 10.67 = 1.334$，查《实用供热空调设计手册》图 11.9-1，得受限射流距离 $x = 0.25$；则风口数量为：

$$N = 7.4 \times 3.4 / [0.16 \times 6.9/0.25]2 = 1.29$$

因此风口数目 N 为 2 个。

（6）确定送风口尺寸

$$f_s = \frac{L_s}{3600 \cdot N \cdot K} \quad (13-6-6)$$

式中 f_s——送风口面积；

其他符号含义同上。

由式（13-6-5）：

$f_s = 1350 / (3600 \times 3 \times 2 \times 0.72) = 0.0868m^2$，

选取重庆市高特暖通有限公司生产的型号为 $GD-2$ 型双层百叶风口，尺寸为 $a \times b = 700 \times 100$，则 $v_s = L_s / (3600 \cdot a \cdot b \cdot N) = 1350/(3600 \times 0.70 \times 0.10 \times 2) = 2.68m/s$

$d_s = 1.128 \sqrt{ab} = 1.128 \sqrt{0.7 \times 0.1} = 298.4mm$

（7）校核射流的贴附长度，该值与阿基米德数 Ar 有关

阿基米德数 Ar 按下式计算：

$$Ar = \frac{g \cdot d_s (T_S - T_N)}{V_S^2 \cdot (t_n + 273)} \quad (13-6-7)$$

式中 T_S——射流出口温度（K）；

T_N——房间空气温度（K）；

d_s——风口面积当量直径（m）；

g——重力加速度（m/s^2），取为 $9.8m/s^2$；

其他符号含义同上。

由 Ar 数的绝对值查得 x/d_0 值，就可以得到射流贴附长度 x。

由公式计算阿基米德数 $Ar = 9.8 \times 0.2984 \times (-8) / [2.68^2 \times (273+26)] = -0.011$

查得 $x/d_s = 23.5$，则 $x = 23.5 \times 0.2984 = 7.01 > 6.9$，满足要求。

（8）校核房间高度

$$H = h + S + 0.07 \cdot x + 0.3, \quad (13-6-8)$$

式中 h——空调区高度，一般取2m；

S——送风口底边至顶棚距离（m）；

$0.07 \cdot x$——射流向下扩展的距离（m）；

0.3——安全系数。

$H = h + S + 0.07 \cdot x + 0.3 = 2 + 0.5 + 0.07 \times 6.9 + 0.3 = 3.28 < 3.4$m

满足要求。

用相同方法计算其他房间（略），房间风机盘管送风口汇总（略）

（9）根据新风量及新风口出风速度选择新风送风口

204西餐咖啡厅选用 100×150 的双层百叶风口，此时送风速度为：

$$126/（3600 \times 0.1 \times 0.15）= 2.33 \text{m/s}，$$

符合要求。确定其他房间新风送风口汇总（略）。

四、散流器送风房间

以302多功能厅为例，房间的风机盘管送风口采用散流器平送方式，该房间尺寸为 $11.3 \times 7.4 \times 3.4 \text{m}^3$，室内最大冷负荷10262W，室内空调系统为风机盘管加新风系统，其安装的风机盘管为 FP-12.5 型，风量1000m³/h，共选用三台，新风量为700m³/h。

（1）送风温差 $\Delta t_s = 8℃$，在 $i-d$ 图上查得 $\Delta h = 10.9 \text{kJ/kg}$，单位面积送风量：

$$l_s = \frac{3600Q}{AB\rho\Delta i} = \frac{3600 \times 10.262}{11.3 \times 7.4 \times 1.2 \times 10.9} = 33.78 \text{m}^3/（\text{m}^2 \cdot \text{h}）$$

$$(13-6-9)$$

（2）根据房间尺寸 $11.3\text{m} \times 7.4\text{m}$，选择六个方形直片型散流器，其颈部尺寸为 $300\text{mm} \times 300\text{mm}$；散流器间距 $l = 3.77\text{m}$。

由于 $H = 3.4\text{m}$，则

$$R = 0.5l + H - 3 = 0.5 \times 3.77 + 3.4 - 3 = 2.29\text{m}$$

（3）由 R 和 L_s 查《空气调节设计手册》表 5-6 得：$v_s = 3\text{m/s}$，$d_s = 300\text{mm}$，$v_x/v_s = 0.08$。

因查表时，流程 R 按 2.5m 查得，大于计算值 2.29m，故实际送风速度 $v_s < 3\text{m/s}$。

$R_0 = d_s = 300\text{mm}$，则

$$H_0 = \frac{1}{2}d_0 = \frac{1}{2} \times 300 = 150\text{mm}$$

（4）$v_x = 0.08 \times 3 = 0.24\text{m/s} \in [0.2, 0.4]$，满足要求。

五、风系统水利计算

1. 基本公式

（1）风量

通过矩形风管的风量按下式计算：

$$L = 3600abv \quad (13-6-10)$$

式中 a、b——风管断面净宽与净高（m）；

v——风速（m/s）。

（2）沿程压力损失

长度为 l（m）的风管沿程压力损失 ΔP_y（Pa）可按下式计算：

$$\Delta p_y = \Delta R_M \cdot I \quad (13-6-11)$$

$$\Delta R_m = \frac{\lambda}{d_e} \cdot \frac{v^2}{2}\rho \quad (13-6-12)$$

式中 ΔR_m——单位管长沿程压力损失（Pa/m），亦可由通风管道单位长度摩擦阻力线算图查得，

λ——摩擦阻力系数；

ρ——空气密度（kg/m³）；

d_e——风管当量直径（m），对于矩形风管 $d_e = \frac{2ab}{a+b}$，对于圆形风管 $d_e = d$。

（3）摩擦阻力系数

摩擦阻力系数按下式计算：

$$\frac{1}{\sqrt{\lambda}} = -2\log\left(\frac{K}{3.71d_e} + \frac{2.51}{Re\sqrt{\lambda}}\right) \quad (13-6-13)$$

式中 K——风管内壁当量绝对粗糙程度（m）；

Re——雷诺数，其中 v 为运动黏度，m²/s，$Re = \frac{vd_e}{v}$。

（4）局部压力损失

局部压力损失 ΔP_j（Pa）可按下式计算：

$$\Delta P_j = \xi\frac{v^2\rho}{2} \quad (13-6-14)$$

式中 ξ——局部阻力系数。

2. 各层风管管路水力计算

风管道的阻力损失计算与水管的阻力损失计算类似，阻力损失的构成相同，绘制各层风管道系统图，如图13-6-2～图13-6-5所示，从距空调机组最远的风口开始编号，各分支处依次为1，2，3，…，根据《实供热空调设计手册》P561 风管计算方法，计算结果见表13-6-4～表13-6-7。

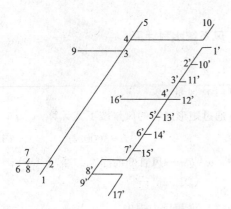

图 13-6-2　一层管系统简图

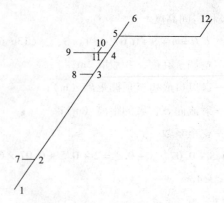

图 13-6-3　二层管系统简图

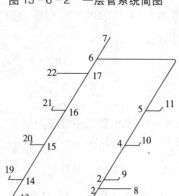

图 13-6-4　三层管系统简图

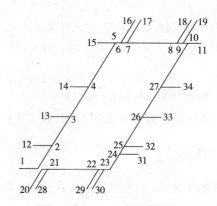

图 13-6-5　四层管系统简图

一层风管管径表　　　　　　　　　　　　　　　　表 13-6-4

管段	1—2	2—3	3—4	4—5	5—6	6—7	7—8	8—9
风量 G（m³/h）	200	290	320	400	60	30	90	30
矩形风管尺寸 $a \times b$（mm）	120×120	160×120	200×120	250×120	120×120	120×120	120×120	120×120
实际风速（m/s）	3.86	4.2	3.7	3.7	1.16	0.58	1.74	0.58
管段	10—4	1'—2'	2'—3'	3'—4'	4'—5'	8'—2'	7'—3'	6'—4'
风量 G（m³/h）	80	2300	2500	4800	5000	200	2300	200
矩形风管尺寸 $a \times b$（mm）	120×120	400×320	500×320	1000×320	1000×320	200×120	400×320	200×120
实际风速（m/s）	3.86	4.2	3.7	3.7	1.16	0.58	1.74	0.58

二层风管管径表　　　　　　　　　　　　　　　　表 13-6-5

管段	1—2	2—3	3—4	4—5	5—6	7—2
风量 G（m³/h）	200	290	320	400	60	30
矩形风管尺寸 $a \times b$（mm）	120×120	160×120	250×120	250×160	250×160	120×120
实际风速（m/s）	3.86	3.33	3.33	3.26	3.89	0.58
管段	8—3	9—11	10—11	11—4	12—5	
风量 G（m³/h）	80	2300	2500	4800	5000	
矩形风管尺寸 $a \times b$（mm）	160×120	120×120	120×120	160×120	120×120	
实际风速（m/s）	1.88	1.54	0.58	1.59	1.74	

三层风管管径表　　　　　　　　　　　　　　　　　　　　表 13-6-6

管段	1—2	2—3	3—4	4—5	5—6	6—7	7—8
风量 G（m³/h）	80	160	240	320	400	480	560
矩形风管尺寸 a×b（mm）	120×120	120×120	160×120	200×120	250×120	320×120	320×120
实际风速（m/s）	1.54	3.09	3.47	3.7	3.7	3.47	4.05
管段	8—9	9—10	10—11	12—2	13—3	14—4	15—5
风量 G（m³/h）	640	720	1360	80	80	80	80
矩形风管尺寸 a×b（mm）	320×160	320×160	500×200	120×120	120×120	120×120	120×120
实际风速（m/s）	3.47	3.91	3.78	1.54	1.54	1.54	1.54
管段	16—6	17—7	18—8	19—9	20—21	21—22	22—23
风量 G（m³/h）	80	80	80	80	80	160	240
矩形风管尺寸 a×b（mm）	120×120	120×120	120×120	120×120	120×120	120×120	160×120
实际风速（m/s）	1.54	1.54	1.54	1.54	1.54	3.09	3.47
管段	23—24	24—25	25—26	26—27	27—10	28—21	29—22
风量 G（m³/h）	320	400	480	560	640	80	80
矩形风管尺寸 a×b（mm）	200×120	250×120	320×120	320×120	320×160	120×120	120×120
实际风速（m/s）	3.7	3.7	3.47	4.05	3.47	1.54	1.54
管段	30—23	31—24	32—25	33—26	34—27		
风量 G（m³/h）	80	80	80	80	80		
矩形风管尺寸 a×b（mm）	120×120	120×120	120×120	120×120	120×120		
实际风速（m/s）	1.54	1.54	1.54	1.54	1.54		

四~九层风管管径表　　　　　　　　　　　　　　　　　　表 13-6-7

管段	1—2	2—3	3—4	4—5	5—6	6—7	8—2
风量 G（m³/h）	40	80	310	540	780	1970	40
矩形风管尺寸 a×b（mm）	120×120	120×120	220×120	320×120	320×200	500×320	120×120
实际风速（m/s）	0.77	1.54	3.59	3.91	3.39	3.42	0.77
管段	9—3	10—4	11—5	12—13	18—13	13—14	14—15
风量 G（m³/h）	230	240	230	230	230	460	690
矩形风管尺寸 a×b（mm）	200×160	200×160	200×160	200×160	200×160	200×160	250×200
实际风速（m/s）	2.00	2.08	2.00	2.00	2.00	3.99	3.83
管段	15—16	16—17	17—6	19—14	20—15	21—16	22—17
风量 G（m³/h）	930	1160	1190	230	240	230	30
矩形风管尺寸 a×b（mm）	320×200	400×200	500×200	200×160	200×160	200×160	120×120
实际风速（m/s）	4.04	4.03	3.31	2.00	2.08	2.00	0.58

因建筑所需新风量较小，一~九层均采用清华同方人工环境设备公司产最小风量新风机组即可，型号为 ZKD02-JX，其额定风量 2000m³/h，额定冷量 24kW，电机功率 0.37kW。一层全空气系统空调机组选用清华同方人工环境设备公司生产地组合式空调机组，其型号为 ZKW8-JT，其额定风量 8000m³/h，额定冷量 34kW，电机功率 3.5kW。

一层风管阻力损失概算及风机压头校核：一层新风管最不利环路总长度约为 20m，其管段阻力 $\sum \Delta P = 54.89$Pa，风管材料为镀锌薄钢板，需考虑绝对粗糙度修正，取管壁粗糙度修正系数 $K_r = 1.05$，则送风管空气流动总阻力为：$\Delta P = \sum \Delta P \cdot K_r = 54.89 \times 1.05 = 57.6$Pa。送风口为双层百叶风口，由其性能参数知：当风量为 200m³/h，送风角度为 45° 时，静压为 4.6mmH₂O = 45.1Pa，则送风风机所需机外余压为两者之和，即 102.7Pa，而 ZKD02-JX 型风机的机外余压为 230Pa，

$102.7\text{Pa} < 230\text{Pa}$，满足要求。

此外，一层全空气系统风管最不利环路总长度约为 20m，其管段阻力 $\sum \Delta P = 45.58\text{Pa}$，风管材料为镀锌薄钢板，需考虑绝对粗糙度修正，取管壁粗糙度修正系数 $K_r = 1.05$，则送风管空气流动总阻力为：$\Delta P = \sum \Delta P \cdot K_r = 45.58 \times 1.05 = 47.86\text{Pa}$。送风口为双层百叶风口，由其性能参数知：当风量为 $2300\text{m}^3/\text{h}$，送风角度为 $45°$ 时，静压为 $0.8\text{mmH}_2\text{O} = 7.84\text{Pa}$，则送风风机所需机外余压为两者之和，即 55.7Pa，而 ZKW8-JT 型风机的机外余压为 230Pa，$55.7\text{Pa} < 1\text{kPa}$，所以满足要求。

二层风管阻力损失概算及风机压头校核：二层最不利环路总长度约为 20m，其管段阻力 $\sum \Delta P = 56.84\text{Pa}$，风管材料为镀锌薄钢板，需考虑绝对粗糙度修正，取管壁粗糙度修正系数 $K_r = 1.05$，则送风管空气流动总阻力为：$\Delta P = \sum \Delta P \cdot K_r = 56.84 \times 1.05 = 59.68\text{Pa}$。送风口为双层百叶风口，由其性能参数知：当风量为 $200\text{m}^3/\text{h}$，送风角度为 $45°$ 时，静压为 $1.9\text{mmH}_2\text{O} = 18.62\text{Pa}$，则送风风机所需机外余压为两者之和，即 78.3Pa，而 ZKD02-JX 型风机的机外余压为 230Pa，$78.3\text{Pa} < 230\text{Pa}$，所以满足要求。

三层风管阻力损失概算及风机压头校核：三层最不利环路总长度约为 31.6m，其管段阻力 $\sum \Delta P = 43.04\text{Pa}$，风管材料为镀锌薄钢板，需考虑绝对粗糙度修正，取管壁粗糙度修正系数 $K_r = 1.05$，则送风管空气流动总阻力

为：$\Delta P = \sum \Delta P \cdot K_r = 43.04 \times 1.05 = 45.2\text{Pa}$。送风口为双层百叶风口，由其性能参数知：当风量为 $40\text{m}^3/\text{h}$，送风角度为 $45°$ 时，静压为 $0.2\text{mmH}_2\text{O} = 1.96\text{Pa}$，则送风风机所需机外余压为两者之和，即 47.2Pa，而 ZKD02-JX 型风机的机外余压为 230Pa，$47.2\text{Pa} < 230\text{Pa}$，所以满足要求。

四~九层风管阻力损失概算及风机压头校核：四~九层最不利环路总长度约为 31.9m，其管段阻力 $\sum \Delta P = 58.17\text{Pa}$，风管材料为镀锌薄钢板，需考虑绝对粗糙度修正，取管壁粗糙度修正系数 $K_r = 1.05$，则送风管空气流动总阻力为：$\Delta P = \sum \Delta P \cdot K_r = 58.17 \times 1.05 = 61.1\text{Pa}$。送风口为双层百叶风口，由其性能参数知：当风量为 $80\text{m}^3/\text{h}$，送风角度为 $45°$ 时，静压为 $0.8\text{mmH}_2\text{O} = 1.57\text{Pa}$，则送风风机所需机外余压为两者之和，即 62.7Pa，而 ZKD02-JX 型风机的机外余压为 230Pa，$62.7\text{Pa} < 230\text{Pa}$，所以满足要求。

第七节　空调水系统设计计算

一、水系统的比较、选择

空调水系统包括冷水系统和冷却水系统两个部分，它们的类型可参照表 13-7-1 空调水系统比较表所示。

空调水系统比较表　　　　　　　　　　表 13-7-1

类型	特征	优点	缺点
闭式	管路系统不与大气相接触，仅在系统最高点设置膨胀水箱	与设备的腐蚀机会少；不需克服静水压力，水泵压力、功率均低，系统简单	与蓄热水池连接比较复杂
开式	管路系统与大气相通	与蓄热水池连接比较简单	易腐蚀，输送能耗大
同程式	供回水干管中的水流方向相同；经过每一管路的长度相等	水量分配，调度方便，便于水力平衡	需设回程管，管道长度增加，初投资稍高
异程式	供回水干管中的水流方向相反；经过每一管路的长度不相等	不需设回程管，管道长度较短，管路简单，初投资稍低	水量分配，调度较难，水力平衡较麻烦
两管制	供热、供冷合用同一管路系统	管路系统简单，初投资省	无法同时满足供热、供冷的要求
三管制	分别设置供冷、供热管路与换热器，但冷热回水的管路共用	能同时满足供冷、供热的要求，管路系统较四管制简单	有冷热混合损失，投资高于两管制，管路系统布置较简单
四管制	供冷、供热的供、回水管均分开设置，具有冷、热两套独立的系统	能灵活实现同时供冷或供热，没有冷、热混合损失	管路系统复杂，初投资高，占用建筑空间较多
定流量	系统循环水量恒定，负荷变化时，通过改变供回水温度匹配	系统简单，操作方便，不需要复杂的自控系统	配管设计时，不能考虑同时使用系数；输送能耗始终处于设计最大值

类型	特征	优点	缺点
变流量	系统供回水温度恒定，负荷变化时，通过供水量变化适应	输送能耗随负荷减少而降低，水泵容量、电耗也相应减少	系统较复杂，且必须配备
单式泵	冷、热源侧与负荷侧合用一组循环水泵	系统简单，初投资省	不能调节水泵流量，难节省输送能耗，不能适应供水分区压降较悬殊的情况
复式泵	冷、热源侧与负荷侧分别配备循环水泵	可以实现水泵变流量，能节省输送能耗，能适应供水分区不同压降，系统总压力低	系统较复杂，初投资较高

根据以上各系统的特征及优缺点，结合本酒店情况，本设计空调水系统选择闭式、同程、双管制、单式泵系统，如此布置的优点在于，过渡季节只供给新风，不使用风机盘管的时候便于系统的调节，节约能源。

二、空调水系统的布置

本系统设计可以采用双管制供应冷冻水，且具有结构简单，初期投资小等特点。同时考虑到节能与管道内清洁等问题，可以采用闭式系统，不与大气相接触，管路不易产生污垢和腐蚀，不需要克服系统静水压头，水泵耗电较小。

设计属于多层建筑，从经济性角度及施工安装角度考虑，采用异程式水系统，由于此系统水力稳定性较差，需在各分支管设置水力平衡调节阀门，对水管进行调节。

本设计采用的是地源热泵冷热水机组，机组布置在地下一层冷冻机房的方案。供水立管采用异程式，新风机组和组合式空调系统系统共用供、回水立管，各层水管也采用异程式。定压补水系统采用膨胀水箱，置于十层设备层。

三、风机盘管水系统水力计算

1. 基本公式

（1）管道的摩擦压力损失 ΔP

$$\Delta P_y = \lambda \cdot \frac{l}{d} \cdot \frac{\rho v^2}{2} \qquad (13-7-1)$$

$$\frac{1}{\sqrt{\lambda}} = -41g\left[\frac{K}{3.7d} - \frac{1.255}{Re\sqrt{\lambda}}\right] \qquad (13-7-2)$$

式中　ΔP_y——沿程阻力，即长度为 1m 的直管段的摩擦阻力（Pa）；

λ——水与管道内壁间的摩擦阻力系数，与流体性质、流态、流速、管道内径大小及管内表面粗糙度有关；

l——直管段长度（m）；

d——管道内径（m）；

ρ——水的密度，标况下，4℃纯水的密度为 1000kg/m³；

v——管路内流速（m/s）。

（2）局部阻力损失

水流动时遇局部配件如弯头、三通、阀门及其他异型配件与设备时，因摩擦及涡流耗能而产生的局部阻力为：

$$\Delta P_j = \zeta \frac{\rho v^2}{2} \qquad (13-7-3)$$

式中　ζ——局部阻力系数；

（3）水管总阻力

$$\Delta P = \Delta P_y + \Delta P_j \qquad (13-7-4)$$

在水力计算时，初选管内流速和确定最后的流速时必须满足表 13-7-2 的要求。

管内水的最大允许水流速表　　　表 13-7-2

公称直径 DN	v（m/s）	公称直径 DN	v（m/s）
<15	0.3	65	1.6
20	0.65	80	1.6
25	0.8	100	1.8
32	1	125	2
40	1.5	≥150	2.00~3.00
50	1.5		

空调系统的水系统的管材有镀锌钢管和无缝钢管。当管径 $DN \leqslant 100mm$ 时可以采用镀锌钢管，其规格用公称直径 DN 表示；当管径 $DN > 100mm$ 时采用无缝钢管，其规格用外径×壁厚表示，一般须作二次镀锌。

2. 各层的冷冻水供回水管路水力计算

水力计算的步骤如下：

（1）选定最不利环路，给管段标号。

各层水系统简图如图 13-7-1～图 13-7-4 所示。

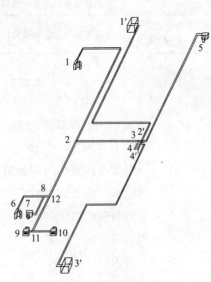

图 13-7-1　一层水系统简图

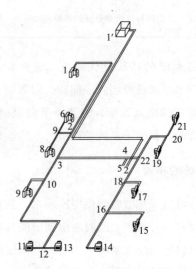

图 13-7-2　三层水系统简图

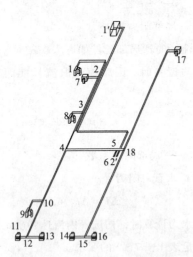

图 13-7-3　二层水系统简图

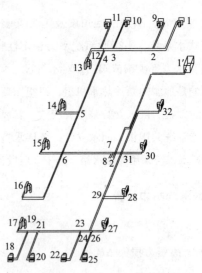

图 13-7-4　四～九层水系统简图

（2）根据各管段的冷负荷，计算各管段的流量，计算式如下：

$$G = \frac{3600Q}{4.19 \times 1000 \Delta t} \qquad (13-7-5)$$

式中　Q——管段的冷负荷（W）；

　　　Δt——供水回水的温差，取 $\Delta t = 5℃$。

（3）用假定流速法确定管段管径。

根据假定的流速和确定的流量计算出管径，计算式如下：

$$d = \sqrt{\frac{G}{900\pi\rho v}} \qquad (13-7-6)$$

根据给定的管径规格选选定管径，由确定的管径，计算出管内的实际流速：

$$v = \frac{G}{900\pi d^2 \rho} \qquad (13-7-7)$$

（4）计算水头损失从而计算管段的沿程阻力，沿程阻力的计算式如下：

$$\Delta P_y = i \cdot L \qquad (13-7-8)$$

式中 ΔP_y——沿程阻力（kPa）；

i——每米管长的水头损失（kPa/m）；

L——管段长度（m）。

比摩阻 R 的计算式为：

$$R = \frac{\lambda}{d}\frac{\rho v^2}{2} \qquad (13-7-9)$$

式中 λ——管段的摩擦阻力系数；

d——管段的内径（m）；

v——流体在管内的流速（m/s）。

摩擦阻力系数 λ 由柯列勃洛克公式确定：

$$\frac{1}{\lambda} = -21g\left(\frac{2.51}{Re\sqrt{\lambda}} + \frac{K/d}{3.72}\right) \qquad (13-7-10)$$

式中 K——管道的相对粗糙度，本设计中取 $K = 0.15mm$；

Re——雷诺数。

（5）用局部阻力系数法求管段的局部阻力。计算式如下：

$$\Delta P_j = \sum \zeta \frac{\rho v^2}{2} \qquad (13-7-11)$$

式中 ΔP_j——局部阻力（kPa）；

ζ——管段中总的局部阻力系数。

（6）计算总的阻力，计算式如下：

$$\Delta P = \Delta P_y + \Delta P_j \qquad (13-7-12)$$

四、空调风机盘管水系统凝水管考虑

风机盘管机组在运行时产生的冷凝水，必须及时排走，排放凝结水的管路的系统设计中，应注意以下几点：

（1）风机盘管凝结水盘的进水坡度不应小于 0.01。其他水平支干管，沿水流方向，应保持不小于 0.002 的坡度，且不允许有积水部位；

（2）冷凝水管道宜采用聚乙烯塑料管或镀锌钢管，不宜采用焊接钢管。采用聚乙烯塑料管时，一般可以不加防止二次结露的保温层，但采用镀锌钢管时应设置保温层。

（3）冷凝水管的公称直径 DN（mm），一般情况下可以按照机组的冷负荷 Q（kW），按照表 13-7-3 所列数据近似选定冷凝水管的公称直径。

冷凝水管公称直径表　　　　　　表 13-7-3

机组的冷负荷 Q（kW）	公称直径 DN（mm）	机组的冷负荷 Q（kW）	公称直径 DN（mm）
<10	20	601~800	70
11~20	25	801~1000	80
21~100	32	1001~1500	100
101~180	40	1501~12000	125
181~600	50	>12000	150

本设计的凝水管采用聚乙烯塑料管，可以不加防止二次结露的保温层；风机盘管的凝水管管径与风机盘管的接管管径一致，均为 $DN20$，就近排放至近的卫生间下水口或接至冷凝水回水立管，排至地下污水池；新风机组的凝水管管径为 $DN25$，就近排放至临近的卫生间下水口；全空气系统的冷凝水管管径为 $DN32$，接至凝水回水立管。

五、风机盘管系统的水系统

风机盘管系统的水系统与采暖系统相似（双水管时），故可以采用两管制水系统。供回路水管各一根，具有简便、初期投资低等优点。系统设计时应注意把膨胀水管接在回水管上，此外管路要有坡度，并考虑排气和排污装置。图 13-7-5 所示为两管制空调水系统示意图。

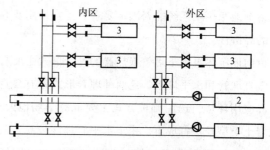

图 13-7-5 两管制空调水系统示意图

1-热源；2-冷源；3-末端设备

水系统的调节方式有：风机盘管系统一般均采用个别水量调节，当在进入盘处设置二通阀调节盘管水量时，则系统水量改变；当在设有盘管旁通分路及出口三通时，则进入盘管流量虽改变而系统水量不变。在本设计中可以采用前者。

风机盘管机组在使用过程中应该注意以下几个问题：

（1）定期清洗滤尘网，以保持空气流动畅通；

（2）定期清扫换热器上的积灰，以保证它具有良好的传热性能；

（3）风机盘管制冷时，冷水进口温度一般采用 7 ~ 10℃，不能低于 5℃，以防止管道及空调器表面结露；

（4）当噪声级很高时，可以在机组出口和房间送风口之间的风道内作消声处理。

第八节 地源热泵系统设计计算

一、地下换热器埋管形式

地源热泵系统指以岩土体、地下水或地表水为低温热源，由水源热泵机组、地热能交换系统、建筑物内系统组成的供热空调系统。根据地热能交换系统形式的不同，地源热泵系统分为地埋管地源热泵系统、地下水地源热泵系统和地表水地源热泵系统。一般工程实际中，在地源热泵系统方案设计前，应进行工程场地状况调查，并对浅层地热能资源进行勘查，本设计假设当地地质状况满足地埋管地源热泵系统使用条件。

地源热泵技术的关键是地下换热器的设计，地下换热器设计是整个设计的重点，也是本系统有别于其他系统之所在。地下埋管换热器是地源热泵系统的关键组成部分，其选择的形式是否合理，设计的是否正确，将关系到整个地源热泵系统能否满足要求和正常使用及系统运行的经济性。

目前地源热泵地下埋管换热器的埋管形式主要有两种，竖直埋管和水平埋管。这两种埋管形式各有自身的特点和应用环境，选用哪种方式主要取决于场地大小，当地岩土类型及挖掘成本。由于水平管埋深较浅，其埋管换热器性能不如垂直埋管，而且施工时，占用场地大，浅埋水平管受地面温度影响大，因此适用于单季使用的情况（如欧洲只用于冬季供暖和生活热水供应），

对冬夏冷暖联供系统使用者很少。而且对垂直埋管系统，在中国采用竖直埋管更显示出其优越性：节约用地面积，换热性能好，所以本设计拟采用垂直埋管系统。在各种竖直埋管换热器中，目前应用最为广泛的是单 U 形管。

所以，本次设计采用的是竖直单 U 形管地下换热器，其传热介质通过竖直的地埋管换热器与岩土体进行热交换。同时，为保持各环路之间的水力平衡，采用同程式系统。

二、地埋管管路连接方式

地下换热器管路连接方式有串联和并联两种。采用何种方式，主要取决于安装成本及运行费用。对竖直埋管系统，采用并联方式连接的初投资及运行费均较经济。故本设计的地下换热器采用 U 形管并联系统。并联垂直埋管形式示意图见图 13 - 8 - 1。

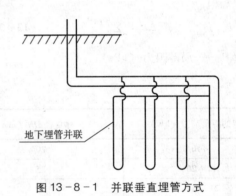

图 13 - 8 - 1 并联垂直埋管方式

三、地下换热器管材及竖埋管直径

选择管子直径大小时应从两方面考虑：管径大，能减少循环泵能耗；管径小，能使管内流体处于紊流区，这样流体与管内壁间的换热效果好。目前国外广泛采用高密度聚乙烯作为地下换热器的管材，管内径通常为 20 ~ 40mm，而国内大多采用国产高密度聚乙烯管材。本设计中地下埋管均采用国产 HDPE100 高密度聚乙烯管材，竖埋管选用管径为 DN32 的管道。

四、建筑全年逐时动态负荷计算

全年逐时动态负荷采用 DesT - c 软件计算，将在设计工况下，模拟计算建筑物出冬、夏季全年动态逐时冷热负荷，如图 13 - 8 - 2 和图 13 - 8 - 3 所示，表 13 - 8 - 1 为建筑物全年动态逐时累计负荷值。

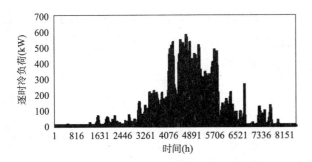

图 13 - 8 - 2　建筑全年动态逐时冷负荷曲线

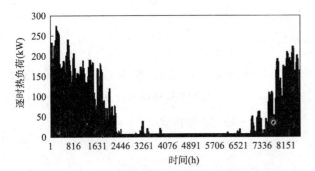

图 13 - 8 - 3　建筑全年逐时热负荷曲线

建筑全年动态逐月累计负荷值（kWh）

表 13 - 8 - 1

月份	热负荷	冷负荷
1	82871	0
2	59416	0
3	32948	0
4	0	0
5	0	30106
6	0	91673
7	0	186414
8	0	164871
9	0	58619
10	0	0
11	21987	0
12	63481	0
累计	260703	531683

由逐时计算结果得到建筑物总最大热负荷为273kW，最大冷负荷为577kW，在方案设计阶段，地埋管地源热泵系统的水源热泵机组冬季制热性能系数 $COP = 4$，夏季制冷性能系数 $EER = 5$，忽略输送过程得（失）热量及水泵释放热量，根据图 13 - 8 - 2 和图 13 - 8 - 3 建筑物全年动态冷热负荷模拟计算结果，由下式计算地埋管地源热泵系统全年逐时最大吸热量和全年逐时最大释热量：

$$Q_e = \sum \left[Q_o \left(1 + \frac{1}{EER} \right) \right] + \sum Q_1 + \sum Q_2 \quad (13 - 8 - 1)$$

$$Q_a = \sum \left[Q_h \left(1 + \frac{1}{COP} \right) \right] + \sum Q_1 - \sum Q_2 \quad (13 - 8 - 2)$$

式中　Q_e——地源热泵系统最大释热量（kW）；

　　Q_o——建筑物空调分区冷负荷（kW）；

　　EER——水源热泵机组制冷性能系数；

　　Q_1、Q_2——输送过程得（失）热量和水泵释热量（kW），实际工程设计中常忽略不计；

　　Q_a——地源热泵系统最大吸热量（kW）；

　　Q_h——建筑物空调分区热负荷（kW）；

　　COP——水源热泵机组制热性能系数。

地埋管地源热泵系统全年逐时最大吸热量为205kW，全年逐时最大释热量为592kW。

根据表 13 - 8 - 1 及式（13 - 8 - 1）和式（13 - 8 - 2）可得，建筑物全年连续累吸热量为195527kWh，累计释热量为638020kWh。设计中主要根据地源热泵系统冬季从土壤取热量与夏季向土壤释热量基本相同，确定室外地位热源换热系统，制热季总吸热量为195527kWh，若制冷季建筑物总释热量的31%（197786kWh）由地埋管系统承担，地埋管系统吸热量和释热量基本平衡，剩余69%的释热量经冷却塔辅助散热。

五、地源热泵机组选型

考虑地源热泵系统冬季从土壤取热量与夏季向土壤释热量基本相同，地源热泵机组选型以全年逐时最大释热量592kW为准，因此选用山东金盾空调设备有限公司产 SDR - 1700S/W 型地源热泵机组两台，以及 SDR - 2600S/W 型地源热泵机组一台，其相关的性能参数见表 13 - 8 - 2 和表 13 - 8 - 3。

SDR - 1700S/W 型地源热泵机组参数　表 13 - 8 - 2

型号			SDR - 1700S/W
制冷量（kW）			176
制热量（kW）			194
输入功率（制冷/制热）（kW）			30.8/44.2
电源（V/PH/Hz）			380/3/50
冷冻水流量（m³/h）			30.4
蒸发水管（mm）			DN100
冷却水流量（m³/h）			16
冷凝水管（mm）			DN100
外形尺寸	长	mm	2430
	宽	mm	1970
	高	mm	1320

SDR-2600S/W 型地源热泵机组参数

表 13-8-3

型号			SDR-2600S/W
制冷量（kW）			264
制热量（kW）			291
输入功率（制冷/制热）（kW）			46.2/66.3
电源（V/PH/Hz）			380/3/50
冷冻水流量（m³/h）			45.6
蒸发水管（mm）			DN125
冷却水流量（m³/h）			24
冷凝水管（mm）			DN125
外形尺寸	长	mm	3440
	宽	mm	1970
	高	mm	1320

六、钻孔总长度、孔深及孔数

1. 基本公式

（1）传热介质与 U 形管内壁的对流换热热阻可按下式计算：

$$R_f = \frac{1}{\pi d_i K} \qquad (13-8-3)$$

式中　R_f——传热介质与 U 形管内壁的对流换热热阻（m·K/W）；

　　　　d_i——U 形管的内径，$d_i = 0.028$m；

　　　　K——传热介质与 U 形管内壁的对流换热系数，$K = 200$W/（m²·K）。

（2）U 形管的管壁热阻可按下列公式计算：

$$R_{pe} = \frac{1}{2\pi\lambda_p} \ln\left(\frac{d_e}{d_e - (d_o - d_i)}\right) \qquad (13-8-4)$$

式中　R_{pe}——U 形管的管壁热阻，$R_{pe} = 37$m·K/W；

　　　　λ_p——U 形管的导热系数，$\lambda_p = 0.8$W/（m·K）；

　　　　d_o——U 形管的外径，$d_o = 0.032$m；

　　　　d_e——U 形管的当量直径（m）；$d_e = \sqrt{n}d_o$，对单 U 形管，$n = 2$，对双 U 形管，$n = 4$，本设计中，$n = 2$。

（3）钻孔灌浆回填材料的热阻可按下式计算：

$$R_b = \frac{1}{2\pi\lambda_b} \ln\left(\frac{d_b}{d_e}\right) \qquad (13-8-5)$$

式中　R_b——钻孔灌浆回填材料的热阻，$R_b = 1.08$m·K/W；

　　　　λ_b——灌浆材料导热系数，$\lambda_b = 1.5$W/（m·K）；

　　　　d_b——钻孔直径，$d_b = 0.13$m。

（4）地层热阻，即从孔壁到无穷远处的热阻可按下式计算：

对于单个钻孔：

$$R_s = \frac{1}{2\pi\lambda_s} I\left(\frac{r_b}{2\sqrt{a\tau}}\right) \qquad (13-8-6)$$

$$I(u) = \frac{1}{2}\int_u^\infty \frac{e^{-s}}{s}\mathrm{d}s \qquad (13-8-7)$$

对于多个钻孔：

$$R_s = \frac{1}{2\pi\lambda_s}\left[I\frac{r_b}{2\sqrt{a\tau}} + \sum_{i=2}^N I\left(\frac{x_i}{2\sqrt{a\tau}}\right)\right] \qquad (13-8-8)$$

式中　R_s——地层热阻，$R_s = 1$m·K/W；

　　　　I——指数积分公式，按式（13-8-7）计算；

　　　　λ_s——岩土体的平均导热系数，$\lambda_s = 1.4$W/（m·K）；

　　　　a——岩土体热扩散率，$a = 0.6 \times 10^{-6}$m²/s；

　　　　r_b——钻孔半径，$r_b = 0.065$m；

　　　　τ——运行时间，$\tau = 43200$s；

　　　　x_i——第 i 个钻孔与所计算钻孔之间的距离，$x_i = 4i$。

（5）短期连续脉冲负荷引起的附加热阻可按下式计算：

$$R_{sp} = \frac{1}{2\pi\lambda_s} I\left(\frac{r_b}{2\sqrt{a\tau_b}}\right) \qquad (13-8-9)$$

式中　R_{sp}——短期连续脉冲负荷引起的附加热阻，m·K/W；

　　　　τ_b——短期脉冲负荷连续运行时间（s），本设计中忽略该项。

（6）制冷工况下，竖直地埋管换热器钻孔长度可按下式计算：

$$L_c = \frac{1000Q_c[R_f + R_{pe} + R_b + R_s \times F_c + R_{sp} \times (1-F_c)]}{t_{max} - t_\infty}$$

$$\left(\frac{EER+1}{EER}\right) \qquad (13-8-10)$$

$$F_c = T_{c1}/T_{c2} \qquad (13-8-11)$$

式中　L_c——制冷工况下，竖直地埋管换热器所需钻孔的总长度（m）；

　　　　Q_c——水源热泵机组额定冷负荷（kW）；

　　　　EER——水源热泵机组的制冷性能系数；

　　　　t_{max}——制冷工况下，地埋管换热器中传热介质的设计平均温度，通常取 37℃；

　　　　t_∞——埋管区域岩土体的初始温度（℃）；

　　　　F_c——制冷运行份额；

T_{c1}——一个制冷季中水源热泵机组的运行小时数，当运行时间取一个月时，T_{c1}为最热月份水源热泵机组的运行小时数；

T_{c2}——一个制冷季中的小时数，当运行时间取一个月时，T_{c2}为最热月份的小时数。

（7）供热工况下，竖直地埋管换热器钻孔长度可按下式计算：

$$L_{h} = \frac{1000 Q_{h} [R_{f} + R_{pe} + R_{b} + R_{s} \times F_{h} + R_{sp} \times (1 - F_{h})]}{t_{\infty} - t_{min}}$$

$$\left(\frac{COP - 1}{COP} \right) \qquad (13 - 8 - 12)$$

$$F_{h} = T_{h1} / T_{h2} \qquad (13 - 8 - 13)$$

式中 L_{h}——供热工况下，竖直地埋管换热器所需钻孔的总长度（m）；

Q_{h}——水源热泵机组额定热负荷（kW）；

COP——水源热泵机组的供热性能系数；

t_{min}——供热工况下，地埋管换热器中传热介质的设计平均温度，通常取 $-2 \sim 5℃$；

F_{h}——供热运行份额；

T_{h1}——一个供热季中水源热泵机组的运行小时数，当运行时间取一个月时，T_{h1}为最冷月份水源热泵机组的运行小时数；

T_{h2}——一个制冷季中的小时数，当运行时间取一个月时，T_{h2}为最冷月份的小时数。

2. 地埋管计算

按制冷工况计算竖直地埋管换热器钻孔长度：

$$L_{c} = \frac{1000 \times 616 [0.057 + 0.018 + 0.11 + 0.002]}{37 - 15} \left(\frac{5 + 1}{5} \right)$$

$$= 4363m$$

地下换热器的长度与地质、地温参数及进入热泵机组的水温等因素有关。在缺乏具体数据时，可依据国内外实际工程经验，按每米管长换热量 $35 \sim 55W$ 来确定，参考夏热冬冷地区一些实际工程，取单位管长换热量为 $38W/m$，则地下换热器所需长度 L 为：

$$L = Q_{a} \cdot \left(1 - \frac{1}{COP} \right) / q \approx 4105m$$

考虑到理论计算过程中，区域性土壤参数资料不完整，此处采取经验法计算结果，即取地下换热管所需长度 $L = 4105m$。按埋设深度不同分为浅埋（≤30m）、中埋（$31 \sim 80m$）和深埋（>80m），对竖直U形管，一般为中埋，若取埋管深度为80m，则需打27个圆孔。

实际上打27个孔的话，每个孔只需打76m即可。对于竖埋管，考虑一定的水平间距，尽量减少各埋管单元之间温度场的相互影响。短时间和间歇运行的换热管间距为1.5m较适合，长时间连续运行的间距为 $3 \sim 6m$ 较适合，本设计取孔间距为4m，采用钻孔过程产生的泥浆回填。

如图13-8-4为一台机组的地下埋管平面图。

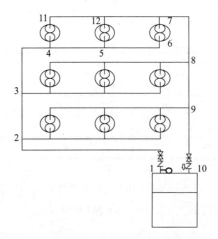

图13-8-4 地下埋管平面图

（以一台机组为例）

七、地源热泵系统水力计算

地下换热器阻力包括沿程阻力和局部阻力。埋管进出口集管采用直径较大的管子，管道内冷却水流速应确定在 $0.4 \sim 0.8m/s$。其冷却水沿程阻力计算与局部阻力计算方法与前面冷冻水沿程阻力计算与局部阻力计算方法相同。但其中高密度聚乙烯管材的 R_{m} 无法直接查到，可按下式计算：

$$R_{m} = 0.1582 \cdot \rho^{0.75} \mu^{0.25} d_{i}^{-1.25} v^{1.75} \quad (13 - 8 - 14)$$

$$v = \frac{4000W}{\pi n d_{i}^{2}} \qquad (13 - 8 - 15)$$

式中 ρ——水的密度，本设计中取 $\rho = 1 \times 10^{3} kg/m^{3}$；

μ——水的黏度，取 $\mu = 0.942 \times 10^{-3} kg/(m \cdot s)$；

n——钻孔数；

W——机组水流量（L/s）；

v——埋管管内流速（m/s）；

d_{i}——竖埋管管内径（mm）。

首先可以确定 $11 \sim 12$ 管段的管径为 $DN32$，可以由式（13-8-15）求出其流速，然后就能得出其流量，再求出其他管段的流量，再由流量和流速来确定其他管段的管径。

冷却水管路管径　　　　　　　　　　　表 13-8-4

管段编号	长度 l（m）	管径 d_i（mm）	流速 v（m/s）	流量 W（m³/h）
1—2	13	80	0.75	13.5
2—3	4	70	0.65	9
3—4	6	50	0.64	4.5
4—5	4	40	0.66	3
5—6	4	32	0.52	1.5
6—7	154	32	0.52	1.5
7—8	6	50	0.64	4.5
8—9	4	70	0.65	9
9—10	5.75	80	0.75	13.5
4—11	154	32	0.52	1.5
5—12	154	32	0.52	1.5
11—12	4	32	0.52	1.5
12—7	4	40	0.66	3

　　表 13-8-4 为其中的一个并联环路的管径列表，另外两个并联环路的管径与此环路的管径相同，故不再重复计算，结果列于表 13-8-5 和表 13-8-6。

冷却水最不利环路沿程阻力计算　　　　　　　　　　　表 13-8-5

管段编号	长度 l（m）	管径 d_i（mm）	流速 v（m/s）	流量 W（m³/h）	比摩阻 R_m（Pa/m）	沿程阻力 ΔP_y（Pa）
1—2	13	80	0.75	13.5	69	903
2—3	4	70	0.65	9	64	258
3—4	6	50	0.64	4.5	95	568
4—5	4	40	0.66	3	134	538
5—6	4	32	0.52	1.5	115	461
6—7	154	32	0.52	1.5	115	17758
7—8	6	50	0.64	4.5	95	568
8—9	4	70	0.65	9	64	258
9—10	5.75	80	0.75	13.5	69	399

冷却水最不利环路局部阻力计算　　　　　　　　　　　表 13-8-6

管段编号	流速 v（m/s）	动压 P_d（Pa）	局部阻力名称	局部阻力系数 $\sum\zeta$	局部阻力 ΔP_j（Pa）
1—2	0.75	279	闸阀，过滤器，直流三通，弯头×2	1.7	474
2—3	0.65	211	直流三通	0.1	21
3—4	0.64	203	直流三通，弯头×1	0.4	81
4—5	0.66	220	分流三通	1	220
5—6	0.52	134	弯头×1	0.4	54
6—7	0.52	134	弯头×2	0.8	107
7—8	0.64	203	合流三通	1.5	304
8—9	0.65	211	合流三通	1.5	317
9—10	0.75	279	闸阀，止回阀	0.8	223

八、地下换热器环路水泵选型

水泵选型所依据的流量 W 和扬程 H 确定如下：

$$W = k_1 W_{max} \qquad (13-8-16)$$

$$H = k_2(h_f + h_d + h_m) \qquad (13-8-17)$$

式中　W_{max}——设计最大流量；

$\quad k_1$、k_2——附加因数，当水泵单台工作时取
1.1；

$\quad h_f$——水系统总的沿程阻力；

$\quad h_d$——总的局部阻力；

$\quad h_m$——设备压力损失。

经计算，冷却水最不利环路的沿程阻力、局部阻力分别为79280Pa、6111Pa，设备压力损失为55kPa。根据《中央空调设备选型手册》附录，三台（两用一备）IS80-65-125型水泵满足使用条件，其流量为50m³/h，扬程为19.6mH₂O，效率为75%，电机功率为5.5kW，转速为2900r/min。

九、地下换热器水管承压能力校核

对闭式水环路，在不考虑地下水或竖井灌浆引起的静压抵消情况下，管子最大承压计算式为：

$$P = P_0 + \rho g h + 0.5 P_k \qquad (13-8-18)$$

式中　P_0——系统最高点静压，淮安地区取
100.34kPa；

$\quad h$——闭式水系统中水管最高点与最低点高度差，本系统为膨胀水箱标高与竖埋管最低点高度差，本系统约为100m；

$\quad \rho$——水的密度，取1000kg/m³；

$\quad g$——重力加速度，9.8m/s²；

$\quad P_k$——为水泵扬程，19.6mH₂O。

根据上式得出 $P = 1.3$MPa。

最大承压小于 HDPE 管材的最大工作压力（1.6MPa），所以选用的管材是合适的。

第九节　制冷机房设备选型

一、制冷机组的选择

前文已叙及，本设计制冷机组选用地源热泵冷热水机组。其型号及性能参数见第八节所示。

二、分水器和集水器的选择

1. 分水器和集水器的构造和用途

分水器和集水器实际上是一段大管径的管子，在其上按设计要求焊接上若干不同管径的管接头，在集中供水（供冷和供热）系统中，采用集水器和分水器的目的是有利于空调分区的流量分配和调节，亦有利于系统的维修和操作。确定分水器和集水器的原则是使水量通过集管时的流速大致控制在0.5~0.8m/s范围之内。分水器和集水器一般选择标准的无缝钢管（公称直径DN200~DN500）。如图13-9-1所示为分水器与集水器构造简图。

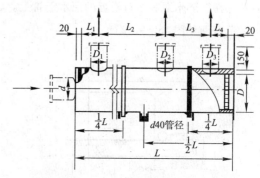

图13-9-1　分水器与集水器构造简图

2. 分水器和集水器的尺寸

供水集管又称分水器（或分水缸），回水集管又称集水器（或回水缸），它们都是一段水平安装的大管径钢管。冷水机组生产的冷水送入供水集管，再经供水集管向各支系统或各分区送水，各支系统或各分区的空调回水，先回流至回水集管，然后由水泵送入冷水机组。供回水集管上的各管路均应设置调节阀和压力表，底部应设置排污阀或排污管（一般选用DN40）。供回水集管的管径按其中水的流速0.5~0.8m/s范围确定。管长由所需连接的管的接头个数、管径及间距确定，两相邻管接头中心线间距为两管外径+1200mm，两边管接头中心线距集管断面宜为管外径+60mm。

根据《中央空调设备选型手册》P650，分水器和集水器尺寸确定方法如下：

（1）分水器的选型计算

取其中的流速为0.5m/s，循环水量为21.3L/s由公式 $d_n = 1.13 \sqrt{\dfrac{V_j}{v_j}}$ 可计算缸体内径为233.4mm，拟选用DN250的无缝钢管。

（2）集水器的选型计算

集水器的直径、长度、和管间距与分水器的相同，只是接管顺序相反。根据以上原则，分水器和集水器尺寸确定为DN250。其余参数见表13-9-1

分水器与集水器几何尺寸（mm）　　　　　表 13-9-1

公称直径 DN	管壁厚	封头壁厚	支架（角钢）	支架（圆钢）	L_1	L_2	L_3	L_4
250	6	12	∟50×5	Φ12	D_1+60	D_1+D_2+120	D_2+D_3+120	D_3+60

三、膨胀水箱的选型和计算

目前，由于空调水系统中极少采用回水池的开式循环系统，因此，膨胀水箱已经成为空调系统中的主要部件之一，其作用是收容和补偿系统中的水量，同时起到定压及排气的作用。膨胀水箱一般设置在系统最高点处，通常接在循环水泵吸水口附近的回水干管上。膨胀水箱构造示意图见图13-9-2。

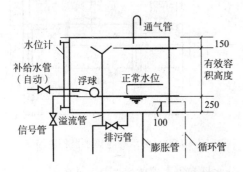

图 13-9-2　膨胀水箱的构造和配管简图

膨胀水箱容积 V_p 是有系统中水容量和最大水温变化幅度决定的，可用下式计算确定：

$$V_p = \alpha \Delta t V_0 \qquad (13-9-1)$$

式中　V_p——膨胀水箱有效容积，即由信号管到溢流管之间高度差的体积（L）；

α——水的体积膨胀系数，取 0.0006℃$^{-1}$；

Δt——最大水温变化值，本设计取 28℃；

V_0——系统内的水容量，即系统管道和设备中存水量的总和（L），以单位建筑面积系统水容量×建筑总面积来计算。

则，膨胀水箱容积：

$V_p = 0.0006 \times 28 \times 1.3 \times 6953 = 151.9L$

因膨胀水量较小，而一般膨胀水箱有效容积为 0.5～1.0m³，则本系统的膨胀水箱有效容积可取 0.5m³，其余参数见表13-9-2。

膨胀水箱规格尺寸及配管的公称直径　　　　　表 13-9-2

水箱形式	公称容积（m³）	有效容积（m³）	外形尺寸（mm）		水箱配管公称直径 DN					水箱自重（kg）	采暖通风标准图集图号
			长×宽 $L \times B$	高 H	溢流管	排水管	膨胀管	信号管	循环管		
方形	0.5	0.61	900×900	900	40	32	25	20	20	156.3	T905（一）

注意：膨胀水箱应加盖和保温，常用带有网格线铝箔贴面的玻璃棉作保温材料，保温层厚度为25mm。

四、水泵的选型和计算

1. 冷冻水泵的选型和计算

根据选型原则，选择三台冷冻水泵（两用一备）。水泵所承担的供回水管网最不利环路为九楼管路。

（1）水泵流量的确定

水泵水量　$L = (1.1 \sim 1.2) \cdot L_{max}$　　(13-9-2)

式中　L_{max}——设计最大流量；

1.1～1.2——放大系数，水泵单台工作时取1.1，多台并联工作时取1.2。

水泵流量 $L = 1.2 \times 64 = 76.8 \text{m}^3/\text{h}$。

（2）水泵扬程 H 的确定

水泵扬程 H 按下式计算：

$$H = \beta_2 \cdot H_{max} \qquad (13-9-3)$$

式中　H——水泵扬程（m）；

H_{max}——水泵所承担的最不利环路的水压降，mH₂O；

β_2——扬程储备系数取 $\beta_2 = 1.1$。

总压降 H_{max} 为供回水管网最不利环路的水压降，可以按照以下公式估算水泵的扬程：

$$H_{max} = \Delta P_1 + \Delta P_2 + 0.05 \cdot L \cdot (1 + K) \quad (13 - 9 - 4)$$

式中　ΔP_1——地源热泵冷水机组蒸发器的水压降
（mH_2O）；

ΔP_2——最不利环路中并联空调末端装置中水压
损失最大者的水压降（mH_2O）；

K——最不利环路中局部助力当量长度总和与
该环路管道总度的比值，本设计
$K = 0.6$。

地源热泵冷水机组蒸发器的水压降 $\Delta P_1 = 40kPa = 40 \times 0.102mH_2O = 4.08mH_2O$。最不利环路中并联空调末端装置中水压损失最大者 ΔP_2 是 FP - 6.3 风机盘管设备，它的水压降 $\Delta P_2 = 34kPa = 3.47mH_2O$。环路中各种管件的水压降和沿程压降之和按估算法计算：水系统为异程式，最不利环路总长约为 125.5m。

最不利环路总阻力约为：

$$H_{max} = 4.08 + 3.47 + 0.05 \times 125.5 \times (1 + 0.6)$$
$$= 17.6mH_2O$$

水泵设计扬程为：

$$H = 1.1 \times 17.6 = 19.3mH_2O$$

根据《中央空调设备选型手册》，选用三台（两用一备）IS80 - 65 - 125 型水泵，其流量 $50m^3/h$，扬程为 $19.6mH_2O$，效率为 75%，电机功率为 5.5kW，转速为 2900r/min。

2. 冷却水泵的选型和计算

根据选型原则，选择三台冷却水泵（两用一备）。

（1）水泵流量的确定

按式（13 - 53），水泵流量：

$$L = 1.2 \times 56 = 67.2m^3/h$$

（2）水泵扬程 H 的确定

水泵扬程 H 按式（13 - 9 - 3）和式（13 - 9 - 4）确定。

地源热泵冷水机组冷凝器的水压降最大者 $\Delta P_1 = 32kPa = 32 \times 0.102mH_2O = 3.27mH_2O$。最不利环路中并联冷却塔中水压损失最大者 ΔP_2 是 LBCM - LN - 20 型冷却塔，它的水压降 $\Delta P_2 = 20kPa = 2.04mH_2O$。环路中各种管件的水压降和沿程压降之和按估算法计算：水系统为同程式，最不利环路总长约为 89.3m。

最不利环路总阻力约为：

$$H_{max} = 3.27 + 2.04 + 0.05 \times 89.3 \times (1 + 0.6)$$

$$= 12.45mH_2O$$

水泵设计扬程为

$$H = 1.1 \times 12.45 = 13.7mH_2O = 134.25$$

根据《中央空调设备选型手册》附录，选用三台（两用一备）IS80 - 65 - 125 型水泵，其流量为 $50m^3/h$，扬程为 $19.6mH_2O$，效率为 75%，电机功率为 5.5kW，转速为 2900r/min。

3. 水泵配管布置

进行水泵的配管布置时，应注意以下几点：

（1）安装软性接管：在连接水泵的吸入管和压出管上安装软性接管，有利于降低和减弱水泵的噪声和振动的传递。

（2）出口装止回阀：目的是为了防止突然断电时水逆流而时水泵受损。

（3）水泵的吸入管和压出管上应分别设进口阀和出口阀；目的是便于水泵不运行能不排空系统内的存水而进行检修。

（4）水泵的出水管上应装有温度计和压力表，以利检测。如果水泵从低位水箱吸水，吸水管上还应该安装真空表。

（5）水泵基础高出地面的高度应小于 0.1m，地面应设排水沟。

五、冷却塔选型

本设计拟采用地源热泵（GSHP），对夏热冬冷地区而言，存在冬季较短、热负荷较小，夏季较长、冷负荷较大的特点，最大释热量与最大吸热量相差较大，累计释热量与累计吸热量相差更大，为保证地下温度场季节性的换热平衡，一般不采取扩大地埋管换热系统规模的方法，而是采用辅助散热器（增加冷却塔）的方式来解决。

地源热泵机组所需要冷却水的流量及其参数：

$$Q = 16 \times 2 + 24 = 56m^3/h$$

具体参数为：进水温度为 32℃，出水温度为 37℃，湿球温度为 28℃，本设计所使用独立冷源地源热泵机组，其冷凝水冷却水得进出水温差均为 5℃，故采用低温差（标准型）逆流式冷却塔。

根据此选厦门良机 LBCM - LN - 20 型冷却塔 3 台，其具体参数见表 13 - 9 - 3。

冷却塔性能参数　　　　　　　　　　　　表 13 - 9 - 3

| 型号 | 流量（m³/h） | 动力系数 | | 水压 kPa |
		风叶直径（mm）	电机功率（kW）	
LBCM - LN - 20	20	770	0.746	20
	接管管径			外形尺寸（mm）
	进水管（mm）	出水管（mm）	排水管（mm）	溢水管（mm）	高度 H	宽度 B
	65	65	25	25	2205	1580

第十节　通风与防排烟设计

一、防排烟设计计算

1. 设置防排烟设施的意义

当高层建筑发生火灾时，防烟楼梯间是高层建筑内部人员唯一的垂直疏散通道，消防电梯是消防队员进行补救的主要垂直运输工具。为了疏散和扑救的需要，必须确保在疏散和扑救过程中防烟楼梯间和消防电梯井内无烟，首先在建筑布局上按照相关规范执行，对防烟楼梯间及消防电梯设置独立的前室或两者合用前室。高层建筑发生火灾时，烟气水平方向流动速度为 0.3 ~ 0.8m/s，垂直方向扩散速度为 3 ~ 4m/s，即当烟气流动无阻挡时，只需 1min 左右便可以扩散到几十层高的大楼，烟气流动速度大大超过了认得疏散速度。而楼梯间、电梯井又是高层建筑火灾时垂直方向蔓延的重要途径。因此，防烟楼梯间及其前室、消防电梯间前室和两者合用前室设置防排烟设施，是阻止烟气进入该部位或把进入该部位的烟气排出高层建筑外，并保证人员安全疏散和扑救的有效手段。

2. 防排烟方式的确定

根据《高层民用建筑设计防火规范》GB50045—95 第 8.4.1.1 条规定：无直接自然通风，且长度超过 20m 的内走道或虽有直接自然通风，但长度超过 60m 的内走道需设置机械防排烟设施。本设计中，古黄河大酒店内走道无直接自然自然通风，内走道长度分别为 11.3m、17.3m，防烟楼梯间及其前室不具备自然排烟的条件。因此，只需在防烟楼梯间及其前室设置机械防排烟设施，采用机械加压送风方式，以确保烟气不侵入地区的压力。此外需要指出的是，对消防电梯井是否需要设置机械加压送风防烟设施是当前国内外有关专家正在研究的课题，至今尚无定论，本设计对此不做详细设计说明。

3. 加压送风量的确定

机械加压送风量的确定方法有查表法和计算法两种。

由于建筑有各种不同条件，如开门数量、风速不同，满足机械加压送风条件亦不同，宜首先进行计算，但计算结果的加压送风量不能小于表 13 - 10 - 1 的要求。

防烟楼梯间及其合用前室的分别加压送风量　　　　　　　　表 13 - 10 - 1

系统负担层数	送风部位	加压送风量（m³/h）
< 20	防烟楼梯间	16000 ~ 20000
	合用前室	12000 ~ 16000
20 ~ 32 层	防烟楼梯间	20000 ~ 25000
	合用前室	18000 ~ 22000

资料表明，对防烟楼梯间及其前室、消防电梯间前室和合用前室的加压送风量的计算方法统计起来有 20 多种，至今尚无统一。其主要原因是影响压力送风量计算的因素较复杂，且各种计算公式在研究加压送风量的计算时出发点不一致等因素造成。本设计中选择目前国内高层建筑防烟设计中使用较普遍的公式确定加压送风量：

$$l = f \cdot v \cdot n \qquad (13 - 10 - 1)$$

式中　l——加压送风量（m³/s）；

v——门洞断面风速，一般为 0.7 ~ 1.2m/s；

f——每档开启门的断面积，疏散门为 $2.0 \times 1.6 \text{m}^2$；

n——同时开启门的数量，20 层以下，$n=2$。

防烟楼梯间及合用前室加压送风量分别为：

$l_1 = 2.0 \times 1.6 \times 0.8 \times 2 = 5.12 \text{m}^3/\text{s} = 18432 \text{m}^3/\text{h}$

$l_2 = 2.0 \times 1.6 \times 0.8 \times 2 = 4.48 \text{m}^3/\text{s} = 16120 \text{m}^3/\text{h}$

满足表 13-10-1 的要求。

4. 风机型号及送风口尺寸的确定

由前面计算可知，加压送风量分别为 18432m³/h，16120m³/h，因此，选用上虞市贝斯特风机有限公司生产的 T4-72NO.8 型轴流式通风机两台，其不同工况下的性能参数分别为：转速 1000r/min，流量 18570m³/h，全压 700Pa，电动机型号 Y132S-4，功率 5.5kW；转速 900r/min，流量 16713m³/h，全压 567Pa，电动机型号 Y112M-4，功率 4kW。送风管道采用金属风管，根据《高层民用建筑设计防火规范》GB50045-95 相关规定，设管内流速为 20m/s，则防烟楼梯间送风管尺寸为 1000mm×320mm，实际流速为 16.1m/s；合用前室送风管尺寸为 1000mm×320mm，实际流速为 14.5m/s。

送风口尺寸确定如下：

(1) 防烟楼梯间加压送风口尺寸截面积

按每两层设一风口，共需要 5 个风口，送风口风速为 7m/s 时，风口截面积为 $F = \dfrac{18432}{3600 \times 7 \times 5} = 0.146\text{m}^2$，取每个风口尺寸为 750mm×200mm，送风口实际风速为 6.8m/s。

(2) 合用前室加压送风口截面积

10 层建筑按同时开启 2 个门计算，送风口风速为 7m/s 时，风口截面积为 $F = \dfrac{16120 \times 0.5}{3600 \times 7 \times 2} = 0.16\text{m}^2$，取送风口尺寸为 800mm×200mm。

二、通风设计计算

《民用建筑工程设计技术措施》第 2 章"卫生间通风及其他"中规定：公共卫生间排风按每小时不小于 10 次的换气量计算，住宅卫生间按每小时不小于 5 次的换气次数计算。一至三层公共卫生间具有外窗，可由自然通风换气确保室内空气环境，本设计不再另外设置机械排风系统。四至九层客房内卫生间需设置机械排风，以客房 401 为例进行计算，其卫生间尺寸为 2300mm×1900mm×2500mm，体积为 10.925m³，由《民用建筑工程设计技术措施》规定确定换气次数为 5 次/h，则排风量为 54.625m³/h = 0.91m³/min，选用苏州威尔克电讯电机制造有限公司生产地型号为 100FZL2

的排风扇一台，其性能参数为：风量 1.4m³/min，功率 20W，转速 2400r/min，噪声 40dB。其他客房卫生间均采用该型号排风扇。

第十一节　消声减振方面的设计考虑

一、概述

空调系统的消声和减振是空调设计中的重要一环，它对于减小噪声和振动，提高人们大额舒适感和工作效率，延长建筑物的使用年限有着极其重要的意义。

对于设有空调等建筑设备的现代建筑，都可能室外及室内两个方面受到噪声和振动源的影响。一般而言室外噪声源是经过维护结构穿透进入的，而建筑物内部的噪声、振动源主要是由于设置空调、给排水、电气设备后产生的，其中以空调制冷设备产生的噪声影响最大。包括其中的冷却塔、空调制冷机组、通风机、风管、风阀等产生的噪声。其中主要的噪声源是通风机。风机噪声是由于叶片驱动空气产生的紊流引起的宽频带气流噪声以及相应的旋转噪声所组成，后者由转数和叶片数确定其噪声频率。

二、噪声控制措施

噪声控制的措施可以在噪声源，传播途径和接受者三方面实施。降低声源噪声辐射是控制噪声最根本和最有效的措施。比如在回风口及送风口与风管间设置适当长度的扩散管，或是在回风口后、送风口前设置静压箱。其次，空气通过风管输送到房间的过程中，由于气流同管壁的摩擦，部分声能转化为热能，以及管道截面变化和构造不同，部分声能反射回声源处，从而使噪声衰减。在设计中采取了如下噪声控制措施：

(1) 机箱内侧全部贴有专门的吸声及保温材料；

(2) 风机与压缩机的空间分开，以避免压缩机噪声传至室内；

(3) 机组进出口要装设一段内贴吸声材料的风管，不应在机组进出口直接安装风口，防止噪声反射到房间内，吸声材料一般采用超细玻璃棉，厚度为 25mm，按消声器标准制作；

(4) 机组进出风口与风管之间采用软接头连接，防止机组震动直接传到风管上，房间送风口风速不宜超过 3.5m/s；

（5）采用 90°直角弯头和导向叶片；

（6）机组应安装在底层的一个房间内，以防止机组噪声的传播。选用中、低档噪声较低的风机盘管。风机盘管开至高档时，噪声一般都比较高，同时又不易控制，在这种情况下，可以选用中、低档噪声较低的风机盘管，以便在使用时根据需要进行调节。

本设计空调机组及末端设备噪声控制处理措施如下：

风机盘管：空调方式为风机盘管加新风，根据所选的风机盘管的技术参数可以知道，风机盘管的噪声基本满足设计要求，不需要设置消声器，只需在风口与风机连接处设置软连接即可。

新风机组：新风是由各层的单独的新风机组供给，由新风机组的噪声参数知道，需要设置消声静压箱，一至九层消声静压箱尺寸均为 2500mm × 1000mm × 1000mm（$L \times W \times H$）。

三、空调设备的防振

空调系统的噪声除了通过空气传播到室内外，还能通过建筑物的结构和基础传播，例如：转动的风机，和压缩机所产生的振动可以直接传给基础，并以弹簧性波的形式从机器基础沿房屋结构传到其他房间，又以噪声的形式出现，因此，对空调系统振动机构削弱将能有效的降低噪声。削弱由机器传给基础的振动是用消除它们之间的刚性连接来实现的，即在振源的和它的基础之间安设避振构件（如弹簧减振器或橡皮软木等），可以使从振源传到的振动得到一定程度的头减弱。此外还有如下防振措施：

（1）吊装机组采用减震吊架；

（2）压缩机装设专门的减震弹簧；

（3）顶棚吊架不应与风管相碰，所有顶棚、风管、管件和机组均应设有单独的吊架；

（4）地源热泵机组的安装在专门的隔振基座上。

第十二节　管道保温设计的设计考虑

一、保温材料的选用

保温材料的热工性能主要取决于其导热系数，导热系数越大，说明性能越差，保温效果也越，因此选择导热系数低的保温材料是首要原则。同时综合考虑保温材料的吸水率、使用寿命、抗老化性、防火性能、造价及经济性，可以在本设计中对供回水管及风管的保温材料均采用带有网格线铝箔贴面的防潮离心玻璃棉。

二、保温管道防结露

表 13 - 12 - 1 为各管径下要求的防结露厚度。

保温材料（玻璃棉）的防结露厚度表（mm）　　　　　　　表 13 - 12 - 1

管径	DN15	DN20	DN25	DN32	DN40	DN50	DN70	DN80	DN100
厚度/mm	11	12	12.5	13	13.5	14	14.5	14.5	15

三、保温度材料的经济厚度

从上面可以选出冷介质管道防结露所需的最小保温厚度。应该明确的是，除空气凝结水管外，其余计算的保温防结露厚度通常都不是最经济的厚度而只是满足了最低使用要求的厚度。关于经济厚度，要考虑以下一些因素：

（1）保温材料的类型及造价（包括各种施工、管理等费用）；

（2）冷（热）损失对系统的影响；

（3）空调系统及冷源形式；

（4）保温层所占的空间对整个建筑投资的影响。

通过对现有大量工程的实际调研，结合实际情况，本设计以表 13 - 12 - 2 作为经济厚度的参考，因此供回水管及风管的保温材料可以选用 25mm 厚的采用带有网格线铝箔贴面的防潮离心玻璃棉。

保温材料的选用厚度表（mm）　　　　　　　表 13 - 12 - 2

材料	空调水管		
	DN < 100	100 ≤ DN < 250	DN ≥ 250
玻璃棉	25	30	35 ~ 40

附录　设计实例图纸

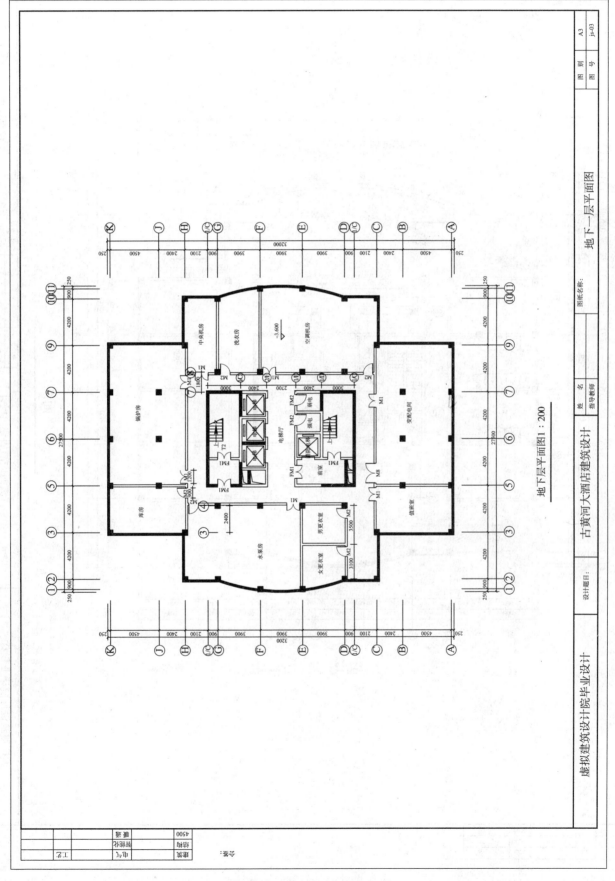

附录图1　地下一层建筑平面图

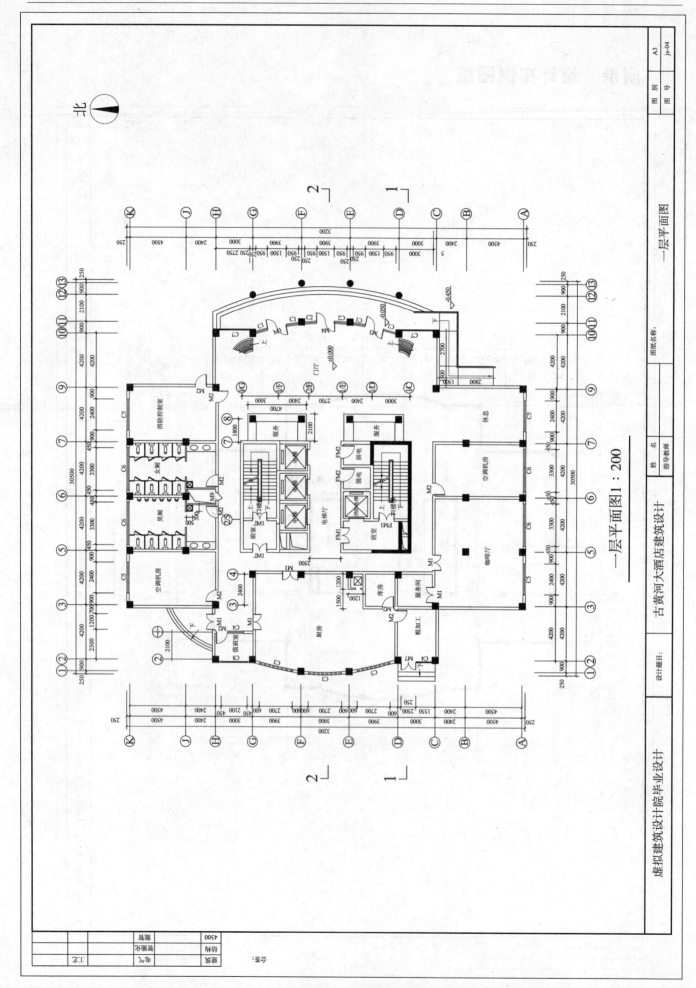

附录图2　一层建筑平面图

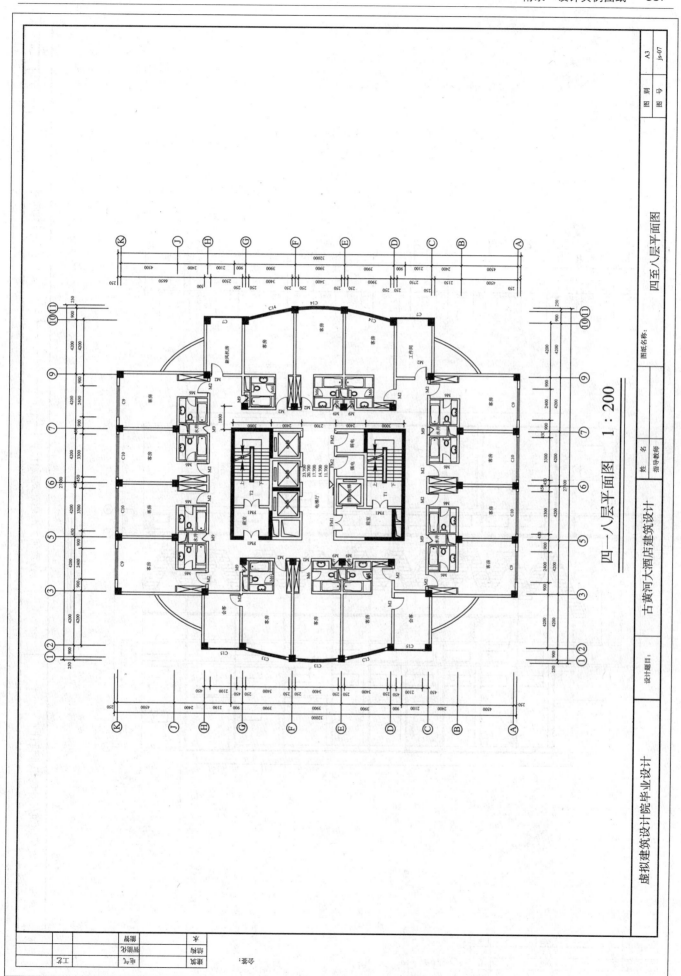

四～八层平面图　1：200

附录图3　四～八层建筑平面图

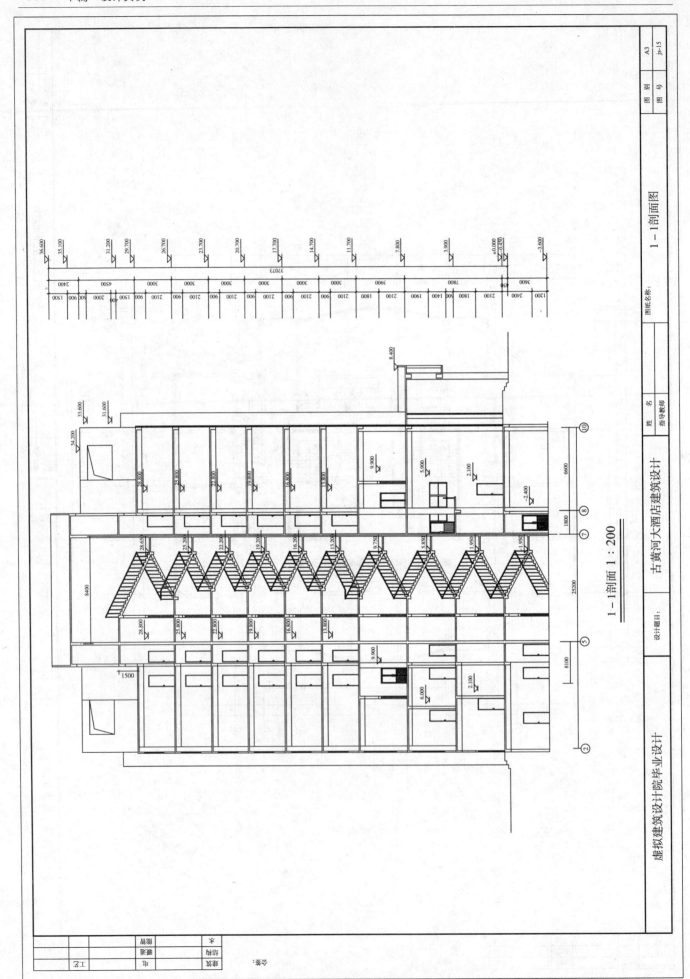

附录图 4　剖面图

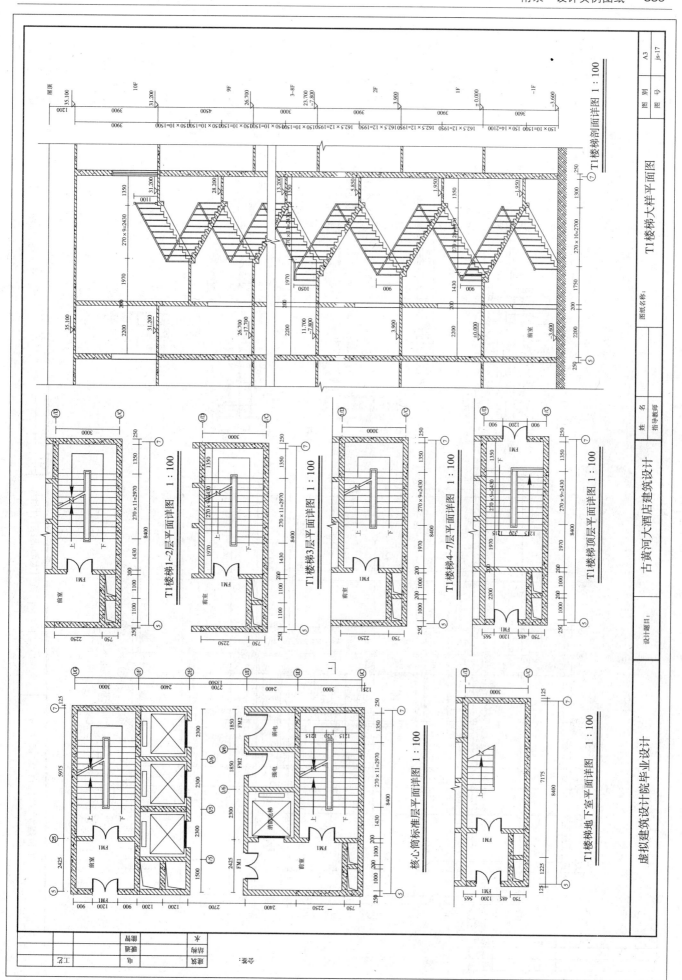

附录图 5 楼梯详图

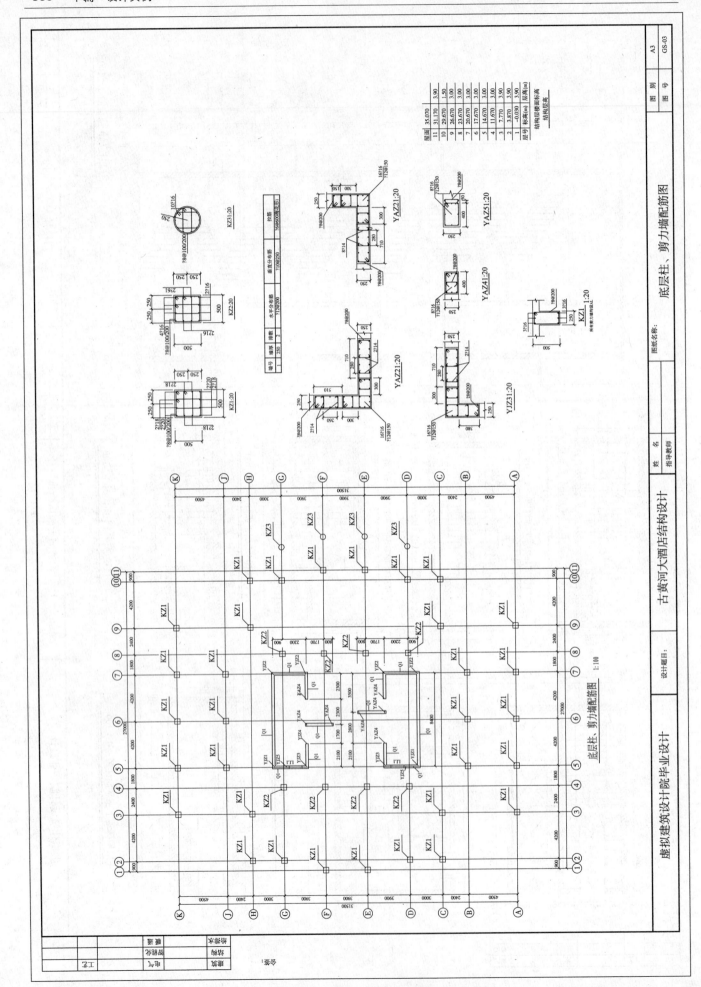

附录图6　底层柱、剪力墙配筋图

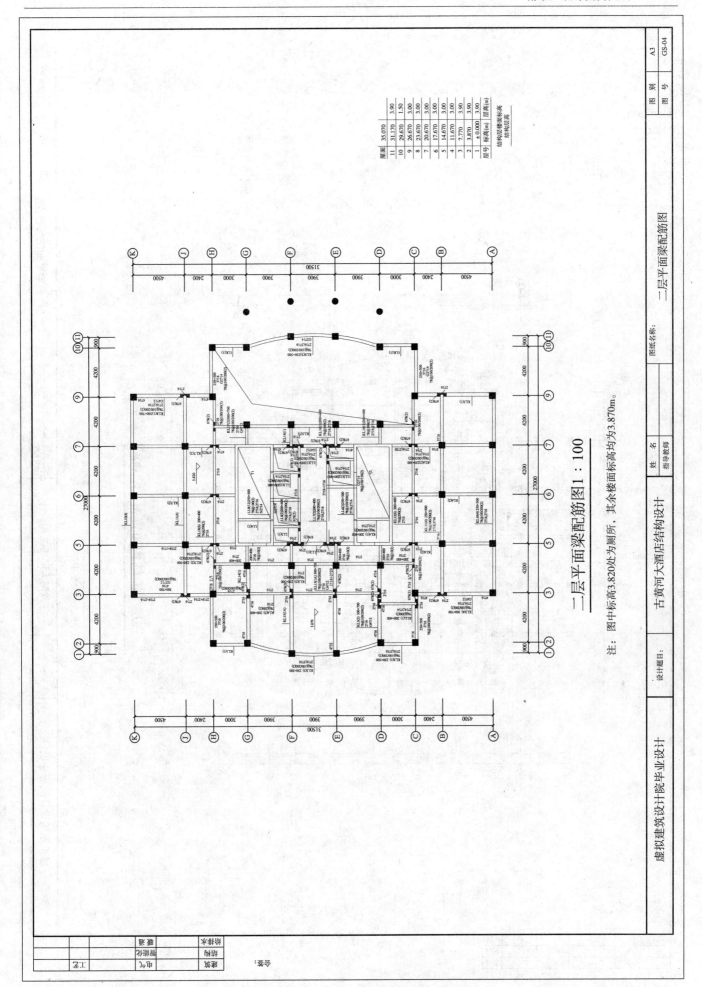

附录图7 二层平面梁配筋图

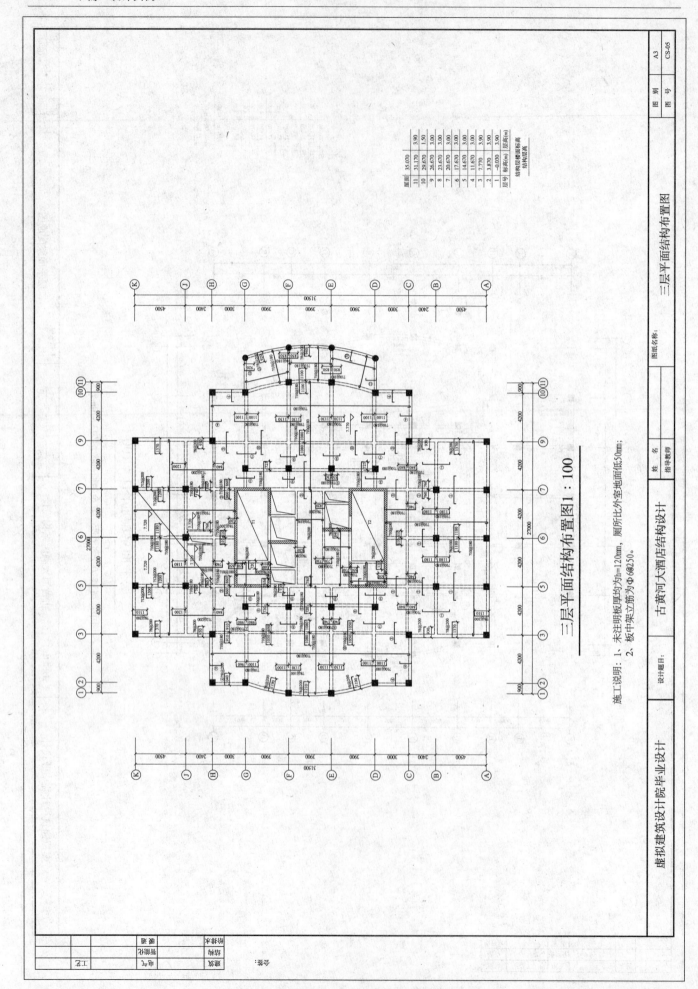

附录图8 三层平面结构布置图

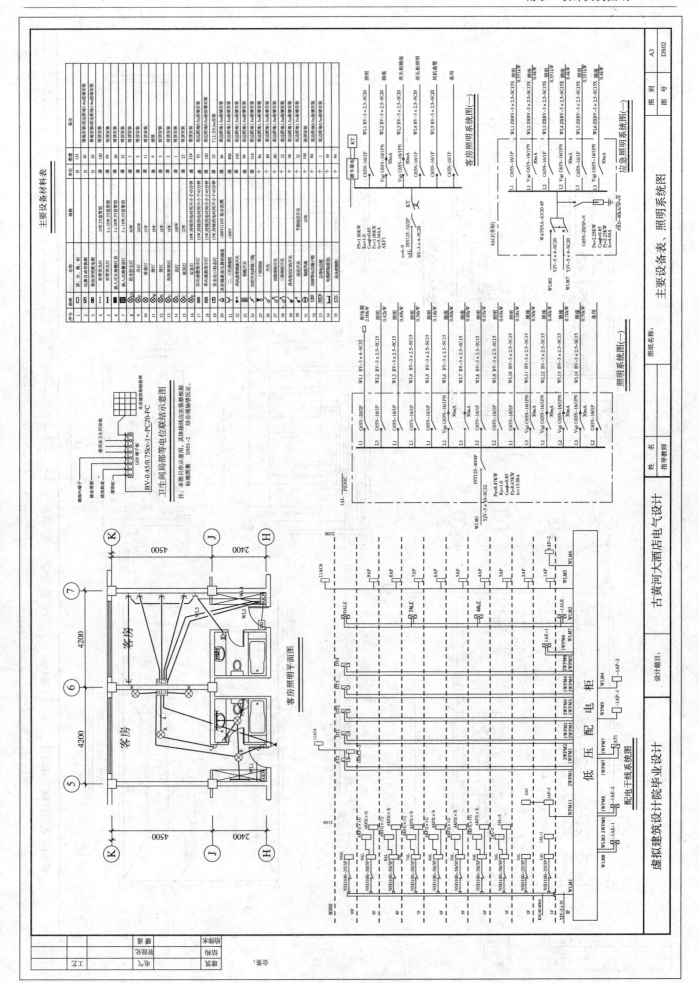

附录图9 电气感谢图 主要设备材料表 系统图 客房照明平面

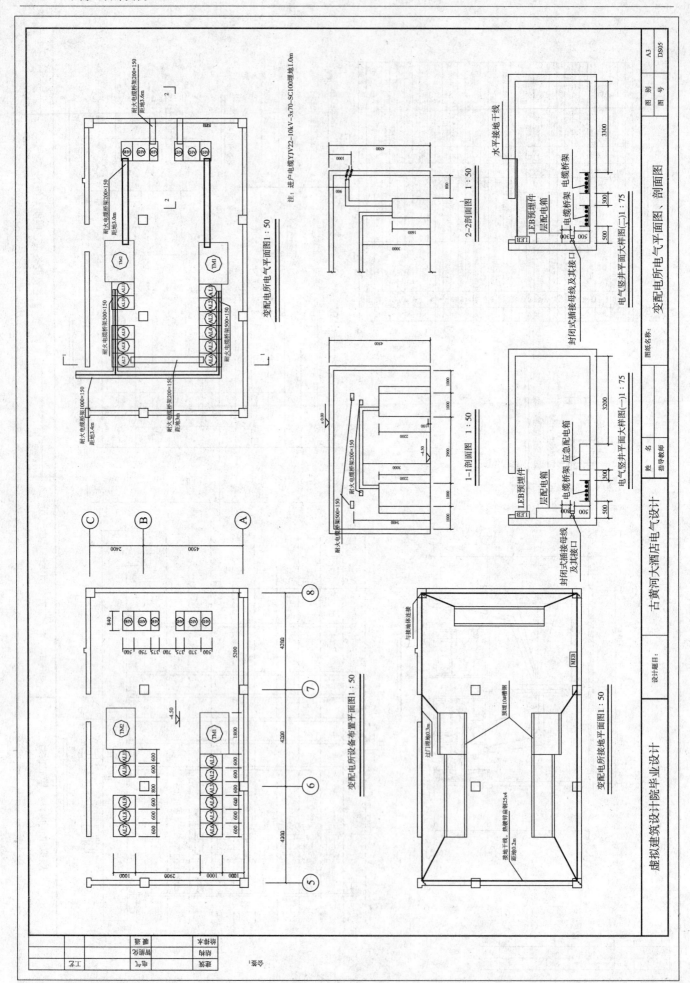

附录图 10　配电房平面图

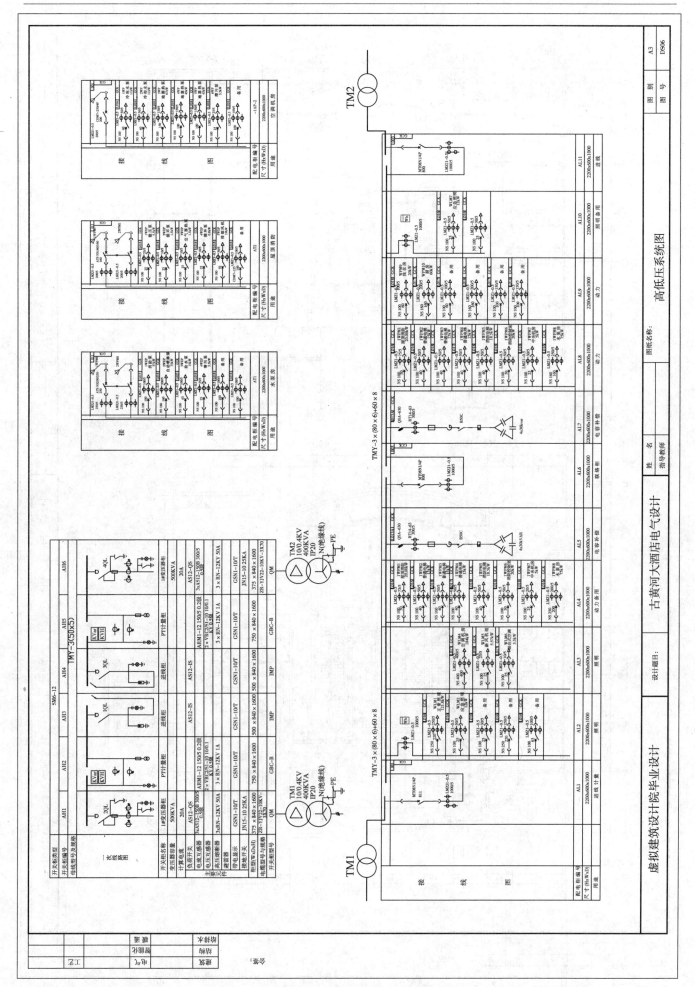

附录图11　配电房高低压系统图

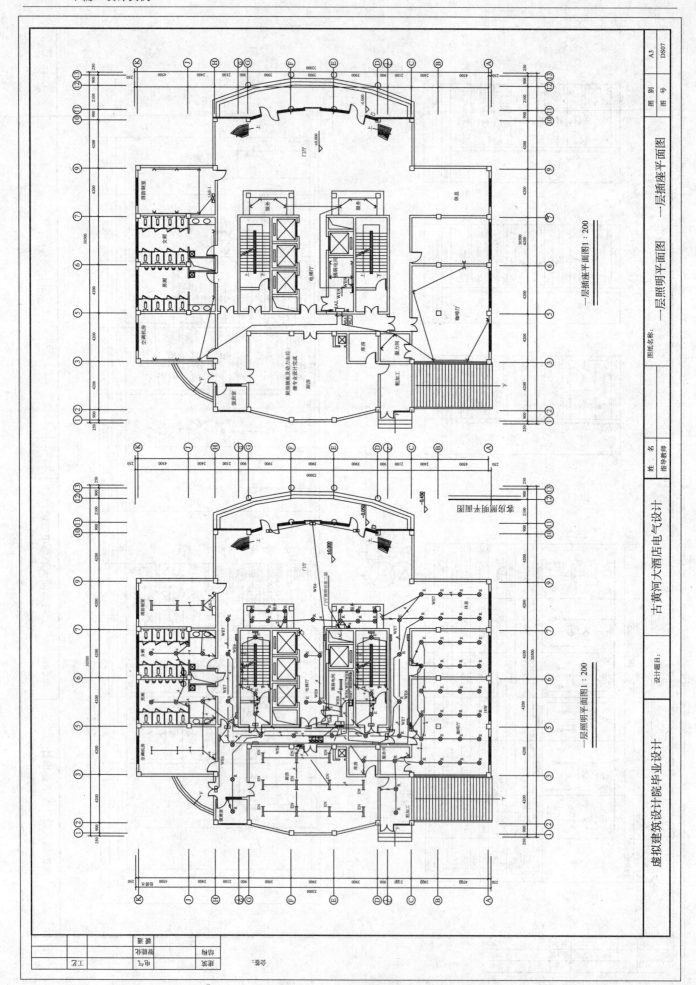

附录图 12　一层照明平面插座平面

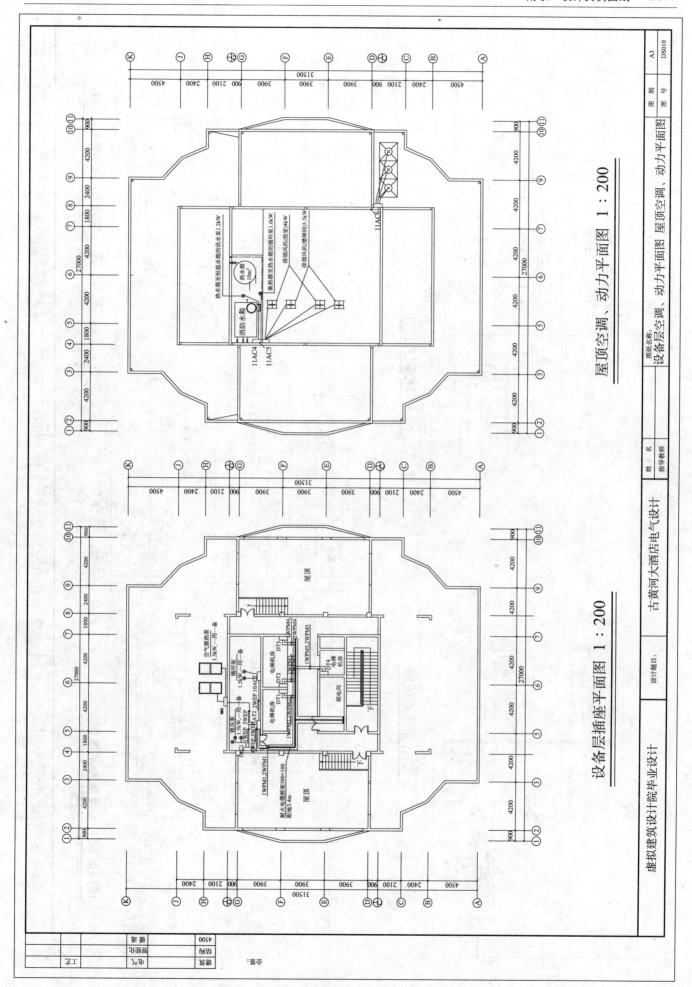

附录图13　设备层空调、动力平面图

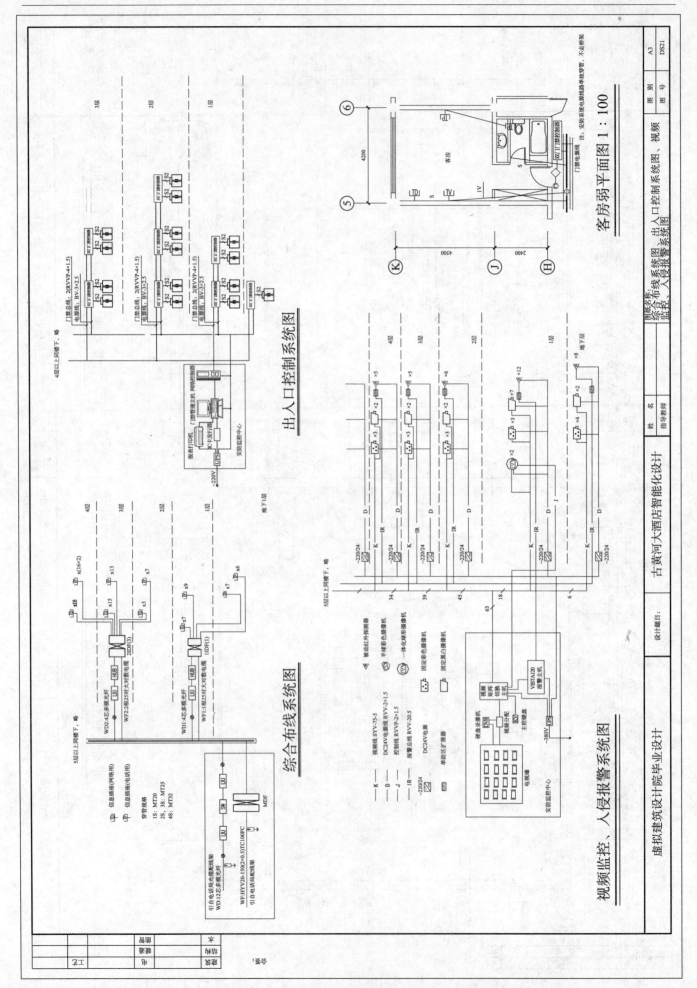

附录图 14　综合布线系统图、出入口控制系统图、视频监控、入侵报警系统图

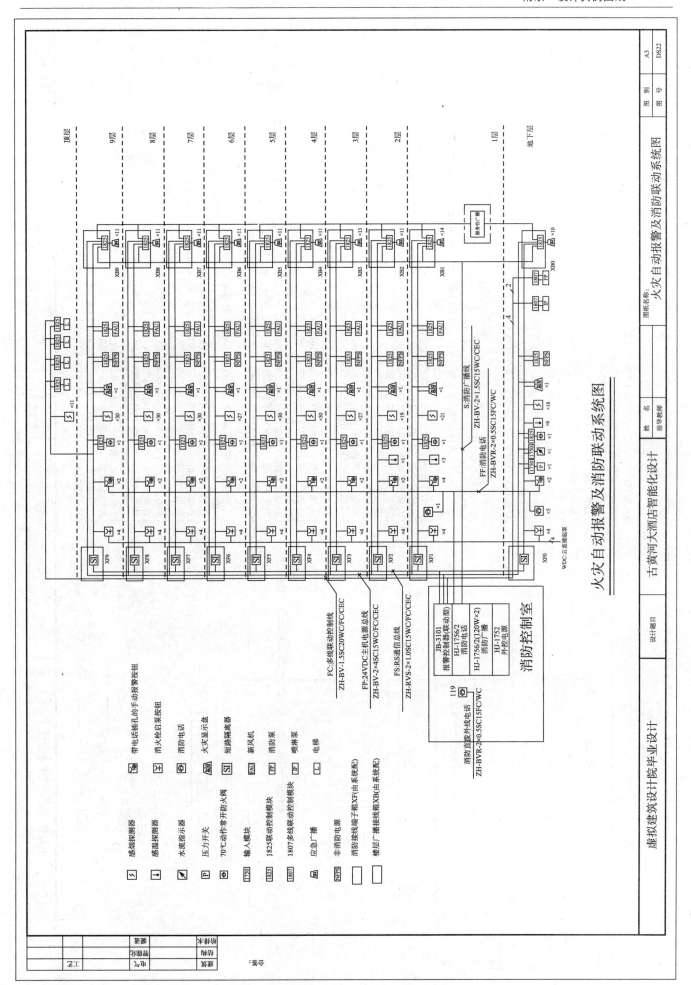

火灾自动报警及消防联动系统图

附录图15　火灾自动报警及消防联动系统图

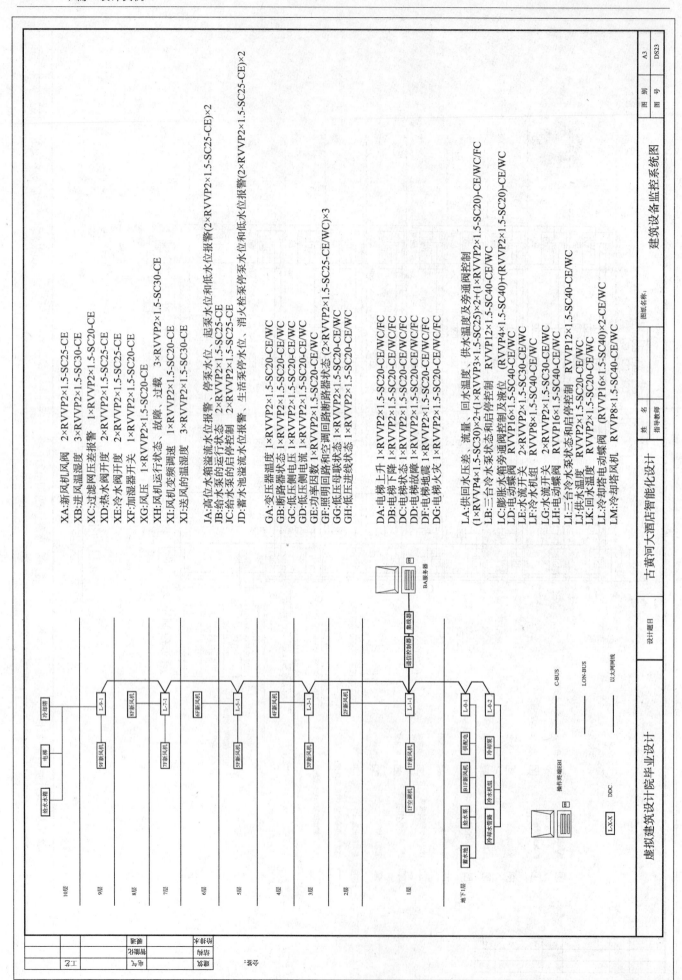

XA:新风机风阀 2×RVVP2×1.5-SC25-CE
XB:进风温湿度 3×RVVP2×1.5-SC30-CE
XC:过滤网压差报警 1×RVVP2×1.5-SC20-CE
XD:热水阀开度 2×RVVP2×1.5-SC25-CE
XE:冷水阀开度 2×RVVP2×1.5-SC25-CE
XF:加湿器开关 1×RVVP2×1.5-SC20-CE
XG:风压 1×RVVP2×1.5-SC20-CE
XH:风机运行状态、故障、过载 3×RVVP2×1.5-SC30-CE
XI:风机变频调速 1×RVVP2×1.5-SC20-CE
XJ:送风的温湿度 3×RVVP2×1.5-SC30-CE

JA:高位水箱溢流水位报警、停泵水位、起泵水位和低水位报警(2×RVVP2×1.5-SC25-CE)×2
JB:给水泵的运行状态 2×RVVP2×1.5-SC25-CE
JC:给水泵的启停控制 2×RVVP2×1.5-SC20-CE
JD:蓄水池溢流水位报警、生活泵停水位、消火栓泵停泵水位和低水位报警(2×RVVP2×1.5-SC25-CE)×2

GA:变压器温度 1×RVVP2×1.5-SC20-CE/WC
GB:断路器状态 1×RVVP2×1.5-SC20-CE/WC
GC:低压侧电压 1×RVVP2×1.5-SC20-CE/WC
GD:低压侧电流 1×RVVP2×1.5-SC20-CE/WC
GE:功率因数 1×RVVP2×1.5-SC20-CE/WC
GF:照明回路和空调回路断路器状态 (2×RVVP2×1.5-SC25-CE/WC)×3
GG:低压母联状态 1×RVVP2×1.5-SC20-CE/WC
GH:低压进线状态 1×RVVP2×1.5-SC20-CE/WC

DA:电梯上升 1×RVVP2×1.5-SC20-CE/WC/FC
DB:电梯下降 1×RVVP2×1.5-SC20-CE/WC/FC
DC:电梯状态 1×RVVP2×1.5-SC20-CE/WC/FC
DD:电梯故障 1×RVVP2×1.5-SC20-CE/WC/FC
DF:电梯地震 1×RVVP2×1.5-SC20-CE/WC/FC
DG:电梯火灾 1×RVVP2×1.5-SC20-CE/WC/FC

LA:(供回水压差、流量、回水温度、供水温度及旁通阀控制)
(1×RVVP4×1.5-SC30)×2+(1×RVVP3×1.5-SC25)×2+(1×RVVP2×1.5-SC20)-CE/WC/FC
LB:三台冷水泵状态和启停控制 RVVP12×1.5-SC40-CE/WC
LC:膨胀水箱旁通阀控制及液位 (RVVP4×1.5-SC40)+(RVVP2×1.5-SC20)-CE/WC
LD:电动蝶阀 RVVP16×1.5-SC40-CE/WC
LE:电动蝶阀 2×RVVP2×1.5-SC30-CE/WC
LF:冷水机组 RVVP8×1.5-SC40-CE/WC
LG:水流开关 RVVP16×1.5-SC40-CE/WC
LH:电动蝶阀 RVVP16×1.5-SC40-CE/WC
LI:三台冷水泵状态和启停控制 RVVP12×1.5-SC40-CE/WC
LJ:供水温度 RVVP2×1.5-SC20-CE/WC
LK:回水温度 RVVP2×1.5-SC20-CE/WC
LL:冷却塔电动蝶阀 (RVVP16×1.5-SC40)×2-CE/WC
LM:冷却塔风机 RVVP8×1.5-SC40-CE/WC

10层 | 冷却塔 | 电梯 | 给水箱
9层 | 9F新风机 | L-9-1
8层 | 8F新风机 | 7F新风机
7层 | 7F新风机 | L-7-1
6层 | 6F新风机
5层 | 5F新风机 | L-5-1
4层 | 4F新风机
3层 | 3F新风机 | L-3-1
2层 | 2F新风机
1层 | 1F新风机 | L-1-1 | 1F空调机
地下1层 | B1F新风机 | 供配电 | L-0-1 | L-0-2
蓄水池 | 给水泵 | 冷却泵 | 冷水机组 | 冷却水管路 | 冷却水管路

通信控制器 集线器 BA服务器

操作终端B1 L-x-x DDC

C-BUS
LON-BUS
以太网网线

图纸名称: 建筑设备监控系统图
A3
DS23

姓 名 指导教师
设计题目 古黄河大酒店智能化设计
虚拟建筑设计院毕业设计

附录图 16 建筑设备监控系统图

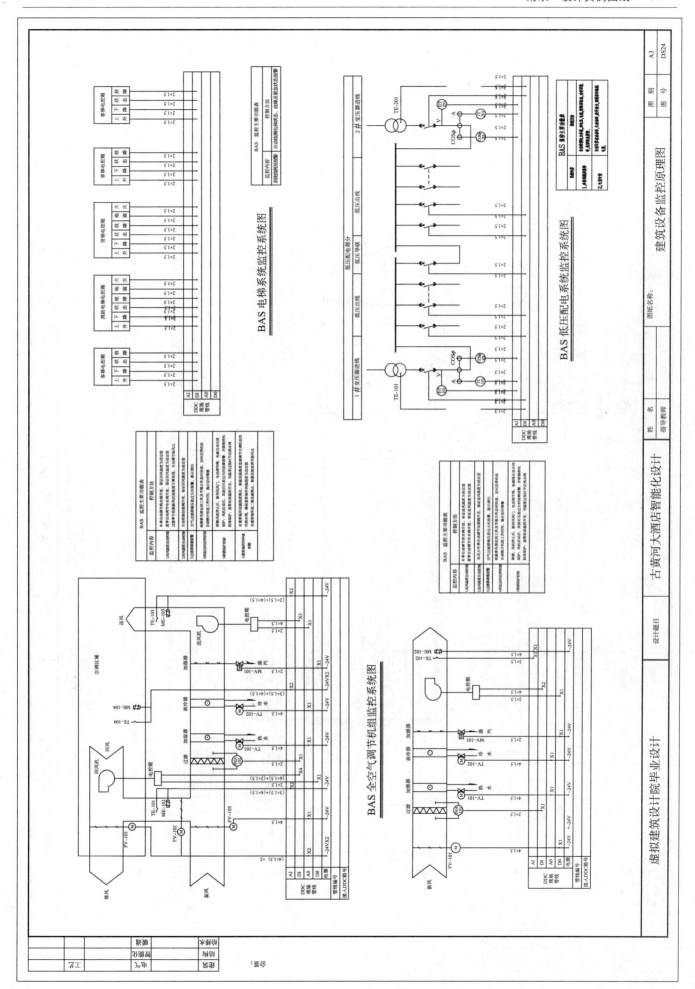

附录图 17　建筑设备监控原理图

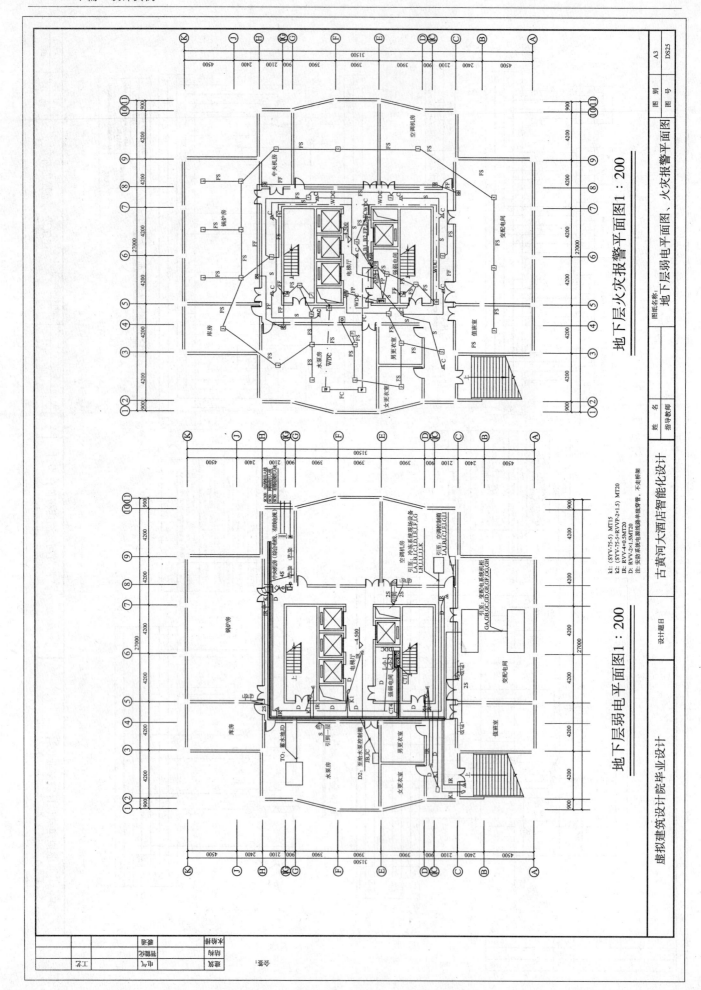

地下层火灾报警平面图1:200

地下层弱电平面图1:200

附录图18 地下层弱电平面图、火灾报警平面图

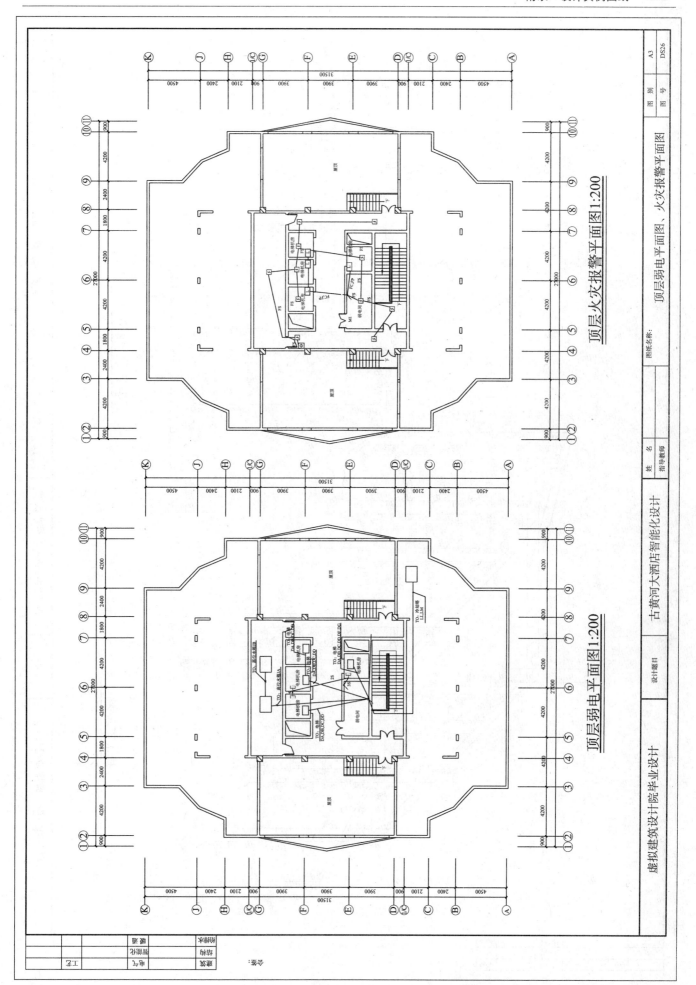

附录图 19　顶层弱电平面图、火灾报警平面图

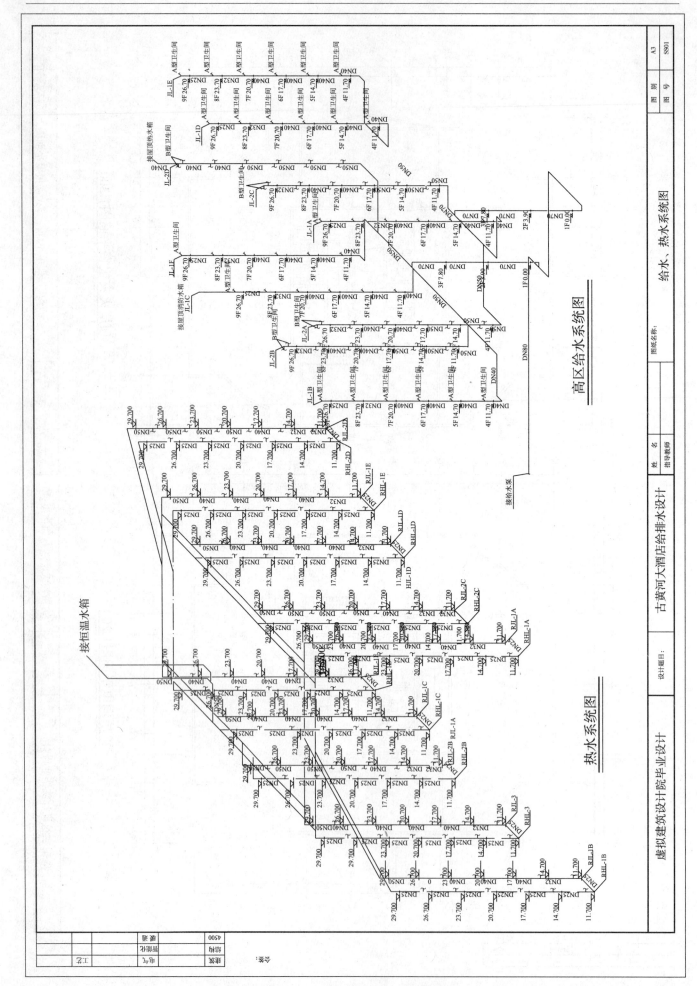

附录图20　高区给水系统图　热水系统图

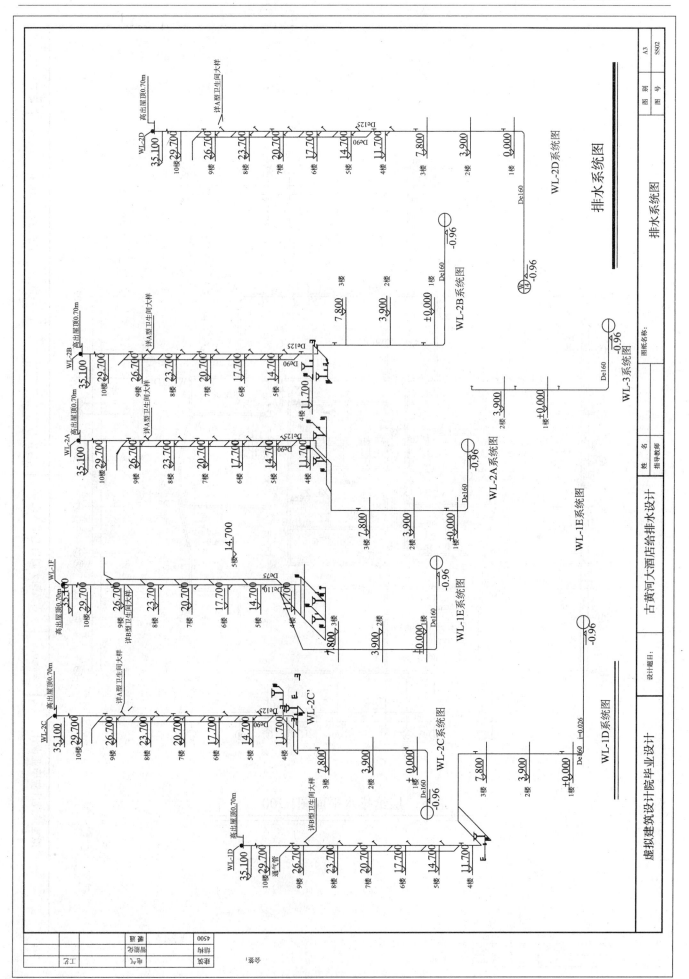

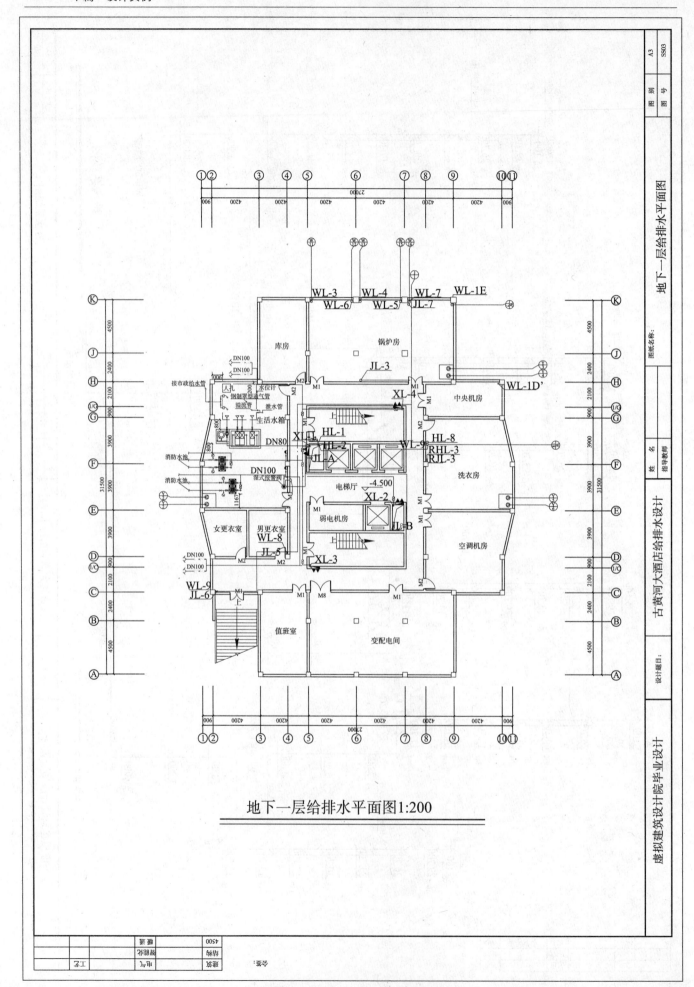

地下一层给排水平面图1:200

附录图22 地下一层给排水平面图

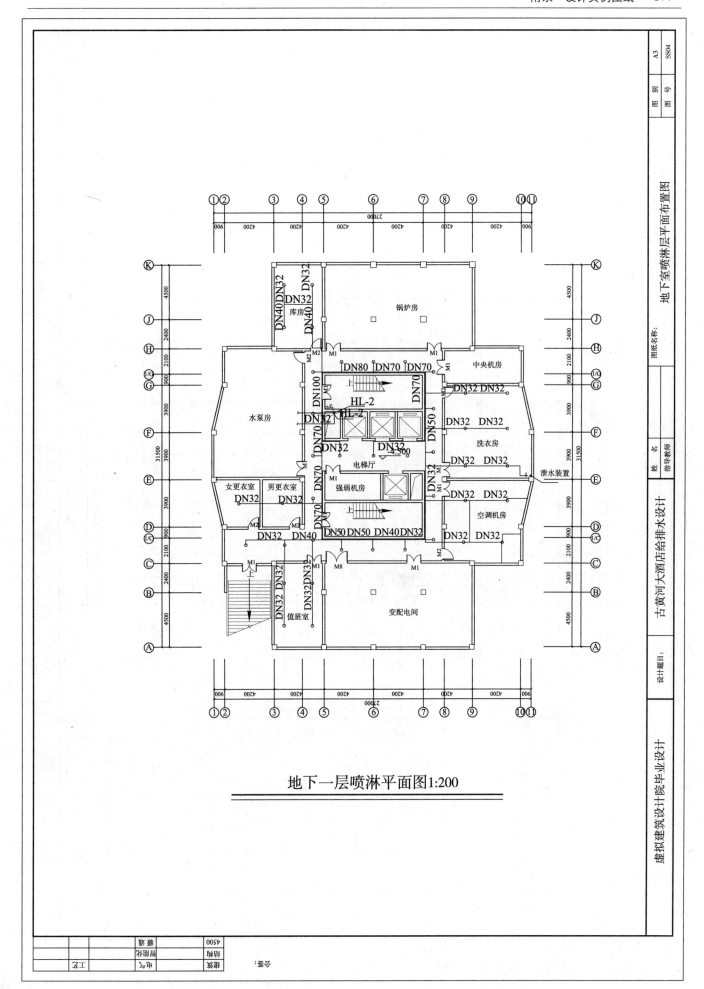

地下一层喷淋平面图1:200

附录图23　地下一层喷淋平面图

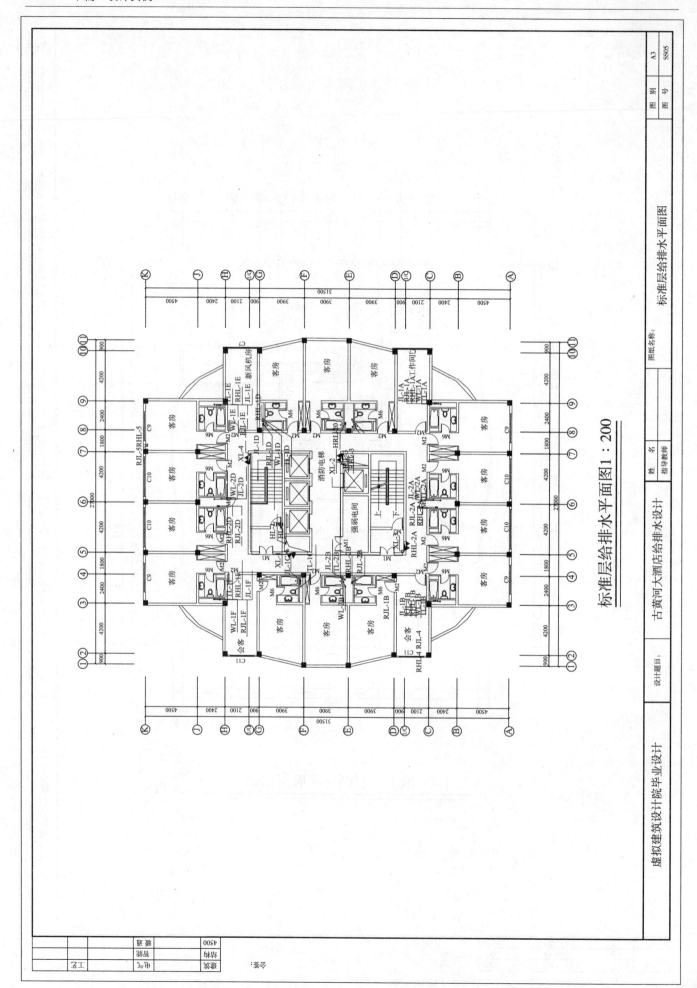

附录图 24　标准层给排水平面图

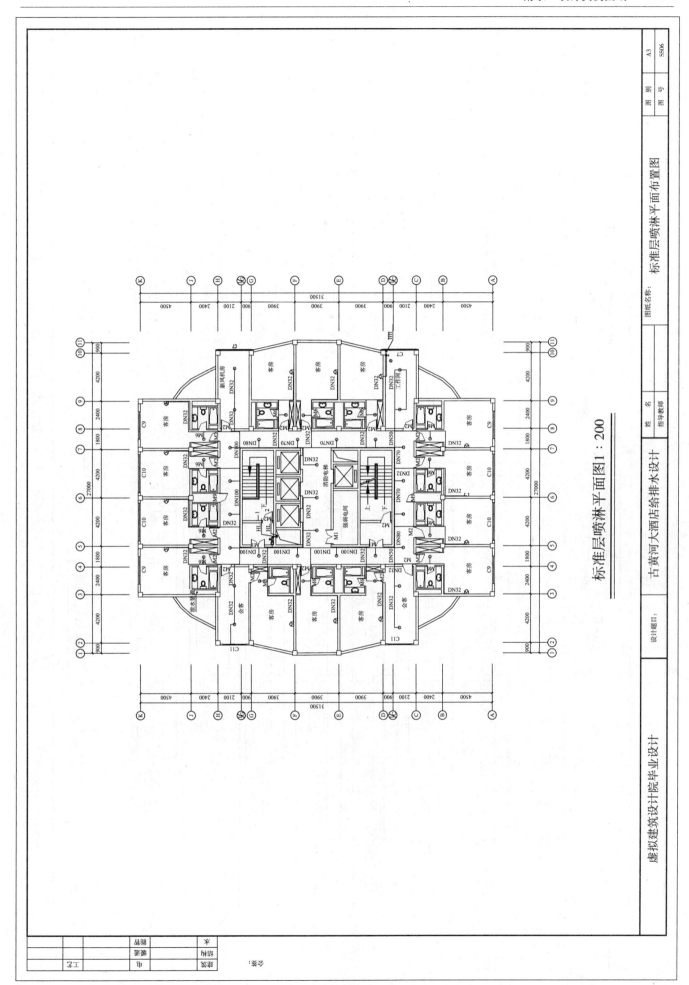

附录图 25　标层喷淋平面图

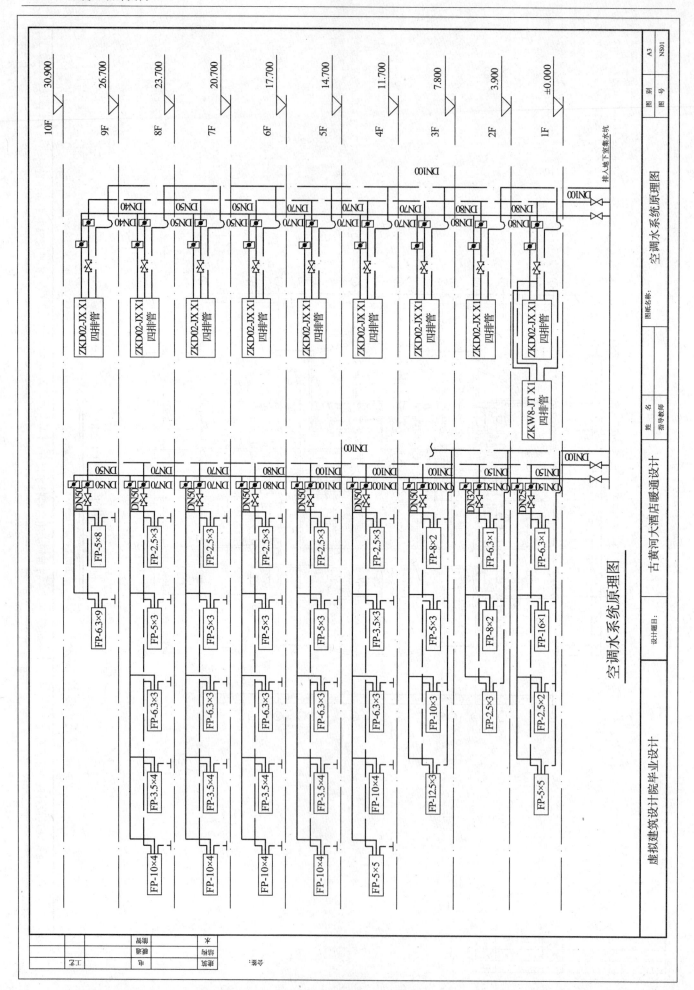

附录图26 空调水系统原理图

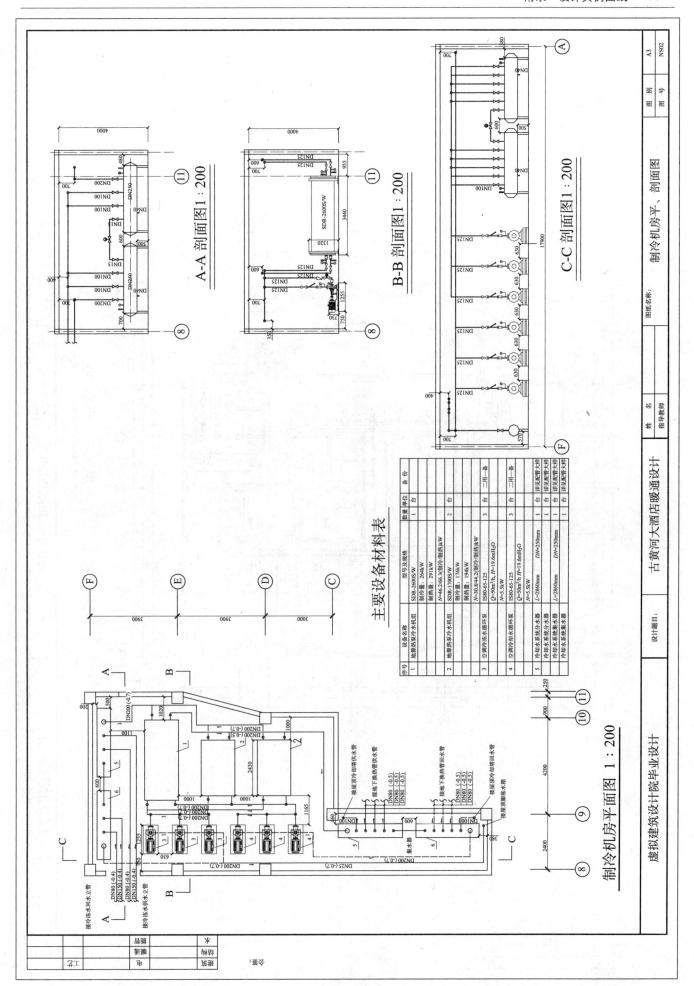

附录图 27 制冷机房平剖面图

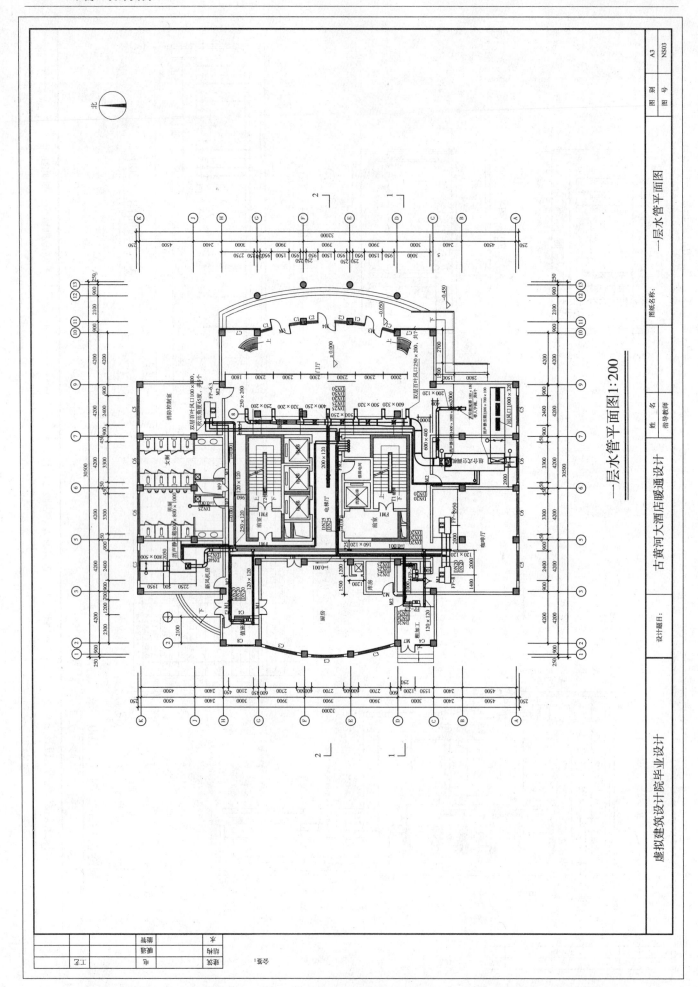

附录图28 一层水管平面图

参考文献

[1] 张九根，丁玉林．智能建筑工程设计［M］．北京：中国电力出版社，2006．

[2] 孙建民主编．电气照明技术［M］．北京：中国建筑工业出版社，1996．

[3] 北京照明学会照明设计专业委员会编著．照明设计手册［M］．北京：中国电力出版社，2006．

[4] 马誌溪主编．电气工程设计（第二版）［M］．北京：机械工业出版社，2012．

[5] 龚延风，张九根，孙文全主编．建筑消防技术［M］．北京：科学出版社，2009．

[6] 孙文全，童艳，刘建峰主编．建筑设备［M］．天津：天津科学技术出版社，2005．

[7] 张文忠．公共建筑设计原理［M］．北京：中国建筑工业出版社，2008．

[8] 王崇杰，崔艳秋．建筑设计基础［M］．北京：中国建筑工业出版社，2006．

[9] 艾学明．公共建筑设计［M］．南京：东南大学出版社，2009．

[10] 白旭．建筑设计原理［M］．武汉：华中科技大学出版社，2008．

[11] 黎志涛．建筑设计方法入门［M］．北京：中国建筑工业出版社，1996．

[12] 朱瑾．建筑设计原理与方法［M］．上海：东华大学出版社，2009．

[13] 张钦楠．建筑设计方法学［M］．北京：清华大学出版社，2007．

[14] 住房和城乡建设部工程质量安全监督司．全国民用建筑工程设计技术措施——暖通空调动力［M］．北京：中国计划出版社，2009．

[15] 包世华，张铜生编著．高层建筑结构设计和计算［M］．北京：清华大学出版社，2005．

[16] 方鄂华，钱稼茹，叶列平编著．高层建筑结构设计［M］．北京：中国建筑工业出版社，2003．

[17] 赵西安著．高层建筑结构实用设计方法［M］．上海：同济大学出版社，1992．

[18] GB50011－2010 建筑抗震设计规范［S］

[19] GB50010－2010 混凝土结构设计规范［S］

[20] JGJ3－2010 高层建筑混凝土结构技术规程［S］

[21] GB50007－2010 建筑地基基础设计规范［S］

[22] JGJ94－2008 建筑桩基技术规范［S］

[23] JGJ16－2008 民用建筑电气设计规范［S］

[24] GB50034 建筑照明设计标准［S］

[25] GB50054－2011 低压配电设计规范［S］

[26] GB50015－2003 建筑给水排水设计规范［S］

[27] GB50366－2006 地源热泵系统工程规程［S］

[28] GB50189－2005 公共建筑节能设计标准［S］

[29] GB50019－2003 采暖通风与调节设计规范［S］

[30] 05SK603 民用建筑规程设计互提资料深度及图样——暖通专业［S］

[31] 05SG105 民用建筑规程设计互提资料深度及图样——结构专业［S］

[32] 05SJ806 民用建筑规程设计互提资料深度及图样——建筑专业［S］

[33] 05SS903 民用建筑规程设计互提资料深度及图样——给排水专业［S］

[34] 05SDX005 民用建筑规程设计互提资料深度及图样——电气专业［S］